U0939881

中国少数民族服饰书系

文化人类学的苗族服饰研究

苗族服饰研究

范明三　杨文斌　蓝采如　著

東華大學 出版社
· 上海 ·

图书在版编目（CIP）数据

苗族服饰研究 / 范明三，杨文斌，蓝采如著 .—上海：东华大学出版社，2018.5

ISBN 978-7-5669-1384-5

Ⅰ .①苗… Ⅱ .①范… ②杨… ③蓝… Ⅲ .①苗族—民族服饰—研究—中国 Ⅳ .① TS941.742.816

中国版本图书馆 CIP 数据核字（2018）第 063224 号

责任编辑：马文娟
封面设计：薛小博

苗族服饰研究
Miaozu Fushi Yanjiu
范明三 杨文斌 蓝采如 著

出　　版：东华大学出版社（上海市延安西路 1882 号，200051）
本 社 网 址：http://dhupress.dhu.edu.cn
天猫旗舰店：http://dhdx.tmall.com
营 销 中 心：021-62193056 62373056 62379558
印　　刷：杭州富春电子印务有限公司
开　　本：889 mm × 1194 mm 1/16
印　　张：28
字　　数：1126 千字
版　　次：2018 年 5 月第 1 版
印　　次：2018 年 5 月第 1 次印刷
书　　号：ISBN 978-7-5669-1384-5
定　　价：498.00 元

作者简介

范明三，中国民俗学家，文化人类学家，上海博物馆中国少数民族工艺馆负责人、研究员，多所大学客座教授及专家顾问。出版有《中国的自然崇拜》《中国历代民间美术精品100类赏析》等著述。范明三先生曾获联合国教科文组织与国家文化部合颁的“中国民间艺术家”荣誉称号，并担任中国文学艺术家联合会终生名誉主席，中国美术家协会终生理事，中国香港皇家艺术院终生名誉主席，中国台湾艺术协会名誉主席。

杨文斌，苗族人。北京服装学院、凯里学院兼职教授。1959年考入贵州大学艺术系美术专修班，1964年毕业后回凯里市工作，1987年创立“民族艺术研究室”，专门从事西南地区少数民族的刺绣、蜡染、银饰等收集和研究工作。《中国工艺美术全集·蜡染卷》主笔，出版有《苗族传统蜡染》《蜡染》等专著。

蓝采如，丽婴房集团创始人之一，中国少数民族服装史专家。出版有《吉祥童帽》《情系背儿带》《浓情满襟》《集祥纳福》等专著。

序　言

我的《苗族服饰研究》主体部分实际已完稿30年。历经转辗，终得北京服装学院的袁仄教授推荐，东华大学出版社的蒋智威社长和马文娟老师大力争取，本书获2014年度上海市新闻出版专项扶持资金支持，让此书终能面世。致谢之余，感慨无穷！

我的人生经历坎坷。1952年，中国部分高等院校院系调整时，创办最早的"上海美专"被合并而拔根搬迁。翌年，我有幸考入习艺。到1957年，终因历史运动，让我这名"全优生"失去追随导师俞剑华、谢海燕的留校机会，选择初建不久的"贵州民族学院艺术系"入职。告别时，恩师鼓励我："中外美术史都有人在研究，你可在少数民族艺术方面下些工夫"。

因为赋性耿介，我在贵州工作二十三年间，睡过废厕所、油毛毡棚屋。月薪51元的国家助教最低工资，却拿了七年半的39元月薪。蹉跎岁月，给了我通宵啃古籍的机会，好在我的各族学生都比我年长（最大的已年逾90岁），我到他们家中去，能得到精神慰藉和社会调查的良机。本书就是在这种动力下逐渐写成了。我常跑贵州大学图书馆，除了查证资料，还能抓鼠改善伙食。

本书有两位合作者，蓝采如老师，中国台湾著名童装企业"丽婴房"的骨干领导。她在大力发展企业之余，还注意广泛搜集全国少数民族服饰，创办了"丽婴房服饰博物馆"。她温厚量大，把数千珍品向我开放，才能有此书的完成。另一位是杨文斌先生，苗族人氏。数十年考察全国苗族社会情况，对苗族服饰文化有深刻的领悟。凡我不懂，都是文斌兄惠予指教。杨先生对苗族蜡染和银饰有特殊研究，曾写作出版过数本专著。

老朽因为穷，拖到41岁才奉母命回家结婚生子。也因为穷，此书一直无法出版。现已垂暮衰年，书架上堆着四本书稿，希望有生之年，尚能看到它们变成铅字而不致"覆瓿"！

范明三草于上海"嚼榄斋"

2016年元旦

目　录

上篇

第一章　从《百苗图》说起　003

一、国内外相关图籍　005
二、国内相关文献　011
三、关于《八十二种苗图并说》　011
四、对比研究　013

第二章　遗珠重缀——苗族历史简介　019

第三章　苗族的支系与服饰类型划分　037

一、红苗支系服饰　039
二、青苗支系服饰　040
三、白苗服饰　049
四、黑苗服饰　057
五、花苗服饰　070

第四章　几种特殊服饰的研究　137

一、贯首衣　138
二、儿童衣　144
三、赛龙舟衣　152
四、牯脏衣　154

第五章　材料与技艺　171

第六章　从文化人类学角度看苗族服饰　201

第七章　银饰及色彩　285

一、头部银饰　287
二、颈部银饰　292
三、胸部银饰　294
四、手部银饰　294

下篇

第一章　关于背兜和肚兜的文化人类学研究　305

一、定名　306
二、背兜的使用范围　306
三、背兜的考证　306
四、背带与肚兜　308

第二章　背兜　311

一、贵州毕节地区西部背兜　312
二、云南文山苗族背兜　314
三、贵州黎平县“四十八寨苗”背兜　316
四、湖南靖县苗族背兜　323
五、湖南通道县侗族背兜　325
六、广西融水县苗族背兜　332
七、贵州台江县偉一苗族背兜　332
八、贵州三都县水族背兜　335
九、贵州三都县饶家背兜　338
十、侗族背兜　341
十一、贵州黎平县侗族背兜　344
十二、贵州丹寨县雅灰苗族背兜　346
十三、湘西苗族背兜　346

第三章　童帽　349

一、贵州台江县施洞苗族童帽　350
二、陕晋地区童帽　355
三、云南彝族童帽　358
四、云南哈尼族童帽　364
五、陕晋地区童帽与贵州苗族刺绣　364

附录　论文部分　367

云南苗族服饰的传统与变革　368
英国大英博物馆的苗族服饰收集　378

施洞苗族衣饰技艺考察 382
从田野到博物馆 388
蒙人文化中的“芒” 391
美国明尼苏达州苗族 / 蒙人妇女发展联合会概况 394
苗族的麻纺织文化及其当前面临的问题 396
苗族服饰的扬弃 403
苗族服饰文化与其生境关系研究 409
高坡苗族背牌文化研究 413
苏州丝绸博物馆藏苗族“牯脏衣”的重大学术价值 419
乍看一束花·细看花中花 421

苗族服饰研究

Miaozu Fushi Yanjiu

第一章 从《百苗图》说起

Cong Baimiaotu Shuoqi

展现在读者眼前的，是散发着浓艳山花色、香、味的苗族服饰图谱，俗称《百苗图》。此类图册传世者不下数十种，珍藏于国内外各大图书馆、博物馆及研究机构，笔者亲见者有手绘、版印的十余种。六十多年前，原贵州民族学院图书馆曾藏有工笔重彩精绘的《百苗图》残卷一册，该院 1959 年改建为贵州大学时亦曾移交，“文化大革命时期”笔者去查阅已遍寻不获，至今引以为憾。这种以贵州少数民族为主要内容的图册，目前贵州省图书馆和贵州省民族研究所各藏有一册。虽然有学者说“系普通彩绘手抄本”，实际则是出自同一刻版手印，分别装订成册后添加手书“简说”，装订者并非一人，所以两者编目大有出入，次序互舛，须另寻善本校正才可采信（图 1–1 ～图 1–4）。

对于各种《百苗图》，外国学者早有研究，中国学者也很重视。1991 年贵州苗学研究会主编的《苗学研究》第二册（贵州民族出版社）中有廷贵、酒素合写的《“苗蛮图集”种种》一文，对传世的各种涉及苗族的图籍作了很好的统计与研究，他们注意到史籍中的记载至少从南朝梁武帝时已有《方国使图》及以后的《职贡图》《王会图》之类记录边疆少数民族民俗的传统，从乾隆皇帝开始就组织编绘《皇清职贡图》，“乾嘉以后，国内外的人所搞的《苗蛮图集》就多得不知凡几，似即滥觞于此”。事实上，自周武王建国分封诸侯并由周公旦制定方国朝贡礼仪以后，中央王朝就十分重视对边疆民族的调查了解。例如托名夏禹的古籍《禹贡》就记录了“九州”物产及不少民族服式。“左图右史”是中国的传统，除了文字资料外，也重视各种形象资料的收集。《汉书 · 郊祀志》：“禹收九牧之金，铸九鼎，象九州。”此事在《左传》说得更详细：禹平九州后，下令“远方图物，贡金九牧，铸鼎象物，百物而为之备，使民知神奸，故民入川泽山林，不逢不若，魑魅魍魉，莫能逢之”。这种令“远方图物……百物而为之备”的做法，就是跟乾隆十六年（1761 年）下诏：“我朝统一区宇，内外苗夷输诚向化，其衣冠状貌各有不同，著咨边各督抚于所属苗、瑶、黎、僮以及外番众仿服饰绘送军机处，汇齐呈览，以昭王会之盛。各该督抚于接壤处，俟公务往来，乘便图写，不必特派专员，可于奏之便，传谕知之。”于是花费十年时间编绘成《皇清职贡图》的相同做法（图 1–5，图 1–6）。

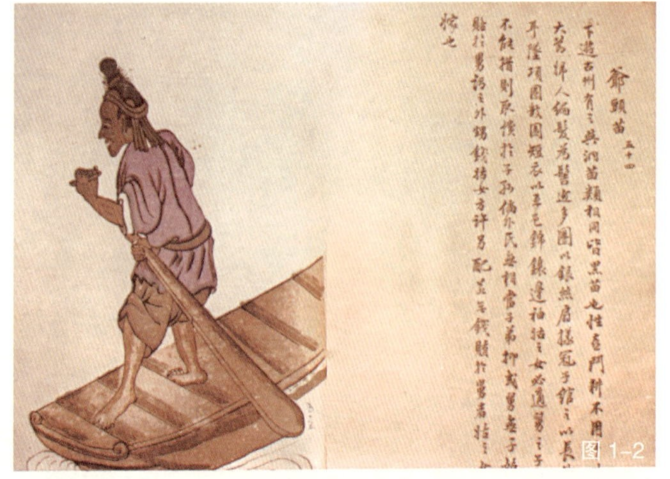

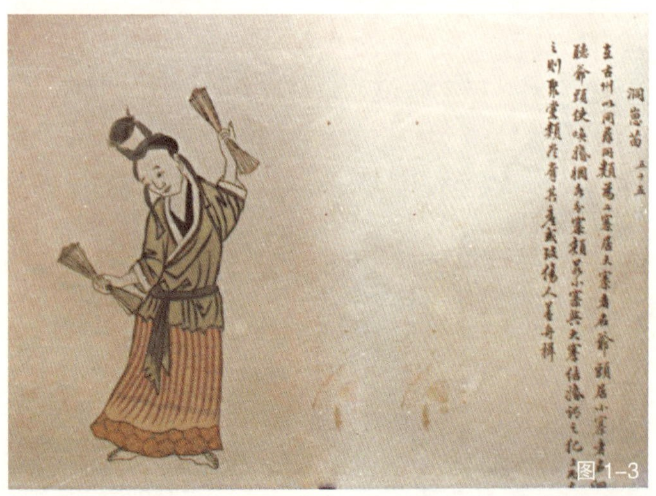

图 1–1　爷头苗《百苗图》　贵州省民族研究所藏本
图 1–2　爷头苗《百苗图》　贵州省图书馆藏本

图 1–3　洞崽苗《百苗图》　贵州省民族研究所藏本
图 1–4　洞崽苗《百苗图》　贵州省图书馆藏本

图 1-5 广西古怀远县苗人《皇清职贡图》
图 1-6 广西龙胜县苗人《皇清职贡图》
图 1-7 "拴马桩"上的"椎髻之民"石雕像 陕西省博物馆藏
图 1-8 "拴马桩"上的"椎髻之民"石雕像 陕西省博物馆藏

在敦煌壁画"维摩变相"图中不仅有宣扬佛教的内容，也有"各国君王朝圣"的画像，这些正是唐朝国势强盛而吸引四裔进贡朝会的实录。在西安的乾陵至今立有"三十六国君王"残像，在碑林博物馆内还保存有完好的"七十二拴马桩"，桩顶上有西北西南各种少数民族的石雕形象，图 1-7 和图 1-8 即表现苗蛮部族"椎髻之民"的几尊肖像，其服饰很值得玩味。

一、国内外相关图籍

《百苗图》是对清代《苗蛮图册》等各种图籍的俗称，此类图籍究竟存世有多少品种，至今未获精确统计，廷贵、酒素文中实际著录了散布在英、德、法、美、日等国的共 20 种，收藏于中国台湾地区的共 11 种，收藏在北京和贵州的 3 种，并提及日本学者著录的有关书籍。这些统计主要是依据刘咸的《苗图考略》[①] 和芮逸夫影印的《苗蛮图册》序文 [②]，这些图籍大致情况如下：

1. 中国台北傅斯年图书馆藏

①《苗蛮图册》，82 图，附说。

②《黔苗图说》，80 图，附说。

③《黔苗图说补》，7 图，附说。

④《苗蛮图》，27 图，附说。

⑤《苗蛮图》，25 图，附说。

⑥《番苗图说》，16 图，附诗。

⑦《滇夷图说》，4 册，48 图，附说。

⑧《琼黎图说》，18 图，附说。

⑨《台番图说》，17 图，附说。

① 杨正文注该文载于《方志月刊》1936 年 1 月 9 卷 1 期。
② 台湾"中央研究院"历史语言研究所（1973 年）。

⑩《苗蛮图》，82图，无说。

⑪《龙胜五种图》，5图，无说。

以上除《台番图说》外，可能都有苗族形象。

2. 英国大英博物馆东方图书室藏

①《黔省各种苗图》，2册，78图，译名*Miao Tse Tribes*。

②《苗图》，1册，48图，译名*Miao Tribes*。

③《云南两迤夷类图说》，1册，44图，译名*Yunnan Tribes*。

④《罗甸遗风农桑雅化》，2册，40图，译名*Description of Wild Tribes in China*。

⑤《黔苗图说》，4册，72图，译名*Pictures of the Lolos and Miaotszu with Descriptions*。

⑥《普洱府舆地夷人图说》，1册，13图，作于嘉庆二十四年，译名*The Aboriginal Tribes of Puern Poo Yunnan*。

3. 英国牛津大学博林图书馆藏

①《蛮僚图说》，2册，80图，附说。

②《苗疆图说》，1册，仅存附说，图轶。

4. 英国牛津大学比里博物馆藏

①《黔省苗图》，4册，82图，附说，译名*Pictures of the Miaotze in Kweichow Province China*。

②《贵州苗图》，3册，45图，附说，译名*Pictures of the Miaotze of Kweichow*。

5. 伦敦中国内地会藏

《苗图》1册，82图，附说。此书应即美国传教士布里奇曼（E.C.Bridgman）著《关于中国土著苗子》（*On the Miaotse or Aboriginal of China*）所谓“珍奇稀有而最全者”，实为威廉·罗克哈特（Williams Lockhart）所藏之82种《苗图》。

6. 德国藏

①《名人精写苗蛮图》，2册，图样不详。系德国Gotha图书馆所藏。

②《黔省八十二种苗图》，2册，仅存41图。系德国M ü nschen民族志博物馆所藏。

③《苗图》，1册，图样不详。德国汉堡Dr. Florance教授私人藏书。

④《七十九种苗图》，由李曼（C.F.Neltman）译成德文。藏处不明。

7. 其他见于著录者

① 法国探险家加尼埃（Garnier，或译安邺）在1873年所著《在印度支那旅行调查》一书中有苗族彩绘图。

② 法国人类学家德·卡特勒法热（A.Quatrafages）在1889年所著《人类种族通史》一书中叙述过苗族并附有图片。他还与人类学家哈米（E.F.Hamy）合出《世界人种画册》，附有注释。

③ 法国东方语言学家G·德为里阿（Gabrie Deveria，一译多威利亚）在1891年所著《罗罗和苗子》一书中记有苗族并附插图。

④ 法国探险家H·奥尔良（Henri de Orleans）在1898年所著《从东京府到印度》一书中记有苗族，并附插图。

⑤ 英国东方学家H·尤耳（Henry Yule，一译玉尔）在1908年所著《马可波罗游记》一书中收有苗族及插图。

⑥ 英国科尔洪（A.R.Colquhoun）在1883年所著《横渡金沙江》一书中有苗族写生图及记事。

⑦ 日本人类学家鸟居龙藏于20世纪初到中国从事广泛的学术考察，他曾把在中国西南地区的考察写成《苗族调查报告》和《人类学上所见之中国西南部》两书。《苗族调查报告》有“国立编译馆”版本流传，这是较早用科学方法实地考察与研究苗族社会的专业书，虽然在民族识别和论断上尚有不少失误，仍不失为一本重要著作，其中有清朝末年贵州苗族的图片90张，十分珍贵。《人类学上所见之中国西南部》一书中也有关于贵州和四川的苗族记录，附有几张图片（图1–9～图1–16）。

8. 上海博物馆的敏求图书馆珍藏

①《黔省苗图》，2册，82图，附说。工笔重彩手绘，立幅人物，无背景，技巧很高。疑跟英国牛津大学比里博物馆所藏《黔省苗图》（4册，82图）以及德国M ü nschen民族志博物馆所藏《黔省八十二种苗图》（2册，仅存41图）出自同一母本。至于大英博物馆东方图书室所藏《黔省各种苗图》是否亦出自同一母本，都有待对比研究而定（图1–17～图1–20）。

②《少数民族风俗图考》，2册，82图，附说。彩色手绘立幅册页，有背景。这是笔者所见国画技巧最高的一种《百苗图》，无论人物、翎毛、山水技术皆纯熟，背景山水、树石、村落构图得体，用笔、皴法、点苔、墨色俱佳，显然出自高水平的专业画家之手（图1–21～图1–24）。

③《少数民族风俗画册》，2册，82图，附说。此图册是1959年重新装裱时定名，裱成册页，卷首附有徐梦华所撰前言，文中提及图册包括彝族、瑶族、苗族、僮族（现壮族）等内容。疑此书仍是据《黔省苗图》同类母本改画，绘画风格清秀空灵，人物造型短小玲珑，背景山水颇具程式意匠，织绣纹饰表现细致，但笔力稍柔弱。不知何故有不少人物面部被用干笔恶意涂污，十分可惜。

本书将以上海博物馆藏书作为主要资料进行研究（图1–25～图1–28）。

图 1–9 贵州省青岩地方白苗的男子 ［日］鸟居龙藏《人类学上所见之中国西南部》

图 1–10 贵州省青岩地方青苗的妇女 ［日］鸟居龙藏《人类学上所见之中国西南部》

图 1–11 旧寨花苗的妇女 ［日］鸟居龙藏《人类学上所见之中国西南部》

图 1–12 八番的打铁苗之妇女 ［日］鸟居龙藏《人类学上所见之中国西南部》

图 1–13 一百年前中国西南部地区民族的端公（巫师）在作法，注意头戴“五佛冠”［日］鸟居龙藏《人类学上所见之中国西南部》

图 1–14 重安附近山上之黑苗的男子 ［日］鸟居龙藏《人类学上所见之中国西南部》

图 1–15 云南文山地区苗女服装 ［日］鸟居龙藏《人类学上所见之中国西南部》

图 1–16 云南东北乌蒙山区苗族服饰 ［日］鸟居龙藏《人类学上所见之中国西南部》

图 1–17

图 1–20

图 1–23

图 1–18

图 1–21

图 1–24

图 1–19

图 1–22

图 1–17　犵狫　上海博物馆藏《黔省苗图》

图 1–18　蛮人　上海博物馆藏《黔省苗图》

图 1–19　洞苗（侗族）上海博物馆藏《黔省苗图》

图 1–20　洞崽苗　上海博物馆藏《黔省苗图》

图 1–21　宋家苗　上海博物馆藏《少数民族风俗图考》

图 1–22　蔡家苗　上海博物馆藏《少数民族风俗图考》

图 1–23　阳洞罗汉苗　上海博物馆藏《少数民族风俗图考》

图 1–24　郎慈苗　上海博物馆藏《少数民族风俗图考》

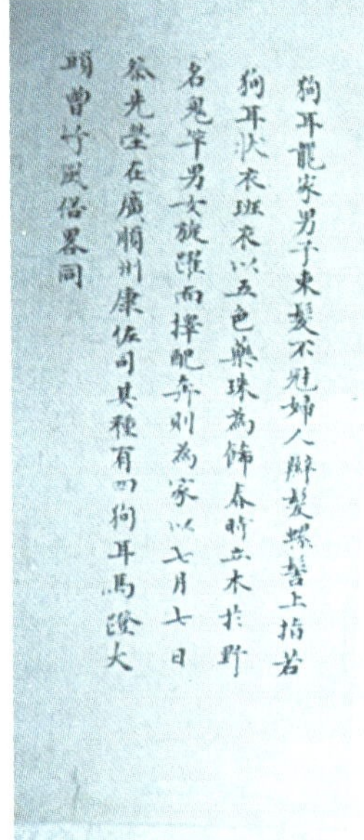

图 1-25 狗耳龙家 上海博物馆藏《少数民族风俗画册》
图 1-26 花犵兜（花犵狫）上海博物馆藏《少数民族风俗图考》

图 1-27 郎慈苗 上海博物馆藏《少数民族风俗图考》
图 1-28 阳洞罗汉苗 上海博物馆藏《少数民族风俗画册》

9. 北京民族文化宫藏

贵州省黔东南自治州文化局文物处杨通河是一位苗族画家，他曾跑遍贵州苗乡，怀着对本民族的热爱，绘制了一套苗族服饰图，原著现藏于北京民族文化宫。由于作者是苗族学者兼画家，这套“百苗图”（实际 95 幅）画得充满感情，人物造型很美，服饰结构也较写实，这是“百苗图”在现代的新发展（图 1-29 ～图 1-32）。

10. 北京中央民族大学藏

大型《百苗图》一册。另外还有 1997 年中国历史博物馆编撰的《清代民族图志》把清朝画的各种民族图籍择要汇集于一册，并加说明，其中收有贵州、广西、云南、四川等地苗族彩图 53 幅。虽然绘图水平和风格差别很大，但该书却十分有利于对少数民族服饰的研究（图 1-33 ～图 1-36）。

近年出版的高质量图册涉及苗族服饰的画集、摄影集与民间工艺品专集品种繁多，例如，日本美乃美公司与中国几家美术出版社合作出版的《苗族染织工艺图集》、湖南美术出版社的《湖南民间美术全集》、江苏美术出版社的《苗绣》、山东教育出版社的《中国民间美术全集》织染服饰专册等，都对苗族服饰研究大有裨益。

图 1-29

图 1-30

图 1-31

图 1-32

图 1-33

图 1-34

图 1-35

图 1-36

图 1-29 新《百苗图》 杨通河绘
图 1-30 新《百苗图》 杨通河绘
图 1-31 新《百苗图》 杨通河绘
图 1-32 新《百苗图》 杨通河绘
图 1-33 狗耳龙家 《清代民族图志》
图 1-34 谷蔺苗 《清代民族图志》
图 1-35 贵定龙里等处白苗 上海博物馆藏《清代民族图志》
图 1-36 短裙苗《清代民族图志》

二、国内相关文献

中国学者对苗族研究已较深入，专著与有关苗族服饰的论文现仅择要举例如下：

凌纯声、芮逸夫合著的《湘西苗族调查报告》①。

石启贵著的《湘西苗族调查》。

1956 年，全国少数民族社会历史调查组曾对苗族作过全面调查，将民族服饰的研究成果编辑成《苗族社会历史调查》一至七册②，这些资料是国家民委组织统纂的《中国少数民族社会历史调查资料丛刊》内容。因为都是社会调查的第一手资料，学术价值很高。至于各地学者对苗族服饰的专题论文，不再一一罗列，本书引用时另行注明。

21 世纪以来，贵州人民出版社陆续出版了“百苗图研究丛书”，在学术上有很大提高。例如，2004 年出版的《百苗图抄本汇编》是由杨庭硕和潘盛之依据贵州著名艺术家刘雍收藏的三个古抄本并参考了其他资料作深入研究的丰硕成果。另一本是贵州省博物馆原馆长李黔滨所著《百苗图研究》，也颇具功力。

三、关于《八十二种苗图并说》

关于《八十二种苗图并说》的内容和次序，各种《百苗图》大致相同而稍有参差，应当都是从清代李宗昉的《黔记》蜕出而辑书成册时错舛所致。现根据“问影楼舆地丛书本”的《黔记》开列于下：

	名 称	内 容
1	猓罗（黑猓罗、黑猓猓）	—
2	罗鬼女官（女官、罗甸女官）	—
3	白猓罗（白猓罗）	—
4	宋家苗（宋家、宋家子）	在贵阳安顺二属，男耕女织，今多读书入泮者
5	蔡家苗（蔡家、蔡家子）	在贵筑、修文、清镇、威宁、平远等州县……
6	卡九狆家（卡尤仲家）	在贵阳、安顺、兴义、平越、都匀等府。穿青布短衣，妇女以花帕蒙首，衣短而下圆。严寒盛暑衣无添换。长裙细褶，勾云合角，中以颜色相间。以六月六日为大节，每岁孟春，聚会未婚男女于野外，跳月歌舞，彩带结球，抛而接之，谓之花球……
7	簸笼狆家（补笼仲家、普笼）	在贵阳、定番、广顺二州，安顺、兴义二府……

（续表）

	名 称	内 容
8	青狆家	在古州、清江、丹江等处，以青布蒙首，穿青衣。女子色白而敏，工织绣，……以掷球为乐……（田山薹《黔书》但载狆家，未分卡九、簸笼、青三种也）
9	曾竹龙家（《黔书》云：龙家有四，在康佐会竹者，为狗耳）	在安顺府属，妇女穿白衣，系桶裙，戴细布方巾，以髦扎一尾，名曰髦尾，用猪油涂之。遇亲戚喜庆，则负酒牵羊，并随带新衣数袭，以夸其富……
10	狗耳龙家，在安顺、大定二府及广顺州之康佐司有之	男子以布蒙首，妇人辫发，以布束结于顶，余布旁结两指如狗耳状……
11	马镫龙家	（马镫龙家，《黔书》云：一曰大头龙家）在镇宁之谷西堡，顶营司之间……
12	大头龙家	镇宁、普定有之。男子戴竹笠，妇人衣土色衣，系青短裙，敛马鬉于发，髻如盖……
13	花苗	在贵阳、大定、安顺、遵义属……衣用败布、缉条织成，青白相间，无领袖……
14	红苗	在铜仁府属
15	白苗	在龙里、贵定、黔西等属。衣白衣。男子蓬头赤足，妇女盘髻长簪。祀祖……主祭者白衣青套，细长裙……
16	青苗	在黔西、镇宁及修文、贵筑等处……（又名箐苗）
17	黑苗	在都匀、八寨、丹江、镇远、黎平、清江、古州等处，族类甚众，习俗各殊。衣皆尚黑，男女俱跣足……头插白翎。……孟春，各寨择地为场跳月，不拘老幼，以竹为笙……
18	剪发犵狫	在贵定、施秉、黄平州属
19	东苗	在贵筑、修文、龙里、清镇及广顺各属。有族无姓。妇人衣花衣、无袖，惟两幅遮前后。穿细褶短裙。男子蓄顶发，短衣背……
20	西苗	有马、谢、何、罗、雷等姓。在贵阳、平越二府。新娶，必别寝私通，孕产后乃同室。秋收时即合众牛于野，延善歌祝者，披大宽毡衣，腰间周围细褶，戴毡帽，着皮靴，尊者在前。童男女着青衣彩带，百人歌舞，吹笙随之，历三昼夜，屠牛以赛丰年，名曰祭白虎……
21	夭苗	在平越，多姬姓，性情柔顺，妇人工织善染……按《平越草志》云：夭苗，周之后裔。
22	獞苗	在贞丰、罗斛、册亨等处，原隶广西，雍正五年改辖黔省，勤耕力作，薙发，服饰俱如汉人，惟妇人蒙发、短衣，长裙，仍苗装也
23	打牙犵狫	在黔西、平越、清镇属，发梳前披，取齐眉之意

① 商务印书馆 1947 年版“中国科学院历史语言研究所单刊甲种之十八”。

② 贵州民族出版社 1985 年版。

（续表）

	名　称	内　　容
24	猪屎犵狫	在石阡、黎平、古州、平远、清平各属……
25	红犵狫	在广顺、平远、清平等处
26	花犵狫，又名犵兜苗	在施秉、龙泉及黄平等处……
27	水犵狫，又名犵兜苗	在施秉、余庆等属，……男子衣服同汉人，妇女细褶长裙……
28	锅圈犵狫	在平远州。男子自织斜纹布为衣，妇人青帕笼发，名为锅圈。衣青衣短裙……
29	土人	各处有之……
30	披袍犵狫	在黄平州，男女衣外披一袍，前短后长，凿窍为桶裙，羊毛织成……
31	狇狫苗（沐狫）	有王、黎、金、文等姓，散居各府县。冬则掘地为炉，卧牛羊皮席，无衾褥……，在清平、都匀者，衣服与汉人同……
32	犵獞苗（犵獞）	在荔波县……妇人工纺织，短衣短裙，仅以遮膝……
33	僰人	在普安厅各营司，性淳、佞佛。凡倮罗、狆家等苗言语不相谙者，常赖僰人通之
34	蛮人	在新添、丹江二处。男子披草蓑，妇人青衣，花布短裙。……在思南府之沿河司者俗亦同
35	洞人（山峒人、峝人）	皆在下游，而洪州尤众……冬采芦花御寒
36	猺人	黔旧无之，雍正时自广西迁来清平、贵定、独山等处，居无定址，喜傍溪涧……所祀之神名曰槃发，所藏之书名曰旁砖，圆印篆文，义不可解，且珍秘之……
37	杨保苗（杨保）	在遵义、龙里二属。……
38	狆犷苗（犷）	在都匀、黎平、石阡及施秉、龙里、余庆、龙泉等处。有杨、张、石、欧等姓
39	九股苗	在兴隆、凯里，黑苗类也。此种武侯征灭之，仅留九人，故名。地广族繁，散处蔓延……头戴铁盔，前有护面，后无遮肩，身披铁甲，及脐下，铁链围身，铁皮裹腿……
40	八番苗	在定番州
41	紫姜苗	在黄平、清平、丹江等处，与独山州之九名九姓苗同类……
42	谷蔺苗	在定番州属，男耕女织，所织布最精细，谚云：欲作汗衫裤，须得谷蔺布……
43	阳洞罗汉苗	在黎平府属，……女人鬓发散绾，插木梳于额上。富者以金银作连环耳坠，长裙短裤，或有裙无裤。好洁身，常洗发沃……
44	克孟牯羊苗	在广顺州之金筑司……
45	洞苗	在天柱、锦屏二属，择平坦近水地居之，种棉花为业，男子衣与汉人同，……女人带蓝布角巾，穿花边衣裙。所织洞帕颇精……
46	箐苗	居山箐，在平远州属。……男女衣服均自织

（续表）

	名　称	内　　容
47	羚家苗	在荔波县，……男女均以蓝花帕蒙首。未婚者，其帕稍长……
48	狪家苗	在荔波县。衣长不过膝，……善种棉，女自纺织……
49	水家苗（家苗）	在荔波县。自雍正十年由广西拨隶黔之都匀府属。男子好渔猎，妇人勤纺织，有“水家布”之名。桶裙短衣，四围俱以花布缀之……
50	六额子	在大定、威宁二属。有黑白二种，结尖顶髻，妇女长衣无裙……
51	白额子	在贞丰、罗斛二属，男子梳尖顶髻如螺。女长衣无裙，其俗与六额子同……
52	冉家蛮	在思南府之沿河司，好渔猎，俗与蛮人同
53	九名九姓苗	在独山州属，……俗与紫姜苗同
54	爷头苗	在古州下游亦多有之，与洞崽同类，皆黑苗也……妇人习俗，编发为髻，近多银系扇样，冠用琵琶，长簪绾之，耳坠双环，项圈数围，衣短衣，以五色锦镶边……
55	洞崽苗	在古州，先代以同群同类分为二寨，居大寨为爷头，小寨为洞崽，洞崽每听爷头使唤……
56	八寨黑苗（八寨苗）	在都匀府属，……女子以色布镶衣，胸前锦绣一方护之，谓之遮肚……
57	清江黑苗（清江苗）	男子以布束发，项带银圈，大环耳坠，着宽裤，男女皆跣足……爱着戏箱锦袍，汉人多买旧袍卖与之，以获倍利……
58	楼居黑苗（楼居苗）	在八寨、丹江，……妇女以羊角绾髻，爱居高楼
59	黑山苗	在台拱、古州、清江三属，以蓝布束发……
60	黑生苗	在清江属，……自雍正十三年，改汉人服……
61	高坡苗	在平远、黔西等处，着黑衣，……妇女以木板尺许绾发内，故又名顶板苗。……男妇善染，力耕作，勤纺织
62	平伐苗	在贵定之新添营
63	黑狆家（黑狆苗）	在清江属……
64	清江狆家	台拱有之，妇人耕勤，男子头缠红布，腰佩大刀……
65	里民子	在贵阳、黔西、大定、清镇等处。男子多贸易，妇女穿细耳草鞋，勤俭耕作，闲时则纺毛布作衣……
66	白儿子	在威宁及滇省有之，各有宗族。男子多汉人风，女人犹苗俗。汉人多赘苗女为家，生子后仍归汉者，故名白儿子也
67	白龙家	在大定、平远二处。衣白衣。……婚丧颇循汉礼

（续表）

	名称	内容
68	白狆家	在荔波县，男子头戴狐尾，以耕种为业，女子身小而多慧，穿淡蓝色衣，细褶勾云裙，红绣花鞋，胫戴银圈，五色布裤……
69	土犵狫	在威宁州，男子披草为衣……
70	鸦雀苗	在贵阳属，女子以白布镶胸袖裙边……
71	葫芦苗	在定番、罗斛二处……
72	洪州苗	在黎平，男子与汉人同，勤耕力作，女子善纺织，棉葛布颇精细，多售于市，故有“洪州葛布”之名
73	西溪苗	在天柱县属。女子短裙不过膝，以青布缠腰……
74	车寨苗	在古州，男多艺业，女工针指。……此种乃马三宝之兵败落六百名，聚此赘苗家，故有“六百户”之称
75	生苗	在台拱、凯里、黄平、施秉等处……
76	黑脚苗	在清江台拱地方，男子短衣大裤，头插白翎……
77	黑楼苗	在古州、清江、八寨等属，邻近诸寨，共于高坦处造一楼，高数层，名聚堂，用一木竿，长数丈，空其中，以悬于顶，名长鼓……
78	短裙苗	在都匀八寨。男子短衣宽裤，妇人衣短、无衿袖。前不护肚，后不遮腰，不穿裤，其裙长只五寸许，极厚而细褶，聊以蔽羞……
79	尖顶苗	在贵阳府属，男女梳尖顶髻……
80	郎慈苗	在威宁州属……
81	罗汉苗	在八寨、丹江，男子戴狐尾，披发于后……
82	六洞夷人	在黎平府属，短衣色裙，细花尖鞻。未婚男女，剪衣换带为凭，卜吉嫁之。邻近女子，执蓝布伞往送，名曰送亲。连袂歌舞，……母家以苗布数匹为嫁资，女则纺织勤劳……

总观上引八十二种“苗图”可知，其中有不少其他少数民族都被误断成了苗族。在历史上，西南地区非汉民族大抵被统称为“苗夷”，但“苗夷”一词内含十分复杂的民族成分。虽然由于苗族没有文字记载，兼之历史上民族间迁徙交融相当频繁，可以说苗族的科学识别工作至今仍未完成。例如这“八十二种苗图”中所著录的基本上限于黔省范围，对湘、鄂、桂、川、滇、琼乃至越南、老挝、缅甸之苗族都未涉及，而贵州的彝族、侗族、布依族、仡佬族、瑶族、水族都被归入了苗族，历史上还有不少“汉变苗”“苗变汉”的现象即民族融合、隐瞒族别、误断族系现象，都有待科学的识别和鉴定。目前较有把握定为误断者如：1. 倮罗，2. 罗鬼女官，3. 白倮罗，33. 僰人，50. 六额子，51. 白额子，66. 白儿子，实属彝白系统；6. 卡尤狆家，7. 箥笼狆家，8. 青狆家，22. 猥苗，32. 犵獞苗，35. 洞人，45. 洞苗，48. 狪家苗，55. 洞崽苗，63. 黑狆家，68. 白狆家，74. 车寨苗，77. 黑楼苗，属壮傣系统；23. 打牙犵狫，24. 猪屎犵狫，25. 红犵狫，28. 锅圈犵狫，69. 土犵狫等，都是今日仡佬族祖先。但 26. 花犵狫则疑是对苗族的误断，因为在 1934 年底红军长征途经贵州时缴获的军阀王家烈部队所用贵州地图（晒图）中把贵阳南郊著名花溪风景村镇标名“花仡佬”。笔者在贵州大学任教时曾到花溪调查过，此地苗族虽属青苗支系，却以繁密美丽的挑花闻名，当地苗族历史上确被称为“花仡佬”，因为贵州人都知道土民是仡佬，苗族迁来此地较早的一支就被人误称为“花仡佬”，以形容其衣饰之美（此地图原件藏“遵义纪念馆”）（图 1–37，图 1–38）。不过“八十二种苗图”第 26 和第 27 水犵狫都注明“又名犵兜苗”并指出分布在施秉、龙泉、余庆、黄平等处，当地至今仍生活着服饰独特的“[illegible]家人”，旧称“僅兜”，即“犵兜苗”，这一民族虽然官方一直作为苗族支系视之，当地苗族却视为异类（图 1–39，图 1–40）。“八十二种苗图”中提到的“猺人”即瑶族，而所谓“水家苗”即今日的水族。瑶族和水族都是清朝雍正皇帝派鄂尔泰镇压西南少数民族时从广西迁徙来到贵州黔南地区的。其他如“宋家苗”“蔡家苗”等今日虽归入苗族，但他们中仍有人自认为是从江西、湖广等处迁来贵州的汉族所变。如此看来，“八十二种苗图”中只有五十种左右为真正的苗族，且因时代睽隔、世事变迁和民俗发展变化，这些苗族已很难跟今日各支系苗族一一对号确认了。又因民族的迁徙流动，《黔记》时的各支系分布范围也有了很大变化。何况川、滇、桂、湘、鄂等和东南亚也有不少苗族分布，研究苗族服饰必须扩大视野，采用更科学的民族识别方法和标准，兼顾历史发展和各族间的互相影响，才有可能获得真实而准确的结论。

四、对比研究

现在用实例对比来研究一下各种《百苗图》的长短得失，从中可推究不少问题。笔者选用上海博物馆藏三种苗图跟贵州省藏两种苗图对勘，姑且挑“八寨黑苗”和“清江黑苗”两页为例：

1. 贵州省图书馆藏本编排为第 56，第 57 图。由于每幅板印右图左文，装订时图在前页、文在后页，附图所见为黑衣女子执牛角杯灌劝红衣男子形象实即清江黑苗之图（图 1–41），核对上海博物馆三种“苗图”可知都出自同一母本。仔细分析一下，《黔省苗图》（图 1–42）一律不画背景，而每幅人物都自成完美构图，并且工笔技巧纯熟高超，应是较早的“母本”。《风俗图考》（图 1–43）本则在保存母本人物基形时，另加人物组成情节，

图 1-37　贵阳花溪苗族盛装　杨通河绘《百苗图》

图 1-38　贵阳花溪南部苗族　杨通河绘《百苗图》

图 1-39　黄平佯家人（佯兜苗）在卖“泥哨”

图 1-40　黄平佯家姑娘

图 1-41　清江黑苗　贵州省图书馆藏《百苗图》

图 1-42　清江黑苗　上海博物馆藏《黔省苗图》

图 1-43　清江黑苗　上海博物馆藏《少数民族风俗图考》

并配以露天优美的山水背景画，技巧十分高明，红衣男主角之小腿折曲，女主角增强欹倾动势以突显殷勤劝酒情态。《风俗画册》(图 1–44）此图则加改成室内饮宴背景，右侧加改为一对情侣携牛角杯前来参加聚饮，原被灌酒之男主角则被添上胡须，其动作仍是《黔省苗图》原样，原男子衣服被改成汉式服装，造型亦较嫌稚气并有程式化倾向。反观贵州藏本，明显可知系按《黔省苗图》人物简化刻板印刷而成，技巧也拙陋得多。由以上分析可知，贵州藏本是依据《黔省八十二种苗图》板刻印刷，并用数色套印而成。上海博物馆《黔省苗图》可能较接近“母本”。

2. 贵州图书馆藏《百苗图》第 56 的“八寨黑苗”所配之图实是误植“洞苗”之图，而贵州民族研究所藏《百苗图》第 56 的“八寨黑苗”所配之图则是“卡九狆家”之图，这从上海博物馆两种《苗图》对勘即明（图 1–45 ～图 1–48）。这类编排次序错乱的形式在贵州所藏两种《苗图》中可谓屡见不鲜。究其原因，实为雕版印刷工匠在分别套印图版后装订成册时出错，然后逐一添补文字遂致讹误。所以，在使用各种《苗图》作为苗族古服研究依据时，必须十分谨慎，勘对无误才可相信。

3. 贵州所藏版本的文字部分，显然是斟酌了《黔记》而改写的，书法虽然相当熟练，语句却常有增删，出了不少舛误，如详加校勘颇费篇幅，只举例为证：

《黔记》“八寨黑苗”原文是：“在都匀府属，性犷悍。女子以色布镶衣，胸前锦绣一方护之，谓之遮肚。各寨野外，均造一房，名曰马郎房，未婚之女，晚来相聚，其所欢悦者，以牛酒致聘，出嫁三日，即归母家，或一年半载，外氏向婿索头钱。倘婿无力措办，则将女改适，有婿女皆死者，向其子索之，名曰鬼头钱。”贵州藏本之“八寨黑苗”文字是：“在都匀府属，性悍犷，女

图 1–44

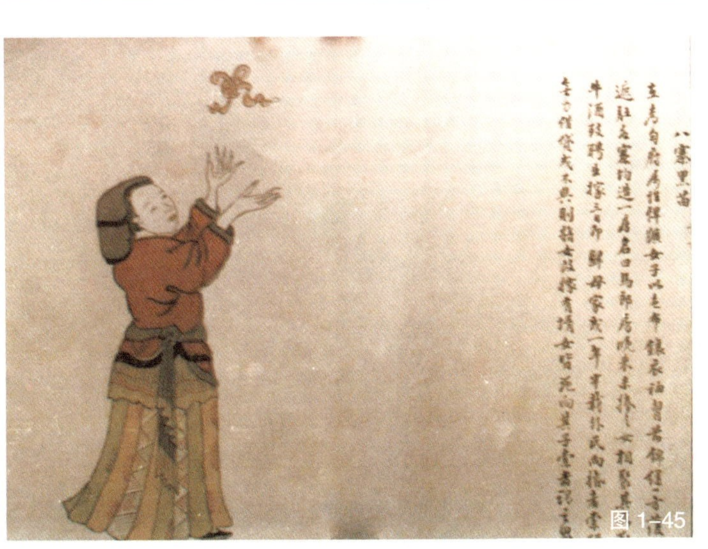
图 1–45

图 1–46

图 1–44 清江黑苗 上海博物馆藏《少数民族风俗画册》
图 1–45 八寨黑苗之图 贵州省图书馆藏《百苗图》
图 1–46 卡尤仲家 上海博物馆藏《黔省苗图》

图 1-47

图 1-49

图 1-48

图 1-50

图 1-51

图 1-47　卡尤仲家　上海博物馆藏《少数民族风俗图考》
图 1-48　卡尤仲家　上海博物馆藏《少数民族风俗画册》
图 1-49　寨苗　上海博物馆藏《黔省苗图》
图 1-50　八寨黑苗　上海博物馆藏《少数民族风俗画册》
图 1-51　八寨黑苗　上海博物馆藏《少数民族风俗图考》

子以色布镶衣袖，胸前锦绣一方护之，谓之遮肚。各寨均造一房，名曰马郎房，晚来未婚之女相聚其所，欢悦者以牛酒致聘，出嫁三日即归母家，或一年半载，外氏向婚者索头钱，无力借贷或不与，则将女改嫁。有婿女皆死，向其子索者，谓之鬼头钱。”关于“八寨黑苗”所配之图，各本差错很大，按上海博物馆藏《黔省苗图》应是一怀抱芦笙坐在石块上的男子，黑衣外罩有“贯首马褂”（图 1–49），贵州民族研究所藏印本则把此图误成“红苗”（服色显然不对），贵州图书馆藏本则把“洞苗”误成“八寨黑苗”。上海博物馆的《风俗画册》把“八寨黑苗”表现成一位男青年背芦笙追随三位姑娘同去“马郎房”相聚的情景，并强调了“以色布镶衣袖”和“遮肚”造型，图文照应无疑，姑娘梳双髻（图 1–50）；但是上海博物馆的《风俗图考》则把“八寨黑苗”表现成一男三女荷锄同行，前面妇女背着娃娃，情景跟文字虽有不符，却突出表现了“胸前锦绣一方护之，谓之遮肚”形象，头发却是顶髻（图 1–51）。从构图看，《风俗画册》跟《风俗图考》有相似处，服饰各有部分与文字相符，令人难决正误，愚意应以《风俗画册》为正。

第二章 遗珠重缀——苗族历史简介

Yizhu Chongzhui Miaozu Lishi Jianjie

苗族是中国最古老的民族之一，目前约有750万人，在中国五十六个兄弟民族中，在汉、壮、满、回族之后居第五位。苗族发祥于中原黄淮地区，因在远古部族斗争中失败，而被迫向南、向西迁徙，主要分布于贵州、湖南、湖北、四川、云南、广西、广东及海南八省，并有约百万人移居到东南亚乃至欧美各地。

苗族没有自己的文字，历史上没有留下自身直接的信史记载，其古史尚待深入研究。但是如运用科学的方法，把汉族史籍中有关苗蛮部族的史料印证出土文物，并跟苗族民间传承的民俗学材料作对比参照，就可能在某种程度上恢复苗族服装发展的基本脉络，从服饰史的角度引出可信的结论。因为苗蛮部族独特的服饰早已引起人们的重视，事实上苗蛮部族的服饰已成了自身文化的代表和象征，在历代文献中都有关于苗蛮部族服饰的记录，唐宋以后更有一些文人亲历苗族地区而留下直观的描述，都是今日研究苗族服装史的绝佳材料。

苗族的族源问题，在学术界曾有长期争论，其中有“五溪蛮说”与“三苗说”之分，在此先略作介绍。1956年，全国人大民族委员会在刘少奇提出“抢救民族文化”的号召下，组织了十一个少数民族社会历史调查组分赴各民族地区进行深入调查，搜集了大量资料并开展研究。1958年，笔者受贵州民族学院委派参加了“全国少数民族社会历史调查组”的“湖南贵州组”工作，在贵州各地从事调查采访及部分文字整理工作。全国调查组的领导是汪锋、谢扶民，副组长陈裔兼管贵州组，笔者所在的小组组长是从印尼返国的梁英明。记得我们在贵州威宁从事苗族、彝族、回族调查时，原华西大学宋蜀华教授曾来威宁县龙街区（今龙街镇）作过现场指导。1959年夏，因贵州民族学院发展成为贵州大学，笔者即返校任教。当时《苗族简史》在王静如教授的主持下由梁英明执笔撰写初稿，梁当时是三十岁的年青学者，他们撰写的《苗族简史》经慎重改写，跟《简志》一同印成内部铅印本。在这部《简史》中采用“五溪蛮说”为苗族起源，但是“五溪蛮”地区的开发约当秦汉前后，失之太晚，难作族源定论。后来《苗族简史》改由贵州民族研究所龙伯亚主编改写，开始引用“左洞庭、右彭蠡”及“荆蛮”的资料，主张“三苗说”。由于唐代的杜佑、宋代的朱熹等古代学者都曾论及苗族与古代三苗和荆楚的关系，这类史料有不少出自古人实地考察记录，“三苗说”渐被多数学者接受。笔者在苗族地区调查时，早就听到苗族耆老在古歌中唱及古时祖先有槃瓠、央公央婆及蚩尤等，但此类民俗史诗材料被学者采纳到正史尚有不少碍难。随着近年民俗学在中国的长足发展，学术界也逐渐认识到史籍、出土文物跟民俗传承文化三者结合是历史研究的更科学、更完善的方法，在缺乏文字史料的少数民族史研究中，尤其是古史中断而演化为新的民族，在追溯其史迹时，民俗传承文化常能发挥作用。虽然“黄帝与蚩尤涿鹿大战”在史籍材料中充满了神话色彩，但经过八十年的现代史家研究，全国都已公认黄帝是“中国文化初祖”，为什么流传在史籍和苗族口传文学中的蚩尤却至今不能被学术界承认是“苗族初祖”呢？如果承认这是被历史迷雾折射而有些变形的一段史实，那苗族的族源就应追溯到蚩尤部族时代。虽然史料不多，但笔者将努力探究。1992年，四川民族出版社出版了伍新福与龙伯亚合著的《苗族史》一书，对苗族族源作了详细的研究，即上溯到蚩尤（九黎）的原始部族时代，笔者很赞同他们的观点。在本书中，笔者将围绕苗族服装史这一中心课题，同时也对苗族族源及其文化内涵与影响提出一些自己的看法，向学术界请教。

蚩尤其人因史料芜杂，古代已不明究竟。《尚书·吕刑》：“蚩尤惟始作乱，延及于平民。”《疏》：“九黎之君，号曰蚩尤；旧说云然，不知出何书。如《史记》本纪之言，蚩尤是炎帝之末诸侯君也。应劭云：‘蚩尤古天子’，郑玄云：‘蚩尤霸天下，黄帝所伐者。’《汉书音义》有‘臣瓒者’引《孔子三朝记》云：‘蚩尤庶人之贪者’，诸说不同，未知蚩尤是何人也。”《史记·五帝纪》：“蚩尤作乱，黄帝征师诸侯，与蚩尤战于涿鹿之野，遂禽杀蚩尤。”可知虽然古人已弄不清蚩尤的详细履历，但作为经典著作都予以正式承认的历史人物，不论贬褒，蚩尤都是古代一名杰出的部族首领。对古代部族斗争最重大的涿鹿决战的战场也有异说：后世许多人以为涿鹿就在北京官厅水库西面的河北省涿鹿县（毗邻的张家口市宣化区的鸡鸣山麓，至今有轩辕城址和黄帝庙），北有拒马河，南临桑乾河，形势险要。另有一说：涿鹿就是阪泉。《史记·五帝本纪》正义引《括地志》云：“阪泉，今名黄帝泉，在妫州怀戎县东五十六里，出五里至涿鹿。”按1948年版旧《辞海》说“怀戎即今河北省保安县”，与前文所说涿鹿不远。但妫州应指山西永济县南的妫汭（沩汭），源出历山，流入黄河。此地有著名的解州盐池。郦道元《水经注·漯水》：“《晋太康地理志》曰：‘阪泉亦地名也。泉水东北流，与蚩尤泉会，水出蚩尤城，城无东面。’《魏土地记》称涿鹿城东南六里有蚩尤城。”《太平寰宇记》：“蚩尤城在（安邑）县南一十八里。”此地旁的解池就是传记中黄帝杀蚩尤处，据说蚩尤被杀后流血染红了解池，至今池水色微红，所出著名池盐亦带红色。《梦溪笔谈》：“解州盐泽方百二十里。久雨，四山之水悉注其中，未尝溢，大旱未尝涸。卤色正赤，在版泉（阪泉）下，俚俗谓之蚩尤血。”这著名的阪泉大有来历：先是黄帝与炎帝在此“阪泉大战”杀得“血流飘杵”，后来又在此与蚩尤大战，杀得盐池水至今呈红色。黄帝和炎帝都是从甘、青、川向东拓展的古羌部族首领，他们从陕、晋、川分南北两路向中原进军，在争夺利益时不顾胞族血缘打得激烈残酷。又因面对当地强大部族蚩尤的威胁而组成“炎黄同盟”，共同把蚩尤代表的九黎部族驱杀向南方。

许多人由于宋代罗泌在《路史》中写的《蚩尤传》中说“蚩尤姜姓，炎帝之裔也”而相信蚩尤是羌族之后，那是不足为据的。发祥于晋、冀间的蚩尤部族十分强大，或说有“兄弟八十一人”，即有庞大支系的部族集团，这个集团又被称为“九黎”（九即多数之义）。蚩尤部族跟炎黄部族是世仇，斗争达两三千年，怎么可能是同族呢？事实上最早的关于蚩尤部族的记录已是战国时人根据古代典籍和传闻编写的，如《尚书》《山海经》之类，造成后人误认蚩尤与古羌炎帝同类的唯一根据，似乎是误读了《初学记》引《归藏·启筮》“蚩尤出自羊水，八肱八趾疏首，登九淖以伐空桑，黄帝杀之于青丘”这句话。古人认为姜姓之祖是炎帝神农氏，炎帝是发祥于姜水而获姓，而“羌”即西方牧羊人之义，羌、姜、羊三者内涵相通，蚩尤既出自羊水，又接着炎黄“阪泉大战”后跟黄帝在此“涿鹿大战”。于是不仅指认蚩尤为姜姓炎帝之裔，并且是替炎帝复仇而向黄帝“作乱”云云，全然不顾炎黄“不打不成相知”的姬姜同源亲族关系而“乱点鸳鸯谱”。即以“伐空桑……杀之于青丘”来分析，空桑虽是孔子所生之地山东曲阜女陵山，另有一处空桑则在河南陈留（开封市东南），应当是蚩尤向黄帝发动战争的起点。既然“黄帝杀之于青丘”，理应在山西解池或河北涿鹿附近，但是《山海经》把“青丘”置于《南山经》（山名）和《海外东经》（国名）。如是青丘山，因产九尾狐（涂山氏）而跟后世大禹治水有关，在今河南中部；如是“青丘国”就更有意思了，《海外东经》明确地说：“青丘国……其人食五谷，衣丝帛，其狐四足九尾。……帝命竖亥步，自东极至于西极，……竖亥右手把算，左手指青丘北（一曰禹令竖亥……）。”可知这青丘山是后世大禹治水平定九州时用作测量坐标的一座重要山峰。更值得注意的是，蚩尤死难处青丘还是天文学的星名，《晋书·天文志》：“青丘七星在轸东南，蛮夷之国号也。”这“轸”即二十八宿的南方朱雀星座之末宿，即星图中的乌鸦座，为中国天文观念中南蛮地域的象征星座。笔者怀疑史传中黄帝在战斗中用“指南车”破蚩尤军队的故事实际是出此天文象征意义的附会。蚩尤被杀的地点，还有不同说法，《山海经·大荒南经》：“有宋山者……有木生宋山上，……名曰枫木。枫木，蚩尤所弃其桎梏，是为枫木。”《云籍七签》辑《轩辕本纪》云：“黄帝杀蚩尤于黎山之丘，掷械于大荒之中，宋山之上，后化为枫木之林。”（图 2–1）但是《皇览·冢墓记》说：“蚩尤冢在东平寿张县阚乡城中，高七丈，民常十月祀之。有赤气出如匹绛帛，民名为蚩尤旗。肩髀冢在山阳巨野县重聚，大小与阚冢等。传言黄帝与蚩尤战于涿鹿之野，黄帝杀之，身体异处，故别葬之。”以上所见，蚩尤被杀于冀州涿鹿或山西解池，但部分身体葬到山东两处，不是很奇怪吗？这似乎有一种解释：蚩尤不是一个人，而是九黎部族首领的称号。因为黄帝部族跟蚩尤部族之间是长期的斗争，随着时间的推移和部族迁徙，就可能出现多处分身或讹化。解州盐池因蚩尤血而染红当然是神话，宋山枫木因蚩尤血枷而每年秋叶变红当然也是神话，但这类神话反映了蚩尤部族对领袖惨遭冤杀的悲愤怀念之情。奇妙的是，远徙数千里外的蚩尤部族后裔苗族群众至今保持着对枫树的崇拜，在贵州多数苗寨村头都栽有枫树，被视为保寨树，不允许随意戕伐。苗族不仅有关于蚩尤是本族祖先的传说，并给枫树寄寓了更多内涵，枫树是苗族远古最早的植物图腾——圣树崇拜的偶像，后文将予详细研究。

笔者甚至怀疑真正的蚩尤（九黎部族领袖）并没有

图 2–1 苗族寨门保寨树与土地庙（贵州省台江县施洞镇清水江边）

被杀于涿鹿或解池，在神化疑冢的迷雾掩护下，九黎部族在战败被迫南迁前把他们战死的领袖很隆重地埋在了故乡的墓地中——1982年考古学家在河南濮阳西水坡挖掘了一座原始时代墓葬，墓主人那巨大的遗骸和身边用贝壳摆塑成的“龙虎形”陪葬品引起一致惊叹，曾被推崇为“中华第一龙”，更有人强调这是“最早的龙虎斗”，至今未见异议（图2–2，图2–3）。笔者却对此论颇感怀疑：按常识龙是古羌部族的图腾表征，当时“华夏”尚未统一，不可能有各族共奉的龙，而如果墓主是古羌首领，那虎又象征何族呢？中国远古未见“虎部族”，没有拮抗的对手，这“龙虎斗”的观念又从何而生呢？笔者想强调指出：这所谓的“虎”并不是虎，而是后世苗蛮部族图腾“槃瓠”的原始形态！请仔细审视此兽造型：它有一根超常肥大的长毛尾巴！原始人造型虽或稚拙，但对表现的主要特征是从不含糊的，只要看那龙形的表现水平就可知此“虎”尾决不会盲目失误，而是特意表现（注意：头上有角）。苗族祖先的“五溪蛮”追溯本族出于高辛氏（帝喾）所畜神犬槃瓠，《汉书·南蛮传》谓“其文五色”，即“其毛五彩”，而汉代许慎的《说文·犬部》有“尨”字，或写作“狵”，释为“犬之多毛，杂色不纯者”。后人谓即狮子狗（哈巴狗），但“狮子”的概念晚至汉代才从西域引入，狮子狗更晚至唐代才有记载（猧，卷毛狮子狗）。另有一字“莘”，音莘（shēn），是古神名。《庄子·达生》：“丘有莘。”《释文》：“状如狗，有角，文身五彩。”都是楚苗古观念。“尨”即苗蛮部族的图腾，后改称为“槃瓠”，其原始形态就是濮阳大墓中的贝塑“尨”形（莘）。此墓主在原始墓葬中是独一无二的庄严高贵，他必定是部族首领才有此殊荣——此地正处中原，是东夷、西羌和九黎部族争夺势力范围的交汇地点，应当是在三者部族斗争中的关键性人物。必须指出，对此墓的介绍图片常常忽略了墓主人脚下的一个贝塑小三角形物象，笔者认为那正是东夷部族图腾“玄鸟”的简化型（用两根骨喻燕尾），然则可以推断：此墓主是“尨”图腾的部族首领，在跟龙图腾的部族斗争中战死而葬，脚下也未忘记摆着当时尚处稚弱期的东夷族徽，渤海北缘的辽宁红山文化著名的“女神庙”遗址已出土玄鸟玉雕可参照。找遍历史资料，濮阳大墓的高贵墓主只有一个人最可担当——九黎领袖蚩尤！九黎部族在埋葬了蚩尤后即进入了艰难的斗争低潮，逐步转徙向“左洞庭、右彭蠡”而被称为“三苗”。蚩尤代表着庞大的九黎部族集群，他虽战死，信奉蚩尤的部族仍有反抗的力量，所以，不仅《皇览·冢墓记》云“蚩尤冢，民常十月祀之”，《龙鱼河图》也说“后天下复扰乱，黄帝遂画蚩尤形像，以威天下”。蚩尤的灵魂被升华成了星名，

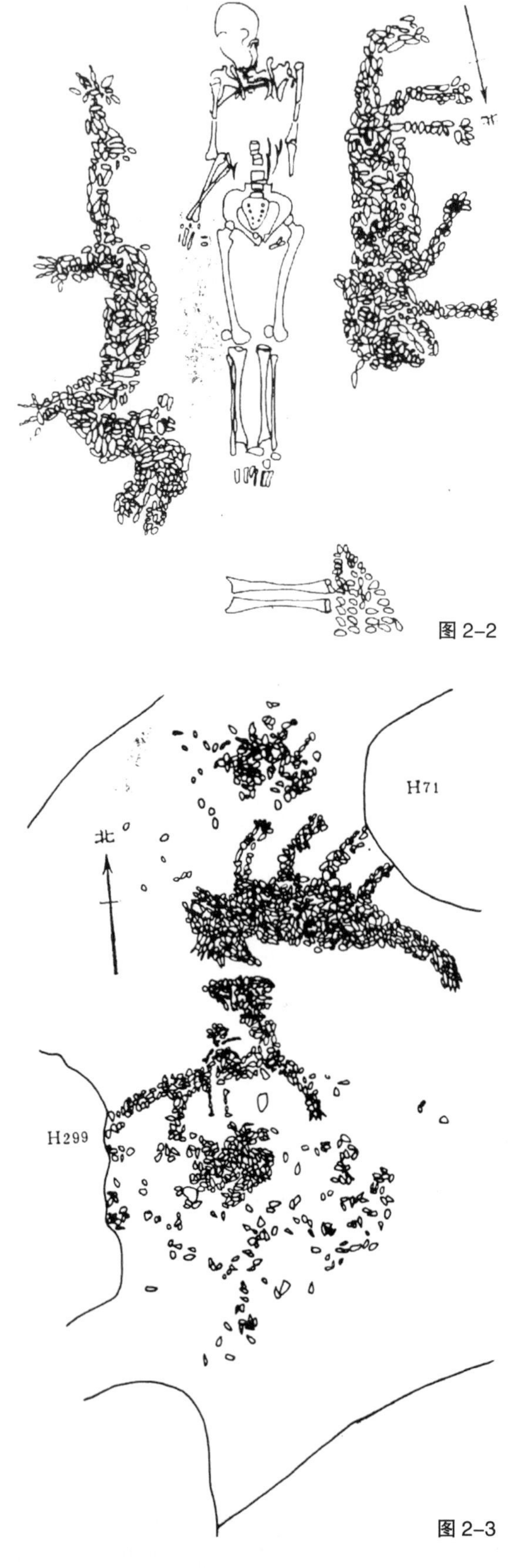

图2–2　河南省濮阳西水坡遗址出土第一组蚌塑图（注意所谓“虎”的粗尾与额顶之独角）
图2–3　河南省濮阳西水坡遗址出土第三组蚌塑（注意所谓“虎”的粗尾与额顶之双角）

《史记·天官书》:“蚩尤之旗，类彗而后曲，象旗，见则王者征伐四方。”炎黄统治民族一方面把“蚩尤旗”视作妖星，见着“蚩尤旗”出现就忙于镇压异族反抗，另一方面又利用蚩尤形象绥抚民心。对蚩尤的悲剧英雄形象，群众保持着长久的尊崇，《述异记》:“秦汉间说，蚩尤氏耳鬓如剑戟，头有角，与轩辕斗，以角觝人，人不能向。今冀州有乐名‘蚩尤戏’，其民两两三三，头戴牛角而相觝，汉造角觝戏，盖其遗制也。”《述异记》还记述“太原村落间祭蚩尤神，不用牛头”(汉族设祭，三牲以牛为主)，而《史记》记汉高祖起兵“祠黄帝、祭蚩尤于沛庭”。到汉建国后，在山东泰山有“齐祀八神……三曰兵主，祀蚩尤”，蚩尤在数千年的历史中变成战神而载入史册。

为什么太原农民祭蚩尤时“不用牛头”，而蚩尤戏要戴角相觝呢?因为史传蚩尤“八肱八趾疏首”“兽身人语，铜头铁额”“人身牛蹄、四目六手，耳鬓如剑戟、头有角”。总之是牛神形象，这种形象的创造意匠，只能是出自在黄淮地区创造了农耕文明的九黎部族观念。以蚩尤为代表的九黎部族还是中国最早发明金属兵器者，《世本》:“蚩尤作五兵：戈、矛、戟、酋矛、夷矛”，这类形象和观念一直影响着后世苗族的审美心理与民俗观念。

今日苗族的古歌、传说和习俗中仍保持着不少对蚩尤的怀念。迁徙得最远的“川黔滇方言支系”苗族保存着最古朴的历史追忆。1958年在贵州威宁龙街区笔者曾拜访过苗族耆老张清福老人，他吟唱并翻译的“盘根古歌”中说苗族原本住在北方“甘扎地坝”(平原)，领袖是“格蚩爷老”(又读作“格兹炎老”)。“格”是敬称，“蚩”是当地苗族姓氏中常见的祖先名字，常被嵌缀在苗名中，所以“格蚩爷老”就是“蚩尤”(爷、炎、尤一音之转)。“格蚩爷老”带领群众打了十几年仗，打败了，被迫搬家，辞别“甘扎地坝”老家时，所有坛坛罐罐都摔丢了，却实在难舍那肥美的田园，聪明的苗族姑娘就把家乡田土绣成一幅图画背在背上带着走，因此至今黔西北和滇东北的苗族服装在背后必须钉上一块方形绣片，所绣即“田坎花”(图2-4)。“格蚩爷老”被杀害后，苗族子孙长途跋涉迁到“斗南一莫”(意为“大江边”，或谓即长江边)。

云南文山地区的苗族每年有盛大的“踩花山”活动，原意为祭祖和青年男女恋爱以求部族繁衍，所祭即祖先蚩尤。在“花山”场中所立花杆，从上至下垂挂彩布并接有三尺六寸长的红布，据说是“蚩尤旗”遗制，立花杆时头人所唱咒词中要追述苗族祖先“蒙蚩尤”跟汉人皇帝战斗、失败、被迫迁徙等情节(图2-5)。各地苗族“跳花场”时在场中央树立“花杆”都是必备节目，多数“花杆”是砍伐来的活树，也有用雕花木柱的，有的花柱上雕有一串“鬼脸”，实是苗族的“列祖列宗像”，跟苗族盛装袖花“列祖列宗”是同样涵意。花柱既是枫香圣树拟型，也供“椎牛”之用(图2-6，图2-7)。

在湘西和黔东北“红苗”的传说中，称“蚩尤”为“剖尤”，按苗族东部方言，“剖”即“公公”之意，“剖尤”即“蚩尤祖公”之意。

中原历史进入尧、舜、禹时代，在南方长江流域发

图2-4　黔西北六冲河支系乌蒙山型大花苗武定式背牌上的“田坎花”

图 2-5 黔西北赫章县苗族“踩花山”（跳花场），会场中央竖有“花树”，以象征原始时代的登天圣树
图 2-6 苗族剽牛现场，中立为花柱（图腾柱）
图 2-7 贵州台江县施洞苗绣（袖花之“列祖列宗”）

展起强大的“三苗国”，这“三苗”就是被迫从黄淮地区迁徙到“衡山在南、岷江在北，左洞庭之波，右彭蠡之水”地区来的九黎部族后裔。《尚书·吕刑》：“王曰：若古有训，蚩尤惟始作乱，……苗民弗用灵，制以刑”，“遏绝苗民，无世在下”是把蚩尤的部族直呼为“苗民”，可知古人是把黎苗视为一体的。孔颖达疏引郑玄云：“苗民，即九黎之后。”《国语·楚语》“其后三苗民复九黎之德”更明白指出三苗即直承九黎之部族。在三苗活动区域的记载中提到“岷江在北”颇引起学者怀疑，因为岷江在四川盆地西北面，远离湘鄂千里，属古羌领地，似乎跟三苗毫无关系。但是《战国策·魏策》也写道：“昔者三苗之居，左彭蠡之波、右洞庭之水，汶山在其南而衡山在其北……。”除左右南北方位颠倒外，还把“岷江”改成“汶山”，这汶山实际上更在岷江北，正是古羌族发祥之地，跟苗族“风马牛不相及”。但《史记》《韩非子》《战国策》这类经典史籍如此统一的说法，显然不仅有同一的依据，也是诸家共同认可的观点，所以后世史家力求其实，例如晋代郭璞说衡山即湖南“南岳衡山”，而清代郝懿行则认为应是河南的“雉衡山”（在南召方城之间），而顾祖禹则指为霍山（即安徽天柱山）。不过史家对岷江、汶山少有确凿指定。其实“三苗国”地域包括河南部分和湖北、湖南、江西迄无疑义，并且随着尧、舜、禹三代步步进逼，苗蛮部族逐渐迁向西南山区亦无疑义。从古史民族文化地域看，三峡及神农架地区是古羌及巴人东渐的发展区域，作为留居湘鄂的“三苗”必定从西面受到巴人乃至顺长江传来的古羌文化影响，岷江作为长江源流一支，由古羌及巴人追溯其祖而传来“岷汶”观念亦属情理中事。《韩非子》《战国策》成书年代正是秦国（陕甘巴蜀）向东扩展与六国争锋之时，有此记载正合时宜。本书亦将探求苗族服装所受羌文化影响的问题。

尧、舜、禹三代距今四五千年，跟“三苗”的斗争贯彻始终，原因是苗蛮部族绝不甘心放弃蚩尤时代被黄帝部族夺去的黄淮故地。尧在历史上素称“贤明君王”，其实他执政时天灾人祸不断。史称尧初封于陶，后徙于唐而称“陶唐氏”，又称“唐尧”，这反映尧时正处于新石器发明烧窑制造陶器的早期农耕文明时代，他初掌权就遇上“十日并出”即酷烈大旱，于是由他自己或是他命令后羿“上射十日”，这不仅反映尧是原始部族的大巫师，用巫术祈求雨露，更反映尧代表的部族是“崇月仇日”的部族。[①]《孟子·滕文公》：“当尧之时，天下犹未平，洪水横流，泛滥于天下……尧举舜而敷治焉，舜使益掌火……禹疏九河……。”尧自己什么都不会干，差遣舜去干，舜又差遣益和禹去治水，功成后尧却传位于舜，并把两个女儿也嫁给舜，对禹可谓赏罚不公。嫁女给舜的原意也是要两女监督考验舜，这两女颇有神通，显然也是巫女之类：“尧试之百方，每事常谋于二女。”而尧生的长子丹朱则一向背着“傲虐、不孝”的罪名，终被放逐到南疆丹水去，所以书传或称“尧不慈”，或谓“尧杀长子”。尧时跟四周邻族关系都很紧张：“流四凶族浑敦、穷奇、梼杌、饕餮，投诸四裔，以御螭魅。”按《名义考》，浑敦即驩兜，穷奇即共工，梼杌即鲧，饕餮即三苗。其中共工曾向天帝造反，怒触不周山，被诬为洪水肇祸者，实际是尧舜把天灾转嫁为人祸的借口；鲧是对治水持不同政见者，被冤杀；三苗因部族世仇被诬以恶名，是尧、舜、禹的主要攻击对象。这些都很值得研究。

《吕氏春秋·召类》：“尧战于丹水之浦以服南蛮。”而《六韬》云：“尧与有苗战于丹水之浦。”可知此时丹水地区属三苗地域。《山海经·海外南经》郭璞注：“昔尧以天下让舜，三苗之君非之，帝杀之，有苗之民叛入南海，为三苗国。”尧舜禅让是部族内部事务，外族的三苗为何要去干涉呢？又为何导致苗蛮之君因此被杀、部族被迫“叛逃”呢？袁珂先生在《中国神话传说词典》中是如此解释的：“盖丹朱被放于丹水时，即与有苗联合共同反尧。‘服南蛮’者，实为服丹朱之故。”伍新福、龙伯亚在《苗族史》中也执相同观点。但是尧把不肖子放逐到世仇三苗之地去似有“纵子为虐”之嫌，不是很莫名其妙吗？袁珂还指出：“《山海经·海外南经》于‘三苗国’之前，复记有‘讙头国’或曰‘讙朱国’，当即是丹朱国。郭璞注云：‘讙兜尧臣，有罪，自投南海而死，帝怜之，使其子居南海而祀之，画亦似仙人也。’当是丹朱兵败怀惭，自投南海而死，其子孙居南海，遂成此讙头国（难朱国）。”看来袁珂仍拘泥于传统的“贤君尧惩不肖子丹朱”观念才有此揣测。其实，丹朱与尧如果只是父子之争被“放逐”，其“子孙”不可能迅速繁衍成四凶之一的讙头国而让尧舜寝食不安的。《史记》云：“三苗在江淮荆州数为乱，于是舜归而言于帝，请流共工于幽陵以变北狄，放讙兜于崇山以变南蛮，迁三苗于三危以变西戎，殛鲧于羽山以变东夷，四罪而天下咸服。”司马迁这段话对后世影响较大，但实在是笔糊涂账，现代历史学家已弄清鲧因封于崇山而有“崇伯”之称，此山应在湖南大庸天门山旁；鲧殛死于羽渊在川西北，并非东海羽山；鲧跟共工实即同一人，既不可能“变北狄”，也不可能“变东夷”。“放讙兜于崇山”就是“叛逃南海”，可知丹朱是被放逐去的，他跟南蛮的合流是形势必然；三苗本来就是“南蛮”，不可能“变西戎”。并且从《史记》之文可知讙头（讙兜、丹朱）是早已存在并被视为四凶之异族，不待丹朱因不肖而被逐才变异族。笔者认为这段史谜需要换一种观念去解读。首先，丹朱跟尧的所谓“父子”关系可能只是部落联盟的主从关系，“讙兜尧臣”之说比较可信。其次，尧舜处于原始母系向父系制转变时期，他虽无权传位于子，却可主动选择满意的接班人，但是舜虽受“禅让”仍须先成为人家的“招赘女婿”，并时刻受到二妻的制约。

蚩尤的九黎部族无论政治、经济和军事都比炎黄部落先进，不仅率先掌握金属武器，并且《管子·五行篇》云：“昔者黄帝得蚩尤而明于天道”，蚩尤是最早制定刑法进行法治的部族，黄帝要诛伐蚩尤的真实原因，不仅因为九黎部族军事太强盛，更因“蚩尤作乱，不用帝令”，即以新的观念反对落后的法令。尧、舜、禹诛伐三苗也基于同样的理由，《尚书·吕刑》：“苗民弗用灵，制以刑”，即三苗不再信原始巫教而只得用法制。《孔传》云：“三苗之君习蚩尤之恶。”《国语·楚语》：“三苗民复九黎之德。”正因这种新的法制观念，三苗和丹朱都对尧舜的旧制提出非议而遭到残酷征伐。丹朱作为尧舜部族的革新派与先进的三苗部族找到了共鸣，所以《庄子·盗跖篇》：“丹朱与南蛮旋举叛旗。”这种政治分歧表现在《尚书·舜典》：“三载考绩、三考黜陟幽明，庶绩咸熙，分北三苗”，《吕氏春秋》：“舜却苗民，更易其俗。”舜对苗族的征伐是带着娥皇、女英二妃一起深入湖南，终至死在九疑山，娥皇、女英则留在潇湘民间成了地方女神。当禹成了舜的接班人，他又誓师征伐三苗，在《墨子·兼爱篇》所载其誓言是：“蠢兹有苗，昏迷不恭，侮慢自贤，反道败德，君子在野，小人在位……”当然是说苗族因自信而对夏禹之制不恭顺，在禹看来是“反道败德”的，即“道不同，扞格不入”之义。究竟是什么政见不合呢？尧、舜、禹由母系制向父系制转变期的奴隶专制萌芽和苗族从原始民主政治蜕变走向了两极。

① 详参拙著《东方的原始崇拜》。

如果您到今日的苗寨走一趟，仍可看到从原始民主缓慢蜕变来的淳朴之风。

上文所引《史记》关于“舜除四凶”之事，据说源出“三苗在江淮荆州数为乱，于是舜归而言于帝”，然后扩大到打击“四凶”，对“四凶”的处置十分荒唐已如上述，但司马迁著作是很慎重严肃的，何以会出现如此悖理之文呢？笔者怀疑这仍是“事出有因”的。首先，事由“三苗”作乱而起，为何要“扩大化”呢？“四凶”传闻离司马迁已两千多年，司马迁除采摭旧闻外，如此言之凿凿，应有当时社会思潮的背景。汉高祖建国后乱事不绝，经数十年整治，到文帝、景帝时才获稳定和发展。景帝时大儒董仲舒迎合时势大造舆论以求统一全国思想，借助当时流行的命相谶讳之学，鼓吹五行观，大树儒学，贬除诸子百家，目的是为新兴的汉朝确立思想统治纲纪。司马迁处在这种社会思潮中很可能在自己的著作中作类似的宣传。请看“流三苗于三危”是西方，前文笔者已分析九黎三苗的图腾形象是“尨”（槃瓠），即长毛五彩狗形，此形今日苗族称为“rshà rshī”，这个苗语没有汉语对译词，其含义是“老虎狗”，即“尨”的本义，又因跟“龙”合流而被称为“龙狗”（今日畲族保留龙狗图腾崇拜），恰符五行观“西方白虎”之需。“流共工于幽陵”，现代史家如杨堃先生早已考定共工即鲧，而鲧即后世“龟蛇相交”的“玄武”原始形，共工又是水神，符合五行观北方玄武水神所需。“殛鲧于羽山”，把“羽渊”篡改为“羽山”而放于东方，意思很明显，鲧讙原是“三足鳖形”的原始龙[①]，正应“东方青龙”所需。而“放兜于崇山”，把鸟嘴鸟翼的“丹朱”化身硬塞到鲧的原封地，无非是为“南方朱雀”的需求而设。这个“四凶”配五行方位的问题仔细论起来颇费笔墨，在本书的后面拟从“苗族所受四邻民族文化影响”即从纹样史角度再加分析。

舜禹跟三苗的斗争，最重要的大事是“窜三苗”和“分北三苗”，此二事后世争论不一。现在所见《舜书》是孔夫子在编《尚书》时辑入之文，原文是：“窜三苗于三危，……三载考绩，三考黜陟幽明……分北三苗”。自从《禹贡》在“雍州”一节中说“三危既宅，三苗丕叙”以后，历代史家都说舜把三苗主力驱逐到了遥远的敦煌，但是除了“三危”之名相符，别无旁证，三千多年前此山是否叫三危亦无从证明。后世史家也有感到怀疑者，或转求“分北三苗”中留在原地及迁于别处之苗族，或者猜测三危是云南三崇山，或是西藏某山，都苦于不能求证。笔者认为是根本上误读原文，导致两千多年的讹误。

孔夫子编《尚书》只是照录古文，并无注解，而古文只说“三危”并没说“三危山”，只因后人找遍全国，只找到敦煌有座“三危山”，即因名同而坐实，这是典型的“添字释经”，是史学大忌，不足为凭。三苗被“放逐”的地点更应以情理另求。今日所见较古的《禹贡》版本如明代艾南英辑《禹贡图注》，在此书的“扬州图”中位于彭蠡泽北有“三江”地名，苏注：“三江：娄江、东江、松江也”，但是袁坤仪认为是汉江、彭蠡和岷江，失之过远，如参阅另一幅《导江图》可知，在洞庭湖西北标有“北江”及“松滋”地名。按古时“松江”确指“松滋水”（今称松滋河，在今“荆江分洪区”旁），此河古时流量很大。松滋南面有溈水，这“溈”字不见于新老《辞海》，但《山海经》中却有记录，显然是一条古老的河流。按《山海经·中山经》的“中次八山”一节所述为湖北荆山一段地理，在离荆山约三百里处有“女儿之山”，再接“宜诸之山”，就是宜都（宜），靠近枝江的“宜诸之山”中“溈水出焉”。溈水不远处又有“陆鄃之山”，此“鄃”字亦不见于辞典，当然跟“溈水”一样是古地名。附近还有“大尧之山”“衡山”（不是湖南衡山）和“讙山”[令人想及“南海讙（鹳）头”]。《中山经》总结荆山的祭礼：“其神状皆鸟身而人面。其祠：用一雄鸡祈瘗……”如果把《中山经》这段文字跟《尚书·舜典》的文字对照，结合《禹贡》关于从彭蠡到洞庭的地形一同思考，可以明确看出，“窜三苗于三危”及“三苗左洞庭、右彭蠡”“衡山在其南、岷江在其北”都是指的湖北荆山地区。还有一旁证：紧接着上引文的“中次九山”一开头就述：“岷山之首曰女儿山……又东北……曰岷山。”那“中次九山”确是指川西北的岷汶地区，但为何紧接在荆山后叙述呢？因为在《禹贡》的成书时代人们是以“百川朝海”观念看待地理的，岷江虽出千里之外的川西北，但岷江注入长江通过荆楚入海，于是就接在荆山后叙述了。所以笔者认为，“窜三苗于三危”这句话绝非指甘肃的“三危山”，而只能是“窜三苗于溈”之讹误。治学读书、疑古鉴古都应综合多方证据以求其实，不该拘泥孤例而自缚。如果翻开湖北省地形图即可觉悟：九黎部族在黄淮平原开创的早期农耕文明已进入金石并用时代，却遭遇从陕晋、关陇、汉水乃至江峡来的炎黄部族侵夺，彼此争斗数千年，九黎被逐过大别山区转化成三苗，继续与尧、舜、禹抗争，直到被“放逐”到荆山后，三苗最终从平原富庶之地进入了山区，虽然仍坚持斗争到舜死九嶷，却再无能力实现复归故里的梦想。从此一蹶不振，强大的部族被“分北”为三，并再经两

① 范明三：《中国的自然崇拜》，香港中华书局 1993 年版。

千多年迫逐进入丛山莽林，散处至今。

九黎、三苗部族后裔，常被北方统治者称为“蛮”，或以“蛮夷”指称四邻的异族，细分为东夷、南蛮、西戎、北狄，泛称以“蛮夷”概括。应当指出，“蛮”字原本并无贬义，只因南方民族多以虫蛇类为图腾信仰而有此称，如闽越农村至今有“家蛇是护宅神，打不得”的观念，台湾雅美族至今盛装遍绣蛇纹，四川古代巴蜀都以虫蚕为图腾等。时至今日河南、山东农村仍称南方人为“蛮子”，而南方人也有称北方人为“侉子”者。

尧、舜、禹经过长期征伐把四邻异族驱出中原后，由禹传位给儿子启，建立了第一个奴隶制王国夏朝，为了表明自身的“正统”地位而把异族称为“蛮夷”加以排斥。夏朝将全国划分成直接统治区和间接统治区，强令异族地区“朝贡”，动辄发起武装征伐或劫掠奴隶财物。三苗所处鄂湘地区这时发展起“荆蛮”部族，这是包含三苗和其他部落成分的强大集团。“蛮”（Man）和“苗”（Miao）读音相近，但“蛮”包含了苗及南方各部族。例如联合了丹朱部落一同“叛入南海”而建立的以“讙头国”和以“三苗国”为代表的苗蛮部族。《山海经》这本战国时代成书的古籍保存许多古代部族土民的珍贵资料，关于苗蛮部族的材料多见于《海外南经》《海内南经》及《大荒南经》。按《海外南经》所述内容是从中国西南转向东南，重点在“狄山”（一曰汤山），“帝尧葬于阳、帝喾葬于阴……文王皆葬其所”，《大荒南经》则说“帝尧、帝喾、帝舜葬于岳山”，但是历史上公认舜是征伐苗蛮部族而死在湖南九嶷山的，此狄山又不可能是九嶷山，何况尧的葬地另有传说。事实究竟如何呢？笔者认为古羌和苗族都有一种共同的“灵魂返归祖籍”观念，至今羌彝老人去世，必须请巫师（呗麾）念经作法超度亡灵返归故里，苗族老人过世也须请巫师（端公）超度亡灵返归故里，所以在这一点上羌苗有文化相通的可能。那“狄山”应即古羌祖灵所在，具体讲应在岷汶发源地。《海外南经》讲“讙头国……其为人人面有翼鸟喙，方扑鱼……或曰讙朱国”，而《大荒南经》说“有人焉，鸟喙有翼，方捕鱼于海”，两者所述当然为同一人事。今日贵州苗族刺绣中在表现祖先时常见作“人面有翼”的“羽人”形象（图 2-8），但跟秦汉方士道家所说的“羽人飞升”观念无关，可能是古代“讙头”形象的遗影。《海外南经》：“三苗国在赤水东，其为人相随，一曰三毛国”。历史上著名的赤水有很多，西南地区的是贵州赤虺河（赤水河），为源出云南而流经贵州、四川注入长江之大河，可知战国时已有部分三苗部族迁徙至此。“为人相随”一语，袁珂解释为“这里的人一个跟着一个，像是要远徙他方的样子”，并加了重点，此解莫名其妙，恐怕是知道三苗被驱逐而有此臆测。其实，此语应是指三苗族人性格因循随和而言，正是这种民族个性，至今苗族安分而重历史、敬祖宗，保存许多传承文化。在把三苗和讙头国置于同一经卷中时，特别强调“鸟首人身”的形象，似乎在今日苗族绣品纹样中还留有遗形：苗绣特多一种形似凤鸟的“鶺鴒鸟”，在传说中它是帮助苗族祖先“蝴蝶妈妈”孵化人类和各种人物的神鸟而受到尊爱（图 2-9）。《山海经·西次三经》云：“翼望之山……有鸟焉，其状如乌，三首六尾而善笑，名曰鶺鴒……”，其特征跟苗绣似乎不同，但《北山经》又提到“带山……有鸟焉，其状如乌，五彩而赤文，名曰鶺鴒，是自为牝牡”的神鸟则跟苗绣相似。《庄子·天运》引《山海经》为“其状如凤，五彩文，其名曰奇类”，是否苗绣的鶺鴒鸟有着讙头的影子呢？《淮南子·齐俗训》云：“三苗髽首，羌人括领，中国冠笄，越人劗发”，这是以服饰概括各族特征，而苗族是以发式跟汉族相区别的。高诱注：“三苗之国在彭蠡、洞庭之野。髽，以枲束发也。”从汉朝到今天，苗族仍保存着这种用麻筋掺合在头发中梳挽成大髻的习俗，尤以黔西、织金等地苗族的巨型发髻最为显著。

著名史家俞伟超发表的《先楚与三苗文化的考古推测》一文①，以及他后来发表的有关民族文化考古的文章，把苗蛮部族历史研究从古籍探讨扩展到了更广阔的科学境界，在方法论上的创见也颇有影响。屈家岭文化主要分布在湖北，北抵河南淅川地区，南到湖南洞庭地区，西至四川巫山，东达江西修水上游，这一范围与史载三苗集团的活动地域大体相合。屈家岭遗址出土物经碳-14 及树轮校正，约当为公元前 2875 年至公元前 2635 年，也恰是三苗集团强盛时期。所以俞伟超提出了“楚苗同源”等论点。但是学术界对此仍有不同看法，因为楚族与楚文化的起源问题至今仍存在许多未弄明白的疑问。虽然学者们大抵承认屈家岭文化、三苗集团及楚文化之间存在许多相似的特征，但是否能在屈家岭文化和三苗集团之间画等号？屈家岭文化是否即是早期的楚文化？楚族是否以三苗部族为主体？似乎都有待进一步充实证据。楚苗起源和楚文化起源是很复杂的课题，本书不拟深究，但研究中国古代民族文化不可忘掉一个基本特点：“民不歆非类”！任何一个古老的部落、部族、民族都不会抛开自己的祖宗去祭祀异族的祖宗，除非是历史上确实发生过民族混血的重大事实而接受异族祖灵，但为了政治的统一与稳定，也必须在多个祖灵中区分主

① 俞伟超：《先楚与三苗文化的考古推测》，《文物》1980 年第 10 期。

图 2–8　贵州台江县施洞苗绣（袖花之“羽人”）
图 2–9　贵州台江县施洞苗绣（袖花之“鹡鸰”）

次，包括图腾形象的归并、复合与演化，并由“民不歆非类”观念发展出一整套祭祖祀神礼仪。苗族是十分重视祭祀祖灵的民族，对此毫不含糊。而楚族的族源至今仍未弄明白，虽然不少学者把楚族跟西周前的“荆蛮”相联系，但楚族并非源自“荆蛮”。身为楚族贵族的屈原说自己是“帝高阳之苗裔”，司马迁也说“楚之先祖出自帝颛顼高阳”，并排出了楚族早期世系：“（颛顼）高阳生称，称生章卷，章卷生重黎、吴回，吴回生陆终，陆终生子六人……六曰季连，芈姓，楚其后也。”但是对于传说的季连到现实的楚族之间所缺环节，在《史记·楚世家》中司马迁却说："或在中国、或在蛮夷……弗能纪其世。"可知仅出传闻，无法落实，但至少楚王族是把自身的族系追溯到颛顼的。著名学者萧兵在《楚辞与神话》一书中写过一篇"颛顼考"，指出颛顼是黄帝的曾孙，是由川西逐渐转化成北方天帝大神的，是主管星辰建维和天人交际的大巫师神格化。由此我们可以知道：虽然楚族长期跟苗蛮部族共处长江中游，相互之间有很深的影响，但并不排除楚族有来自西羌和北方的成分。事实上，不仅屈原出生的秭归一带是巴人活动的区域，楚国臣相"令尹子文"（鬬穀於菟）就是崇虎的巴人后代，屈原的《离骚》等诗中描述的灵魂西游向昆仑等情节，都是古羌乃至今日羌彝巫师传统的"指引亡灵返归民族故里"的同一信仰。总之，苗族和楚族虽有许多传统深远的相同相似处，却不能画等号，在"荆楚"和"三苗"之间也只是"关系甚密"而非同族。扩大点讲，夏、商、周三代，在湘鄂等长江中游地域生存的三苗、荆蛮、百濮、百越多种部落族群之间，既有同族同源，也有异族异源，还有同源异支、异族相融，情况十分复杂，在未掌握更充分的实证前，似不宜贸然归类联宗。笔者相信楚文化跟苗文化在很早就有密切的相互影响，却很难相信"屈原是苗族人""楚族和苗族先民应是同源异支"的说法。

关于楚文化中受到苗文化深刻影响的问题，在此先举一例，后文再作深入研究。1978 年，在湖北随县擂鼓墩出土了一件楚国漆匫（图 2-10）。在这件著名的楚漆器的盖上绘有精美的图纹：中心是一大斗字，周围绕以二十八宿，左右分绘二神兽，靠边一侧有小幅绘画，内容是扶桑树上有十鸟，后羿正弋射十鸟（射日神话）。

对这漆匫上的两个神兽，学者无一例外地认为是"青龙白虎"，那道理就像前文所提及的河南濮阳古墓贝塑"龙虎斗"一样。笔者却仍然认为此解有误。如果因为有二十八宿文字而定此二兽是青龙白虎东西两星座的话，显然中心的凤形斗字就应理解为"南方朱雀"了，那么"北方玄武"何在呢？"五行观"和"四方神"观念的形成虽然有较长的历史，但"四方神"的定型似更晚于"五行观"，在出土的汉墓壁画和汉代陶罐彩绘上多次见到青龙（东）、朱雀（南）和白豹（西）的形象，西方并不画虎，而北方"玄武"则阙如，说明"四方神"观念直到汉初仍未定型，尤其是白虎和玄武。笔者认为在楚国漆匫的制作年代"四方神"观念并未定型。而仔细审视一下，这所谓"虎"的额头上有一支明显的角，其整体形象则像狗（宰），所以，笔者认为漆匫所绘之"虎"应是苗蛮部族崇拜的"槃瓠"，即后世的麒麟，理由如前文分析濮阳大墓并非"龙虎斗"一样。至于漆匫之画为何要把"凤"置中，笔者不能确切解释，但至少漆匫所绘跟长沙著名帛画中"凤斗龙"的意匠是不同的。漆匫应能证明楚文化中确实含有苗蛮部族成分。

楚国和楚族的历史从原始部族转向方国发展是从商末周初开始的，很可能楚族部族首领是利用周文王对商朝进行的革命斗争来达到摆脱商的奴役，《史记·周本纪》："西伯（周文王）善养老……鬻熊……往归之"，《汉书·艺文志》载有《鬻子》二十二篇，注云：鬻子"名熊，……周封为楚祖。"楚建国时不过是五十里方圆的"子男"小国，经三四百年才发展到百里国土，位于湖北丹水跟汉水交汇处，即荆山草莽山林之地，这里是尧战胜三苗和征伐南蛮的故地，很可能楚人就是填补了苗蛮故地而发展起来的。到熊渠时楚人利用周室衰微而向湖北全境发展，逐步攻占原"百濮""群蛮"之地，并融合多种部落种族而强大起来。苗族在压力下一步步向湘西山区迁徙而演化成后世的"五溪蛮""武陵蛮"。虽然早在舜时已远征到湘南九嶷山，但三苗在湖南山区发展

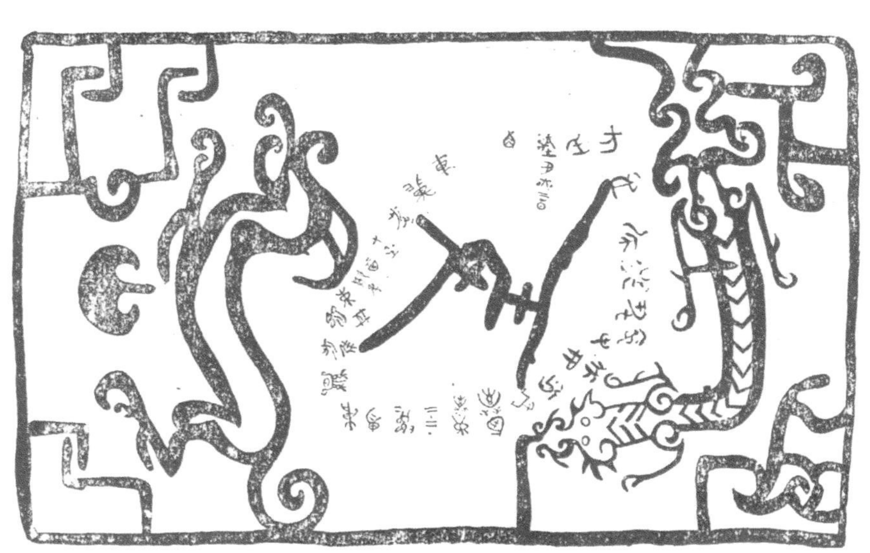

图 2-10 湖北随县擂鼓墩楚国曾侯乙墓出土漆匫箱盖上所绘"龙虎纹"以及二十八宿图纹（范注：那"虎"头上有角，尾部实是狗形，可知应即槃瓠本义）

是很迟缓的。两千多年来，武陵山、雪峰山以至南岭一直是苗族聚居地，但跟苗族相近的瑶、濮、僚、仡等族人也在湘、黔、桂交界的地区生息发展，一般来说，由于族类相近，彼此没有太大矛盾，所以能和平共处。由四川出峡并从巫山、清江、酉水、辰水河谷向南渗透的巴人后裔也跟苗瑶和平共处，并在文化上互相滋润。今日的土家族与苗族虽然各自保存民俗特色，但文化上仍有相通之处。例如黔东南苗族民间故事中有不少关于老虎精抢姑娘、雌虎精跟苗族青年“恋爱”乃至广泛流传于云、贵、川的“老变婆”传说，其实都出于羌、彝、僰、巴古族的崇虎观念，即使是以虎为图腾的“廪君蛮”后裔土家族，对虎的信仰也已分化成崇敬和畏忌的双重心态（如“射白虎”习俗的畸变）。而出于洞庭湖区的两件著名青铜器“虎卣”，原名“饕餮”“食人卣”（图 2–11，图 2–12），就是巴人的虎图腾最佳表现：虽然长期被误解为“饕餮食人”或“奴隶制恐怖的写照”，实际却是巴族祖先如亲子般依偎于图腾“妈妈”的形象，犹如猫科动物“母衔子”般亲昵形象（图 2–13 ～图 2–15）。在“人子”遍身镂花的形象上，我们不仅可以找到苗族花绣服式的影子，还可品味出百越族“纹身断发”的古意。今日苗族服饰上的绣品常见“鱼龙衍化”（图 2–16）纹样，跟“虎卣”底部的纹样无论涵意或造型都如出一辙，这是意味深长的。池努奇博物馆藏“虎卣”底部却是“一龙双鱼”纹，联系“人的左耳穿洞”可断为“女祖”（图 2–17）。日本泉屋博物馆藏“虎卣”底部是“一龙一鱼”纹，联系“人的凶眉突吻”造型可断为“男祖”，今日两器虽分散，其实应是配套的祖庙供奉神器，从上海博物馆藏苗族木雕“央公央婆像”可获旁证（图 2–18）。

楚国凭借长江中下游平原的富饶强盛起来，不断向四邻异族地区拓展，到楚成王时（公元前 671 年）已是“楚地千里”，到楚共王时（公元前 590—公元前 560 年）又“抚征南海，训及诸夏”，到楚悼王时（公元前 401—公元前 381 年）已“南并蛮越，遂有洞庭、苍梧”并达到粤北连州、韶州地区。南方苗瑶初定，楚顷襄王又向西大举开拓，“遣将庄豪（庄蹻）从沅水伐夜郎，军至且兰（今贵州福泉市），椓船于岸而步战，既灭夜郎……并且兰有椓船牂牁处，乃改名为牂牁”。[①] 虽然后世学者多从此“椓船牂牁”解释，但牂牁的字型与含义迄无定论。1935 年胡翯著《牂牁丛考》旁征博引，认为“牂牁者译音耳，别无意义在。当时各地人士闻南夷重译之语，遂

图 2–11

图 2–12

图 2–13

图 2–14

图 2–11　虎卣（法国巴黎池努奇博物馆藏，传闻出土于洞庭湖西南地区）
图 2–12　虎卣（日本泉屋博物馆藏，传为洞庭湖西南地区出土）

图 2–13，图 2–14　虎卣（各种青铜器上的所谓“虎噬人”及钺上“虎食人”纹样，实际应是虎图腾护佑人祖意匠）

① 《后汉书 · 南蛮传》。

图 2-15

图 2-16

图 2-15 鸷鸟攫人纹玉器
图 2-16 施洞苗绣“鱼龙衍化”双龙护卵，卵中孵出四条小龙鱼，绕着卵旋游，逐渐变成左侧的小龙或变成两旁的“蜈蚣龙”，即苗族信仰的“雷公龙”
图 2-17 池努奇博物馆藏“虎卣”细部
图 2-18 央公央婆木雕傩神像 上海博物馆藏

图 2-17

图 2-18

以声音相近之牂牁代之……不可强以汉文字义而解释夷音也”。此论似未引起学者注意，其实是颇有见地的。庄蹻受楚王命率军略取巴和黔中以西地，一路打到云南滇池。这时秦楚争霸，秦军从北面夺取巴和黔中，庄蹻被截断归路，就以楚军占领并定居在滇池旁，并建国称王。这种异族远征而留居建国的事在历史上并不少见，例如泰伯、仲雍从陕西周原顺长江逃奔到江南而成为土著接受的领袖，建立了吴国。问题是庄蹻远征之路不是初辟，而应当是西南各族间经济和文化交流的古道，并且是秦楚争霸的一个重点区域，犹如诸葛亮跟司马懿争锋而以西北祁山为战略孔道一样。看来楚族跟川、黔、滇的各族应有古老的文化和经济联系，庄蹻远征被滇池土著接受，可能有更深的缘由，否则为何“秦灭诸侯，惟楚裔为西南夷君长，后降汉，以其地为益州郡”呢？笔者怀疑，此中不仅有已失传的楚族源流之谜，也可启迪苗族文化中受到彝、僰、古羌文化影响的课题研究。例如著名的“伏羲女娲”和“竹王”“盐水女神与廪君”乃至“杜宇妻利”等故事，在苗族中都有影响，后文将予研究。

秦汉后到南北朝时期，中国因统一王朝的建立，加快了封建社会的发展，也促使民族关系发生变化。苗族在川东南、湘西靠近汉族的部分受到封建王朝的统治和剥削；在中央政权直接控制外的川西南和黔滇地区，苗族受到其他奴隶制民族的统治和剥削，只有在更偏僻的山区，苗族仍能保持古老的原始氏族状态。整个秦汉时期，苗族聚居的重点地区是洞庭湖以西、以南，被史书称为“武陵蛮”，因为此区属武陵郡建制。由于封建制度的逐渐深入，汉族对苗区有了进一步的了解。考虑到武陵地区的苗族社会背景，笔者很怀疑陶渊明创作的《桃花源记》虽有讽喻现实的意旨，却有生活的依据，并非空想，如果笔者的揣测不错，《桃花源记》应可作为我们研究苗族文化的二手民俗参考资料。到魏晋后武陵蛮被称为“五溪蛮”，《水经注》卷三十七中有：“武陵有五溪，……夹溪悉是蛮左所居，故谓此蛮‘五溪蛮’也。……武陵五溪为雄溪、樠溪、潕溪、酉溪、辰溪。”其中潕溪又有称“沅溪”“武溪”者，即由贵州流来的㵲阳河更有各种不同的说法，但都是指沅水中上游及其支流。《水经注》还强调“今武陵郡夷即盘瓠之种落也”，还有径称之为“盘瓠蛮”者。不过，“五溪蛮”虽可肯定是今日苗族的祖先，却还包含着更多的民族成分。例如宋代的朱辅在“五溪之蛮”的实录《溪蛮丛笑》中即指出此地有苗、徭、僚、仡伶、仡佬五种，并认为苗是其中最“矫捷”者。这五种民族中的苗、徭、仡佬当然即为后世苗族、瑶族、仡佬族；当代学者中有人认为僚就是仡佬，但也有学者指出僚是壮侗语族及仡佬等族的先民，历史分支与演化较复杂。仡伶是湘桂间的古族，与今日民族关系不明，可能是瑶族的一支，因《宋史》谓“皆盘瓠种”，但也有可能是苗族支系，因《百苗图》中有“狑家苗”，在荔波县，所绘图谱及风俗记载都是苗族特征（图 2–19）。至于今日瑶族跟苗族在族源上是否同源，何时分化，学界尚未统一，至少在南北朝以前是归入“蛮”而未加分别的，并且都属“盘瓠之后”无疑。到晋代陈寿的《三国志・吴志》首次写到“黄龙三年（公元 231 年）三月，遣太常潘浚率众五万讨武陵蛮徭”。唐初姚思廉《梁书・张缵传》云：“零陵、衡阳等郡有莫徭蛮者，依山险为居，历政不宾服。”长孙无忌等在《隋书・地理志》中云：“长沙郡又杂有夷蜒，名曰莫徭”，可知是从“长沙蛮”中分化而来。伍新福指出：“更明确地将‘徭’限于‘盘瓠之后’的长沙郡所属部分。从读音看，‘莫徭’相拼接近‘苗’，故学术界有一种观点，即认为‘莫徭’是苗族族称演化的一个阶段，实际上‘莫徭’就是‘苗’。我们认为，隋唐以‘莫徭’

图 2–19 狑家苗 上海博物馆藏《少数民族风俗画册》（原注：男女相欢自结婚，直须生子始回亲，仲冬祭鬼为年节，蓝帕蒙头老幼均）

相称的集团，虽不排除可能还包括苗族，但主要应是指后来的瑶族；‘莫徭’与‘苗’的相近，更表明两者的亲缘关系，说明他们在历史上曾同属一个民族集团。”笔者认为伍新福此论是正确的，今日瑶族跟苗族历史上同源，同属“盘瓠之后”，瑶族应是从洞庭湖以南偏东的“长沙蛮”演化而成，洞庭湖以西的“武陵蛮”则发展成了更多的苗族支系及若干其他少数民族。笔者认为，虽然苗瑶都从“盘瓠之后”的“蛮”族集团分出，瑶族向南岭迁徙后因周围除汉族外没有强大的异族，其传统的“盘瓠”文化未受干扰，一直保存至今；苗族向西发展的过程中，受到文化底蕴深厚的羌彝系统各族影响而接收了如“伏羲女娲”一类“葫芦崇拜”的观念及其他异族文化，这对苗族服饰史的研究有很大现实价值，笔者在后文将予发挥。

秦汉时期已有不少苗族生息于贵州大部及川南、桂北地区，所以有些学者认为“夜郎国亦苗种也”。[①]到唐朝中叶以后，社会因“安史之乱”而动荡，藩镇与中央皇权的矛盾使战乱四起，许多苗族再次向西部山区迁徙。流传于黔西北和滇东北的苗族口传史诗《格自爷老——爷觉比老歌》即叙述了苗族在祖先格自爷老（即蚩尤）的领导下，原住“东方大江边”（可能指长江或沅水），格自爷老死后，“沙召觉地望”（即汉族）的军队侵入，爷觉比老领着子孙们又迁往“嘎当柏”（高山地），再逐步迁到今黔西北和滇东北的彝族区定居成为今日散居各地的苗族。[②]有一部分继续向西南迁移，分布于老挝、泰国、缅甸，最远达到萨尔温江西岸。[③]对此，笔者曾向前辈姜亮夫先生请教过一个有趣的问题，《尚书·虞书》说：“窜三苗于三危”，不仅甘肃没有苗族活动的民俗确证，而且在四千多年前即使有一队苗族被逐去沙碛绝地，又如何获得反馈信息知道有“三危山”呢？这座敦煌县（今敦煌市）的小山四千年前就已如此闻名了吗？但是中国历史上这件重要史实又是无从回避的。姜亮夫先生（姜先生是敦煌学前辈专家，又是王国维的弟子，对西北史地了如指掌）给笔者肯定的回答是：“三危不可能是肃北的三危山，而应当是云南境外的萨尔温江的对音！”笔者当时告诉姜老：联合国教科文组织发表的“东南亚民族分布图”中苗族最远，正是以萨尔温江为界域。姜老对此十分高兴。后来在姜亮夫先生的巨著《楚辞通解》中果然刊出了这项结论。事后，笔者对此却又产生了疑问：①如果四千年前三苗被驱至遥远的萨尔温江，信息是如何反馈给中原的？②四千年前此江是否已叫“萨尔温”（三危）？③如果四千年前三苗已被逐至萨尔温江畔，为什么四千年间又不再逾越一步？后来，笔者到湖北松滋县考察了澹水，才恍然大悟：“三危”是“澹”字的蜕误（已见前文）。姜老是笔者十分敬佩的前辈，晚辈的学术研究其实都是在前辈的启示和诱导下起步的，笔者的怀疑并不影响对姜老的敬意。

从元代广阔范围的社会经济、政治大动荡、大整合中，地处西南的苗族社会也受到深刻催化并获发展。从历史上看，中原的影响都是从黄淮区向长江区，再向边陲呈水浪般扩展，所以离中原越远的少数民族社会变化越缓慢；元朝的武力从川西直下云南，并把云南原有的彝白系地方政权纳入行省制全国管辖之下，建立土司制，利用土官治理苗彝，强化了统治，兼之战乱频繁，引起苗族更多的迁徙和流散。云南《马关县志》云：“苗族本三苗后裔，其先自湘窜黔，由黔入滇，其来久矣！”经元、明、清七百多年的战乱流徙，基本形成今日苗族的小集中、大分散格局，最大的聚居区是贵州黔东南自治州和湘西自治州。在黔东南自治州因有百万苗族聚居，保存了苗区最典型的建筑（“干栏式”吊脚楼）、民俗（如“龙船节”“牯脏节”等活动）、文化（如台江施洞的绣品纹饰是具象的观念集萃）遗产；而散居各地的不同苗族支系，则保存着丰富的多样性的“文化遗存”，并显示跟异族杂处状态下的文化交融现象。

苗族迁徙的大势，由于时代荒远，迁徙行动又是跨越数千年的渐进过程，兼之史籍材料的贫乏，当然不易弄清各种细节，但大体趋势仍可揆知。1988年贵州民族出版社出版一本《贵州神话史诗论文集》，收有王治新的《苗族迁徙史诗与“三苗”源流问题》。文中运用流传于苗族三大支系的三部迁徙史诗的异同，对照史籍与民俗考察材料探讨苗族迁徙问题，不少见解颇为可取。首先学术界已基本认定了苗族支系虽然庞杂，却可分为三大方言：中部方言以黔东南、黔南为主，延及黔西南、桂东北、湘西南、海南岛；东部方言为湘西、黔东北、川东南、鄂西南；西部方言包括贵阳迤西至滇黔川边区以及滇东、滇南直到东南亚等广大地区。多数学者接受了争讼已久的“今之三苗即古之三苗”观点，并有不少学者指出：今日苗族存在三大方言支系跟古代“三苗”传统有关，从民俗学调查角度看，三大方言支

① 马长寿：《中国西南民族的分类》，《民族学研究集刊》1935年第1期。
② 贵州省编印《民间文学资料》第十六集。
③ 根据1975年联合国教科文组织调查资料。

系虽然因元、明、清数百年流徙而呈错杂状态，但三大方言仍分明存在，至今许多杂居相处的苗族支系间仍互不通婚，彼此对自身的支系文化守护甚严。具体分析如下：

第一，原住洞庭湖区渐向湘西和黔东南迁徙的中部方言支系，很可能是远承“九黎部族”时代处于边缘的部落，在社会发展中保存较多母系民族观念，这一支系从“沅湘之间”翻越雪峰山脉至㵲水、巫水间丘陵河谷暂停，再循南岭北缘绕至贵州黎平、榕江一带，转向苗岭分布于雷公山四周，成了今日苗区最大的聚居地。因为获得较长的安定环境而发达起来，把古老的苗族文化保存和发展成今天具有代表性的多彩风貌。清代史籍所谓“九股生苗巢穴”的九股河，就发源于雷公山西南麓而流经雷山县城关、凯里市挂丁至台江巴拉河，汇入清水江。中部方言支系包括了被诬为“生苗”的较后进部落及今天较发达的凯里、黄平、台江各分支，也包括元、明、清因受征伐而被迫从黄平地区迁去黔南镇宁、望谟等地的“黑苗”。1998 年笔者到雷公山区采访“牯脏节”遇到从关岭县来的一家“黑苗”，他们称是到雷山来“访祖”的（图 2-20，图 2-21）。

第二，东部方言支系可能是远承“三苗”古族原居“彭蠡”（鄱阳湖区）和洞庭湖东南的部族。流传于东部方言的《苗族古老话》及《部族变迁》中提到的“雾穷稀”（务昌锡）即今武昌一带，并提到“厚吾”（“勾吴”）即指长江下游古吴地区。由东逐渐迁到澧州和崇山（湖南大庸），进入“五溪”，定居湘西及黔东北、川东南、鄂西南，历史上多称此支系为“红苗”，此地明清以后受汉族影响较深，服饰已跟清代汉族地区差不多。

第三，西部方言支系应当是尧舜时“窜三苗于三危”的主要部分，经湖北沲水被迫迁入武陵山靠北地区，逐渐散播向川黔滇边区，并向东南亚远徙至广大地域。这西部方言支系包含许多分支，文化差异很大。从服饰看，

图 2-20

图 2-21

图 2-20　贵州关岭地区黑苗服饰（清水江型贞丰式）
图 2-21　清水江型贞丰式黑苗服装　杨通河绘《百苗图》

应数滇黔边的乌蒙山区所谓的“大花苗”为最富古意的标本，此区民间口传文学也包含许多古老材料，可与古籍中的“九黎三苗”事迹相比照。可以相信西部方言支系应是原始时代“黎苗”部族的文化传统保存最丰富的地区。

上述三大语支分别是“三苗”后裔的观点，在苗族服装史研究中常见深刻影响。

第三章 苗族的支系与服饰类型划分

Miaozu De Zhixi Yu Fushi Leixing Huafen

苗族作为支系繁复的统一民族，在人们对之识别时已经历了长久的过程，至今在苗族自身的认同和婚嫁中，支系仍在起现实作用。但支系概念的严格界定与运用却相当歧异。

最初，在叙述黄帝与蚩尤间的斗争时，《史记·五帝本纪》正义引《龙鱼河图》云："黄帝摄政，有蚩尤兄弟八十一人，并兽身人语，铜头铁额，食沙，造五兵，仗刀戟大弩，威振天下。"学者们多数对此理解为八十一个氏族或部落的"九黎"以蚩尤为首组成势力强大的部落联盟。从"造五兵"看，蚩尤部族已是中原首先掌握金属制造技术的先进部族，并以金属制造面具头饰供宗教或盔胄之用。从蚩尤对黄帝统治的刑法持异议看，蚩尤部族已有私有制和法制观念，并已发展到了父系部族的先进时代。对于苗族支系的成因，《后汉书·南蛮传》引用了苗族图腾崇拜的材料加以解释："高辛氏有犬戎之寇，募天下有能得犬戎之将吴将军头者，妻以女。时帝有畜狗，其毛五彩，名曰槃瓠；下令后，槃瓠遂衔吴将军头造阙下，帝如约以女妻之，槃瓠负女入南山石室，经三年，生……六男六女，因自相夫妻，其后滋蔓，号曰蛮夷。"这个著名的故事不仅流传于今日的苗族、瑶族、畲族，而且传播到日本（改称"里见八犬传"），并且至今湘西张家界市有岩洞被苗族信奉为"辛女岩"和"盘古石室"，苗族分布的地区也多有涉及槃瓠的遗迹，例如贵阳市黔灵公园内有"麒麟洞"（其实是由溶岩自然形成的"槃瓠形像"，后世汉人讹指为"麒麟"）。不少学者都指出历史上曾把苗族按服色分为青苗、白苗、红苗、黑苗、花苗，而花苗更分为"大花苗""小花苗"两支，正应了槃瓠生"六男六女，因自相夫妻，其后滋蔓"之说。如此理解苗族支系来源虽非科学观念，考虑到不少苗族都承认这种支系说法，联系到苗族另有"老祖宗在南迁途中，分散前约定用服色和铜鼓为日后相认和识别的标志"的故事，应可相信不同服色确曾是古代支系表征。当然，民族支系是更复杂的科学问题。

秦汉统一全国并实行郡县制、封建制后，地处边远的苗族原始氏族制亦受催化而逐步解体，向阶级社会渐变。又因战争迁徙，严酷的生存斗争令苗族不能放弃血缘关系的纽带，残存的血缘氏族关系成为维系苗族社会内部团结的基本动力，虽因情势所迫而分散各地，族内仍保留认祖归宗的凝聚力，于是产生和发展成许多宗支，每个支系不仅成为"聚族而居"的基础，并可成为与异族斗争的单位，黔东南各支系还通过十三年一度的"吃牯脏"（鼓社祭）活动来加强认祖叙亲的社会功能。但是因迁徙日远，聚会难期，各支系虽力求保持古老共性，各支系的特点差异却越来越远，表现在习俗、信仰、语言和服装上，由于服装是最具象、最直观、最普及又最必需的物质文化，在服装上就凝集了各支系间同宗同族的典型特征，乃至成为支系的标志。以服色来区分的支系，具体的分布情况大致是："红苗"分布于湘西、黔东北、川东南、鄂西南；"青苗"分布于贵州中部，并向黔南州、安顺、兴义地区、滇东南及泰越边境迁徙；"白苗"有可能是较早从中原被逐至川南、黔北地区的古族，逐步从贵阳、黔南州迁去桂北，另有一部由川南转向滇东北、滇东南乃至泰越边境，至今云南文山州仍多"白苗"；"黑苗"多居黔东南州，部分移向黔南各地；"花苗"在黔北，贵阳、安顺都有散布，但更多聚居于黔西北、滇东北乌蒙高寒山区，其中毕节地区多为"小花苗"，威宁以西为"大花苗"。不过依服饰区分支系并不科学，例如今日有不少人见黔东南州台江苗族擅长刺绣而称之为"花苗"，也有人因贵阳花溪青苗盛装遍身挑绣而称为"花苗"或"花仡佬"，并不可取。

对于苗族支系和族群的研究，应数杨正文的《苗族服饰文化》一书水平最高。杨正文是苗族学者，对苗族了解很深，他又是运用社会学和文化人类学的科学方法从事研究的，所以其学理根据更有说服力。"……支系即人类学、社会学上的'亚族群'概念。这种支系或亚族群只存在于人口较多、分布较广的民族里。……在中国少数民族中，苗族、瑶族、彝族、傣族、哈尼族是支系较多的民族。特别是在历史上没有建立自己统一的政体，没有统一文字的民族，其支系（亚族群）文化上的差异更大，支系界限更加明显。……支系的认同，不仅是影响苗族服饰的造型与内涵，而且是影响他们婚姻、宗教信仰、对外交往的问题。"此论十分精辟。观察不同支系的苗族服饰与生态习俗是十分赏心悦目的事。记得1957年至1959年笔者在贵州民族学院艺术系任教时，不仅朝夕跟各族学生相处，还常到花溪、惠水、平坝、乌当等邻近郊县考察写生，每逢赶场、"四月八""桐木岭跳花场"之类节日，观察杂居区各支系苗族交际贸易就有一种深刻印象：虽然同是苗族并比邻相处，不同支系的苗族间竟很少有接触，甚至少于跟汉族的交际，支系之间似乎存在排斥现象。但是在中央民族大学这样的各民族共处环境中，不同支系的苗族又会在别的民族前表现出特殊的认同与亲切感；不过，要某一支系的苗族姑娘改穿另一支系的服装则十分困难，"看不惯"是主要的心理障碍。到今天民族大团结的时代，同一民族不同支系的差异，虽然仍存有矛盾隔阂的一面，但更多的则成了文化丰富多彩的表征，具有高度的研究价值。

苗族服饰变异特甚，号称"百苗"，至今实际采集和观察到的不下一百八十余种。研究者初入苗乡，面对

图 3-1　贵阳市黔灵公园为“麒麟洞”的天然钟乳石（在图右下方，原本是古代尚无贵阳城时，当时苗族把此地称为“黑阳大箐”。苗族把此洞中天然形成的“槃瓠”认定为“神启”加以崇拜。后来汉族在此建成省会的游乐处，而把此石视为“麒麟”，甚至在石背面雕刻了“麒麟面容”。抗日战争时，蒋介石把张学良囚禁于此洞旁房舍中，“麒麟洞”因此闻名于世）

如此丰富多变的服饰，确有目迷五色，不知从何入手之感。除了前述历史上按服色把苗族区分为青苗、红苗、黑苗、白苗、花苗五种（或六种）类别外，还有从外观特征加以描述的区分法，如“狗耳龙家”（头巾辫发形如“狗耳”）、“大头龙家”（“马鬃杂于发，盘髻如盖”）、“短裙苗”“尖顶苗”（梳尖顶髻）等。由北京民族文化宫编辑、民族出版社出版的《中国苗族服饰》大型画册，是在广泛搜集苗族服饰标本，举办“苗族服饰展览”的基础上，经整理研究而编写的，具有相当的权威性。杨昌文、何晏文曾撰文提出关于苗族服饰类型的划分标准：“大体上按苗族方言划分，把苗族服饰分成型，在一个型内再根据各类服饰的款式与风格，又分若干式或类。”因此该书划分为“湘西型”“黔东型”“黔中南型”“川黔滇型”和“海南型”，五型之下再细分为二十一式，即每个“型”大体相当于一个方言区，再以获取标本的地方命名为某式。由于简明扼要，此书甚获好评。台湾辅仁大学亦曾出版《苗族纹饰》画册，按获取标本地划分成“黔东南地区”“黔南地区”“贵阳—安顺地区”“黔西南地区”和“毕节地区”，似乎跟贵州省行政区域相契合，局限性较大。贵州学者还提出过不同标准，如杨文金的《镇宁苗族装束与历史文化初探》把首饰、上衣、裙等分别划分为“类型”和“装饰”加以研究，杨世章的《黔西南苗族服饰文化概论》则主张按语言分类法划分服装为大小类型，李廷贵的《苗族历史与文化》则从服装款式和装饰手法角度把苗族服装划分为“大襟栏杆型”“蜡染型”“褶裙型”“几何花衣披肩型”和“黛色对襟半长衣蜡染短袖型”等“型”与“式”。杨正文在《苗族服饰文化》中提出：“本书在对苗族服饰进行分类研究时，充分考虑支系分布与支系服饰风格的因素，同时结合服饰的性别、年龄和功能方面的特征，以此为分类的依据。”笔者认为，这是目前最佳的方法，杨正文在书中的实际研究成果就是很好的明证。他的成功在于理论立足于深入的实际调查研究，立论有实物为证，并且善于吸纳前辈学者的成果又不囿于成见。笔者对于贵州苗族的了解，当然不如杨正文、伍新福，更远逊于李廷贵、龙伯亚诸先生。所以本书对苗族服饰的研究，并无能力提出更完善的分类体系与更好的研究方法，只想“踵事增华”，对款式成因、纹饰内涵及民族文化交流等方面提出一点看法，向海内外学者求教。

现将苗族各类型服饰整体印象举例梳理一遍：

一、红苗支系服饰

分布于湘西、黔东北、川东南、鄂西南一带的苗族基本上是俗称的“红苗”支系。上海博物馆藏《少数民族风俗画册》（以下简称《画册》）的说明文字是：“红苗衣服悉用斑丝织成，女工以此为务，人死将所遗衣装形象，击歌鼓舞，名曰弔（吊）鼓。五月寅日，夫妇异宿，不敢言，不出户，以避虎鬼，忌虎也。每同类相斗则用乌枪，必致妇人往劝方解。在铜仁、松桃，有吴、龙、石、麻、白五姓。”所配之图是“同类相斗，妇人劝架”的情节。男子椎髻外裹红巾，盘顶之余留一段下垂，髻顶插白鸡羽一根。黑土布襦，右衽或右袒，有花边缀袖或下摆，短裤及膝，宽裤筒，跣足；妇女头裹平顶巾，由额前缘后，后截披肩，上身着“织成”宽袖襦，外罩斗篷，布带系腰，下身着红色褶裙，裥稍阔，于褶上三分之一处有绣纹。裹腿，平底布鞋，双重项圈，大耳环（图 3-2）。上海博物馆藏《少数民族风俗图考》(以下简称《图考》)之红苗(图3-3)所绘情节相同，但构图迥异，男子红巾较松，或打结于额前，妇女头巾亦红色，巾内显示有顶髻，帔风(斗篷)淡青色或浅黄色，亦跣足，褶裙或宽或细，上有美丽绣花。上海博物馆藏《黔省苗图》之红苗(图3-4)只画持剑男子，貌凶狠，肌肉贲张，白裹腿，其余同《图考》。贵州藏版印《百苗图》之红苗男子造型显然摹自《八十二种苗图》，原持矛执刀动作改成握拳姿态，上衣改成红色，髻顶无头巾(图3-5)。从上述四种图绘可知古代红苗男子服装已全变，妇女则由裙改裤，头巾款式有很大变化。图3-6为今日湖南凤凰县苗族服装，已改为花格土布缠头，且包头有高逾一市尺者，服色一律改为靛蓝，肩、胸、袖、裤皆用花边装饰，盛装银饰亦大大改变，项圈錾花，头饰细碎花叶形银片。在凤凰县水田乡考察时，老年人一致说："苗族从前有最贵重美丽的纯银霞帔，对坡财主家姑娘就有过一件，土地改革斗争地主时没收了，听说现在收藏在吉首的州博物馆里"(图3-7)，据亲见过的老人称"那帔肩上用银丝串挂着许多素色和彩色的花鸟"，造型很可能如今日尚流行的绣品霞帔。图3-8是杨通河所绘贵州省松桃县红苗盛装的头饰与霞帔，图3-9则是今日水田乡苗族婚礼照，图3-10和图3-11是苗族绣花前在整理花线(编成辫形粗线以供"堆绣")。从图3-12至图3-17中可以见到，湘西苗族的女子服装基本上是清末妇女常服的变形，特别是大襟乃至"琵琶襟"上襦，显然就是从清式服饰袭来，离古装已相去甚远了。在今日湘西苗族的习俗中有不少汉族和土家族的影响，例如图3-18中送亲礼时小伙子挑着的鹅即古时汉族婚礼之一"纳吉"遗制——按《礼记·仪礼·士昏礼》：问名之后，须"纳吉用雁"，注："归卜于庙，得吉兆，复使使者往告，婚姻之事于是定。"亦多有迎亲时用雁鹅陪嫁之礼。前引《画册》说明中"五月寅日，夫妇异宿，不敢言，不出户，以避虎鬼，忌虎也"一句，则是苗族受毗邻土家族影响的反映。按苗族对虎的态度是颇为矛盾的，既有崇敬虎的传说和习俗，也有畏忌虎的故事与习俗，前者因为苗族远古图腾"龙"(槃瓠)形在虎、狮、狗之间，甚至有"虎狗"之称，不仅婴儿戴"虎帽"以祈福，还有直接用虎纹为饰的习惯(图3-19)；后者则是土家族"射白虎"之类习俗的影响，本来土家族是"廪君蛮"后裔，有"人死化虎"的图腾崇拜，这是从古羌传下来的悠远的古老信仰，后世渐渐演变成崇虎的习俗，但也有部分畸变为"射白虎"的禁忌。由于苗族跟土家族比邻而居，遂致受到熏染。

二、青苗支系服饰

青苗包含的成分比较多，因历代迁徙，不仅分布面广，并且在族系和服饰上也变得很杂乱，有些地方的青苗服饰已变得难以归类。大体上，从贵阳、贵筑县(旧县名，后并入贵阳)向西，镇宁地区、黔西、修文一直向黔西南州、云南文山地区乃至泰越边境都有分布。青苗多数使用贵州中部的贵阳、惠水、麻山次方言，归属苗语"川黔滇方言"，兼及一些杂居区的变化现象。《黔记》云："青苗，在黔西、镇宁及修文、贵筑等处。《黔书》称其"强悍好斗，今则驯良。在平远者，又名箐苗。"又云："箐苗，居山箐，在平远州属，种山粮为食，男女衣服均自织。"(应是"自织土布制成"之意。)上海博物馆藏《画册》(图3-20)说明为："青苗妇人以青布一幅蒙头，制如九华巾，麻衣皆其自绩，男子竹笠草履。未婚者剪脑后发，娶乃留之。性情狡悍，又曰箐苗，在黔西、贵筑、修文、平远、镇宁。"所绘是男子竹笠挑担，一妇携儿掮伞，另一妇背小儿相随而行。妇女皆青布蒙头，勒额后垂，用布带系腰，下穿褶裙，脚穿草鞋，戴耳环项圈。上海博物馆藏《黔省苗图》之青苗显然取自《八十二种苗图》中间之妇女，改携儿为提小篮，青布裹髻，下身百褶裙分四段缀以花边，最下一段拼接青布，上挑菱形花纹，裹腿跣足(图3-21)。从《画册》箐苗所绘服饰确与"青苗相似，裹腿跣足"，可以看出："箐苗居依山箐，即青苗类也。不善耕，惟种山狼麻子为食，男女衣服均以麻衣自织，在平远州。"(图3-22)贵州所藏两种，配图似皆有误(红色衣裙)，不足为据。原贵筑县向南至长顺、广顺等地皆有青苗居住，服式如图3-23所示，唯头巾向上尖锐，中分为纵折，蔽覆发髻，勒额之细带或串青色小珠为饰，应当就是《黔记》所述之"尖顶苗"。上海博物馆《画册》所绘的"尖顶苗"与说明相符："尖顶苗，男女皆梳尖顶髻，以仲冬朔日为大节。夫妇耦耕力作，在贵阳府属"(图3-24)，只是图中未见尖顶形头巾。上海博物馆《黔省苗图》所绘之"尖顶苗"为男性(图3-25)，青裤及膝，上衣则靛蓝色，用尖担挑禾，头顶髻而无头巾，跣足。贵州省所藏两种"百苗图"则没有"尖顶苗"，应是不再从"青苗"细分而省略。在杨正文的书中这尖顶苗被划为"长顺支系"。图3-26是安顺地区的"尖顶苗"。

青苗类的苗族支系较多，古今材料尚不能完全印对，举例示意：上海博物馆《画册》之"平伐苗"(图3-27)说明："平伐苗，男子草衣短裙，出入持枪弩，妇人短衣，穿长筒裙，以长簪绾发，婚姻丧祭皆用犬。在贵定之新添营。"所绘为四男披草衣，背弩，在屠狗，一妇女持矛。上海博物馆《黔省苗图》之"平伐苗"所绘也是一披草衣屠狗之男子，裹腿跣足(图3-28)。

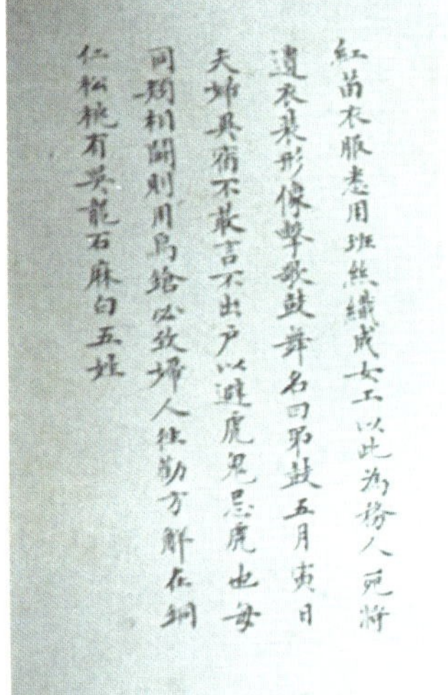
紅苗衣服悉用班絲織成女工以此為務人死將遺衣裝形像擊鼓舞名曰郎鼓五月寅日夫婦異宿不敢言不出户以避虎兕忌虎也每同類相鬬則用烏豬必致婦人往勸方解在銅仁松桃有吳龍石麻白五姓

图 3-2

图 3-3

图 3-4

图 3-6

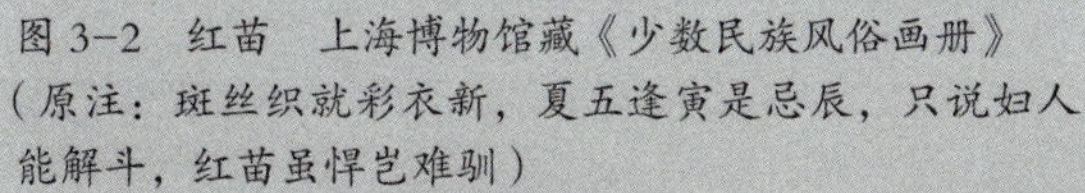
图 3-2 红苗 上海博物馆藏《少数民族风俗画册》（原注：斑丝织就彩衣新，夏五逢寅是忌辰，只说妇人能解斗，红苗虽悍岂难驯）

图 3-3 红苗 上海博物馆藏《少数民族风俗图考》（原注：红苗在铜仁府属，多龙、吴、石、麻、白等姓，衣服斑丝，女工以此为务，若同类相斗，必致妇人往劝方解。但逢五月寅日，夫妻另宿，不敢言，不出户，避忌虎伤。凡牲畜皆棓杀，以火去毛，微煮带血而食。人死将所遗之衣装像，众皆击鼓，名调鼓）

图 3-4 红苗 上海博物馆藏《黔省苗图》

图 3-5 红苗 贵州省图书馆藏《百苗图》

图 3-6 湖南湘西红苗便装

图 3-7

图 3-8

图 3-9

图 3-10

图 3-11

图 3-12

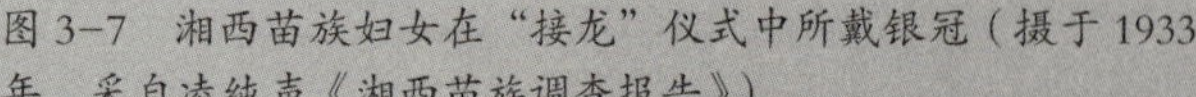

图 3-7　湘西苗族妇女在“接龙”仪式中所戴银冠（摄于 1933 年，采自凌纯声《湘西苗族调查报告》）
图 3-8　贵州松桃红苗盛装　杨通河绘《百苗图》
图 3-9　凤凰苗族婚礼中的新郎新娘
图 3-10　凤凰苗族姑娘在编织花线
图 3-11　凤凰苗族姑娘在织花带
图 3-12　吉首苗族姑娘在“吹木叶”（用音乐传情）

图 3-13

图 3-14

图 3-15

图 3-16

图 3-17

图 3-13 湘西苗族便装（宋丽萍 提供）
图 3-14 湘西凤凰苗族姑娘盛装
图 3-15 湘西型松桃式清代苗族女上衣
图 3-16 湘西型凤凰式清代苗族女套装
图 3-17 湘西凤凰苗族围腰与绣鞋 上海博物馆藏

图 3-18　湘西苗族婚礼送亲队伍中女方嫁妆队须送鹅
图 3-19　苗绣“虎”（实际是“槃瓠揹负人祖娱乐图”）

图 3-20　青苗　上海博物馆藏《少数民族风俗画册》
（原注：女工课绩遍沤麻，一幅青巾仿九华，脑后发垂婚事毕，茅鞋作笠称田家）
图 3-21　青苗　上海博物馆藏《黔省苗图》

图 3-22　箐苗　上海博物馆藏《少数民族风俗画册》
（原注：傍山居箐性多良，喜种山秫胜稻粱，麻子亦堪佐食馔，麻皮自织作衣裳）

图 3-23 青苗 杨道河绘《百苗图》
图 3-24 青苗 上海博物馆藏《黔省苗图》
图 3-25 尖顶苗 上海博物馆藏《黔省苗图》
图 3-26 安顺地区尖顶苗 洪福远提供

各书皆有“鸦雀苗”记载，杨正文书中归入“高坡支系”，因当地其他民族确有呼之为“高坡苗”者。但如定名为“高坡支系”或“高坡苗”有些弊病，因为《黔记》等古籍中另有“高坡苗”实指平远、黔西等地的“顶板苗”，跟现在贵阳贵定之间的“高坡苗”并非一类。此地笔者曾亲往考察过：四十多年前从贵阳驱车南行至“黔陶”（属原贵筑青岩管辖），弃车向东步行登山，山势嶒崚而上，十分艰难，到达“高坡场”东眺，一路层峦叠嶂，连巅远去，空濛迷茫。原来此地虽是“贵阳府属”，地形却是由黔东南苗岭主峰西延而来的末尾，从交通看，高坡向东去贵定云雾山区反而便利；从民族分布看，此“高坡苗”与“平伐苗”更为接近，而至今仍被群众呼为“鸦雀苗”，跟史籍相符，笔者意仍归入“云雾山系”为宜。从今日服装款式跟古籍所绘比照，“鸦雀苗”服饰已有很大变化，上海博物馆《画册》之“鸦雀苗”说明与《黔记》大同小异：“鸦雀苗，在贵阳属。女子以白布镶胸袖裙边，最喜山居，种粮为食。亲死，择高山为佳壤，其言语似雀声，故名鸦雀苗也。有

图 3-27

图 3-28

图 3-27　平伐苗　上海博物馆藏《少数民族风俗画册》
图 3-28　平伐苗　上海博物馆藏《黔省苗图》

事时，在官惟听乡老之言。"（图 3-29）所绘之形象全类青苗，但胸前有白布绣染成菱形斜格之一幅"围腰"，长过褶裙底边，上部无领圈，直接横挂于肩胸，袒胸露肩之款式颇有现代时髦感。背后有一块方形绣片缀于肩际线下，应是很古老的遗制。上海博物馆《图考》绘一男两女，服式类青苗，与《画册》则迥异：不仅女子胸前无遮围之布，亦不露肩，裙则分成几段彩纹，下摆有花边（图 3-30）。上海博物馆《黔省苗图》之"鸦雀苗"服式与《画册》中间妇女相同，且都是白色（图 3-31）。贵州所藏两种版印《百苗图》则是误植"洞苗"之图，全不足据。分析以上三种"鸦雀苗"古图，服装款式与色彩大相径庭，似乎无所适从。但细细审定，仍可从古图与今日现实找出联系（图 3-31）。《画册》之"胸前白布"已分解为上身"衣外戴一长方形背牌，背牌贯首式，垂于背后呈长方形，上绣有六组小图案，图案间为白条隔离，呈井字状"，[①] 下身系长围腰。杨正文说，"现很难想像过去传统上衣的样式"。因为"鸦雀苗"的服饰已大大变化，早在清代图谱上已露变化端倪而各图互不雷同。"鸦雀苗"的服饰为何在两百年内产生如此巨大的变化？清朝雍正皇帝对西南边疆实施"改土归流"政策后，改变了封锁隔绝苗疆的形势，一方面促进了苗疆的经济发展和对外交流，打破了传统的文化固步自封；另一方面又强化了对苗疆的控制和侵扰，激起以石柳邓、吴八月为首的"乾嘉苗民起义"。早在 1729 年，由御前侍卫提拔为提督的鄂尔泰说："题请开浚清江，自都匀府至湖广黔阳县，总一千零二十余里，遄行无阻。"苗民起义时，鄂尔泰是主持残酷镇压的刽子手，到 1797 年苗族起义被镇压下去后，又按当年鄂尔泰等制订的方案"善后"以"安定苗疆"。到 1855 年又激起了"咸同苗民大起义"，持续达十八年之久，影响全贵州的苗族地区。居住在"贵阳府属"高地上的"鸦雀苗"，既保存了古老的民族传统，又大量接受了从东面云雾山来的"海肥苗""打铁苗"的影响，服饰渐受"云雾山支系"苗装的影响是很自然的（图 3-32 ～图 3-35）。

再看杨正文所指"鸭寨支系"。此系分布于惠水县各乡镇，操"川黔滇方言惠水次方言中部土语"，被称为清代"谷蔺苗"后裔。上海博物馆藏《画册》之"谷蔺苗"题词："谷蔺苗性慓悍，善击刺，出入携带利刃镖弩。男女皆短衣，妇人髻蒙青帕，工织布，极精细，以入市，人争购之，相传'欲作汗衫裤，须得谷蔺布'。婚姻亦用媒妁。在定番州。"图文相符，男子顶髻，对襟衣，裤仅及膝，裹腿跣足，持长矛，背弩，另背一白色扁方篋；两妇女头巾裹髻成尖顶，左衽上衣，褶裙，裹腿赤足，正在理经纱、刷浆以备织布。《图考》之"谷蔺苗"内容与《画册》（图 3-37）大同小异，妇女未裹头巾（图 3-38）。《黔省苗图》之"谷蔺苗"作倚伞背物妇女像，淡青上衣，深蓝褶裙，裙下接几何纹宽边，不裹头巾（图 3-39）。贵州省图书馆藏《百苗图》之"谷蔺苗"

① 杨正文：《苗族服饰文化》，贵州民族出版社 1998 年版，第 114 页。

服式、发式、裙式皆同，惟裙作浅红色。杨正文描述“谷蔺苗”（鸭寨式）服饰说“从现行日常生活装看，与当地布依族服装没有大的差别”，其实当地布依族服式亦受清朝满汉服影响，民族特色已少。杨文又说：“盛装则颈戴纤细项圈数围。上装为黑青色低领右衽紧袖衣；布纽扣扣于颈下和腋下。两袖腰有……绣饰，衣摆亦刺绣点缀，系胸围巾……下穿青色百褶裙，裙长及小腿肚，前素后花。裙的后部用307块各式彩布、彩缎贴花，十分艳丽……”杨文所记已非古裙。1958年笔者到鸭寨考察时曾见有旧式裙，是用挑绣成纹后，再做褶裥，捆于水桶上定型；亦有扎染成花纹者，“大跃进”后姑娘没有闲暇做花，材料亦难购买，才改为用色布拼缀（图3–40，图3–41）。

总之，青苗内族系颇杂，变化多，笔者甚怀疑“花溪支系”“乌当支系”原本都是青苗，只因挑花发展至令后世群众误指为“花苗”。笔者在花溪生活多年，当时

图3-29 鸦雀苗 上海博物馆藏《少数民族风俗画册》
图3-30 鸦雀苗 上海博物馆藏《少数民族风俗图考》
（原注：鸦雀苗在贵阳所属，女子以白布镶胸膛及裙缘，最喜山居，种杂粮为食，亲死，择高山顶为佳壤。其语有似雀音，故名鸦雀苗，缘事在官，惟听乡老之言）
图3-31 鸦雀苗 上海博物馆藏《黔省苗图》
图3-32 贵阳南郊高坡的苗族（鸦雀苗，五十年前摄于高坡石板大队小学，图中人物为教师罗家芸）
图3-33 贵定县羊场的“海肥苗” 杨通河绘《百苗图》

图3–29

图3–30

图3–31

图3–32

图 3-34　惠水县的“海肥苗”　杨通河绘《百苗图》

图 3-35　云雾山苗族女装　杨通河绘《百苗图》

图 3-36　贵定县羊场乡（今龙里县羊场镇）“海肥苗”姑娘吴志珍（1953 年被选为全国人大代表）

图 3-37　谷蔺苗　上海博物馆藏《少数民族风俗画册》

图 3-38　谷蔺苗　上海博物馆藏《黔省苗图》

贵州民族学院艺术系聘请花溪公社社长夫人王朝珍到校专门研究挑花。王朝珍是方圆百里公认的挑花名手，后被吸收为贵州省美术家协会理事，从贵州大学转到贵阳市工艺美术研究所，她的作品被国内外广为收藏。其挑花特点是：反面挑、正面看，按经纬线数纱下针，用十字花组成繁复纹样，千变万化，不见重复。挑花时从不打稿，全凭心中谋划直接在布上下针，先挑出纹样骨架筋脉，然后用对称或四方连续铺开，再逐渐使之完善丰富，虽然灿烂炫目，配色却很高雅，她能控制整幅色调，避免火气，图 3-42 ～图 3-45 为上海博物馆收藏的王朝珍作品，其故意让局部未完成以示制作过程。笔者跟王朝珍很熟悉，她告诉笔者：“花溪地区苗族盛装虽然满身

图 3-39

图 3-39 谷蔺苗 上海博物馆藏《少数民族风俗图考》
图 3-40 惠水县鸭寨的谷蔺苗 杨通河绘《百苗图》
图 3-41 安顺关口苗族女装 杨通河绘《百苗图》

花绣，但平时穿衣只是朴素的青黑色。”可知是属“青苗”，外族人因其盛装花绣而称为“花苗”或“花仡佬”是不正确的。笔者又在贵阳市乌当区生活过七年，对乌当区的“花苗”亦有同样印象，应属青苗（图 3-46 ～图 3-49）。乌当另外生活着不少白苗，穿白色麻衣麻裙，与青苗的差别一目了然。

三、白苗服饰

“白苗”也包含若干支系。从总的印象看，白苗似乎是比较古老的苗族服饰因子的继承者，也较少接受异族的文化影响，例如住在贵阳北面乌当区的白苗，至今仍保存简朴的生态，很少受到现代城市繁华新貌的影响。1978 年笔者还在乌当苗寨亲见过抢婚情形，这种邻近城区而不受濡染的原因简直就是个谜，有人归之于“白苗文化落后，接受不了新事物”，显然是带有民族歧视的偏见。但我们应重视对此类现象的研究，因为“白苗”服饰的古老信息本身就具有很高的研究价值。

上海博物馆藏《画册》白苗题词：“白苗，衣白衣。男子科头跣足，妇人盘髻长簪。祀祖必择大牯牛，以头角端正者，饲之肥壮，乃聚合寨之牛斗于野，胜则为卜吉期，屠之以祀祖，主祭者服白衣、青套，细褶长裙。祭毕，合亲族歌饮为欢。在龙里、贵定、黔西。”所绘图形是一男两女驱牛出耕之景。值得注意的是男女皆髻，裹以红线团为饰，男髻正顶，女髻偏前侧。妇女白头巾稍薄，男子白头巾盘裹较厚。妇女服式很有特色：上衣无领袒肩，把衣上边翻卷成扭条状为饰，前面两分，后面由左向右绕一圈；胸前有一“胸牌”，绣成菱格花纹，背后则是搭背如翻领，亦绣成菱格花纹；后行之女把褶裙翻撩插于腰间，从腰插镰刀看，是为下地劳作才撩起褶裙，内穿宽筒裤，似有裹腿，跣足（图 3-50）。上海博物馆《图考》之白苗则表现斗牛场景，男子上衣后面开领成衩角状，花带缘边，妇女用白布巾裹髻，两侧披下，衣对襟，胸前钉一块绣饰，下身褶裙（图 3-51）。《黔省苗图》之白苗绘技颇精，是一妇女牵牛背立。发髻插梳于后，绕后脑一圈青布，上衣无领，袒肩露背，翻卷衣边成绞绳状绕肩一圈，胸背及两肩各垂有一块绣片。裙分三段：上为腰带缠住之靛染，中为红白相间之褶裥，下为青色宽幅几何纹绣边。小腿裹布套，跣足（图 3-52）。贵州省图书馆藏《百苗图》之白苗显然从《黔省苗图》蜕出，不仅造型概念化，而且肩胸四周的四块绣片被忽略，“背牌”被妄改成挂于锄上之竹篓（图 3-53）。如果把《黔省苗图》之白苗跟杨正文书中插图对勘，可知正是杨所定“中排支系”之“白裙苗”，分布在龙里、贵定一带，操川黔滇方言贵阳次方言北部土语，只是配色相

图 3-42

图 3-43

图 3-44

图 3-45

图 3-42　贵阳花溪苗族挑花能手王朝珍的作品　上海博物馆藏
图 3-43　王朝珍挑花作品　上海博物馆藏
图 3-44　王朝珍挑花作品　上海博物馆藏
图 3-45　王朝珍挑花作品　上海博物馆藏

图 3-48

图 3-49

图 3-47

图 3-46 贵阳花溪苗族盛装 杨通河绘《百苗图》
图 3-47 贵阳花溪苗族六十年前的盛装（花溪区朝阳村 107 号刘庭秀摄于 1954 年）
图 3-48 王朝珍所作女上衣 上海博物馆藏
图 3-49 花溪苗族盛装围腰 王朝珍作品 上海博物馆藏

图 3-50

图 3-52

图 3-53

图 3-51

图 3-50　白苗　上海博物馆藏《少数民族风俗画册》
图 3-51　白苗　上海博物馆藏《少数民族风俗图考》
图 3-52　白苗　上海博物馆藏《黔省苗图》
图 3-53　白苗　贵州省图书馆藏《百苗图》

反：古代白衣改成色布，而古代彩绣裙边变成白色褶裥，裹腿改成带状缠绕。应该指出："中排支系"白苗肩背胸前四块绣牌的款式虽跟"云雾山支系"青苗"贯首式"背牌有些渊源关系，但更多是与"大花苗"服式有关。

在杨正文书中介绍的"罗泊河支系"，是居于福泉、马场坪、贵定、龙里、麻江等地的操川黔滇方言罗泊河次方言的一支苗族，即《黔记》所称"西苗"，俗称"西家""老西乖""栽姜苗"，亦有人因其衣上挑绣而呼为"花苗"，其实"西苗"是"白苗"。《黔记》曰："西苗有马、谢、何、罗、雷等姓，在贵阳、平越二府。新娶，必别寝私通，孕产后乃同室。秋收时即合众牛于野，延善歌祝者，披大宽毡衣，腰间周围细折，戴毡帽，着皮靴。尊者在前，童男女着青衣彩带，百人歌舞，吹笙随之。历三昼夜，屠牛以赛丰年，名曰祭白虎。性情朴实，畏法不讼。"此文记述了三点古老民俗：第一，由母系社会向父系社会过渡时期产生的"不落夫家"婚俗。第二，过"苗年"时巫祝之专用祭服。第三，白苗特有的"祭白虎"习俗。上海博物馆藏《画册》题词有不同："西苗衣尚青，男以青布缠头，白布裹腿；妇人盘发插梳。秋收后合牡牛于野，祝者毡衣皮靴、毡帽，腰围细折。童男女青衣彩带，吹笙舞蹈随之，名'祭白虎'，除夕置鸡酒，呼合家老幼名，谓之叫魂。在平越……。"（图 3-54）所绘即"祭白虎"情节，两男青衣螺髻，吹芦笙；三妇女所穿青色衣裙之款式却与前引《黔省苗图》之白苗服饰相似：无领敞肩，绕以白卷带，胸前有彩绣"胸牌"一块（后面应有"背牌"），妇女们双手执一长布条，绕于肩背，布条蓝黑色，两端各垂尺许红缨，应是舞蹈道具。为何穿青衣而归"白苗"类呢？图示敲锣领队之"歌祝者披大宽毡衣……戴毡帽、着皮靴……。"任何民族之祭礼服式必须严格遵循古仪，这种白色礼服正是民族古服代表，故属"白苗"。上海博物馆藏《黔省苗图》之西苗只画一老人披白毡斗篷吹短箫而行，更可证此理（图 3-55）。贵州省图书馆藏《百苗图》之西苗是从《苗图》中摹刻者。按清代古籍记载，白苗妇女头包盘形帕（盛装有加彩珠银铃者），上衣紧袖花边，下身麻布百褶裙（或分段），都跟图中西苗相类（图 3-56）。

《黔记》又有"东苗"，文曰："在贵筑、修文、龙里、清镇及广顺各属，有族无姓。妇人衣花衣，无袖。惟两幅遮前后，穿细褶短裙，男子蓄顶发，短衣背褡。中秋合寨迎鬼师，以祭祖及族属故者，屠牛陈馔，以次

图 3-54

图 3-55

图 3-56

图 3-54　西苗（白苗）　上海博物馆藏《少数民族风俗画册》
图 3-55　西苗　上海博物馆藏《黔省苗图》
图 3-56　贵定县罗泊河式苗服　杨通河绘《百苗图》

呼鬼名。祭毕，集亲族畅饮竟夜。每春猎于山，所获禽鸟，必荐其祖先……"《画册》所绘两妇女荷锄下田，上身着敞肩披衣（无袖），布幅缘以红色小绒球，全幅菱形织花，下身百褶裙，裹腿跣足，后一男荷锄驱牛，另一男子披蓑衣扛弩弓同行（图 3-57）。《黔省苗图》之东苗是妇女驱牛，顶髻兜红布条，上着青衣，下穿百褶裙，裙下半截为宽花边，裹腿跣足（图 3-58）。清代田雯《黔书》说"白苗，亦名东苗、西苗"，可知是大同小异的服饰变体。

在贵州龙里县、贵定县等地住有被称为"白裙苗"的一支，这是云雾山北面保存古传服饰的支系。该系妇女盘发挽髻并且用青黑色长巾裹头，上装为青蓝色长袖开襟衫，特点是外套挑花背牌，背牌两侧有宽大的方形垫肩，胸前有绣花饰牌，前后这四块饰牌都有红底白色挑花，并有青色蜡染及项圈、银锁。腰上用黑白挑花的宽锦带裹饰，并用海贝、红缨络等为背饰，另加数条挑花飘带，便装下身穿中长宽脚裤，盛装则穿掩膝百褶裙，裙上段是蓝色蜡染花纹，下段为宽白边，腿用蓝黑色绑带，绑腿上有红白饰带。可贵的是男子也保存本族古传的仪礼服装（图 3-59），从结构上看，跟上述女装几乎没有区别，只是长裙及踝，背牌更大，上缀精致挑绣，织花腰带也更宽厚，背牌下串饰较长的红线缨络，尤其是那四块肩胸背绣片，应是原始苗族服制的遗影。

黔南州和黔西南州的罗甸、望谟、兴义以及渡过红水河、南盘江至广西的西林、隆林广大地区都有白苗居住。举望谟县乐旺的白苗为例（图 3-60 ～图 3-62），他们操川黔滇方言麻山次方言南部土语。妇女们把头发拧成一股盘于头顶，外用青帕围裹，盛装时在头帕外束一圈串有六个錾花大银泡的饰带，银泡逐层凸起，花辫中心用乳钉挂有银链、串珠、子安贝等饰作，前面一组垂于鼻前，随步摇晃。两耳戴银环。上身穿敞胸对襟白色麻布衣，两襟左压右上，再用围腰系紧，左襟另接一块宽 10 厘米的白麻布，后翻，领背缀有方形背牌绣饰，挑花以红色为主调。下穿百褶长裙，裙子花饰制作很费工夫，通常分为七层，上面束腰处留白，然后逐层用蜡染、蜡染挑花、刺绣贴花、黑布贴饰、色布拼接等多种手法做成上轻下重、蓝白间错、繁密而有节奏感的视觉效果，红白相映，蓝白对照，以红色为基调，十分醒目，腰带亦呈横纹重叠之感，两侧带头下垂。

关于白苗，最重要、最典型的应是杨正文书中所列的"岔河支系""甘河式"，但对定名似可商榷。书中说："以贵州毕节市岔河为支系命名，一是因为此地为笔者采集标本点，二是疑毕节为该支系原居中心，后来向外

图 3-57

图 3-58

图 3-59

图 3-60

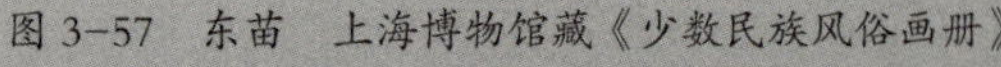
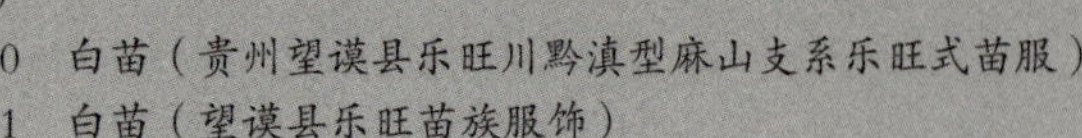
图 3-57　东苗　上海博物馆藏《少数民族风俗画册》
图 3-58　东苗　上海博物馆藏《黔省苗图》
图 3-59　贵州龙里县民主乡黔中南 A 型中排式苗族男子盛装（背面）
图 3-60　白苗（贵州望谟县乐旺川黔滇型麻山支系乐旺式苗服）
图 3-61　白苗（望谟县乐旺苗族服饰）

图 3-61

图 3-62 乐旺白苗 杨通河绘《百苗图》

迁徙。该支系分布较广，……毕节、……大方，……黔西、……贵阳、……平坝，……清镇、……镇宁……至今绝大部分地区仍保持本族群语言和服饰。语言为苗语川黔滇方言、川黔滇次方言第一土语。服饰为乌蒙山型甘河式。”而在“甘河式”说明中作者说“以贵州省毕节甘河一带为标本点。”服饰分布除上述各处外，还包括织金、普定、龙里等县，杨正文从调查中所得的判断是很珍贵的，尤其是“疑毕节为该支系原居中心，后来向外迁徙”一点颇为重要，但支系划定与服饰型式划分定名似应更兼顾民族迁徙与文化交融的宏观范围，以免“让人有标本取得地为该型或该式中心区域之嫌”。1959 年前笔者到毕节地区从事民族社会历史调查工作时，曾向苗族耆老了解到在苗族“盘根古”（民族迁徙史诗的吟诵）中确有“千年前从江西鲁沟桥（疑是北京卢沟桥之讹，因抗日战争时卢沟桥之名传入西南，而将黄帝蚩尤大战之河北涿鹿附会到卢沟桥）逃到‘斗南夷莫’江边（疑指金沙江。历史上毕节地区苗族多受彝族欺压和影响，彝族巫师呗摩溯祖常提到金沙江），沿途苗族决定分路迁徙时，曾聚会杀鸡喝血酒，立七星旗（齐心旗），相约后会有期，然后分鼓而别，蒙娄（白苗）就迁到毕节（图 3-63）。再顺六冲河、鸭池河、三岔河分别找出路”云云。笔者很怀疑今日白苗大分散的原居地就是毕节，白苗似乎代表着“古三苗”西迁最早的一支，沿鄂西、川南一线逃到金沙江再逆向分散，进入贵州毕节后，就沿六冲河向各下流河道搬迁，最远的支系大约顺关岭下南盘江去广西了，未入贵州的则顺“僰道”（宜宾以南“五尺道”）直下云南，散处文山州、红河州乃至迁向泰缅方向。而杨正文后列的“六冲河支系”则应改为“乌蒙支系”，因为乌蒙山区以西部威宁、昭通的“大花苗”为典型，东部以赫章、纳雍、水城、织金的“小花苗”为代表，大小花苗都以山居为特色。白苗则以傍河而居为特色。杨正文把白苗这支列为“岔河支系”，又称其“服饰为乌蒙型甘河式”，则为“梳子苗”；而在“甘河式”描述中强调“梳子苗”特色，则采用明显受小花苗影响的款式并归入“乌蒙型”。如此划分，容易使普通读者在观念上把白苗和花苗相混淆，对民俗史、社会学等内涵研究亦不利。依笔者看，以“梳子苗”为“六冲河支系”代表，“甘河式”“乐旺式”“泗渡式”等为变式，似乎对各方面都更顺理成章。对服饰描述，杨正文所述“甘河式”实为“梳子苗”，贵州省普定县身穿六十层褶裙的苗族姑娘、已婚妇女在裙脚镶上深色饰边，不再正式谈恋爱，但仍可参加跳花场活动。大木梳上缠以真假相混的头发，形似牛角与大包头的融合，外罩挑花立领之衣，实际是古代“贯首服”遗制。裙与袖上用蜡染或挑花，这种挑绣与蜡染结合的手法正是“黼黻絺绣”古风的遗影。图 3-64 内容如下：“穿着该式服饰的妇女头饰十分特别，用一块长 60 厘米、两头尖、半月形、外弧约 80 厘米、内弧约 65 厘米、中宽约 8 厘米、开十几瓣梳齿的大木梳置于头顶，以发固定。然后用假发和毛线掺头发反覆缠在木梳中央，木梳两尖角外露，横在头部左右，形若牛角状，远视又如一勾穿云新月。上装为高领开襟长袖衣，……两襟交叉扎于裙内。领、肩为挑花装饰，花纹多几何，八角花。两袖瀶为一段宽 15 厘米的蜡染布，由袖腰至袖口用色布贴成方块或三角花纹装饰，色彩鲜艳。衣体多为棉麻白布，亦有青色棉布。下穿麻布百褶裙，有的裙分两段，裙头为黑色，裙身为蜡染色。系白色腰带。绑腿。传统穿草鞋或布鞋。”这类白苗的麻裙常穿多层，上系脐下靠两胯部，整个服式有松垮上衣而沉重下裙之感（图 3-65）。

在遵义地区的白苗可以泗渡镇男礼服为例（图 3-66，图 3-67），“头部以白色棉麻布折叠为宽约 10 厘米的长帕包裹。上衣开襟无扣圆领，两袖宽大，与衣成

90 度交接，衣领背肩处以一块长宽为 20 厘米的绣片搭成海军式大披领（实即《苗图》中背甲类变形）。衣袖、衣身满饰挑花几何纹，胸前两襟中部为蜡染图案，纹样与挑花纹样相同，穿着时，两襟交叉，系一深色围腰，围腰边缘仍用挑花装饰。下装为普通深色长裤。此服只在芦笙节、跳花场等场合穿着。祭祀时，主祭者穿的服饰样式与之相同，但下连围裙，具有长衫的特点，现该式服饰在日常生活中极少穿着”。

图 3-63

图 3-64

图 3-65

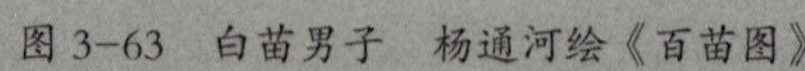

图 3-63　白苗男子　杨通河绘《百苗图》
图 3-64　白苗（乌蒙山型岔河支系甘河式苗族服饰）
图 3-65　白苗（甘河式梳子苗盛装）　杨通河绘《百苗图》
图 3-66　遵义县（今播州区）泗渡镇苗族男子盛装（背面）
图 3-67　川黔滇型遵义支系泗渡式白苗男子盛装（正面）

图 3-66

图 3-67

四、黑苗服饰

黑苗分布区域较广，包含支系亦多，试略加介绍。据《明实录》成化十五年（1479）："贵州黑苗……叛，命起致仕播州宣慰杨辉会兵讨之。先是辉攻夭坝干，既平之后，即其近地弯溪奏立安宁宣抚司。"1480年"户部臣奏，贵州都匀等处欲征剿生苗及夭坝干黑苗"，这是指居住在遵义地区东南余庆、瓮安、福泉、麻江一带的黑苗。黑苗聚居在黔东南州，渐向四方迁散，特别是清代乾嘉武装镇压后，大批黑苗逃向黔南、黔西南。《黔记》曰："黑苗，在都匀、八寨、丹江、镇远、黎平、清江、古州等处。族类甚众，习俗各殊，衣皆尚黑。男女俱跣足，陟冈峦，披荆棘，其捷如猿，性悍好斗。头插白翎。出入必携镖枪、药弩、环刀。自雍正十三年剿后，凶性已敛。孟春，各寨择地为场跳月，不拘老幼，以竹为笙。人死，则生前所私者，以色线系竹竿，插于坟前，男女拜祭。"上海博物馆藏《画册》所绘"黑苗"即表现孟春跳月，男子"以竹为笙"，女子叉手踏节，男女皆椎髻，男子更在髻上插翎为饰（图3-68）。题词云："黑苗衣尚黑，头标白羽，男女皆椎髻，插簪、项圈、耳环。未婚者名马郎。妇人短衣花袖，额贴花银皮。食糯饭野蔬，艰于盐，蕨灰代之。得死鸟兽、一切蠕动之物，杂纳瓮中，俟蝍蛆臭腐始告缸成，曰醅菜，珍为异品。居山曰高坡苗，近河曰洞苗。在古州、八寨。"图中男子黑上衣外的罩衣很值得注意，这实际是从"贯首衣"变来的马褂，把贯首衣颈圈前剖开即成"马褂"式，在膺下两侧再劈分成四份，全部绣以黄黑相间为基调的菱形几何花饰。上海博物馆收藏有一件清代古服（图3-69～图3-71），是榕江（即古州）所获传承物，除多两袖外，跟此图所绘马褂风格完全一样。苏州丝绸博物馆收藏有一件传承清代马褂（图3-72），制作和刺绣手法是标准的官服（包括"补子"），但原本无袖，又不合官服规制，图示为展开式，把两件古服对照《画册》之黑苗图应可获得生动印象。上海博物馆藏《黔省苗图》之黑苗则表现用尖担荷柴的男子，顶髻缠青布帕，裤长掩膝，裤筒宽松，裹腿跣足（图3-73）。

属黑苗而另有名称者甚多，例如：

《黔记》："高坡苗，在平远黔西等处，着黑衣，喜种山林（《画册》为"山秔"）。妇女以木板尺许绾发内，故又名顶板苗。婚姻苟合。男妇善染，力耕作，勤纺织。"《画册》所绘为三男一女染布图，后三妇女各抱白坯布一匹来染房，男子在靛桶前操作，妇女头上顶板较为狭长，髻两旁之发如蝶结，女服二黑一蓝，褶裙亦二黑一蓝，裹腿跣足（图3-74）。《图考》之黑苗情节相同，妇女顶板宽短而翘成弧形，色浅黄。四个妇女仅一人黑衣，有两人为淡青色上衣，一人为白色上衣，褶裙虽是黑色，下缘都加了花边，白衣女裙中段更添宽花边（图3-75）。《黔省苗图》只绘一妇女，手抱一卷已染成浅青色布；髻上顶板短扁而直，褶裙前有半幅蔽膝，上有菱形纹饰，裙下段为六角形连续花边（图3-76）。

图3-68 榕江八寨黑苗 上海博物馆藏《少数民族风俗画册》

图3-69 贵州榕江苗族传承清代古服（穿着效果颇似黑苗马褂） 上海博物馆藏

图 3-70

图 3-71

虽然《画册》说明谓“近河曰洞苗”，笔者疑有误，《画册》之文多据《黔记》，而黑苗之文却与《黔记》差别很大，不知何据？查《画册》洞苗说明与《黔记》基本相同：“洞苗近水而居，多择平坦地，以种棉花为业，男子衣服与汉同，故多依汉人傭工，女子戴蓝布角巾，穿花边衣裙。织洞帕颇精工。通汉语。在天柱、锦屏。”图 3-77 所绘为“织洞锦”场景，文图相符无误。但是，天柱、锦屏一直是侗族聚居地，指为“黑苗”很不可信，至今天柱、锦屏侗族生态仍如《画册》图文，举照片为证（图 3-78）。《黔省苗图》之洞苗（图 1-19）绘一捻线之女，其形象也像今日侗族妇女。贵州省图书馆藏《百苗图》把此图误植于“鸦雀苗”，而把“洞苗”配以“楼居黑苗”之图，贵州省民族研究所藏本相同，不足为据。

楼居黑苗的《画册》配词和《黔记》之文相仿，“楼居黑苗在八寨、丹江，男子耕种，性刚而憨。妇以羊角绾髻，爱居高楼。人死殓而停之（以二十年为期），合寨共卜吉，以百棺同葬，公建祖祠，曰鬼堂。其地什物，毫不敢犯，犯之以为不祥，性最信鬼。爱养牲畜，人居楼上，畜养楼下”。图 3-79 绘四个“以羊角绾髻”的妇女分立楼上下同时还有猪牛等景物，女子上衣正面领口开得极低，颈戴大而细的双项圈，耳垂大环，衣有青黑两种，黑褶裙。各书另有“黑楼苗”，因详细描述了在“鼓楼聚众议事”可断为侗族，不拟详论。

九股苗，《黔记》：“在兴隆、凯里，黑苗类也。此种武侯征灭之，仅留九人，故名，地广族繁，散处蔓延，性多悍。头戴铁盔，前有护面，后无遮肩，身披铁甲，

图 3-70　苗族传承清代古装（正面）　上海博物馆藏
图 3-71　苗族传承清代古装（男子所穿刺绣蜡染挑花裙）　上海博物馆藏
图 3-72　贵州黎平县尚重镇苗族清代马褂（正面）　苏州丝绸博物馆藏
图 3-73　黑苗　上海博物馆藏《黔省苗图》

图 3-72

图 3-73

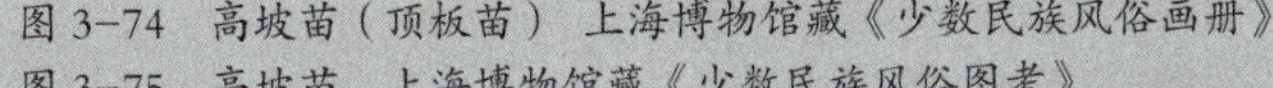
图 3-74　高坡苗（顶板苗）　上海博物馆藏《少数民族风俗画册》
图 3-75　高坡苗　上海博物馆藏《少数民族风俗图考》

图 3-76　高坡苗　上海博物馆藏《黔省苗图》
图 3-77　洞苗　上海博物馆藏《少数民族风俗画册》
图 3-78　天柱县侗族姑娘范玉莲（摄于 1956 年）
图 3-79　楼居黑苗　上海博物馆藏《少数民族风俗图考》

及脐下，铁链围身，铁皮缠腿。左手持木牌，右手持铁标，口衔利刃，行走如飞，三人共（张长）弩（矢无不贯）名曰偏架。自雍正十年抚剿，……建城安汛……。”《画册》所绘为三人共张弩、一人持盾矛攻击山虎情景。持盾者穿盔甲，张弩者两人黑衣，一人青衣，头髻盘红巾，或顶插鸡毛，短裤裹腿（图 3-80）。《黔省苗图》只画持盾矛、口衔利刃、身着盔甲之人，此铁盔甲可与今日贵州省博物馆所藏清代苗族铁盔甲对照，颇有研究价值（图 3-81）。贵州所藏两种《百苗图》系从《八十二种苗图》摹绘刻板印刷。这种“九股苗”在杨正文书中被划为“巴拉河支系”，分布于巴拉河两岸凯里、雷山、台江、剑河等地，服饰被划归“清水江型西江式”（图 3-82 ～图 3-84）。西江是著名的“千家苗寨”（图 3-85）（贵州西江千户苗寨，以美丽回答一切——余秋雨）。西江千户苗寨，位于贵州省黔东南苗族侗族自治州雷山县东北部的雷公山麓，距离县城 36 公里，距离黔东南州州府凯里 35 公里，距离省会贵阳市约 200 公里。由十余个依山而建的自然村寨相连成片，是目前中国乃至世界最大的苗族聚居村寨。

西江有远近闻名的银匠村，苗族银饰全为手工制作，其工艺具有较高的水平。西江是一个完整保存苗族“原始生态”文化的地方，是领略和认识中国苗族漫长历史与发展的上选之地。西江牯藏节（又叫鼓藏节）、苗年闻名四海，西江千户苗寨，一座露天博物馆，展览着一部苗族发展的史诗，成为观赏和研究苗族传统文化的大看台。

西江是苗语“dlib jang”的音译，史称“仙祥”，雍正七年“苗疆六厅”建立，改称“鸡讲”，民国五年易名西江。西江由八个自然寨组成，寨寨相连，户户紧靠，吊脚木楼群依山而建，层层叠叠，气势恢宏。它背靠青山，脚踏玉带，一水环流。得益于特殊的地理环境，农耕、节日、银饰、服饰、饮食、歌舞及其遗风古俗在这里世代相传，成为中国民族文化宝库的经典。

西江人是蚩尤九黎部落的后裔，南下迁徙的寅公、卯公定居西江，成为西江人共同的先祖。西江距今已有 2000 多年的历史，600 多年前就已形成规模，它不仅是贵州省重点保护与建设的民族村寨，而且同时获得“中国历史名镇”、“中国景观村落”和“国家著名景区”的殊荣，其以历史文化的厚重，包括苗年、鼓藏节、刺绣、银饰、古歌、吊脚木楼等十三项世界非物质文化遗产载入了中国非物质文化遗产的名录，加上“中国民族博物馆西江千户苗寨馆”的成立，西江博物馆的对外开放和每年贵州旅游产业发展大会的举办，这个牵动中国苗族历史脉搏的西江已是十步一景、处处入画。满载着民族文化的硕果，成为体验中国苗俗的旅游目的地，民族文化保护、传承的标杆。

图 3-80

图 3-81

图 3-80　九股苗　上海博物馆藏《少数民族风俗画册》
图 3-81　九股苗　上海博物馆藏《黔省苗图》

据统计，在清朝雍正七年（1729）西江千户苗寨有 600 多户，1964 年第二次人口普查为 1040 户，1990 年第四次人口普查增至 1227 户，1997 年为 1115 户。据 2005 年的统计，西江千户苗寨现共有住户 1288 户，人口近 6000 人，全部为苗族。西江千户苗寨所在地形为典型的河流谷地，清澈见底的白水河穿寨而过，苗寨的主体建筑吊脚楼依山而建，顺着地势的起伏呈现出多样的变化。

苗寨东南侧，是白水河长期侧向侵蚀塑造成的一个山间盆地，盆地虽然不大，却是西江苗族同胞世代耕作、赖以为生的地方，盆地底部是成片的水田，北面山地已被开垦为梯田和旱地。

位于河流东北侧的河谷坡地上，千百年来，勤劳勇敢的苗族同胞在这里日出而作，日落而归，在苗寨上游地区开辟出了大片的梯田，形成了浓郁的农耕文化与优美的田园风光。由于受耕地资源的限制，生活在这里的苗族居民充分利用这里的地形特点，在半山建造独具特色的吊脚楼，上千户吊脚楼随着地形的起伏变化，层峦叠嶂，鳞次栉比，蔚为壮观。这里的苗族居民根据自己的信仰和习俗，在每个村寨的坡头都种植了成片的枫树林作为护寨树，成为当地重要的自然景观之一[①]。这里的妇女头挽螺髻，髻后插木梳、银簪，上衣小领，右衽紧袖，袖、襟、肩饰以织绣花边，平时上衣外罩刺绣胸巾，下身穿直筒裤。衣料为家织紫黑色土布，用蜡染布和土黑布围头（图3-86）。节日盛装上为交襟大领，穿在身上领向后倾，衣袖、襟、领、肩都饰有绣花，尤以袖花为重点，纹样虽因人而变，但多具传承母题意匠，如飞龙、飞凤、蝴蝶、宗庙等。当地苗语称盛装上衣为“欧贝”（意为“雄衣”），下装为多褶裙，长及脚踝，在裙外系有长幅绣花围腰，姑娘则系有华丽的“飘带裙”。这种飘带裙制作十分精美，绣有各种花卉、禽鸟、虫龙，

图3-82

图3-83

图3-84

图3-85

图3-86

图3-82 巴拉河支系清水江型西江式苗族盛装
图3-83 巴拉河支系清水江型苗族女装 杨通河绘《百苗图》
图3-84 巴拉河支系清水江型苗族女装 杨通河绘《百苗图》
图3-85 贵州省雷山县西江镇“千户苗寨”（三十年前的旧照）
图3-86 西江式苗族日常女服（老奶奶在教姑娘绣制盛装“飘带裙”）

① 摘录自《新民晚报》2015年11月24日。

图 3-87　西江式盛装　杨通河绘《百苗图》
图 3-88　西江式苗族典型的女盛装

二十余条串成一裙，更添珠饰丝带，穿衣后，全身配加大量银饰。以牛角形大银角及银凤钗为代表，银箍、银梳、银项圈、压领（胸饰）、银镯、银链、耳环等，全套银饰重达二十余斤，堪称“世界之最”（图 3-87，图 3-88）。“九股苗”后裔另一典型为“台拱支系”，在台江县顺清水江向下游散布。台江县城关台拱的服装以厚实古朴为特征，面料是农妇家织的“花椒布”“斜纹布”，厚实耐磨，经蓝靛多次浸染成暗蓝或黑色，有几何形隐花浮起（图 3-89，图 3-90）。裁制成大领半体衣，袖宽而短，后摆略长于前襟，穿时卷袖成宽饰，交襟左襟压右襟，但据说古时为左衽。袖、肩、领部饰以花边。领圈宽大而后倾，当地称此衣为“欧贝”，袖花贴绣成片，再缝于袖上，老年妇女多用青绿色线绣于黑底（图 3-91），青年姑娘则多喜红绿对比色调，再加金属“闪片”，视感浓艳醒目，因底色为青黑，而并不火气（图 3-92）。除平绣外，最有特色的是“辫索绣”“缠针绣”和“堆绣”，花线堆积厚达几公分，风格特殊。头上用自织黑白方格布包头，垂大耳环，戴两对手镯。有的盛装钉有数十片银质锤花饰牌，辉煌夺目，称为“银衣”，以清水江畔的革一寨银衣最为华美。下装为桶形百褶长裙，通常无花饰，但革一地区的百褶裙则于褶裥间织绣着大量繁复花纹。每逢重大节日，盛装腰束银衣腰带，素色裙外则以绣花飘带裙为饰。有些妇女已改为裙外加绣花大围腰，脚穿勾鼻绣花布鞋。

清水江南岸原是黑苗聚居地，向南层峦叠嶂，林密路陡，直上苗岭主峰雷公山，雷公山东麓有寨蒿河等通榕江（古州）和黎平，在这苗区核心居住着若干支系，多属黑苗类。

《黔记》：“黑生苗，在清江属，……自雍正十三年改汉人服。”“黑山苗，在台拱、古州、清江三属。以蓝布束发，居深山穷谷，……能卜茅草卦，预知吉凶……。”《画册》所绘黑山苗为四黑衣男子，黑裤宽筒，长及足踵，淡青布裹椎髻，插鸡毛为饰（图 3-93），《图考》所绘黑山苗亦相同，唯头巾作蝶状结（图 3-94），《黔省苗图》亦画一黑山苗作茅草卜卦形（图 3-95），《画册》《图考》和《黔省苗图》所绘黑生苗也都大同小异，《画册》作红

图 3-89

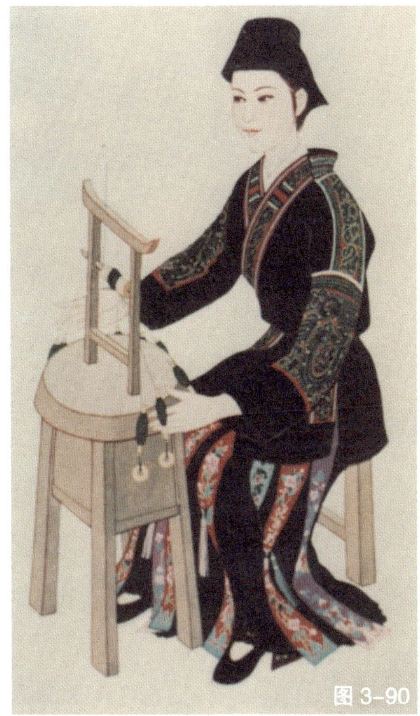
图 3-90

图 3-91

图 3-92

图 3-93

图 3-94

图 3-95

图 3-89 清水江型台拱式苗女常服 杨通河绘《百苗图》
图 3-90 清水江型台拱式苗女盛装 杨通河绘《百苗图》
图 3-91 清水江型台拱式苗族老妇衣服
图 3-92 清水江型台拱式姑娘盛装

图 3-93 黑山苗 上海博物馆藏《少数民族风俗画册》
图 3-94 黑山苗 上海博物馆藏《少数民族风俗图考》
图 3-95 黑山苗 上海博物馆藏《黔省苗图》

图 3-96

图 3-97

图 3-98

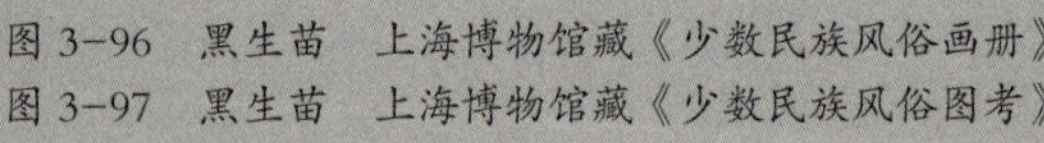

图 3-96　黑生苗　上海博物馆藏《少数民族风俗画册》
图 3-97　黑生苗　上海博物馆藏《少数民族风俗图考》
图 3-98　黑生苗　上海博物馆藏《黔省苗图》
图 3-99　黑苗男装之一　杨通河绘《百苗图》
图 3-100　黑苗男装之二　杨通河绘《百苗图》

图 3-99

图 3-100

巾缠髻，髻顶插鸡羽，短裤裹腿跣足（图 3–96），《图考》则是蓝布缠髻无鸡羽，短裤赤足（图 3–97），《黔省苗图》中也有黑生苗服饰造型（图 3–98）。图 3–99 ～图 3–100 为杨通河绘《百苗图》。

今日清水江流域的黑苗，除“巴拉河支系”外，种类较多，如杨正文书中所划之“稿旁式”“巫门式”服装（图 3–101，图 3–102），上衣较宽松，领向后低倾，交襟左衽很有古风，袖、襟、肩、背有饰花，背部领下一宽花边。下穿百褶裙分两截，上截为青黑色布，下截由红、黄、青组成格花布，系前后绣花围腰，多彩色几何纹花，千变万化。盛装用弯月形压花银片从前向两侧绕髻，环额有银制小花叶饰件，髻顶有立于架上的凤雀衔花，胸前有银锁项圈和银链、猴子链等（图 3–103 ～图 3–113）。

图 3–101

图 3–102

图 3–103

图 3–104

图 3–105

图 3–101 清水江型稿旁式苗族盛装
图 3–102 清水江型巫门式苗族女装
图 3–103 清水江型柳川式苗族服装
图 3–104 清水江型苗族女装 杨通河绘《百苗图》
图 3–105 清水江型苗族女装

图 3–106

图 3–107

图 3–108

图 3–111

图 3–112

图 3–109

图 3–110

图 3–113

图 3–106　清水江型苗族女装之围腰
图 3–107　清水江型苗族女装之百褶裙
图 3–108　清水江型苗族女装之围腰
图 3–109　清水江型苗族女装之围腰
图 3–110　清水江型苗族女装之围腰
图 3–111　清水江型苗族女装之织花带
图 3–112　清水江型苗族盛装　杨通河绘《百苗图》
图 3–113　清水江型苗族女盛装

杨书所划“高丘支系”为剑河县高山地区典型黑苗（图 3-114，图 3-115），面料为家织亮布（多次靛染呈紫黑色，又因有蛋清等物而呈闪烁发亮的特点），卷半袖为饰，形象健康简朴，其银项圈为银薄板硾击成曲折形，颇具特色，胸前用银片及散花装饰，额前剪短发。

杨书所划“久仰支系”常服甚朴素，黑衣，黑裙外有宽大围腰，花带系腰，黑头巾包裹加箍勒紧发髻。盛装于髻前贴置一横向银片，中部硾花，一侧散开，另侧聚梢上垂彩线，拖至臂腕，加项圈、猴子链等（图 3-116，图 3-117）。

图 3-114

图 3-115

图 3-116

图 3-117

图 3-114 清水江型高丘式（高丘支系）苗族女装
图 3-115 清水江型高丘式苗族女装（剑河县）
图 3-116 清水江型久仰支系久仰式苗族女装
图 3-117 清水江型久仰支系久仰式苗族女装

杨书所划“六合支系”分布于剑河去黎平之高山谷地，妇女挽偏髻，平时用黑色布巾裹髻（图3-120）。右衽圆领半袖上衣，襟边与腰间用白色提神，袖上有宽绣饰花带。宽围腰，黑褶裙，裹腿。盛装则头戴草花附饰的银箍，插银花，前胸用压领（大银锁），上衣开襟无扣，内加胸兜，背、襟、袖有丰富绣饰。在裙外垂挂各种色彩绣花飘带，有的盛装上衣在袖的内侧不缝合，形若披风，实是古服遗制（图3-121，图3-122）。值得注意的是此地苗族的耳环是一条毒蛇形象，应是《山海经》所说“珥两青蛇”古意。

图3-118

图3-119

图3-120

图3-121

图3-122

图3-118　清水江型久仰式苗族女装　杨通河绘《百苗图》
图3-119　剑河县温泉之巫门式苗族盛装（与久仰式相近）　杨通河绘《百苗图》
图3-120　六合支系六合式（黎平县平寨乡）苗族常服
图3-121　黎平县平寨的苗族姑娘姜竹英在“吃牯脏”仪式上的盛装款式
图3-122　六合式（黎平县平寨乡）苗族盛装

在古籍和古图谱中，还有两种苗族材料值得重视。《画册》："六洞夷人，穿短衣色裙，细花尖头鞋，胫卷以布袴。未婚男女剪衣换带，则卜而嫁之，邻近女子邀数十人，各执蓝布伞往送，曰送亲矣，男家欢饮唱和，凡三昼夜，携新妇同归母家，新郎每夜潜入妇家，与妇同宿，及生子后，方过聘而归夫家。母家以苗布数匹为嫁资，女则纺织勤劳，男亦多读书识字者，丧葬礼悉与汉同，在黎平府属。"所绘即女伴撑伞"送亲"情景（图3-123）。《黔省苗图》只绘一扛伞少女，粉红长襦，粉绿褶裙，有云肩（图3-124）。按黎平县今有六合支系苗族已如前介绍，笔者很怀疑即古书所谓"六洞夷人"。"六合"得名原因不详，是否可能就因苗族聚居地多有洞（峒）名，因古有六洞，现代变成"六合"了呢？此地苗族很受附近侗族影响，例如图3-125就是榕江平永支系苗族"送亲"实景：戴银链者是新娘，正在女伴的护送下前往男家，伴嫁之人多有执伞者。又《黔记》及古图还记有"阳洞罗汉苗"，很可能也指"六洞夷人"同类苗族。题词："阳洞罗汉苗在黎平府属，……妇人发髻散绾，插木梳于额前，富者以金银作连环耳坠，衣短，系双带垂于背，胸前织锦一方，以银器饰之。长裤短裙，或长裙无裤，能养蚕织锦。其发经数日，必以香水沃之，乃勤而爱洁，惟苗中难得也。"《图考》所绘是"阳洞罗汉苗"妇女正在沃发、织锦的场面，背立的少女很有"家人"的特点。《黔省苗图》则绘一织锦苗妇图像（图3-126）。

杨书所划"贞丰式"属今日黔西南地区黑苗，这支系的苗族是清代"乾嘉苗变"和"咸同苗族起义"被镇压后从黄平、施秉、炉山一带迁徙而去。从关岭沿盘江南下，分散于望谟、贞丰直到安龙一线（图3-127，图3-128）。妇女盘发于顶，用两层包帕，里层有花边显露，外层为黛紫厚棉布，边垂密排线穗，覆于额前与两鬓，上装为家织黑布，隐起织纹，有厚实感。交襟束腰，襟、背、袖或加绣饰；下身长褶裙，前系挑花长围腰，腰系花带，通体深沉而有气度，品位较高。

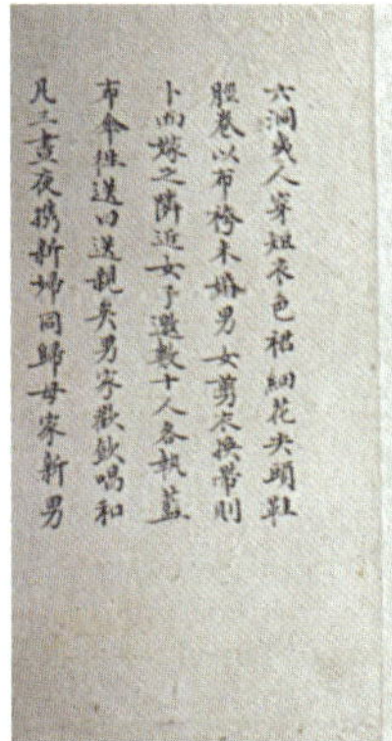

图3-123

图3-126

图3-124

图3-125

图3-127

图3-128

图3-123 六洞夷人 上海博物馆藏《少数民族风俗画册》
图3-124 六洞夷人 上海博物馆藏《黔省苗图》
图3-125 平永支系月亮山型平永式苗族姑娘"送亲"队伍（范注：服装受侗族影响）

图3-126 阳洞罗汉苗 上海博物馆藏《黔省苗图》
图3-127 贞丰式黑苗女装
图3-128 黑苗女装（背）

五、花苗服饰

花苗的概念不太明确，许多人把凡是花绣繁多色彩炫丽的苗族都称为“花苗”是不够准确的，清代以前的古籍所说花苗似指黔北遵义地区、安顺地区和部分毕节地区的苗族而言，并无明确定义。《黔记》对“花苗”的描述，涉及服装的材料极少：“衣用败布，缉条织成，青白相间，无领袖。”很难想象这点材料如何构成“花苗”形象，并且如用“败布”裁成条又如何“织”呢？至多“编缉”成“鹑衣百结”的惨状，“青白相间”也难成“花”。上海博物馆藏《画册》配词：“花苗以六月为节，首缠青布，襍织败布条为衣，妇敛马鬘尾作大髻，插木梳，花衣彩袖。孟春跳月，男吹芦笙，女振响铃，戏谑为乐。葬不用棺，卜地以鸡子，卜不吉则破，吉则用之。大定、遵义皆有之，其在镇远、黎平者，有张、陆、姚、李、朱、潘、吴、杨等姓。”图3-129中正是男吹芦笙、姑娘振铃的跳月情景，画得十分美丽。男女皆椎髻，女子用花带抹额。男子黑上衣，外罩蓝马褂，布带系腰，裤腿长短不一，裹腿跣足。姑娘之服式奇美：上身袒露肩背，似乎只穿一袭“贯首式”披衣，衣缘用红、白、蓝三色绲边，满身都绣成六角形浅色花纹，十分华美，但从无领卷边以绕肩的结构看，又颇似白苗服式；下身为绣花与织花并用的褶裙，裙下段有漂亮多变的宽花边，裹腿跣足。按此图之花苗服饰虽美，似乎在今日现实生活中却找不到相符者。《黔省苗图》之花苗则是红巾绕头，于额前打结，髻上插银簪、耳垂环的俏妇人，浅绿上衣，右衽，三层襟边，用黑披带自后绕肘前，垂带首为饰。下身红色精绣百褶裙，下段接蓝底宽花边，裹腿，穿翘首红布鞋（图3-130）。贵州省图书馆藏《百苗图》之花苗为持响铃而舞蹈之姑娘，高髻稍偏，上插木梳，加抹额，上衣对襟敞胸，下身红褶裙，裙下段为六角几何纹宽花边（图3-131）。被人们误认为“花苗”的清水江畔台江县施洞区苗族服饰确实以花绣和银饰闻名中外，但施洞苗族实际应归于“黑苗”系，只因经济文化较发达而高度发展了服饰艺术。从服装款式看，施洞跟清水江下游的革东、革一、剑河、柳川等都属同一系列，至今因年龄而自然区分的绣品风格有所谓“红花”“黑花”之别，即姑娘喜用红色基调的绣品，中年妇女则改为暗蓝或黑色主调的绣品。如果拿开绣花部分，施洞服装的常服面料基本上以靛染黛蓝为主。男子服饰一律用蓝黑，“划龙船”节日中男划手则一律穿用暗紫黑色的“亮布”所制礼服（短上装，黑长裤，戴斗笠）。正因为施洞服饰是用暗蓝和黑色为底色，所以才把银饰衬托得特别闪烁夺目（图3-132～图3-135）。值得注意的是，居住在重安江、巴拉河、清水江流域广大地区各支系苗族凡属“黑苗”系的服装，多数采取松散的两襟交叠再加系腰的方式穿着上衣，绕颈而下的两襟没有分明的领子，胸襟前也不用纽扣，这种衣服穿在身上，往往后领宽大而后倾，甚至变得袒肩露背如白苗的衣式。而胸前两襟的交叠，今日虽以“右衽”为主，老年妇女和边远山区仍常见右襟压左襟的“左衽”服式。事实上两襟平摊在地上原本就是“对襟”的，只是在穿着时才成“交襟”，而古代的“左衽”向现代的“右衽”过渡应是受汉族服制的影响。两千五百年前孔夫子在强调“尊王攘夷”“华夷之辨”时即提出“微管仲，吾其披发左衽乎”的服制划分标志，至今流传在西南各族间的“左衽”服正在逐渐消失并变为“右衽”，施洞式苗族上衣的襟边绣饰也逐渐从右边转向左边，以便“左搭右上成右衽”（图3-136）。我们从苗族服装的两襟变化以及“吃牯脏”祭典中仍保持的对襟礼服中应可获得服装史发展的一些启示。

同样的道理，今日常被视为“花苗”的贵阳“花溪支系”苗族，原本只是青苗的一支，只因盛装善用大量挑花为饰，而被当地其他民族称为“花犵狫”或“花苗”。花溪苗族的常服和礼服有很大不同，常服是青黑色“右衽”，而盛装则穿高领“贯首衣”。然则，有一个令人思索的重要问题：从清水江黑苗及花溪苗族服装看，是否意味着中国典型的对襟衣原本是从“贯首衣”蜕变而出？即把“贯首衣”朝前胸一面剖开而成，此理后文还拟详论。

前面介绍青苗时，提到贵定云雾山区俗称“海肥苗”的支系。在云雾山南麓惠水县摆金、鸭绒一带居住着跟“海肥苗”相似的另一支苗族，当地俗称为“打铁苗”的服饰也很有特色。在杨正文书中把“打铁苗”划为“摆金支系”，其实仍以“云雾山支系”概括即可。“打铁苗”日常便服只是淡青等素色，盛装的妇女服饰却十分精美华丽，致使不少人视之为“花苗”（图3-137，图3-138），先梳顶髻，然后用青布长头帕缠头成圆盘状，外圈为绣花头带，再加上垂帘般的串珠银铃，髻上插四片银饰组成“开屏式”银冠，银冠四周插各种银花银簪，发髻后插银梳。两耳戴轮状耳环。上衣为青色或紫色绸缎制成的无领开襟短衣，不用纽扣，苗式开敞半袖，卷附绣花宽边，加银泡。胸前有绣片，颈戴小项圈四个、大项圈五个，项圈不是直接套于颈后而是悬于胸前，靠上部有红绒球一对为饰；下身细褶裙，裙长及膝，下缘绲细白边。腰部绣饰特别繁华，各种细碎灵巧的饰件钉挂在青缎上，堪称琳琅满目，裙前悬吊银铃、银荷包等小饰物，这是受北方民族“蹀躞带”的影响。腿缠绑带，足穿花布凉鞋。虽然整体花哨绚烂，但基本面料仍是以黛青为主色调（图3-139）。

图 3-129

图 3-130

图 3-131

图 3-132

图 3-129　花苗　上海博物馆藏《少数民族风俗画册》
图 3-130　花苗　上海博物馆藏《黔省苗图》
图 3-131　花苗　贵州省图书馆藏《百苗图》
图 3-132　施洞苗族“红花”绣衣（中央民族歌舞团著名苗族歌唱演员冯天珍，摄于 1986 年）

图 3-133

图 3-134

图 3-135

图 3-136

图 3-133　施洞苗族妇女“黑花”绣衣
图 3-134　施洞苗族女盛装
图 3-135　施洞苗族传统女盛装（摄于六十年前，注意仍是左衽）
图 3-136　施洞苗族女装　杨通河绘《百苗图》

图 3-137 惠水县报金村苗族姑娘盛装（背）
图 3-138 摆金支系黔中南 A 型摆金式女盛装（俗称“打铁苗”）
图 3-139 摆金式苗族女装 杨通河绘《百苗图》

真正的花苗，应是指乌蒙山区的苗族支系而言。乌蒙山是横亘于滇黔川三省之间的高寒山区，这里有开辟于两千多年前的著名“五尺道”(僰道)，有出土的汉墓等古老文化遗址，是中国古代西南各民族交流的重要地区，也一直居住着从湖北平原迁徙来的最古老的苗族支系，民间俗称“大花苗” 和“小花苗”。《尚书·舜典》谓“窜三苗于三危”，如果按笔者前文的研究，这“三危”即湖北松滋的沲水，则苗族在夏商周三代以前已被从平原逐入了山区，并顺清水江流域向西，沿大娄山北缘顺赤水河进入川、黔、滇交界的乌蒙山区，再从乌蒙山东向黔北黔南；南向云南文山，以至泰缅；西向凉山南部分散，总称为川黔滇方言各分支。留居在乌蒙山区周围的苗族保存着古老的传承文化因子，在语言、服饰等方面很有特色。

生活在贵州省威宁县及赫章、水城等地以及分布于云南昭通、彝良直至昆明、曲靖、沾益等广大地区的许多苗族都可划归“威宁支系”，历来被称为“大花苗”，操川黔滇方言滇东北次方言（图 3-140 ～图 3-144）。1958 年笔者曾在威宁各地深入调查四个月，深感大花苗保存有许多古老的苗族传承文化，例如，同是吹芦笙，当时龙街区苗族耆老张清福告诉笔者“师傅传授笔者五种调式，现在笔者老了，只能吹三种调式”。他所谓的“调”是相应于“宫、商、角、徵、羽”的五调式，而非实际运用时所吹“迎客调、进门调、敬酒调、跳脚调、耍脚调、送客调”等数十种“曲目”。他又告知“苗族吹芦笙，又叫六笙，六根管；彝族吹五笙，五根管”。笔者十分惊喜地发现，威宁彝族确有一种五管芦笙，短小而结构区别于苗族“六管芦笙”。“五笙”吹奏时跟苗族双手捧持不同，而是由左手握执，右手按抚于上，因五管的上面有五孔，另一孔在下面，左手大拇指托住“五笙”时由六孔仍发六声，其声喑呜幽咽，明显区别于苗族芦笙（苗族芦笙有大小多种，音色越小越清亮）。

五十年前，威宁大花苗的妇女都梳尖顶高髻，从头顶向上直耸一个圆锥形，其中安有木质支撑架。头发梳法很特别，一半是顺圆锥形横梳，另一半则是直上至尖顶。近年，如此发式的大花苗已越来越少，改为向“六

图 3-140

图 3-141

图 3-142

图 3-143

图 3-144

图 3-140　大花苗男子毛织披袍（云南昭通地区乌蒙山型）
图 3-141　大花苗女子发式（云南彝良县）杨光勋摄
图 3-142　威宁乌蒙山型大花苗男装　杨通河绘《百苗图》
图 3-143　58 年前的威宁大花苗男子服式（那时本书作者已在贵州民族学院艺术系任教两年）
图 3-144　威宁乌蒙山型大花苗妇女服装　杨通河绘《百苗图》
图 3-145　大花苗毛织衣（贵州省赫章县六冲河支系乌蒙山型）

图 3-145

冲河”小花苗的发式靠拢，用红毛线捆扎了（图 3-145）。大花苗服饰男女无大差别：一律穿开襟大披衣，采用白麻布自织面料，无领无袖无扣，实际是“贯首衣”的蜕变：整幅白麻布由中剖套头，前后悬垂成四幅（当然这“贯首衣”只是就服制的古观念溯源而言，事实上由于织机宽度的限制，每匹布都只有八寸至一尺宽，两拼成肩的宽度，这是中国古服的常制），然后在胸背部另用四块长 60 厘米、宽 40 厘米的羊毛织花厚布拼接，钉于麻布上部，穿着时覆盖两肩与胸背，四幅悬垂的麻布用黑布腰带缠腰，胸前两幅交叠即成“交襟”，披衣后背下吊着一块扁方形挑花背牌，当地称“吊旗”，也有用绸缎面料作“吊旗”者，背牌下缘用彩带及玻璃珠做成缨串垂于腰部。另用与肩宽相等的两幅毛织厚布（稍短）及麻布拼成双袖，把双袖连缀于肩胁旁，胁下两侧并不缝合，只靠宽布腰带约束。在厚麻布上织成醒目的几何花纹及边框，织花通常只用红黑两色，连底色组成风格粗犷的纹样，威宁地区大多为大小交叉纹，或黑、红、白斜向组合，含有“十”字及边框的几何纹，袖下部常为细密的交叉形纹样，袖子端部则为麻布上用彩线刺绣同类风格几何纹。大花苗的衣饰红白黑三色配合巧妙而大胆，远观尤为鲜亮，当地从整体观感上有呼为“虎皮花”者（图3-146）。1958年某夜，我们在云贵乡青杠林中赶路，在窸窣的声响中遥见一“苗妇”走来，待到五米外才发现是只真老虎，震惊之下用三只电筒射定虎眼，迅速绕行逃脱，心悸觳觫，良久不已。至今见到大花苗即会很本能地联想到老虎！威宁大花苗由于生活在高寒山区，受到彝族影响，冬天外出活动，无论男女，都身披一袭毛毡，这种毛毡用纯羊毛蹂制而成，厚实耐用，挡风避雨。在露天放牧时，蹲坐地上用毛毡裹身，通宵无碍，如此装束，居然成了当地苗族的一大特色（图3-147）。不过彝族尚黑，苗族尚白，彝族用的是高级细羊毛织染而成的薄“氆氇”（彝语称“擦尔瓦”），苗族则是粗厚的白毛毡。威宁支系的大花苗服装款式虽大同小异，肩背所织之几何花纹却有很大的区域差别。图3-148的衣服是赫章、纳雍一带的小花苗，其纹样以细线为主，与威宁之强烈感大不相同。据云南民族出版社1986年版《中央访问团第二分团云南民族情况汇集（下）》刊载的摄于1951年的武定县大花苗服饰看（图3-149～图3-151），五十多年来已有较大变化：在礼仪场合，女子的锥型发髻改为戴特殊高冠，而腰下挂有一幅斜置的正方形“蔽膝”（围腰），其上按井字形划分为九格织花纹样，仍以“十字叉”形为基本意匠，不过跟两肩几何纹相比，黑白配置恰恰相反。女子头上所戴高冠，实在是苗族“蚩尤冠”的变型，很值得重视。在黔滇交通线上的苗族服饰中，至今尚能找到“蚩尤冠”的标本，这是很妙的（图3-152，图3-153）。这种斜挂“蔽膝”的例子，在黔东南州月亮山区古朴的苗族服装中也能看到，如丹寨雅灰苗装（图3-154）。

图3-146

图3-147

图3-148

图3-146 乌蒙山型威宁式大花苗背牌（“吊旗”）
图3-147 木雕威宁苗族披氈牧羊女（原中央美术学院雕塑系主任田世信教授作品）
图3-148 六冲河支系小花苗女装 杨通河绘《百苗图》

图 3-149

图 3-150

图 3-151

图 3-152

图 3-149　云南武定县苗族妇女传统服饰（摄于 1951 年）
图 3-150　云南武定县苗族夫妇传统服饰（摄于 1951 年）
图 3-151　云南武定县大花苗古装（清末民初）
图 3-152　武定大花苗（威宁支系——阿卯，乌蒙山型武定式）头上所戴俗称“蚩尤冠”
图 3-153　武定大花苗头戴“蚩尤冠”在仪式上喝“羊角酒”　杨光勋摄

图 3-153

毕节地区六冲河沿线的赫章、纳雍、威宁、织金等县境内，生活着被称为“小花苗”的支系，在服饰上也存在多种变化。小花苗服饰的基本结构跟大花苗较接近，但毛织物使用较少，纹饰更趋细致繁密。纳雍、赫章的小花苗男子服装尚存古风，在“跳花坡”等盛会时，尚能见到留发辫的男子：用红色毛线掺入头发，编成辫子后缠绕于头顶。在水城南开区北部小花苗男子则分梳两根辫子，从两侧绕颞向上交织于额上。纳雍小花苗男子盛装赛芦笙时头上用数十根箐鸡（雉）尾羽围成一圈，圈外用红布围头固定。平时穿麻织白色短衣，右衽（图3-155，图3-156），盛装时则加套以麻布制成的对襟长衣，由四幅长及足踝的白麻布拼成，背部以下开衩，前开襟，用腰带扎成交叉状，肩背部附贴有一层厚棉布的绣片，绣片用红、黄、黑的彩线精绣成几何纹样，三色错视远观产生金黄闪烁之感，夹以白边白底，十分醒目美丽。小花苗的男服有一特色，即用挑花贴花绣片多层重叠，做成立领，为颈后装饰（图3-157）。

图 3-154

贵州省织金、纳雍、普定、六枝居住着一支花苗，当地汉族因其发式奇异而称之为“角角苗”或“花苗”，杨正文书中定为“阿弓式”（图3-158，图3-159）。妇女们用长约70厘米的新月形木梳在脑后用线与发根扎牢，

图 3-155

图 3-156

图 3-157

图 3-158

图 3-159

图3-154　黔东南丹寨县雅灰乡苗族“牯脏节”（注意其冠式及斜菱形围腰颇具古意）
图3-155　小花苗男服　杨通河绘《百苗图》
图3-156　贵州水城小花苗（六冲河支系乌蒙山型水城式）在跳花场前竖“花树”
图3-157　贵州省赫章县当寨沟小花苗便装
图3-158　贵州六枝县（今六枝特区）梭嘎乡长梳苗（阿弓支系）
图3-159　贵州普定县苗女大发髻（川黔滇型阿弓支系阿弓式）

然后用平时收集的假发和掺以黑毛线的长发在木梳上缠绕成一个巨大的横∞形发髻顶在头上，再用白色布带或线带在露出的木梳尖角和人头上以特殊方式捆扎加固，形成特殊风格的发型，堪称奇观。她们上身穿开襟紧袖衣，衣的后摆很长，衣背上部、两袖、胸部常用彩色蜡染纹饰，多为团花、连续十字纹，蜡染绘制十分精致，从腰间至后衣摆则用挑花，挑花跟蜡染纹饰风格十分和谐统一，图纹分五组排于腰后。两袖亦满缀纹饰。下身着百褶裙，裙长及小腿，裙身用多段织花或挑花，裙裾则用白、红丝线镶边，裙上繁密纹饰因黑底色而统一，裙上系腰带，佩汗巾。腿缠白布绑带，下露黑边，脚穿云草纹贴花布鞋，这支苗族不仅因发型奇特而著称，其蜡染和挑花技艺也令人瞩目。外族人常因见她们夸张而巨大的发型而担心其累赘，疑惑他们为何能保持这奇异的装束而不改。其实，长年的梳妆已使巨大的发髻成为习惯，并不如观者想象的那般重负；更重要的是民族内聚向心力和严格认宗的传承观念，促成了民族中坚持以某种特异服饰为本族识别标志，这也是许多古代服饰历尽沧桑仍能保存古貌的奥秘之一（图 3–160）。

从织金、毕节、大方地区向南散布于普定、盘县、安龙、兴仁、兴义，广西隆林，云南广南、蒙自、个旧等地的类似支系尚多，服饰有相似的特点，都可概括为“织金式”（图 3–161 ～图 3–163），虽然各地有不同变化，但发式和繁花秾绣是其特征：妇女在脑后偏右挽大髻，先插一半月形木梳，取平日收集的假发（姑娘们从小珍惜头发，梳头时把所有落发都收集起来，亦收集别人之头发备用）掺以毛线卷入己发，缠裹成巨型发髻包于头上（图 3–164）。各地虽有盘顶、垂髻、偏斜、大小的差别，总的风格是相似的（图 3–165，图 3–166）。其上衣多为右衽长袖，或束腰或宽身，或前短后长、前裾微翘，通常右腋下用绳系左襟，而胁下则开大衩。领、襟用挑绣花边为饰，襟边较宽，或则从肩背向下用层层相叠的挑花排列。系围腰，腰侧连下有花边，深色百褶裙亦分段安排蜡染或挑绣花纹。远观全身的印象是黑白分明，近看花饰则是繁密中有节奏感，反差强烈而凝重（图 3–167，图 3–168）。这种百褶裙所用布料甚多，制裥定型和织染绣都很费工，展开原为一长幅黑布，穿裹在下身则成厚重的百褶裙，随运动而收展摆动，减弱了沉重感（图 3–169，图 3–170）。云南文山州的花苗则改巨型髻为盘状缠头布，外绕宽花带与缨络流苏，肩背花饰亦加缨络而有“云肩独立”之感，裙袖花饰亦比贵州繁复，有“满身都是花”的感觉，喜用红白色调与蜡染青

图 3–160

图 3–161

图 3–160　阿弓式苗族女装　杨通河绘《百苗图》
图 3–161　贵州省纳雍县百兴镇苗族服装（川黔滇型阿弓支系）

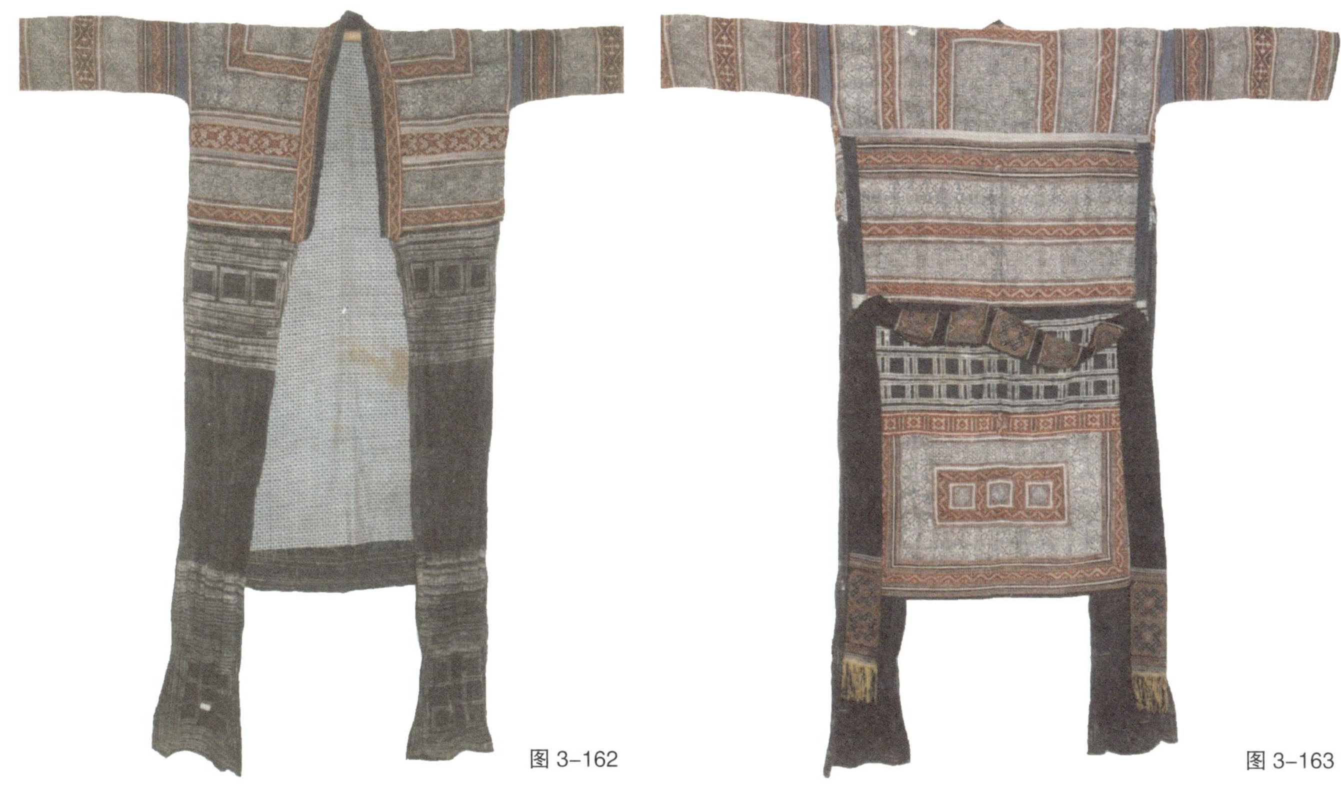

图 3-162　图 3-163

图 3-164

图 3-165

图 3-166

图 3-162　贵州省盘县川黔滇型苗族女装（正面）
图 3-163　贵州省盘县川黔滇型苗族女装（背面）
图 3-164　贵州织金县苗族姑娘梳头　杨通河绘《百苗图》

图 3-165　六枝特区岩脚镇川黔滇型阿弓支系苗族女装（正面）
图 3-166　六枝特区岩脚镇川黔滇型阿弓支系苗族女装（背面）

白色调对衬，效果很热闹（图 3–171）。

跟织金花苗相近的尚有盘县、镇宁一带的苗族服饰。盘县南部苗族满身蜡染花绣，上衣是在源自“贯首衣”的覆盖胸背整幅方形布的基础上，开前襟，接下段、袖段及前后蔽膝围腰而成。不仅整体呈明显的部件拼接效果（上衣呈“甲”字型），并保留腋下开衩古风，穿时把前开两襟交叉向后拉紧，掖于腰后，缚带固定。这种“拼接式”苗服在服装发展史上给人的启发是意味深长的，它对中国服装史的研究具有“活古董”的价值（图 3–172）。镇宁迤东南直至安顺、紫云各乡镇常可见到人们称之为“偏梳苗”的奇妙发式（图 3–173）。妇女们用一根红色竹片，两头有梳齿，一端固定插入顶髻，另一端悬挑于头右侧，全长约 70 厘米，头发先向上盘梳成旋绕顶髻，再把余发分三股分别绕于竹片，固定于梢端，右侧鬓发及脑后之发疏松延展，有“云鬓如雾”之潇洒视感，实际是巨型髻的变型，风格极为奇妙。当地妇女便装上衣是无领开襟紧袖短衫，外套一件覆蔽肩背的坎肩；内衣肩部也有大块蓝布垫肩，后领圈附有一小方块挑花饰片，并无实用功能，两袖为明显的逐段拼接效果，坎肩下连两块前襟，穿着时交叉压入腰带。盛装时穿红色面料制作的传统上装，肩背用橘黄色丝线挑花成大面积饰片，两袖用色布、花布拼接成细长袖筒，不再另加坎肩。从便装“坎肩”的结构和盛装用饰片代替“坎肩”的情况分析，很显然，这都是从古代“贯首衣”演变而成的服饰观念，所谓“坎肩”连前襟的服式跟“大花苗、小花苗”的结构有相通处，其实都是

图 3–167

图 3–168

图 3–169

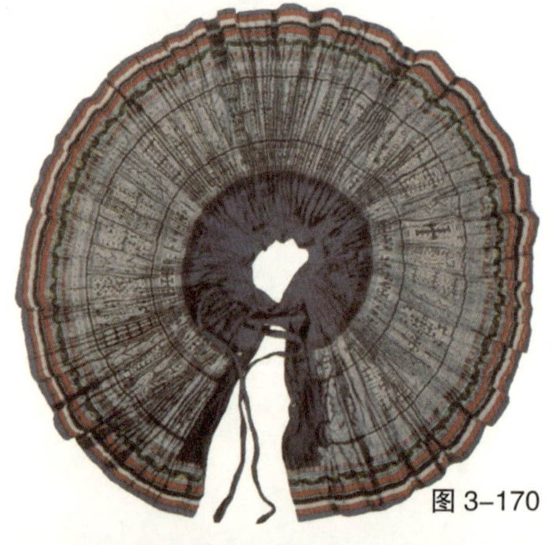
图 3–170

图 3–171

图 3–167　贵州织金县苗族女装　杨通河绘《百苗图》
图 3–168　贵州织金县苗族女装　杨通河绘《百苗图》
图 3–169　贵州织金县白苗女装（六冲河支系乌蒙山型甘河式）
图 3–170　贵州织金县白苗女用百褶裙
图 3–171　云南开远市苗族女装（川黔滇型开远支系开远式）

“三苗”贯首衣的演变形态。

现实的苗族服饰如结合古籍材料深入研究，尚可发现许多有意思的“文化遗存”现象，以及许多富有设计新启示的传承理念现象，试列举之：

《黔记》：“短裙苗，在都匀、八寨，男子短衣宽裤，妇人衣短，无衿袖（《画册》作“妇人短衣无领袖”），前不护肚，后不遮腰，不穿裤。其裙长只五寸许，极厚而细褶，聊以蔽羞。采紫草以营生。性嗜酒，醉则常卧山凹，隆冬浴于溪涧，且云可以助暖。”《画册》所绘是三女一男用背篓运物于山间，女子顶髻稍偏，上衣似有三种：一开襟系腰；一敞肩无襟，短衣中袖甚宽；另一似与男子相同，短袖露脐，裹腿赤足。男子顶髻短裤，上身似乎无衣而披一覆背垫肩，垫肩下边圆形，遍施织绣蓝色花纹（图 3–174）。上海博物馆藏《图考》绘一男五女，男子开襟上衣，系腰，短裤；女子则穿一种弧边马甲，背后两拼，前襟无纽，仅以双臂压住，敞胸露脐。下身短裙仅五寸许，系腰带于髀髋之际，腿以下赤裸，露臀。背篓用带勒于肩下胸前（图 3–175）。《黔省苗图》所绘顶髻稍偏，上

图 3–172

图 3–173

图 3–174

图 3–172 苗族妇女蜡染织花衣 杨通河绘《百苗图》
图 3–173 偏梳苗 杨通河绘《百苗图》
图 3–174 短裙苗 上海博物馆藏《少数民族风俗画册》

衣短，仅膺前一扣，胸脐毕露，短裙有蓝白纹饰，赤腿露臀，小腿裹青布绑带，徒跣（图 3–176）。贵州省图书馆藏《百苗图》之“短裙苗”绘妇女用背篓运物（图 3–177）。

今日短裙苗分布在剑河、雷山、凯里、麻江、丹寨、三都等地，有多种服饰变化。

先介绍居住在剑河太拥、南哨、久敢、反排、台江巫脚交、南宫及雷山方祥的一支。此地丛山峻岭，深涧密林，交通十分不便，在历史上对外文化交流少，苗族发展迟缓，保持较多古传文化，只是近年才从剑河修通南去黎平的简陋公路，而迄今少有客串，所以山寨仍是肩担背篓为主。记得 1985 年前笔者到巫脚交去考察苗族婚葬礼仪时，台江深山中的反排苗族挖掘出传统的芦笙寻偶舞蹈，因其粗犷朴野的浓烈特色，被介绍到国内外的大城市表演，竟获“反排迪斯科”的美誉（图 3–178）。剑河久敢苗族妇女都挽云髻，在发际线上缠一圈青色头巾。或将头巾折成 7 厘米宽带状绕头于脑后插紧，再用深色棉线加固；或用青色长巾在髻下绕围而垂端于肩，髻后斜插木梳。耳环为圆圈形，环下吊有灯笼或蝴蝶形坠饰（图 3–179）。翻过大山到黎平尚重、六合一带耳环即变成“五步蛇口衔灯笼或珠饰”款式，可知苗族耳环源出“珥两青蛇”之类虫蛇图腾遗制（图 3–180）。久敢的苗族上装为圆领长袖衫无立领，用家织布经蓝靛多次浸染处理研光而成的“亮布”制裁衣服，右襟，用铜扣为系，衣长过臀，上身衣着稍显宽松臃肿，腰系浅色织花宽带。下身为百褶短裙，裙长只有织机所限的 30 厘米，裙布织染好后，打裥，固定于木桶，使裙褶定型，

图 3–175

图 3–176

图 3–177

图 3–178

图 3–179

图 3–175　短裙苗　上海博物馆藏《少数民族风俗图考》
图 3–176　短裙苗　上海博物馆藏《黔省苗图》
图 3–177　短裙苗　贵州省图书馆藏《百苗图》

图 3–178　贵州省台江县反排村苗族芦笙舞
图 3–179　贵州剑河县山区短裙苗族姑娘盛装（注意耳环是“蛇含明珠”意匠）

在裙褶上缘加青布边及线绳，穿着时把做成长条状的裙绕髂骨外，并且层层覆加，多至六或七条。盛装更以裙多为美，笔者曾见一姑娘由母亲帮助竞穿了四十五层短裙，裙后边高高耸起，如火鸡开屏状。又因上衣较长，衣裾覆盖，裙子只露出10厘米，更显裙短。在腰部系有裙帕一块，宽40厘米，长及60厘米，下缘有饰，裙帕为黑底粗布，用白线挑花，花纹多斜菱几何纹，变化无穷。小腿用裹腿长布带，下齐足踝（图3-181）。

生活在雷山县大塘乡（今大塘镇）的短裙苗与丹寨县孔庆、排调相望，但中间隔着极为宽深的大山谷，清晨从大塘公路口“排里拗”下去约数十里才到谷底，再爬大坂到西面排调已是傍晚时分。此地短裙苗妇女擅长刺绣，在黑底面料上施以繁复多变的几何绣纹，纹样又以大小方块分割组合，红绿等色调配合得斑斓如锦（图3-182）。她们头上挽云髻，髻后插银梳，髻右插银钗，佩耳环，盛装（图3-183）。除加银簪数支外，髻顶更插银凤银花，这种顶饰有一枝三凤乃至一枝五凤之别，更盛者用银头箍绕头一周，宽约15厘米，上面镶焊有丰富的禽鸟、仙人骑马、铃、七星鱼、繁花，以及用银片卷成的成排小铃悬于额前眉际，稍有动作，不仅髻顶银凤含珠微颤，额前小铃皆铮钬晃鸣，颇有情趣。上装着宽袖对襟敞领织锦衣，衣领宽大后倾，露出项背，颈戴几个绞花或麻花项圈，盛装衣背钉缀银片，腰系织锦花带，后面一排花带被短裙托起犹如艳丽的雄鸡尾羽；下身穿百褶超短裙，盛装时增加数层短裙，裙外加前后两块横宽围片，上有丰富纹饰，遮蔽至膝，因裙多而将围片托起，两侧再有长垂的织花带飘动，小腿用织花绑带，脚穿绣花鞋。再加胸前立体焊花银压领、各式银手镯，可谓满身锦绣，炫目如箐鸡（图3-184～图3-186）。当地确实流传有巧手姑娘模仿锦鸡制作衣饰的故事：“高高的发髻，好像锦鸡的羽冠；花纹斑斓的衣服，好像锦鸡的羽毛；彩色绚丽的花绣，好像锦鸡的翅膀；花色漂亮的花带，好像锦鸡的羽尾；翘尖的花鞋，好像锦鸡的金爪。”（图3-187，图3-188）短裙苗在历史上是极其贫穷的，《黔记》称其衣“前不护肚、后不遮腰，不穿裤，其裙长只五寸许，极厚而细褶，聊以蔽羞，采紫草以营生……”那是记实。六十年前笔者到大塘调查时，她们确实“穷得穿不起裤子”，妇女们并非不怕羞，笔者在山间陡路上

图3-180

图3-181

图3-180 贵州省黎平县平寨乡苗
图3-181 久敢式短裙苗 杨通河绘《百苗图》

图 3-182

图 3-183

图 3-184

图 3-185

图 3-186

图 3-187

图 3-188

图 3-182　贵州雷山县大塘乡短裙苗　杨通河绘《百苗图》
图 3-183　短裙苗盛装　杨通河绘《百苗图》
图 3-184　贵州雷山县大塘乡短裙苗盛装妇女（正面）
图 3-185　贵州雷山县大塘乡短裙苗盛装妇女（背面）

图 3-186　贵州榕江县两汪乡短裙苗盛装妇女（应加绑腿）
图 3-187　贵州雷山县短裙苗盛装妇女（正面）（裤为现代变化现象）
图 3-188　贵州雷山县短裙苗盛装妇女（背面）

攀行，前面如有妇女，她必定逃到路旁静候男人超前，然后再走。如果到苗寨访问，妇女在阁楼上，知堂屋有客，亦绝不肯下楼。短裙是否因为穷而创出？当地流传一首歌谣："过去穿长裙，黏鸡屎进家门，弄脏了谷子；现在穿短裙，才短前短后。"意谓因适应崇山峻岭、高山深谷的生活，经常行走在一些"顶趾相接"的山路，穿长裙行动困难才创造"超短裙"。但此说有几点不可信：如为生活便利改短裙，则前后围片仍长及踝，自相矛盾；如为遮羞而设前后围片，不如穿内裤。笔者认为苗族服装支系的创造、分化、变形、守成现象，应从更深的民俗观念与认宗心理上去找原因，"过去穿长裙"既反映了历史上迁来高山峻岭前的彼时生态，更可能是对苗族古代未分徙前的古服制的追忆，一旦分宗别徙，则以某种服饰作为自身宗支的标志以相识别，并恪守不渝。事实上生活在丛山峻岭的长裙苗甚多，未必都有改短的要求。当然生活环境对民族服饰的影响可能是很重要的条件，但服制一旦形成，认宗心态往往会产生更大的制约力量。同时还应考虑到传统织机手段的影响：通常老式织机所织之布不过六寸宽，所以包括汉族服装以前都是由背部两拼幅而成肩宽尺幅。苗族裙子变型虽多，大体都是分段拼接结构：最短一幅，也有二幅中裙（加花边）乃至三幅长裙，而绝无“整幅百褶长裙”的可能。可见“短裙苗”服式的创造与流传有其综合原因。非本质的特征则是可变的，例如穿内裤、附饰品的增删等，不一而足。否则，“短裙苗”也就不可能成为恒在的支系特征了。短裙苗大塘服式的古老款式是在对襟胸前的织锦纹饰，衣背有多层贴花和蜡染花，领饰较宽大而翻垂。如果把上衣平铺，排除两袖拼接之感，可知仍从“贯首衣”蜕变而来。古式腰带厚重而臃肿，前后围片稍短。所用面料除多次靛染外，还用牛血蛋清等浆染成亮色，犹如老漆效果。近年姑娘们确因害羞而在裙内加穿长裤，不再裸腿。

居住在凯里西面、麻江、丹寨偏北地区的短裙另一支系，基本服式与大塘式相近。妇女挽云髻于顶，但爱把前额以上头发利用茶油的黏合压成半月形折棱，整个发髻像只倒竖的青螺，从右鬓到左鬓旋绕而上的发棱十分美观。髻后插木梳，梳上有线连于簪尾，青年妇女爱美，随时拔下木梳从后向上梳理散发，始终保持发髻光润。盛装时用豪华银梳，梳用银片包木齿，并焊有几枝银花。近年青年女子常服改用塑料梳，梳上连缀绒花和尼龙线，更显清秀。上身着家织蓝布对襟衣，宽大半袖卷边为饰，胸前用小扣牵合两襟。领宽、镶素边，后倾露背，上衣整体颇显宽松，从髻顶至两袖逐级放宽，意态娴雅，两袖中部饰宽花边（图 3–189）。不少日本人认为“和服”可追根到凯里苗装，并引出“日本民族源出苗族”的惊人结论。笔者曾撰文指出：日本和服与苗族服装只是“表亲”而非“直系血亲”，因为今日的和服只是唐代妇女盛装东传的结果，只要对比唐俑及古画即可证知，而凯里这支“舟溪短裙”苗族的服装也是受到盛唐服装影响的结果：[①] 唐朝建立统一中央集权国家后，在西南少数民族地区实施“羁縻州制”，采取“以蛮夷治蛮夷”的“绥抚”政策。中唐以前苗区获得发展，也增加了民族文化交流，著名诗人李白受谗曾被“流放夜郎”，那时的夜郎即贵州中西部，作为羁縻州也早已跟中原有文化交流。早在汉武帝“通西南夷”时，他一面派司马相如等谋开川滇，一面派唐蒙开牂牁，兵临三合，即今贵州三都县，至今三都境内尚有“蒙渡”的地名。可知黔东南的麻江南下丹寨、三都一线即都柳江古道，早已是民族文化交流的孔道，今日舟溪支系短裙苗的服装正是盛唐服式影响的遗影。顺便说说，中国少数民族，支系无虑数百，服饰更是千姿百态，难以缕析，但研究民族服饰史的实例中，大抵只是明清近代遗制，若上溯至宋元遗形已是凤毛麟角，苗族服饰中竟有唐前遗留成分，实属珍奇。若能通过科学推理，考究出先秦三代服饰文化因子，对中国服饰史研究将功莫大焉（图 3–190 ～图 3–192）。民俗学“文化遗存”的揭示与考古

图 3–189

图 3–190

图 3–191

图 3–192

图 3–189 贵州凯里舟溪苗族女装 杨通河绘《百苗图》
图 3–190 苗族妇女便装 杨通河绘《百苗图》
图 3–191 短裙苗（背面） 杨通河绘《百苗图》
图 3–192 短裙苗盛装 杨通河绘《百苗图》

① 上海出版《流行色》创刊号。

学发掘文物，正是科学史论的两大物证，也是本书致力的目标之一。舟溪苗服因卷起中袖，小臂外露，所以常戴袖筒，冬季更以此保暖（图 3–193 ～图 3–195）。贵州凯里舟溪苗族织带纹样，虽然当地苗族姑娘对其所织纹样有主观解释，大多是根据纹样与某种物像相似而言，但有些传承自古代的纹样却自有其内涵，姑娘未必都了解该纹样的真实含义，甚至命名很奇怪，例如“鹰眼”，当地并不常见老鹰出现，苗族也不崇拜老鹰，为何特别强调“鹰眼”？答案只能是出自传承古观念的“老纹样”。如“青蛙”就是祖传纹样，而“鹰爪”也就是传统“蛙纹”的变体，现代织女已不懂了，至于“飞机”当然毫不可信。其实当地苗族花带的传承古纹有不少是既可视为“八角星纹”，又可视为“枫香树（叶）”的古织纹，都跟织机有关，至少可推溯到老祖宗蚩尤被杀血染红叶的原始年代。关于“八角星纹”的民俗学和历史学研究还有待深入（图 3–196，图 3–197）。盛装女服喜用紫缎

图 3–193

图 3–194

图 3–193　凯里舟溪支系短裙型妇女服装（注意茧绣围裙）
图 3–194　舟溪式苗族妇女盛装　杨通河绘《百苗图》
图 3–195　舟溪短裙苗女上装（茧袖绣花）

图 3–195

图 3–196

图 3–197

图 3–196 织锦带在中央的经线位置图符号，织成早春最早发现的蕨草的图案
图 3–197 苗族织带纹样（凯里舟溪）

为面料，衣袖用彩色丝片贴花及马尾绣为饰。衣背、衣肩钉有圆圈银泡及银片，腰带用织锦，裙外加条裙围巾，即褊裙之类。小腿加布筒或裹带，脚穿绣花布鞋。每当盛大节日姑娘们盛装时，髻后插银梳，额发用银带压饰，银带两端束于脑后，并把银饰长带飘垂于后，髻顶插银角。由于苗族崇拜的龙是牛角龙，所以姑娘头插银角有祈神佑护之意，又因银角中有十二根薄银片作折扇般展开，视感又有凤凰展翅的意味。颈戴银项圈数根，并有银链挂“压领”，且戴各种手镯。盛装衣袖绣纹有苗族传统“祭祖大典”场面的表现：中央为三重屋檐庙堂下的祖神，两侧有人抱着“生命树”，下层左右两小庙内是央公央婆像，庙墙上有“卍”“卐”纹，按民间习俗这是“分公母的吉祥纹”。上层两侧是羽人赴会报喜形象，庙顶两侧似仙鹤般对立。房屋、梅花、牡丹、金钱等当然都是受汉族影响，但祀祖观念方面则是苗族固有的。类似凯里支系的苗族沿清水江一带分布尚多，只是衣式略有变化，如长裙、中裙、衣饰纹样等（图 3-198，图 3-199）。另一值得重视的是舟溪支系苗装裙前围布，实是古代“蔽膝”的变型，但这一地区的苗族蔽膝所用面料很特殊，是古代所谓“茧纸”的孑遗。史称晋代书圣王羲之用“茧纸、鼠须笔”书写“兰亭序”，由于原件失传，今日已难知“茧纸”究竟，不意在僻远苗乡得见古物传世：苗族用土法养蚕，待蚕成熟时不给它边角，而是放于平面，蚕被迫吐丝积聚成纸（注意：“纸”字原意正是蚕丝所制之象形字）。这种松软适宜的“茧纸”被舟溪苗族妇女先染色，再裁成细条，编织成特殊花纹的“蔽膝”（配合绲边和刺绣技术），委实是罕见的珍奇（图 3-200）。

短裙苗还有一种重要的“丹寨支系”，分布在丹寨及三都、都匀部分地区。目前只有丹寨杨武地区尚存古风服饰，其余地区多数已改穿长裤而失“短裙”旧风了。

图 3-198

图 3-199

图 3-200

图 3-198　凯里苗族女装（长裙式）　杨通河绘《百苗图》
图 3-199　贵州台江苗族袖花“祖庙”
图 3-200　舟溪短裙苗女围腰（茧绣蔽膝）

当地异族称杨武短裙苗为"八寨苗"，八寨就是丹寨古名，但《黔记》把他们归于黑苗："八寨黑苗，在都匀府属，……女子以色布镶衣，胸前锦绣一方护之，谓之遮肚，……"前文在介绍黑苗时已引图文（图1–50），现再加考察。今日杨武短裙苗服装特点确实是"以色布镶衣"（图3–201～图3–203）：上衣较短，胸背部用许多色布剪成三角形再拼组成正方与斜方交互的纹样，白色线锁边，令人远观呈"米"字印象。在"色布镶衣"纹饰下有一条"卐"形纹花边，再下是很有特色的三层装饰：用丝片做成的半立体竖条组合结构，远观呈金属般深浅银灰色。图示的姑娘在此三层镶饰下更有另外三层银灰饰片，很有古代武士胸甲的味道，很可能就是从"胸前锦绣一方护之，谓之遮肚"变来。而《画册》所绘则是完全不同的"锦绣遮肚"，是否是古今服式变异了呢？衣袖多为四段组成：袖口挑花，上接浆染，再接蜡染，再上又是金属般的组合花边，令人感觉袖子是附加物，原本应只有"前后衣片"如马甲款式，现今下身已是穿裤，但古时却穿长仅10厘米的"超短裙"，于是"遮肚"成为必须。老年妇女尚有在头巾上钉载银角为饰者，这"山"字形角饰纹样有十分古老的演变史，将在后面章节详论。如果笔者猜测不错，短裙苗应是源自黑苗系中最古老的支系，其服饰中保存着深厚的涵义。

短裙苗又跟"月亮山型"服饰有密切因缘。月亮山是指贵州榕江、雷山、丹寨、三都交界地区，此地不仅山岭峻险，并且地处黔桂交界，许多村寨不通公路，历史上外族很少能进入月亮山腹地（近年已有国道穿过）。月亮山苗族东面跟侗族相邻，西南跟瑶族相邻，西北有水族，但月亮山腹地则保存了古老的苗族传统文化。不少学者相信"三苗"南支从东向西迁徙时，是经武陵山南下到九嶷山区（今湖南江华、城步、通道），转入贵州黎平、从江、榕江地区，再转向黔东南雷公山区。然则月亮山区很可能是从东迁来古族中途留下的一支，所以清朝咸同年间张秀眉起义被镇压后，传说其残部即转移到月亮山区得以生存，因为月亮山不仅是丛峦叠嶂易守难攻的休养生息之地，也是黔东南苗族文化迁来时祖灵暂息之区，在心灵上有获得庇阴与慰藉之感。对于苗族服装史研究来说，从"三苗"经洞庭、武陵西传的古文化，在分宗析支散向各地之前，月亮山苗族服装可能保存了较多的"遗传因子"，是很值得深究的。

由于月亮山是广西九万大山向西北的延续山脉，再向北与苗岭、雷公山相接，所以穿月亮山型服饰的苗族就分布在从江、榕江、雷山、丹寨各地，试由北向南略加介绍：

图3–201

图3–202

图3–203

图3–201 丹寨支系杨武式女装
图3–202 丹寨支系杨武式女上衣（正面）
图3–203 丹寨支系杨武式女上衣（背面）

榕江靠北地区及雷山、丹寨南部的服装具有区域特色（图 3-204）。女子挽顶髻，或在髻根部绕发一周，用银簪固定，簪形似小伞，髻后用木梳斜插。上衣右衽，襟边镶宽花边，花边在项下作直角转折，袖筒窄小，长及手腕。领圈圆而无立领。上装内穿菱形胸兜，上端也是开圆领，领圈下有绣饰，再下为菱形胸兜，左右两角用带系于后腰。有的外衣是开襟，露出胸兜上部花绣。腰系细褶蜡染裙，竖条蜡染跟深蓝布条相间，色彩的配置颇醒目而美丽。裙前系围腰，围腰四周绣饰浓艳，小腿裹绑带，下端有织花边饰，于礼仪场合脚穿翘尖绣花布鞋。此地区苗族男服尚保存一种十分珍贵的古典礼仪服，当地称“牯脏衣”，拟在后文详细研究（图 3-205 ～图 3-208）。

图 3-204

图 3-205

图 3-206

图 3-207

图 3-208

图 3-204　黔东南苗族姑娘　杨通河绘《百苗图》
图 3-205　丹寨苗族“牯脏衣”（正面）
图 3-206　丹寨苗族“牯脏衣”（背面）
图 3-207　丹寨苗族仪式上“牯脏头”所戴“苗王帽”（正面）
图 3-208　丹寨苗族仪式上“牯脏头“所戴“苗王帽”（背面）

在榕江、丹寨、三都交界地区苗族服饰以雅灰为代表，此地属月亮山北麓，因为交通困难，古风保存较多（图 3-209 ～图 3-213）。当地妇女头绾云髻稍偏左，髻后插木梳。盛装时插银梳、银花、银钗，额上顶银角，银角似古代三齿铁叉，银梳背焊五根银链垂饰，颈前有正方形银牌，再有三至五根扭成麻花状的圆项圈。上衣对襟圆领，面料为家织斗纹亮布，袖口有白布镶边。肩、袖、背及后摆钉贴有彩色丝线精心绣制的宽花边，多为变形鸟、蝶。盛装更是满身绣饰，色彩鲜艳。内穿胸兜，作菱形，颈下有绣纹；下身着细褶裙，裙前系挂一幅菱形蔽膝，在暗色底料上满绣传承花纹，图案是四方适合纹样，中央有圆形盘龙，四角有蝴蝶，方块上更套以长方形对襟纹饰。蔽膝后在盛装时穿一袭“飘带裙”，下垂薏苡草珠与白鸡毛，使裙变型，腿裹绑带束紧的布筒，绑带亦是用同样风格的织花。重大节日可见古式盛装礼仪服，是“鼓社节”（祭祖大典）专用礼服，上衣下裳连缀，下裳散成一列飘带，带梢有白鸡毛垂饰，因整衣遍绣变型鸟纹，群众称之为“百鸟衣”，上海博物馆藏有一件标本。有些“牯脏服”还配有专用礼帽（图 3-214 ～图 3-216）。

居住在榕江月亮山区的苗族服装虽基本结构类同，各地区域性变化甚多，研究者喜欢按标本采集地分为多种款式，但对不熟悉当地民俗的读者仍感迷茫，笔者以为统称“月亮山型”即可，具体特点分别描述。月亮山区被都柳江横截为南北两大区，此地苗族的服饰有一点可注意：从胸兜、襟边、裹腿乃至髻型看，榕江不仅从北向南大体都属同类款式，并且与榕江和从江的不少侗族服式有类同处，笔者很怀疑正与《黔记》上所谓“车寨苗”的传统有关。《画册》图绘据《黔记》：“车寨苗，男勤业艺，女工针指。未婚者，于旷野之间为月场，男弦女歌，声音清美，与诸苗不同。相悦者自行配合，亦名跳月。此种乃马三保之兵（败）落六百名，招赘苗女为家，故曰六百户之生苗也。在古州。”图 3-217 中之男青年所弹即今日所见侗族琵琶，而妇女则是典型苗装，这令人很费猜详：今

图 3-209

图 3-210

图 3-209 月亮山型平永式苗族常服 杨通河绘《百苗图》
图 3-210 月亮山型雅灰式（打渔支系）苗族银头饰
图 3-211 月亮山型苗族盛装 杨通河绘《百苗图》
图 3-212 雅灰式盛装 杨通河绘《百苗图》
图 3-213 月亮山型雅灰式（打渔支系）苗族女装

图 3-211

图 3-212

图 3-213

图 3-214
图 3-215

图 3-216

图 3-214　丹寨县月亮山型雅灰式牯脏衣（正面）
图 3-215　月亮山型雅灰式牯脏衣（背面）
图 3-216　榕江县朗洞乡宰牙村苗族跳芦笙活动（月亮山型女装）

日榕江的车寨是侗族聚居区，文中所叙“跳月”也是当地侗族青年男女恋爱习俗，称“行歌坐月”，亦称“跳月”，那么是否可能《黔记》所叙即侗族呢？车寨是榕江最肥美的平坝沃田，原本是苗族聚居地，清代乾嘉苗民起义被镇压后，苗族被排挤向四面山区迁移，侗族填补了车寨坝子。在此前，榕江车寨苗可能早就受到东面侗族的某些影响，至此，侗族亦可能继承了原居苗族的某些习俗，包括服装间的相互影响。文中所叙马三保散兵赘入苗家遗裔发展之说亦事出有因，从《画册》图绘看，可断为苗族无疑。事实上，从榕江北部平里、乐里、瑞里向南再向东直到从江边地，无论苗族侗族的服饰都有许多相类似之处，例如染制“亮布”、做“百褶裙”技术、菱形胸兜的款式、绑腿方式等。此类苗族男服尚保存十分珍贵的古典礼仪服——牯脏衣，拟在后文详细研究（图 3-218）。

榕江支系苗族有一个颇引起学者和美术家们兴趣的地方：岜沙。这个村寨离侗族聚居的从江县城不过几公里，而从江是湖南、广西跟贵州传统交通的古道，此地有比较发达的水陆码头驿站，有相当繁荣的市井民俗，尤其是近几十年的迅速建设和发展，由从江北上凯里的

图 3–217

图 3–218

图 3–217　榕江县车寨苗族　上海博物馆藏《少数民族风俗画册》
图 3–218　榕江月亮山区“牯脏衣”（背面）　上海博物馆藏

公路就从岜沙苗寨边通过，奇怪的是岜沙苗族却至今很少受到城市文明的影响，依旧保存着古老的服饰，仍然坚持着传统的生活方式。岜沙妇女挽发髻较特殊：把头发在左前成两股交叉，梳至右前额上形成髻，绕到右脑后成髻，用银钗钉住，再把发梢转到前髻之后用梳固定。这种髻外观虽独特，其实跟从江侗族发髻有相似处（榕江车寨侗族梳顶髻，而从江龙图贯洞的侗族则喜挽右侧堕髻），盛装时在髻侧后插银鸟、银花，戴耳环，耳坠由碎银片组成。少女头顶添白鸡羽饰。银项圈三至七围，绞扭成型，另有银链挂一蝴蝶胸饰，下有细链吊小铃数枚，蝶饰上或有银蓝烤漆施彩。上身贴肉先穿胸兜，胸兜是菱形，上有一段挑花衬托圆领口，系带于颈后，左右两角系带于背。上衣用家织靛染“亮布”制成对襟低领衣，穿上后拉右襟压左襟，系布带于左胁成“左衽式”，腋下开衩犹存古风。袖筒紧窄，袖口有宽花边，全身上衣紧裹，盛装只以多件叠穿，有多至九件者。领、袖、襟裾都用挑花或色布缘边，盛装时由于各件上衣由外向内层层递长，让花边层层叠显，颇为悦目；下身细褶裙，小腿用布套，分三段染色。此地染色风格虽是蜡染样式，但所用阻染剂不是蜂蜡，而是保留古老的枫树胶质，古风盎然。岜沙男子从小剃去一圈头发，挽小髻于顶，裹头巾，头巾是白布挑黑花，两端留50厘米线头，先把头巾卷成粗绳再绕头一圈，尾端打结于额上，顶髻外露。上装用家织黑色亮布制成，圆孔无领，衣襟由颈左10厘米处向下直开，领口、折角及腰部用布纽铜扣，袖筒窄长；下穿宽筒裤，一身黑色。腰间爱系腰形绣花荷包，装烟丝或火药、铁砂以行猎，也有用生牛皮或牛角制成的“荷包”。对于岜沙苗族为何身邻闹市而基本不受影响，不少学者和艺术家都觉得是个谜，甚至有人以为是因其“愚昧、落后、文化低”而难以接近城市文明，这显然是荒谬的。中华人民共和国成立以后，特别是近年来，岜沙苗族青少年已有许多人入校读书，成年人也常进城贸易，近年更有不少外地人慕名到岜沙参观采风。如笔者前文所述，岜沙苗装其实仍是受到邻近侗族潜移默化的影响。笔者认为，正因为岜沙苗族身处侗族包围影响之下，强烈的认宗和自卫意识促成他们坚持固有民族传统的意念。从地理分布看，从江向南自西山直至广西九万大山东麓的融水等山区都有同类苗族生息，岜沙只是历史上民族斗争的前哨据点，所以更有坚持传统的自尊心理。在历史上，民族压迫是很深重的，不仅清朝重兵深入杀戮，导致苗族流离分散；到国民党四川军阀杨森兼任“贵州省主席”统治时期，还有强娶苗女、勒令苗族改装以示“同化”的恶行，影响是很难消除的。1962年冬天，贵州大学艺术系几个教师一同到榕江去写生，当时已经过“大跃进”的急风暴雨式冲击，最偏僻的农村也已“准军事化”：公社生产队编制都按“营、连、排”称呼了；而此时又正处“三年经济困难时期”的最艰涩岁月。他们翻越大山、取道信地来到增冲旁的凋敝苗寨，沿途的苗族老人和妇女见着他们这些不速之客避之唯恐不及。终于找到一位“连长”，向他提出“帮他们找几个妇女，穿民族服装，拍照画像”。“连长”带着疑惧的眼神去了良久，独自一人回来，嗫嚅地说：“要照就照我吧，我老了，拉去当兵也算了！”他们半晌才回过味来，知道被误认为是来抓壮丁的国民党了！这可是早已解放十多年的新时代了，外界天翻地覆的变化似乎对这些偏僻荒村并没多少影响。事后，在画像时慢慢沟通了感情，老“连长”是当地传统的“寨老”，中华人民共和国成立后被糊里糊涂地指定为“生产队长”“连长”，平时也少有城里干部下乡来，而他的思想中仍把城里的干部当作往年糟蹋苗族的国民党军一样。当地苗寨的实际生活也几乎维持原样。他们画完像，拿出几元钱酬谢他。对这意外的收入，老“连长”喜得手舞足蹈，立即把躲在屋后的老婆女儿喊出来，几乎要下跪。由于时间已晚，他们匆匆拍了照并致谢，怀着难以描述的沉重心情翻山返回。多么淳朴可爱而又灾难深重的民族！后来笔者到岜沙、融水等地考察，似乎对苗族珍视自身传统服饰与习俗的“保守心态”颇能理解。

从江县最西面、月亮山最深密的加勉、加鸠、加牙的苗族服饰很有特色（图3-219）。妇女挽云髻于头顶偏左，插银钗，戴银耳环，项圈扭绞如麻花，另配银链，最具特色的是在银头箍上有一排或两排尖锥形饰齿，手镯上也有类似三排小尖锥的饰齿。上装内也有菱形胸兜，不外穿故不绣花。外衣是对襟圆领，胸前有右扣。肩部跟袖口有花边；下身为细褶中长裙，小腿有布筒，全身黑色，比较朴素。盛装多用丝片、绸缎贴花，多鸟纹图案。男子也在祭祖庆典穿“牯脏衣”，鸟纹、龙纹多变形、风格很古老。“牯脏头”（祭祖仪式主持人）的“牯脏衣”为对襟长衣，下裳为两列绣花飘带组成，飘带末梢垂有白鸡毛，全身有古传纹饰绣花，头上黑布包头，外或用挑花巾围饰，或用带一排尖锥的银箍围饰，顶上立有“山”字形银标识（图3-220～图3-222）。

图3-219　月亮山苗族妇女背婴儿

月亮山北区、都柳江以北的榕江苗族，从高隋至三都打渔乡一带尚保存一批清代遗存的古式绣衣。此地妇女挽髻于头顶偏左，插银钗。上身内穿菱形胸兜，项下有精美挑花，外穿紧袖对襟上衣，无扣，襟边、领边

图 3-220

图 3-221

图 3-222

图 3-220 榕江县加鸠村（月亮山区）隆重的苗族牯脏节——鼓社仪
图 3-221 榕江加鸠的牯脏衣（月亮山型）
图 3-222 榕江县加勉村的苗族男子盛装 杨通河绘《百苗图》

有较宽挑花饰边，上衣敞胸，露出胸兜上挑花。腰带扎紧上衣，下穿黑色多褶裙，裙过膝，裙前加围腰，小腿用布筒套。近年有部分妇女已改穿中长裤。戴耳环、银项圈。此地保存的清代古服（图 3–223 ～图 3–239）为多幅拼缀而成的马褂式上衣，拼裁方式不一，或用对角三角形，底色浅深相间，各块单独绣成花草纹样再拼组成衣，多用缎底，或加拷边。下身穿黑色细褶裙，裙长至膝下，裙上有精绣腰带，腰带下用薏苡珠串连系各种绣块，绣块有美丽花纹，下有珠串悬垂白鸡毛一排，这种绣块串成的饰物罩于裙外形成美丽的襦裙，古意盎然，俗称“百鸟衣”。有人认为此类罩裙可能是受到侗族影响，笔者提供一幅东面黎平盖保、育洞收集来的侗族裙（图 3–240）作对比，从黎平到榕江二百多里，苗侗姑娘裙外多有这类华饰襦裙，既然古物保存在深山苗寨，是否可能原由苗族创造而影响到侗族呢？从丹寨雅灰等地苗族华丽的古式菱形“蔽膝”看，笔者宁可相信这类裙是由文化远比侗族古老的苗族所创造，而近代侗族文化发展迅速，把工艺更推进了。

图 3–223

图 3–224

图 3–225

图 3–226

图 3–223　清代贵州榕江苗族高隋式马褂（正面）　上海博物馆藏
图 3–224　清代贵州榕江苗族高隋式马褂（背面）　上海博物馆藏
图 3–225　清代贵州榕江苗族高隋式马甲（正面）　上海博物馆藏
图 3–226　清代贵州榕江苗族高隋式马甲（背面）　上海博物馆藏

图 3-227

图 3-228

图 3-229

图 3-230

图 3-231

图 3-232

图 3-233

图 3-227　清代贵州榕江苗族高随式上衣（正面）　上海博物馆藏
图 3-228　清代贵州榕江苗族高随式上衣（背面）　上海博物馆藏
图 3-229　清代贵州榕江苗族高随式上衣（背面）　上海博物馆藏
图 3-230　清代贵州榕江苗族高随式褊裙　上海博物馆藏
图 3-231　清代贵州榕江苗族高随式飘带裙　上海博物馆藏
图 3-232　清代贵州榕江苗族高随式褊裙　上海博物馆藏
图 3-233　清代贵州榕江苗族高随式褊裙　上海博物馆藏
图 3-234　清代贵州榕江苗族高随式飘带裙　上海博物馆藏

图 3-234

图 3-235

图 3-236

图 3-237

图 3-238

图 3-239

图 3-235　清代贵州榕江苗族高隋式飘带裙　上海博物馆藏
图 3-236　清代贵州榕江苗族高隋式飘带裙　上海博物馆藏
图 3-237　清代贵州榕江苗族高隋式护腿　上海博物馆藏
图 3-238　清代贵州榕江苗族高隋式护腿　上海博物馆藏
图 3-239　清代贵州榕江苗族高隋式护腿　上海博物馆藏
图 3-240　贵州黎平县盖保侗族裲裙

图 3-240

三都县和丹寨县交界处的苗族服饰有以下特点（图 3–241 ～图 3–243）：妇女头挽螺形高髻，用雕花银簪固定发髻，平时用头巾遮髻以便劳动和防尘，盛装时则于髻旁加各种银饰，戴银耳环。上装大襟左衽，领圈略呈方形，绕以宽绣边，左襟于项下横展，而右襟先向下 10 厘米，再折角斜下左胁。左右腋下都开高衩，无扣，只用布带拴系。用最显眼的多彩蜡染装饰肩袖，肩背饰纹或半圆形，其上用两两相对的螺旋纹组成适合纹样，苗语称这种螺旋纹为“窝妥”，有人认为就是汉族“云雷纹”之意，但此地苗族“窝妥”则有植物幼芽萌生意匠。袖根部则用放大的“窝妥”纹为饰，袖上纹饰约占全袖一半。由于蜡染采用蓝白、橘黄、红、黑等色组合，而绣片钉于暗紫或黑色面料上，显得非常鲜明醒目。在肩背转向前胸的地方，另加两块绣片缝搭于两肩，虽有加固和抗磨作用，但因绣片纹样是跟蜡染花无关的平绣花卉，且钉贴得打破了蜡染花，令人有补丁之感。此衣所用面料是用蓝靛加血浆染成青色，再用蛋清或牛胶加工成的“亮布”，呈暗紫黑色，跟肩袖蜡染成对比，又因整衣有许多纤细蜡画纹，远观呈青灰色，使多彩蜡染发挥了很好的视觉效果。下身平时穿裤，盛装则穿罗裙，裙长覆脚，意态娴雅，裙上用刺绣和彩珠为饰。穿圆口绣花鞋这一支系的苗族被许多人称为“白领苗”，从其服装特色看，此说法毫无道理，不知何故。

在麻江县河坝地区的苗族服饰亦很特殊，这是《黔记》等史籍所称“夭苗”的后裔。上海博物馆藏《画册》题词：“夭苗名夭家，多姬姓，相传以为周后。青衣左衽，男子拾木叶为上衣，下穿短裙。女子年十五六，即购竹楼野处，未婚者吹竹笙诱之成配。以十一月为节。妇人工织善染。人死用藤蔓束之树间，任风雨化之，在平越。”图 3–244 所绘为两个姑娘在竹楼中静待情郎，楼外三个顶髻青年“吹竹笙诱之”，强调“拾木叶为上衣”，所以都用树叶做披衣。女子髻外裹青巾，对襟上衣，佩两项圈。青年穿宽筒裤，青布绑腿，跣足。《图考》（图 3–245）所绘大同小异，《黔省苗图》（图 3–246）绘一披树叶外衣之男人蹲姿。贵州所藏《百苗图》（图 3–247）也同样是绘一披树叶男子，看来各本都是一致的，今日的“夭苗”后裔服饰与古画已经相差很大，只有女服尚

图 3–241

图 3–242

图 3–243

图 3–241 贵州丹寨县排调镇苗族妇女（三都型）盛装 杨通河绘《百苗图》

图 3–242 丹寨苗族（俗称“白领苗”）三都型女上衣（肩袖用蜡染、领衽用刺绣）

图 3–243 丹寨苗族三都型苗族妇女上衣（背面蜡染纹样）

图 3-244

图 3-245

图 3-246

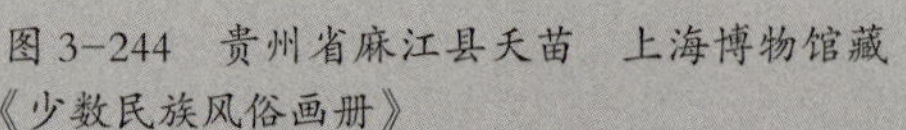

图 3-244　贵州省麻江县天苗　上海博物馆藏《少数民族风俗画册》
图 3-245　天苗　上海博物馆藏《少数民族风俗图考》
图 3-246　天苗　上海博物馆藏《黔省苗图》
图 3-247　天苗　贵州省图书馆藏《百苗图》

图 3-247

有些关系。麻江群众习惯把“夭苗”称为“饶家”(不知是否为“夭家”的音变?)(图 3-248 ～图 3-250)，妇女们剃去额发，再把头发绾髻于脑后，插以银簪及银链等发饰，戴耳环。上身穿无领窄袖长衣，系以织花腰带。衣肩中央有一方形绣饰，袖口有宽幅绣花边。前后衣摆都裁成弧形，并镶缀精致的宽花边。如果穿两件上衣，里面那件衣袖和下摆都比外衣长出 10 余厘米，显出不同的绣花边，有时故意做成层层叠置的五六层绣花边，很有特色(这种层叠下摆应是“百苗图”夭苗“葺叶为衣”的余韵)，通常在上层者色青，在下层者色蓝，以示衣多为美。下身着裤，外罩褶裙，裙长及膝，裙亦分上下段，上段青黑色，约与垂手相齐，下段约 20 厘米，为浅蓝裙脚。裙外系围腰，有花绣，小腿缠青绑布，外有海贝为饰，脚穿翘头布鞋，白鞋帮绣红花(图 3-251)。饶家的绣技很有特色，常在自由组合的曲线中呈现各种花卉，花瓣互相勾连，于如云如烟的活泼旋流中，纹饰多运动感。不少绣品是在暗黑底色上用单色线绣成造型结构的变幻穿插而不觉单调，在有些花卉旋流曲线中又会发现镶嵌着小动物。从总的风格看，跟湖南马王堆汉墓中出土的绣品颇有相通处，那纹样显得神秘诡谲又富于动感。饶家绣品尤以背孩子的背兜最为出色，满幅花绣匠心独运，繁密的纹样统一在红黑色调中，品味甚佳。贵州民委等有关部门已正式把饶家改为瑶族，但改称的学术依据似乎很薄弱，有待专家商榷。

图 3-248

图 3-249

图 3-250

图 3-251

图 3-248 贵州麻江饶家即《百苗图》所载之夭苗
图 3-249 贵州省麻江县南部的“饶家”所作“树胶染”样品，既是花草，又含蕴鸟虫形的独特意匠，颇具意味(“饶家”近年已被贵州省民委认定为“瑶族”，但凭据不足。实际应是清代《百苗图》所绘之“夭苗”，仍属苗族分支)
图 3-250 贵州省麻江县南部的“饶家”所作“树胶染”样品。“饶家”的印染与刺绣俱佳，其纹饰常是草花中含鱼鸟，鱼鸟之形又似花草。此幅下面两角花纹各不相同，右角的鸟形跟月亮山苗族“牯脏衣”上的绣纹样同样具有古意，但麻江距离月亮山路途遥远，且山峦隔绝，可见这种纹样的类同必定不是现代影响，而只能是古代观念的遗存。
图 3-251 麻江饶家妇女节日所穿上衣(背面)

安顺是贵州商业重镇，经济较发达，历史上又是去云南的交通干道，文教发达，至今有著名文庙的古建遗址。但是安顺附近的民族成分很复杂，在此一带不仅生息着几种支系的苗族，并且有传说“由汉族变成的少数民族”，如今日尚存的平坝“屯堡人”及史书上记载的“宋家苗”“蔡家苗”（今已不能确认，可能又融入了汉族）。此类现象说明：明清以来安顺地区经历了较大的发展与变化，对我们探究民族文化交流的规律是有利的。

安顺苗族被介绍得较多的是居住在安顺市南面著名风景旅游区华岩洞迤东地区的一支，他们讲川黔滇方言川黔滇次方言第一土语，有较高的工艺水平，因挑花蜡染闻名。20世纪50年代以前，世人对汉唐古籍中提到的“蜡缬、醎缬、绞缬”等历史上的染织技术已莫明其妙，经贵州民族和工艺专家们的研究，才重新发现了这种古老的染织技术仍存于民间。当然，跟蜡染相类似的“蓝印花布”等技术在民间是一直延续未断的。但按古法使用蜂蜡或枫树胶汁作为阻染剂制作蜡染的活标本被发现后，立即引起了国内外专家的关注。贵州的专家们在安顺还发现了苗族利用植物染料能染制多彩蜡染，立即把这项数千年传承的技术开发出来，投入市场后受到欢迎，20世纪50年代已远销到非洲等地。据说当年利用苗族传统的漩涡纹（苗语称“窝妥”）生产的蜡染布在非洲群众中得到共鸣，因为非洲传统织物中也特多漩涡纹。后来，有学者指出：50年代扶植起来的安顺蜡染实际出自丹寨、黄平（重安江）地区苗族蜡染的启发和传授，这也是很可能的。笔者四十年前到重安江考察时，当地蜡染厂一度经营不善，厂方技术负责人还对笔者发牢骚：“安顺学了我们的技术，反在经营上压了我们！”古代曾广泛存在的蜡染技术有赖苗族才得以发扬光大，孰先孰后都是苗族的光荣，这种情绪似无必要。上海博物馆不仅藏有50年代安顺苗族制作的四色蜡染围腰（图3-252～图3-254），也有丹寨黄平的典型蜡染，甚至还有50年代云南白族的扎染（并非蜡染，但此类染技有相通处，并且大理白族的扎染实际中断了二十年，到近年改革开放后，随旅游业兴起而再次发展起来）。华严地区苗族妇女（图3-255～图3-258）束发挽髻于头顶，外面用挑花头帕从两侧向前交叠掩拢成圆筒状，再用三根3厘米宽的挑花带从前向后包住头帕，打结于后脑，再把面颊旁的头巾两角翻翘，因为头帕少则多块、多则十多块层层翻起的

图3-252

图3-253

图3-254

图3-252　贵州安顺苗族传统多色蜡染围腰（六十年前旧物）上海博物馆藏
图3-253　贵州安顺苗族传统多色蜡染围腰（六十年前旧物）上海博物馆藏
图3-254　安顺苗族传统多色蜡染围腰（六十年前旧物）上海博物馆藏

图 3-255

图 3-256

图 3-257

图 3-258

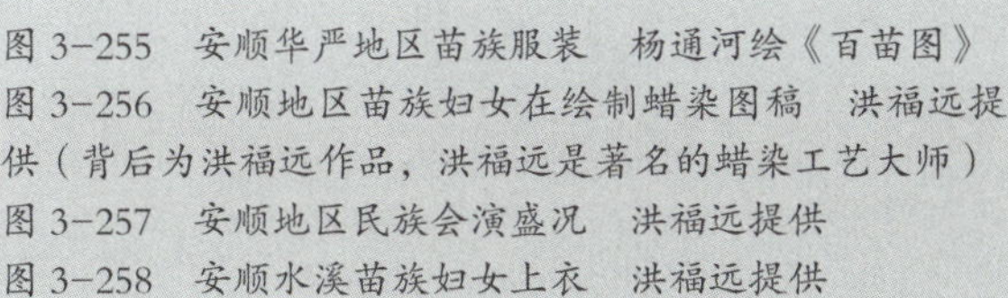

图 3-255　安顺华严地区苗族服装　杨通河绘《百苗图》
图 3-256　安顺地区苗族妇女在绘制蜡染图稿　洪福远提供（背后为洪福远作品，洪福远是著名的蜡染工艺大师）
图 3-257　安顺地区民族会演盛况　洪福远提供
图 3-258　安顺水溪苗族妇女上衣　洪福远提供

翘角参差有趣。上身对襟立领长袖衫，领襟有挑花饰边，袖上段有四道绣饰，袖口再有一道稍狭绣饰，袖筒较宽，袖口露出另一截白边内袖；衣背中央有一方形图案，方框内有六朵相连蕨爪纹样，红色调。织花腰带，衣前后摆有多层挑花，这种衣摆当地称“背扇裙”或“衣裳裙”。从上海博物馆藏品看，亦有用彩色蜡染围裙者。下身为细褶裙，裙长及膝，裙上施色边与饰纹，从整体看，蓝黑底色上红色、白色纹饰颇醒目。节日里妇女爱穿多衣、多裙，腿缠挑花绑带，脚穿绣花布靴，爱戴细项圈，用线悬挂于头上，与云雾山区苗族相类。由于安顺苗族遍身饰有蜡染花和挑绣花，虽然其服装底色深暗，但仍被人视为“花苗”。

从安顺向北去普定，向西去镇宁，苗族服式有了变化，此地区被称为“大花苗”的苗族服装确是少有的橙红基调及缠绕活泼的纹饰（图 3-259 ～图 3-262）。妇女挽髻时掺入少量假发，绕于月牙形红木梳而绾成顶髻，木梳两尖端外露，髻下用银链围几圈。髻后插一錾花银扁，并垂吊五个银链小铃，佩耳环。上衣两袖腋下作“蝙蝠式”，胁下开衩中袖齐肘，口收小，高领，对开襟。平装时袖口、衣领、两襟及后腰用蜡染镶饰。穿时把对襟扯拢，交襟于胸前，用腰带扎前衣摆，而后摆则露于裙外。下身穿深色长裙，腰带系裙后，彩色带头垂后为饰（图 3-263）。盛装款式与便装虽相似，但衣袖加长，用红呢或红缎为面料，分片绣成美艳的纹样，缝载

图 3-259

图 3-260

图 3-261

图 3-263

图 3-262

图 3-259　安顺地区安普支系高寨式苗族女衣（正面）
图 3-260　安顺地区安普支系高寨式苗族女衣（背面）
图 3-261　安顺地区安普支系苗族系带　上海博物馆藏
图 3-262　安顺地区安普支系苗族花带　上海博物馆藏
图 3-263　普定县苗族　杨通河绘《百苗图》

到深色上衣外面，并在胸膈部和肩袖连结部分别嵌进红绿、黑白条块，使整衣显得金碧辉煌，穿着时不再系围腰，前后衣摆都露出裙外；下身用深色长裙，裙上段用色布加刺绣宽边，两侧打裥，中间有褶，用彩色腰带系紧，带头垂下为饰，脚穿绣花布鞋。仔细观察可知，此类上装不仅衣短袖长，并且覆盖肩背的绣片原本就是从“贯首衣”变来。这种苗族服装外形跟乌蒙山“大花苗”服装风格迥异，其原初意匠则相同，“蝙蝠袖”和高开衩实际也是“牯脏服”两胁不缝合的变型。

如果说今天苗族以贵州、湘西为主要聚居地的话，那么川黔滇方言的不少支系则分散于环绕贵州的川南、滇东、滇南、桂北各地，现略举例介绍：

在川南叙永县的所谓“川苗”，当地其他民族称之为“锅圈苗”或“花苗”，这个支系的苗族在明清时期被迫向东、向南、向西作大分散。至今叙永苗族仍操川黔滇方言川黔滇次方言第一土语，其服饰具有相当的代表性。

叙永靠古蔺县边境的摩尼一带的苗族常被人称为“白苗”，其实其服装基本面料却是黑色，但装饰部分多为白色。妇女们常用羊毛线掺于发中缠于头顶，不挽髻。发外包白帕，白帕上用暖色丝线挑绣为饰。据说从前是穿对襟高领长袖衣，有大片的暖色饰纹（图 3-264）。现在的上衣已是右衽，环颈襟都用宽花边为饰，应是受到清式“琵琶襟”的影响所致。从双袖为白底明色装饰看，仍是古意；而从袖与肩的榫接处比较生硬的效果看，笔者疑此类服装的变化历程第一步是在古式对襟衫外加琵琶襟马甲，第二步则吸收马甲意匠改成今式。扩大些看，许多苗族支系的服装古式多为对襟或左衽，后来变成了右衽宽饰边，可能都是同一原因。这有两点证明：第一，不少支系苗族日常服式虽已改变，逢祭祖之类节日所穿礼服仍保持对襟款式。第二，今日黔东南有些民族，如从江侗族还穿着清式琵琶襟马甲或同类服式，而古时并非如此（笔者在黎平县穿琵琶襟衣服的侗寨考察时，曾在寨后山坡上的古坟碑刻上找到古装线刻形象）。图 3-265 是今日摩尼苗族上衣，有一方形挑花背牌，下垂流苏，腰系花带，下身着百褶裙，裙由蜡染和刺绣分段拼接而成。蜡染和刺绣复合配置是中国服装史上很重要的古老观念之一，笔者在后文将详细论证。叙永县靠近云南威信边界的分水地区，苗族服饰又有不同（图 3-266）：头上盘发，外包深色头帕，头帕包裹成较大较厚的“锅圈式”，外围或加浅色花帕，上常用黑色面料，右衽，小领，长袖，绕肩背至全襟都用织花宽边为饰，胸背饰边连成一个大圆圈；双袖中部和下部也有宽花边为饰。或加胸兜，胸兜上部为平绣花样，胸兜用花带从两胁向后系于背上，整体浓艳华美。下身百褶

图 3-264

图 3-265

图 3-264 川黔滇型叙永支系花苗（锅圈苗）

图 3-265 川黔滇型叙永支系苗族服装

裙用蜡染和刺绣装饰，或在腰带下系围腰，腰后有挑花飘带多根，穿绣花布鞋。这类“分水式”服装分布范围很广，从川南直到贵州中部都有散居者；从云南昭通地区向滇东南的文山地区乃至哀牢山北麓都有散布。此式服饰实在是清朝服式跟西南少数民族固有服装结合变通而成。例如图3-267是摄自云南镇雄的苗族服装，裙上绣纹与蜡染分段组合，纹饰风格、围腰款式都跟“分水式”相似。贵州境内金沙苗族包白头帕，蜡染裙制作颇精（图3-268）。

前文已分析过，从安顺向西到普定，苗族保存上衣短、胁下不缝合等古风。向西到盘县、晴隆地区，苗族服装除保持上衣短和残存“贯首衣”的古风外，绣饰也变得细琐繁密，但因用若干条块界阈框格，仍能保持视觉统一，不显凌乱。再向西到云南境内，苗绣更形细腻，并发展成“满身花绣”，而更能以色调统御全局，格调亦不俗（图3-269）。仔细审视，仍能发现衣裾虽已伸长，钉贴的绣片却仍保存着短衣的特征，而“胸背甲”的纹饰风格，也转成了绣满“田坎花”的围腰。

更往南到云南文山地区，此地苗族服饰按习惯分为“白苗”和“花苗”，以及趋向综合和各种变异形态的大同小异的小集群。苗族服饰的一个特点即“十里小异、百里大变”，但总的祖传风格却是持久难变的。文山地区民族杂居（图3-270），多数苗族妇女盘发于头而不挽髻，用青或黑色长头帕缠裹于头上成圆盘状，露出顶发，在盘状头帕外，用挑绣或织花宽带装饰，有些地方还加垂串珠或流苏。上衣为右衽、窄长袖，肩背用圆形宽花边为饰，花边绕过领圈经前襟延向右、向下，直至裾边。衣袖用同类风格而变化纹样的层层分段组合，铺满全袖，下身百褶裙亦是层层分段蜡染纹饰或绣饰，裙长至膝下，或齐小腿肚。裙外系前后围裙，围裙多用挑花，按方形由外向内安排纹饰，围腰中部则常留色布，或附有垂珠穗饰于下边。所谓“花苗”或“白苗”，其实服装面料多用家织家染的深色布，只是在钉贴的绣片上呈现花或白的色调，当然，部分苗族因衣饰审美观念的发展，也有改变为使用白色面料施绣的。不少苗族已改穿裤子，或因受彝族影响所致。

红河州地处亚热带，且多高山大川，植被繁密，环境色彩浓郁。当地苗族服饰也倾向浓重对比的色彩组合，

图3-266

图3-267

图3-268

图3-269

图3-266　川黔滇型叙永支系分水式花苗（锅圈苗）
图3-267　叙永支系云南省镇雄县花苗之中年妇女服饰
图3-268　贵州省金沙县苗族妇女（川黔滇型寨和支系）
图3-269　滇东苗族服饰

图 3-270

图 3-271

图 3-272

图 3-273

图 3-275

图 3-274

图 3-270　云南文山州苗族服饰
图 3-271　云南文山州苗族之一
图 3-272　云南文山州苗族之二
图 3-273　云南文山州苗族之三
图 3-274　云南文山州苗族服装
图 3-275　云南省南涧县苗族男子盛装

通常是喜欢红黑对比，反差强烈的红、黄、蓝、白、黑各色花纹常因巧妙安排而形成鲜明的民族特色。这种审美心态的形成，跟云南的红土、绿树、蓝天、白云以及强烈的日照环境有关，只有到了云南现场考察，才能深刻地体会到“环境与人的和谐是服饰审美的原生力”这一真理（图 3-275）。如那种在黑色头帕上加白边和添红绒饰的大胆手法，以及把精致的平绣花卉改作随意几何型适合纹样的高度技巧，堪称“天地人和的集萃”。又如图 3-276 那种巧妙利用红、白、黑分割对比的匠心，再配上几小块挑花织绣，兼顾了远观和细察的需要，很值得品味。图 3-277 更充分表现了云南地区喜爱华丽串饰的特点，全身装饰手法极尽堆叠之能事。图 3-278 则是以大块对比取胜：背面看以红为主，不仅大块红色映衬头发和上衣之黑，那俏皮的立领尤其有趣，而一片火焰中又可细细分辨挑花、蜡染、红绒、绑腿的巧妙（图 3-279）；前面看，以黑为主，仅用几处红色造成视觉的节奏感。顺便指出，这种红河州的苗装风格还传播到了老挝和泰国，尤以那俏美的立领为特色，这种领子的意匠，实是乌蒙山大花苗背牌田坝花的反置，也是“古三苗”历史追忆的象征（图 3-280 ～图 3-282）。

从云南文山地区向东，到广西桂北山区散布着不少苗族，南盘江南岸的苗族多由贵州兴义地区迁徙而来，属川黔滇支系，普遍跟文山支系或南盘江北岸的苗族有相似的特征；红水河南岸的苗族则大多跟黔南州的苗族相类，也有部分是原由黄平施秉一带西迁关岭、贞丰、册亨等地，再渡红水河以避清朝军队追迫之危难，所以红水河南岸苗族服饰反而保存清代以前的古朴风格。至于跟黔东南自治州接壤的三江县、融水县乃至大苗山地区，古代原属“黑苗”系统，清代以前的服装可从《岭表纪蛮》（刘锡蕃著于 1934 年）等书中所附摄影窥见一斑（图 3-283）。此地区苗族跟侗族壮族长期比邻而居，其服饰颇受侗族影响。图 3-284 可见融水苗族盛装跟三江侗族十分相似，但图示“拉鼓舞”则取自苗族传统古义“牯脏节”的活动，仍是古老的苗族自身传统观念的体现。

据刘锡蕃在 1934 年版《岭表纪蛮》中对广西大苗山地区的实地观察，当地苗装“男子结发为髻，无论寒

图 3-276

图 3-277

图 3-278

图 3-279

图 3-276　云南红河州苗族妇女与儿童
图 3-277　云南红河州苗族妇女服饰
图 3-278　云南红河州苗族妇女服装（正面）
图 3-279　云南红河州苗族妇女服装（背面）

图 3-280

图 3-281

图 3-282

图 3-283

图 3-284

图 3-280 云南红河州苗族妇女赶场路上
图 3-281 云南红河州苗族妇女便装
图 3-282 云南红河州苗族妇女
图 3-283 广西融水（大苗山）月亮山型融水支系苗族“拉木鼓”时男女盛装
图 3-284 广西融水（大苗山）清末民初苗族女服

暑，皆以布包头。或蓝、或黑、或白、或红，其色亦不等，而黑者最多。衣短衣，袖长而窄，对襟密扣，左衽者亦多。下体着裤，与汉人同。衣裤多青色，间亦着蓝色。……妇女装束，与猺人大同小异。衣左衽，袖小如筒，无纽扣，以带结束。天暑带弛，胸臂雪露，其状又与现代西人妇女差类，亦有着对襟式者。其以马鬃为发，挽髻成正方形，笼以梳，蒙以绣帕，花衣斑斓，裙长及足者，曰‘花苗’（蛮人先用蜡绘花于布，花样不一，或为方格形，或像铜鼓印纹形，既染去蜡，花色极新）；结髻头巅，四周剃发，头帕青，式如九华巾。服青、裙青而边缘刺绣者，曰‘青苗’；结髻如锥，白布为帽，蓝布为衣（或者花色、白布），领白、裙白、腰带白，以帛缠胫，不复着裤者，曰‘白苗’；他如黑苗服黑色，红苗服红色，衣裙款式，亦与前述相类。凡苗猺诸族，多不着衵衣，苗侗腹部，并系大形兜肚，上齐胸，下逾脐，缘边绣花。睡则衣衫尽弛，惟兜肚不去。苗俗，天气酷暑，女子常褫上衣。摇箑箕踞，当风纳凉，虽男子环立，亦绝不引避。若男子袒裸，其人反非笑之”。“蛮人男子，出入喜佩刀剑及银丝之烟具。其头目等，在某时期内，并以雉尾插头。其妇人皆佩银饰，以‘多’与‘重’为贵。耳有耳环，径二三寸；颈有颈圈，周八九匝；胸有银牌，大可逾掌；手有手镯，一手带六七支；脚有脚链，环绞胫端；上富者，头戴凤冠，由无数银制之虫、鱼、鸟、兽连缀而成，其顶立长羽一双，亦为银质所造。……蛮人佩带此等垂坠之饰品，行步郎当，如被桎梏，而绝不以为累。其志骄意满，……相竞如狂。……蛮人饰其

图 3-285　泰国西北山区苗族服饰举例
图 3-286　泰国西北山区苗族裙上褶纹与花纹
图 3-287　泰国西北山区苗族褶裙
图 3-288　泰国西北山区苗族褶裙上之挑花

图 3-285

图 3-286

图 3-287

图 3-288

身首，惟恐不佳；而两足则终年徒跣，视若甚贱。……大约鸿荒渔猎时期，人必先锻炼两足，然后乃能登高走险，捕兽避兽；烙蹠之俗，即源于此……未能革去旧习也。”图 3–285 ～图 3–291 为泰国西北山区苗族服饰。海南岛亦有少量苗族分布，因僻处海隅，服饰受壮族、黎族影响，且朴素无华，附一图以飨读者，但似乎不必列专节研究了（图 3–292）。

苗族服饰变化虽多，但最为国内外熟知的仍是沿清水江两岸分布的各支系，此地区文化积淀丰富，也较多被学者研究和介绍，本书亦拟对之重点研究。

清水江型的服饰首先介绍台江县北临清水江的施洞支系。施洞，原本写作“施峒”，峒指山形嵯峨不齐之意，又指山洞，明清史籍常有称西南少数民族为“峒蛮、峒苗”者。1958 年笔者初到施洞考察时，当地苗族群众带笔者翻越南面的高山，攀至最高峰时，俯瞰三面都是清水江绕曲的支流巴拉河和幽谷，林木葱郁，俨然世外桃源。在最高山峰的顶部，有天然岩洞，洞前香烛残梗油脂狼藉，洞内深处有土台木鼓，鼓上供有裸体央公央婆木雕像（苗族神话中始祖，相当于汉族传说中之伏羲、女娲）（图 3–293）。此地平日人迹罕至，且禁采樵，苗族朋友虽带笔者前往，至山顶洞前即神情肃穆，绝不敢喧哗，稍事停留，即催促下山。沿山间小道旁常见突出岩缝间插有草标，笔者问讯“何用”，彼缄口匆匆绕过，疾行数十步，才悄声告知：“是辟鬼的，以后见着莫出声！”施洞北临清水江，每年端午于江上举行万人聚首的盛大“赛龙船会”，方圆百里群众翻山而至，尽欢三日而散。清水江对岸属施秉县马号乡（今马号镇），沿江东北面矗立一高峰，名曰“金钟山”（图 3–294）。苗、瑶、畲等民族都盛传“槃瓠故事”，大意谓民族始祖系神犬槃瓠，娶公主而生下子孙，为变狗形成人形，须将金钟罩住槃瓠七七四十九天，因公主性急，于四十八天掀起金钟，槃瓠全身都已变化成人形，唯有头部仍是狗头云云（今日浙闽畲族及广西瑶族都保存有此神话古图）。由施洞眺望金钟山，风景雄伟，可激起苗族深厚文化涵蕴的联想。当然，随着民族迁徙分散，古老观念随处都可附会，不必认定此山真有其事，只是“借物抒情”的文化现象令人意兴飞扬。施洞的苗族服饰同样以丰富的民族历史文化内涵引人注目。施洞

图 3–289

图 3–290

图 3–291

图 3–292

图 3–289 泰国西北山区苗族褶裙上之花纹
图 3–290 泰国西北山区苗族之褶裙与花纹
图 3–291 泰国西北山区苗族之围腰
图 3–292 海南岛苗族服饰

支系苗族分布在施洞镇、老屯乡至坝场以及清水江北岸的施秉、黄平相邻各乡，语言为中部方言（或称“黔东方言”）北部土语施洞话，服饰独具特色。

笔者认为施洞式苗族女装的最大特点是：首先，上衣穿着时虽是“交襟”，如平摊在地上，可见原本实为对襟衣。由于笔者收藏有一件百年前的施洞女上衣，可以揆测今日的“右衽交襟”当初是“左衽交襟”，更早则应是对襟衣，并且古衣尺寸比今日稍窄而紧身。今日的女上装是中长衣，腰袖皆宽松，穿在身上衣领后拖。不少学者都认为这类苗装“似日本和服”，笔者在前文已指出：苗服与日本和服都是盛唐衣式影响的结果，苗衣与和服之间只是“表亲”而“非直系亲”，仅只是“相似”而已，包括发髻、银钗和髻后插梳等都有相类的“唐服影响”。其次，施洞式女上衣的前摆很长、后摆很短。考虑到盛装时前摆钉上大量银饰片，即使不钉银片银泡，那绕头而下的襟前宽花边都是做到腰际即“戛然而止”，穿在身上，此类女上衣给人的视觉印象很明显分为两截。笔者认为，这上装原本都是如前述“安普支系”的短衣式，后来才把“蔽膝”（围腰）的意匠拼接到上衣摆下（图 3–295，图 3–296）。这是一个服装史研究的可贵信息：不少上衣下裙的苗族常服，在盛装时换成长衣，或在上衣下摆接以“飘带裙”等下裳饰件。衣裳的演进规律究竟是从长衣拆解为“上衣下裳”，还是从短衣变成长衣？对此，笔者在后文将作深究。施洞式女装在袖、肩、

图 3–293

图 3–294

图 3–295

图 3–296

图 3–293　苗族神话中的祖神“央公央婆”（是模仿施洞木鼓岩洞中原件复制的模型）
图 3–294　从施秉县马号乡远眺“金钟山”
图 3–295　施洞苗女盛装（正面）
图 3–296　施洞苗女盛装（背面）

襟都有刺饰纹饰，在左襟膺前宽花边中必有一小块不可少的绣纹，而在领后也有一小块绣纹。通常绣纹分“蓝花”（又称黑花）“红花”两类，便装以“蓝花”居多，常在褐、紫、青、黑等丝线绣饰的基调上，用零星的亮色提神，当地苗族称此类绣衣为“欧啥”（意为“暗衣”）；盛装则用朱红丝线为主，在红色纹样的边角、隙空中用粉绿、淡黄等色点缀破闷，或施以锁边技术以突出物象，当地称此类服饰为“欧涛”（意即“亮衣”）。也有人说姑娘大多穿“亮衣”（红花），中年妇女则大多穿“黑花”，以示稳重。日常服装下身已多穿长裤，并在前后各围一幅围腰（图3-297），前面的围腰是最佳刺绣品（亦有织花围腰）。盛装时则改裤为百褶裙，因土织布窄而分段施绣或用蜡染美化。逢节庆礼仪场合，脚穿翘头绣花鞋。施洞妇女爱银饰，平时虽只挽髻包花格头帕，却必插银簪、木梳，盛装则改头帕为镶银花带，髻旁插各种银凤、银花、银钗，戴银耳环、银手镯，还要在胸前挂“压领”（亚领）“猴子链”“绞花项圈”，头上插大银角，全身重达二十余斤的银饰是每个姑娘的宝物。这些银饰平时用皮纸包垫，小心收藏，逢盛大节日才穿戴起来，参加竞美的各种礼仪。施洞苗衣在全国各民族数百种美如山花的服饰群中能脱颖而出、独树一帜，受到专家的重视，除了其款式所含古老的服饰文化讯息与特有的审美个性外，更在于奇特的纹样构思。苗族是没有自己的文字的，作为中国最古老的民族，其文化积淀异常丰富，多灾多难的命运形成了对本族传承文化顽强的自尊自爱心态，促成了苗族擅长隐喻或间接表白的文化特质。苗族不仅有丰富的口传文学、独特的古老乐器和特别多的民俗事象、节庆礼仪，这些都是古老的传承文化代代相守的手段方法；还有不少“古时有过文字，不慎失落了”“姑娘把故乡山水绣在背上背着迁徙”之类的故事，这些反映了苗族渴求文字、探索某种能记录历史的手段的强烈意愿。不仅有愿望，而且通过苗族妇女们“锦心绣口”的实践创造，果然发明了一种独特的历史文化记录载体——刺绣语言。以象形的、具象的纹饰形式出现在人们眼前的精美绣品，不仅技巧堪与任何“四大名绣”相媲美，并且以其丰富的内涵令人瞩目。施洞苗绣纹样是一种记载历史的“密码”，是富含文化讯息的“符号”，是表白民族心态的“语言”，可以毫不夸张地说，施洞绣纹“记录”了苗族全部历史文化（图3-298～图3-300）。对此，本书后面将列专门章节予以详究。在此仅指出：施洞苗绣虽有每个姑娘自由发挥聪明才智的空间，但它有严格的“程式”，传承纹样是在长期的历史中“集体表象”的相对凝固，虽然每一幅绣品都有作者个人的发挥，但传承的纹样意象（Motif）却始终被谨遵和保持下来。历史是在不断发展变化的，服饰文化也受历史制约而发生变化，但是我们在服饰史的研究中，常遇见文化观念的“滞后”现象，这种文化“滞后”常常是“民族传统风格”赖以存在和体现的重要条件，是好事而非坏事。当然，当服式阻碍生活发展时，服装就会被现实生活的需求推动而起变化。在历史发生转折或动荡时，例如重大战争或远距离迁徙流离，服装也会发生分化或变异。当弱小民族处于强大民族影响之下时，服饰观念也会变化。不过我们也会发现相反的现象：弱小民族受到强大的异族迫害或影响时，保护自身服装传统特色从无意识、下意识反变为有意识的自觉行为，这时候，服装已不仅是实用工具，而是变成了民族自尊的心理表征，内聚、认同、尊祖的旗帜。在日常生活中，老太太箱底珍藏当年嫁衣的慰藉、爱女的陪嫁精品、看不惯媳妇新风的守旧心

图3-297 台江县施洞地区苗族女装

图 3-298　施洞苗族女上衣（平铺时是对襟衣）
图 3-299　施洞苗族女上衣（左袖花“鱼龙衍化”意匠）
图 3-300　施洞苗族女上衣（右袖花“人祖嬉龙”意匠）

态，都成为民族传统延袭的动力。这正是民族服饰能成为历史研究的活标本，成为征史溯古的参照物的根本原因。

从施洞顺清水江东下到革东镇，苗族服装已有变化，穿此式服装的苗族分布在革东东面偏北各乡镇。头饰与施洞苗族大同小异，平日多用方格头帕围髻，髻略向后，银饰较少。上装为对襟半袖，穿着时搴过右襟成“左衽”，较宽松，领后倾，袖筒比施洞苗衣小而短，前摆略长于后摆。缘领有花边延向两襟，穿着时左衽因花边而显眼，无扣，只在左胁部用布带系右襟；下装为百褶裙，裙作两节，中部用三道挑花纹饰，裙前或系绣花围腰，裙带打结后，穗丝拖垂两侧为饰。膝下用红黄织花条纹布裹腿至踝部。十四五岁前的姑娘的上衣有些特点，夏季衣袖无花，仅在两肩钉有小段宽五六厘米的织花片，冬衣则在背部钉有一块织锦几何纹的绣片，约占衣背三分之二面积，当地苗语称此衣为“欧降”，即“野猫衣”，这是很值得研究的。首先，笔者以为革东苗衣是比施洞苗衣更接近古制的款式。如果把两肩的小绣片拿开，这“野猫衣”的背上绣片实即古代“贯首衣”的遗影（加肩上绣片成“T”字型，是若干苗衣的礼服外披“贯首式”遗制，在后文还要详释），而“野猫衣”绣片的菱形几何纹中嵌置“八角星纹”（民间或称“猪脚叉”）则是一种非常古老并广泛可见的织纹，它是原始人对星宿崇拜的表征。在这绣片上下两端各夹有一排“小人挽手舞蹈纹”，两肩绣片与此相同，这也是一种古老的祖宗崇拜表征，很值得珍视（图 3-301）。此衣名为“野猫衣”实是后人对苗族图腾“槃瓠”的讹传，在后面的“纹样”章节拟予以详论。

在清水江畔的台江县革一镇（革一，原名革夷）苗族服饰亦很有特色，穿这类服式的苗族分布在台江县城南面横展至凯里县的若干乡镇（图 3-302～图 3-304）。妇女们平时盘发不打髻，用网罩发于头顶偏后，再用布帕包头。盛装时挽髻，不用包帕，插银簪戴银冠（比施洞银冠小），戴花形大耳环。上身穿大领对襟宽松上衣，后摆覆臀，前摆特长至膝。穿着时，搴左襟成“右衽”，无扣，布带系襟于右胁下。衣料多用自行加工的绛色斗纹布或深色绸缎。袖长及腕，袖筒宽大，穿时挽起袖口，袖上有三节各宽 10 厘米的绣片，然后是联肩纵向绣花片。用宽约 10 厘米的织花或绣花带，缘左襟边向上绕颈，再顺右襟边一直向下至前摆。穿着时领向后倾。常服时下身为素裙，盛装之裙做工十分繁复，不仅裙下边有 7 厘米的织花饰边，如把百褶裙扯开，可见裙身上有许多繁密的挑花纹饰，包括宗庙、成排小人等。这种成排小人纹样实际是从“列祖列宗”意匠变成，意味着孩子受到祖宗佑护。当地苗族专称这种童衣为“野猫衣”，不知出于何典，但后者实是一件传承的礼服——“贯首衣”。裙长覆盖脚面（常服裙长过腿肚），冬天用布裹腿。革一女服盛装银饰极其繁密，头顶插银角，戴银冠，冠饰豪华、繁复；戴银耳环；颈挂麻花式项圈、串戒式项圈、双层月芽形垂铃项圈，垂铃与银叶片层层叠叠，覆盖了几乎整个上半身，前襟下摆用朵朵花型银片作斜排贴饰，下角为银角花，再外是边饰加一排银扣式饰片及坠珠或铃。有些盛装背后也如前襟下摆同样布满朵朵花形银片及角饰，浑身银饰与暗紫面料对比更显夺目。革一刺绣亦有特色，除“堆花”和“打籽绣”增添

图 3-301

图 3-302

图 3-303

图 3-304

图 3-301 黄平县小儿“野猫衣”及外罩的“贯首衣”（注意衣上“小人纹”）
图 3-302 台江县革一镇苗族女盛装 杨通河绘《百苗图》
图 3-303 台江县革一镇苗女盛装与黄平县苗女常服 杨通河绘《百苗图》
图 3-304 台江县革一镇苗族妇女传统盛装（满身银饰，重二十多斤）

视觉肌理的冲击力外，还擅长在平绣时的色阶塑形效果，即在同一块平绣物象上，把原来的红、绿、蓝等色块，用各色的同类深浅彩线作渐进式排列，而造成国画的晕染效果，有朦胧优雅的美感，也增添了几分神秘感（图3-305～图3-307）。革一地区的背兜绣品艺术价值很高（图3-308～图3-311）。

在台江县城关附近各乡，又有风格很特别的“台拱式服饰”，这支苗族在历史上被称为“九股苗”。但是古籍和古画中只叙述和表现了“九股苗”骠悍的男子武装服式，并未介绍妇女服饰。台拱式服装给人总的印象

图3-305

图3-306

图3-307

图3-308

图3-309

图3-310

图3-305　台江县革一式背兜纹饰
图3-306　施洞与革一相邻地带苗绣（可见“椠瓠”纹样）
图3-307　施洞与革一相邻地区苗绣另一种“椠瓠”纹样（色彩有晕染效果）

图3-308　革一地区苗族背兜
图3-309　革一地区苗族背兜绣纹
图3-310　革一地区苗族背兜绣纹特别精致

图 3-311

是“厚实”(图 3-312，图 3-313)，在自织的花椒布、斗纹布上，经多次反复靛染，成深黛色隐约显出花纹的棉布面料，用此布裁制成大领对襟衫，袖宽而短，后摆比前襟略长，整衣宽松，穿着时后领斜倾，把左襟盖右襟成“右衽交襟式”(图 3-89 ～图 3-92)，袖、肩、领钉贴绣片，常用红底衬托粗犷的绿线造型、黑线勾框技术造成古朴浓烈的效果（图 3-314）。台拱绣品的特色是先把六股丝线编结成辫状，再把“辫线”按事先钉贴的剪纸纹样盘曲钉牢，如此逐渐堆积成物形，最厚的居然能把“辫线”堆积至 4 厘米到 5 厘米，俨然如浮雕，形成独特的肌理效果（图 3-315）。现代绣品还在物象间隙加钉金属“闪片”，使古朴的造型获得活泼的视觉调剂（图

图 3-312

图 3-313

图 3-314

图 3-315

图 3-311 革一地区苗族背兜细部纹样（蝴蝶妈妈与鹡鸰意匠）
图 3-312 台江县台拱式女上衣（清水江型）
图 3-313 台拱式绣技（打籽绣、堆绣）
图 3-314 台拱女上衣袖片（堆绣“龙抢珠”）
图 3-315 贵州省台江县城关台拱镇（今台拱街道）苗绣“鱼戏莲、鱼化龙”

3-316）。物象造型则有大胆的变形和增删，更有出人意表的幻想物形，当地苗语称这种上衣为“欧贝”（意为“雄衣”）（图 3-317 ～图 3-319）。台拱姑娘的盛装也爱用各种形状的薄银片压成浮凸花纹，分别钉在肩、背、衣摆、边饰上，多达数十片，纵横交错，闪烁炫目。下身为拖地长裙，多褶无花。盛装时在裙前添系刺绣飘带裙，或系长围腰，围腰上绣满艳丽的花卉，多用平绣，技法跟袖花很不同。台拱妇女平时挽髻插簪，髻后插半月形木梳，但通常用包头帕遮住发髻。盛装头戴银冠，冠上插银钗、银角、银簪、银梳，髻上插满凤钗、银花和珠链，还加戴麻花项圈、手镯、手钏等。虽然史籍把台栱、巫门等地的苗族划归“黑苗”类，但是古籍只描述了男子戎装的大致模样，而未提及女装。从目前对台拱、巫门等地的女装观察，虽有长短和花饰的变异，大体都属同一类型，并且仅就“对襟、宽袖、后倾领”等款式来看，应当都从古式“左衽”变来，所用面料大多为靛染黛紫色，很少纯黑色。于是只有两种可能：第一，历史上清水江两岸各支系确是“黑苗”类，而后世面料改变了基本色调，这种可能性较小，因蓝靛使用早于明清。第二，史籍“黑苗”界阈划分并不科学，仅供参考而已。

从雷山县向东北是雷公山麓的西江镇（古名“鸡讲”），这里是贵州著名的“千户苗寨”，也是最大的苗族聚居村寨。作为雷公山腹地西侧的代表型，此地区虽然在史籍中划归“黑苗”范围，今日服装面料却很少纯黑色，只有男服用黑色，但男子吹芦笙时所穿礼服则用“亮布”为面料。妇女常服用靛染土布，盛装则多用蓝紫色绸缎为面料。西江妇女便装挽髻，髻后插木梳、银簪，近年，年轻姑娘逐渐改用塑料彩色梳，并用绢花以尼龙丝系连银簪根部为饰。上衣为小领对襟中袖，穿着时寨左襟压右襟成“右衽”，但历史上应是“左衽”，因为不仅有些上衣在右胁下保留一节孤立存在的花边（此段花边只有“左衽”才显露），并且在“吃牯脏”等古仪活动中仍有不少姑娘的盛装是“左衽”（图 3-320）。平装在袖、襟、肩各加一条 3 厘米宽的花边，多在外衣前加胸兜，胸前有刺绣，显得朴素大方。下装已多穿直筒裤，与凯里苗装相似（图 3-321）。盛装时衣领大而后倾，袖、领、肩、襟都有绣花，纹样多双头龙，飞凤、蝴蝶、双鱼、双龙守护宗庙，庙中有央公央婆立像（亦有蛙形人像，详见后），当地苗语称此类上衣为“欧贝”（即“雄衣”）（图 3-322 ～图 3-328）。下身穿百褶长裙，裙外系围腰或华丽的“飘带裙”，各条飘带上有美丽的动物、花卉和“云头纹”饰，梢上有薏苡串连白鸡毛，脚穿圆口绣花鞋。节日盛装，头戴立体繁饰的银箍，髻插银角、银凤、银梳、银簪，耳戴银环，颈挂麻花项圈、平纹项圈，胸前挂有压领及垂饰，衣摆、衣角、袖口、袖花上面钉有银片、银坠。图 3-330 为上海博物馆藏贵州西江盛装，全身银饰超出二十斤重，蔚为奇观（实景见图 3-329）。现在，贵州省旅游局在雷山县境公路边的朗德寨开辟了“苗族风情旅游示范村”。此寨不仅山明水秀，房屋布局和“吊脚楼”“门楼”都具典型性，并有卵石铺成的“跳花场”，随时可应游客邀请开展民俗活动。图 3-331 为朗德姑娘在寨前迎接参观者，可见其服饰即西江式盛装。

“西江式”苗族女服在雷山陶尧已大同小异，盛装时，髻顶不插大牛角和银凤，而是用立体银箍和在银钗上用横竿焊成五束银花，风格与大塘短裙苗盛装的立鸟相似，髻左前方插有一支衔花凤钗，移步颤动，有唐代“步摇”遗风。图 3-332 为陶尧村小姑娘唐绿青，她的

图 3-316

图 3-317

图 3-316　台拱苗绣“鱼戏莲化龙”
图 3-317　台拱苗族女上衣袖花“飞翼鸟龙”（注意：底布是“椒纹布”的一种）

图 3-318

图 3-319

图 3-320

图 3-321

图 3-318　台拱苗族女上衣袖花“三龙抢宝”（底下一龙实际是守护祖灵所栖息的龙洞中的睡眠之龙，龙腹内孕有卵状物，左右两龙在嬉耍“太极式”龙卵。参阅图 3-319 内容可知）

图 3-319　另一种“三龙抢宝”，上有祖庙，庙内有祖宗概念像（紫色），注意右面的底布是“椒纹布”

图 3-320　雷山县西江镇 1998 年“吃牯脏”时苗族姑娘摆设“拦门酒”

图 3-321　西江苗女日常服装

图 3-322　西江苗族妇女盛装　苏州大学艺术学院张茵老师绘

图 3-323　西江式苗族“飘带裙”　杨通河绘《百苗图》

图 3-324　西江苗族女盛装之“飘带裙”（“鸡毛裙”）

图 3-322

图 3-323

图 3-324

图 3-325

图 3-326

图 3-327

图 3-328

图 3-329

图 3-330

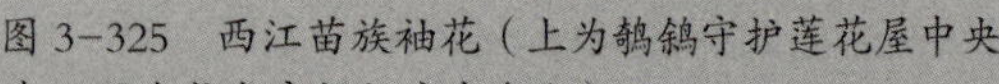

图 3-325　西江苗族袖花（上为鹡鸰守护莲花屋中央婆，下为龙鱼守护祖庙内央公）
图 3-326　西江苗族女上衣袖花（蟾蛙形祖灵像）
图 3-327　西江苗族女盛装的传统绣纹
图 3-328　西江苗族女盛装的传统绣纹“蜈蚣龙”（雷公）
图 3-329　西江苗族姑娘盛装
图 3-330　贵州雷山县西江镇苗族女子盛装（背面）上海博物馆藏品

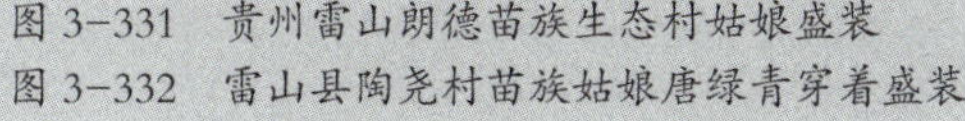
图 3-331 贵州雷山朗德苗族生态村姑娘盛装
图 3-332 雷山县陶尧村苗族姑娘唐绿青穿着盛装

祖父是当地著名的苗族歌手唐德海，父亲叔叔都是雷山县知名学者。唐绿青幼秉家教，曾获全国民歌赛奖，到中央民族学院音乐系深造四年。在雷山县南面的桃江寨，姑娘盛装亦属“西江式”，但髻顶不用银角，银头箍则扩大，上面焊接大量花卉、虫蝶和“骑马仙人”，绣纹也开始有变异。

类似凯里，舟溪款式的苗族服装，在跟其他支系相邻的边界地带，服式亦会出现种种“大同小异”的局部变化，例如在丹寨和雷山交界的排调，此地跟雷山大塘间有又深又宽的大峡谷分割，由此及彼翻越陡坡须花整天时间，交通极为困难。排调除有“雅灰式”月亮山型服饰外，还可见到跟舟溪式相类的苗族服式，只是头饰与领式已有变化（图 3-333，图 3-334）。笔者再刊印几幅各式苗服因地域而生小变化的图例以飨读者（杨通河绘各地苗服，图 3-335 ～图 3-337），此类服式简洁明快，适宜日常生活劳作，并与当代汉族农村女服相近，体现了民族融合转向现代生活的新风貌，具有较强的宽容和适应性，目前在凯里地区的青年中最为普及，也有的保持传统苗服较多的风格（图 3-338）。而图 3-339，图 3-340 则是台江式女服逐步改良的新款式。有意思的是，图 3-339 所绘织花技术在《黔省苗图》的“洪州苗”中亦可见到（图 3-341）。图 3-342 则是跟榕江相邻处的苗族女装，显然跟侗族服饰已相互影响。

清水江北岸广阔地区的苗族服饰又形成一大区域特色。此地服饰通常以黄平苗服为代表。此区域包括黄平全县及凯里、施秉、福泉、麻江的部分乡镇村寨。在清代乾嘉年间对苗区武装杀伐，迫使这一支系的许多群体迁去安顺、黔西南、黔南乃至云南文山地区，虽然各处服式已大不相同，但至今仍操共同的中部方言北方土语黄平话（顺便说说，1956 年建立“黔东南民族自治州”时定凯里为州府所在地，在此之前，凯里只是炉山县的一个镇，所以在 1956 年苗语调查时，还是以“炉山方

图 3-333

图 3-334

图 3-333　丹寨县排调镇苗族服装　杨通河绘《百苗图》
图 3-334　丹寨县排调镇的苗族妇女
图 3-335　苗族便装　杨通河绘《百苗图》
图 3-336　苗族便装　杨通河绘《百苗图》
图 3-337　苗族便装　杨通河绘《百苗图》

图 3-335

图 3-336

图 3-337

图 3-338

图 3-339

图 3-340

图 3-341

图 3-342

图 3-338 苗族便装《百苗图》 杨通河绘
图 3-339 台江式新风格苗族女服《百苗图》 杨通河绘
图 3-340 台江式新款苗族女装《百苗图》 杨通河绘
图 3-341 洪州苗（清代）上海博物馆藏《黔省苗图》
图 3-342 榕江苗族《百苗图》 杨通河绘

言”作为中部方言的标准语，到后来炉山才逐渐被凯里取代了）。我们也正可由这一点出发，用各地相同支系的不同服饰对照黄平地区今日的服式去揆测其变化规律，推知源流。

每年在黄平县的谷陇乡（现谷陇镇）都有盛大的“芦笙会”，届时方圆百里的苗族群众扶老携幼前来欢聚，青年人趁盛会谈情说爱，老年人则叙旧会友，兼之八方交易，是难得的经济文化展示和汇萃的机会。青年姑娘在此不仅穿着精心绣制的盛装，并且互相切磋技艺，所以学者大多以谷陇为此支系服装的标本点。

黄平地区苗族姑娘绾发成髻，鬓发下垂，随时戴花帽，帽子制作精致，用深酱黄色缎子制成多褶短筒形，帽顶收褶成稍凸的平顶式（中央露孔），再用红黄丝线精心绣成花边，花边呈细巧繁复的二方连续图案，花边约占帽高的三分之二（图 3-343 ～图 3-345）。婚后渐改戴帽为包头帕，生孩子后不再戴帽，用色布将发髻包裹在内，头帕包成类似花帽的形状，外层为紫红色，露出顶发及两鬓，顶发后插木梳，用银簪插牢头帕与发髻，留出圆形簪端为饰（图 3-346）。着中长上衣，较宽松，衣领后倾，衣袖宽大，翻至肘部。日常便服只用天蓝或黑

图 3-343

图 3-344

图 3-345

图 3-346

图 3-343　黄平苗族姑娘　杨通河绘《百苗图》
图 3-344　黄平地区苗女上衣背面，当地苗族妇女喜欢用“颗子金”把丝绸面料染成金光闪烁的效果。这种化工染料虽然效果富丽炫目，但易褪色，所以当地妇女的脸和手常被染成紫红色，外地游客观之甚觉怪异，其实唐朝的妇女所用“胭脂”也常呈绛红色，并非朱红色。黄平苗女可谓“盛唐余韵”。
图 3-345　黄平苗族女上衣背部的“田坎花”
图 3-346　黄平苗族妇女跳“板凳舞”　杨通河绘《百苗图》

色布料，无花饰，仅于帽缘、袖口或下摆留白色细边，颇清秀醒目。盛装则用家织布或缎料用“颗子金”染成酱黄泛金色的面料裁制（图 3-347，图 3-348）。这种面料极易掉色，所以姑娘们除节日穿着外，平时十分小心地用皮纸夹垫收藏。而当掉色沾染于手脸时，恰成金黄的补色而呈紫色。初到黄平，常见苗族姑娘、妇女手脸带紫，颇感怪异，后读古书才知，唐代妇女的胭脂亦多绛紫而不必朱红。《中华古今注》：“燕脂起自纣，以红蓝花汁凝作脂，产于燕地，故名燕脂。”又：“（红蓝花）燕支叶似蓟，花似蒲公（英），出西方，土人以染，名为燕支，中国人谓之红蓝。以染粉为面饰，谓为燕支粉。”又写作烟支、焉支、胭脂。从“似蓟”而名“红蓝”判断，唐前人们不仅把这种植物归于“蓝草”类，也懂得红蓝两色相浑的含紫效果。今日苗族“凯里式”和“黄平式”服装款式除本民族传承因素外，明显具有盛唐服装影响已如前述，现在黄平苗族偏紫胭脂色的特征亦同此理。不仅如此，每年在谷陇苗族跳场“芦笙会”上，尚可见到不少姑娘用红、蓝、绿、紫色在脸上点采，这其实正是唐代贵妇“花钿”的传统，源自汉代的“花黄”。《谷山笔麈》：“古时妇人之饰，率用粉黛，粉以傅面，黛以填额，元魏时，禁民间妇人不得施粉黛，自非宫人皆黄眉黑妆，故《木兰词》中有‘对镜贴花黄’之句。”这服式、紫蓝、花钿乃至银钗银花（华胜）等竟都是盛唐遗风，真令研究者兴奋不已。黄平苗族女子上衣的衣背是由许多条状绸布纵横嵌镶成的繁密图案，再用青、红、黄、蓝、紫、绿等色丝线，挑绣或刺绣成四方形叠合花纹，背后中央是“田坎花”，外有上三下五横向挑花布，左右各三组条形饰，总的印象是红底上黑条与金黄条点缀。衣领和胸襟前各有一组纹饰，俗称“蚕娘图”。笔者采访到一种背心花则是“列祖列宗图”（图 3-349），这“列祖列宗图”（大小人面作菱形间错布局）和施洞袖花“列祖列宗”可证明此类“田坎花”式纹饰都具有祭祖认宗的特殊传统，绝非纯粹的装饰品。黄平女衣的一个特色是不用纽扣，仅在胁旁用带系襟角，可知仍从“贯首衣”及“对襟衣”传统演化而成。下身为百褶裙，由裙腰、裙身和裙边组成，裙上有不少细碎的小花饰，裙长及脚踝，秋冬用红色裹布保护小腿。盛装时加围腰。黄平银饰十分繁多（图 3-350）：银衣、银围锦、银冠（或称“银顶”）、银簪、银耳环、银手钏、银戒指、银腰带等。项圈和银冠很有特色，尤其是银冠，上面焊满颤动的朵朵银花以及蝴蝶、螳螂等，仔细观察十分有趣。黄平绣花帽很有特色，近年甚至被开发成旅游特色商品颇受欢迎。

在黄平的重安镇还保存着古老的蜡染技艺，近年被重新开发出来，形成商品。

图 3-347

图 3-348

图 3-349

图 3-347 黄平苗族盛装　杨通河绘《百苗图》
图 3-348 黄平地区苗族便装与盛装所用面料不同
图 3-349 黄平地区苗族盛装上衣背部（四面相对的列祖列宗像）

黄平苗族的童衣童帽十分可爱，且蕴涵传统的观念，值得研究（图 3-351 ～图 3-355）。

在清水江北面黄平的重安、岩英，凯里的炉山、冠英及麻江县边境等地居住着一支服饰奇特的群众，他们自称“戈莫”，不承认自己是苗族，周围的苗族也视之为异类，他们至今仍保持着本族群的语言和服饰特色。其语言被划归苗语川黔滇方言重安江次方言，在国家正式承认的五十五个少数民族中他们被归入苗族，但该族群不少人一直坚持自己是另一种独立的民族。贵州群众习惯称之为“僅兜”，他们自己也乐意自称为“僅家”或“僅人”。记得 20 世纪 60 年代前北京举办“全国少数民族文艺会演”时，为尊重其意愿，在正式发布的新闻图片中曾称之为“苗族（僅人）”。在国家尚未正式承认他们是独立的民族前，本书仍视其为苗族，力求客观地研究其服饰特征。但是，笔者很怀疑他们是古代仡佬族的后裔。按《黔记》有许多犵狫支系的记载，且分布于从黔东南州到毕节威宁的广大地域，重点在黔东南，但是中华人民共和国成立后进行民族识别时却认为仡佬族只剩下五万多人，且分散在安顺、毕节、遵义及广西、云南各地，目前只建有仡佬族自治乡。在 1987 年由上海辞书出版社出版的《民族词典》卷首所用“仡佬族”图例则是很不规范的人像（头饰袭自黄平僅家，而任意删减重要饰品，不足为例），在《民族词典》的“仡佬语”“仡佬族”两条目中提到是“由古代僚人的一支演变而成”。两条目内容亦自相矛盾：前面的条目说其语言“属汉藏语系壮侗语族……同源词中壮傣语支的较多，侗水语支的次之，黎语支的最少”；后面的条目则说“操仡佬语属汉藏语系，语族语支尚未确定”。在“仡佬族”条目中列举“明清有木仡佬、水仡佬、花仡佬、红仡佬、披袍仡佬、剪头仡佬、锅圈仡佬、打牙仡佬、打铁仡佬之称”，在明清古籍中明确指出这些“仡佬”主要分布在黔东南和黔南，《词典》却排除了这两大区域，原因大约是中华人民共和国成立后仡佬在此地区消失了踪影。至于说“仡佬源出獠（僚）”只是个别前辈学者的见解，未必可据为科学结论。直到清代古籍中，指出“僚”是广泛分布在湖南、广东、广西、四川、云南的民族，甚至有人以“僚”为西南民族总称。如此庞杂的古族，怎么会忽然消失了呢？记得 20 世纪 50 年代贵州民族学院的田曙岚提出“仡佬即僚”的论点时，基本依据为“僚即仡佬急读对音”，当时不少人持异见，认为论据不足，只是 1957 年“反右运动”后再未多见学术研讨。当时，笔者也在贵州民族学院任教，曾私下向田曙岚先生请教，他语涉回避地讲：“笔者只是个旅行家，……学问嘛不当真，不能当真……”不料数十年后“仡佬族源于僚”竟

图 3-350

图 3-351

图 3-352

图 3-350　黄平地区苗族盛装银饰
图 3-351　黄平苗族女童盛装　杨通河绘《百苗图》
图 3-352　“黄平式”苗族女童装　杨通河绘《百苗图》

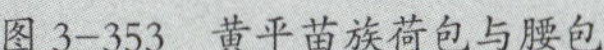

图 3-353

图 3-354

图 3-355

图 3-353 黄平苗族荷包与腰包
图 3-354 黄平苗族童装之“马甲”，上绣祖灵和“吉庆有余”饰物
图 3-355 黄平苗族童装细部，绣有一排排“小人”形象，当地所谓的“野猫衣”上也常见这类成排小人绣纹，实际是“列祖列宗”的程式化变形，意在“祖灵护佑子孙”。所谓“野猫衣”实际是因为童衣上常绣有苗族图腾“槃瓠”形象，当地群众已不理解，而视之为“野猫”致误

成定论，其实许多史谜尚须深究。即“仡佬语是壮侗语族”的论点也嫌证据不足，因为今日官方承认的仡佬族年轻人都只能讲汉语了，民族语言积累的原始调查资料很少，很难遽下结论。近年贵州学术界还曾有过“夜郎国是仡佬族的国家”“夜郎国是苗族国家”“夜郎国是廪君蛮（竹王）的国家”等论辩，但都苦于证据太少。本书只从服装角度提出一些个人对“僅家”的看法，亦仅供参考而已。还是先看古籍，《黔记》中提到的各种“仡佬”都有图谱遗存：

1. 剪发犵狫。“翦发犵狫，在贵定、施秉、黄平州属。”跟今日僅家分布范围相当。上海博物馆藏《画册》题词有增删：“剪头犵狫在贵定、施秉等处，又名剪毛犵狫，男女畜发长尺许剪之，勤耕力作，死则积薪焚之。”所绘为修剪鬓发而梳顶髻之形。另有题诗为：“马鬣旋螺擅誉髦，桷裙百褶束蛮腰，如何不著缠头锦，尺许方成便剪毛。”《黔省苗图》的“剪发犵狫”只画一妇女替幼儿洗头（图 3-356，图 3-357）。

2. 打牙犵狫。《黔记》：“打牙犵狫，在黔西、平越、清镇属。发梳前披，取齐眉之意。”《画册》题词增添不少内容：“打牙犵狫，织青羊毛布，以一幅横腰间，谓之桶裙，男女同制，女子将嫁，必折去门牙二齿，恐妨害夫家，所谓凿齿之民也。剪前发而披后发取齐眉之意。又名犵獠，其种有五，各分党类。不通婚姻，蓬头赤足，负气轻生。在黔西、清镇。”把“前披发”改为“后披发”而称“齐眉”显系妄改，但“一幅横腰间谓之桶裙”值得注意，今日围腰仍有此意（非桶裙）。从图中发髻围红看与僅家有相似处（姑娘不围红）(图 3-358)。上海博物馆藏《少数民族风俗图考》之打牙犵狫所绘与《画册》情节相同，而服式迥异。《黔省苗图》之打牙犵狫绘一托盘背影女像，翻领红色，围肩四块绣片值得注意，跟僅家“四分摆”意匠相类（图 3-359，图 3-360）。

3. 红犵狫。《画册》题词：“红犵狫在广顺、平远、清平境内。勤耕力作，亲死殓棺而不葬，置于穴间，或临大河，不施蔽盖，旁树木，曰家（族）亲殿。”(图 3-361)《图考》所绘情节与《画册》大同小异，男缠红头巾，妇女盘髻，老妇亦缠红头巾，领圈作方形镶花边，裙分六段（图 3-362）。《黔省苗图》女上衣两肩及胸（背？）皆有蜡染绣片，裙分两段，上黑下红。敞肩一字

图 3-356

图 3-359

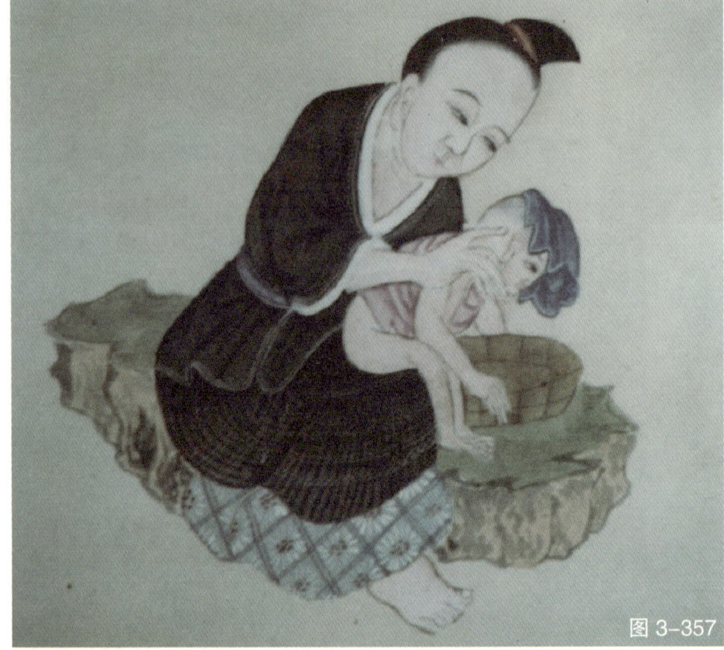
图 3-357

图 3-360

图 3-358

图 3-356 剪发犵狫 上海博物馆藏《少数民族风俗画册》
图 3-357 剪发犵狫 上海博物馆藏《黔省苗图》
图 3-358 打牙犵狫 上海博物馆藏《少数民族风俗画册》
图 3-359 打牙犵狫 上海博物馆藏《少数民族风俗图考》
图 3-360 打牙犵狫 上海博物馆藏《黔省苗图》

图 3-361　红犵狫　上海博物馆藏《少数民族风俗画册》
图 3-362　红犵狫　上海博物馆藏《少数民族风俗图考》
图 3-363　红犵狫　上海博物馆藏《黔省苗图》

领。衣裳风格颇类僅家服装（图 3-363）。

4. 花犵狫。《黔记》文："花犵狫，又名犵兜苗。在施秉、龙泉及黄平等处。男子懒耕作，好猎，逐鹿罗雀为事，妇女两袖绣五彩，周身饰以蚕茧，累累如贯珠。"《画册》题词："犵貌苗好猎，衣类土人，女子遍髻插梳，短衣无领，裙不过膝，绣五色于胸袖间，以海巴（肥）暨茧为饰。在镇远、施秉、清平、黄平。"所绘之女衣最似今日僅家，唯髻周只盘青白布条。文中写明"又名犵兜苗"，今日僅家即被称为"僅兜"，可知古今无大变化（图 3-364）。《图考》所绘也是行猎，但置于雪景中，女子服饰色彩更鲜丽（图 3-365）。《黔省苗图》绘一持网罟妇女，青衣红裙（图 3-366）。

5. 水犵狫。《黔记》："水犵狫，亦名犵兜苗。在施秉、余庆等属。善捕鱼，隆冬犹入深渊，不畏冷。男子衣服如汉人，妇人细褶长裙，婚姻丧祭，俱循汉礼，知法畏官。"《画册》题词更详："水犵狫一名扰家，土民称汤、杨、龙者即其老户。……男子衣服婚姻丧祭俱学汉人，惟妇女服细褶裙，犹沿苗俗。在余庆、施秉、镇远。"水犵狫和花犵狫都称"犵兜苗"，当然亦即僅家，可是称"一名扰家"却很可疑，距余庆。施秉不远的麻江县河坝、龙山一带生活有古称"夭苗"今称"绕家"的支系，现在的"绕家"与《黔记》的"扰家"如系同一支系的古今之变，那就只有两种可能：第一，至今在苗族中显得很奇特的绕家和僅家，原本都是仡佬族后裔。第二，正因为仡佬和苗族十分相近，后世才可能基本融合，僅家和绕家只是少数未全消融的孤例，但如果同意笔者的推测，则仡佬族"属壮侗语族"的结论必定动摇，请专家们再加审定。《画册》《图考》《黔省苗图》都表现水仡佬捕鱼之景（图 3-367 ～图 3-369），其中一个穿红

图 3-364

图 3-368

图 3-365

图 3-366

图 3-369

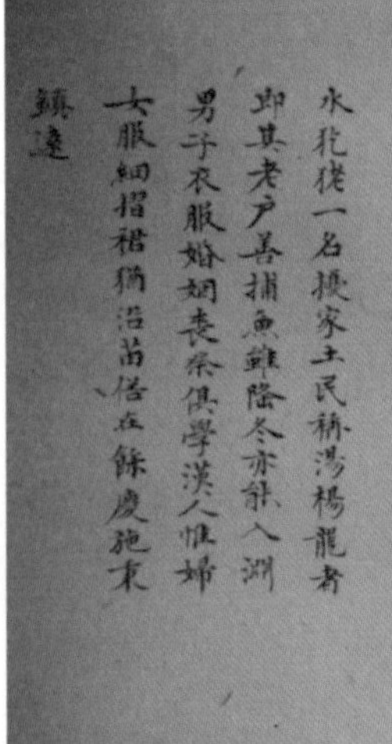

图 3-367

图 3-364　花犵狫　上海博物馆藏《少数民族风俗画册》
图 3-365　花犵狫　上海博物馆藏《少数民族风俗图考》
图 3-366　花犵狫　上海博物馆藏《黔省苗图》
图 3-367　水犵狫　上海博物馆藏《少数民族风俗画册》
图 3-368　水犵狫　上海博物馆藏《少数民族风俗图考》
图 3-369　水犵狫　上海博物馆藏《黔省苗图》

裙的女子引人注目，她把褶裙向两面腰侧挽起，抱鱼篓赤露双腿下河捕鱼。如果把她跟图 3-366 的“花仡佬”对照，那花仡佬应当就是水仡佬这位姑娘变出，只是把后者身旁男子所扛鱼网也夺过去了。可知水仡佬和花仡佬都是僰兜分化之源。

6. 锅圈仡佬。《黔记》《画册》题词相似：“锅圈仡佬，男子自织斜纹布为衣，妇人以青帕笼发如锅圈状，青衣短裙，病不服药，用面做虎头，饰以彩线，置簸（箕）内，延鬼师祷之，性嗜酒，隋于农事。在平远州。”三种古图都是表现用虎头祷祝的情态（图 3-370 ～图 3-372），但要注意的是“妇人青帕笼发如锅圈状”，其实并不如锅圈，而是如巫婆所戴法冠形，妇女无论老幼，都穿彩裙。那“锅圈”之名甚怪，从图中发型看，《图考》之发型倒很像苗族特有的火塘三脚支架。今日苗族民间故事中确有“倒戴火塘三脚吓走鬼怪”之说，苗族一向视火塘为祖灵依附之处，“三脚”具有神性，笔者怀疑“锅圈仡佬”的得名并非“如锅圈”形，而是因此发髻形似“三脚锅架”，应是某种巫师的头式特征。

7. 披袍仡佬。《黔记》：“披袍犵狫在黄平州，男女衣外披一袍，前短后长，凿窍为桶裙，羊毛织成。性纯谨，勤耕作，多傭铁工者，又或以种梨为生。”《画册》题词有小异：“披袍犵狫，男子多以铸犁为业。妇人发扎青线，男女衣长尺许，外披一袍，前长后短，无领袖，穴其中以首贯之，织五色羊毛为衫裙，性淳谨，勤耕织，在平远、施秉、清平。”《画册》和《图考》都表现了男子铸犁、女子担水的情景，这就有了一个疑点：《黔记》那句“或以种梨为生”非常突兀，笔者疑是“或以铸犁为生”之误。然而《黔记》成书在前，《画册》等绘成于后，是否可能是画家们误读《黔记》所致？又是否可能因民间原有“打铁苗”而引起联想呢？但此条真正的价

图 3-370

图 3-371

图 3-372

图 3-370 锅圈犵狫 上海博物馆藏《少数民族风俗画册》
图 3-371 锅圈犵狫 上海博物馆藏《少数民族风俗图考》
图 3-372 锅圈犵狫 上海博物馆藏《黔省苗图》

值在于，虽然画中都画成“披毡式”或“斗篷式”，文字描述却很清楚：那“袍”是“前长后短，无领袖，穴其中，以首贯之”。这当然是典型的“贯首衣”无疑。如果把《图考》前景的女子添以“贯首衣”，她就跟今日的僅家姑娘相差不远了，而“披袍犵狫”正是“在黄平州”（图 3-373 ～图 3-375）。《画册》题词：“犵苗……衣类土人。”颇堪玩味。先看土人，《画册》题词：“土人岁时礼节颇有华风，耕植时田歌相和，清气可人。岁首迎山魈，逐邨屯以为傩，击鼓唱神歌，所至之家，皆与饮食之。在贵阳、广顺。有与军民通婚姻者。”所绘即出神跳傩场景，图中红蓝头巾在头两侧作翘翅形，跟“锅圈仡佬”之头帕相似（图 3-376）。《黔省苗图》只画一执偃月刀、持面具的跳傩人（图 3-377）。按今日贵州傩文化闻名国内外，虽然专家们有谓“军傩来自江西等戍黔军人”，并以安顺军傩为例，但贵州傩文化实际源远流长，所谓“军傩”正是“有与军民通婚姻者”之例。所谓土人应是包括安顺地区和黔南州的各支系苗族跳傩者，也包括铜仁地区、遵义地区的苗族和土家族跳傩人。虽然今天的

图 3-373

图 3-374

图 3-375

图 3-373　披袍犵狫　上海博物馆藏《少数民族风俗画册》
图 3-374　披袍犵狫　上海博物馆藏《少数民族风俗图考》
图 3-375　披袍犵狫　上海博物馆藏《黔省苗图》

傩文化以“傩戏”“傩面具”和“地戏”出名，但古时应是以酬神、辟邪、祈福为主，所谓“岁首迎山魈”即古传的“驱鬼逐疫”，至今在湘西、铜仁、安顺地区仍有举行，笔者在湘西凤凰县过春节时曾亲见“击鼓唱神歌，所至之家皆与饮食之”的情景（图 3-378）。从“花仡佬衣类土人”及“土人……有与军民通婚姻者”看，可以得出历史上“汉变苗、苗变汉”之类民族交融和文化交流现象正是古今民族图谱难以对应的主因，但是通过科学的方法应该仍能找到失落的环节，把历史链接起来。“贯首衣”就是一例，因为《黔记》和《画册》作者并不具备科学的服装史知识而误称之为“袍”，但他们既作了客观和忠实的描述，我们就有把握判定为“贯首衣”，而今天僅家盛装正是以“贯首衣”为礼服。图 3-352，图 3-353 是儿童“贯首衣”，图 3-379 ～图 3-391 是“贯首衣”，如果跟图 3-353 对比就可悟出“贯首衣”从长方形布幅“无领袖，穴其中，以首贯之”到剖开胸前，再到增添两肩成“T”型，再演变成加两袖的发展历程。这实际也是整个中国古代衣制的某种缩影，后面将予以详细研究。

图 3-376

图 3-377

图 3-378

图 3-376 土人 上海博物馆藏《少数民族风俗画册》
图 3-377 土人 上海博物馆藏《黔省苗图》
图 3-378 湘西凤凰苗族大傩礼仪之驱邪狮舞表演（“狮”左侧之“大头娃娃”与狮右侧的“猴脸”是后增添内容）

图 3–379

图 3–380

图 3–381

图 3–382

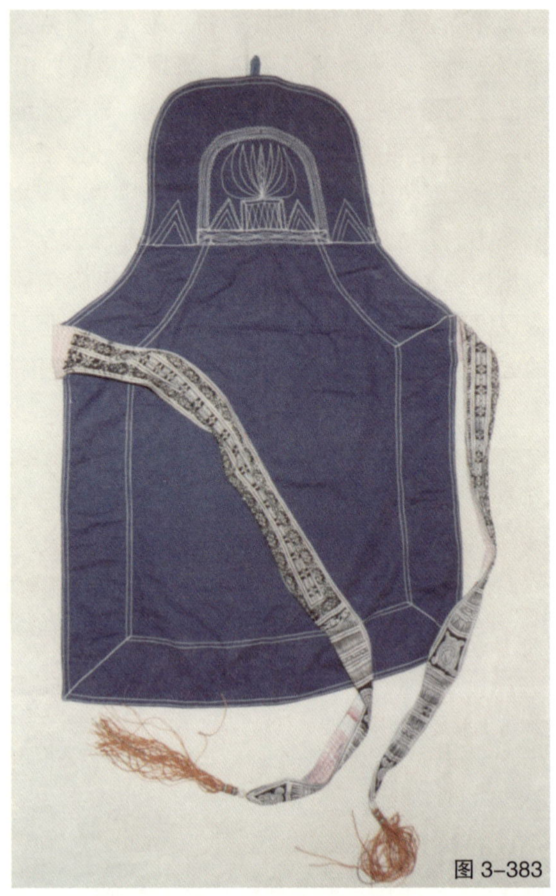
图 3–383

图 3–379　黄平俵家女装上衣　上海博物馆藏
图 3–380　黄平俵家女装罩衣（由贯首衣发展而成）上海博物馆藏
图 3–381　黄平俵家女装（由围兜、围腰、腰带）上海博物馆藏
图 3–382　黄平俵家女装（头巾、头饰、裙）　上海博物馆藏
图 3–383　黄平俵家女装（抹胸）　上海博物馆藏

图 3-384

图 3-385

图 3-386

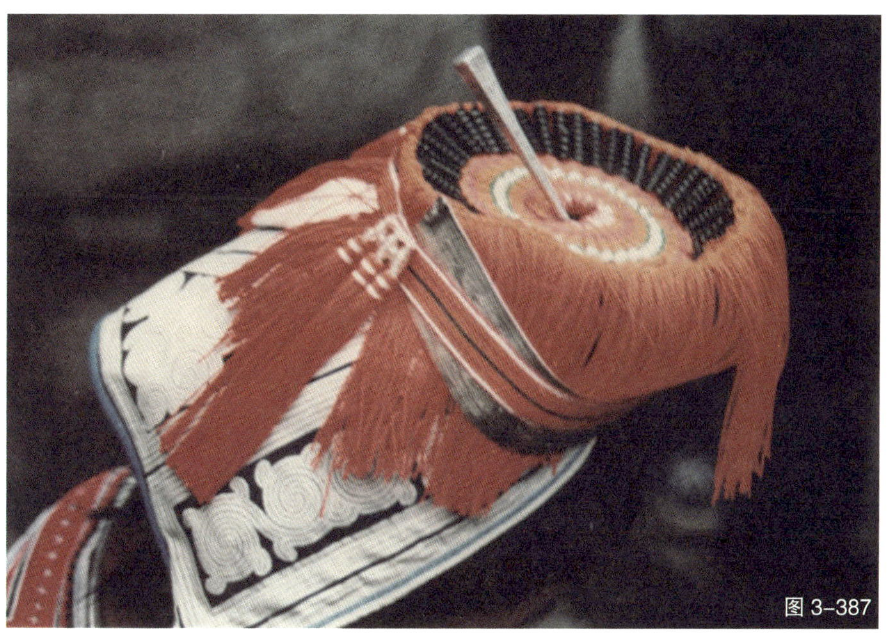
图 3-387

图 3-388

图 3-384 黄平僅家姑娘（侧面）
图 3-385 黄平僅家姑娘（背面）
图 3-386 黄平僅家男子盛装（目前只有节日仪式上才穿着了）
图 3-387 黄平僅家姑娘（头饰）
图 3-388 僅家姑娘盛装

图 3-389

图 3-390

图 3-391

图 3-389　黄平僅家姑娘衣裳一套
图 3-390　僅家传统背牌（贯首衣）
图 3-391　黄平僅家女上衣

第四章 几种特殊服饰的研究

Jizhong Teshu Fushi De Yanjiu

一、贯首衣

按古籍记载，中国古时有所谓“贯首服”，或称“贯首衣”。学者们普遍认定这是一种独幅衣服，在中央挖洞，套入头颈，前后自然下垂成形。但是在较早的服装研究书中，从未见过实物报道。笔者在黔桂苗瑶地区却发现不少相当典型的“贯首衣”遗制。例如广西河池以西至南丹地区的“白裤瑶”有一种短衣（马褂），只用一幅长方形衣料，在中央挖洞，套入即成衣衫，两腋下并不缝合，十分轻便，适宜闷热天气女性穿着。今日的“白裤瑶”对所穿服制有不少传说作为谨守旧制不得改动的理由（如说白色男裤两侧各有三道垂直红线的装饰，是因为老祖宗被汉人从黄淮平原驱逐南迁时，两腿被荆棘刮破，所以在裤腿上绣上三道血痕以志不忘历史苦难，不准改动云云）。唐代长孙无忌等在《隋书·地理志》中云：“长沙郡又杂有夷蜒，名曰莫徭。”对此，伍新福、龙伯亚在《苗族史》中分析说：“从读音看，‘莫徭’相拼接近‘苗’，故学术界有一种观点，即认为‘莫徭’是苗族族称演化的一个阶段，实际上‘莫徭’就是‘苗’。我们认为，隋唐以‘莫徭’相称的集团，虽不排除可能还包括苗族，但主要应是指后来的瑶族；‘莫徭’与‘苗’的相近，更表明两者的亲缘关系，说明他们在历史上曾同属一个民族集团。”《刘长卿连州腊日观莫徭猎诗》云：“莫徭自生长，名字无符籍，市易杂蛟人，婚姻通木客。”刘长卿还自注其诗云：“其先祖有功常免徭役（这一点今日瑶族普遍传说），其男子但着白布裤衫，更无巾袴，其女子青布衫，斑布裙，通无鞋屩。”很可能就是指“白裤瑶”，可知其服制的古老（图 4–1，图 4–2）。

前文例举的僅家服装至今保持“贯首衣”的传统风格，尤其是儿童马褂，还是很典型的形象，即从原始不开前襟只挖领洞的“贯首衣”发展出的第二步；第三步则是接上双袖或挖去两胁成“T”型或[illegible]型。不难悟出：中国古代服装的这种基本结构实际就是从原始的披布、贯首衣、开襟马褂、对襟上襦这一脉络逐步演化而成，而这种服装的发展史在苗族服式中保存着每一阶段的“活标本”。图 4–3 则是一件贵州苗族儿童蜡染“贯首衣”的典型例子（尚未挖领洞和裁开领前缝）。按“贯首衣”的“贯”字，通常以为本义是用绳串线（如昆剧的“十五贯”），其实钱贯是后起延伸意，“贯”字本义应出于服装。《说文·贯部》段注：“毌，古贯穿用此字，今贯行而毌废矣。”可知“贯穿”原意是特殊的穿衣方法，只因中国古钱币是从海贝（子安贝）发展成的贯钱式，“贝”即钱币，所以“毌”下加“贝”而成“贯”。如追溯原义，应强调指出：“毌”字的“贯字”本非串钱之意，而是穿衣之意，“毌”实在就是“贯首衣”的象形字（[illegible]），这种“贯首衣”是出自最早生息于中原的九黎、苗蛮部族的祭祀礼服。后来攻占中原的炎黄集群在逐渐演化成汉族的过程中承袭了苗蛮传统，再逐渐演化成“深衣”（汉族礼服）。《山海经·大荒南经》：“大荒之中，有人名曰讙头。鲧妻士敬，士敬子曰炎融，生讙头。讙头人面鸟喙有翼，食海中鱼，杖翼而行，维宜芑苣，穋杨是食，有讙头之国。”大家知道，鲧是大禹的父亲，也即夏民族的老祖先，而《山海经·海内经》说：“炎帝之妻……生炎居，炎居生节并，节并生戏器，戏器生祝融。”祝融是炎帝之裔，又在南方任火神，应可称为“炎融”。但《海内经》又说：“帝令祝融

图 4–1　广西南丹白裤瑶女子夏装（正面）
图 4–2　广西南丹白裤瑶女子夏装（背面）

图 4–3

图 4–4

图 4–3　贵州苗族儿童“贯首衣”
图 4–4　贵州榕江月亮山区苗族男子“牯脏衣”飘带裙（注意：鸟龙绣纹）

杀鲧于羽郊。”另有神话说鲧是被儿子禹所杀，而鲧就是白马……，可见鲧、炎融、讙头都是原始时代互为姻亲的各氏族代表，其图腾形象兼具龙、马、鵗鵗鸟的特征。讙头的形象是“鸟喙有翼”，应当就是朱鹭形象（也即汉武帝定四方神的朱雀原型）。今日苗族服饰中常见的龙、人头龙和朱鸟（苗语称“鵗鵗鸟”），特别是月亮山古祭服上的“鸟龙”形象最值得重视（图 4–4）。笔者还在月亮山收集到一张“鸟头龙祭幡”更可证明此种纹样的重要性（图 4–5，图 4–6），如果联系《大荒北经》“颛顼生讙头，讙头生苗民”（头即兜）和《史记·五帝本纪》“三苗在江淮荆州数为乱……放讙兜于崇山以变南蛮”的古籍记载，则完全可以断定“贯首衣”就是“讙头国”也即三苗古族的礼仪之服，也即今日贵州月亮山苗族古祭服（牯脏衣）的同一根源（贯首即贯头，出自讙头）。

从第三章所介绍的材料看，今日苗族尚保存许多“两胁下并不缝合”而仅用带绳结拢左右襟的服式，笔者认为，这类“胁下并不缝合”的服式都是从古代“贯首衣”的旧制中演化而来。这是中国服装史上的一大变化和发展规律，应予充分注意。

古籍中对于“贯首衣”的记载其实并不多，但这一服式却很古老。举数例如下：

1. 范晔撰《后汉书·东夷传》：“倭，在韩东南大海中。……其地大较在会稽东冶之东，与朱崖、儋耳相近，故其法俗多同。……其男衣，皆横幅结束相连；女人被发屈，衣如单被，贯头而着之。……”很明显“在韩（朝鲜半岛）东南大海中”“在会稽……之东”“与朱崖儋耳相近”，当然是把日本列岛绵延千里的整体都概括进去了，而说“其法俗多同”就是注意到包括服制和民俗各方面都属同一类型，尤其是冲绳列岛古民俗更值得注意（古琉球群岛）。

2.《后汉书·南蛮西南夷传》：“凡交趾所统……长幼无别，项（顶?）髻徒跣，以布贯头而着之。”可知当时东南亚有许多穿“贯头衣”的民族。

3. 陈寿依据《后汉书》而撰写的《三国志·魏志》：“倭人在……东南大海之中，依山岛为国邑，旧百余国……其风俗不淫。男子皆露，以木绵招头。其衣横幅，但结束相连，略无缝。妇人被发屈，作衣如单被，穿其中央，贯头衣之。”（指结发、束发）

4. 有关苗蛮部族服饰最重要的一段话也在《后汉书·南蛮西南夷传》中，为了便于后面的研究，先全引

图 4-5 贵州榕江月亮山区苗族绣幡细部（上为华虫与星月，下为鸟龙）

图 4-6 贵州榕江月亮山区苗族"牯脏节"专用绣幡（从上至下的绣纹是：华虫、鸟龙、鹡鸰）

此段："昔高辛氏有犬戎之寇，帝患其侵暴，而征伐不克。乃访募天下有能得犬戎之将吴将军头者，购黄金千镒，邑万家，又妻以少女。时帝有畜狗，其毛五彩，名曰槃瓠。下令之后，槃瓠遂衔人头造阙下，群臣怪而诊之，乃吴将军首也。帝大喜，而计槃瓠不可妻之以女，又无封爵之道，议欲有报而未知所宜。女闻之，以为帝皇下令，不可违信，因请行。帝不得已，乃以女配槃瓠。槃瓠得女，负而走入南山，止石室中。所处绝险，人迹不至。于是女解去衣裳，为仆鉴之结，着独力之衣。帝悲思之，遣使寻求，辄遇风雨震晦，使者不得进。经三年，生子一十二人，六男六女。槃瓠死后，因自相夫妻。织绩木皮，染以草实，好五色，衣服制裁皆有尾形。其母后归，以状白帝，于是使迎致诸子，衣裳斑斓，语言侏离。好入山壑，不乐平旷。帝顺其意，赐以名山广泽。其后滋蔓，号曰蛮夷，外痴内黠，安土重旧。以先父有功，母帝之女，田作贾贩，无关梁符传租税之赋。有邑君长，皆赐印绶，冠用獭皮，名渠帅曰精夫，相呼为姎徒，今长沙武陵蛮是也。"

这段著名的记载虽然颇具"神话色彩"，却有不少现实可作对证。从浙江会稽，到四川巴东、南海、成都、淮安、广都、湖南大庸、贵阳黔灵山，都有盘瓠岩、盘古庙、槃瓠石室、麒麟洞等名胜遗迹和传说；苗瑶群众至今仍保存关于槃瓠要皇帝女儿繁衍苗瑶族的传说，跟汉晋古籍所说情节几乎相同。在苗族、畲族、瑶族的服饰中也保存许多槃瓠形象。尤其是在苗族的儿童"狗帽"和绣纹中，槃瓠形象仍保持得十分完整和鲜明。在此先就这段文字的有关服制稍加分析。"织绩木皮，染以草实"是讲苗族制衣所用面料和技术，"绩"就是缉麻，《说文》："析麻而续之为缕曰缉"，用缕缝衣之边也曰缉，可知"织绩木皮"就是缉麻制衣的意思。当然也包括用树皮制衣和集树叶为衣，例如前举"夭苗"在清代仍有用树叶制衣的习俗，而笔者也收集到一件用"树皮布"制作的衣服原件。"染以草实"更是今日苗族仍在沿用的靛染和用茜草染红、用黄柏染黄，或用栀子染黄之类技术。"好五色，衣服制裁皆有尾形"，当然就是说古苗衣制是从模仿图腾槃瓠出发，裁制成狗形特征，因为这"槃瓠"又名龙，或作狵。《说文·犬部》："龙，犬之多毛杂色不纯者。"由槃瓠演化的神兽还有"莘"（音shèn），《庄子·达生》："丘有莘"，释文："状如狗，有角，文身五彩。"前面笔者说到著名的楚漆匳所绘不是"龙虎斗"，也不是"青龙白虎"，那"虎"头上长角，似狗形应当是"龙"，亦即"莘"形，都是苗族图腾"槃瓠"的变形。今日贵州苗族刺绣中尚有大量的槃瓠，都是长毛五彩的龙或莘。《后汉书》中那"为仆鉴之结，着独力之衣”一语从未见阐释者，仅唐代李贤注曰：“仆鉴、独力皆未详，流俗本或有改鉴为竖者，妄穿凿也。”笔者认为唐代俗本既有作“仆竖”者，未必是“穿凿、妄改”，童仆未冠者称“竖”，劳役之衣称“竖褐”，又作“短褐”。因为古时奴仆不戴冠而以头发挽髻结带为特征，故称为“仆”。《说文・卜部・广雅释诂》：“仆，使也。”就因仆、業字都是头上髻饰的象形字。蜗牛头上有四个触角，所以蜗牛又名“仆累”。汉族以发髻加冠为礼，因见苗蛮部族不戴冠而椎髻如仆役儿童，就贱称之为“仆竖之髻”，这是可以民俗实据获证的。那“独力之衣”，笔者认为就是古代的“贯首衣”，因为，“贯首衣”正是苗蛮部族所创，并且全衣只有“套首”一个着力点，称之为“独力之衣”正是恰如其形的最佳概括。

应当作出这样一个论断：在中国服装史上，“贯首衣”可能是紧接“独幅披衣”的第二段重要创造。今日云南省怒江两侧的独龙族仍然是不分男女长幼，每人一幅织花毯，不知剪裁缝制，那当然是“衣裳”的最初形态。顺便说说，笔者到帕米尔高原的塔什库尔干边境考察时，曾遇见许多巴基斯坦商人，他们从酷热的南方前来翻越冰山大坂，常在绸缎做的民族袍服外每人披一袭羊毛毯，遇寒冷时浑身裹得严严实实，并告知笔者：沙漠中早晚温差物别大，用一块毛毯随时可开可阖，实在是最万能的“衣裳”。西藏喇嘛和许多佛教徒亦用匹布代袈裟，事实竟是如此简单：最简单也最实用。这就是服装史上继用树叶、麻皮遮身后，人们发明纺织品最初的用法。可能“独幅披衣”曾荫蔽了原始人数千年，然后，聪明的苗蛮部族发现在布幅中心挖一洞，“套头而下”，使布幅更贴身、更轻灵、更能解放双手以利劳动，于是也就创造出了中国的第一件“成衣”，并由此开创了“中国式”服制的滥觞。

在“贯首衣”向后世衣裳演变的过程中，另有一类“过渡型”值得重视。今日乌蒙山区（滇黔交界一带）有所谓“大花苗”“小花苗”服式风格奇古，前文已有介绍。从结构特色来说，此类服式是在麻质拼裁成整幅的上半截贴附毛织裁片，在裁片上织绣方形或菱形几何纹饰。如果把“小花苗”之衣展开，可见实在是一长形“贯首衣”上再附加“短贯首马褂”，只是在中央领口上“劈开”，嵌入一倒三角形裁片，并加上一条立领（图 4-7，图 4-8）。“大花苗”的服式结构则是长形麻质“贯首衣”上贴附毛织裁片，裁片上织成方形或菱形几何纹，“劈开”领中绣片斜披在两肩上，再把衣领做成另一扁方形，附贴于背心，这块“衣领”上绣着古老的“田坎花”，据说是以蚩尤为首的九黎部族被炎黄联军打败后，被迫迁徙前，姑娘舍不得老家的肥美田园，就绣在背上背着，让后辈永志不忘。据说，苗族分支服装虽有百种变化，但不论如何变化，其领部、肩部、襟部或袖部必定保留一处方形纹饰，都是“田坎花”的衍化。

这种“贯首衣”是怎样演变成后世斜襟袍服的呢？

图 4-7

图 4-8

图 4-7 贵州织金、水城小花苗男子披衣正面（六冲河支系乌蒙山型甘河式）
图 4-8 贵州织金、水城小花苗男子披衣背面（六冲河支系乌蒙山型甘河式）

请看楚墓出土木俑和湖南马王堆出土汉俑（参见周锡保《中国古代服饰史》附图）。周先生指出："自领襟以下作曲裾续衽，扬雄《方言》所云：'绕衿谓之帬。'其加衽处在领下与裳相接处，即注中所说的'俗人呼接下，江东通言下裳。'《淮南子·齐俗篇》云：'盖削杀衣领以为斜形，下属于襟。'是领与襟相连属之式。《颜氏家训·书证篇》云：'古者斜领下连于衿，故谓领为衿。'所以绕衿有作绕领、绕襟之解释，盖古时交领与襟相连属而交掩。"周锡保先生此论甚透辟。我们先以"大花苗""小花苗"服装为例：平铺在地面时本是"对襟"，即在"贯首衣"前破开成"对襟式"，但穿在身上则搴右襟向左压于左襟上再用腰带系紧而成"左衽"和"交领"式，其实扩大些看，苗族上衣多数都是裁制成"对襟"而穿上变"交领"，如清水江型苗服大抵如此，虽然今日许多地方苗族上衣已改成"右衽"，但古时多"左衽"，至今仍有不少苗族上衣做成左右皆可的对襟，只是穿着时才显出"左衽"或"右衽"两可形式；而此类苗族上衣多数又是前襟长于后摆，正是"贯首衣"向斜襟袍服转变因功能引起的"过渡型"。只有湘西和黔东南从江地区的苗族上衣已基本变成了满族式的"右襟"或"琵琶襟"款式。

但是，为何中国服式走了交领和领襟相连的发展方向呢？把楚汉两种斜襟袍服加以分析（图 4-9）就可看出，那楚俑的衣服前襟缠绕周身的结构如果展开，本是一幅方布裁开而成，上部裁剩的布恰成广袖，这意味着中国最初的衣裳就是从用布幅缠身变化而来。前文说过，西藏喇嘛用一幅布代替袈裟，只是缠法不同而显示出不同的风格，那是否说明佛教袈裟就是从独幅布加工而成（汉族佛教徒的袈裟也只是在左肩前加一"带钩"而已，如古之"犀比"）？从"独幅披衣"到"贯首衣"，再裁去两胁下成"T"型的"贯首衣"，再到中国式窄袖上衣是一种基本路线，即常服窄袖上衣的形成之路。

还有另一条发展之路，即从楚俑到汉墓木俑的服装，如果展开（图 4-10）可见其结构仍是把布幅稍加剪裁即成型。当然，笔者只是描述中国斜襟袍服意匠的来由，在实际制作时那分片剪裁仍是相当复杂的，何况传统织布机都只能织窄幅布，制衣当然还得拼幅，更增加了剪裁的复杂性（图 4-11）。

如果笔者的分析不错，则进一步可理解另一个服装史上的重要问题。前文引"披袍犵狫"条时，指出明明是"贯首衣"，而《黔记》等古人却名之曰"袍"，这种"误称"并非一般失误，而是"事出有因"，问题在于如何理解"袍"。中国人平时较严肃的服装是袍，在古文中，"袍"又写作"裦"。对"袍"曾有多种解释，或曰

图 4-9

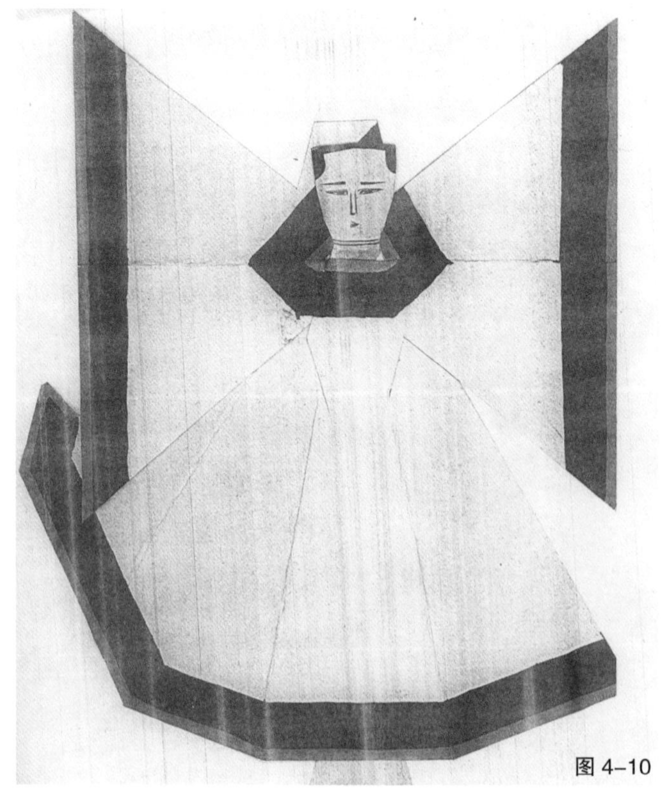
图 4-10

图 4-9 楚俑服饰（曲裾袍）结构示意
图 4-10 楚俑曲裾袍结构展开图

"即长襦"。《广雅·释衣服》则云："袍，丈夫着，下至跗者也。袍，苞也，内衣也。妇人以绛作衣裳上下连，四起施缘，亦曰袍，义亦然也。"《礼·丧大记》："袍必有表。"注："袍，亵衣。"盖袍为深衣之制，特宴居便服着之，故云亵衣。自汉朝后才以绛纱袍、皂纱袍为朝服。袍又专指前襟而言，《公羊传》："涕沾袍。"当然指前襟而言。这种以襟定名、以"苞"喻形的定义颇堪玩味。"褒"字原有"抱"义，即环绕于襟怀之引申义。襟又称裾，即衣褒也。据朱骏声："衣之前襟也，今苏俗曰大襟。"《淮南子·齐俗》："楚庄王裾衣博袍。"注："裾，褒也。"段玉裁引《释器》曰："衣眥谓之襟，衱谓之裾，同袷，谓交领。褒连于交领，故曰衱，谓之裾。"《尔雅·注》："谓领交处，如人眼唇眥头也。"中国礼服重褒衣，《礼·杂记》："诸侯以褒衣冕服爵弁服。"注："褒衣，亦始命为诸侯及朝觐见赐之衣也，褒衣又谓宽大之衣也。"可知袍服、褒衣原有宽大包裹之义，所以裹覆小儿之物称襁褓（图4–12）。《通俗篇·服饰》："《依雅》：小儿为褓，如俗呼褓裙、褓被是也。"襁指络负，褓指裹覆，实际上"褓"即"褒"之引申字，其原意都是"苞"。苏州人至今称襁褓为"蜡烛包"，但张氏《史记正义》云："襁，约小儿于背而负行；褓，小儿被也。"显然是指今日中国西南地区习见的背兜，包裹着母亲宝贝孩子的精美背兜，确实像花苞一样赏心悦目（图4–13，图4–14）。苗族姑娘精心绣制嫁衣和盛装固然是民族艺术的集萃，一旦当了母亲，她就把那份精心打扮寻偶的心思转移到背兜和童衣上，各种美丽的背兜取代姑娘的盛装而成了更为成熟的民族艺术集萃。从图3–308，图4–15，图4–16这种背兜看，我们似乎又看到独幅"贯首衣"向"T"字型"贯首衣"变化的特征，"T"字型背兜仍然是从古老的"贯首衣"中演化发展出来的新品类。这里顺便介绍一下三都县水族的一种"马尾绣"背兜（图4–16）。水族文化跟苗族相类，他们利用马尾强韧的鬃毛作经线，绕以丝线的绣品，风格特殊，享有盛誉。

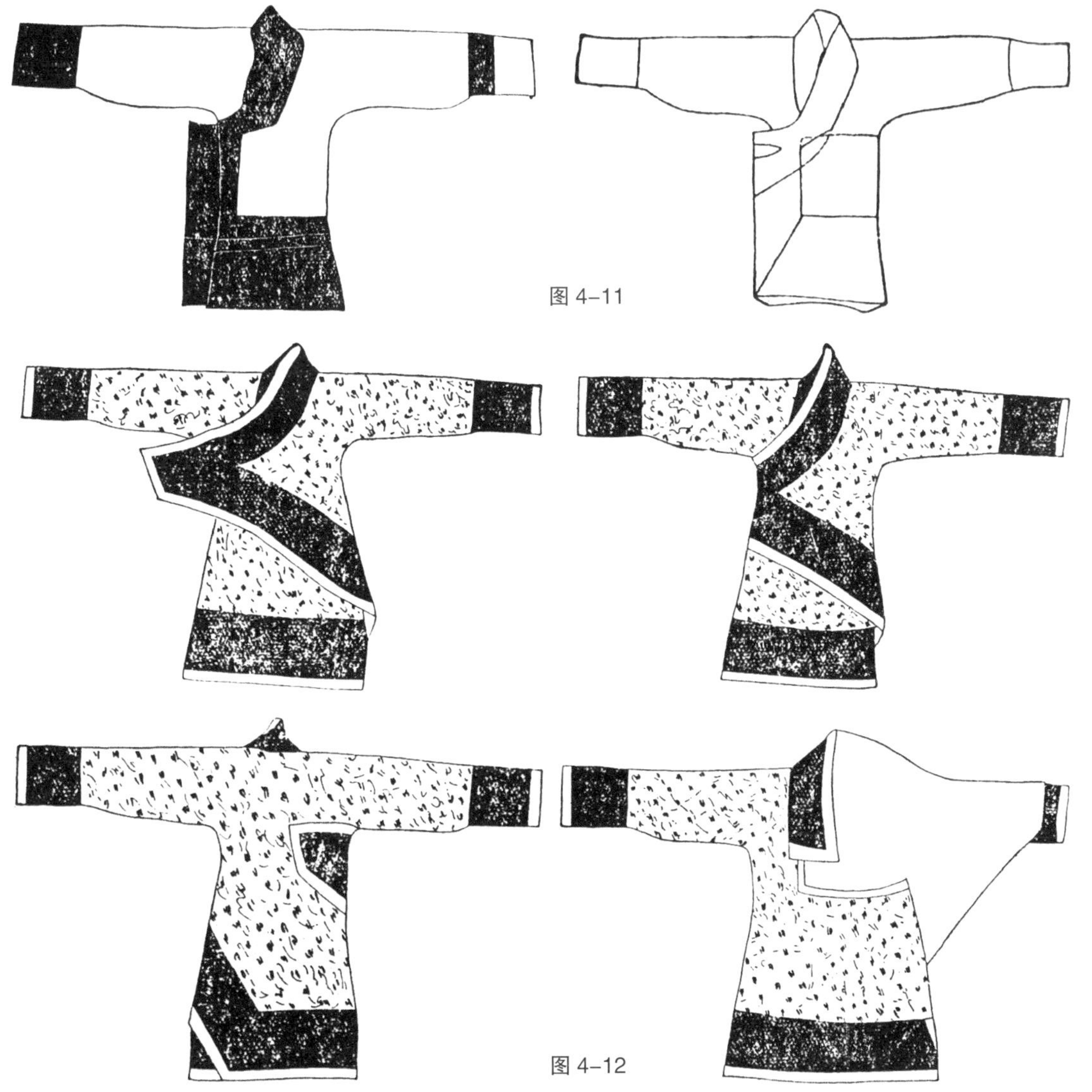
图4–11

图4–12

图4–11 汉式袍服结构图
图4–12 楚俑曲裾袍结构示意（展开图）

图 4-13

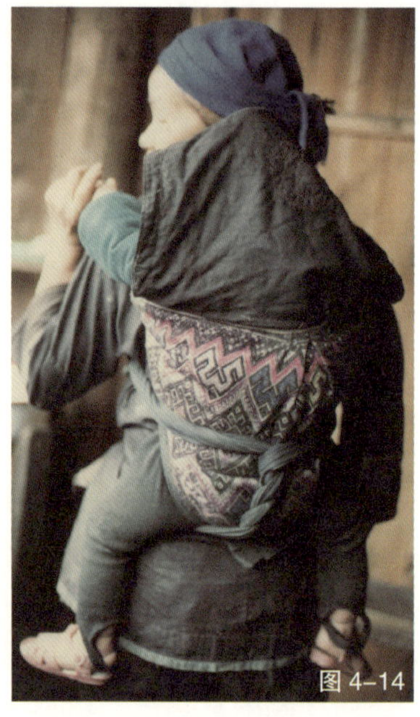
图 4-14

图 4-13　贵州省黎平县苗族背兜绣花
图 4-14　广西融水（大苗山）安太乡苗族背兜（月亮山型融水支系融水式）
图 4-15　贵州黄平地区苗族背兜
图 4-16　贵州三都县水族“马尾绣”背兜（T 型式）
图 4-17　贵州黎平县平寨乡苗族女孩服装（襟裾花饰受当地侗族影响，是清代琵琶襟式）

图 4-15

图 4-16

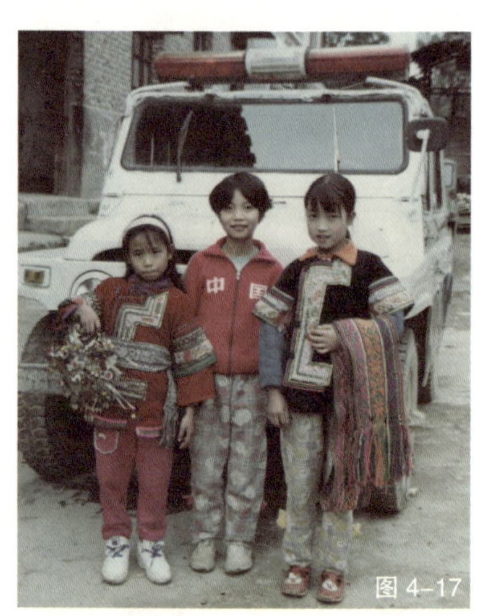

图 4-17

二、儿童衣

从目前民族文化大交融的趋势看，接受汉族乃至外来影响最快的是儿童服装，因为年轻的妈妈们已获得受教育的机会，即使只有小学水平，她们也对新事物有了强烈的爱好，对更轻便、更实用的现代服装产生改装的愿望。但是有两点阻碍着年轻妈妈们自身改装的行动：第一，姑娘们一旦正式结婚住到夫家，穿着盛装的“花季”就将逝去，生了孩子就不再浓装打扮自己，否则惹人笑话；第二，年轻妈妈把爱美之心“本能地”转移到孩子身上，首先是精绣背兜，然后是专注童装，除了精心制作童装童帽外，也热心于市场上的新式童装（图 4-17），这是目前苗族集镇童装销售远胜于成年时装的原因。成年人改装受传统观念的制约，在城市变化快，在偏僻山村变化慢；男装汉化快，女装变化慢；童装的改变则全由母亲的意愿实现，不受“舆论”限制。孩子长到两三岁后，在“跳场”等盛会上看到花花绿绿的盛装姑娘，也会有美艳之感，就像汉族地区每个孩子都渴望过年或“吃喜酒”一样，年轻妈妈们会毫不犹豫地拿出自己珍藏的银饰装扮孩子，不仅希望博取观众对孩子的赞美，私下也有一层对消逝青春的甜美回忆，这就是在喜庆集会上我们常见幼儿佩戴大人银饰的原故（图 4-18 ～图 4-20）。母亲打扮孩子是不拘成法的，但文化传统却顽强地延续了下来，例如图 4-21 是台江县施洞一幼女，她的母亲采用新式塑料花装扮她，而小小的发髻则仍是古传的“椎髻”，这种文化心理本能是很难改变的。

在黄平地区苗族儿童还普遍保存一种俗称的“小衣”（图 4-22 ～图 4-24），这种衣服满身皆绣有小小人形，造型都是正面站立，曲臂相连，或曲臂攀花枝再相连，或跟几何纹相间，整体布局连人带花都似平行或菱形铺排，有的人形还分大小错开排列。不要以为这只是装饰性花纹，此类人形纹确是苗族传统的“祖灵崇拜”的表现，那些手拉手或攀着花枝相连的情景都是苗族观念中的“列祖列宗”形象，是喻意“祖宗佑护子孙”的古老观念，如果跟图 3-349 对照，就可悟出黄平苗族童衣跟成人上衣背花中心的“列祖列宗”造像都是出自同一种祖灵崇拜观念；如果跟图 3-344，图 3-345 对照，更可悟出以下道理：在相当于“田坎花”（背牌）位置的纹饰，不仅源出“祖灵”，并且这祖灵所指即是天神（云雷纹变型）。在苗族的许多神话传说中，天上住着雷公，而雷公跟人祖都是“蝴蝶妈妈”一母所生，是兄弟，人祖原本可随意上下天地，只是后来兄弟交恶才少往来了。同理，前文引述苗族被迫从黄河平原南迁，姑娘把故乡田园绣成“田坎花”背在背上永志不忘的传说，跟“祖灵”绣像也不矛盾，都是苗族重传统、敬祖宗观念的体现，后文“纹样研究”篇章对此还将深入研究。

图 3-352 的黄平小姑娘在衣外罩有一件马甲，一看便知这正是从“贯首衣”演变成的儿童马甲，参见图 3-354 左侧，这件马甲在领圈旁和下面都绣有“祖灵”，下方祖像两侧是一对“公鸡”式的鹡鸰鸟，是苗族神话中帮“蝴蝶妈妈”孵出人及动物的吉祥鸟，也被苗族视若神灵，领圈下还绣有“胸牌”式饰物和鱼形，都是苗

图 4-18

图 4-19

图 4-20

图 4-21

图 4-18 雷山县西江苗族小儿马褂（领下贴绣“槃瓠”之头，两肩有狗爪形）
图 4-19 台江县施洞苗族儿童节日衣裳
图 4-20 台江县施洞苗族儿童节日衣裳
图 4-21 施洞苗族幼女（头顶小髻缠花）
图 4-22 黄平苗族小儿衣上绣“祖宗花”

正面

背面

图 4-22

图 4-23 施洞地区儿童马甲（银饰跟大人并无区别）
图 4-24 中国台湾“丽婴房”童装公司董事长林先生和本书作者蓝采如老师，蓝老师手中捧着一顶童帽，上绣立体虎纹，颇有山西绣品的特征

族服装常见的纹饰。此类“马甲”在黄平僅家童装中尚保存典型的“贯首衣”式样（图 4-25），作“T”字型款式，颇含古意。奇怪的是，马甲背面上部蓝色嵌条花作非对称布局，据说这是有特殊含义的，遗憾的是，笔者问过不少老人家，都“只知其然，不知其所以然”，至今未获善解。

儿童专用马甲，在其他苗族支系中亦常见，既有利于保持清洁、保暖腹背，又便于双手活动，但马甲上所绣纹饰除美化的作用外，还能传承文化。图 4-26 这件马甲上面和中部绣有受汉族影响的“凤穿牡丹”，花型艳丽；在下半部则保留着苗族特有的传统物象；右面是“蝴蝶妈妈”，这是苗族的创生图腾，花瓶左右是帮助“蝴蝶妈妈”孵育人类的鹡鸰鸟，通常造型介于鸡和凤之间；马甲右下角则绣有一只奇异神兽：长着长鼻却不是大象（苗族刺绣常有长鼻神兽，许多人以为就是象），因为其身布满彩色鳞状花饰，头上长有花枝般的“瑞角”，尾巴长曲，尾梢如花蕾状，这只“四不像”神兽其实就是苗族崇拜的图腾“槃瓠”，它是以五彩长毛狗为基本形，却能变化形象的神兽。图 4-27 表现的是苗族传说“金虫化槃瓠”的内容：槃瓠为高辛氏王所畜神狗故事已见前引文，但这神狗的来历更神奇，李贤注《后汉书》引《魏略》曰：“高辛氏有老妇，居王室，得耳疾，挑之乃得物大如茧。妇人盛瓠中，覆之以槃，俄顷化为犬，其文五色，因名槃瓠。”按高辛氏是“三皇五帝”之一，即史籍中著名的帝喾（俈），据说他是黄帝的曾孙，名夋，后受封于辛（莘，在今山东曹县北之莘冢集），可知这传说是回忆蚩尤从黄河平原迁徙前之历史。所谓“居王室”的老妇，当然不是王后就是皇太后，至少也是后宫重要人物，耳中挖出之虫大如茧，应当就是金蚕之谓。奇妙的是，两千年前古籍中的这个故事跟今日流传于苗瑶族间的传说大同小异，笔者当年在贵州台江县施洞区老屯乡著名苗族剪纸能手处采集到关于这一传说的剪纸，情节一致。图 4-27 这件儿童马甲中央绣着一个奇特的“槃瓠”像，前半身是长毛五彩的龙狗形象，后半身则是尚未变化的“金蚕”形体，充分表现了“金蚕化犬”这一传说的基本情节。值得注意的是，把图 4-26 与图 4-27 对观，不仅头顶上黄色弯曲分杈的角手法一致，而且那从狗嘴中弯曲伸出的长舌恰可证知图 4-27 中的“象鼻”即从这“狗舌”演化而成。由此可知，这类传承的儿童专用马甲，实际是从古代苗族“贯首衣”演变而来，不仅继承了苗族特有的服式传统，并且继承了苗族古老的“祖灵护佑子孙”观念，而这种敬祖观念来源于更古老的图腾崇拜。

榕江县最北面的朗洞乡（今朗洞镇）宰牙村服装颇有特色。此地与黎平县尚重、盖保等侗族相邻，服饰文化互相影响（图 3-216），儿童服式跟成年姑娘大同小异，但是儿童只留顶发，剃去四周一圈，顶梳小髻，上衣四面镶有方形绣片，几何挑花、织花或绣花，下身穿褶裙，加前后围腰片，围腰上用色布拼贴或加较多花饰，裙长

正面 背面

图 4-25

图 4-26 图 4-27

图 4-25 黄平苗族小儿衣上绣“祖宗花”
图 4-26 施洞苗族男童马甲（绣纹是瓶栽牡丹、象与鹡鸰）
图 4-27 施洞苗族男童马甲（绣纹是“金虫化槃瓠”）

遮膝，小腿用裹布，外用织花带绑扎，胸前有菱形抹胸，用花带向上搭至肩后，再用一个造型奇特的银饰件系压住抹胸，这个银饰造型有两种：一是银钩连银砣，砣形是在正立方体上从四面向内挖半弧；另一种是用银条打制成“S”型，两端作相反的螺旋，这实际是“云雷纹”的立体化。苗族敬畏雷神，视雷神为族类的叔父，用此云雷形银饰控御衣物，是意味深长且独具特色的。腰后常系精绣的“香包”，这种香包在附近侗族为常见物，用特殊的“辫绣”技术精绣而成，下饰彩丝缨穗，是一种有特色的工艺品（图 4-28）。

清水江地区儿童常用“围涎”，这种幼儿必需品被加工成精美的艺术品。六角拼花式的围涎兜在幼儿颈肩，不仅像“云肩”效果，并且如莲叶般衬托幼儿的小脸，更显如花美貌。图 4-29 的幼儿围涎造型美丽，面上分别绣有六种神物：两个蝴蝶妈妈、龙鱼以及两个苗族崇敬的槃瓠。虽然这类动物造型源自观察生活实物，但从右上角那“槃瓠”背上拖着多彩肠节看，这些神物是负有保护幼儿责任的神，因为苗族有一特殊信念：动物的血肠是生命的象征（贵州语言称“血”为“旺子”或“血旺”，最通俗的食品是“肠旺面”），所以苗族传承纹样中，凡动物表现有节节彩肠的都意谓“这是有生命的神物”，而不止是装饰物象。

儿童服饰最重要的是帽子。中国人似乎自古就重视“冠礼”，而冠冕之制据说从原始人模仿动物而来，《后汉书·舆服志》：“见鸟兽有冠角髯胡之制，遂作冠冕缨蕤以为首饰。”确实，动物求偶争雄常有炫示“冠角髯胡”的行为，苗族也不乏关于牛角、鸡冠的民间故事，明确讲到制作冠帽出于“仿生启示”。但是苗族对帽子的重视方法似乎跟汉族恰恰相反。《礼·冠义》：“冠礼筮日筮宾，所以敬冠事。”古时男子年二十须行冠礼，“故曰冠者，礼之始也，是故古者圣王重冠”。戴了帽子才算成年，戴帽须行“士冠礼”，即“成人礼”（成丁礼），但普通群众是“二十弱冠”“天子诸侯并十二而冠”，只因身份高贵而提前，普通人是不成年不戴帽的。苗族则从婴儿就戴帽，成人则免冠换成包头帕，许多苗族女孩须戴特殊童帽，成年则去帽换髻插簪，获得恋爱结婚的资格。这种差异早已引起古人注意，在造字时就有“冃”字，《说文》定义为：“小儿及蛮夷头衣也”，段玉裁注：“即今之帽字”，可知古代有把小儿及蛮夷之帽视为“帽”（冃），而把汉族礼帽视为“冠”的可能。图 4-30 黄平儿童“野猫衣”所配童帽应是古制，用一幅软布打裥收顶而成“帽”，实即“头衣”状，至于花饰则是后加者。

虽然古无冠戴之俗，今日广大地区的汉族婴儿却有戴“虎帽”的习惯，虽然绝大多数人都理解为“希望孩子像小老虎一般虎虎有生气”，笔者却认为这种“虎帽”来历颇值得深究。简言之，“虎帽”最初很可能是苗蛮部族创造，而后被汉族接受。

先绕开些看，图 4-31 是湘西凤凰的苗族童帽，是红缎软帽上立两耳，显然是比较典型的“虎帽”，这种被视作受汉族“虎帽”影响的童帽，通常在额前钉有一排“骑马仙人”（或称“菩萨”），虽然多数人称之为“八仙”，细审却跟习知的“过海八仙”无关。湘西苗族童帽顶上有金属丝扭结而成的花树式绒花、银花为饰。把清水江型两种童帽作对照（图 4-32，图 4-33），这是较大

图 4-28

图 4-29

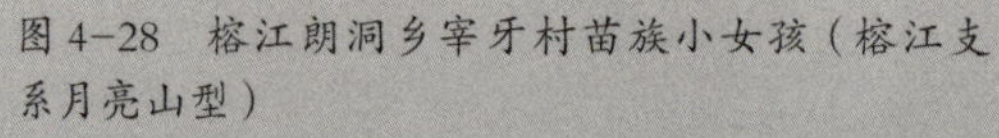

图 4-28　榕江朗洞乡宰牙村苗族小女孩（榕江支系月亮山型）
图 4-29　苗族幼儿“围涎”（绣纹是蝴蝶妈妈、龙鱼、桀豹等）
图 4-30　黄平女童身穿“野猫衣”、贯首马褂帽有特色（杨通河绘）

图 4-30

图 4-31

图 4-32

图 4-33

图 4-31　湘西苗族幼儿所戴之帽形如虎（前缀银仙人是汉族影响）
图 4-32　清水江型苗族童帽　杨通河绘《百苗图》
图 4-33　清水江型苗族童帽　杨通河绘《百苗图》

的儿童所戴，尤其是图 4–30 式只是女童戴，这种童帽都是软质，打裥收缩，于顶部留孔，顶髻或立辫穿出，用红绒花绕结成各种款式，显然跟图 4–31 的顶花出自同一意匠。从贵州到云南，苗族、布依族、彝族等许多民族的儿童都戴这样的帽子，此类童帽多数做成后部翘尾式，被人称为“船形帽”“鸡公帽”等俗名，绣饰精美，细审可见前半还多作莲瓣式。图 4–33 帽上的“仙人”更像“菩萨形”，这类“仙人”银饰多数从市场上买来，并不一定出于苗族工匠之手，即使如贵州雷山西江著名的苗族“银匠村”生产的银饰，近年也多受汉化影响，不足为据了。但至少，各式童帽上钉“八仙”的用意为护佑婴儿这层意思是不变的。这类“仙人”意匠从何而来呢？既非“过海八仙”究竟是何方神灵呢？图 3–207 是采集于丹寨县的苗族“牯脏衣”专用帽，“牯脏衣”是苗族特有的祭祖古仪礼服，在这顶专用“法冠”上立有三个祖灵像，他们立于“日月星辰”上，这“日月星辰”符号从下面一列纹样可知又是“二龙抢宝”的龙珠，可知这“两阴一阳”的祖灵正是掌管人世繁衍的祖神，造型虽然相当程式化和概念化，但从头顶上的“牛角”或“羽饰”看，可断定是苗族固有祖灵而非汉族“八仙”。这种“三义式法冠”令人联想到图 3–210 和图 3–149 ～图 1–153 所见“蚩尤冠”式极古的法冠意匠，扩大些说以今日西江、施洞为代表的苗族盛装银饰那典型的“牛角”，实际也都是“蚩尤冠”古老意匠的演化。苗族民间还有“头顶烧火三脚铁叉吓走了魔鬼”的传说，正是今日“牯脏衣专用帽”上三叉祖灵和端公（巫师）头戴“三叉法冠”同一意匠的最佳注解。因为苗族普遍认为家庭堂屋中火塘是祖灵寄附之处，火塘上的三脚铁叉既是实用器具，又是辟鬼祀神的具有灵性的法物。在传统的苗族婚礼中，新娘在从娘家走去夫家的路上，不论路程远近，都必须携带三件护身器物：伞、砍刀、三脚。伞是为“遮阳蔽雨”，砍刀是为“防野兽”，那“铁三脚”表面看为“烧饭歇脚”，实际则是用火和祖灵护佑以防鬼魅妖邪侵袭。如果我们把眼光扩大，不仅民间巫师所戴“三山冠”上有“神灵像”，道教作法时法师所戴法冠有三神像（解释或称“玉清、上清、太清”三清，意指元始天尊、太上道君、太上老君），连佛教也有中国独具的“三圣冠”（或谓“华严三圣：毘卢舍那佛、文殊菩萨、普贤菩萨”，或谓“弥陀三圣”即“西方三圣”：阿弥陀佛、观世音、大势至）。当然，服装史上的“三山冠”原意是指道家观念中的东海三神山，但西南少数民族跳傩打煞时法师所戴法冠都绘有三位神灵，不论道教、佛教或民间巫教，这常见的法冠都附有祈神庇荫之意，苗族童帽则寄意于本民族祖灵护佑，这是无可怀疑的。明白了这层原意，我们即可排除表象，在苗族童帽的“外族神像”之下领悟本民族的真实原意：图 4–33 童帽两侧的圆形银花原是图 3–207 祖灵所立“日月星辰”意匠的演化，就明明白白了。见到童帽上钉有九个仙人（图 4–34）也不必奇怪，因为原本跟“八仙”无关。

图 4–35 是台江县施洞苗族童帽“牛龙冠”，龙口下有红穗象征龙须，细审红须掩盖的后面是莲瓣组合的精美绣花，帽后半截未显示，实际是如麒麟状兽体，背上有彩色节状饰，是苗绣纹样中常见的“肠”形，尾亦有红穗披于脑后。这“牛龙”形象颇有讲究，《述异记》云：“蚩尤食铁石，……人身牛蹄，四目六手，耳鬓如剑戟，头有角，……太原村落间祭蚩尤神，不用牛头。”《述异记》还说：“秦汉间说，蚩尤氏耳鬓如剑戟，与轩辕斗，以角觝人，人不能向。今冀州有乐名‘蚩尤戏’，其

图 4–34

图 4–35

图 4–34 施洞苗族童帽（在槃瓠帽的基础上添汉族的“九个仙人”，但仍以贴绣的狗头形槃瓠为主）
图 4–35 洞苗族童帽“牛龙冠”

民两两三三，头戴牛角而相觝，汉造角觝戏，盖其遗制也。”苗族崇拜的祖灵蚩尤长牛角，这是很重要的传统观念。苗族又有一种特殊观念，相信龙不仅是长牛角的，而且有牛龙可互相转化的传说，至今施洞端午赛龙舟时，所用龙船造型都是牛角龙。苗族还有祖宗死后化龙的故事，今日施洞苗绣常见“人头龙”和长牛角的祖宗形象。苗族姑娘盛装头上有银制“大牛角”都是牛龙观念的表现，牛、龙、祖灵三者是可互化的，童帽上绣制牛龙当然仍是祈祖庇佑之意。

但是苗族童帽最值得研究的还是“狗冠”(槃瓠帽)。图4-36是台江施洞的“狗冠”，其款式无异于常见的“老虎帽”，镶白绒毛的双耳比“虎帽”更大，向下微垂，形象比“虎帽”更温和可亲。额前绣有一对“五彩长毛的槃瓠”，尤以长毛蕤垂的大尾引人注目。这当然不是外来的狮子，也不会是紧毛的老虎，而只能是苗族特有的“龙”或“宰”，即“状如狗，有角，文身五彩”的槃瓠。图4-37是施洞另一“狗冠”，这“槃瓠”造型更像麒麟，口中含有一珠形彩球，背上有红色丝线横断成的节状“肠”形，是苗族表现神性动物的生命象征手法。全身披满用串珠和彩线制作的缨络穗，饰以示“龙”的长毛，有肥大的尾，此槃瓠高踞于“二龙戏珠”式的帽额之上，显示了槃瓠的高贵地位。图4-38制作稍概念化，但背部“肠形”更分明。图4-39这顶施洞童帽是站于云头上的槃瓠形，口中含有珠状绣球。当年，笔者在杨文斌先生的陪同下到女主人家商购此帽时，她原本坚决不予考虑，只容许笔者拍照，由于杨先生是当地苗族，经再三说服动员，女主人才十分勉强地愿意出让。当笔者如获至宝地捧走时，她忽然懊恼地从背后把笔者唤回去，笔者以为她因被迫廉价出让而有悔意，正打算再添钱时，只见女主人拿着剪刀把狗冠上的彩线剪下了一小绺，旋即把帽子递给了笔者，转身返去。笔者十分诧异这突兀的动作，向杨先生请教，杨先生告知：她不肯卖不是嫌钱少，只是担心出让了帽子会把娃娃的魂一齐带走，所以要剪下一绺拴住孩子的生魂。笔者至此才恍然领悟到，狗帽不仅是祖灵佑护的象征物，也是孩子生魂的寄附物，对苗族来讲，这是很自然的传统观念，很值得研究者注意。

图4-36

图4-37

图4-38

图4-39

图4-36　台江施洞苗族童帽“狗冠”(槃瓠帽)
图4-37　施洞苗族“狗冠”

图4-38　施洞苗族“狗冠”
图4-39　施洞苗族“狗冠”

反观图4–34两个孩子帽上贴绣的兽面和图4–18孩子马褂上的贴绣兽头两肩有双狗爪形象，这种造型和绣技都一般，但为何仍被放在重要的额部和颔下呢？说明在具有传承祖灵佑护观念的苗族母亲心目中，狗帽并不只是美化孩子的服饰，更重要的是求得祖荫吉祥：只要有此概念化的槃瓠头像，就意味着祖灵常在，不论其是美，是丑；是虎，是狗。由此可扩大理解到：苗族因历史的复杂原因形成的一百多种服饰中，有许多奇特款式并不实用，并不美观，并不适宜生活和劳动之便，而仍能代代相传，坚守不变，其原因未必是审美和功利，主要出自传承观念，即民族意识的自尊自爱。如果说到独特的审美标准，那也是出自传统滋养的第二性的升华。

笔者并不否认今日所见苗族童帽可能受到广大汉族地区流行的“虎帽”影响，在民族文化交流日深的近现代，文化的趋同性是不争的事实，多数苗族母亲也未必知道自己给孩子制作的“虎帽”是有“本民族传承文化巨大价值”这层意思的。正如儿童马甲可能受到满族马甲影响、苗族香包可能受到唐朝“金鱼袋”和元朝“蹀躞带”影响一样，甚至整个服装款式都因外来影响而起变化。例如前述“舟溪式”苗族女上衣可能受盛唐服饰影响，湘西苗族服饰受清朝服饰影响等。笔者希望研究的是从今日所获标本中找出昔日苗族服饰的遗迹，这对中国服装史研究有很大的启示作用。就童帽来说，不否认受到汉族虎帽的影响，但必须弄清的是，这类“虎帽”真是汉族创造的吗？笔者看未必！谁能告诉笔者汉族虎帽创自何时？至少目前尚无可据材料引出确实结论。

考古材料中，涉及虎的玉器、石器、青铜器造型至少在先秦时代早已出现，但是作为“法定”的崇虎行为，只是汉代拼凑“四方五行观”当作“独崇儒术，罢黜百家”时才正式确立。不过“五行”观念酝酿甚早，早在“天人合一”思想萌芽的原始时代就已有把某种部族图腾升格为“上映天像”的做法。龙崇拜本是西方黄土高原上古羌族的图腾，随炎黄部族集团东迁而传到中原；风崇拜本是东夷部族集团图腾，逐渐由渤海地区向中原传播；东南沿海百越古族亦有日鸟（凤凰原型）崇拜，影响很宽。直到战国、秦、汉酝酿“四方神”和“五行观”时，西来的龙才转向“东方苍龙”的定位，东夷的凤则转向南方跟固有的“朱雀”合流，北方被捏造出莫名其妙的“玄武”（直至西汉前，“玄武”迄未定型），西方则用白虎定位。这“西方白虎”的观念倒是事出有因：不仅古羌后裔的彝族崇拜虎（倮倮、倮摩），“楚蛮”也早有崇虎的记载。例如前文所举湖南出土的“虎卣”就是出于土家族地区，而土家族源自“廪君蛮”，至今仍是崇拜白虎的民族，楚国令尹鬬穀於菟也有“虎乳婴儿”的神话背景，但是在汉族传统中却很少见到“虎图腾佑护子孙”一类材料，为何后世如此普遍爱用“虎帽”装扮婴儿呢？冷静地考察起来，汉族对老虎的态度是相当矛盾的，一方面视老虎为辟除恶鬼的神兽，从古老的原始门神“神荼、郁垒”开始，老虎就专门食恶鬼，所以演化成守护民宅、庇佑儿童的象征；另一方面，虎暴、虎害的材料史不绝书。如果说汉族多数人承认自己是“龙的传人”，则广泛存在的“龙虎斗”观念，显然是把虎放在跟龙敌对的立场，说明了汉族中的仇虎心态。如此矛盾的态度是很值得思考其原因的。无论崇虎或仇虎，至少都还能找到现实生活中虎的威严或凶残的具体凭据。与之相比，中国人喜欢和崇拜狮子就更加莫名其妙了，直到汉武帝开通西域以前，中国并不曾有过狮子，经过不足一百年的时间，中国竟然到处都有了狮子雕像，岂非怪事？并且两千多年来，中国的无数狮子都在造型上有个定式：母狮戏幼狮、公狮玩“绣球”，为什么中国突然流行狮子崇拜，并且狮子能如此迅速地民族化，甚至很快就达到“舞狮”与“耍龙灯”相对称的普及程度？中国群众绝大多数并未见过真狮，却能如此迅速而热切地接受这“外来异种”，委实奇怪得费解。

还有一种更稀奇的神兽崇拜：麒麟。孔夫子在《诗经》和《尚书》中都提到神秘的麒麟，他指称麒麟为瑞兽，甚至把自己的生命跟麒麟相连结。孔子不仅因麒麟被人杀害愤而把《春秋》绝笔，并认为自己也将命绝了（他果然活到七十二岁即死去）。孔子断定麒麟是仁兽、是送子给人的瑞兽，但他已说不清麒麟究竟是什么神兽了。

民间另有一种传说：每逢除夕，就有一个恶兽出来吃人，这个恶兽叫做“年”，它的形象是长着长毛的恶狗样子，它怕红绫和爆竹，人们在除夕用红绫和爆竹自卫，熬过此夜就互相祝贺“过了年了”，总之，虎崇拜、狮崇拜、麒麟崇拜乃至奇异的凶恶怪兽“年”，都是古时久久流传于汉族民间的说不清、道不明的糊涂账，都是“莫名其妙”的神兽或怪兽。这些究竟是何出典？

这些在汉族中流传千年的史谜，其实要破解也并不太难，只需在历史研究中引入早期部族斗争史的观念，对史料重加审定和鉴别。每一个原始部族都曾创造过自身的图腾崇拜偶像，在中国的黄淮平原上最早栖息的是九黎（三苗），后来被称为苗蛮部族，苗蛮部族崇拜的图腾是一种长毛五彩的狗，在《说文》中被称为“尨”，在《庄子》中被称为“宰”，在《后汉书》和《魏略》等古籍中则记述为“槃瓠”。这种神狗崇拜至今被完整地保存在苗、瑶、畲等民族中，在苗族服饰上存留有大量神狗的形象。笔者曾就这类形象请教于苗族绣品的女主人和苗族耆老，得到的回答相当一致：

“请问这些长毛动物是什么东西？”

“狮子。”

“请问苗语‘狮子’怎么念？”

“……，读不成。”

“为什么？”

“苗语没有‘狮子’这个词。”

“那为什么你跟笔者说这是‘狮子’？”

“因为你们汉族叫狮子。”

“苗语叫什么呢？”

“rshà rshī。”(很奇怪的发音，用舌顶住前颚，气从舌两旁发声)

“是什么动物？”

“……，说不出。”

“为什么说不出呢？”

“汉语没有这东西，翻译不出来！”

“能否把意思描述一下？”

“勉强可翻译成‘老虎狗’，但实在既不是虎，也不是狗；就是我们苗族老祖宗讲的娶了公主的那位！”

由上可见《后汉书》所记“槃瓠”一名仍是汉族所称之名，并且只是因为这动物从“金蚕”变化成“狗”形时，曾被放在“盘中”，上面盖着“葫芦瓢”(瓠)而姑且名为“槃瓠”，至于许慎在《说文》中所举的“龙”(狵)其实另有来源(详见拙著《历代中国民间美术精品100类赏析》中关于狮子的分析，山东科技出版社1996年版)，倒是《庄子·达生篇》所说神名“丘有莘”释文“状如狗，有角，文身五彩”最有道理。庄子是楚人，了解楚蛮文化，他说“莘”字读shèn，恰跟今日苗语相近，应非偶然。值得注意的是，苗族传说中的槃瓠生六男六女，自相婚配而生下后世六支系的苗族。今日施洞苗绣中一律把这“虎狗”表现成生肉蛋、孵出双胞胎兄妹的形象，那槃瓠(狗帽)则强调口内含珠(即肉蛋，也即绣球形)背上有“肠”，这些都是今日流传的“狮子舞绣球”必备形象。笔者想，只能得出以下结论：

苗蛮部族(九黎、三苗)创造的“莘”(槃瓠)形象因其祥瑞送子(肉蛋)深得人心。虽然蚩尤部族被炎黄部族驱出了黄淮平原，那吉祥的瑞兽形象却在群众中继承下来，变成了麒麟而暗昧了出处。这一“五彩长毛狗”的形象又因部族斗争的追忆被分化成另一恶兽“年”，其实“年”跟“麒麟”原本出自同一物的分化(这类现象并不少见，例如土家族是“廪君蛮”后裔，原是崇虎的，今日却既崇拜虎神，又有“射白虎”的魇胜巫术)。由于原义渐忘而群众信仰不衰，当汉武帝开通西域传进狮子时，群众很快把槃瓠跟狮子的形象混淆了，于是有了狮子、麒麟、辟邪等各种神兽的并存和混乱。兼之秦汉时“五行四神观”的确立，这分化混淆的异族古信仰就成了一批史谜，但“图腾佑子”的古观念因其吉祥祈福而被曲折流传下来。古代苗蛮的“槃瓠帽”曾影响了汉族，汉族的“虎帽”又反转来影响了苗族，追溯其源，则是苗蛮部族原创。

从图腾崇拜发展成祖灵崇拜后，苗族在服饰上不仅创造出大量“列祖列宗”和“祖庙”纹样，还创造出“祖庙童帽”。那翘檐飞翚的屋顶结构被处理成精巧的工艺品，委实妙不可言。这类童帽造型及“辫绣”技术受到附近侗族很大的影响，有的童帽后脑部还坠有银饰、小铃、小刀和老虎爪(真老虎爪加工而成)，显然目的就是辟邪。

三、赛龙舟衣

把船造成龙形，由来很早，《穆天子传》云：“天子乘鸟舟龙舟，浮于大沼。”战国时已把龙舟象征君王了，但龙舟实为民间创造。按《续齐谐记》谓屈原以五月五日沉汨罗江而死，楚人哀之，以竹筒贮米投水，裹以楝叶，缠以彩缕，竞舟投粽使屈原不为蛟龙所吞。此风流行于荆楚，成为一年一度的端午竞划龙舟习俗。早年，闻一多先生详考此事，指出屈原虽深受荆楚群众哀悼，但龙舟竞渡风俗并不因屈原而起，只是后世附会到屈原身上去了(详见《闻一多全集》“古典新义·端午考”)。闻一多先生认为端午赛龙舟的习俗是出自荆楚吴越等崇拜蛟龙图腾的民族对蛟龙的祭赛活动。“俗于神诞日，具仪仗金鼓杂戏等，迎神出庙，周游街巷，谓之赛会，即《周礼》所记乡傩之遗意也。”苗蛮部族与百越相通，至今保存完整的端午赛龙舟活动(五十多年前为避开农忙插秧而改在阴历五月廿五、廿六、廿七三天)，尤以清水江畔的施洞赛龙船盛会为典型，届时数万人聚集，举行赛船、赛马、踩芦笙、赛歌、赛服装及各种商贸、文娱、会亲、寻偶活动。不仅方圆数百里的苗族聚会，近年更有欧、亚、澳、美各国游人前来参观考察。施洞地区对赛龙舟习俗的起源有特殊说法(当地苗族群众并不知道屈原之事)，古时候，因逆龙为害，天昏地暗，民众遭殃而无法禳祓。一日，某小儿在清水江边嬉戏，一面击水，一面口中学着鼓声咚咚作响，不料阴霾已久的天空竟渐渐晴朗，于是人们模仿着用鼓声驱散阴云而获解救。杀了逆龙各寨抢夺，有的苗寨抢着龙头，有的苗寨抢着龙尾，杨家寨则抢着龙肠……，事后相约每年端午节三天，各寨打造龙舟前来施洞清水江竞赛以祭禳龙神，祈祝丰稔。各寨所造龙舟风格色彩不同，公认杨家寨的龙漆作青色象征龙肠，赛舟活动中获胜之寨荣耀一年，所以各寨对此十分重视。整个赛龙舟活动为期三天，仪式颇繁，禁忌亦多，如女人不准登舟、赛手进食不准用筷等。各寨之龙虽争奇斗艳，但统一作牛角龙形。赛龙舟须穿特殊服饰：青年赛手用亮布制对襟上衣，腰系银牌红绸带，头戴半透明特制斗笠（据说古时用马鬃编成此笠）。划船不用桨，一律站着用棹击水，这是古制。棹又写作櫂，就是檝（楫），“舟旁拨水之具；长者曰櫂，短者曰楫”。晋代《乐府》有“櫂歌行”，《乐府解题》：“晋乐奏魏明帝辞，备言平吴之动，……梁简文帝：‘妾住在湘川’，但言乘舟鼓櫂而已。”可知是描述吴楚湘地的情景。奇妙的是，苗族称呼此物至今为“棹”（Naù）颇合古意，笔者疑汉字棹原从荆楚学来。当一条龙舟上二三十名赛手协同举櫂划水时，轻舟滑行如飞，而节奏由每村有威望的长者司鼓指挥，船首另有鼓劲者，船身配坐一男童司锣，锣架做成龙虬形。特别的是，司鼓的长老和司锣的男童都必须穿女子花衣，佩戴女子银饰。显然，这是原始母系时代遗留的规矩，虽然时至今日已演变成“女人不准踏上船”的风俗和观念，想来古昔应是由女巫指挥司鼓的吧（图 4-40 ～图 4-44）。在赛手笠帽后插有一支银质鸟花，令人想到铜鼓上表现的“羽人”或“翣”形象。其实赛龙舟不止是苗蛮、荆楚、吴越民族的风俗，东南亚、印尼、太平洋群岛也普遍存在赛祭竞舟的活动。著名学者萧兵对此有很好的研究[①]，而苗族龙舟令人想

图 4-40

图 4-41

图 4-42

图 4-43

图 4-44

图 4-40 清水江赛龙舟青年赛手持棹戴笠装束
图 4-41 施洞赛龙舟之木雕龙头（须用整棵槐树近根部分雕斫加工而成，这种老槐树当地苗语称为“豆浆机”，另有一种同类的是“红浆机”。在江南一带民间也有称之为“枫杨”者，为榆树类树木）
图 4-42 贵州省台江县施洞龙舟节（司鼓必须由身穿妇女服装的长者担任，并戴女人银饰，可知是远古母系社会遗风。今日已变为禁忌妇女登上龙舟了，据说女人登舟会致翻船云云）
图 4-43 赛龙舟时司锣（男孩须穿女装、戴银饰）
图 4-44 施洞龙舟节赛手雄姿

① 参阅江苏古籍出版社 1987 年版《楚辞与文化》及湖北美术出版社 1991 年版《楚文艺论集》中萧兵的《楚辞里有没有“龙船”和“方舟”》一文。

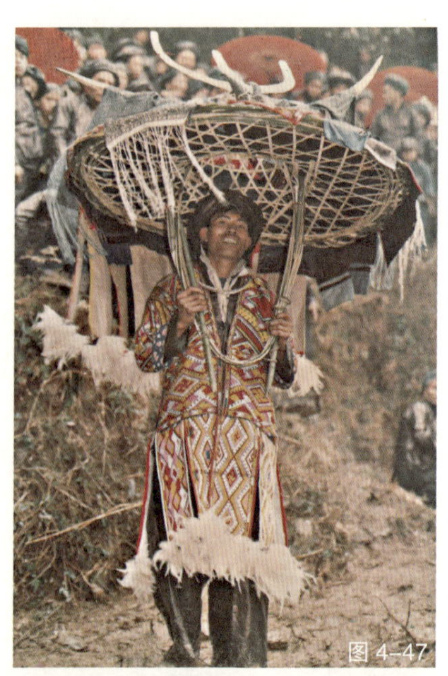

图 4-45 长沙出土“楚人物御龙舟”帛画
图 4-46 黎平县平寨乡六合片区“祭鼓节”上由专人举着“祭鼓伞”

图 4-47 三都县小脑村苗族（丹都支系）在“祭鼓节”上须由专人“担簦”（顶上托有银角、绣幡等物）

及长沙出土楚帛画“御龙图”（图 4-45），苗族赛手必须戴的特殊斗笠就是“御龙图”上方的“华盖”，按《史记·虞卿传》：“蹑蹻担簦”，《集解》引徐广曰：“簦，长柄笠，笠，有柄者谓之簦。”今日苗族祭祖不仅有华盖式古伞（雨），并且有“担簦”遗俗（图 4-46，图 4-47）。图 3-220 是月亮山区加鸠的“吃牯脏”盛会，注意，在穿黄衣的“牯脏头”前方有人“担簦”为先导，作为向祖灵的祭献物，除绣幡等物外，有一引人注目的白鹇，这是作为鸟被供奉的神禽（通常用箐鸡——雉替代），那道理跟楚帛画御龙图之白鹭完全相同。

四、牯脏衣

苗族是注重敬祖和祀神的民族，在历史上数千年的民族斗争和被迫迁徙的苦难中，苗族因敬祖而获得本民族的凝聚力，虽分散各地而不失“同出一祖”的心理支撑。又因为苗族保存着直接从原始崇拜延续下来的“万物有灵”信仰，至今在苗族群众中保存着以巫师（端公）为代表的“信鬼神，尚淫祀”传统。可以说，苗族虽信仰神鬼，其信仰尚处于“前宗教时期”，虽然其巫师（端公）已受到汉族道教的某些影响，但苗族所祀鬼神尚处在“阶级社会折影”的早期阶段，更多地表现为“自然神灵”形态，虽有“禳解祈祝”之法，犹存“人自为巫”的辟邪祈祥原始风貌。“端公”多数并不脱产，所司之职主要是在老人逝世后按古仪作法“指阴路”，即通过特定仪礼和方法指引亡灵返回民族迁徙前的原籍故里。历史上，苗族社会尚未发育成系统的阶级统治政权结构，明代郭子章的《黔记》谓“（苗族）有族属、无君长”，魏源说：“苗族则绝无统属，有贫富，无贵贱；有强弱，无贵贱；有众寡，无贵贱。”（《魏源集·湖南苗防录叙》）很正确地描画了苗族直到清代虽已有财产私有的两极分化，但尚无真正的阶级形成。数千年间苗族缓慢发展的社会从氏族、部落、部族到从聚居中原到迁居山区，从早期的高度发展到长期的滞缓落后。这样一个历史特别长、发展特别慢的苗族社会，竟能顽强抵抗异族暴力的压迫和适应各种严酷的自然环境，他们凭借的是什么力量？笔者认为是两种力量：一是适合苗族社会的“议榔”制，二是表现在“鼓社仪”等传统仪礼中的敬祖认宗心理。“议榔”是脱胎于原始部落聚会的体现全民意愿和权利的“行政制度”，在战争时期则有组织和指挥功能。“议榔”是由“全民表决”渐向“人民代表制”发展的一种原始“众议院”，参加成员是得到群众拥戴的自然领袖，这种“议榔”越到后来越具有“参议院”色彩，但遇重大决策时仍有直接诉诸“公民公决”的举措。参加“议榔”的是不脱产的“寨老、头人”，他们的权威建立在“体现本部落利益而获群众认可和支持”的基础上。至于“鼓社仪”等传统活动，则是苗族敬祖心理的集中表现，这一独特的“民族共同的心理素质”的典型表露，正是数千年来苗族虽然散处各地，却始终能坚守本民族传统特色的根本原因。1958 年，笔者在贵州民族学院艺术系工作时，曾参加接待以卢郁文为团长的“越南民族访问团”，该团中的苗族团员明确地说：“我们是来探亲访祖的。”他们跟贵州民族学院的苗族师生联欢，不仅能用苗语对话，并且能即兴用芦笙吹奏和伴舞，情真意切，毫无隔阂。1998年，笔者到贵州雷山西江镇参加“吃牯脏”盛会，遇到从关岭来的黑苗母女，她们一家也说是“回来找亲戚”而参加“牯脏节”的。

举行“鼓社仪”盛典时，先选定一名“大鼓头”作为仪礼的主持人，再选七人为辅助“大鼓头”工作的“七兜”。这“鼓头”必须言行谨慎，堪为群众楷模，活动时须穿特殊礼服，这是一种古老的传承款式的“牯脏衣”。首先是头戴“圆毡高顶帽”，帽上有一顶，高数寸，作葫芦形，称作“熙帽”（苗语 Maob Hxib），身披“长披毡”，称为“熙德”（苗语 Hxib Daed），顶上束麻，两边插野鸡毛；身穿褐色家织布制成的无领长衫，对襟，腰系织锦银花带。在苗族古歌中描述过此类礼服：“王赐衣赐帽，赐长毡上来，拿来立鼓社，教大家得富。”（图3-205，图3-206）“鼓社礼”中其他“七兜”（负责各种工作的头目）的礼服是头戴无高顶的圆毡帽，也插野鸡毛，身穿褐色长衣，腰束银花锦带（图4-48）。在“鼓社礼”上还有一种受人尊敬的“礼师”（苗语是“巴肖”，Bad Hliod，意为智长或理老），他们是“掌鼓根”（Dad Ghnib Jangd）礼仪的人。每逢举行“鼓社仪”时，就请他们来主持“醒鼓”“转鼓”“送鼓”等所有重要仪式。这“礼师”可以不是本鼓社地方的人，他们多半是祖传世袭的掌握特殊技能和知识的人，必须精通“鼓根”、各种仪式礼节和许多史歌颂词。在中国民间文艺研究会贵州分会编印的《民间文学资料》中，搜集和翻译有不少巫词和“贾”，就是理老（礼师）们祖传的内容，具有很高的学术和艺术研究价值。在“鼓社节”活动时，“礼师央”（Bad Hliod Vandb）代表主方，“礼师勇”（Bad Hlion Liongx）代表客方。“礼师”的服饰是头戴“雅理帽”（Maos “Liax Lid”，“雅理”是鸟名），这是一种圆盘高顶帽，用篾丝编成，外用黑油色纸糊面。帽上系麻（枲），两边插野鸡毛，身穿褐色家织土布长衣，腰束锦带。每逢祭祀活动，“礼师”右手持砍牛刀，左手持盛有酒水的葫芦或瓠瓜做法或指挥仪礼进行，有的地方不持刀而打黑伞。图4-49是贵州省榕江县兴华乡高排村“鼓社礼”中的“祭鼓头”（礼师）正挑着清朝传下来的专用牛角杯（觞）、头戴“雅理帽”应邀前来主持礼仪。他的衣服和包头帕都是当地家织土布加工而成的“亮布”面料，对襟上的花边和白鸡毛都按古理制作，到“鼓社仪”会场则外穿“牯脏衣”（礼服）操持典礼。在“鼓社礼”开始时尚有一种按古俗流传下来的持“保护伞”开路的风俗（图4-50）。由此可以悟出，“礼师”的“雅理帽”和前文介绍的“担簦”都是同样的祭祖大典上必须的古典仪礼服饰与器物，这对参照汉籍研究古代仪礼有启示作用。孔夫子曾说：“礼失而求诸野”，中原各王朝之祭典有数千年的承袭源由，到秦始皇统一全国时，因战乱而对古仪理已不甚明了了；到汉朝才重新请儒学大师们出来考索古礼、制定新规；又经两千年历史变迁，到了20世纪末的文化大转折关头，数千年的文化观念仍在延续发展。近年，在“发扬爱国主义光荣传统”“寻根访祖”的思潮中，在“挖掘文化遗产、发展旅游经济”的推动下，又在重建黄帝陵、恢复祭孔、修复各地庙堂古迹。然而，古典礼仪究竟真相如何？想在自己的研究范围内力争追根溯源，说明一点真相，保存一些明证，以供后来的学者们参考。

“牯脏服”是保存在湘、黔、桂交界处穷乡僻壤的苗族山寨中的文化瑰宝，它不仅是苗族传承古仪的活标本，还是不少中原古仪礼的参照物。试例释之：

1. 先请细看一件“原始牯脏衣”：图4-51是采自贵州省三都县打鱼乡干赖村的苗族“鼓社节”的“鼓头装”，这只是一张剥下的牛皮，经粗糙的硝制而成，只有“帽”稍有加工。这简而又简的“牯脏衣”却十分值得珍视。如果要问什么是最原始的服装，就可以此为“标本”。因为，前文提到的“独龙族披衣”虽然只是一幅不加裁制的布毯，但那已是农耕社会由人对自然采集纤维加工的结果，应当已是很晚的“织物类”成品，从文化发展史的角度说，已是“神农氏”后裔的作品。早于“神农氏”的“伏羲氏”时代，即新石器时代以前的渔猎时代，人类只有“缉叶为衣”或“食肉寝皮”的可能，保存到今日的实物标本，如图4-52是湖南土家族古仪所见“茅古斯”，这是摄于湘西凤凰县山江乡（现山江镇）的现代舞，表现的是土家族传说中祖先狩猎、祭神和寻偶繁衍的史诗，据说从前跳“茅古斯”舞，男女都是全裸披草衣登场的。杨文斌在云南经过努力采集到用“箭毒木”树皮制成的衣服是十分珍贵的标本。中国台湾著名学者凌纯声先生曾在《历史语言研究所集刊》上发表三篇关于“树皮布”的著名论文，提到“树皮布”跟“丝绸”“造纸术”的关系，都是中国早期文明的重要创造物。而“树皮衣”“茅谷斯”中的稻草衣、棕皮衣都应该是《禹贡》中提到的“卉服”最佳实物标本。今日保存在贵州苗族中的“牛皮牯脏衣”不仅是“牯脏衣”中的原始形态，并且可能是直接从远古传承下来的蚩尤（九黎）时代巫衣古风。因为，按《述异记》等古籍记载可知，蚩尤在古人心目中是“人身牛蹄，四目六手，耳鬓如剑戟，头有角”，所以“太原村落间祭蚩尤神，不用牛头”。秦汉间冀州民间尚有据此古观念创造的“蚩尤戏”，“其民两两三三，头戴牛角而相觝，汉造‘角觝戏'，盖其遗制也"。作为蚩尤后裔的九黎、三苗，其巫师在进行祭祖大典时用牛角、牛皮妆扮成祖灵神相，是很合情合理之事。今日湘西和黔东北地区苗族称"鼓社节"为"Neux Naex Haet Niol"("娄礼厚略"，意思是"杀牛调鼓")；黔东南苗族称"鼓社节"为"Neux Nix Heut Neus"，意为"吃鼓庙牛"；西部苗族则称为"Daol Liux Laox"，意思即"打老牛"。可知苗族普遍把"吃牯脏""打嘎"和祭祖视为一体。事实上，"牯脏节"的祭祀

图 4-48

图 4-49

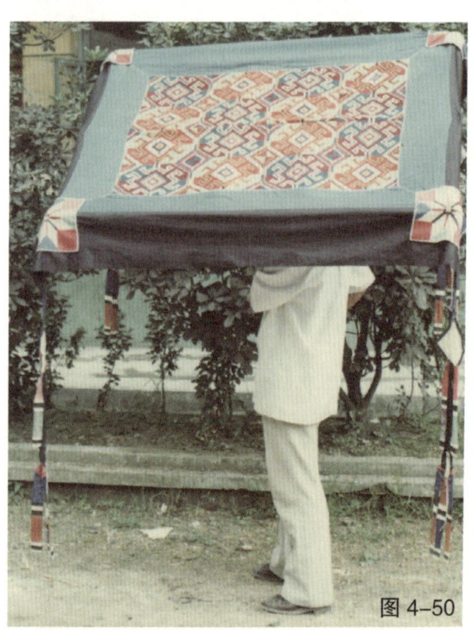
图 4-50

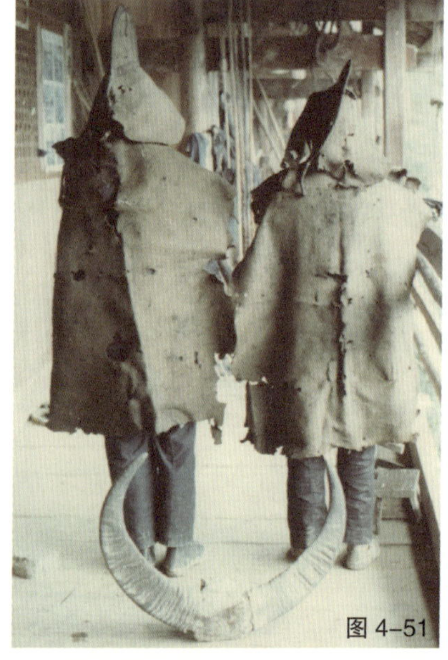
图 4-51

图 4-52

图 4-48　贵州省榕江县兴华乡高排村"鼓社节"时妻子帮丈夫穿盛装

图 4-49　榕江县兴华乡高排村的"鼓社礼"中的"祭鼓头"(礼师)

图 4-50　黎平县六合乡(今平寨乡六合片区)苗族祭鼓时有专人持"保护伞"(华盖)开路

图 4-51　三都县打鱼乡干赖村苗族"鼓社节""鼓头装"(鼓头装也可用"茧纸"制作，即当蚕成熟吐丝时，不给觞角，而是把千万条蚕放在平板上迫使它们吐成一张"茧纸"，用此制作鼓头装。这实际是对"槃瓠"祖的追忆行为)

图 4-52　湘西土家族"茅古斯"祭祖舞蹈

方式最重要的就是用斗牛娱祖、用牛内脏祭祖。前面已指出，苗族刺绣纹样多带“肠串形”的动物以表示此动物“具神性、有生命”，而苗族之龙，都是长牛角之龙，在民间故事中，牛和龙是可以互相转化的，这一切都说明三都打鱼乡的“牛皮牯脏衣”是出自古老的观念。祖灵蚩尤即牛龙，牛皮罩身的意思跟前文分析的儿童“槃瓠帽”同理，都是用“槃瓠帽”或“牛皮牯脏衣”表示自己是蚩尤或槃瓠祖灵的后裔，希望因此获得祖灵的庇佑。打鱼乡的“牛皮牯脏衣”结构虽简陋，其涵意则很丰富，请细审那“帽”形，正是典型的“圆毡高顶帽”即“熙帽”（Maob Hxib），仅有简单缘边，成半圆形冠状凸起，披衣部分就只一张牛皮，无前身襟领，应当是原始的“熙德”（Hxib Daed，即“长披毡”）。而此衣本意应该就是原始巫术，模仿图腾之形，回复牛龙之形，亦即蚩尤本相。今日流传于陕晋的民间剪纸“蚩尤”形，也正是符合《述异记》传说的“人身牛蹄，四目六手……”形象，不是意味深长的吗（图4–53）？

2. 图3–205～图3–208之“牯脏衣”当然已是晚世精工绣作，但是此衣尚保存古老的传承意匠，值得重视。首先，那“圆毡高顶帽”之面料不是羊毛毡，而是十分希罕的“茧纸”。古籍记载晋朝书圣王羲之用“鼠须笔”在“茧纸”上写的《兰亭叙》今天只存摹本了（见《书法要录》），因为真迹被唐太宗视为至宝，殉葬在长安昭陵。苏东坡还为此有诗云：“兰亭茧纸入昭陵”，不胜惋惜嗟叹之情。但是后来“茧纸”似乎很少再见记录，不料千年之后，在僻远的苗寨却又得见这一宝物，真令人振奋欣喜。原来这“茧纸”被苗族巫师在祭祖大典中用作“毡帽”的特定面料，笔者很怀疑这会有特殊原因，是否因为“槃瓠”由“金蚕”化生的图腾祖灵观念在起作用呢？可惜无法寻究了。

此帽款式的特征是有前三后二共五根立牌，笔者很怀疑是跟佛道法冠同出一源。顺便说说，佛教华严宗的毘卢舍那佛（大光明佛）常作头戴宝冠像，而印度并无此例，应是佛教传入中国后“民族化”的结果。道家塑神像多受佛像影响，如佛教之韦陀菩萨即相当于道家的“王灵官”（玉枢火府天将），都是镇守山门的护法神将。韦陀与王灵官都是头戴宝冠，此相似乎不见于宋以前的寺观，很可能是宋明以后按照民间常见道家、巫师“法官”创造出来的。例如著名的唐三藏所戴宝冠上所绘是佛像（五佛冠），而道家法冠则绘三清（玉清、上清、太清），民间宗教传承较古老的有云南丽江纳西族东巴所戴宝冠，而贵州古老的跳傩（打傩）时，傩堂主亦戴此类宝冠。苗族端公作法亦有戴此类宝冠者，图4–54即松桃端公祭奉傩公傩母之像。此类法冠的创意源出何处？是苗族“牯脏头”的“圆毡高顶帽”受到道家或巫师的影响，还是苗族原本有此创意传给了其他民族？例如火塘三脚叉辟鬼观念变化，有待专家研究。笔者在此只对苗族“牯脏衣”作客观描述。先看图3–208，这是“牯脏帽”的背面，两根“立牌”上绣有斗牛图，当然，这是“鼓社礼”的主题，但下排所绘一对牛则身上有龙鳞，可知是把牛当作龙神来理解的。奇妙的是，这六只牛都表现成只生两条腿。究竟这只是一种艺术表现的“概括省略手法”，还是另有原因？请看图4–55的汉代画像石中描绘的“舞凤”是一种由人表演的艺术。汉代还有舞狮、舞龙杂戏见于史籍记载。那么“牯脏帽”上表现的是否有可能是前文提到的“角觝戏”呢？汉代流传于山西、河北的“蚩尤戏”和“角觝戏”原本就是九黎三苗后裔纪念蚩尤祖灵的一种“图腾舞”，很有可能在后世苗族的“鼓社礼”中被保存下来，只是到近世才失传了。图4–55类似今日湖南的“舞狮”或“舞龙”，这类保存在农村的稚朴形象是否对我们理解“牯脏帽”上的图纹有启示呢？

图3–207是“牯脏帽”正面，下层绣成“二龙抢宝”之像（苗族把汉族常说的“二龙戏珠”说成“抢宝”，那“宝”则是龙卵，在苗绣中有许多龙生卵，卵孵出小龙鱼，小龙鱼转化成龙的表现），仔细审视可见，这不是通常的“龙抢宝”：两端龙尾处是两条小白鱼，中央则是围绕着闪光的星星的“大圆珠”，却没有龙头。这只能理解为表现的是“鱼化龙”“龙生卵”的“化生”意象。那“大圆珠”其实是融合日月星于一体的“宝”。上层的三根立牌上则绣着站在日月星之上的央公央婆祖灵像（央婆分化为左右二像）。这日月星的形象，笔者在后文还将详论。

图3–205，图3–206这件“牯脏衣”保持了“牯脏衣”的几个基本结构：上衣前后是从两个正方形变来，即从“贯首衣”变化而成，只是前面已剖分为二，成了“对襟”结构，却仍没见纽扣这种后世之物，只在“襟”上用彩线表示了领和“结带”的意思，应当是早期意匠的遗存。从分块施绣的装饰手法看，两袖是后出的附加物，原初应当只是前后两块组成的“贯首衣”。背后主花是大小方形作45°套叠式，然后分别以适合纹样填满各边角和中央。下裳部分是由“飘带”组成，飘带末端有薏苡珠串，接着白鸡毛，所以民间亦有呼为“鸡毛裙衣”者。

3. 图3–214，图3–215是采集于丹寨县雅灰的月亮山型“牯脏衣”，基本结构与图3–205，图3–206相同，只是两胁和两袖下不缝合，更能显示源出“贯首衣”的意匠。下裳为八根“飘带”组成。

4. 图3–218是采集于榕江县的清朝“牯脏衣”，更能显示大小方形作45°套叠式纹样结构；下裳增添到十二根“飘带”，全身布满“星形”和“枫叶形”纹饰

（枫树是苗族圣树）。

5. 图 4–56，图 4–57 是贵州榕江地区征集的清代苗族“牯脏衣”，属月亮山北部型，制作十分精美。上衣是由大小方型作 45° 套叠式纹样结构，除各种镶边外，图案是作等腰三角形分块绣成，然后拼镶成整形，背部是两两相对的布局，正面则是拼镶成旋转形的角花结构；所接两袖虽然也是方形套叠结构，前后两面色彩组合恰恰相反：前面袖花是中央暖色，背面袖花则是中央冷色，

图 4–53

图 4–54

图 4–55

图 4–56

图 4–57

图 4–53　陕西宝鸡剪纸：牛头人身祖先蚩尤
图 4–54　贵州省松桃县端公在傩公傩母前作法
图 4–55　汉画像石“雀戏”（舞凤）
图 4–56　月亮山型牯脏衣（正面）
图 4–57　月亮山型牯脏衣（背面）

通体都是旋草花纹样，变化丰富而风格统一。袖下两胁不缝合，用细绳系结，保存“贯首衣”古制。对襟镶边，前襟下接两幅蜡染靛青布。左面那块位置应倒转，则两幅恰成对比形，这种刺绣跟蜡染并存一衣的手法是袭承古风，十分重要。后面下裳则接以十幅飘带，带梢、下摆及背心花下都用白鸡毛为饰，两胁下另有斜镶绣花垂带，值得重视（图4-58）。

6. 图4-59是采集于榕江地区的月亮山型“牯脏衣”，基本结构同于前述几件“牯脏衣”。值得注意的是，上衣用蓝靛染布作面料，然后钉贴绣花锦缎成衣；下裳则是密集的飘带，前后共十二块，腰侧之飘带为斜嵌结构，带上绣花与上衣绣纹有别，上衣前面跟后面纹样也不同，但各绣块配色风格统一谐调。

7. 图4-60为从江县加牙寨的月亮山型“牯脏衣”，基本结构相同。袖边跟两胁下露出靛染土布，胁下有斜形接边，后摆下接九根飘带；前面对襟，下接十根飘带，此衣飘带稍短，串珠与白鸡毛已丢失。

8. 图4-61为采集于从江加鸠的月亮山型“牯脏衣”，款式绣纹跟图4-60很相似，但是四角没有旋鸟纹，而是清一色的“草花纹”。胁下不缝合，未衬靛染土布，但袖下则用青线挑绣花边代替蜡染。后面下接十二根较窄的飘带，前面对襟，下接十根飘带。这件清末“牯脏衣”保存较完整。

9. 图4-62为采集于榕江县计划乡的月亮山型“牯脏衣”，基本结构与前所述相同。袖下胁旁露出靛染土布面料，前后下摆各接八块飘带，飘带较短。全衣作大小方形套叠布局，分别填以日月花纹，四角则用盘曲龙纹。角花面料似乎较新，可能是后来补葺添绣的，但绣技不俗，只是角花跟中央方形适合，纹样风格显得不很统一。

10. 图4-63为采集于榕江计划乡的清朝“牯脏衣”残片，属月亮山型，绣纹保存良好，方形中表现日月转轮，四角花是龙洞祖灵的意像（详后分析），下坠五根飘带。面料都是绢缎之类。

11. 图4-64为榕江县计划乡月亮山型“牯脏衣”。这位“牯脏头”实际穿着两层“牯脏衣”，内层下接有飘带，计划乡的“牯脏衣”飘带普遍稍短；外层只有上衣，都是大小方型套叠布局的绣饰，透出红底色调，内裙是古制，今天已很少见到了。右后背包带上系有一幅精美的挑绣汗巾（实际是用祭幡代替），已有纯粹装饰品的功能。这是目前能见到的清代遗存的较完整的“牯脏衣”式样。

12. 图4-65为采集于榕江计划乡的清朝月亮山型“牯脏衣”，基本结构与前所述相同。绣饰特别华丽，中央背心绣纹是日月星辰花，四角是弯旋鸟纹，胁下有斜拼绣幅；两袖则是中央盘龙和四角日月枫叶纹。后下摆接九根飘带，前襟为对襟，下摆共接八根飘带。遍身花绣下透出靛染面料。

图4-58

图4-59

图4-58 月亮山型“牯脏衣”（袖上绣纹）
图4-59 月亮山型“牯脏衣”（正面、背面）

图 4-60

图 4-61

图 4-62

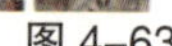

图 4-63

图 4-64

图 4-65

图 4-60　月亮山型牯脏衣
图 4-61　月亮山型牯脏衣
图 4-62　月亮山型牯脏衣（凡牯脏衣两侧胁部并不缝合，只是用细绳结带成形，通常牯脏衣就是由前后两个正方形组成。如果把牯脏衣平铺，可见就是从“贯首衣”加双袖而来，只不过为穿着方便把前幅剖开而成了双襟，这就是中国服装发展的奥妙）
图 4-63　月亮山型牯脏衣背部所绣日月星辰类纹样
图 4-64　贵州省榕江县计划乡月亮山型苗族牯脏衣
图 4-65　月亮山型苗族牯脏衣背观

13. 图4–66，图4–67为采集于从江县加牙乡（现光辉乡）的月亮山型牯脏衣，基本结构同前，但背面在大小方形套叠的布局中，把菱形绣纹处理成左右对称式，与胸前绣纹相比有了变化，遍身布满大小间错的八角星纹、枫叶纹，前后摆各接十根飘带，飘带稍短，带梢有薏苡串珠和白鸡毛垂饰。

14. 图4–68为采集于从江县加鸠的“牯脏衣”，无袖，是“贯首衣”式的古制，通体布满菱形绣纹，胸背仍是大小方形套叠式布局，但两侧各配有占肩宽五分之一的宽花边，下裳接以五根飘带，花纹跟两侧上衣接通。在胸背花饰的上下嵌有“小人携手”式花边引人注意，实际是“列祖列宗”式意匠的变形，其余纹饰多八角星、卍字纹和云雷纹。全衣是由织花组合而成。

15. 图4–69，图4–70为采集于榕江县计划乡的清朝“牯脏衣”，是目前所知比较典型的一件精品。背面是大小方形套叠式布局的华丽绣纹，中央四组日月星辰花，四角为旋曲鸟纹及枫叶纹，两袖为盘龙纹。绣片下透出靛染面料，下摆接九根飘带，带梢有薏苡串珠和白鸡毛。胁旁为斜接三角边。前面为对襟，中央有一对旋曲和枫叶纹，四角为花叶适合纹样，两袖各有一对鸟，绣片下各有一幅蜡染，前襟下摆接有八根飘带，袖下和胁下并不缝合，全衣无纽，只用细绳系合。

16. 图4–71为采集于丹寨县排调乡（今排调镇）的月亮山型“牯脏衣”，白麻布面料，上贴绢缎底料的绣片，基本结构同前，但袖下胁下已缝合。背部中央有一条盘龙，四角为旋曲鸟纹，用红枫叶点缀。两袖为三角形分割布局的绣片，有盘龙意匠。下摆共接较窄的十二根飘带。全衣配色素雅、明朗、美丽。

17. 图4–72，图4–73为采集于丹寨县排调乡的月亮山型“牯脏衣”。这件“牯脏衣”由白麻布作面料，基本结构同前。背面是由八条盘龙及对鱼等构成；胸前则完全不合古制，改为两圆两方四个独立纹样分列两层，上层为一对盘龙作菱形钉载，下层是一对和配凤，花冠如环围绕；袖上绣片作对角线分割，前后各有双鱼拱卫盘龙，上有对鸟（鹡鸰）纹，此衣袖下、胁下已缝合，当然是较晚期的变化形式了。下摆前后共接十二条较长的飘带，整体配色素雅明净，格调颇高，但是已失去古意。

图4–66

图4–67

图4–68

图4–66 月亮山型苗族牯脏衣（正面）
图4–67 月亮山型苗族牯脏衣（背面）
图4–68 月亮山型苗族牯脏衣

图 4-69

图 4-72

图 4-70

图 4-73

图 4-71

图 4-69　月亮山型牯脏衣（正面）
图 4-70　月亮山型牯脏衣（背面）(本书作者收藏。请注意，两袖所绣花纹是由一对鸟纹组成的脸谱，苗族耆老告知，这就是苗族的祖宗蚩尤真容。
图 4-71　采集于丹寨县雅灰的月亮山型苗族牯脏衣
图 4-72　月亮山型牯脏衣（正面）
图 4-73　月亮山型牯脏衣（背面）

18. 图 4-74 为苏州丝绸博物馆藏清代苗族“牯脏衣”。此衣采集于榕江月亮山，跟所有常见的“牯脏衣”款式都不同，基本上是清朝右衽大褂式样，但是衣前衣后绣着大小九条龙形，胸前主龙俨然是龙袍上曾见的正面龙形，那四爪前后肢却显得孱弱而不协调，周围的小龙亦甚简陋草率，龙周围并有“九日”造型；背面绣纹大同小异。这是一件奇特的衣裳，从造型款式及纹样看，似乎不可能出自苗族普通妇女之手，但它确实被用作“鼓社节”礼仪服装而备受重视。是否存在从汉族地区流入苗寨的可能呢？李宗昉著的《黔记》中关于“清江黑苗”说：“……爱着戏箱锦袍，汉人多买旧袍卖与之，以获倍利。”这件“龙袍”式的“牯脏服”似乎有可能是来自汉族商人贩卖的“戏箱锦袍”，但是，笔者三十年前在黔东南考察时曾了解到一件事：清朝咸丰同治年间贵州苗族张秀眉起义时，曾设坛“议榔”，并被推举为“苗王”，也曾穿过龙袍。笔者在 1985 年认识了一位年逾九十的苗族画家遏辛（è xīn），他能画传统的中国人物画，笔者还请他在笔者的速写本上画过苗族传说的“青蛙儿子”“老妇挖耳虫”等几幅画（图 4–75，图 4–76）。遏辛老先生告知：他年轻时所拜的绘画老师就是给张秀眉设计龙袍的外公，也寿至八十余岁。[①] 他的外公年轻时外出到汉族地区帮佣和经商，向汉族画家学得绘画技术。张秀眉起义时他随军任文书，起义失败后隐名避祸，常卖画补贴生活。据说张秀眉被抓去长沙牺牲时，残余的苗族起义队伍已被打散，不少人为避逃迫害而上了月亮山或雷公山，张秀眉的龙袍印信，很可能被带到了月亮山。这件“牯脏服”一直被珍视为祭祖礼服，其风格又不同凡响。如果说它是戏袍，则戏袍之龙袍应有一定规范，应以摹仿真龙袍款式为目标。这件“牯脏服”之大龙虽有“龙袍”的影子，其身、爪则太草率简陋，其余八条小龙则纯粹是苗族祈雨时所扎“草龙”形象，那些“九日”或“龙珠”更非龙袍规范，何况常见戏装之龙袍必须强调龙下之浪涛水波特征（江牙海涛），而此“牯脏衣”则毫无山海浪涛意匠。如果是戏装龙袍，也必定不会忽略“五爪为龙、四爪为蟒”这一常识，而此衣则只作四爪，十分奇异。不可排除一种可能：这件“牯脏衣”本是苗族画师按想象中的“龙袍”设计制作，并充当过张秀眉的龙袍，辗转而成了“牯脏衣”。按袖口用靛染布、两胁下并不缝合的特征看，又的确是“牯脏衣”的特征。此事笔者暂不作结论，只记录实闻，以俟专家们继续研究。

以上列举的十八件“牯脏衣”能给我们一些什么启示呢？笔者以为它们对中国服装史的研究有重大启发和参考作用。

例如中国古代礼服“深衣”之制，两千年来就一直未弄明白。较早记述“深衣之制”的古籍如《礼记·深衣篇》注曰：“谓连衣裳，而纯之以采也。”意思是说上衣下裳连为一体的服制，并且加彩色缘边（绲边、绣边）。《疏》曰：“衣裳相连，被体深邃，故谓之深衣。”又说：“《礼·玉藻》曰：‘诸侯夕深衣，祭牢肉。’又：‘大夫士朝玄端，夕深衣。’是深衣为朝祭次服；诸侯以下，自深衣以后无余服，故又为庶人吉服。”从以上古文可知，深衣的特征是上衣下裳相连缀，并且须用彩色花边。深衣的用途是诸侯及士大夫参加庙堂祭祀活动时的专用礼服，后来民间又在祭祀深衣的基础上用作结婚礼服，因为按儒家观念：“不孝有三，无后为大”，结婚的目的是传宗接代，唯有繁育子孙才是对祖宗最好的尽孝方法，所以婚礼吉服就仿祭祖之仪用深衣。但是古代深衣的具体形制虽有记载，却早已弄不清真相了，历来对深衣的古制有不同推测。周锡保先生在《中国古代服饰史》中用十几页篇幅整理了古代学者们对深衣的各种见解，最后提出了对深衣形制的论断：“虽谓连衣裳，而制作时犹上下分裁，中有缝连属为之。深衣之制，下裳用六幅，每幅又交解裁之为二，故计有十二幅。……其他服用帷裳，如朝祭之服即用整幅缝制而不杀如帷者，惟深衣则以削杀其布幅为之。”笔者认为周锡保先生的论断是正确的，深衣不仅是上衣下裳相连属，并且下裳必须把整幅面料裁开再缝合。这种必须先把整幅布料裁开再缝合起来，而不用整幅布料制衣的怪异现象，似乎尚未见有人加以圆满解释，遗憾的是，周锡保先生强调指明了这个“深衣的先裁后缝”特点，却也未能把怪异的原因说明白。那一年我们把周锡保先生请到苏州丝绸工学院工艺美术系来讲“中国服装史”课时，笔者曾向他当面请教此理，因为这是搞清中国服装史上有关礼服制度

图 4–74

图 4–74 清代月亮山型苗族牯脏衣 苏州丝绸博物馆藏
图 5–75 遏辛作品——苗族老夫妇喜获青蛙儿子图
图 5–76 遏辛作品——高辛氏后宫老妇挖耳得金虫化生成狗（槃瓠）图

① 遏辛（è xīn）是贵州省台江县登交寨苗族老人，1986 年 12 月逝世，寿至 92 岁。笔者认识他时他早已失记其外公的仿汉姓名，只知苗名叫“友和”（iù hō）。

的一个重要问题，周老先生很谦虚地回答说：“还说不清，知其然，不知其所以然。”翌年他即不幸逝世。许多专家学者似乎也都未意识到这个问题的重要性，而对“深衣”作出错误判识。如果用这条古人早已指出，而被周锡保先生强调点明的“先裁后缝，不用整料”标准去看看目前已出版的服装史书，就可发现不少问题。例如1984年学林出版社所出周汛、高春明合著的《中国历代服饰》一书在学术界颇具权威性，但周汛先生对“深衣”的判定似乎尚可商榷：

《中国历代服饰》第11页，在介绍了赵武灵王的“服装改革”后周汛先生说：“深衣也可以说是一种经过改革的服装。它不同于过去不相连属的上衣下裳，而是上下连在一起的衣裳，出现于春秋战国之际。孔颖达《五经正义》：‘此深衣衣裳相连，被体深邃，故谓之深衣。’这种服装出现之后，逐渐被普遍使用，不论贵贱男女文武职别，都以穿着深衣为尚。深衣还有一个特点，叫做‘续衽钩边’。‘衽’就是衣襟；续衽，就是将衣襟接长。钩边，是形容衣襟的样式。深衣改变了过去服装的制裁方法，不在下摆开衩，而将左面衣襟前后片缝合，后面衣襟加长，加长后的衣襟形成三角，穿时绕至背后，再用腰带系扎。这种深衣的样式，在长沙楚墓出土的帛画和湖北云梦出土的男女木俑服饰上，可以清楚地看到。”由于有这样的判定，周汛、高春明在《中国历代服饰》一书的图例中把第29，30，31，32，33，34，35，36，37，38，39，40，77，78，79，80，87，88，89，90，91，92，93图，以及第40页左侧附图全部定名为“深衣”，并且还区分出“曲裾深衣”“绕襟深衣”“三重深衣”等品种。在文中又说：“汉代妇女礼服，仍承古仪，以深衣为尚。《后汉书·舆服志》记太皇太后、皇太后、皇后及贵人等入庙、助蚕之服，‘皆深衣制’。长沙马王堆一号汉墓出土老妇服饰，共有完整衣服十二件，其中仅深衣一种，就占了九件。其他残缺衣服中，还有一部分也属曲裾绕襟的深衣形式。同墓出土帛画、木俑中的妇女形象，也是大部分穿着这种服装的。不过这时的妇女深衣，比起战国时期的样式来，已有一些改变，比较明显的是衣襟绕转层次增多，衣服下摆部分增大，如湖北云梦一号汉墓出土木俑所示。从形象资料来看，凡穿这种服装的妇女，腰身一般裹得很紧。为使盘绕的衣襟不至于松散，另缀一根绸带系扎。或系在腰际，或束在臀部，由衣襟末端的地位而定。另有一种服装，名叫‘袿衣’，也是汉代妇女的常用服式。其制，与深衣基本相似，唯服装底部，由衣襟曲转盘绕而形成两个尖角的装饰……。”

从目前所见的从汉代流传下来的“深衣”图谱（图4–77～图4–81）可知，“深衣”在裁制规格上有严格规

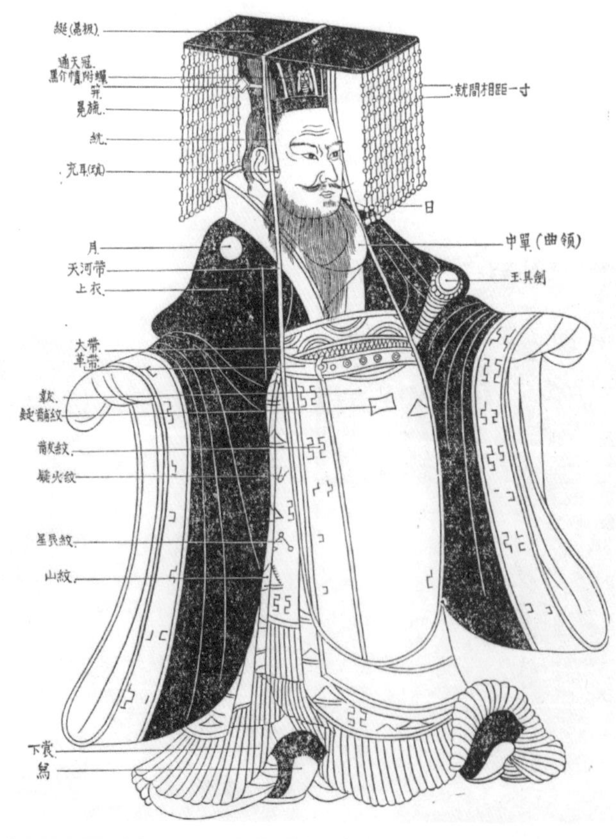

图4–77　冕服名称图说

图 4–78

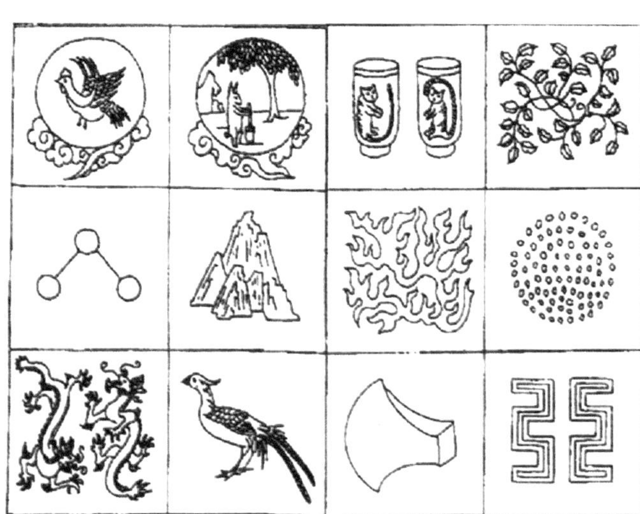

图 4–79

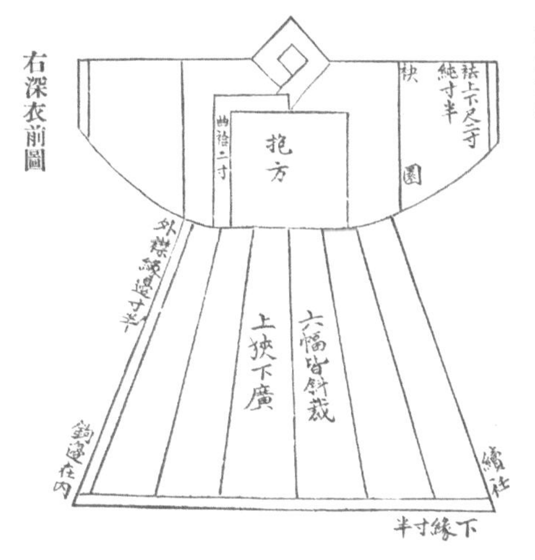

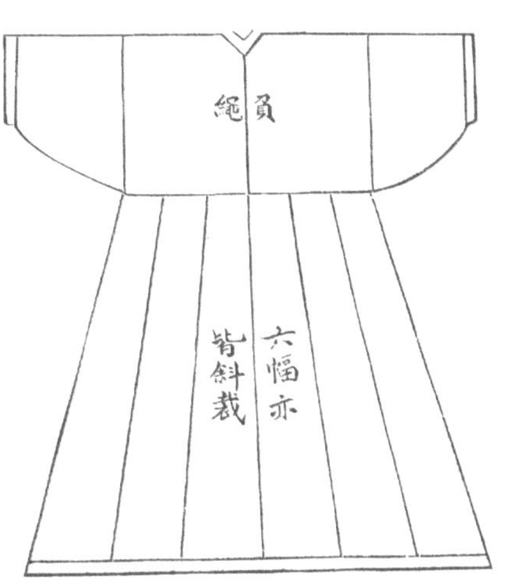

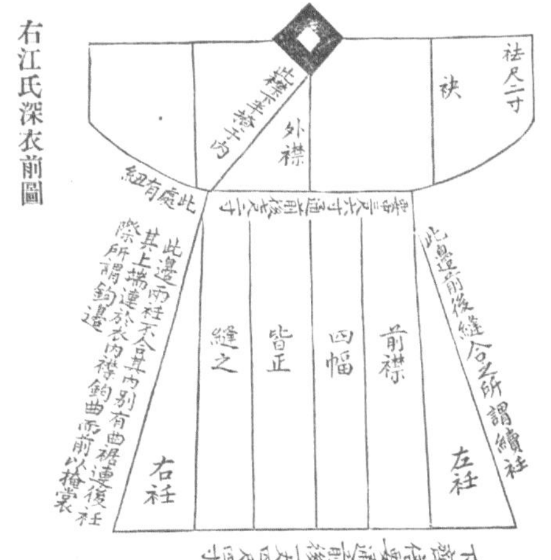

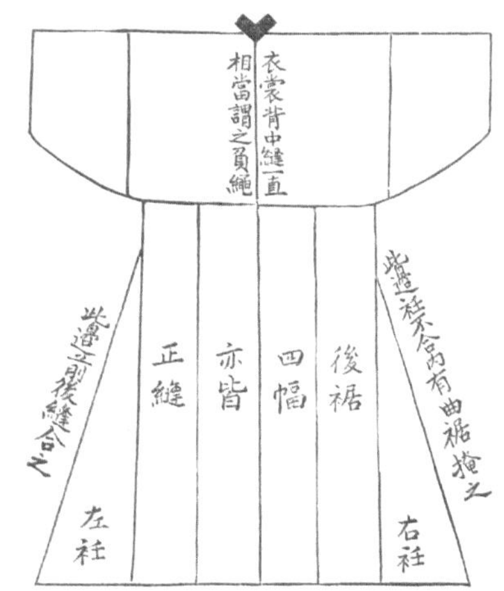

图 4–80

图 4–78 《五经图》中之十二章纹样
图 4–79 另一种“十二章纹图”
图 4–80 古籍所刊“深衣规制图谱”

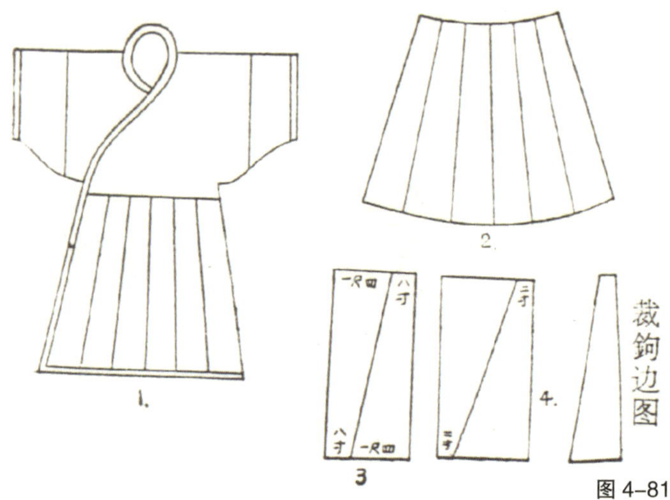

图 4-81

图 4-81　深衣形制　采自陈祥道《礼书》和江永《深衣考误》。1. 陈祥道《礼书》中的深衣形制，用一幅斜裁，如图示；2. 为斜裁后所成的下裳；3. 尖端向上则可合成腰际，此其合理的裁制法，但未言曲裾的掩法；4.《深衣考误》中的两衽裁法，尖端向上，去边缝则等于一尖角，宽头二尺在下，去边缝二寸，为一尺八寸，即图中 4，这样两衽附在正幅两旁则成下裳，内再附钩边，即图中的裁钩边图

范：衣领下注文："曲袷如矩。"《礼·玉藻》注："袷，曲领也。"《深衣注》："袷，交领也。"所绘领圈为方形，应是示意。今日贵州丹寨雅灰一带仍保存有"曲袷如矩"的衣制，参见图 3-242。两袖注文："袂中二尺二寸，袂口尺二寸。"袂即袖。《礼记·深衣》："袂之长短，反诎之及肘。"今日贵州凯里舟溪等地苗族仍有把袖"反诎之及肘"的穿法。诎即"屈折令短"之意，可知后来的"半袖"有可能从此制变出。上衣旁注文："衣二尺二寸"，与袖宽相等，可知上衣是很短的，参见图 3-193 ～图 3-195。不仅今日苗族多短上衣，东北的朝鲜族也保持着短上衣内着长裙的习惯，两千多年前朝鲜半岛北部是汉朝属地，这很可能是"深衣"风格的延续。袖下注文："袂圈应规"，图谱果然作弧形。今日朝鲜族女服仍保留此习俗，"袖应规"跟"领如矩"相呼应，都是祭礼服制以领袖反映"天规地矩"（天圆地方）观念的体现。中国人重视"领袖"心态是一贯的。图谱两胁下画有两块拖角的方形，并有注文"钩边结"和"衽前结裳，故曰钩边"。从这注文可知，周汛解释"钩边，是形容衣襟的样式"并不完全正确。倒是今日贵州苗族服饰保存着这图谱所绘特征。而许多"牯脏衣"不用纽扣，只在两胁下用绳结，正是"钩边结"之意；在图谱的左胁下另有一排注文："衽裳旁，前后不缝，与冕弁诸服同"，正是"牯脏衣"两胁下不缝合的最佳注解。值得强调指出的是，这种"衽裳旁，前后不缝"，不仅是深衣和"牯脏衣"所特有，并且"与冕弁诸服同"，可证古时上至皇帝、下至文武大臣的朝祭礼服应当有许多都是"前后不缝"而用绳系合的。这么重要的礼服特征是从何处发展来的？笔者认为，很可能是从古老的"贯首衣"变来。直至今日，苗族有不少支系的服装在节庆礼仪之时还会在常服外罩一件"贯首衣"，并且西南地区少数民族中的礼仪服外罩"贯首衣"还不止苗族有，如西藏门巴族服装，笔者认为这一现象是研究中国服装史时尚未被引起重视的一个大问题。在上海博物馆的藏品中有一件清朝朝祭的礼服（图 4-82），整件宽大的祭衣如果平摊开来，就是典型的"贯首式"——前襟虽已破开成"对襟"，但两胁下并不裁去，也不缝合，整体就是一大幅长方形，用彩丝和金银线精绣云龙纹，气魄宏大，富丽堂皇，十分珍贵。深衣图谱还记有下裳尺寸："要（腰）中三尺六寸，通前后七尺二寸。"即整个下裳被裁成前后共十二幅飘带状再缝合成整形。（上端）注文："每幅广六寸。"中间有一"幞"字，幞，原是"帕"意（幞，即长形包头帕），但"一曰裳前幅"。《尔雅·释器》曰："裳削幅谓之。"注："削杀其幅，深衣之裳。"郝懿行义疏："削犹杀也，斜裁谓之杀，裳削幅唯深衣则然，故郭云深衣之裳。"注文这个"幞"字意思很清楚：深衣之制必须把面料裁成上窄下宽的十二幅条形布，再缝缀起来。在下摆部注文写明："每幅广尺二寸""下齐倍要（腰），通前后一丈四尺四寸"，就是说深衣下裳的底部是腰端的一倍，如果披散开来，深衣就像一个钟形。笔者虽然不同意周汛先生把木俑、陶俑的"长衣"都算作"深衣"的观点，但从深衣下摆是腰的倍数看，陶俑那种下摆扩大成钟形的服式有可能正是这类观念影响了审美时尚的结果，当然也有陶俑要站得稳的具体原因。

现在回过来再看"牯脏衣"的特点：首先，"牯脏衣"是典型的"上衣下裳相连"，符合古制，这应当是"朝会次服"一类礼服的通例，即礼仪场所应当着"长衣"以示庄重严肃。事实上，不仅苗族在"吃牯脏"等典礼上穿"牯脏衣"，即使不穿"牯脏衣"的老人，也尽量穿新制长袍以示庄重严肃（图 4-83）。扩大些看，老人爱穿长衫、长袍似乎是全世界都一致的现象，除因长袍能使下身双腿保暖这一功能外，可能老人都希望以严肃庄重的仪表而受人尊敬。越是原始时代，越具有敬老之

图 4-82 清代满族平金绣云鹤纹帔衣 上海博物馆藏
图 4-83 巴拉河支系苗族吃牯脏（雷山县报德乡乌流村的“七兜”们）

风。庄重仪典通常都由老人主持，即使是年轻的皇帝执政，对“三朝元老”“顾命大臣”都是敬礼有加，不敢懈怠的。其次，“牯脏衣”多数是两胁下不缝合，衣和袖明显地分开装饰，衣袖总存有附加意味，很清楚，此类礼服是由“前后披下、中央套头而下”的“贯首衣”变来。如果笔者的推理能够成立，在中国服装史的研究上，就必须更加重视历史上的少数民族（所谓“四夷”，具体指东夷、南蛮、西戎、北狄）服饰遗迹的研究。因为，汉族是以“炎黄”为代表的从西部高原东迁的古羌部族，占领中原以后，吸纳各族文化和异族成分经长期酝酿融合而成。据说黄帝“既登位，命大挠作甲子（纪年和天文）、仓颉作六书（文字）、伶伦定律吕（音乐）、隶首定算数（一切统计学和应用数学），并咨询岐伯自著《内经》（第一部医书。顺便说说，炎帝神农氏也以“尝百草”发明医药。看来古人因生活艰苦，治病救人是最受尊重的。而原始时代巫医不分，所以黄帝和炎帝都是以政教合一成为部族首领的），其妃嫘祖又育蚕治丝，创衣服之制，凡开物成务之道，宫室器用之制，至是大备”。后人把黄帝视为“文化初祖”，当然不是他一人的功劳，而是在各部族融合于黄帝部族的过程中广泛吸收各族创造而致“大备”。其中嫘祖是“西陵氏女”，即来自青海积石山区藏族前身的古羌部族（跟黄帝族是姻亲近族），所以笔者曾撰文指出：“四大文明古国”在织物上各有一种伟大创造（埃及的亚麻、两河流域的羊毛、印度的棉花和中国的丝绸），但数中国的丝绸在技术上最为复杂。这丝绸的利用实际是藏族祖先的创造，“嫘祖”并非一个特定的女人，她只是“育蚕治丝之祖”的意思，即善于总结本族妇女的集体智慧而创造和改进工艺的伟大妇女。由于嫘祖的新式面料才给黄帝提供了“创衣裳之制”的物质条件。一种新制度的创立并非率意可为，必须得到各族认可，受到时间考验；新制度也不可能凭空创出，而必然是在“民间共识”的原有基础上总结出来。作为影响深远的“朝祭礼仪服制”更不可能没有“祖传观念的承传”。中国是一个“谨遵祖训”“神道设教”传统思想和民族心理特别浓厚的国家，任何礼制都必须避免“离经叛道”的挑剔。在原始部族斗争、融合和后世灭国、兼并的整个历史中，都保持着一条基本信念：“灭人国而不绝其祀。”就是说，政治斗争和军事征战获胜者可以杀人、灭国、实行奴隶酷政，但绝不能让战败者绝祀，必须把战败国的宗庙保存下去，只是要采取措施：在战败者的宗庙外加盖遮阳棚顶，不让它接触阳光雨露，不准它发达复辟，此即所谓“胜国之社”，《周礼·地官·媒氏》：“凡男女之阴讼，听之于胜国之社。”《注》：“胜国，亡国也。”为什么要这样呢？因为古人都是迷信和害怕神鬼的，自己杀人灭国，可以无恶不作，却害怕战败者借鬼神反抗。亡国之人可以杀戮，亡国之鬼却必须安抚。留给亡灵祭享之宗庙，指定战败国君或其宗人代表按岁时致祭，就可保证亡灵安分。如果毁灭亡国宗庙，亡灵无所依蔽，就会变化成厉鬼游魂作祟，这是战胜者最畏惧之事。所以，诸葛亮征服孟获时，要在泸水上用牛马肉做“馒首”，象征人牺祭飨亡灵，就是按照彝族的办法，祭彝族之亡灵以获安宁。不仅亡灵，连孟获本人也心悦诚服了。同样的道理，按照全世界一致的民族史和民俗学考察得知，战胜者安抚战败群众的一个常用办法，就是在礼服上和祭典上采纳部分战败者珍视的习俗器物加入祭典，这是一种拢络人心的最佳方式，既使战败群众心有所归伏，又可示战胜者君王为“万邦朝服”之宽容与威严。当古羌部族的黄帝战胜异族、定鼎中原、登上帝位，除在祭祀典礼上要表示“众望所归”外，在“冕旒衮袍”即礼服制度的设计上也必定吸纳中原原有礼仪服饰的某种观念、融入多种部族崇拜心理，而以战胜者部族观念为主体进行新的创造。具体来说，以黄帝部族龙图腾崇拜为主体设计的“冕旒”（即后世的“龙袍”）中，首先吸收了东夷族的玄鸟（即后世的凤观念）崇拜而设计出冠冕。

《史记·殷本纪》：“殷契，母曰简狄（翟），有娀氏之女，……三人行浴，见玄鸟堕其卵，简狄取吞之，因孕生契。”这个神话虽是记殷商时的观念，却是东夷族自古即有的信仰。文化人类学早已研究清楚：整个太平洋沿岸的海洋民族都有一种“日鸟崇拜”，就是崇拜太阳，并且把太阳的每日东升和绕地至日落视为太阳如鸟飞翔于天上。同时原始人很早发现了太阳中的黑子，中国东部沿海的东夷人就有视黑子为“日中有踆鸟”的观念；又因为每年燕子从海外飞临，就带来了春天的信息，万物萌芽苏生，鸟兽交尾孳育。东夷人遂视燕子（玄鸟）为春天的使者，是太阳中的神禽，并且把太阳中的“玄鸟”（燕子）视为本部族的图腾，创造出始祖母简狄因吞食玄鸟之卵而生下东夷民族的神话，这个神话被其后裔殷商族继承，而被记录于古籍，也流播于群众心目中。东夷族是太阳神裔，亦即后世的“君权神授”和“君王为天子”观念的“证据”，至少在古代皇帝为证明自身的神奇出生需要援用这种“证据”。古代皇帝和诸侯王要戴着冕旒举行祭仪朝会。为什么那“冕旒”要做成上面一块板（延、綖），前后垂珠（旒）这样奇特的形象呢？古文中有“[illegible]、[illegible]”字，即“冕”字，因为东夷族崇拜太阳中的玄鸟，即燕子。古文“燕”作 [illegible]，即燕飞鸣拟形，讹作 [illegible]，再变作“燕”；而古文“玄”字写作[illegible]，上半部即“燕”的简化形，下半部则是飞燕坠落两卵之形。从这两个古字的构意并考虑图腾观念的遗存，就不难理解冕旒为何如此形象了，那正是承袭“坠卵”和“凤冠”的意匠：延板前后垂珠既是燕翼又是悬卵之意。古人云：“礼失而求诸野”。笔者在贵州威宁彝族祭礼舞蹈的服饰中发现，姑娘们在平日的包头帕顶上另覆长形绸帕，帕前后饰以缨络，正是祭祀冕旒的鄙俗化（图 4–84），可知冕旒的设计是采纳东夷玄鸟坠卵生子的意匠而成。那深衣和初期朝祭袍服两胁下不缝合的形制，则是采纳九黎三苗族在中原留下的礼服（贯首衣）的意匠。这种形制在中原渐渐被遗忘，成了史谜，不意两千年后在偏僻的苗族山寨重又发现，委实快意。月亮山“牯脏衣”的古风可谓“服装的活化石”。

深衣的下裳由十二幅上窄下宽的布条连缀而成，贵州月亮山的“牯脏衣”下裳则由“飘带”排列而成。从前举十几种“牯脏衣”看，“飘带”的数量并无定制，有六幅、十二幅，甚至有二十多幅；有只在前摆下缀飘带者，也有前后都缀飘带者。但是从社会的实地考察统计分析，仍以前后各六幅为最“正统”。如雷山县西江镇苗族姑娘盛装那样用二十余根彩绣飘带者，已是近现代加强美化、渐失古意的新工艺趋向，真正月亮山古代的“牯脏衣”则飘带不会太多。参考前图 4–70 那件较典型的“牯脏衣”，两胁下有三角形绣片，则仍保持“深衣”的“削杀其布幅”上窄下宽的古意。当然月亮山苗族群众不可能知道什么“深衣之制”，今日苗族普遍传言“飘带裙是受箐鸡彩尾启示而由聪明姑娘仿制”，并有野雉精抢姑娘被英雄打败，姑娘就用野雉彩尾制裙的故事，直接说“列带裙就是箐鸡尾拟形”，这跟瑶族、壮族间流传的“百鸟衣”传说同出古代羽民、羽衣神话观念，也跟东夷、百越崇拜日鸟观念有关。苗族“牯脏衣”等“鸡毛裙”是复合多种民族古观念的产物，通过“牯脏衣”的研究可悟出不少古代民族文化交流的遗影。

但是，究竟“深衣”为何要把整幅面料“先裁成十二幅，再拼缀成形”呢？笔者先举一旁证：雷山县苗族的棺材制作有特别的规矩：在棺材的前、后、左、右、

图 4–84　贵州省威宁县板底乡彝族盛装（此图绘于 1958 年）

顶五块都可用整板，而底板必须三拼，即使获得一块整板，也必须剖成三块，再拼合成整形才用作底板。因为据端公讲，这跟祖宗灵魂回归故里的古训有关：肉体入土为安，没有拼缝，死者灵魂如何出去呢？端公（巫师）在替死者作法时，主要任务就是“指阴路”，即指引亡灵从地下循着祖先迁徙的原路，一站一站地走回祖籍故里去。这种棺材底板“必须先裁开再拼合”的做法，跟深衣“必须先裁开再拼合”是相同观念的相同体现。生和死，其理都是相通的，古仪必须遵从，古俗必须保守，即今形式起了变化，义理却常存不变。还可举一铁证：著名的长沙马王堆汉墓在轪侯夫人棺椁上覆盖着一幅特别有名的帛画，不论对这幅帛画已有多少歧异的解释，帛画所绘是人间、地府、天堂这点并无分歧。帛画当然是指引、保佑和表现女主人灵魂飞升及回归故里之用，但是很少有人注意到这覆盖在棺材上的帛画为何裁成“T”型。笔者认为应指明：帛画实是“衣”形，在随葬的清单上也明明白白写着这是“非衣”。为何覆棺用“非衣”呢？只能用前文指出的道理解释：生和死是相通的，生前用“深衣”朝祭，死后则用“非衣”覆棺，目的是一样的：朝祭是向祖灵祀福致敬，亡灵则须返归故里跟祖灵同在。无论民族迁徙几万里，无论祖灵已逝数千年，在朝祭和葬仪上用的古礼不能变、不敢变，此理甚明（图 4–85）。

“牯脏衣”还有一些重大特征，例如：为何全身充满“日月星辰、山龙、蝴蝶……”等绣纹？这些绣纹都有什么涵意？在“牯脏衣”的袖胁下为何常露蜡染花纹？这刺绣跟蜡染并用是必然还是偶然？“牯脏衣”背部的几何纹布局为何都是“大小方形作交叠安排”？这类问题也都涉及在本书后面“纹饰”章内详释（从文化人类学角度分析苗族纹饰）。

图 4–85 湖南马王堆出土汉墓覆盖于棺上的帛画（非衣）

第五章 材料与技艺

Cailiao Yu Jiyi

服饰的发展是直接受到物质材料与制作技艺制约的。服饰作为一种文化现象，也必定反映着当时的经济水平和社会民俗背景。

《史记·五帝本纪》正义引《龙鱼河图》说："……蚩尤兄弟八十一人，并兽身人语、铜头铁额，食沙、造五兵，仗刀戟大弩，威振天下。"可知以蚩尤为首的九黎部族集团是最早居住中原的，并最早掌握了金属冶炼技术，即最早从新石器时代转向铜石并用的农耕生产方式，也因此文化发展处于各部族领先地位（所谓"蚩尤明乎天道"）。由于九黎部族跟炎黄集团斗争失败了，后世历史编纂者编造"黄帝得蚩尤而明于天道"（所谓"黄帝任命蚩尤为六相之首"）以示黄帝的仁慈、蚩尤的叛逆，并说："黄帝……修教十年而葛庐之山发而出水，金从之。蚩尤受而制之，以为剑、铠、矛、戟，……雍狐之山发而出水，金从之。"把九黎部族发明的金属冶炼技术歪曲为因黄帝德政授意蚩尤制造武器，伪造历史莫此为甚！由于九黎部族斗争失败，被驱逐出中原，再被"放逐"至沈水以南，转变为山地民族，生产和文化在艰苦环境中一蹶不振，迅速衰退。

由于苗族没有文字，对古代的现实缺少信史记录，汉族史籍又难公允，我们只能参考苗族传承史诗稍作窥测。贵州省民族事务委员会和中国民间文艺研究会合作编印的《民间文学资料》第六十集中（苗族古老话）说："……那是过了神农的时代……（神农）旺几来料理人世，交代一百四十八姓的苗民，交代十二个宗支的苗族……我们照神农的办法务农，有吃有喝还要有穿。远古时穿树叶啊，远古时穿竹叶；穿了很长的时期，穿了很多的世纪；还没有甩脱遮体的树叶，还没有甩掉掩身的竹叶；要请楼姗、楼尼来，要请楼妹、楼姐来；那是四个美貌过人的仙女，那是四个才智超人的仙姑，要请来商量农事，请她们去寻找棉花的种子，……楼姗楼尼坐上船……坐船飘到东球的地域，……去跟人家寻找棉种。人家说要绿布呀，就送绿棉种啊，要红布就送红棉种，要黄布就送黄棉种，要白布就送白棉种，要黑布就送黑棉种。……四人取得了五色棉种。……五月棉苗一片翠绿，六月开着五色花朵，七月棉桃结满枝杈，……八月棉桃绽开，大地上铺满了绿红黄白黑。……召拢男男女女：女的去摘棉啊，男的去收五谷。八月不闲公公婆婆，八月不空篓篓箩箩。五谷装满大间小间，棉花堆满了人住的地方。勒归才来发明纺车纺棉花，勒保才来发明织布的机床；勒归教四个女人纺纱，勒保教四个女人织布；旺几叫世上的女人纺纱，旺几叫世上的女人织布；这样，女人才来穿裙，男众才来穿衣……"。[①]

流传在云贵乌蒙山区的花苗古歌则说"首领格蚩爷老（蚩尤）带领大家开田种地，栽种稻谷、玉米、高粱和棉花"。云南文山地区苗族传说：每年"踩花山"最初是为了祭祀祖先蚩尤。花山场中所立的花杆，上面挂彩布，并接有三尺六寸长的红布，据说就是"蚩尤旗"。立花杆时所唱咒词，要追述苗族祖先蚩尤（当地苗语称"蒙蚩尤"）如何跟汉人皇帝打仗，兵败被杀、苗族被迫迁徙等。

1980年俞伟超发表《先楚与三苗文化的考古学推测》一文，把考古学和古史传说结合起来探求先楚和三苗的分布及关系问题，首次提出屈家岭文化跟三苗的关系，许多学者已接受这一见解：屈家岭文化遗存就是三苗集团文化，它是以种植水稻为主的农业文化，仍兼营狩猎、养殖、制陶和纺织业。已进入父系氏族公社时期，有了私有财产和贫富分化，只是因异族斗争的干扰而中断了正常的发展，使后世苗裔长期处于停滞落后的悲惨境地。

笔者认为楚文化中可能含有部分三苗文化遗存，但楚文化不等于苗族文化。苗族文化还受到来自西北的古羌和后世巴族、彝族文化的影响。但苗族文化的主体仍是从九黎、三苗承袭来的本族的创造物。从母系社会逐步发展到父系社会，在迁徙到湘、黔、川、滇后，慢慢地适应山地生活，逐步发展起来。秦汉统一全国，在全国建立郡县制后，也加强了对苗族的统治和剥削。例如在"黔中郡"的武陵五溪地区，"……汉兴，……岁令大人输布一匹，小口两丈，是谓布。"所谓"布"，即"南蛮赋也"。又"秦惠王并巴中，以巴氏为蛮夷君长，……君长岁出赋二千一十六钱。岁一出义赋，千八百钱。其民每户出幏布八丈二尺，鸡羽三十"。所谓"幏"，即"南郡蛮夷布也"。"汉兴，南郡太守靳强请一依秦时故事。"（引自《后汉书·南蛮传》）根据汉代制度，"布帛广二尺二寸为幅，长四丈为匹"。如每户按两个大人、两个孩子计算，则每户每年须交布十二丈，从中可揆测当时武陵五溪苗族的纺织水平已相当高。

到唐宋时期，苗族住在经制州的，跟汉族一样输赋供役；而在各"羁縻州"（民族地区）的苗族须按规定朝贡，用进贡地方特产向中央王朝表明臣服。如《宋史·西南溪峒诸蛮传》记，咸平四年（1001年）"上溪州刺史彭文庆来贡水银、黄蜡"，天禧二年（1018年）"富州刺史向通汉率所部来朝，贡名马、丹砂、银装、剑槊、兜鍪、彩牌等物"。水银、丹砂是湘黔地区传统的进贡珍

① 楼姗、楼尼、楼妹、楼姐是传说中苗族最早种棉的四个女人；勒归是苗族发明纺车的人，勒保是苗族发明织布机的人。

品，黄蜡则是制作蜡染的主要材料，兜鍪彩牌是武装和饰物，用此为贡品似乎含有臣服效忠之意，而“银装”则是湘西苗族至今视为珍贵代表的民族盛装饰物，可谓苗族最高水平的工艺品。

秦汉时期武陵郡、巴郡的蛮夷都向中央王朝交纳布匹为贡赋，史称“布”，可知当时苗族已从“火耕水耨”（刀耕火种）的粗放生产，发展成以稻谷为主的农业经济，纺织手工业也获得发展，才有可能在衣着之余用为贡赋。

唐宋时期，武陵五溪地区经济已有发展。据《元和郡县图志》记载：黔州贡黄蜡、赋、布、竹布、纻麻布，思州贡葛和朱砂、蜡，辰州贡犀角、水银、光明砂、乐砂、黄蜡，奖州贡熟蜡。宋代《元丰九域志》载：诚州贡斑白绢，鼎州贡土布和纻、练，澧州贡绫、簟。宋代武陵五溪地区的苗族贡品如下：溪州贡铜鼓、虎皮、麝香，古州贡朱砂、马、水银、银装、剑槊、兜鍪、彩牌。由上可知民族特色的工艺品和服饰已作为较稳定的贡品，反映出苗族特有文化的逐渐成熟。其中，传统的葛布、纻麻布、溪布、绢等已是经常性的贡品，也成为市集的主要商品发展起来。蜡作为一种普遍性的贡物，是因苗族蜡染的普及发展所致。这种蜡染，苗族称为“点蜡”或“点蜡幔”，汉唐古籍则称之为“䌰缬、蜡缬、绞缬”，宋以后已不见于中原，却在苗族地区一直保存至今，十分值得珍视。

唐宋时期，苗族地区和汉族地区已有较密切的经济文化交流。苗族的土特产不仅以贡赋形式流向中原，并能以贸易方式和汉族开展经常性的流通，汉族地区的盐和丝绸成了苗族的必需品，汉族商人常深入苗区收购“溪货”和土特产。当然苗族生活的山区腹地经济发展尚缓，甚至仍有“刀耕火种”。

据《史记・西南夷列传》，汉以前夜郎、牂牁的苗族地区已是“椎髻、耕田、有邑聚”，即有了定居的农耕经济。西汉时实行汉族移民屯田制，带入了先进的生产工具与技术。诸葛亮平定西南后采取“民族自治”的休生养息政策，促进了生产，苗族已掌握冶炼和铸铜技术，今日出土的不少“铜鼓”原被称为“诸葛鼓”，到宋代甚至作为贡品受到珍视。在黔中清镇、平坝一带发现的汉墓中出土大批铁器、铜器、漆器，黔西的东汉墓中出土具有民族特色的银手镯、银戒指、小银铃等工艺首饰，黔西南兴义县顶效乡（今兴义市顶效镇）出土了制作精美的陪葬铜马车。在宋代墓葬中甚至出土了保存完好的蜡染衣物（图 5-1）。《北史・僚传》记载牂牁的苗族和布依族“挟山傍谷”而居，同汉人一样经农业生产、交纳税赋，并“能为细布，色至鲜净”。《新唐书・南蛮下》说牂牁地区的蛮夷“男子服衫袄、大口裤，以带斜凭右肩，以螺壳、虎豹、猿狖、犬羊皮为饰”“女衣布，裙衫”，这里应包括苗族。

宋元以后，多数苗族地区被纳入土司统治之下，受

图 5-1 贵州省平坝县出土的宋朝蜡染文物

压迫日深，经济文化延缓了发展，仍以农业为主，亦有林木和经济作物。“树多枫香、木有桐茶”“地产五倍子、天麻、紫草、白芷、黄果、梨、橘之属；棉花则罗斛附近处皆有之，俗称花山”，植棉已甚普遍，棉布渐代葛麻为主要织物（白苗、花苗则仍以麻为主）。明末清初苗族地区农业、副业和手工业又获发展，基本形成今日苗族的格局。《永顺府志》卷十记乾隆初年情况：“苗民性喜彩衣，能织纫。有苗巾、苗锦之属……”这苗巾、苗锦可能即秦汉以来史籍多次提到的“布”“溪布”，至此又有了新改善。如爱必达在《黔南识略》中提到贵定（定番）“有谷蔺布，妇人工纺织，其布最精密，名曰谷蔺布”。乾隆初年修编《贵州通志》卷十五记贵阳府属有“苗布”“定番苗妇所织，为手巾亦佳”、苗锦“亦出定番”“斜文布……出独山州烂土司，甚密致”“黎平府属有洞锦，……出曹滴司，以五色线为之，皆苗妇所织，精者甲于他郡”。另有“皮布……出土司地，皆苗人采树皮所织”。

康熙年间，湘西腊尔山“红苗”“归流”时（由民族土司治理改归中央王朝委派流官治理），湖南布政使阿琳主持绘制了二十五幅《红苗归流图》，反映出当时苗族地区纺织和服饰的实况，例如在“挑丝纺织图”中描绘了纺丝织锦的全过程：缫茧抽丝、纺纱、染色、牵纬线、上织机、用矮机织布。附志云：“男耕女织，百姓之常。苗妇亦知纺织之事。抽茧、采草木、取汁染色，机织成锦。文皆龙凤、方胜、花卉，联四幅为卧具，长仅覆膝。又织苎为巾帨，亦绣其两端，颇为适用。纺棉苎为布以供衣裳。其机甚矮，坐地而织。”可知当时仍以“腰机”为主，但织出之成品已颇精美适用。在“赶墟交易图”中，描绘苗族交易情景，包括布匹、服饰、洞锦、洞被、洞巾、柳条绸、稜衣等。在“贸易蚕种图”中则画有苗家妇女携着雨伞、背着背篓，成群结队到汉民家中用布、锦换取蚕种情景。附志云：“……苗人亦知蚕务而不知遗种。每暮春，其妇女结伴入城市，各以土物之宜向民家换种。必盛其服饰，簪髻皆以银横插排列，耳垂大环，径可二寸。项着银圈，贫者以铜，或串贝为之。领缘襟袖皆饰以斑斓，缀以银钮花片角铃。裳用苗锦为之……青红相间，亦杂以花片点缀其上，光彩陆离，各相夸示。”

乾隆年间修撰的《湖南通志》卷四十九云：“（苗民）银、铁、木、石等匠皆自为之。妇女亦知饲蚕，惟不知育种……上簇、缫成、抽丝、染色，制为裙被等物，作间道方胜等文，不甚工致，不能如永顺、保靖土人为洞锦、洞被。……亦能绩苎织布。其机矮，席地而织，惟不善作履，以男女皆跣足故耳。”

清初对边远民族地区实行“改土归流”政策，即在原“民族自治”地方改行统一委派政府官员，以加强中央政权的统治。这“改土归流”政策的实施结果加重了对民族地区的压迫剥削，却也促进了民族地区的经济文化交流。以前的军事镇压和经济封锁改成由地方政府帮助少数民族设立集场，倡导和发展贸易与技术交流，如乾隆间修编的《永绥厅志》卷四云：“苗人之所欲惟利，而日用所需又在盐、布、绒线、丝麻等物。官为之设集场、通商旅，以贸迁有无，则苗人经岁所获药材、山货、芝麻、杂粮等物，有所出易，不致壅滞不行，则利得矣。而需用诸物，又得随便买用，不致有钱无市，则群情自然畅悦。”这类政策有利于向苗族聚居地介绍各种先进的生产方法和新技术，如贵州布政使陈德荣在乾隆四年（1739）“始教民”修筑渠堰，育蚕缫丝。《贵州通志·前事志》：“贵州民不知蚕桑，丝绵悉资他省”，陈德荣“育蚕署中，出其茧于大兴寺，以教民缫织”，并以“历城陈玉璧知蚕桑，荐为遵义知府”。陈玉璧至遵义后，即遣人至山东购买蚕种，并雇山东蚕师、织师来遵义，教民育蚕缫丝织锦。“明年，民间获茧至八百万。于是遵义民莫不知育蚕，其锦遂遍天下。”这条材料是值得重视的。山东是中国的蚕桑大省，战国时代即以“齐纨鲁缟”著称。乾隆年间陈德荣以官方身份推广蚕桑，影响至今犹存。并且，遵义一向以府绸闻名，所用柞蚕丝也是遵义地区自产，至今遵义以西地区仍有养殖柞蚕的传统，应当跟山东柞蚕养殖技术的传来有关。

另有陆笔者嵩著《棉谱》一书云：乾隆十二年（1747）他到贵州，见“郊野类多不耕沙地，……若以之种木棉（草棉）土性相宜，地利亦尽”，于是他向河南“嘱购木棉子送黔，述木棉之利、种木棉之法，以教黔民”。这类以官方名义鼓励和支持养蚕、植棉的举措，大大提高了苗族地区的生产力和生产技术。当然，遵义地区很早就受汉族控制，推广农、棉与养蚕丝织主要在汉族地区，至今遵义仍以府绸等丝织品为特产，但苗族地区亦间接受益。湘西苗族的丝麻纺织业则发展得更早，例如原永顺土司所辖古丈坪苗族地区“妇女亦知饲蚕，……抽丝染色，制为裙被之属，作间道方胜杂文。绩麻织布皆能。其机矮，席地而织”。永绥厅“苗乡岁出蚕丝百余斤，黄白二色，织绸，每尺易制钱一百余文”“每岁产麻千余斤，用以织麻布”，土布“墨、青、白三色，每尺易制钱，墨、青七十余文，白四十余文”。所织布除自制衣服外，尚有余物从事交易。

贵州黔东南苗区所产之“洞锦”已很有名：“黎平之曹滴司出洞锦，以五色线为之，亦有花木禽兽各样，精者甲他郡。湅之水不败，渍之油不污，是夜郎苗妇之手，可与尧时海人争妙也。又有诸葛洞锦，出古州，皆黄红锦纱所织”，永宁、镇宁二州出铁笛布，其纤美似蜀之黄润，其精致似吴之白越，其柔软似波戈之香荃，其缜密似金齿之缥叠。余不知其何以织也……又有纹布，可为巾。定番苗妇所织，洁白如雪，拭水不濡，用弥年不渍垢腻。又有斜文布，名顺水斑，盖模取铜鼓文以蜡刻板印布者，出独山烂土司”。道光《遵义府志·物产》载，当时黔东南和遵义府属苗族妇女能织苗锦：“大似苎布，巾帨尤佳，其妇女衣缘领袖，皆缀杂组，藻采云霞，悉非近致，谓之花练，土俗珍之。”按“花练”应即苗族织花边，苗俗称为“阑干”。上述洞锦、苗锦、铁笛布、纹布、斜纹布、谷蔺布等都是见诸史籍记载的苗族传统织物，到“改土归流”以后，因苗汉经济交流和文化技术的改进，产量也有了增加，从自产自用到逐步以商品形式进入市场而被汉族所知，反过来促使苗区小农生活品向产业化发展。一些产棉地区，如黔东南八寨（丹寨）：“邑中产棉不少，出产亦丰，乡间女子所织之布，除常用外，有名花椒布者，体质俱佳。”（《八寨县志稿》）乾隆、嘉庆年间，黄草坝（兴义）、新城（兴仁）“地产棉花”，吸引湖广和四川迁来一批汉人从事纺织。“交易有无，以棉易布，外来男妇……尽力耕纺。布易销售，获利既多，本处居民共相效法。”汉族的先进技术帮助苗族纺织业与商业发展。榕江县的东江一带原有手摇纺车，用一个纱锭，日纺二两纱。乾隆年间改为脚踏纺车，用两个纺锭，双手各纺一根纱，大大提高了功效。这种脚踏双纱纺车至今在榕江侗族中仍被使用。

农业、手工业的发展，苗汉交流的增进，促进了产品的流通和发达。贵州《民族志资料汇编》等书记载：“城乡市铺贸易往来，有自下路装运来者，如棉花、布匹、丝、扣等类，曰杂货铺，……亦有专伺本地货物涨跃以为贸易者。如上下装运盐、米、油、布之类则曰水客。……”严如熤《苗疆风俗考》谓：“苗民入市与民交易，驱牛马负土物，如杂粮布绢诸类，以趋集场。粮以四小碗为一升，布以两手一度为四尺（庹）……届期必至，易盐、易蚕种、易器具，以通有无。初犹质直，今则操权衡、较锱铢，甚于编氓矣。”如云贵交界处的兴义“其境地西接滇，南倚粤，……所产木棉（草棉），为利甚普，其始不过就地所产之花，家事纺织”，乾嘉后发展成棉布产销地，“客民多辏集”，桂、粤、闽人货物以“吴绸”“粤棉”“滇铜”和“蜀盐”为主，“滇民之以花易布者，源源而来，……今则机杼遍野”，现代的纺织品也作为商品逐渐受到汉苗群众的欢迎，乃至于逐渐抑止了苗族自产自销的纺织品。

不过，从整体来看，战争和民族压迫虽然破坏了苗族固有的传统文化，但民族间的文化交流和商品经济的深入苗乡，从根本上化解了苗族自给自足的封闭性，新观念、新事物的刺激也开始让苗族自觉地加速改变。尤其是鸦片战争后中国从封建闭关转向半殖民地的迅速变化，资本主义新生产方式和新观念也开始催化僻远的苗寨山乡，洋布、洋线、洋染料的输入，苗乡自行养蚕织布的传统有了改变。例如惠水县摆金镇扪摆一带苗族素以制造铁质农具著称，被周围苗族称为“打铁苗”，到光绪年间，苗族铁匠杨文茂改进锻冶技术，“摆金镰刀”作为商品畅销各地；雷山县的控拜、麻料，乌高、台江县的九摆，凯里的觉高等苗寨，都有“银匠村”之美称，当地苗族银匠技艺祖辈相传，制作精巧美观，畅销黔、桂、湘、滇。当地传说“银匠村”已有二百余年历史，应是清朝雍正开辟苗区后兴起。雷山县西江镇控拜村的苗族几乎家家都有祖传的银匠高手，他们所用的银子原料都是来自全国的商品，由此“银匠村”也算民族文化交流的果实吧。顺便说说，本书作者之一杨文斌即控拜村的苗族，他早年到贵州大学艺术系学习，近年在开发和研究苗族传统工艺上有不少经验和成绩。例如，杨文斌尝试用现代电子工业原料锌白铜代替纯银打造苗族银饰获得成功，不仅能降低一半成本，效果更胜于纯银，不锈不蚀，受到苗族群众的热烈欢迎，也为国家节约了大量的贵重金属。笔者曾到西江调查苗族银饰，发现近年因经济发展，银匠们制作的银饰可随群众的新要求开模打制新花样，其中也吸收了不少汉族纹样。例如姑娘盛装的“大银角”上的“双龙抢宝”实际即汉族熟知的“二龙戏珠”，跟当地苗族传统的牛龙造型不同，但因“银匠村”的名声远扬，已被苗族广泛接受。笔者曾询问当地一位苗族老银匠这种新式龙的造型是否是他自己创作，老银匠坦言：“从画报上学来，因群众喜欢，就开模打造，卖得很好！”此类现象是忧是喜，尚可商榷。

外来生产技术和新品种进入苗区，提高了生产效益，受到苗族群众欢迎。例如湘西苗族地区流传的《棉花谣》（采自石启贵《湘西苗族实地调查报告》）：“棉花树，寸寸高，又要锄，又要薅；要灰点，要粪灌，树木茂盛长得高。开黄花，结青桃，现白毛。齐齐扎，出白花。车儿旋，纺细线。床机响，织白线。缸里染，裁缝缝，穿在身上又好看。”这首民谣涉及品种改良、新法耕薅技术以及纺织染技术的改良，“裁缝缝”一句似乎有专业裁缝行业的影像。清朝道光、同治年间，经二十年休养生息，苗族从战乱中复苏，生产获得恢复发展，大部分地区引进汉族的“高机坐织”技术设备，比“席地而织”的腰机效力大为提高。土布从六七寸宽拓展至一尺二寸以上，也直接影响了服制的改良。黎平府的侗族在饲养家蚕的基础上，又学会了饲养山蚕（柞蚕）。苗族的缫丝织绸技术亦有改善，有些地区已出现商品化缫丝织绸现象，这对苗族爱好的服饰和刺绣都有促进作用。20 世纪 70 年代黔东南黄平建立织绸厂，能生产高级织锦被面，但原料基地则是数百年的社会积累所形成。

鸦片战争后中国的闭关政策被炮舰轰开，开放口岸，洋货涌入，迅速向纵深泛滥，严重冲击了传统自耕自足的小农经济，苗区的制衣材料也有较快的变化。光绪三十年（1904）长沙开设商埠，外资和洋货得以深入苗区，洋纱、洋布和火柴、肥皂、洋蜡、洋烟向苗区渗透，洋布以英商从印度运来的“印度纱”为主，很快垄断湘黔市场，仅贵州兴义一个边城就年销洋棉纱 1 000 包（每包 400 镑），日本、法国、意大利、美国的棉纱也通过广东、湖北商人打入贵州。1896—1897 年英国布莱克本商会访华团报告说：“在我们经过贵州的旅途中，……在每一条商运大道上，都遇见一长列驮着印度棉纱、棉花或成捆土布的骡马运输队。”① 美国在长沙、岳阳设立“恒信洋行”，向湘西倾销布匹、棉花、洋纱，获利甚多。由于帝国主义列强在民族地区输入资本、倾销商品、掠夺原料，苗族地区的纺织、种棉、种靛都受到冲击而逐渐衰落，自给的自然经济开始解体。土布市场迅速萎缩，苗族逐渐改用市场购买的洋纱纺织，或改为“洋经土纬”或直接用洋布制衣。民国修《八寨县志》卷十二云“（丹寨）邑中产棉不少”，苗族妇女所织花椒布、斜纹布“体质俱佳，本足敷用。至洋布输入，成本较轻，人多乐用，邑中女红之利，尽为所夺。种棉者以无利益，不得不改而他图”。《桐梓县志》卷九云：“洋靛（化学染料）盛行，土靛败也。”如黄平苗族原本自种蓝靛，自染衣料，亩产靛 300 斤，至清末已少种蓝靛。今日所见黄平苗女服装都是赭黄色为主，用“颗子金”等化学染料染色，古代应非如此。即以今日苗女所穿青布衫而言，也多是洋布，少有穿自染靛蓝布衣了。只有重安等地近年因扶植民族蜡染，仍保持靛染的传统技术，农民已不是家家种靛，多数人已改从市场购买靛成品，这一现象是值得重视的。

不过，家织“花椒布”“斜纹布”“谷蔺布”因其精致厚实，深受苗族群众喜爱，清末民初农村凋蔽，苗族购买力低下，也是土布得以幸存的原因。近数十年来，苗族地区经济文化发展加速，青年苗族群众已普遍对土布不感兴趣。目前，只有老年妇女和边僻苗寨仍在坚持自种、自织、自染。由于对祖灵的崇拜、对传承文化的深厚感情，也造成在重大节日须穿传统礼服的习俗，这也是传统土布得以保存的一种动力。不过新一代青年对此已淡漠的感情是不争的事实，苗区服饰文化，包括原材料获取手段的变革，已对传统造成严重威胁。笔者想，变革已是不可逆转，对传承服饰文化的保存发扬，大约只能借助旅游或文博抢救工作获得局部成效了吧。对于广大苗族群众而言，传统服饰文化恐怕只有在顺应变革潮流的前提下作“扬弃”式开发和发展才是唯一途径。

石启贵作为著名的苗族学者，在 1940 年著《湘西土著民族考察报告》，至 1986 年初改编为《湘西苗族实地调查报告》一书出版，该书资料都是第一手实地搜集而得，十分翔实可信。在《矿藏物产》一节中记录的“丝枲类”计有：

“土绸，有黄白二色，以蚕丝为经，棉纱为纬而织成之，亦有经纬均是蚕丝织成的。

“土绢，为本地蚕丝所制成，生、粗，色黄或白，尚待练熟。

“土布，俗谓家机布，系农妇自纺棉纱织成之，结实耐穿，供农家衣着之用。

“土锦，俗称花锦，用丝织物织成，五彩花纹，精美夺目，坚致耐久，苗族喜好之至。如生小孩，三朝或满月送做礼品，尤不可缺，如无此物，则社会常议之，非大家庭之人也。

“斑布，此为蓝纱、白纱纵横织成。

“麻布，绩麻而织，质粗而黑，未经漂洗熟练者，用以做蚊帐者极多。

“土帕，用蚕丝、棉线织之，亦有专用净丝者。扣面窄，用以包头，一般农家用布帕，上等人家多用丝帕。

“夏布，绩麻织成，质细如夏布，经三伏酷暑浸水漂之，色白异常，类似浏阳粗夏。”

苗族纺织制衣是技术复杂而艰辛的系列工程，现对原材料的获取、加工作些简略介绍：

自己种棉栽麻，经翻锄平整土地、播种、施肥、薅草、松土，直至收获，须经轧籽、打茎、梳理，才进入纺与织。先谈棉花处理过程：把轧籽后弹松了的棉花搓成擀面杖粗细的花荚，并束成若干小捆，置于柜中半月，待棉花自行蓬松后再加整理即可纺纱。

纺纱是苗乡的传统手工业，妇女人人会纺织，家家有纺车。纺车是用木、竹、麻绳构造而成。用木作座，竹制车轮架，细麻绳绷绞车轮圈之边缘，轮中上有一横柄，用手握柄旋转而纺。多数纺机是右手旋轮、左手扯纱，视纺纱粗细拉长缩短以调整均匀，每纺出二三尺长，则倒旋卷纱一次。不善纺技者出纱粗细不匀、松紧不等，须用抽纱速度快慢调整。善纺纱者粗细均匀，随心所欲，

① 参见杨开宇《贵州资本主义的产生与发展》。

每日可出细纱三至四两。每日鸡鸣即起，纺纱至夜深才歇，十分劳苦。白天有空就要压线：把纺锭装在“G”字型“机耙”里，扯出纱头绕在“X”型的“禾攀”上，一手拿“机耙”，一手拿“禾攀”，来回压挽。压完纱，再行“浣纱”和“浆纱”（用作经线）。浣纱按织物所需而定：若用于织染色的布坯，只清洗一两次；如用于织花布，必须用南瓜叶捣烂制成汁液，倾入桶或大盆，把纱浸入此液较长时间，再把纱在河水或井水中漂洗，如此反复几遍，棉纱就可漂白。苗族浆纱普遍用米汤：先把大米熬成糊状，滤出米汤，把汤兑成适宜稠度，即行浆纱。浆纺工序十分细致，既要使纱普遍挺括，又不能让纱黏成股状，以免“度绥”摇线时纠结，“度绥”之前可上蜡。用作经线之纱锭很大，以掌握牵布时接头多少。

在黔东南榕江等地，苗族和侗族妇女早已掌握高座脚踏纺纱机技术，这类纺机可同时纺两根纱。现用汉族“木棉纺车”为图例（汉族纺车转轮大，能同时纺三根纱，苗族纺机转轮较小，能纺两根纱），另示汉族“拨车”图例，苗族压纱之“禾攀”与此大同小异（图5-2～图5-4）。

织布技术更复杂。把浆洗好的经纱倒好纱锭，须经“牵纱”（又称“牵布”）这是织布工序中最关键的一环，尤其是织花布时，牵纱手续更繁。牵纱时计划好未来色布的经纬色纱分布，按纱序套综穿筘，这是繁琐而细致的工夫，往往要一两个人配合操作一整天。苗妇有传统规矩：牵布不能过夜，即使熬夜也必须一次完工，因为据说两天牵出的经纱、织出之布会一节质好、一节质差。色布之纱序尤其不能错乱，否则不能按意图织成花型。牵纱完毕，把纱绲安上织机，就可织布。织布只须一人操作，其余的人可以纡纬线纱锭，或干别的事。织女端坐机床，左手标梭，右手掌纬；右手标梭，左手掌纬，使线上下交错织成布匹，还须时时注意打紧纬线，防止断纱。除织常用经纬粗布外，也可织成各种花纹，苗语谓之“题明题敬”，汉语意即“苗锦”。苗家织布有棉织品、丝织品和混织品三类；花式常见的有格子花、纵条花、横条花、蕈子花、人字花、麻点花……花色形成关键在牵纱，因为牵纱时，已把经线色彩搭配定位。格子花又分粗筛格、细筛格和米豆腐格，蕈子花即如篾形编织效果，又因麻点、条纹粗细搭配变化而织成多种多样的布匹。

苗族妇女日常还用织机编织千变万化的花带，这是图案绝佳的工艺品，不仅用以系物，还用以赠礼，如情人间用赠花带寄托情谊。花带图案是由变换经纬而成。经线分单经和束经。单经只用一根纱，苗语称“禾闹”（ghaob hlaob）；束经用三根纱，苗语称“禾秋”（ghaob qut）。织花带颇费心血，构图巧妙，常见花果、蝴蝶、鱼虾等与几何纹相间，独具特色。图5-5是土家族织机图，苗族织机结构与此相仿，尺寸或稍小，亦有省略中央立柱之简式（图5-6）。

当布织成，就须染色，因为直接用白色坯布制衣是很少的，即使白苗习尚白色，也多用麻布而非棉布，棉布则多加染色后才用作面料。如是色织布，亦在理色纱前已经完成染色步骤。

苗族掌握染色技术，至少已有两千多年历史，因为《后汉书·南蛮西南夷传》中已记载：“槃瓠……生子一十二人，六男六女……自相夫妻。织绩木皮、染以草实，好五色衣服……衣裳斑斓。”这段话虽简略，却反

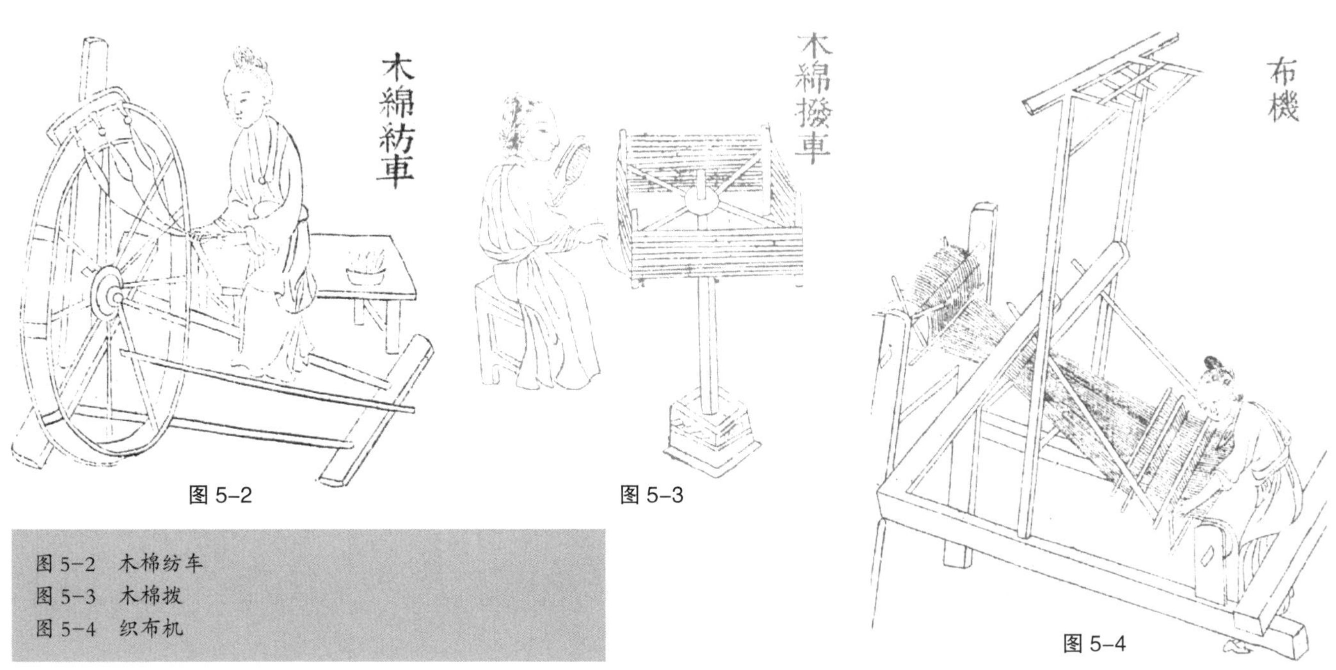

图5-2 图5-3 图5-4

图5-2 木棉纺车
图5-3 木棉拨
图5-4 织布机

图 5-5 土家族织锦（西兰卡普） 湘西凤凰
图 5-6 广西苗族织机

映苗族祖先因祀槃瓠而“好五色衣”，五色之染料大抵是“染以草实”即植物性染料。但苗族在“跳花场”盛典中有一仪式：先在花场中央竖一棵砍来的树，树梢悬下丈余彩色飘带，带头接一段红布（见前图 2-5）。据说这是按古传仪礼必备之物，飘带是把人间音讯跟天上祖灵相接的通路，这应当是原始时代“圣树崇拜”的遗制，那飘带跟今日月亮山区“牯脏节”时所用祭幡出于同源（图 5-7 ～图 5-9），都是巫术信仰中的天人交际的“接引幡”原义，可知原始时代已有彩带红幡的礼仪，这当然是染色而成的明证。另外，苗族崇敬始祖蚩尤，并在每一苗寨前植有圣树枫香。据说蚩尤被黄帝杀害前先被用枫木做的桎梏枷号，蚩尤死后鲜血染红桎梏，所以枫树至今逢秋变红。前述花场中心圣树悬垂飘带，下接红布与此相通，可知苗族应从蚩尤时代已有用红色寓意祖灵的观念，由此发展出用“五色衣”表征槃瓠的习俗，这种染色技术及其寓意应可上溯到四千年前的原始社会。

染织之事，多由妇女承担。苗族有句古话：“男人难清一天粪，女人难染一天庆。”（苗语称红色为“庆”，由此引申为染色工艺。）可知妇女们染色是又脏又累的苦活。染色还须细心和毅力掌握专门的技巧。植物染料是颇难掌握的复杂工艺，必须按程序掌握时间和温度才能染出理想的效果。苗家利用的植物染料品类很多，略举例介绍：

（1）黄色染料。用栀子捣烂，放入缸钵浸渍，即可将坯布染成米黄色。但是栀子从花树果实取得，受栽培限制，不易获大量栀子，所以不少地方改用黄檗内皮浸液（黄檗，Phellodendron amurense）或黄楝皮（黄楝，Picrasma quassioides），更多的则是用槐花和比橹（苗语 bid lul）。只须把花捣烂泡于水缸，浸坯布入缸即可染成黄色。但染色后须将染成之布再放入锅中蒸透，黄色布才耐洗而不变色。槐花易得，但染成之布黄色较浅；比橹较少，但染成之布是深黄色。

（2）红色染料。通常用椿树皮。取老树皮内层破成小块置锅内，文火慢煮至水成红色，取出皮渣，把坯布浸没焖煮，捞出晒干，再重复数遍，即可获绛红色的效果。如讲究些，则寻找“苏木”（苗语 saob mangx）或“途情”（苗语 ndut nqid），劈成小块置锅中，渗水煮沸，待汁色已浓，捞出木渣，取坯布浸入焖煮，取出阴干，可获火红色（深红）的鲜美效果，且不易褪色。如不煮浓汁，亦可控制色度染成淡红效果。少数跟汉族交往较多的苗族已懂得用红花染色。红花一名“黄蓝”，因植物叶形似蓝而称“黄蓝”，本是汉代从西域引进的植物。三月下种，五月开花，乘凉摘取晒干，如五月种则七月开花。五月花染色稍浅，七月花染色深而鲜，且更耐久不变。摘取大量红花即捣烂，煮熟后用布袋滤绞去黄汁，再加粟饭浆重捣，加少许食醋淘匀，再用布袋漉取，置瓮器中，覆以盖布，天未明再捣一遍，然后摊于席上曝干。染时用此浸坯布，可获美丽的胭脂红色。

（3）灰色染料。用烟子、油麻秆、稻草。把烟子研细，放入锅内煮成汁，即可染布成灰色。如用油麻秆或稻草，须先烧成草灰，再把草灰煮水，加小量碱、酒，滤过即可染布成灰色。

（4）绿色染料。“交榴”（giaot lioux），汉名洞龙皮，又称绿布皮，是山野间常见小灌木。削皮洗净切碎，放入锅中煮沸，滤过渣，即可把坯布浸染成绿色。另一种“绿条刺”（苗语 tudoutzei），剥皮捣过，加明矾熬液，可把坯布浸染，但染过一次须捞出晾过夜，使布吸露水，第二天下午再染二遍，反复三四遍即呈美丽的绿色布。

（5）有一种“绿布叶”很特别，采摘这种树叶，放锅中煮成浓液，把坯布浸入，泡至次日清晨，再取出到露天晾置，经霜露产生化学反应，浅者呈绿色，深者呈紫色，有泛亮变色的鲜美效果（绿与紫原是两种不易调和的间色），苗族称这种泛紫绿布为“江西绿布”，颇示欢迎。

（6）少数地区苗族已会栽种紫草作紫色染料。古时候《尔雅》称紫草为“藐”，《广雅》则称为“茈”。它外貌似兰，种子紫色，整个植株都有染料功能，但加工禁忌较多，稍有不慎就变黑失效，用紫草染布，色相殊美。紫色是不稳定的色彩，要保持纯度相当困难。多数地区的苗族是利用靛染加红色取得暗紫效果，很少见纯紫色布，但清代《黔记》在“短裙苗”一节中就提到“采紫草以营生”。

（7）黑色染料。多数苗族妇女是采摭山上野生的山柳叶（苗语称“奴皂”，汉名又称“柳木球叶”），九十月间把采回的山柳叶和水蒸煮，熬出褐色浓液，滤去滓渣，再把坯布浸入煮透，待冷却后捞出，拿到事先准备好的烂泥氹内沤泡，泥浆会跟山柳叶液发生化学反应，约一小时后取出，到河中漂净，再浸入锅中，如此反复四五次，就染成了乌黑色布，最后再用牛皮膏碱或焙子煮一遍，漂净晾干，使黑布亮泽如新。黔东南南部苗族还喜欢用鸡蛋清加工做成“亮布”，这种黑中透紫、泛着亮光的色布具有独特的民族风味。制作“亮布”，在染色前还须用苦楝子或漆树子打制的粉浆先把坯布加工（填平布纹），待染成后又需把布用力砑压才成“亮布”。

（8）蓝色染料。主要是用栽培蓝草，亦有用野生者，自古至今已有数千年历史。先看元王祯著《农书》所载：“蓝，染草也。《尔雅》云：‘葴，马蓝。’蓝有数种，有木蓝、有松蓝，可以为淀者；有蓼蓝，但可染碧，不堪作淀。蓝一本而有数色：刮竹青、绿云、碧青、蓝黄。岂非‘青出于蓝而青于蓝’者乎？种蓝之法：蓝地欲良，三遍细耕。三月中浸子，令芽生，乃畦种之。治畦下水，一同葵法。蓝三叶浇之（晨夜再浇），薅治令净。五月中新雨后，即接湿耩耩拔栽之，三茎作一科，相去八寸（栽时宜并力急手，无令地燥也）。日背即急锄（栽时既湿，日背，不急锄则坚确也），五遍为良，七月中作蓝

图 5-7 榕江县兴华乡高排村苗族为祭鼓节准备祭幡
图 5-8 月亮山区苗族古老的蜡染祭幡（六十年前的古老风格）
图 5-9 榕江县兴华乡高排村“鼓社祭”中的祭幡队伍

淀。崔实曰：'榆荚落时可种蓝、五月可刈蓝、六月可种冬蓝（冬蓝，木蓝也）。'蓝非独可染青，绞其汁，饮之，最能解虫豸诸药等毒，不可阙也。"（今天云南大理白族仍习惯用板蓝做扎染原料，板蓝根即著名感冒药。）从这些论述可知，栽蓝制淀以染布帛一直是中国农村的传统，且栽种加工技术相当复杂。

苗族所用多数是自行栽培的蓝，亦分几种：

（1）土靛，名蓼蓝（苗语称"银"，此处"蓼蓝"似与《农书》所说非一物），用蓼蓝之叶加石灰水发酵，沉淀后得的淀粉即蓝靛。把蓝靛泡于缸中制成溶液，苗语叫"靛井"，用来染棉布或棉纱、丝线，颜色经久不褪。

（2）家靛，宜栽于黑砂土壤，喜雨水调和。头年腊月深翻土壤一二尺，至春二三月天晴时，再松土成畦深约六寸，把靛秧按三至五根成束栽入，出土后追施枯灰及稀粪，薅除杂草，蓝靛蓬勃生长成丛。至白露前植株成熟，可先摘取靛株老叶；到霜降前，用刀刈割，倾入池中浸泡，每百斤靛叶掺入石灰四十斤，搅匀，注意气温变化，每昼夜翻搅一次，待靛叶沤出深绿色液时，捞出靛渣，用木耙将液翻搅均匀。再隔一段时间，池水渐清，靛精凝结沉于池底，即排去面上清水，用瓢舀出沉淀靛汁，盛入箩筐，贮于缸内，或滤成靛块。须染布时，把靛块放入染缸，兑水加温，把坯布浸入染煮，适时翻动使浸透染匀，染后捞出，漂洗晾干即成青布。若多次重复浸染，就呈深蓝乃至蓝黑色布，色泽鲜艳，可惜会脱色。

（3）野靛，苗语称"途恩"（ndut ngongx），是木本植物，野生。秋天上山采回家，泡于缸内，待靛叶脱落，捞出枝渣，兑入灰碱搅拌均匀，稍后即有靛精沉淀于缸底，取出存贮。染布时用靛块煮溶，把坯布浸染，翻匀，捞出漂洗晾干即成蓝布。技术高明者用野靛染成之布不亚于家靛（图 5-10 ～图 5-13）。云南白族有用"板蓝根"（中药）之叶做扎染材料，苗族则未见报导。

图 5-10

图 5-11

图 5-12

图 5-13

图 5-10　贵州贵定苗族在用靛蓝染布
图 5-11　榕江县两旺乡苗族在制作短裙（前为使"百褶裙"固定皱褶，后为晾晒已染布）
图 5-12　月亮山八开苗族制作百褶裙（固定在弧形板上）
图 5-13　染布并煮去蜡花后，到河边漂洗干净，就成完美的蜡染作品（丹增摄影）

苗族染色也用矿物质染料，但不普遍。黄平、施秉及凯里部分地区苗族妇女的衣服、背带芯、围腰常用红青布，并且在布面用一种“品紫”润饰，使之闪现金光，也有用“颗子金”化水加工者。这种黄紫闪烁的面料确实有一种奇特的视觉冲击力，颇引人注目。但此类染料极易褪色，当地苗族妇女常因此手脸被沾染而呈紫绛色。笔者初到苗区，对此颇以为异，后来查阅古籍才知，唐以前的胭脂并不作绯红色，而多呈绛紫色，唐朝妇女口唇亦未必涂朱，而是喜欢把唇染成绛红，这种古风流传东瀛，至今日本的“歌舞伎”仍存唐代遗韵。古词曲中的“点绛唇”曲牌词调，也多少透露此中消息。笔者揣度黄平姑娘喜好的金紫色调可能也有唐朝影响的余风。

苗族染料还有不少，例如用茜草染红色，用“糯米草花”染“姊妹饭”等，近代还有用外来化学染料替换土产染料，用各种矿物质染料等，此处不再赘述。但在传统的染料中，应以蓝靛为最普及也最古老。

在使用蓝靛染色布的基础上，苗族很早就掌握了利用蓝靛制作蜡染的技术。蜡染在汉唐以前似乎是普遍流行于中原的一种技术，近年考古工作者在新疆民丰县发掘出了东汉时期的棉质蜡染布遗物，而唐代史籍中提到“臈缬、腊缬、绞缬”织物，这种染织技术在中原已失传千年，无人能道其详。近年日本学者在著名的法隆寺正仓院发现了唐朝流传到日本的腊缬原物，引起了学者们的重视。20世纪初，日本学者鸟居龙藏到中国西南作人类学考察，初次介绍了苗族仍保持传统的蜡染技术；中国学者刘锡蕃在广西苗区考察也注意到苗族的蜡染工艺。查清代李宗昉的《黔记》，在“夭苗”条中说“妇人工织善染”，应即用蓝靛染布之意；在“犵家苗”条目中则说“男女均以蓝花帕蒙首”，这“蓝花帕”显然就是蜡染包头巾。特别有价值的是，贵州省平坝县（今安顺市平坝区）已出土宋朝的蜡染实物，并已有套色等重大技术突破，这是后世安顺地区苗族多色蜡染研究的重要参证，但也有专家认为此物仅有三百年。

关于蜡染的起源，苗家流传有一个神话。据说在“开天辟地”的远古时代，天穹不稳，常会垮塌，人间有一位名娃爽妇女就决定缝造一把“撑天伞”以托住天穹。由于娃爽看见蜜蜂在人们晾晒的白布上拉屎而形成白点痕迹，于是她就学着用蜂蜡点在白布上，把白布染制成蓝底白花而缝成了“撑天伞”，把天稳稳地撑住。后来这一制造撑天伞的秘密被苗家两个姑娘阿仰和阿卜学会了，她们把生活中看到的花鸟兽虫乃至山川漩流、云烟等自然物象描绘到白布上，经染整而获得美丽的面料，这就是苗家特有的蜡染技艺。这个神话传说虽然质朴天真，却能给我们一些重要提示：首先蜡染是最古老的文化创造之一，流传在西南民族间的“开天辟地大神”除盘古外，就是“补天”的女娲。从古籍记录看，盘古是汉朝以后才出现的，女娲则在《楚辞》《山海经》等中就有记述，是源自古羌的更为古老的创世女神。在汉族神话中女娲是在共工氏“与天帝争，怒触不周之山，使天柱折地维绝”而致洪水泛滥之后出来补天的女神，尧舜之时把共工、驩兜、三苗、鲧骂为“四凶”，有人又把共工和鲧合二为一。作为苗族神话，当然避开了“四凶”而只提“女娲补天”之事；显然，“娃爽”就是指汉族传说的女娲。不过在苗族神话中把“炼五色石补天”改成“缝撑天伞”，显然，这“撑天伞”就是满天星斗的天穹形象。联系到本书前文介绍的“祭鼓伞”（图4-50）我们就可悟出：苗族是把本民族的祭祖观念跟汉族女娲神话糅合为一了。但是从这神话传说可知，苗族承认蜡染是从汉族学来的一种古老染技。从古籍记录和新疆出土的东汉蜡染遗物都可看出，汉族发明了蜡染，而苗族则把蜡染技术继承发扬到了今天，这一古代民族文化交流的史实是很值得重视的。

现在提到“蜡染”似乎都指用蜡做阻染剂的技术，其实苗族曾用过的阻染剂多种多样，例如松脂、枫香树脂、水牛油、胰皂、米浆石灰合剂等。就是蜡，也从柏蜡、蜂蜡、虫蜡、矿蜡而逐渐改变。具体制作上的差异就更多了。例如用松脂为阻染剂的苗族工具十分简单：用破旧瓷碗盛松脂在火塘旁慢慢烤化，用一根削尖的小竹棍蘸取熔脂在白坯布上画出几何纹图案；而用蜂蜡绘画时，则须使用专门的铜制画刀，因为蜂蜡加热后易冷凝，铜制刀笔保温效果好，易于画出流畅而绵长之线纹。在跟汉族靠近的地区，蜡染技术有了新的发展，请看石启贵《湘西苗族实地调查报告》中介绍的材料：“蜡染法……先绘各种花型托影于两块易刻的软木板上，图形雕成空心花孔，用来做蜡染花模。染时将布夹两块花模之间，蒙影对准花纹后扣紧。然后用蜡加热，熔液流灌入夹好的预制板花模空心处，使高温热蜡液掩盖花型布面。待冷却，结薄蜡壳盖于布面上，再将花板解开，取受蜡之布投入染缸中浸色。未被蜡液浸烫之布，一染即上色，被蜡熔液套盖的花型则安然无事。染后，将布煮热使蜡壳脱去，蜡盖之花型则显露出来。此种染法功效好，苗乡人多自雕花坯，印染帐檐或门帘子，适用美观。”

“另有‘浆膏’染法。即将自制的无色浆水灌注于预制的花型板中，使浆膏结在布面上，染后脱去膏浆现出花纹来。”此处所述的方法实际已不是传统的苗族蜡染技术，而是受到汉族“蓝印花布”影响的新办法，后面的所谓“浆膏法”正是典型的“蓝印花布”。蓝印花布跟苗族传统蜡染的区别正是阻染剂不同和版印与手绘的不同。蓝印花布为省工多产，更有雕镂印版“捺印”的技术，印出大多呈串点组合成花型的效果，跟苗族蜡染明显不同。

石启贵在上文后还有一小段：“凤凰禾库一带苗族男女老少，喜戴梅花头帕，故尚有梅花印染法。此法是用绳子将布系成梅花形状，每朵间隔一定距离。系毕投入染水中浸染上色，取出晾干，解去捆绳，即现纹迹如梅花。”虽然语焉不详，但此“梅花印染法”实即古籍中所记“绞缬”，现代称为“扎染”，即用细绳按一定规律把布料结扎或缝成各种小疙瘩，投入染缸中因扎紧处靛液渗不到而留白，扎得较松处靛液可沿褶皱渗进，一旦解结漂净，白点四周有放射状自然花形，颇似梅花。但这种扎染（绞缬）跟蜡染并非同类，因其不用阻染剂。

苗族蜡染的基本工序是：先绘蜡（苗族称绘蜡为“点蜡幔”），然后浸染，最后漂洗、去蜡。

图 5-14 是贵州省榕江县兴华乡高排村的苗族妇女在用铜制蜡刀绘蜡的情景。绘蜡的关键在于蜡刀的制作和技术掌握：用两片黄铜薄片剪成三角形（中间再垫一小铜片），包扎在竹管上，使铜片的下部在两片之间形成一条隙缝，缝的宽度按所需线条粗细予以调整。为绘出不同粗细之线，常需多准备几把大小不同的蜡刀。当用蜡刀蘸取蜡熔液时，两铜片之间可存贮一些蜡液。因铜片散热慢，蜡液可保持几分钟的流体状，用蜡刀底部的角在布上绘线时，蜡液逐渐流下而成长线，如果把蜡刀下部两角同时接触布面，则可绘成均匀的阔面。而绘制特细线条之蜡刀，也有制成“鸭嘴笔”形尖状者。但是，同样的蜡刀掌握在技术熟练程度不同的姑娘手里，可能形成完全不同的效果。蘸取蜡液多少，在布面上绘画时的轻重、疾徐，都影响线条的流畅或滞涩效果，稍有迟疑，蜡渗入布底漫漶胶结，则全幅皆毁。苗族姑娘自幼习艺，人人得心应手，尤其是黄平的僅家姑娘和织金县的苗族姑娘，都能画出一手纤细如毫发的精美图案，熟练的技巧令人拍案叫绝（图 5-15 ～图 5-18）。须知，这些精确繁密的作品，都是不用圆规直尺，只用稻草比量，用大小竹筒作圆形参考，全凭姑娘们一双巧手脱空画出，其规范致密令人吃惊，真正达到了“随心所欲而不逾矩”的神奇之境。如此绝技都是十余年刻苦磨练的结果，绝非一蹴而就。图 5-19，图 5-20 是僅家姑娘绘制蜡画的情景，她是在红底上试验一种新风格，是新一代的创新之作。图 5-21 是黄平苗族姑娘已绘成的蜡画，只待投入染缸了。图 5-22 是丹寨县苗族姑娘已绘成的蜡画作品，风格潇洒自由，本身的观赏性极强，如果再经靛染，其风格将从明朗改变成更具浓郁的民族品味。

僅家姑娘的蜡染盛装最大的特点是蜡染跟刺绣织花带作综合设计，显得谐和又丰富，鲜艳的红、橙、黄织绣增添了醒目的审美效果；蓝、白、黑的蜡染基调又保持着沉稳高雅的味尝。兼之僅家姑娘服装的男性戎装倾向，更增加了一份兼具刚柔的“矛盾的调和”之美。现提供一套僅家姑娘盛装的详细资料供参考：

图 5-23 女上衣：长 74 厘米，袖长 60 厘米，下摆 51 厘米。

图 5-24 中衣：长 57 厘米，宽 61 厘米；裙长 46 厘米。

图 5-14

图 5-15

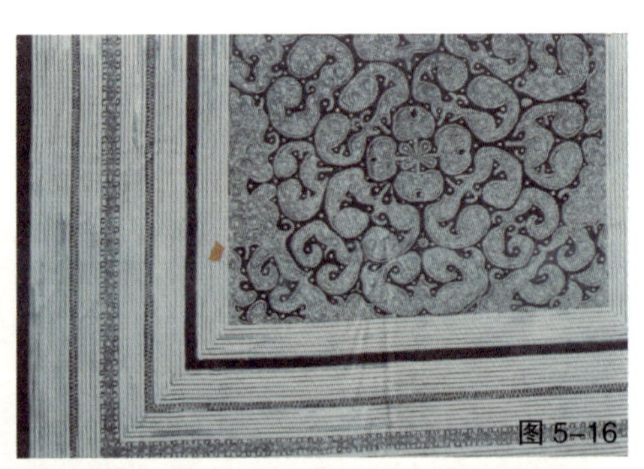
图 5-16

图 5-17

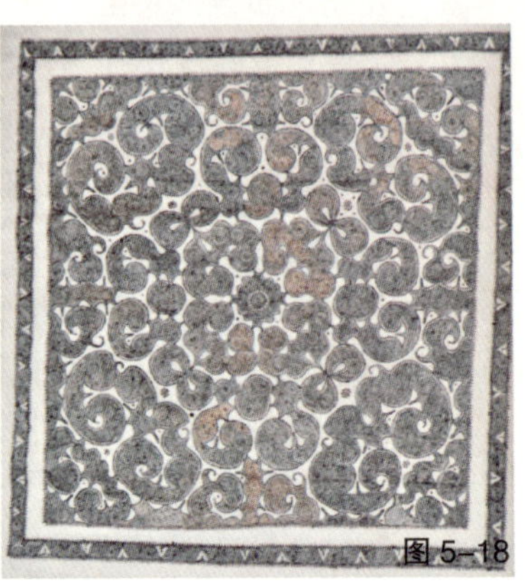
图 5-18

图 5-14 贵州安顺苗族妇女在绘蜡
图 5-15 贵州省黄平县僅家姑娘蜡染作品
图 5-16 织金县苗族蜡染作品
图 5-17 贵州织金苗族绣品
图 5-18 织金苗族妇女蜡染未染作品

图 5-25 发箍：宽 3.5 厘米，长 34 厘米；帽盖直径 14 厘米；挡甲长 74 厘米，宽 45 厘米；发簪：11.8 厘米长；绑带（一副）长 94 厘米；绑腿布长 42.4 厘米（一副）。

图 5-26 袖套（一副）：长 23 厘米，宽 22.5 厘米。

图 5-27 里围腰：长 44 厘米，宽 33 厘米；外围腰（翻上）长 28 厘米，宽 37 厘米。

图 5-28 外罩衣（贯首衣）：长 95 厘米，肩宽 65 厘米。

图 5-29 这幅蜡染所绘纹样令人惊奇：全幅分两截，上截用相反相成的弧线把构图作均衡分割，形成虚实凹凸相对应的谐和感；在每一小块范围内，又用节奏分明的繁密弧线，组合成同一意匠、不同外形的“意象”，这些“意象”给人以整花、半花、四蝶绕花、蝶形角花甚至“二龙戏珠”的印象。仔细审视，这些“意象”又无一具体形象——只是一些大小、轻重、粗细的弧线组合而已。同样，下半截有“大小蝴蝶翩跹于繁花丛中”的“意象”，仔细审谛，又“了无形迹”，大有“雪泥鸿爪、扑朔迷离”之妙，似蝶非蝶、似花非花、似梦非梦，一切都是“印象”——诉诸观者联想的心灵感通，拨动视觉韵律的奇妙琴弦，恍惚中若有所见，却又令人“水底捞月”。那中心小方块内似乎有了具体物象：好像是牡丹环绕中的蝴蝶，但细审又非蝴蝶，而更像苗族神话中的“雷公鸟”（详见后文），那“牡丹花”也不作四角对称，而是作三角反衬、大小间错的安排。由于底色的加深和小方框的强调，这“中心花”显示出特殊的重要性。那正是笔者在前文强调的：九黎三苗从黄河平原被驱逐南迁时，姑娘难舍故乡的肥美田园，就把平原山川绣成“背牌”背着走，乃至形成了苗族古服传统中不容随意取消的“田坎花”。这幅蜡染由于粗细弧线的巧妙搭配而产生丰富的层次和色调感，甚至令人产生“幻光明灭”之感，对视觉韵律的把握已臻于“炉火纯青”的境界，全幅绘制和染色竟无一败笔，实属难能可贵。

由此想及一个蜡染品评标准的问题：近年苗族古老的蜡染工艺被人们“重新发现”以后，许多专家热衷于“扶植、提高”，旅游经济也让经营家们有心“开发”

图 5-19

图 5-20

图 5-21

图 5-22

图 5-23

图 5-19 黄平僅家姑娘在绘蜡
图 5-20 贵州省丹寨县苗族蜡染作品
图 5-21 黄平僅家蜡染
图 5-22 贵州省丹寨县苗族蜡染作品
图 5-23 黄平僅家姑娘盛装上衣（前为蜡染花纹，袖上刺绣花纹）

图 5-24

图 5-25

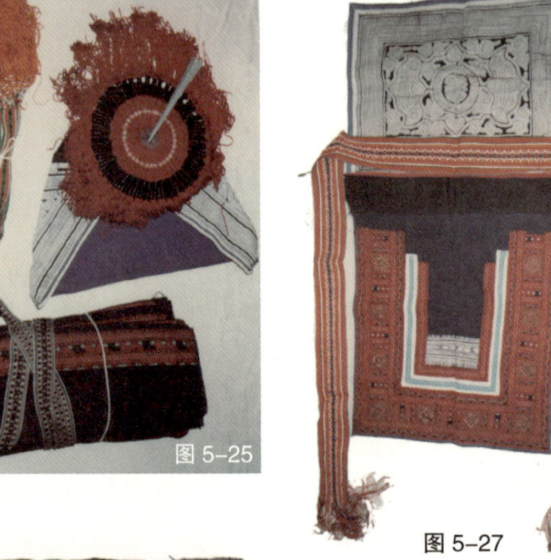
图 5-27

图 5-28

图 5-26

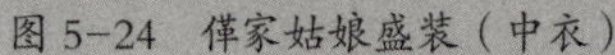

图 5-24　僅家姑娘盛装（中衣）
图 5-25　僅家姑娘盛装（发箍、帽盖、挡甲、发簪、绑带、绑带布）
图 5-26　僅家姑娘盛装（袖套一副）
图 5-27　僅家姑娘盛装（里围腰、外围腰）
图 5-28　僅家姑娘盛装（外罩衣，实际就是古老的贯首衣）
图 5-29　苗族蜡染背兜盖布　上海博物馆藏

图 5-29

这民艺宝藏，近年来，不仅组织了苗族蜡染能手到欧美表演，还在不少地方兴办起专业蜡染厂，甚至有按“流水线批量生产”之势。经济大潮的推动，也确实给苗族古老的蜡染带来新生，蜡染已从山区苗寨发展到若干省区，不仅美术院校开设了蜡染专业课程，不少城市也开出了蜡染布专业商店，上海还有类似酒吧的“陶吧”“蜡染吧”。新疆、四川、天津、南通都有一些蜡染专家在从事开发研究，其中以贵州蜡染研究所的陈宁康、傅木兰夫妇和安顺的洪福远等人成就最为出色（图 5-30）。前者已引起英国、美国等国际专家的重视，开展了国际学术交流活动；后者则在北京荣获“中国十大民间艺术家”称号。在苗族制作蜡染时通常是力求避免出现碎裂痕迹，因为在苗族姑娘看来，这种碎裂痕迹是作品的弊病，是缺憾。但是蜡染专家们发现，蜡染自然碎裂的痕迹有着“不可重复性”，即没有一张蜡染作品能出现相同的裂痕。现代工业化社会因“流水线大生产”，可以保证“千万产品同一标准规格”，标准化、规范化固然有利于社会商品的丰富以满足消费扩大的需求，但工业现代化大生产是抹杀产品个性的。作为艺术品的灵魂却是个性，而艺术品的个性正体现于作品的“不可重复性”，能被大量复制的只是商品、赝品。于是，当社会生产倾向于标准化、规范化扩大规模效应时，人们对艺术品的评审标准恰恰走向另一极端：强调个性，强调“原创性”，强调“独一无二”。专家们既然发现了蜡染自然碎裂痕迹的不可重复性，就竭力采取非自然的“人为折碎”以制造无法重复的蜡染碎痕，并美其名曰“冰纹”。原本苗族姑娘视为缺憾的碎痕，在“专家蜡染”中却成了衡量优劣的某种尺度，甚至“冰纹”本身也成了被欣赏的一种“形式美”。专家们这种艺术追求当然是合理的，但如以这种“专家尺度”来评审苗族姑娘们的“原生态”蜡染作品，那恐怕就惨了。所以，笔者认为不同的艺术应有不同的评量标准，百花齐放嘛！其实在古瓷品鉴中，如哥窑的“金丝铁线”（碎纹）就早已存在此类问题，不足为奇。

图 5–30 人物身后是贵州麻江县的一幅苗族蜡染珍品，人们称此族为“饶家”（绕家），就是清代《黔记》中所述之“夭苗”。“饶家”的刺绣纹样很有特色，通常以红、黑、白三色为主，色彩变化简单，纹样造型却变幻特多。大体上，在几何形分割的小区域内，填充繁密的曲线适合纹样，粗看似乎都是花草卷形纹样，仔细观察，在卷曲的复杂“花草纹”中竟嵌藏着许多小动物，通常是一对对、一组组的小鸟，有时还有小鱼和小虫。由于各种曲线、弧线的巧妙搭配组合，整幅珍品充满了动感，而在律动之中又有充分的谐和之美。

蜡染作为最古老的印染技术之一，至今尚能“老干发新枝”，不断适应新时代的审美变化而“推陈出新”，这里蕴涵的审美规律、民族心理素质以及技术本身都值得深入研究。

苗族的织绣工艺特别发达。因为纺织是跟日常生活密切相关的，在实用、普及的基础上，艺术就获得了发展的依托和动力。在纺织中除织布外，苗族更发展了精美的织带工艺。可以扩大些看：中国古代服饰似乎都以纂结带组为重要特征，唯独苗族特别重视花带，并由花带引成若干民俗风情。织带有机织和手织两类，通常宽而厚实之带都在专门的织机上制作，手织则是利用简单的工具编织多彩的窄带。图 5–31 是机织宽花带，从图中可见这种花带正反面恰成对比，因为它就是在织机上通过提经穿纬的规律性操作而成，黑白二色线交替即成正反面对映之花纹。手编织花带通常都要经过先把彩色丝线编成辫索状的步骤。这种供编结花线的专用“小凳”，原本在明清时期广泛存在于汉族地区，汉族妇女是用来整理裹脚布带的。苗族没有缠裹小脚的陋习，但是学会了制造这种专用“小凳”，不过是为了编结彩线以供织绣（见图 3–10）。

花带在苗族群众看来不是简单的装饰品，它还是衡量姑娘心灵手巧的标准，也是苗族青年恋爱结婚的象征物之一。因此，每个苗族姑娘从小就苦练织花带。因为花带不用起稿描底，而是各人凭观察自然物、通过想象加工成几何结构，直接在带上编织出变化而具规律的美丽纹样。如图 5–32 是五根花带，从上至下分别为莲花、凤穿牡丹、八角星纹和花篮，无论从立意、配色、造型

图 5–30

图 5–31

图 5–30 蜡染专家洪福远（全国十大民间艺术家之一）在创作
图 5–31 凯里舟溪苗族织花带

都很见水平，而这种花带因是“随心所欲”织出，往往无一雷同。许多苗族支系的服装是用大量飘带组合成裙，参见前图3-86。花带还被用作苗族姑娘传情的信物，如图5-33是贵州苗族传统舞蹈“斗鸡舞”，姑娘在几个追求者中用花带拴在某人芦笙上来表示选定了对象。获得花带的青年，就把花带贴腰拴在内衣上，并露一小节在外，向人夸示“已找得情人”。广西融水大苗山区流传一个故事：都狼河东岸一个姑娘爱上河西一个小伙子，苦于没法过河，两人夜夜隔河对歌，歌声感动天神，天神丢下一根彩带化作虹桥，引渡姑娘过河成亲。从此姑娘们热衷于织花带，并用花带传情定亲。黔东南更形成了“讨花带”的有趣习俗：除过节、游方（自由恋爱）时姑娘用花带赠送男友外，主要用在出嫁时带到男家赠送新郎及其兄弟、朋友。出嫁当天，伴娘替新娘把多年织成的花带剪成一两尺长，背至男家。新娘、伴娘和陪送姐妹独占一房进餐，并等候青年们来“讨花带”。小伙子们待新娘餐毕，就簇拥新郎至新娘房门前，姑娘们紧闭房门，经一番舌战才开门，领头青年说：“今天姑娘已是我们寨上人，须送花带，以后路上相遇才好喊。”一阵说笑打趣后，新娘先抽出一根花带递给领头青年，青年们坚持须新娘亲自把第一根花带拴在新郎腰上，新娘推诿再三才肯替新郎拴上腰带，随后再给青年们一一拴腰带，如此婚礼才被群众欣然接受（图5-34～图5-38）。事实上，中国各族历史上都有赠物定情的风俗，如《红楼梦》中贾宝玉探望病危的晴雯时，互换中衣以示情深。男子间也有互换汗巾定交者。

苗族的刺绣工艺风格多变、水平很高，似乎尚未受到足够的重视和深入的研究。事实上，贵州的蜡染已从民间自发的制作发展为较大规模的蜡染厂和专业作坊，已能按社会发展的节奏配合旅游业和内外贸需要，定货批量生产，也有许多专家从事较深入的研究开发；而苗族的刺绣至今仍停留在农村妇女们家庭副业的自发水平上，各县试办的民族工艺厂对刺绣的开发始终未摸索出一条合适的道路。相反，近几十年来许多民间商贩走乡

图5-32

图5-33

图5-34

图5-32　苗族织花带
图5-33　苗族传统的“斗鸡舞”中姑娘挑选情郎的示爱动作（把花带套在芦笙上）
图5-34　施洞地区苗族织花头带

图 5-35

图 5-36

图 5-37

图 5-38

图 5-35 丹寨苗族织花带
图 5-36 苗族织花带（以蛙纹为主）
图 5-37 丹寨苗族盛装所用“汗巾”与织花带
图 5-38 贵阳花溪苗族挑花腰带

串寨大肆收购传承苗绣精品，抬价售于外国旅客，个人由此致富者不少，使民族刺绣精品犹如“竭池而渔”般流散出去。新生代苗族姑娘已很少能接班制作精品了。民俗文物的抢救、研究与开发已濒危境，如等到老艺人消失后再去抢救，将悔之莫及。多年前，著名艺术大师刘海粟到贵州旅游，在给“陈宁康、傅木兰蜡染展”写的长序中提到苗绣：“缕云裁月，苗女巧夺天工，苏绣、湘绣比之，难以免俗！”把苗绣放在号称天下第一流绣品的苏绣、湘绣之上，这是艺术大师的过人之见。把历来文人自视清高的“雅”和被贬为“俗”的民间艺术评价标准颠倒过来，这是很大胆的，也是启人深思的，值得从美学角度予以阐发。确实，苗绣是在数千年民族文化积淀的肥沃土壤中萌芽生长的，它随时霑被着阳光雨露，健康茁壮，“山花照眼明”，没有文人雅士的无病呻吟之弊，也不受铜臭污染。苗绣是出自山乡女儿的满腔热情，蕴涵着一个民族的理想愿望，是克服了物质匮乏而焕发出的精神奇葩。解放前，苗族是饱受迫害的民族，却又是始终乐观奋进的民族。从自种、自纺、自染、自织、自绣、自用中创造出来的苗绣精品，自应荣登“大雅之堂”。

多数苗绣是挑绣、贴花、平绣，并以几何纹为主，但黔东南州的苗绣特多具象纹样，沿清水江的麻江、凯里、黄平、台江、剑河一线多蜡染刺绣的动植物纹样，而台江施洞一带独多人物造型；沿都柳江的丹寨、雷山、榕江、从江一线多程式化具象纹，而月亮山区特别保存了古老的寓意造型。本章先从技术上分析苗绣。

很可能最初是从编织物的肌理中启发了苗族的刺绣欲望。无论是竹筐、簟席，还是葛麻、棉绸，规律性的交织纹理能诱发一种审美的意兴，令人产生加强这种肌理的冲动，于是就出现了创造美的尝试。例如，在织席的纹理上改变经纬的交错规律就能出现“花纹”；同样，在葛布的经纬规律上加以改变就能产生“织花”。如果在正常的经纬肌理上添加一层跨越纱线的长短纱线，这新添的纱线会凸显出来；如果它们另成规律，就成了“挑花”。苗绣中非常重要的“挑花”又称“数纱绣”，就是在面料上作跨越原有经纬规律的交叉添纱，于是成为“十字绣”。笔者猜度这种“十字挑绣”式的美化加工就是刺绣工艺的“原生态”。从此原理出发，织物加工走了两条路并形成了两大类别：第一，在面料织造过程中改变经纬规律以求美化的“织花”，如绮、罗、锦、缎、格子花布、斜纹布、椒纹布、簟纹布等；第二，在面料上附加的美化手段就是所谓的“绣”，再从素色加工发展到彩色加工，所以《说文》定义为“五彩备也”。《考工记·画缋》：“画缋之事，五彩备谓之绣。”再发展为“以丝刺为五彩众文曰绣”。如果笔者的判断能够成立，今日占苗族绣品大量份额的“挑花”(挑绣)就应成为研究的首选。

挑花其实是最普及的绣技，几乎可以说，世界上凡是有织物需美化的地方，就可能找到挑花。因为挑花的技术最简单易办，只要一根针、一根线就行。但是挑花需要的审美眼光和概括造型能力、想象力却很高，因为局限于织物纹理结构，挑花的技术手段单一，就须匠心独具地设计纹样以取胜。挑花的造型有极大的局限：只能是用简单的几何基本形组合成纹样(只有“+、×”两种)，所以挑花中最常见的就是几何形，实物具象常受程式限制而呈概念式。由于挑花是严格按织物肌理的“+”字单位进行组成加工，所以群众又称之为“数针绣”“数纱绣”。

苗族挑花技术的特点是“反面挑花正面看”，不起稿、不打样，甚至没有预拟的设计方案，任凭挑制者在挑花过程中发挥想象力，从一个小单位一路向四面扩展延伸出去，只要最后形成“二方连续”或“四方连续”图案，规律也就在纹样中了。当然，一些技术纯熟的高手，在积累了丰富的生活印象后，也会有计划地进行具象乃至“情节性”创作，例如湘西苗族喜欢“老鼠娶亲”“凤穿牡丹”“鲤鱼跳龙门”等情节。这类挑花虽然仍不打稿样，其实每个姑娘着手挑绣时都有腹稿，早已“成竹在胸”；特别是挑制复杂纹样时，心中自有大体布局，只是挑制时常“因势发挥”而已。苗族姑娘从八九岁就学挑花，甚至在寨外搭建专门的“挑花棚”，姑娘们三五成群，围坐一起切磋挑花技艺。如云雾山麓的高坡苗族女装都有一块由“贯首衣”演变来的“背牌”，这背牌也是显示姑娘挑花手艺的“展牌”，节日盛装之背牌由两片长方形黑布组成，深底上挑满白花，繁密细致的复杂纹饰常需耗费整年精力才能完成，穿衣后把背牌披挂胸背前后，具有浓郁的民族特色(图5-39)。

贵阳南面的花溪风景区也是苗族挑花著名的地区。此地苗族实属“青苗”支系，平时衣着朴素，节日姑娘穿出盛装却是满身施绣，繁密的挑花令姑娘美如彩蝶，花溪因此也曾被称为“花犵狫”(“花阁佬”)。笔者曾在花溪的贵州民族学院、贵州大学艺术系任教九年，艺术系为研究民族工艺，曾把当地最著名的苗族挑花能手王朝珍聘请到系里专门研究挑花。王朝珍为人真诚朴实，心灵手巧，她为挑花艺术作出了很大的创造，善于在传统风格上推出新花样，许多青年姑娘向她求教学艺，讨取新样，促进了方圆百里的苗族挑花水平的提高。笔者常向她请教挑花艺术。据她告知，苗族姑娘习艺是有规律的：先做些花边如袖口、领口花，熟悉基本针法和传统纹样，常见纹样如麦穗、豆花、牛牙、狗牙瓣(实际指“垂盆草”式草花，因该草民间称“狗牙瓣”)、猪脚叉(又称“八角茴香纹”，实际是星宿纹，详见本书后文分析，该纹样拆半就是“枫叶纹”)等，然后再学挑蝴蝶、小鸟、刺黎(刺梨)花、成排小人及祖庙等纹样。待常见纹样的挑法已熟记于心，就应学习配色，要鲜亮而不火气，因为通常都是在深蓝或黑底面料上挑花，做复杂的几何纹先用白线或红线挑出图案轮廓，再填以鲜亮色线，然后把一组图案向两头(二方连续)或向四面(四方连续)连出去。做单独的“适合纹样”时，也可先挑成纹样骨架，再套边，如果感觉骨架色太火，套边时用白线或灰线就能协调。后来王朝珍调入贵阳市工艺美术研究所任专业技师，创作了大量作品。难能可贵的是，她并没有很高的文化水平，也没经专业绘画训练，却不满足传统纹样翻新，而是在实践中尝试创作新内容的具象作品，如“韶山”“遵义会议会址”“延安宝塔”等，她的作品不仅在广州交易会上和全国工艺美术展览会上备受欢迎，卖出高价，而且首都人民大会堂的贵州厅也选用了王朝珍的作品布置陈设，这是一种崇高的荣誉。在以王朝珍为代表的苗族挑花能手和贵州广大业余和专业工艺美术工作者的努力下，挑花水平大为提高，除传统服饰外，还发展到现代沙发套、茶几罩、桌椅垫、门窗

图5-39 安顺地区水溪苗族挑花背扇 洪福远提供

饰帘、手提包、领带、壁挂等新品类，也已成为当代旅游品的强项被逐步开发出来。其意义不仅是能创业赚钱，对如何继承发展民族传统副业使之尽早走向现代市场经济颇有启示之功。

据古籍记载，刺绣已有数千年历史。《虞书·益稷》："黼黻绨绣，以五彩彰施于五色，作服，汝明"，这已是制定了皇帝冕旒法定规范以后的定义，即通过蜡染和刺绣在帝王礼服上加工成五彩的"十二华章"纹饰。如果说这段话反映了周朝的礼服观念，则刺绣应当更有久远的发展历史，那么原始的刺绣始于何时，是什么模样，当然已难确证，但我们从古史记录中应可找出一些痕迹。《后汉书·南蛮西南夷传》实际包涵"南蛮"和"西南夷"两部分，范围涉及长江中游以南、以西直至海南岛、中印半岛广大区域。但值得注意的是，在叙述如此广阔地域、如此复杂众多的民族概况时，南蛮部分从"武陵蛮"即"槃瓠信仰"的苗瑶开始，而西南夷部分则是从"夜郎"开始，可见南朝范晔心目中的西南民族应以苗瑶族系最具代表性。这是有具体原故的：继汉末社会大乱、"五胡乱华"、东晋南迁后，中国民族文化矛盾交融达到空前激烈的程度，从汉武帝平定南粤、"凿空西域"并派司马相如开拓西南夷以来，西南各族文化被中原史家逐渐认识，司马迁还亲自深入到云南考察搜集第一手资料撰写《史记》，又经两百多年酝酿，到范晔时已能准确地从杂乱的史料中整理出西南各族文化的来源和流变。范晔曾参考了《东观汉记》等十余家官方史籍和大量民间传闻著成《后汉书》。此书应能代表中国社会从古典向中古时代大转变时期的实情，把"槃瓠系"各族和"夜郎国"作为西南各族文化的代表有其科学性和现实依据。在叙述"南蛮"源始时，范晔强调："槃瓠死后，(其子女)织绩木皮，染以草实，好五色，衣服制裁，皆有尾形，……衣裳斑斓，语言侏离"，这"织绩木皮，染以草实"当然就是原始的纺织和织花工艺，包括可能已有的靛染和蜡染，而"衣裳斑斓"恐怕不是光靠"织花"即可做到，是否已有了刺绣工艺呢？范晔在介绍完了南蛮和西南夷后，专门有一段评释，"论曰：汉氏……有事边远，盖亦与王业而终始矣。……若乃文约之所沾渐，风声之所周流，几将日所出入处也。著自《山经》《水志》者，亦略及焉。……若乃藏山隐海之灵物，沉沙栖陆之玮宝，莫不呈表怪丽，雕被宫幄焉。又其賨、火毳、驯禽、封兽之赋，积于内府……"这段评论当然是夸耀汉武以来征服四夷、弘扬中原文明以及以贡赋形式从边远民族中搜括大量奇珍异宝以至充斥内府。值得注意的是特别强调了"賨"和"雕被宫幄"，据《后汉书》："汉兴，改为武陵，岁令大人输布一匹、小口二丈，是谓布"(即要武陵蛮每年用土织布作贡赋，称"布")，"及秦惠王并巴中，……其民户出賨布八丈二尺、鸡羽三十，汉兴……一依秦时故事"(即令巴族贡土布，曰賨布)。这"雕被宫幄"一语颇堪玩味：刻镂饰画谓之"雕"，但幄是大帐："四合象宫室曰幄"，即宫中四面悬挂的帷幕(壁挂)，在软的织物上如何"雕"呢？显然应指刺绣，笔者认为汉代已重视苗族特异风格的绣品，并用于宫幄之上，以夸耀"四方来朝"之盛，当然更因其审美价值。

苗族刺绣品类繁多，技术复杂，风格多变，只能概括介绍一些。在各种刺绣中，最复杂而且艺术成就最高的大约要数台江县施洞地区的具象平绣作品(包括"劈丝绣"和"贴花")，以及台拱、雷山、丹寨、榕江等地的古典遗物。以施洞为代表的台江苗绣多数须先经设计和剪纸过程，各村镇并因此出现一些专业剪纸艺人，她们继承了苗族的优秀传统，所剪的作品在集市上出售，影响着大片地区的苗族刺绣风格与水平。例如，笔者在台江县老屯乡认识苗族剪纸老艺人潘箛银、张套乜(Taunie，苗语"乜"意即银子)(图 5-40)，不仅收藏有她们的剪纸作品百幅，还请她们在笔者的速写簿上画过几幅彩图(图 5-41 ～图 5-45)。她们从未读过书，也不识汉字，更未受过汉族"正规的绘画训练"。她们从小跟母亲、姊妹学"做花"，按古传纹样绣了多年，不满足，就把看到的各种东西按自己的意愿剪出来、绣出来。由于她们从母亲的奶汁里就"吮吸"着民族传统的营养，在观察和表现自己的感受时，就不仅是个人的印象，而是"本能地"体现出民族传统的风味，但是这并不影响她们个人印象的表达。虽然笔者让她们画狗画鱼时，她们画出的都是民间绣品中所见的传统形象，当笔者指出

图 5-40　贵州省台江县老屯乡苗族剪纸能手张套乜

跟面前的活狗不像，并追问“为啥不按真狗画”时，她们的回答是：“这样好看。”但当笔者向张老太太提出请她替笔者剪一幅“划龙船”时，笔者以为那样复杂的场景会难倒她，不料她轻松下剪，很快剪出了一幅热闹的“划龙船”，很聪明地在前景用“赶羊送猪”占去大半幅面，而在远景表现龙船场景，甚至不忘表现出笠帽上的银标志和男孩女装敲锣等关键细节（图 5-46）。她在“央公央婆（伏羲女娲）滚磨结婚”这样的构图中甚至表现了整个复杂的故事过程（图 5-47 ～图 5-59）。

台拱（台江城关）的绣品以“堆绣”和色彩浓艳、造型古朴为特色，所以台拱的剪纸也更充塞紧凑，造型不如施洞的空灵精巧，许多细节在剪纸中不再表现，而是留待绣女们去发挥（图 5-60）。

湘西苗族的服饰在清代有了很大改制，基本上跟汉族相似并有“旗服”的特征，其刺绣也跟汉族大同小异，剪纸显得细巧，虽然也有帐绣帐幨之类大件，但其纹样仍是由精细的局部拼组而成，很少见到大幅剪纸作品。

现代市集商品发展后，剪纸艺人也不再一张一张地剪，而是用若干层皮纸叠起，在第一层上用笔起稿后，用纸钉固定重叠的纸，然后动剪，一次能剪出多张相同

图 5-41

图 5-44

图 5-42

图 5-45

图 5-43

图 5-46

图 5-41　台江老屯苗族剪纸能手潘筛银画的狮子（棃邹）
图 5-42　潘筛银画的“修狃”（犀牛）
图 5-43　潘筛银画的“妹榜妹留”（蝴蝶妈妈）
图 5-44　潘筛银画的“蜈蚣龙”（雷公龙）
图 5-45　潘筛银画的大象
图 5-46　台江老屯剪纸能手张耷乜的作品“划龙船”

图 5-47

图 5-50

图 5-48

图 5-49

图 5-47 张套乜的作品“央公央婆瀼磨结婚”
图 5-48 张套乜的作品“央公央婆在龙洞”(坐在一对木鼓上,天上有蝴蝶,洞中有龙神,两边为圣树,树干上有鸟),本书作者请苗女龙欣把张套乜的剪纸绣成了袖片

图 5-49 张套乜作品“槃瓠生六男六女”,绣女是龙欣
图 5-50 张套乜作品“姜央造人”(左下为“化生龙狗”,右侧为“葫芦化生”,中间有“公鸡请太阳”故事,顶上有“葫芦孕子”,左上角是苗族老祖母护佑子孙)

图 5–51

图 5–52

图 5–53

图 5–54

图 5–55

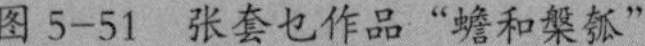

图 5–51　张耷乜作品“蟾和槃瓠”

图 5–52　张耷乜作品——上层蟾与槃瓠，下层修狃（犀牛）、龙、槃瓠

图 5–53　施洞苗族剪纸——杨亚射日（十二个太阳、十二个月亮）

图 5–54　施洞苗族剪纸——槃瓠、猴祖、鹡鸰、蝴蝶妈妈

图 5–55　台江县施洞苗族刺绣前都须用的剪纸作品，此三图主题都是“槃瓠和神蟾”，这是苗族受羌彝文化影响的结果。苗语称蛙蟾为“盖蟆”（Gemo），就是汉语“蛤蟆”的由来，虽然现在北方群众多发“哈嘛”音了，其实今日群众是误读古音了。苗族至今视蛙蟾为促进多子孙的象征性神物并且具有辟邪功效，所以在苗绣中常踞中央的重要地位，造型神秘莫测，犹如山东群众心目中的“泰山石敢当”一样。

图 5-56

图 5-59

图 5-57

图 5-60

图 5-58

图 5-56　台江苗绣剪纸，主题是从顶上俯视的“槃瓠护卵”图，上下狭带则表现正面观的“槃瓠”。由于绣女不会画纵深的立体图，又要表现“槃瓠”的身体，就把兽身表现成两面平摊而成了“一头双身”怪样，其实这在全世界原始艺术中都是常见的表现手法，与前举浙江河姆渡原始“双凤朝阳”象牙版的道理是相通的，绝不该理解为“双凤”，民间春节的“二龙抢珠”和“双狮戏球”道理都一样，须予以澄清。

图 5-57　张套乜作品——上层槃瓠和象，下层蟾和槃瓠

图 5-58　潘筛银作品——祖庙

图 5-59　潘筛银作品——上层张古老在月亮中，左右是婺卯秀骑马，下为牛龙父母

图 5-60　台拱剪纸——盘龙与蝴蝶

的作品，例如潘筛银老太太就能一次剪十层之多。更有些地方已开始用蜡板垫底，以利刀刻纸，每次可刻成十多张。例如台拱的剪纸有不少已是刻纸了。由于剪纸只是刺绣的造型稿样，所以特别注重影廓的整体效果，物象的内部结构比较简括，用暗口或刺孔暗示，因而形象浑朴粗犷，但结构轮廓线必须分明，各部分物象间的空隙也较均匀挖去，以利远观不致相混。对一些内容较复杂而物象分散的造型，剪纸在各物象间预留连接纸带，这些连接带在把剪纸固定到面料上后即可剪除。刺绣时先把纸样贴缀于裱衬好的面料上，再罩上一层薄皮纸，即可施针刺绣，在绣花鞋等物时，亦有用笋壳衬垫者。有些施洞的刺绣纸样衬垫较厚，绣成后颇具立体感（图 5-61）。图 5-62 是中国台湾陈景林创作的作品。

贵州省博物馆的陈默溪女士对苗族刺绣做过较深入的研究，并且能把贵州苗绣跟考古文物的研究结合考察，引出令人信服的判断。先引一段她对中国丝绣史的

图 5-61

图 5-62

图 5-61　台江施洞苗族袖花（因剪纸衬垫物较厚，呈立体光影浮雕效果）
图 5-62　中国台湾染织专家陈景林作品——用各种纤维材料组合成的壁挂

论点为例："笔者国古代从先秦到两汉，通行的刺绣技法，主要是'连环锁丝绣'（此种方法至今在黔东南苗族地区还在广泛应用）；到南北朝，佛教传入中国以后，刺绣直接为宗教服务，为适应绣佛像及供养人像，要求具有鲜明的效果，'铺绒绣'结子绣才应运而生。同时由于面积大，接针绣又才发生。由于农业生产的进一步发展，植物类的小簇花和生色折枝花成为唐宋时期的社会风尚，接近于写生画的花鸟乃成为刺绣的主题而应用到服饰及其他饰物或器物上。为了适应这种多样性的需要，才产生配色复杂、浓淡相间、要求逼真的擘绒错针绣的技法。"①用概括的语言切实描述了中国刺绣的发展大势，视界很宽而立论严谨。确实，从出土文物看，战国时期楚墓及后来汉墓的绣品"连环锁丝绣"应用较多，例如湖北江陵马山一号楚墓出土物和湖南长沙马王堆一号汉墓所出绣品都有"连环锁丝绣"的作品。

所谓"连环锁丝绣"，贵州苗族称"辫绣"，又叫"锁子绣""辫索绣"，可以台江县城关台拱的苗绣为代表。辫绣在刺绣前须先用丝线编辫，根据宽窄、粗细或配色的需要，在木制的编带机上用六、七、八、九乃至十二根绣花彩色丝线（或棉线）分别编成辫索状备用。这种"编带机"结构十分简单，本即一张木圆凳，凳面立有一支架。巧手的苗族姑娘在"编带机"上不仅能把花线熟练地打成小辫，并且可直接编出实用的窄花带。当花线编理好后，在准备好的绣件上按贴好的纸样刺绣。辫绣技术并不复杂，根据纸样上的形象分块施针，在每一小块沿边形由外向里逐渐用辫线填满，通常是先绕边一圈，再填充整块，逐步施针，把盘铺在面料上的辫索钉扣牢，待一片片色线按图形安置好后，一幅刺绣即完成。不过，台拱的苗族妇女喜欢把图形反复施线锁扣，有时能让辫线堆厚达两三毫米，有特异的立体效应。许多研究者因为台拱绣品的特殊视觉肌理效果，而另行定名为"绉绣"或"卷绣"（凸绣）。因为这些绣品都是用编好的辫带在绣样上反复折叠锁扣或扭曲锁扣，以造成厚实蓬绒的肌理效果。具体操作是用针把辫带一头折转钉缀于纹样轮廓边角处，然后用右手握针把辫带挑成向上折角状，同时左手食指跟中指在绣片面料下托起，左手拇指指甲则

① 引自 1991 年中国民族摄影艺术出版社《贵州民间工艺研究》一书中陈默溪《苗族戳纱绣析论》一文。

在面料上把用针挑起的一个个角突形皱褶依次排齐掐紧，左手抽出针，并用针线沿左手拇指指甲把一排角状辫带串扣固定，如此一点点串扣起来的辫带就组成一块多变的绣花，肌理丰实耐看。它比平铺的辫绣费工费料，并且要求做工熟练，绣成效果讲究平、整、均、齐，很不容易。

跟“绉绣”“辫绣”同类的“卷绣”的具体操作是：先把辫带向内向外折曲成棱形，左手拇指指甲掐紧后，用右手施针，把棱形疙瘩锁扣固定，如此堆叠积累而成的绣品，其风格跟通常所说光滑平匀的绣品大异其趣，而因其肌理呈粗犷的浮雕美，具有特殊的视觉冲击力。“盘绣”则是用粗线在绣样上保持一定间隔作循环盘缀，充满整块绣花，然后在两瓣绣花间用丝线交织编绣，既醒目，又沉着丰富。台拱的绣品基本上是在蓝黑深底上用大量绿色辫带堆盘成花，又大胆用红色提神，由于底色沉着，红绿对比显得强烈而不火气。近年更增加用金属闪片镶嵌于整片红绿辫带空隙，更添生气。在毕节地区的织金县南部，存在另一风格的苗族“盘绣”，当地苗族姑娘并不把丝线先编成辫带，而是直接用丝线在绣片上盘绕和加固，由于是单股彩线在平面上作任意回曲铺陈，然后在一块块花形边缘用另一色线框成边缘，所以整体显得丰润蒙茸，而花形又是无数似云朵般的平面组合，十分谐和有趣（图 5-63）。如此一小块一小块的丝绣，再组合成背兜芯，方形分割和曲线纹样又配合成变化统一的效果，在绣品中自成一格。当地苗族姑娘还能用蜡染绘制出与绣品同样风格的作品，蜡染纹理之细致令人叹为观止（前图 5-17）。

苗绣最常见的另一手法是“平绣”，即在面料上按画样或纸样用彩线作覆盖式施绣，聚线成面，合面成形，再加边线勾框。例如图 5-64 是湘西凤凰县山江镇苗族的帐檐，所用剪纸形象虽小，但组合起来可成大件绣品，此类绣法已受到汉族绣品的影响。檐前挂有几个绣制的饰件，是汉族喜床前“发禄袋”的变型，又跟苗族“香袋”相近，是一种民俗小品。檐下有彩色丝线编结而成的缨络和流苏，前面站立的是两个伴娘。此类小件绣品在制作时是把面料固定在绣绷上，如图 5-65 是雷山县陶尧村的苗族歌手唐绿青在绣花，墙上挂的是已制成的“飘带裙”，可以看到飘带上所绣是已受汉族影响的折枝花卉，而左侧衣袖上的龙纹仍是传统的苗族“辫绣”。

平绣水平最高的大约要数台江施洞苗绣。此地山明水秀，经济比较富庶，群众生活相对平稳，文化积累较厚，服装豪华讲究，银饰普遍精美。施洞苗绣的最大特点是其具象的造型能力，而且传承的苗绣形象大抵有深厚的民俗观念内涵，几乎所有苗族传统的神话故事都被绣了出来。现在先介绍施洞苗绣的技术。

首先，施洞地区有一批熟练的剪纸艺人，她们本身也是刺绣能手。由于她们的剪纸不仅能发扬苗族的优秀文化，并且能即兴创作，把苗族群众所见所思通过形象表现出来。当她们把自己的作品通过市场流通到千家万

图 5-63

图 5-64

图 5-63 贵州织金县苗族“单线盘绣”背兜芯
图 5-64 湘西凤凰县山江镇苗族绣帐檐与苗女打扮

户，就直接影响了整个地区苗绣的风格和水平。而施洞的姑娘人人从小学绣，因为熟练的制衣绣花技术是青年择偶的一个重要标准，每年跳芦笙、踩铜鼓、苗年、赛龙舟等青年聚会择偶的佳节，也是检阅和评比姑娘们绣花手艺的时候，人人参与、个个重视是提高民族艺术水平的最大动力。苗族姑娘除了农业和家务劳动外，绣花就是最重要的日常生活内容。从八九岁开始学习，到十二三岁开始绣制嫁衣，一套盛装，从纺、织、染、绘、裁缝、绣，约需耗费数年时间，到十六七岁做成盛装，已可参加择偶的跳芦笙活动。近年来绣花能手日渐稀少，传统手艺后继乏人，能够自行创作革新者更是凤毛麟角，苗绣水平已大不如前。

施洞苗族女盛装的绣花集中在围腰、袖花、肩花、后领、襟边、背兜等处。由于蓝靛染的家织布易褪色，容易污染绣花，一件制作多年才成的盛装不可能整体绣制，于是采取分解绣片，先个别刺绣，然后集中组合的办法：苗族姑娘对盛装是十分珍惜的，平时把银片和绣片的袖花拆下收藏，至少是用洁净的皮纸覆盖绣片再小心折叠，收藏时防潮、防虫。待至节日时取出再把袖花缝上，把银片一块块按规定位置缝在衣裾衣背各处。即使跳场时，也是包裹好背到花场上，在母亲的帮助下临时穿上才步入舞场，仪式结束又赶快脱卸收藏。平日如到苗家请求出视观摩，通常总是百般推托，秘不示人。即令取出展示，也千叮万嘱："当心，手别摸，免得汗气弄脏绣花！"

施洞苗绣最精细的技术是"劈丝绣"，为了绣出细腻的物象，姑娘们把一根绣线破成数丝，然后用皂角仁仔细地打光（皂角仁含油质淀粉，用皂角仁打过的丝线不仅增添强度，并且光滑，刺绣时容易穿过面料而不起毛），然后在绣样上施针平绣。对于较大的纹样区域，用接针法施绣，由于劈丝细，接针处可以不留痕迹，绣出物象平整光滑，可以绣制十分精微细致的纹样。当平绣物象完成后，再用套针或绞针锁边，这种锁边技术要求较高，目前这一代姑娘已不是人人能做到了，或者只绣出物象不再锁边，或者出钱请人代为锁边。能掌握锁边技术者大多是村寨中的刺绣高手。加了锁边的绣品与不加锁边者风格大不相同，一则加锁边后绣品显得富丽华贵，二则用浅色丝线锁边不仅使物象醒目、分明，并能使配色火气者谐调，使配色晦暗者添神。近年，更有不少姑娘利用金属闪片钉在物象的空隙造成闪烁夺目的效果，而老式施洞绣品在物象空隙和背景处只是用各种短曲线绣成云雷纹作调剂。施洞绣品花样变化多，整体风格变异也多，通常，中年、老年妇女多用蓝色、暗色基调，当地称"黑花"，而姑娘和年轻媳妇们则喜爱红色基调绣品，当地称为"红花"。就拿青年女子的围腰花来说，一幅围腰常分三部分：中央直幅是刺绣或织花的传承纹样，这是最重要的绣纹（图 5-66 ～图 5-68），而两侧拼镶的常是缎子，上面绣着较写实的花鸟，这两侧纹样风格跟中央完全不同，当地称两侧为"汉花"，显然是受汉族影响。这种受汉族刺绣影响而创造的新品种，在不少地方都有表现，并且越来越常见，例如湘西苗绣技术基本已汉化，仅保持苗族传承纹样内容。凯里附近的苗族便装已改变旧装风格（在舟溪、麻江仍可见传统款式），其胸前所绣折枝花的技术也已是汉式。但是在偏远山区的苗族中仍保存许多苗族古老的绣技，例如榕江月亮山区的"牯脏衣"，黎平西北的苗绣如"高隋式"风格等（前图 3-223 ～图 3-239）。也有些地方服式古老而绣技很新，如高增式（图 5-69，图 5-70）。

值得一提的是剑河深山中的苗绣，有一种奇特的"锡绣"（图 5-71），当地苗族称"锑绣"（贵州人把铝锅称"锑锅"、把"铅"称"铅鈲"，因为古时很少人知道铝），这是"高丘支系"苗族服饰的特技：利用锡的柔软和延展性，把熔锡拉成细线，用这种金属丝在黑粗布上绣成几何纹饰，此类几何斜形钩连纹虽然风格统一，但具体

图 5-65

图 5-66

图 5-65　贵州雷山县陶尧村苗族姑娘唐绿青在绣花
图 5-66　施洞苗族刺绣围腰（鱼龙衍化等创世神话内容）

的纹样设计却变化很多，极少雷同，作为围腰围在身上沉甸甸的，别具特色（图 5-72）。

苗族用于美化服饰的材料还有不少，除银饰（后详）外，亦有用蚕茧、海肥（子安贝）、钱币、薏苡、马尾、细竹管、芦秆、雉尾（苗族称箐鸡尾）、兽皮、料珠、闪片（金属圆片）、塑料花（原用自然野花）、鸡毛、虎爪、笋壳等。比较特殊的如工业生产的“羊皮金”，这是一种镀裱在软质面料上的合成金属箔，在市场上买来时是约宽 20 厘米、长 30 厘米的薄而柔软的裁片，苗族姑娘们把“羊皮金”剪成极窄的细条镶嵌于绣品中，呈金色装饰线条，因羊皮金镀层永不变色而受欢迎。但是，近年因市场有金银丝线出售，比“羊皮金”更适宜于刺绣，“羊皮金”又渐消失少见了。

贴花是苗绣的一个重要品类，利用各种零头碎料按设计意图剪贴拼缀成纹样，再以锁边技术加固钉牢，在大片缎料上再添平绣花样，一则呈“花里套花”的丰富效果，二则使缎面平伏。图 5-73，图 5-74 是拼贴而成的两个“檠瓠”，一作“麒麟戏球”式，一作俯视造型（又像蟾）；图 5-75 是一幅贴花背兜芯，配色水平很高超。在革一地区有特殊的贴绣拼缀技巧，图 5-76 这件

图 5-67

图 5-68

图 5-69

图 5-70

图 5-71

图 5-67 施洞苗族织花围腰（龙抱蛋）
图 5-68 施洞苗族劈丝绣围腰（蜈蚣龙等创世神话）
图 5-69 贵州榕江高增苗绣花带
图 5-70 贵州榕江高增苗绣花带
图 5-71 贵州剑河县高丘支系苗族绑腿（锡绣）

革一服装全部用细碎零料按几何形拼花而成，用工特繁，效果特佳。图 5-77，图 5-78 是苗族贴花、刺绣服饰的精品。

织花是苗族特别拿手的技艺。这里介绍施洞两幅精彩的织花围腰（图 5-79，图 5-80），在织机上织如此大幅繁密的围腰花必须有高度的“胸有成竹”的水平，无论纹样和配色都是别具匠心：中央一条“S”形大龙贯穿整幅构图，然后“见缝插针”地安排许多造型各异的“鹡鸰”和“蝴蝶妈妈”，下层有“椠瓠”和“对鱼”。一切都是程式化的，但一切都透露出高超的智慧和技艺，尤其是图 5-80 的配色水平令人心折。

图 5-72

图 5-73

图 5-74

图 5-75

图 5-76

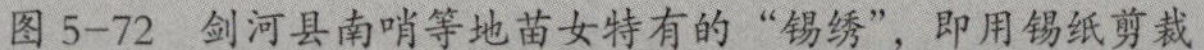
图 5-72　剑河县南哨等地苗女特有的“锡绣”，即用锡纸剪裁成细条，再钉或织成几何纹样的围腰或裹腿，风格特殊
图 5-73　苗族贴花绣品（椠瓠护卵）
图 5-74　苗族贴花绣品（椠瓠的俯视造型）
图 5-75　苗族贴花绣品背兜芯
图 5-76　台江县革一镇苗族女衣袖上贴花拼缀效果

图 5-77 台江县革一镇苗族女上衣（用贴花做成“八角星纹”）

图 5-78 台江县革一镇苗族女上衣领花，用碎布拼贴技术做成三个祖灵面容。中央是“卐”型，即祖宗面容作四维运动式，两侧是祖灵正常脸型

图 5-79 台江施洞苗族织花围腰（龙与鹌鹑）

图 5-80 台江施洞苗族织花围腰（龙与鹌鹑）

第六章 从文化人类学角度看苗族服饰

Cong Wenhua Renleixue Jiaodu Kan Miaozu Fushi

“五四运动”促成了以钟敬文先生为代表的中国民俗学的创建。由于“民俗学”（Folklore）是从英国介绍来的，长期以民间口传文学为研究重点，逐渐扩大到民间衣食住行、工艺技术、社团组织、道德仪礼、风俗节庆、信仰等，在学科概念上跟“文化人类学”（Cultural Anthropology）逐渐趋同。本书采用了“文化人类学”的概念。文化人类学的研究范围包括探究民族学、民俗学、考古学、史前学、社会、政治、经济、语言、心理、行为等，以应用人类学为重点。主要涉及人与自然的物质关系，人与人的社会、习俗、文化关系，人的知识、信仰、行为等精神内涵等。

服饰与人生礼仪关系最为密切，婚礼、冠礼、寿礼、丧礼都在服饰上有所体现。“观服可以知俗”，衣服样式最能体现时代风尚。“世乱则出服妖”，服饰变化有其历史民俗递嬗演变的规律，也有民族间相互影响融合的规律。虽然历史上有渐变与强制的服装突变，有环境和自然条件的作用，也有人为促使的变革，但从苗族服饰的实际考察可知，有历史上迁徙、分支的根本原因，也有各民族的交互影响而导致“百苗”现象。不过从整体上看，苗族始终是苗族，在“百苗”变化中又有跟其他民族区别的苗服共性。在历史发展中，即就变化多端的苗族服装自身分析，遮体护身紧要处变化少，而在领、襟、扣、兜、肩、袖以及裤筒长短肥瘦、裙幅宽窄长短上变化特多，即“保存其适用性，变化其附饰部”，某些苗族传承文化观念的标志部分则有千年不变者。

前文已从款式上介绍苗族祭祖大典“鼓社礼”之传统“牯脏服”，在探讨“贯首衣”和“深衣”方面的参考意义，现在想从纹样角度分析“牯脏衣”的特殊涵义。

先把视野拓宽些，从中原古传的皇帝冕服纹饰制度说起。研究中国服装史的前辈周锡保先生在所著的《中国古代服饰史》第二章用三十三页篇幅探讨冕服之制，旁征博引，条分缕析，创见甚多。从书中列举材料可知，从汉朝以来流传的帝王冕服已趋定型，而秦以前的冕服则未见实物。史称西周时已有冕服是可信的，但当时的“冕服”并非皇上专用，各诸侯都穿冕服，所以秦始皇统一全国后才“废止六冕”，即禁止别人再穿冕旒，从此冕旒才成了皇帝的专用礼服。不过秦末社会大乱，从平民小吏夺取天下的汉王朝要制定冕服仪礼制度时，已弄不清古代冕服究竟何形，只能参照古籍记载和遗老口述另行设计，即汉宣帝所说：“汉家自有制度者。”或谓秦始皇废止六冕而祭祀时仍保留元冕（玄冕）。周锡保先生据以断言：“可以说秦始皇也决不甘于将前代最低级的元冕作为自己最隆重的服饰，这一点是可知了。”对此问题，周锡保先生恰好犯了主观误断的错误。秦尚水德，崇黑色，所以郊祀用黑衣，史有明文。《后汉书·舆服志》也说：“秦以战国接天子位，灭去礼学，郊祀之服，皆以袀玄。”观点是汉人贬视秦制，所指秦尚黑却是可信的事实。周先生对此批评说：“上下都为黑色，可知非冕服之玄衣裳。”按“袀玄”又作“袀袨”，即上下纯黑之服，但是据《淮南子·齐俗》“尸祀袀袨”注：“袀，纯服；袨，黑斋衣也。”《汉书·郊祀志》：“帝王之事，莫大于承天，承天之序，莫大于郊祀。”秦始皇是最热心登山祭天的，如此重大的礼仪所穿绝对是冕服。周锡保先生对此又失考武断了。

顾颉刚主张整理古籍与民俗调查并重，他主编的《古史辨》对中原帝王冕旒服色有卓见：“五行，是中国人的思想律，是中国人对于宇宙系统的信仰。”秦始皇冕旒用玄（黑色）是基于五行信仰。公元前221年秦始皇初并天下，开始定新制，依据即“五行观”。“黄帝得土德、黄龙见。夏得木德，青龙止于郊。殷得金德，银自山溢。周得火德，有赤乌之符。今秦变周，水德之时，昔秦文公出猎，获黑龙，此其水德之瑞。”所以礼服定为尚黑以象水德。但是秦朝只存在十五年即被汉取代，汉初五十年社会动乱不宁，服制亦较乱，到汉武帝太初元年（前104）正式宣布改制，定礼服为黄色，以象土德，因为“土克水”是汉取代秦的天意表现。中国的冕服制度，战国以前是混乱的，到秦始皇定为玄（黑色），至汉武帝定为黄色，以后就成定制，未再改变。今日贵州榕江月亮山苗区男子礼服，普通人穿黑色亮布、“牯脏衣”用黄色主调也是出自同样的古观念（并非说“牯脏衣”等于“冕服”）。

冕服除了色彩、形制外，主要具有象征含义的是所谓的“十二华章”纹样。两千年来始终未弄明白原初含义，却被儒家附会了大量“含义”，简论如下：

按冕旒龙袍上的“十二华章”，初见于战国前流传的《虞书·益稷》：“予欲观古人之象，日月星辰、山、龙、华虫作会（绘）、宗彝；藻、火、粉、米、黼、黻、絺、绣，以五彩彰施于五色，作服汝明。”这段话对绘绣纹样的描述历来被理解为君王冕服上的“十二章”，文义历来有不同阐释。但是，既然汉代已弄不清冕服旧制，则后世所绘图谱就“仅供参考”了；既然冕服在周朝前是诸侯都可服用之礼服，那后世皇帝专用日月星辰等“十二章”以及“公侯按秩递减为八章、七章、六章……”之类所谓“规矩”就全部不能证古了，只能是后世附会的解释。细读《虞书·益稷》原文，既未指明哪十二物为“十二章”，也未指明是皇帝冕服专用，其本意只是“予欲观古人之象”。看来，我们应摒弃后人的附会，对此原文重作审度。首先，后人为拼凑莫须有的“十二章”，在断句和注释上对原文做的加工历来混乱至极。例如把“宗彝”解为刻画虎猴形的青铜器皿就未曾说明依据。孙诒让《周礼正义》对此解释说：“宗彝是宗庙彝尊，非虫兽之号。而言宗彝者，以虎蜼画宗彝，则因号虎蜼为宗彝，其实是虎蜼也，但虎蜼同在于彝，故亦并为一章。”简直愈解释愈糊涂。《书·疏》：“宗彝，谓宗庙之郁鬯樽也。虞夏以上，盖取虎彝蜼彝而已，天子以饰祭服；《周礼》宗庙彝器有虎彝蜼彝，故以宗彝为虎蜼也。”这段意思是讲：古代宗庙礼器和礼服上画或绣有虎和蜼形，是专为祭祀所用，而为什么祭祀礼器必须有此二物之像，仍不清楚。老虎之形无须解释，人人皆知。据《尔雅·释兽》：“蜼印鼻而长尾。”《广韵》：“蜼似猕猴，鼻露向上，尾长四五尺，有岐，雨则自悬于树，以尾塞鼻。”显然是金丝猴一类可爱的长尾猿。请注意，“虞夏以上”就是来自西北黄土高原的古羌部族向中原迁徙的时期，祭祖礼器应循此去找源流。近年学术界已定论彝族是崇拜虎的民族，而今日汶川羌族则是数千年定居岷山未迁徙的古羌后裔。祭祖礼器上画绣老虎和金丝猴，正是古羌信仰的遗制，民俗学材料也证明，作为古羌后裔的纳西族，其东巴（巫师）在作法时所戴的“法冠”必须是用金丝猴皮制作，否则作法不灵。如今国家禁止捕杀金丝猴，纳西族东巴们特别珍视传承的猴皮法冠。为什么巫师法冠要用金丝猴皮？因为纳西族继承了古羌信仰：古羌族以虎和金丝猴为本民族图腾。炎黄部族作为古羌东迁到中原的支系，当然保存着古羌的传统信仰，这种用金丝猴皮和画虎形做巫师服饰的传统也带到了中原。又由于宗教领袖跟政治领导人古代常是合二而一的，巫师的法冠服饰很自然被沿袭发展成后世冕服的纹饰，这就是“宗彝”画虎蜼之谜底。

日月不一定绣于冕服两肩，但彝族自古崇敬日月，在四川凉山到处可见彝族巫师（呗髦或称毕摩）所绘“日月男女之图”，这当然不仅是古羌的传统，因为几乎每一个古老民族的巫师都是以沟通天人之际替天神说话，在巫师服装上用日月为纹饰是普通之事。“星辰”虽被画成冕服上的星座，其实“星辰”虽可连称，却分别有含义。《书·尧典》：“历象日月星辰。”注：“星，四方中星；辰，日月所会。”疏：“四方中星，总谓二十八宿也。日行迟，月行疾，每月之朔，月行及日而与之会，其必在宿分，二十八宿是日月所会之处。辰，时也，集会有时，故谓之辰，日月所会与四方中星，俱是二十八宿，举其人目所见，以星言之；论其日月所会，以辰言之，其实一物，故星辰共文。”今日彝族袍裾上大多绣有日月星辰云雷纹样，呗髦更绘有天文学的日月诸星运行轨迹图，这才是古代冕服上以日月星辰为饰的真相。纳西族是羌彝之变，在纳西族著名的“披星戴月服”上更具古意。在冕服“十二章”中日月星辰是一组天文物象，现在我们看看苗族“牯脏服”，图6–1和图6–2是榕江月亮山区最具代表性的“牯脏衣”之一。从款式上看，“牯脏衣”大体是由两个正方形连肩构成覆盖胸背的上衣，虽然胸前开成对襟，仍可判知这种款式源自“贯首衣”，因为“两胁下并不缝合，只用丝绳结于腋下”。两袖和下裳显然是后来添入的部件：袖花独立，跟上衣绣饰可断然区分，许多“牯脏衣”在上衣和两袖间还接有一段蜡染。下裳是所谓的“飘带裙”，本衣前面有八根飘带，后面有七根飘带，但从疏松情况可知后面按理也应是八根飘带，正是“深衣”制度的根源。从纹饰上看，所有“牯脏衣”的上衣都由大小两个正方形作45°错置，形成中心有“菱形”的布局，有些“牯脏衣”发挥成“米”字形，仍是“菱形”的道理。“牯脏衣”最重要的纹饰即日月星宿和图腾遗形，有日月星宿就得安排它们按序运行的“轨道”，占星术的基本依据就是在日月星宿的运行轨道中寻求吉凶休咎的迹象，然后加以阐释以影响人的行为。这种日月星宿运行轨道的规律，羌彝民族的呗髦直接用图文表现；苗族没有文字，就在服饰纹样中体现出来。“鼓社礼”是苗族通过祭祖达到崇奉祖灵、安抚厉鬼、祈求天神赐福的最隆重的节日礼仪，“牯脏衣”作为“鼓头”的传统礼服，其纹饰表达对“天人关系”和日月星宿的运行法则——“辰”，正是情理中之事，这也是“牯脏衣”为何做得如此规范、如此程式化、如此神秘古奥的根本原因。先看图6–1的正面衣饰：

“菱形”内是一对“鸟龙”作“太极式”对置，“鸟龙”是月亮山地区特有的纹饰，头如鸟（或有冠饰），身似鱼，有鳞。鸟龙身下各有一弯蓝黑色四棱组成的“云路”，两端各有内含“十”字的“宝”，此“宝”也见于“龙抢宝”纹样。有时“宝”外还有八角形焰纹。当地苗族认为，宝内十字将圆分为四块，是“四时”（四季），宝外八角表示“八节”，“四时八节”表现了对时令的重视。这是出自月亮山“牯脏头”的解释，笔者认为这种“圆内十字”是日月星宿的形象，“四时八节”的解释出自“辰”的观念引申，都是远古农业社会的朴素天人观。“云路”外是一瓣枫树叶，鸟龙上下则分别有相对的鸟，并用小红带把鸟跟鸟龙相连。这是苗族基本的神话故事之一。1979年贵州人民出版社出版田兵编选的《苗族古歌》和1983年中国民间文艺出版社出版马学良、今旦译注的《苗族史诗》两书中都收录苗族关于枫香树和“蝴蝶妈妈”的古歌，大意是说：一位神人找到枫香树种，驱动神兽修狃（犀牛）把枫香栽在池塘边，长成大树。后枫树被冤枉砍倒后，从树干心中化生出蝴蝶“妹榜妹留”，蝴蝶跟水泡谈恋爱，生下十二个蛋，请鹡鸰鸟帮助，代孵出了雷公、老虎、水牛、大象、水龙、蛊、蜈蚣、蛇……以及人祖姜央等十二个孩子（代表所有动物），所以苗族认蝴蝶为妈妈，也特别敬爱鹡鸰鸟，这些情节在苗绣中都有表现。图 6–1“牯脏衣”中心就是表现枫香树（以叶为标志）上鹡鸰鸟代孵龙的情景，也因此月亮山地区多“鸟龙”（鹡鸰鸟是孵龙的母辈）。“菱形”四角各有一适合纹样表现的是在黑色心形枫树桩上长出日月圣树，树叶是简略如“云路”的红叶，两端有“宝”，树顶是一个由红黑两色“I”形构成的“⊕”形日、月。四角还有相对的鹡鸰鸟，不过更形“意匠化”了。上衣第二层是两两相对的鹡鸰孵蛋，都有一片黑色枫叶暗示。全衣在浅绿色的茧纸底上，用红、黑、黄、白、蓝五种基本色绣成典雅而又醒目的纹样，无论何物，都用半弧构成的造型为基调，显得既有运动变化，又特别谐和。

再反观“十二章”的第二组纹样“山龙华虫作会”，这“会”即“绘”，就是说“日月星辰山龙华虫”都是画在冕服上的。但历代冕服常把山与龙互换次序，那是视皇帝为龙体观念在作祟，突出了龙，把山加海浪作为下摆衬托，已非古意（也有把“山龙”作一物解者）。

那“华虫”最为怪异。历代冕服都把“华虫”画成野鸡（雉），据说“取其有文章（纹彩）”，或谓“雉有耿介本性，用以表示王者有文章之德”，简直是愈解愈玄乎。野鸡有“耿介之性”，谁能证说得清？至多因为野鸡很难驯养吧？那跟王者有何相干？以讹传讹地瞎编糊弄人正是汉儒本意。还是原文有些启示，如《书·传》：“华象草，华虫，雉也。”《疏》：“草木虽皆有华，而草花为美，故云华象草；虫，雉也，雉五色象草华也。”古人把“虫”理解得很宽，像蛇称“长虫”、虎称“大虫”、鳞毛虫豸都可称虫，唯独把禽类称虫罕见，似乎除“华虫”外绝无别例。倒是草花之说有理，今日民间服饰几乎全是草花和几何形两类纹饰。皇帝服饰应不例外，只因后人附会才曲解原意。那么是否应解读为“华、虫”呢？据《虞书》原文，似乎可理解为冕服上既有花（华）又有虫，但为什么要画虫呢？是否因为已画有宗彝（虎和蜼）把虎理解成大虫、把金丝猴理解为“蜼”，再加点虫呢？似乎又不可能，因为其他圣物圣兽称虫者不见记载，普通之虫又没有资格入选，更无必要。如何解谜？

今日贵州苗族服饰不仅有大量花和虫，而且黔桂交界的月亮山地区古仪盛装上就绣有奇特的神虫母题。图 6–2 这件典型的“牯脏衣”背面中心是四只鸟在枫树上孵卵形，但“卵”有光芒并有红枫叶围绕，足见此“卵”具有太阳之神圣。上两角是“孵出龙”（鸟龙，道理已如前述），下两角则是“孵出虫”，赫然绣着两只伟大的甲壳虫，这种神虫在月亮山地区苗绣中大量存在，例如图 6–3 之飘带，图 6–4 之带裙。在雷公山东南丛山峻岭中的苗族服饰上更保存着以“神虫”为主纹的古老纹样（图 6–5）。

苗族崇拜的人祖，是从蝴蝶妈妈所生十二个蛋中最后一个“央蜡蛋”内孵出的姜央，又称央公，后来替他配了妻子央婆。但更多的神话叙述央公和央婆是双胞胎兄妹，在经历洪水劫难后“兄妹结婚”而生下人类。著名学者闻一多先生最先指出苗族信仰的人祖就是伏羲女娲（又叫“葫芦兄、葫芦妹”），苗族民间普遍相信央公央婆就是伏羲女娲，学者们也都普遍接受这一观点。

图 6–1

图 6–2

图 6–1　月亮山区苗族“牯脏衣”（正面）
图 6–2　月亮山区苗族“牯脏衣”（背面）

图 6-3

图 6-4

图 6-5

图 6-3 月亮山区苗族"牯脏衣"(正面)(绣有"鸟龙"形象)
图 6-4 榕江苗族"飘带裙"(绣纹有鸟龙、神虫、蜈蚣龙)
图 6-5 贵州省雷公山南麓苗族蜡染围腰上传承的古老纹样"神虫"

但是伏羲出生于甘肃天水南面的"成纪",具体地点在武都县西南的天池,这里是古羌族栖息之地,距茂汶地区的羌族自治县不远。《太平御览》引《诗含神雾》:"大迹出雷泽,华胥履之,生伏羲。"伏羲是雷神通过脚印授胎给华胥氏而生的儿子,他能攀援建木(天梯)而自由上下于天地,被后人称为"人皇太皞氏",他跟亲妹妹女娲结婚而繁衍人类的故事广泛流传于汉苗群众中。由于伏羲部落东迁至黄淮平原,他的事迹也传播到中原。据说伏羲死在河南淮阳,淮阳至今存有伏羲陵墓,并建有宏伟的"太昊陵",每年有数万人聚会纪念伏羲。据说伏羲制定了男女婚嫁的制度,他还发明了狩猎和卜卦。关于伏羲女娲兄妹结婚之事,至少汉代王延寿的《鲁灵光殿赋》中已提到:"伏羲鳞身、女娲蛇体。"他俩的"交尾像"在山东著名的武梁祠汉代画像石等多地东汉画像砖石上至今仍存有遗形(图 6-6 ~图 6-10),新疆吐鲁番等地也出土了大幅的"伏羲女娲交尾图"(图 6-11),都证明伏羲女娲是古羌的祖灵神。但是远在西南另一族类的苗瑶族为何也奉伏羲女娲为祖先呢?清朝陆次云《峒溪纤志》云:"苗人腊祭曰'报草',祭用巫,设女娲、伏羲位。"今日苗族史诗对此叙述得更详尽。为何历史上两个不同族类的民族会共同崇拜相同的祖神?笔者认为民族文化观念交流很早:苗族祖先九黎部族原居黄淮平原,有过一段跟东迁来的古羌炎黄部族和平共处的时期。后来部族斗争失败被迫南迁,但据郦道元《水经注》可知有部分九黎遗族留在淮阳故地未迁走。这支黎苗族虽然早已融入汉族,却仍保存了部分黎苗族的文化遗迹,例如笔者在河南淮阳发现了只有苗族才用的古乐器"芦笙"和"芒筒",当然淮阳群众是以玩具形式保存下这些古老乐器的(图 6-12)。当地也流传着跟苗族地区一样的关于伏羲的神话故事。既然黎苗能把文化观念留存于黄淮平原,当然也能把所受炎黄古羌的观念带着扩散到西南山区去,因为苗族已接受了伏羲女娲的观念,并把他俩跟本民族的央公央婆故事"合二而一"了。其次,迁到洞庭湖西南的三苗古族在湘、鄂、川交界地区又接触到了羌人后裔——廪君蛮。今日的"土家族"就是由古代三峡地区的"巴氏廪君蛮"演化而来。廪君也是伏羲的后裔。廪君蛮跟巴人一样都是古羌部族向四川平原迁徙中分化出来的支系,两族历史上都保留着古羌的文化因子,都分布在三峡地区,并向东散布于鄂西、湘西长江支流。唐樊绰《蛮书》云:"廪君死,魂魄化为白虎，……马氏祭其祖，击鼓而祭，白虎之后也。”按《夔城图经》云：“夷事道，蛮事鬼。初丧击鼓以为道哀，其歌必号、其众必跳，此乃盘瓠白虎之勇也。”请注意，这里已把苗蛮（槃瓠之后）跟白虎之后的夷并列叙述了。三峡以东湘鄂地区的土家族正是廪君蛮的后裔。虽称为“蛮”，实是“夷”，也就是说，湘鄂地区的土家族和苗族既有荆楚俗，又有苗蛮风，这是苗族直接受到古羌文化长期影响的一个重要来源。《蛮书》还记录了廪君蛮初到长江支流清江盐水（鄂西）的一段奇遇：“遂有神女（三峡多神女荐枕故事）谓廪君曰，此地广大，鱼盐所出，请为留之。廪君不许。神女暮来取宿，晨则化为飞虫，群蔽日月，天地晦冥，积十余日。廪君伺其便射之，天乃开朗。”《世本》亦记有相同故事，但记云：“盐神夜从廪君宿，旦辄去为飞虫，诸神皆从，其飞蔽日。”这“盐

图 6-6

图 6-7

图 6-8

图 6-9

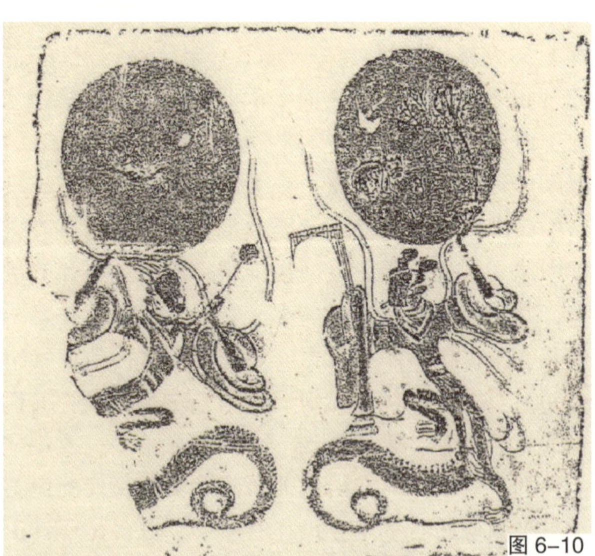
图 6-10

图 6-6　山东省嘉祥武氏祠汉画像石“伏羲女娲交尾像”
图 6-7　山东省嘉祥武氏祠第四石的“伏羲女娲交尾像”
图 6-8　四川省郫县（现郫都区）东汉石棺上的“伏羲女娲交尾图”
图 6-9　重庆东汉画像砖“伏羲女娲交尾图”
图 6-10　江苏省徐州睢宁县双沟东汉画像石“伏羲女娲交尾图”

神”应是当地民族古老的地方神祇（笔者甚至怀疑她是著名的巫山神女之分化形），被来自四川的古羌支系巴族廪君蛮融合而消灭了，但那神虫形象却保存了下来，这是一条耐人咀嚼的线索。黔东南苗族是从“武陵蛮”分支迁徙，绕湘西南经古州榕江进入贵州的。湘西南也是土家族久居之地，如前图2–11，图2–12所示两只“虎卣”据说就出土于湘西土家族地区，苗族在此长期跟土家族邻居，文化受到影响是情理中事。月亮山“牯脏服”上的神虫显然是跟日月同价的神灵，它跟日月纹是相提并举的，应当就是冕服“十二章”华虫之原型（或者是“花和虫”意匠的体现）。

《山海经·西山经》：“太华之山，削成而四方，其高五千仞，其广十里，鸟兽莫居。有蛇焉，名曰肥遗，六足四翼，见则天下大旱。又西八十里，曰小（少）华之山……鸟多赤鷩，可以御火。……又西八十里，曰符禺之山，……其鸟多鹖，其状如翠（鸟）而赤喙，可以御火。……英山，……有鸟焉，其状如鹑，黄身而赤喙，其名曰肥遗，食之已疠，可以杀虫。”这奇特的“肥遗”还见于《北山经》：“……浑夕之山，……有蛇一首两身，名曰肥遗，见则其国大旱。……彭（鼓）之山……肥水出焉，……其中多肥遗之蛇。”据袁珂《山海经校注》，这奇怪的“肥遗”原作“肥螘”，被郝懿行改成“遗”。虽然几次被解为“蛇”，今日流传的图则画成六足龙蛇形，又被说成如鹑的鸟形，笔者却认为是被误解了，“肥螘”只能是虫形，那个“肥螘”的虫偏旁决非偶然误写。其次“蛇”字和“虫”字在古文字中是十分相似难以分清的（图6–13，图6–14），《山海经》古本之“蛇”很可能是“虫”之误。第三，原文明确点明：“肥螘，六足四翼。”只有昆虫才有“六足四翅”的特征，这是一个最硬的证据。那状如赤凤的“肥螘鸟”是以彩尾为特点，并且虽说是“鸟”，“可以杀虫”，仍以虫为中心。那么，“肥螘”究竟是什么虫会受到如此重视呢？请仔细品味上

图6–11

图6–12

图6–11　新疆吐鲁番阿斯塔那遗址出土的麻布彩绘“伏羲女娲交尾图”（覆于棺盖上）
图6–12　河南省淮阳县“人祖庙会”（祭伏羲的古仪）所见传承的儿童玩具（左第二支为芦笙，其上所插黑筒应是插于下端孔中之吹管，其余则是苗族的芒筒、箫、笛）

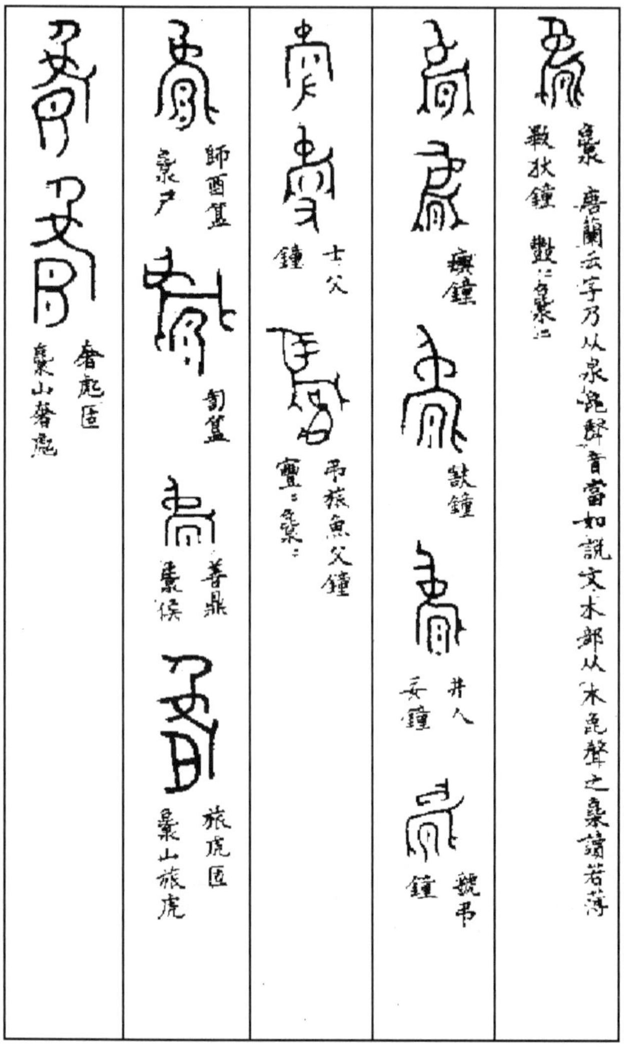

图 6–13

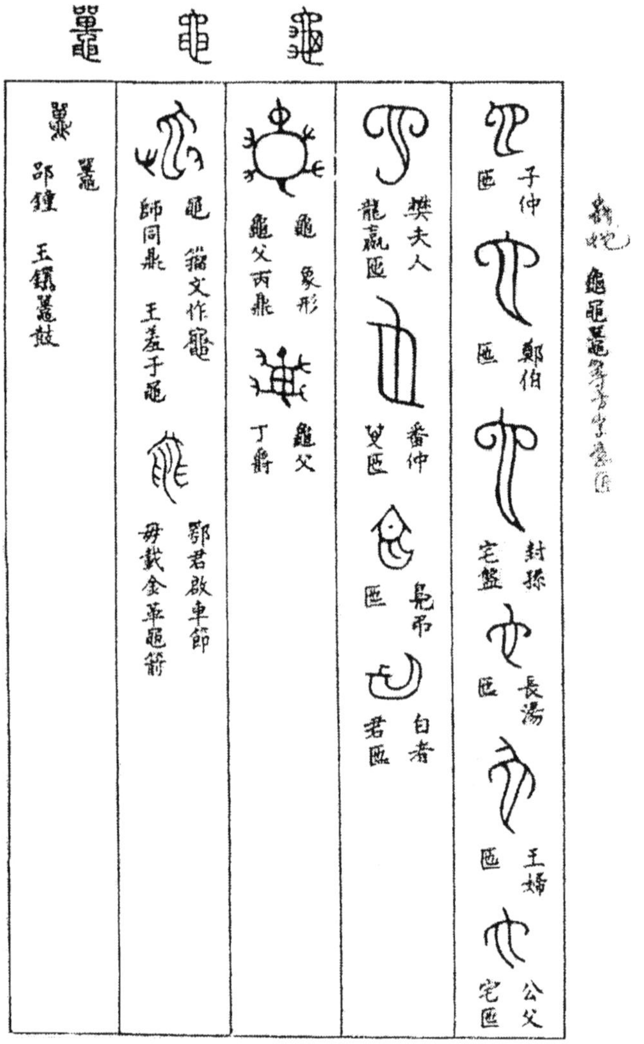

图 6–14

图 6–13 “虫”字的古文字的篆体写法
图 6–14 “蛇”字的古文字的篆体写法

引《山海经》原文就可知道，肥[illegible]“见则大旱”，连那类似的“赤鷩”“肥[illegible]”也“可以御火”。很显然，这是一种“太阳鸟”式的“太阳虫”。肥蟑所在的华山是中国北方名山，“削成而四方”完全属实景描述，此山“鸟兽莫居”，蛇又怎么爬得上去？即使爬上去又吃什么生存？显然“太阳虫”是一种甲壳虫，笔者怀疑是“金龟子”或“蜣螂”，这在世界上并非孤例：埃及古代就相信太阳神是蜣螂形，这种长着鹰翅的蜣螂作为太阳崇拜的表征在两河流域（Mesopotamia）乃至伊朗高原都曾发现过。《北山经》所说出肥蟑的“彭（鼓）之山”在山西盐泽东南方（今运城地区有盐池），如果我们回忆起蚩尤正是被黄帝枷杀于盐泽，并且蚩尤血把盐池水永久染红了，以及“太原村落间祭蚩尤神，不用牛头”之类传说，就很自然地可以推论，九黎部族向南迁徙时，把盛行于陕晋华山盐池地区的“太阳神虫”观念也带来了，并且一直把“太阳神虫”作为崇日观念的另一标志绣在礼服上作为纹饰。如果再联想到伏羲氏母亲“华胥氏”主动踩雷神脚印而生子的故事，很有点华山三圣母跟刘彦昌恋爱私生沉香的味道。华山自古有多情女神，《太平广记》有“华岳神女”私恋士人故事、南朝释智匠《古今乐录》记“华山畿”奇异故事等都属同类。华山似为古羌东迁居留一大名山，所以“宝莲灯”的悲剧是受羌族之二郎神干涉而产生。笔者相信，黎苗族最早是在华山地区跟古羌文化展开交流的，影响一直延续到近代。这并非悬测，笔者有实据：

1959 年笔者在贵州威宁从事民族调查工作时，从威宁龙街区（现龙街镇）向西北翻乌蒙山去云南昭通，在“云贵乡天生桥”一带的山路旁，看到许多彝族、回族的坟墓，墓碑上常见铭刻有“祖籍山西榆林府，随哈元生率部入黔征讨苗叛，遂卜居乌撒……”等语。查史籍可证，哈元生是清代镇压贵州苗族起义的回族将军，他从山西榆林府带来的军队后来屯居威宁（水西、乌撒），至今威宁黑土河镇有不少回族都是当时的军屯后裔，号称“回族八大姓”云云。所以，笔者认为苗绣纹样中的神虫之类奇妙纹饰，有可能是在长期的民族文化交流中，从古羌或中原吸收来，并改造成符合本民族崇日观念的再创造。如果笔者的推论不错，则应庆幸在苗族“牯脏衣”上发现了讹传两千年的冕服“十二章”之“华虫”原始型。笔者很怀疑图5-20，图5-22中那丹寨蜡染中的鱼实是华虫讹变。至于“十二章”中被误解为“华虫”的雉为什么会荣登冕服，只要研究苗族刺绣中的“鹡鸰”就可明白。

在田兵、马学良等书中把苗族神鸟“鹡鸰鸟”写成“鹡宇”“继尾”后，很多学者都因袭沿用，甚至有人还解释说“鹡宇就是鹡鸰”，那是不对的。“鹡鸰”（Metacilla Chinensis）又写作鸰、脊令，是一种五寸长的小鸣禽，头黑，前额纯白，背黑腹白，尾羽亦是黑白分色，跟苗绣彩色华丽的形象完全不符。笔者定名为“鹡鸰”的根据是《山海经·西次三经》：“翼望之山……有鸟焉，其状如乌，三首六尾而善笑，名曰鹡鸰，服之使人不厌，又可以御凶。”郭璞注：“不厌梦（魇）也。”应是一种吉祥鸟，既然“似乌”就跟“太阳鸟”挂上了关系，只是“三首”不合。但是《北山经》也提到：“带山……有鸟焉，其状如乌，五彩而赤文，名曰鹡鸰，是自为牝牡，食之不疽。”更是吉祥的“太阳鸟”，只是没有“三首”了，“自为牝牡”，按《山海经》惯例就跟生殖繁育有关。《庄子·天运》释文引此经则说：“其状如凤，五彩文，其名曰奇类。”“奇”即“鹡”，“类”是因为《山海经·南山经》也有一兽能“自为牝牡”的“类”而糅合两物为名，不足为据。细审“鹡鸰”的形象和吉祥特性，应即苗绣之神鸟：五彩似凤，能促进生育（助孵卵），又能避魇，应即太阳鸟。图6-2两袖纹样应是两只衔“云路”托起红日之意，只要跟图6-1四角花对观即知。奇妙的是，这“对鸟纹”恰构成一张“脸谱”，又如图6-15，图6-16更是明显的“脸谱”：把图6-2之“云路红日”意匠变成了鼻子和用枫叶组成的胡子，那鸟颈翻上的饰纹则构成双角印象。笔者曾向苗族耆老请教：“这真是人像吗？”“当然是人像。”“那是谁的像呢？”“我们苗族的老祖公！”显然，这指的就是蚩尤像。这使笔者恍然憬悟到中国人为何特别重视“领袖”，因为领部和袖部正是安放祖灵形象的地方。笔者替苏州丝绸工学院艺术系采购的施洞苗服标本中恰有一件领后绣有人头像（参见图5-78）。

再回到《虞书·益稷》所说“十二章”内容，“宗彝”已在前面分析过。“藻、火、粉、米”，按传承冕服图谱，确实绣的是海藻、火焰、白米及面粉。其实把“藻火”用海藻及火焰两个纹样已属误解古义，“藻火”根本与海藻毫无关系。古人在服饰上用“藻”一词的本义是“杂采饰朴使华”之意，引申为装饰文采的技术和效果。例如《山海经·西山经》：“其中多藻玉”注“玉有符彩者”，《礼·玉藻》一篇则专论天子服冕之事，

图6-15

图6-16

图6-15 月亮山区苗族“牯脏衣”胸前纹饰（此即图4-69之胸前绣纹）

图6-16 月亮山区苗族“牯脏衣”袖花之“蚩尤像”（此即图4-69之袖饰）

《疏》："藻谓杂采之丝绳，以贯于玉，以玉饰藻，故云玉藻也。"历来有"藻火"联称之词，如韩愈《夜会联句》："命衣备藻火，赐乐兼拊搏。"既因火焰形如海藻分枝，更因藻饰赤红如火。《尚书大全》："藻火红也。"原本词意明白无疑。只因后人妄解藻为水草并附会"冰清玉洁"之义，遂引致"藻白、藻苍"之争讼，越搞越离谱了。

既然知道了"藻火"是指有奇彩的玉，为何要用彩玉作为冕服饰纹呢？原来又是古羌观念的影响。古羌族发祥于黄河上游的甘青川岷汶地区，古羌崇拜的圣河即黄河，古羌崇拜的圣山是昆仑山。不过，最初的昆仑只是今日的川西北岷山和青海积石山（阿尼玛卿山），只是随着羌族的壮大和民族交流的扩展，昆仑才逐渐西移到了新疆和帕米尔。《山海经·西山经》中从陕西华山起首，一路向西回溯到青海、新疆，所述各山可按图索骥，历历可考，许多应是战国时代对西北古羌人文地理的实录材料。而《西次三经》则具体描述了甘青地形："不周之山（今日青海西倾山，即"共工怒触不周山"，使天倾西北洪水泛滥之处）……东望泑泽（新疆罗布泊），河水所潜也，其原浑浑泡泡（今日川西北阿坝草原仍是充满沼泽地貌）……峚山，丹水出焉（当地附近有"墨曲"即黑河，有"嘎曲"即白河，相对而言，黄河水赤，所以丹水应即黄河某支流），……其中多白玉，是有玉膏，其原沸沸汤汤（当地至今多水塘和温泉，例如红原江岔有著名的藏族男女同浴之温泉。藏族亦羌族后裔），黄帝是食是飨（用玉及玉膏供享黄帝），是生玄玉，玉膏所出，以灌丹木。丹木五岁，五色乃清，五味乃馨。黄帝乃取峚山之玉荣，而投之钟山之阳。瑾瑜之玉为良，坚粟（古本作"粟"，王念孙妄改为栗）精密，浊泽而有光，五色发作，以和柔刚，天地鬼神，是食是飨，君子服之，以御不祥。"这段《山海经》所用韵文告诉我们：甘青川岷山地区的羌族黄帝支系是用白玉祭享鬼神，用有彩色花纹的美玉崇奉钟山神和黄河神灵，即"其祠之礼：用一吉玉瘗，糈用稷米"（用一只白鸡取血涂祭，飨神用稻米，并用白茅为垫）。《中山经》说："祠礼……悬婴以吉玉，……悬婴用藻珪[①]。"可证黄帝族入主中原后，带来了古羌崇敬和祭享山神的古仪：用藻玉为礼物。在秦汉行"封禅"祭山大典时，皇帝在所穿礼服上绣以藻玉（因赤红色而称"藻火"）正是古制。从上引文还可知，粉米也是指特定玉饰（"坚粟精密"被误解为坚硬如栗壳，其实中国自古有"榖璧"制度，即玉璧面用粟米为饰纹）。不过粉米在苗族服饰中也可找到实例：图6-17～图6-19是从普定县征集到的一套苗族盛装，背面第一排当然是"日月"无疑，但是从肩向后两排各四个在黑底上十分显眼的贴花，以及后领上六朵贴花，都作"四四组合"状，虽然略有变化，但大同小异。笔者问制作的妇女这是什么花，回答竟是："米！"其实笔者原以为她会回答"草花"的。

"十二章"的最后一句"黼黻绨绣"就妄解得更莫名其妙。由于前述各种古纹不得其解，全文就显得字数参差，于是把黼黻两字提前，分解为两种纹样——黼是双斧形，黻是"两巳相背"形。这两种纹样从何时起用？根据什么设计成这两种纹样？似乎谁也没说清楚，古人闹了两千年，愈解释愈离本义遥远了。其实汉代许慎《说文解字》的定义原本是"黻，黑与青相次文也"，而黼是"白与黑相次文也"，很清楚是两种纹样的配色特征。古人不能推翻许慎据古所定词义，就把冕服上所见莫名其妙的"双斧纹"强解为"孙炎云：黼文如斧形，盖半白半黑似斧刃白而身黑；黻谓两巳相背，谓刺绣为巳字，两巳字相背也"。对斧的解释属臆猜，对巳的解释等于没说，并且更添混乱："双巳"原指"两条相背的蛇形"，被孙炎定为"巳"字，则连双蛇之疑都不能成立了。《考工记》则用偷换概念的办法解释："黑与青谓之黻，刺绣为两巳字，以青黑线绣也。"只推说色线而回避解释"两巳"的含义，真是滑头。跟黼黻相近的词如"黼裘"、"黼扆"。《礼·玉藻》："唯君有黼裘，以誓省。"注："黼裘，以（黑）羔与狐白杂为黻文也。省当为狝，狝，秋田（畋）也。"其实"誓省"即"誓社"，国王为按古仪举行秋天阅兵狩猎时所穿礼服，须用黑羔羊皮和白狐皮拼接成驳杂花纹的款式。至于"黼扆"就是放在皇帝座位后的屏风，据说上面画着一对一对的斧形。总之，对于皇帝冕服或屏风上为何要用"双斧"和"两巳相背"，似乎从未见人说清楚。如果排除两千年妄释的迷雾，按文辞原意其实清楚得很：这"黑青相次文"和"白黑相次文"的"黼黻"就是千年来被汉族遗忘而被苗族保存于民间的蜡染和扎染技术。首先看文字部首。"黹"《说文》曰"箴缕所紩衣"，注："以针贯缕紩衣曰黹。"即"针黹"本义，"黹"是"会五彩缯色"，通"綷"，即"合五彩相杂为之"。可见"黼黻"原本只是指在"缯"（面料）上加工为"黑青相次"的纹样，或"白黑相次"的纹样，是一种染色技术而已（图6-20～图6-27）。

参见前图4-69，图4-70是一件采自月亮山的典型"牯脏衣"。按照古仪，制作"牯脏衣"时必须在绣衣的袖部保存一点蜡染，这袖下面的蜡染所绘内容跟衣上饰纹同一母题：衔"云路"或是孵卵，并有枫叶以示"在

① 周秦人注曰：藻珪者，藻玉也。

枫树上”。笔者想向读者强调指出的是：按照传统，苗族仪礼服须在绣品中保留一些蜡染，即使只是“一点点”，这“绣品跟蜡染必须并存”的规矩却耐人寻味。当然，苗族服装至今有许多刺绣跟蜡染并存的实例，及前举偉家服饰都是在蜡染的基础上增添刺绣，更有不少支系的苗族服装保持上身绣衣而下身蜡染裙的传统，都非偶然。

再回过来重读《虞书·益稷》的原文：“予欲观古人之象：日、月、星、辰、山、龙、华、虫作会（绘）；宗彝、藻火、粉、米，黼黻絺绣，以五彩彰施于五色，作服汝明。”翻译过来应是“笔者想研究古人纹饰形象：有八种绘成的，有四种蜡染或绣成的，都是用丰富的颜色施于彩色的面料上做成衣裳，你明白了吗？”看来，今日的苗族服饰不仅有许多纹饰承袭自古老的观念，那礼服和常服的款式有不少继承着古风，就连制衣和附饰技术也有不少保持着悠久的传统。这对中国服装史的研究应有启示，具体来说，笔者认为中国服装的造型特征是：首先从中原古族九黎传下了“贯首衣”为骨架，再从东迁的古羌黄帝族添加了两袖，这两袖很长时间只用于礼仪服，并在上衣跟袖的衔接处留下了拼合的遗迹（图 6–28）；再添加了东夷族摹仿日鸟图腾的“飘带裙”（至今黔桂留有“百鸟衣”），并进一步把“飘带裙”缝合而演化成“深衣”。

另一条线索是常服。从“缉叶成衣”到发明纺织，从单幅布披身变成中央挖洞套头而下的“独力之衣”（贯首衣），再裁开前襟，或添袖成衣，或保持无袖成“马甲”；从“对襟衣”分途扬镳：汉族发展了“右衽”，少数民族保持了“左衽”。当长裾衣普及时，裁制从整幅走向拼接（已见前文分析）；短衣则走向上衣下裳分开，再把下裳从裙变成裤（至今江南有男用裙和袍裙、褊裙），并且男子穿裤，女子穿裙，又有部分女子渐改成裤……。

在附饰方面，各族保持较多的自身特色，例如汉族发展簪髻和冠礼，边裔民族则保持椎髻、辫发、编发、断发等。中国服饰还发展出大量的抹胸、蔽膝、围腰、裹腿、背兜、披毡、斗篷及鞋、帽……后文拟择要研究。

如此发展大势，皆可给我们提供启迪。

在雷公山东麓、榕江县北部的深山里，还流传着一种被称为“月亮衣”的特殊服式，这种服装近年已不再生产了，所存衣物都已颇有岁月陈旧之感。由于此地东邻侗族地区，服装及纹样也有些侗族影响。“月亮衣”一律用农家自织自染土布，有些面料也被处理成“亮布”。所绣纹样除花带、花边上偶见植物幼芽或枫叶纹外，基本上都是用漩涡组成的几何纹，即用

图 6–17

图 6–18

图 6–19

图 6–17　贵州省普定县苗族盛装（正面）
图 6–18　贵州省普定县苗族盛装（围腰）
图 6–19　贵州省普定县苗族盛装（背面）

图 6-20

图 6-21

图 6-22

图 6-23

图 6-20　四川凉山彝族姑娘盛装正面观，其裹头与胸前的银饰实际是《尚书·虞书》所谓"黼黻纹"之真实形象，原本出自"月中神蟾"的观念，后变为"神蟾"及"玉"字和"王"字，汉儒已不知原由，而妄解之"反弓"或"反已"之"黼黻"。从本图顶上"三足蟾"左旁之"卐"纹及右边"蟾"形可知，作为崇月古羌族的后裔，至今羌彝族都以月中神蟾为最高信仰（雷神、水神和月神三合一之神圣物象）这也是后世君王衮袍上绣"十二章纹"中所谓"黼黻"之原形

图 6-21　今日广西三江县程阳、福禄地区侗族姑娘平日胸饰中常见"黼黻"字样之绣纹，她们并无高深的古典学问，这纹样只是代代相传自老辈，她们甚至不解其意蕴，却最真切地表现了古义的嫡传

图 6-22　四川凉山彝族漆器所绘纹饰跟银饰内涵一致，都是变形的"月中神蟾"纹样，也就是被汉儒郑玄误释为"反弓"或"反已"的所谓"黼黻纹"的真实原由

图 6-23　四川凉山彝族呗麾（巫师，又译作"毕摩"）毿帽上的纹饰，有些是用薄银片剪贴而成。细审其主题（Motif），仍是"日月星辰和神蟾及祖灵"。那神蟾有些已程式化为 X 形或卐形，而"反弓"或"反巳"形则是强调蟾腹多子状，"祖灵"则是强调生殖器与"脑壳分岔"形，这也是中国古代雷公头顶作分岔形的原因

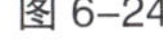
图 6-24

图 6-26

图 6-25

图 6-27

图 6-24　四川凉山彝族姑娘银饰，上面一排是跟漆器纹样一致的“黼黻”纹，上饰太阳和列星纹，下缀两星形垂饰，左面锤錾有“日鸟坠卵”和“月中神蟾纹”，右面锤錾为“列星纹”

图 6-25　四川凉山彝族姑娘盛装，其头巾上和胸饰上都是“黼黻纹”，另有一排“神蟾纹”。从上衣下摆看，彝族的“琵琶襟”一方面是受满族统治的影响，另一方面，焉知不是古羌“反弓式”欣赏习俗的表现？

图 6-26　四川凉山彝族节日仪式上美女盛装（注意其银饰之“黼黻形”）。左起第二人之挂饰是“山字星形”，右面第一人之挂饰是“弯月上有鹰形”，这是彝族著名史诗“支格阿龙从月中降临”意匠的表现，右起第二人的挂饰是“弯月下垂心形”。后排姑娘所裹头巾上有各种“蛙蟾形纹饰”。全体姑娘的上衣都是“琵琶襟”，那是受满族的影响。上衣和围腰都绣满云彩纹样，云雷纹都作相对如腰子形，并且两两相对，那是古老的“月中神蟾”的原始意匠

图 6-27　四川凉山彝族盛会上所见“赛装”（注意银饰的“黼黻”纹样，左起第一人的挂饰是彝族著名史诗“支格阿龙从月中降临”意匠）

苗族所说的“窝妥”组成日、月、星形象，还有锯齿纹和“八角星”纹。“月亮衣”基本是素色，由于年代较古旧，绣线泛黄，跟暗紫色的面料相配反显出一种朦胧的金银柔光效果，很觉古朴而神秘。“月亮衣”既多短衣，也有“深衣式”的服装。上衣袖短，两侧收腰，衣摆斜出，那“深衣式”也显然是在上衣下摆接以飘带裙，并不如汉族深衣严格规范。“月亮衣”多女服，但也有男人穿着者（平时已不穿），应该是古时祭礼专用服一类。笔者很怀疑这是从蜡染礼服向刺绣礼服的一种过渡形态（图 6–29 ～图 6–34）。

图 6–28

图 6–29

在“月亮衣”分布地区向西的达地乡，笔者又找到一件“过渡型”标本（图 6–35）。这里虽属雷山县，服装款式及绣品风格已有丹寨南部风味，但衣前四个圆形绣花显然还是跟“月亮衣”同类风格，只不过已改成单独绣出，再钉贴到衣上，所以所绣花形方位不妥。原本应该是两两上下对应的布局，这是一种“月中生命之花”（梭罗树）跟地上相照应的古观念，也是受古羌文化影响的痕迹。图中长袖两侧被截断了，但仍可看出袖花是套接上去的痕迹。

在榕江西部苗区，服饰已接近丹寨、三都风格，可举一例：图 6–36，图 6–37 所示苗衣背部中心有圆形图案，有人说它表示四时（四季），因其分为四色。其实细审此图案并非均分成四块的几何纹，而是两棵相对的“月中梭罗树”，说它表示四时（四季）是对的，当地苗族确有此类理解。但是把全衣四周的“对漩式图案”全部指为“蝴蝶”则大谬。由于说此图案为“每齿一蝶”的作者速泰熙在指认另一件服装上相同的图案时却断为“花形图案”，可知他的论断只从外形猜测，毫无学理凭据。顺便指出：研究民族纹样最忌的就是“简单地搞形式类比”并大胆得出形而上学的结论，这种治学方法常可得出荒谬的结论，就像“人长两个眼睛、一个鼻子，狗也长两个眼睛、一个鼻子，所以人就等于狗”一样荒唐。举个学术界的例子：浙江余姚河姆渡出土了一块象牙板，上有线刻两只鸟从火焰旁伸出，中间有一轮红日（图 6–38 ～图 6–40）。于是有人发表文章称此为“丹凤

图 6–30

图 6–28　贵州省广顺县苗族盛装（背面）——显示从“贯首衣”添加双袖之形象，可作为中国服装款式发展规律佳例
图 6–29　榕江苗族“月亮衣”（正面）
图 6–30　榕江苗族“月亮衣”（背面）

图 6–31

图 6–32

图 6–33

图 6–34

图 6–31 榕江苗族“月亮衣”（正面）
图 6–32 榕江苗族“月亮衣”（背面）
图 6–33 榕江苗族“月亮衣”（正面）
图 6–34 榕江苗族“月亮衣”（背面）

朝阳”，完全不顾五千年前尚无阶级社会，哪来的等级观念。“丹凤朝阳”只是封建时代才可能有的观念。而贵州苗绣中也发现了类似的“两鸟对一日”纹样，于是马上有人列举两者，得出“苗族受过古越族影响”的结论，全然不考虑五千年前海边古物和遥距数千公里今日山区新作的交流可能。如果该作者能举出足够的文献和现实证据，笔者当然心服口服，可惜阙如。然而该文一出，许多学者引为进一步发挥的凭证，至今未息。其实笔者也很希望找到苗族跟江浙沿海古民族的关系，可惜没找到。虽然今日苗族有“从东方海边迁来”的传说，但传说只是传说，史籍只记有“三苗叛入南海”未及东海，在历史上三苗只有到过江西鄱阳湖的记载。而西南山区人则习惯把湖泊称“海子”，如贵州威宁的“草海”、云南大理的“洱海”等，光凭传说是不够取证的。

以丹寨县东面雅灰为代表的苗族支系，服装和绣纹、绣技都很有特色，包括雷山达地、三都盖赖、甲雄和榕江的三江等地都属此类风格。雅灰的苗族使用家织自染土布制衣，面料多深色靛染，刺绣则是在较厚的底布上做成独立的绣片，再钉缝到衣上，绣技虽多用平针，但善于配置浓艳对比的色调，再加边框突出纹样。特别爱把复杂边形的纹样剪下，缝载于肩、袖、胸、襟和下摆，有时还把绣片叠压、遮掩，增加了立体感和视觉冲击力度。先请看数例：

图 6-41 丹寨雅灰苗族绣衣背面，中间上部“蝴蝶护宝”似乎受到汉族“福寿”图案影响（用寿字图案，蝶如蝙蝠），中间下部“宝”中已有龙子孵成。[①] 两旁有竖立绣片，各绣一龙，龙头奇特，头饰类鸟冠，有人称此为“鸟龙”，龙身旁有四个龙子状漩形，原从日月形变

图 6-35

图 6-38

图 6-39

图 6-36

图 6-40

图 6-37

图 6-35　雷山县达地乡苗族绣衣
图 6-36　榕江苗族“牯脏衣”（正面）
图 6-37　榕江苗族“牯脏衣”（背面）
图 6-38　浙江余姚河姆渡新石器时代遗址出土刻有“日鸟纹”的象牙板
图 6-39　浙江余姚河姆渡新石器时代遗址出土刻有“双头日鸟纹”的象牙板
图 6-40　浙江河姆渡遗址出土象牙雕刻板

① 《说文 · 通训定声》：“龙子一角者蛟、两角者虬、无角者螭也。”

来，袖中为“宝中龙子”，四角为“太极”式“宝”，按：苗绣中常把龙卵内表现成两条“七星鱼”作“太极式”旋转追逐形，这跟“太极图”的来历似乎有些关系。

图 6-42 雅灰苗服，背中间一行绣纹第二、四为奇异的鱼形（可跟前图 5-22 之丹寨蜡染中鱼形对照，但笔者怀疑原本都从“华虫”蜕变而来）下摆花边为“帮助蝴蝶妈妈”图案，两角有鹡鴒站枫树意匠。

图 6-43，图 6-44 前面布局和造型皆有新意，鹡鴒孵卵，卵作太阳形，鹡鴒鸟已意匠化。袖上之体形如龙。背部纹饰仍是传统风格，跟胸前新式图案似乎不够谐调，从本图肩部图案可证前述所谓“一齿一蝶”的错误，此衣肩部纹样虽仍从“衔云路托出红日”（鹡鴒“孵卵”之变形）演化而来，但更具“星辰”之意味。

图 6-45 三都盖赖采集标本，绣片布局有特色，全部由三角和方形组成，背中心由三个方块作菱形平列，上面绣有“月亮山型”枫叶纹，除袖花及两侧等几处为平绣花样外，全部用等腰三角碎布拼缀成花，下摆两侧拼花令人想到前图 6-17～图 6-19 的“粉米”意匠，并且配色风格亦相类。领后等处则是拼成的“八角星”纹，此衣色彩鲜美夺目，纹饰则有程式化倾向。

图 6-46 丹寨雅灰盛装，绣片豪华美丽，刺绣技术水平很高，背后中心竖列具象平绣，表现“鹡鴒孵卵”母题，值得注意的是，这“宝”虽作太阳形，内涵却是双凤头作“太极式”布局，跟别处“宝”内作双鱼形不同。

图 6-41

图 6-42

图 6-43

图 6-44

图 6-45

图 6-46

图 6-41 丹寨雅灰苗族盛装上衣（背面）
图 6-42 丹寨雅灰苗族盛装上衣（背面）
图 6-43 丹寨雅灰苗族盛装上衣（正面）
图 6-44 丹寨雅灰苗族盛装上衣（背面）
图 6-45 丹寨雅灰苗族绣衣（背面）
图 6-46 丹寨雅灰苗族上衣（背面）

而肩后一列花绣细审都是从“双鸟红日”意匠变来，显然是“鹡鸰孵卵”母题的意匠化。袖花则是“四蝶围绕龙子”（龙尾一蝶作侧观，已概念化）。这件绣衣整体谐和，是典型的雅灰支系盛装，值得重视。

现在想以苗族绣纹中的所谓“双鸟红日纹”为论题，讨论一下苗族的日月星辰天象崇拜观念。

引用苗族神话“鹡鸰帮蝴蝶妈妈孵卵”的情节，这确是苗绣中的基本主题，尤其是台江施洞的苗绣对此表现得很到位。但是，月亮山区的“牯脏衣”上绣纹常见对鸟衔物兜取红日，或只是双鸟衔网状物的形象而不见蝴蝶等形（图6–15，图6–16），以及前举雅灰支系几件女盛装绣纹，在把这些绣纹解为“蝶”或“花”时并未详论，现再予研究。

首先，图6–1和图6–2“牯脏衣”之绣纹虽有枫叶，却没有“蝴蝶妈妈”；其次，所孵之“卵”明显为太阳形；第三，袖花所“兜”起的“红日”缺上半，未必是“日”；第四，也是最重要的：月亮山地区和雅灰支系苗绣之都以“鸟龙”形象表现，跟传说中的“五彩如凤”形象不符，且鸟身多为“鳞”形花纹。看来，把这类纹饰断为“鹡鸰孵卵”虽有若干相符，却仍不妥善，似应另找确诂。

其实苗族确有一个神话传说情节更符合这类纹饰：1979年贵州人民出版社出版田兵编选的《苗族古歌》中“开天辟地”史诗有一段追溯创世之初的内容：

“哪个生最早？
哪个算最老？
云雾生最早，
云雾算最老。
云来诳呀诳，（《礼·曲礼》“幼子常视毋诳”。贵州土语“诳”即“哄娃娃”，又写作“诓”），
雾来抱呀抱，
科啼和乐啼（苗族传说中的两个巨鸟），
同时生下了。
科啼诳呀诳，
乐啼抱呀抱，
天上和地下，
又生出来了。
……
天是白色泥
……
地是黑色泥。
……
天刚刚生来，
像个大撮箕，
地刚刚生来，
像张大晒席。
……
天地刚生下，
相迭在一起。
……
剖帕是好汉，
打从东方来，
举斧猛一砍，
天地两分开。……”

这段史诗很明白地表明了苗族宇宙观，如跟人们熟知的“盘古开天辟地”神话对观可知，所谓“云雾”即“浑沌”，不过苗族混沌不等于汉族“未分之天地”，中间还有先天地而生的一对巨鸟科啼、乐啼，由这对巨鸟接生下天地，只是天地初生叠在一起，才由“东方来的”剖帕举斧剖分开来。当然剖帕应即为盘古。而这“天像撮箕、地像晒席”又令人想到苗族和汉族的另一神话：高辛氏后宫老妇从耳中挑出金蚕，放在“盘瓠”中而化为五色长毛狗，取名“槃瓠”。有不少学者认为汉族“盘古”观念是从苗族袭来。笔者感兴趣的是两点：“撮箕和晒席相合”或“盘瓠相合”其实都是苗族天真的宇宙形象观念；在浑沌跟天地之间加了一对催生的巨鸟，这在汉族神话中也有痕迹：《庄子·应帝王》中著名的南北海之帝倏忽帮浑沌凿窍的故事，这故事很值得深究。《左传·文公十八年》：“帝鸿有不才子，……天下之民谓之浑敦。”帝鸿即帝江，浑敦即浑沌，浑沌的形象在《神异经·西荒经》中有描述：“长毛四足，如犬，有腹无五脏。”这不就是苗族信仰的长毛五彩的“槃瓠”神犬嘛？并且杜宇注《左传》云：“帝鸿，黄帝。”“帝江……状如黄囊”就是一个太阳形象。在马学良、今旦译注的《苗族史诗》“制天造地”中，苗族对天地形相有叙述：“天是否比地大？地是否比天宽？长处地略长，宽处天稍宽……天好像个斗笠，地好像个撮箕。”按此理画出来，天地相合的形象当然是⊕形，而这种纹样在苗绣中是常见到的。

现在再看苗绣纹样。前图4–69，图4–70衣袖下部蜡染表现双鸟衔一网兜状物，当地苗族耆老称之为“云路”；其上绣纹更是双鸟衔一黑白两色之“云路”，应当就是“科啼乐啼诳抱天地”之像。扩大些看，所有月亮山地区“牯脏衣”上的“对鸟衔物纹”都应该是“科啼乐啼诳抱天地”意匠，尽管在变化万千的具体绣片中所衔之物可能像花、像太阳、像星或其他什么，只要不跟蝴蝶枫树共存，就应该是“科啼乐啼”而不再是鹡鸰。两者之间互换亦不可怪，因为笔者很怀疑这两组神鸟原

本都是“创世”或“创生”同一观念的分化，各地区互有侧重而已。但这类纹饰反映的都是苗族自创的古老观念则无疑。进一步研究，月亮山区“牯脏衣”上的“华虫”究竟是什么虫？笔者怀疑就是“形如黄囊”的太阳虫亦即“帝鸿、帝江”之类形象，所以“华虫”又可能长鳞，也可能化鸟形。此类鸟、鱼、虫纹周围常配有日月星纹也就顺理成章了，因为“牯脏衣”原本即巫觋作法祭祖祀神之礼服，绣上本民族崇拜的神灵形象正是合宜的。现在再回过来看图 6-36，图 6-37 的纹饰就应明白为何不可能是“一齿一蝶”了。那背中图案正是“浑沌”的最佳形，内有即将降生的“天地阴阳”之形，全身绣纹都是“双鸟衔物”之程式化造型，而“物”正是“恍兮惚兮，其中有物，惚兮恍兮，其中有形”之“云雾”拟形，也即苗绣普遍爱用的“云雷纹”之原初意匠。细审图 6-46 这件精美绣纹，上面一排肩饰中三个都是“两两相背”的鸟头纹，而背中竖直一排绣纹则是“双鸟衔宝”，但“宝”中又是一对旋转的、即将诞生的“阴阳乾坤”雏形，笔者想意蕴应已明白了。

笔者采集到一幅尚未绣完的施洞袖花（未锁边）（图 6-47），上面中间有一朵云、一朵雾（应即“浑沌”之像），“云雾”中镶嵌着尚未长成的星星；下面有剖帕举斧猛砍，令天地剖分的情景。而剖分的天地分别镶嵌着日月和星星（苗族有史诗叙述天上十二对日月被射剩一日一月后，人们设法在天穹钉牢这对日月以防止它们再逃跑，并用针在天幕上戳孔以安放星星）。左边表现的是一传说：“回头看古时，天地虽分开，天还压着地、地还顶着天……府方老人家，……来把天一顶，来把地一踩，天才升上去、地才降下来。……天地已长大……来把天地量。……”“纽香老婆婆，身高手脚长，她把天地量。”

图 6-47　台江施洞苗族袖花（未完成）表现“天地玄黄、宇宙洪荒、日月盈仄、星宿列张”等开天辟地神话，以及苗族人祖变龙等祖灵观念

这府方和纽香都是苗族传说中的巨人。按施洞刺绣的惯例，凡是祖宗神灵都爱表现成坐在凳子上，脸上画着奇怪的花纹（可能是文身），手执烟管以示神性的威严，纽香的形象则保存着苗家妇女的健康之美。右面是苗族传说中祖宗死后化龙的故事。

苗族对星星有很美丽的传说，在《铸日造月》这首史诗中说：“以前造日月，举锤打金银，银花溅满地，颗颗亮晶晶，大的变大星，小的变小星。……那堆鸭姐妹，剪子来变成；那群虎姐妹，钳子来变成；那条长银河，炉烟凝结成”（“鸭姐妹”是形似剪刀的星座名，苗族相信“剪子星座”跟人的凶吉命运有关；“虎姐妹”是形似钳子的星座名）。苗族还相信流星是天火，流星落在哪里，那里就要有火灾。苗族认为星星也跟人有感情一样：“星星太多了，分住在天上，白天睡大觉，夜里伴月亮，有的听摆古，有的看游方（男女恋爱称“游方”）。”苗族还想像：“造月亮挂在天上，掉下了金屑，落到地下来，变成了萤火虫，它点着闪闪的灯火。”对星星的崇拜和感情，由此可见一斑。那么，在纹饰上有何表现呢？首先要指出一种几乎是世界上普遍流行的“八角星纹”。虽然在苗族绣品中，特别是拼花和挑花中常把这种纹样称为“八角茴香纹”或“猪脚叉”，也有学者们把“八角星纹”的半边形称“枫叶”，但民间对纹样的取名常出自形象外观，并无多少学理凭据，对此似可深入研究。

著名服装史专家王矜在中国香港出版的《中国文化》第二期上发表文章《八角星纹与史前织机》提出“八角星纹”是因用在织机卷经轴上，而中国织机有“牛郎织女”神话观念影响，所以此纹应定名“八角滕纹”。此论列举不少“八角星纹”跟古织机的实例，是有一定道理的。但是笔者认为王矜的结论恰是因果倒置了。事实是因为古老的“八角星纹”跟星宿有关，所以古人才把“八角星纹”用在织机上。这种纹样无论在中国或中亚细亚，都出土了四五千年前的实物，并且跟纺织陶轮有密切关系（图 6-48，图 6-49），至少在新石器时代进入农耕文明的妇女们在制作陶器和纺纱织布时，已从布纹经纬结构的启示中和在“天人合一”的原始思维诱导下就创造出了“八角星纹”。须指出：“八角星纹”只是原始星纹的一种，那“八角”既是织物的制约，又是对星宿光芒的表示；但表现星宿的纹样尚有多种多样，例如表现为“[符号]、[符号]”或“[符号]”形。前两种好理解，因为纯粹是拟形；后面的[符号]或[符号]、[符号]确需解释。先看实例：湖北随县擂鼓墩在 1978 年发掘出战国早期的曾侯乙墓，规模之宏大、出土青铜器和漆器等文物之精美立即轰动世界，在漆器中有两件漆匱，一件绘有“二十八宿图像”，另一件绘有“扶桑弋射图像”。前者盖面中央用朱漆写一大

“斗”字，周围篆书二十八宿星名，左侧绘苍龙，右侧画白虎（笔者认为是“龙”，即苗蛮部族信仰的“槃瓠”），右侧边缘绘有“”纹，因全体都是星纹，这当然也是星纹无疑；那“扶桑弋射图匳”在盖面左侧绘有三个纹，第二排则画四个正反钩连的纹，右侧中间绘有上下相对共六个纹，很显然，这十三个纹样当然都是星宿纹。在其他漆器上也常见此类星形纹样。为何把星画成此形，留待后面再说。先来谈谈中国人为何崇拜星宿。在千万繁星列布的天空中，中国人先把相关的星星串连组合成若干星座；在长期的观察中了解了太阳和月亮的运行轨道，即黄道和黑道。又把分布在黄道附近的星座按周天 360 度排列为“二十八宫”，即二十八宿。自古人们相信这些按规律运行的星星都在冥冥之中影响着自己的命运，就跟日月和金、木、水、火、土五颗奇异会动的星（行星）会影响人的命运一样。不过，二十八宫对人的影响并不一样，其中最受中国人重视的是所谓的“三星”。三星是指南方天蝎座的“大火”，这是天空最明亮的一等星之一，中国人称之为“心宿”，实际包括房、心、尾三星，又称“大辰”，属苍龙七宿的第五宿。三颗星的主星为“心宿二”，又名“天王”。《诗经·绸缪》：“三星在天”，每年仲春之时心宿三星从东方地平线显现，按传统制度见到心宿三星，青年男女就可自由恋爱结婚，所以《诗经》即以三星喻春天万物欣欣向荣，春天是恋爱的佳节，三星则成了繁殖兴旺的象征。古人又有日月悬生于生命之树的观念，所以在造字时把“星”字写成长于圣树上的形象，在唐代织物上遗留有这种生命树上生长星星的形象。今日著名的农村剪纸能手库淑兰在她的作品中表现新婚恋人时，也按传统观念配有长着灿烂星星的圣树（图 6–51，图 6–52）。

图 6–48

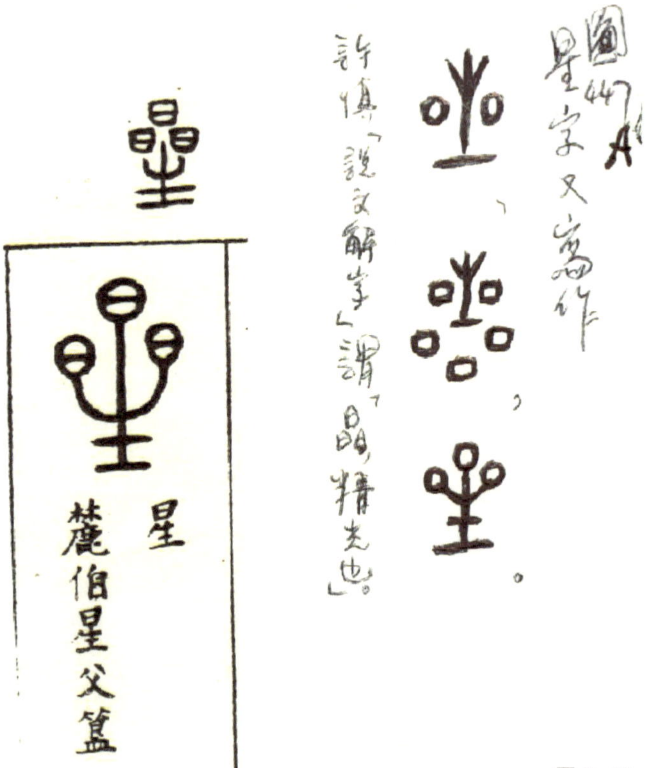

图 6–49

图 6–48　1978 年湖南省安乡县汤家岗遗址大溪文化早期墓葬出土“八角纹白陶盘”（约公元前 6500 年之模印纹样）
图 6–49　“星”字各种古体写法（许慎《说文解字》谓：“晶，精光也。”）

在苗族的银饰中，最有特色的“牛角”，有时候也被做成“星”字形（前图 3–210）的银角，虽然被理解为仿自蚩尤头戴牛角，其实也有把银饰做成“上应吉星”的意思（施洞银角）。“星”字上的“晶”，按许慎《说文解字》：“晶，精光也”，古羌族认为人的生命是“上应星象”的，即“天上一颗星，地上一个人”，所以唐代大诗人李白的母亲梦见太白星（金星）入怀而生子，遂取名为“李白”（李白是氐族，亦即古羌后裔）。古羌又认为月中圣树是“桫椤树”（后来讹变为“月桂”），这种桫椤是一种非常古老名贵的羊齿类植物，至今仍生长于川黔山中。古羌族又认为天上的星星落到地上就是薏苡或白石，而地上的薏苡即“上应天星”而生长，至今在理县（由原茂汶羌族自治县分拆）仍有梭椤沟（今作梭罗沟）、流星岩的地名，而羌族和藏族至今把白石视为圣物，造房时用白石（石英）放于屋顶辟邪祈祥。这类古老观念都已在长期的民族文化交融中成了苗族的观念，在苗族服饰中不仅有大量的星宿纹，并且爱用薏苡籽串白鸡毛为饰。不过，表示星宿的纹样除用圆形外，也有用树枝和山形者。图 6–53 显示了古“山”字既可作锯齿形，又可作三叉形，而这两种形式又跟星宿纹是相通的（山字

图 6-50

图 6-51

图 6-52

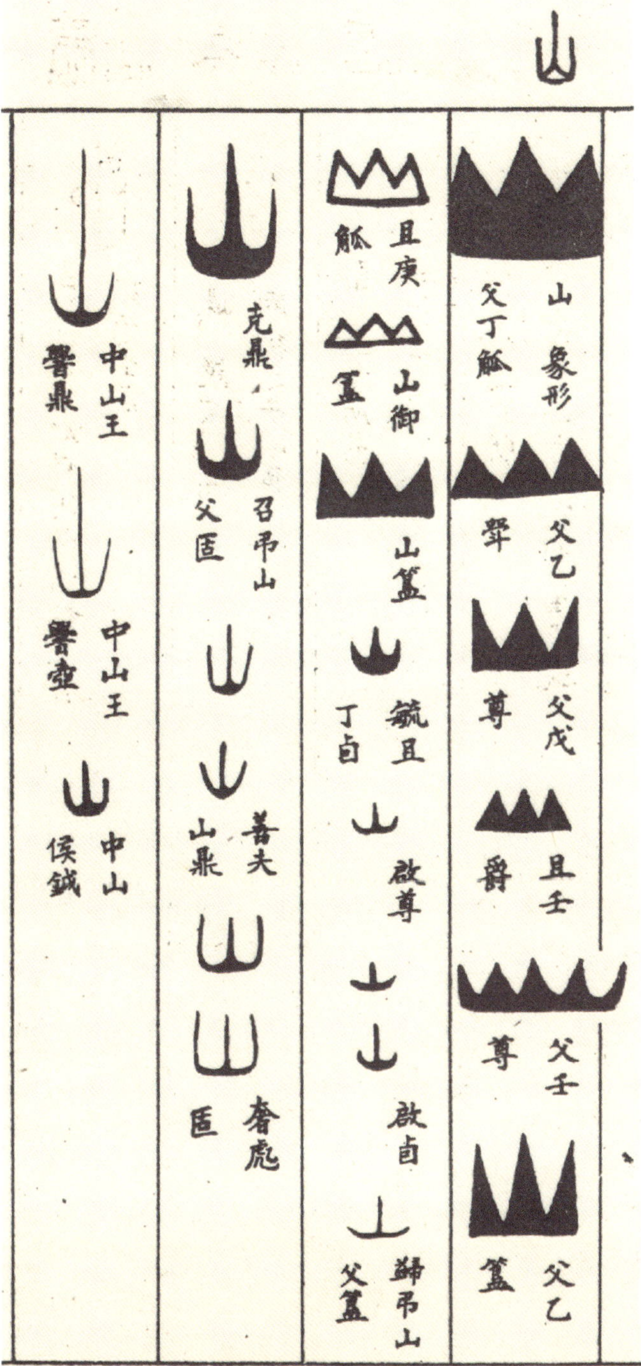

图 6-53

图 6-50 四川峨嵋山报国寺园中的桉罗树（桫椤）
图 6-51 陕西省旬邑县剪纸艺人库淑兰的作品“洞房”（室内是一对新人，室外为蝶恋花，到处都有吉祥星照耀）
图 6-52 陕西省旬邑县剪纸艺人库淑兰的作品“月老替青年男女主婚”，到处有吉祥之星灿烂照临
图 6-53 “山”字的各种古体写法

的“三叉”跟圣树的三叉可互通)。在施洞的苗族刺绣中，从前在各动物形象的背景空隙中常填满了长短不一的“云雷纹”，用“辫索绣”绣成的云雷纹中还常嵌入“打籽绣”，实际即“云雾中的星宿”之意。现代的姑娘们没有充裕的时间刺绣，不仅绣品愈来愈粗制滥造，除绣些主体动物形象外，背景往往被省略，或则用市场买来的金属“闪片”代替，不过虽然缺少了“云雷纹”衬底，那闪片仍保存着昔日星宿的意蕴，甚至更闪烁夺目。

特别介绍一个《金文编》中收录而迄今未被解读的奇特文字(图6–54)，这个字虽未被破读，但含义是一目了然的，这是古代负责山林祭祀大典的巫官，他的头上即用“三山冠”为饰，身体两侧各有一只“毕”。按“毕”有很多含义，都跟祭礼有关，略述如下：

(1)“毕”原是猎兔之网的拟形。《礼·月令》注：“网小而柄长谓之毕。”段注：“不独掩兔，亦可掩鸟。”苗族至今用毕捕鸟。

(2)《礼·杂记》：“毕用桑”，即用桑木做的“贯牲体木”，是古人在丧祭礼仪中专用设备，图6–55是月亮山区榕江县朗洞乡宰牙村“引土地神”定的土地神位。[1]

(3)《尔雅·释天》：“月在甲曰毕”。古时阴历用干支纪月，按十干排列，月在甲曰毕；而按十二支纪月次序则如“正月寅、二月卯”之类，这种用干支纪月的历法观念至今在苗族中得到保存。例如苗族特别重视阴历六月第一个卯日，称为“吃卯”，又叫“吃新节”。当时新谷已快登场，苗族按古仪摘取新禾放在米饭上蒸熟尝新以示庆贺，但此节深沉的内涵则是崇月的古观念，所以甚至比过年更受重视。“吃新节”也是青年男女恋爱婚媾的佳期(卯日即兔日，与月有关)。

(4)《山海经·西山经》：“章莪之山，有鸟焉，状如鹤，一足，赤文青质而白喙，名曰毕方，见则其邑有讹火。”此谓火神也。值得注意的是，《淮南子·汜论》：“木生毕方。”注：“毕方，木之精也，状如鸟，青色赤脚，一足，不食五谷。”就是说木神是鸟形，这是一种很古老的观念。今日苗族尚存有一种祭树神的古俗，由于前已叙述的原因，苗族不仅认为枫香树跟祖灵蚩尤有关，并且跟“蝴蝶妈妈育人种”有关，视枫香为神树，每个苗族村寨前都有不准砍伐的保寨树；并且因为古老的自然崇拜观念，苗族对山、石、树、井等都有敬畏之情，有“古树成神”的观念，所以每年有祭树神的活动。图6–56是施洞寨头的“保寨树”，树脚下还建有简陋的小庙，按时上香祭供(是一棵“沙棠”，实为樗树，就是《庄子》中所谓“因其无用而获天年”的樗树)。有些苗寨中，当孩子体弱时，父母就通过烧香祝祷把孩子“过继”给大树，称大树为“保爷”即干爹；或因家中老人久病不愈，也有向大树致祭以求保佑老者。在古老的树前致祭时用的法物：那是用竹篾编成的“毕”，即把一根竹砍下，在梢上劈开约一尺，剖成八股，用竹篾编成漏斗状，这实际是一种捕鸟长柄网的简式。为何祭树神要用“毕”形器呢？就因为古传“木精为鸟形”。还不仅于此，请看图6–57，图6–58，这是台江施洞的两幅袖花，所绣内容都为苗族传说中的“张古老的故事”：张古老是特别精灵古怪的孩子，总是想法欺骗母亲，最后母亲生气了，要张古老到月亮里去把那棵梭椤树砍倒，白天不论砍了多深，到夜间树干又恢复原状(说明这是一棵永生的生命树)，最后张古老的脖子被梭椤杈卡住就永远生活在月亮树上了(很可能汉族的八仙神话中那个张果老

图6–54

图6–55

图6–54　青铜器铭文中的一个怪字(应是巫师头戴“三山冠”作法之象，两旁为辟邪之“毕”形)
图6–55　榕江县朗洞乡宰牙村“引土地神”时定的土地神位(雷山县西江镇控拜村也举行此项活动，但汉语把“引土地神”翻译成“招龙节”)

① 注：雷山县西江镇控拜村也举行此项祭仪，但习惯称“招龙节”。

图 6–56

的故事跟苗族故事有关，虽然情节完全不同。苗族亦有误为央公者）。图 6–57 中表现张古老右手执斧，左手拿鸟笼，脚踩梭椤树。图 6–58 则是张古老扛着一棵生气蓬勃的树，树叶灿若群星，树根表示树是活的，弃斧于地，右手执鸟笼，月亮外围有火焰状的云和群星。把小鸟关置鸟笼中表示生命不会飞走，即永恒的生命之义。可知苗族是把灵魂理解成鸟形，又把鸟理解为“树木之精”，恰与古籍所论相同。这种古老而又有生命的观念体现在苗绣中，使绣品超越了纯装饰的水平而升华为传统文化的载体，弥足珍贵。非常明白，这里对“木精为鸟”的崇拜不仅有“鸟”的观念，更主要的仍是对日月星辰的崇拜。如果笔者的结论能成立，就有理由推测施洞、雷山等地苗族首饰在顶髻上插“凤钗”，在肩、摆上钉银泡原本既可能是“孵卵”的意思[①]（图 6–59），也可能是

图 6–57

图 6–58

图 6–56　湘西凤凰苗族村寨的保寨树和土地庙
图 6–57　施洞苗族袖片（上层是央公央婆在祖庙中抱孩子，下层是张古老在月亮中手提鸟笼，两侧为娄卯秀骑马）
图 6–58　施洞苗族绣片（上面是“椠瓠护蛋”，下面是张古老在月亮中手提鸟笼，扛着“生命树”，斧头抛在脚下，四边围绕着生命火焰与星宿）

① 衔着“宝珠”。

“星月相辉”之意，也令人想到“山”即圣树上的星宿之意。图6-60的“压领”呈半月形，而所谓“牛角”则是凤翅托着星宿之形。当然，这跟西江银饰“大牛角”也是可以兼容两义的。

星形是圆珠状，如果加上光芒，则可成四角、六角、五角、七角乃至十二角、十四角……之形象，无论圆角、钝角、尖角、放射状，都被视为星形。但是历史上少见“三角星”，而常见“六角星”。从世界各民族古代所用星形看，最多也最古老的是“八角星形”。早在两万多年前，中亚细亚先民就制作了“八角星纹”，因为当地民族信仰的是女太阳、男月亮和金星女神伊斯塔尔（Istar）（图6-61）。太阳自有固定的形象，月亮则有圆形与月芽形之别。当月神渐变成女性时，初民又把月芽形跟牛角形相混，把两者都理解为繁育和生殖的象征（角的特性是不断增生延长），所以在中亚和土耳其的考古遗物中发现了两万年前手执生命之角翩翩起舞的伊斯塔尔浮雕像（通称“维纳斯”——生殖和恋爱女神）。中国的古羌原本也是崇月游牧民族（今日茂汶羌族祭月仍要做“月亮粑粑”），当九黎三苗受到古羌和后来的彝族影响后，也把牛角看作象征生命延续的崇拜物，在著名的“牛角杯”上画着“央公央婆”或各种象征生命延续如花开的图案也就很合理了（图6-62，图6-63）。苗族的牛角杯只有在重大节日才拿出来接待贵客，尤其是在祭祖大典“鼓社礼”上必须用牛角杯敬酒（图6-64）。

图6-59

图6-60

图6-61

图6-62

图6-63

图6-59　施洞苗族银饰（顶髻插“凤含宝珠”）
图6-60　施洞苗族姑娘冯天珍（苗名阿吉，她是中央民族歌舞团著名歌唱演员）
图6-61　中亚细亚的古老崇拜：女太阳、男月亮和伊斯塔尔（Istar就是金星女神）
图6-62　采集于榕江的苗族牛角杯（制作于清代同治年间，其上用漆绘有央公央婆和鱼鳞纹）
图6-63　苗族描金彩绘牛角杯（绘有鹡鸰孵蛋纹及“星宝”）

至于把星形做成八角形，除了因其规范化外，还因“八角”意味着“四面八方”“四时八节”等包涵“完善”之意。在织物上挑绣和刺绣、贴花常用“八角星”，当然跟经纬线的制约有关，尤其是挑花、“数纱绣”的技术局限，在“八角星纹”中能被克服而做成从“适合纹样”到“二方连续”“四方连续”的各种理想图案。

把“八角星纹”拆成一半，则令人联想到“枫香叶”或“山”字形星纹，这是非常古老的纹样之一。

例如在浙江余杭反山原始女神庙出土的玉器中即有“山”形器（图 6-65 ～图 6-67）和“残月形玉器”（图 6-68），学者们把此类玉器归于太湖流域的“良渚文化”，是四五千年以前的新石器时代遗物，玉器上的精细纹样

图 6-64

图 6-65

图 6-64　手执牛角杯和法杖的广西瑶族（过山瑶）百岁师公（1997 年摄于广西融水县同练乡）
图 6-65　浙江余杭反山原始女神庙遗址出土“山”字形（残月形，实际是古越人崇拜的日鸟图腾面容）玉器
图 6-66　浙江余杭反山良渚文化墓葬出土玉器玉琮上的鸟形图腾造像

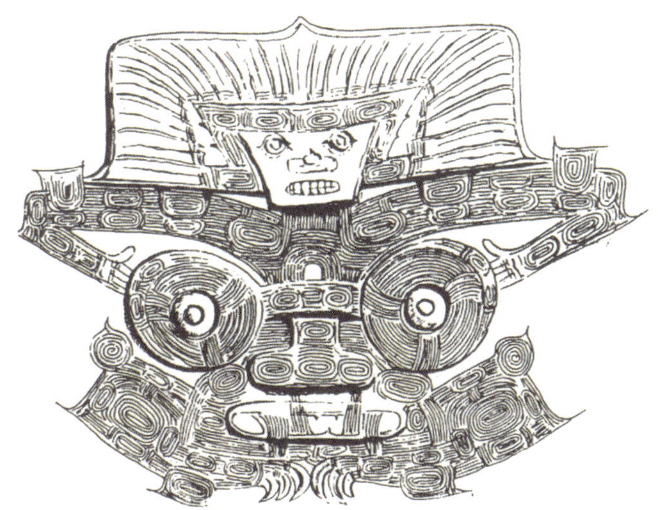

图 6-66

则显然是“泛太平洋文化”的“日鸟崇拜”意匠。此类意匠的雕刻品在太平洋彼岸的美洲印第安人和墨西哥古文化中也普遍存在，应属同一文化的传播（图6–69～图7–73）。中国从辽宁红山文化女神庙遗址向南、以渤海为中心的龙山黑陶文化，再向南到淮河以南的“印纹陶文化”（包括“百越文化”），直至闽粤出土的新石器时代陶器，都可见到以“日鸟崇拜”为特征的文化表现，苗族是继承着曾长期定居于鄱阳湖地区的“三苗”传统，很自然会受到“泛太平洋文化”的影响，这种“鹡鸰”和“山形星纹”就是一个表征。在原始时代，“山字星纹”“八角星纹”“井字纹”乃至“卍字纹”“十字纹”是普遍并存的，并且是相互过渡转化的几种基本纹样，那“卍”形纹其实只是“十”字纹的运动表现，是在新石器时代受陶轮旋转启发而创造出来的，包含四维运动感的

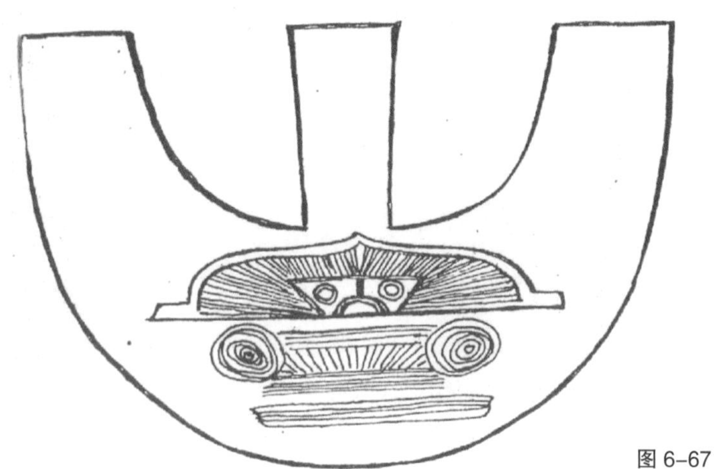

图6–67

图6–68

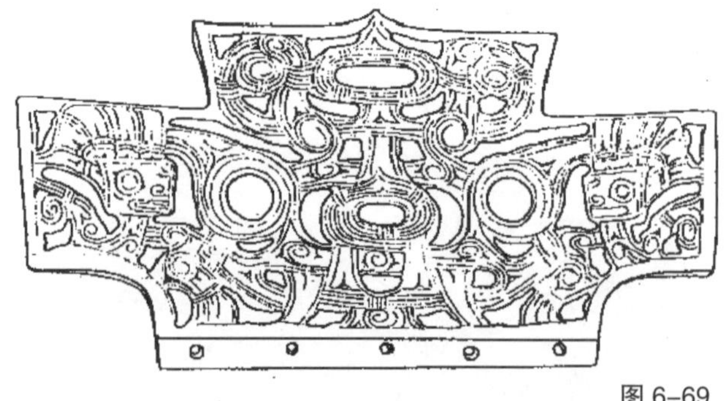

图6–69

图6–67　浙江余杭反山原始女神庙遗址出土玉器上的鸟形图腾纹样
图6–68　陕西省宝鸡茹家庄出土西周中期持环铜人（头饰为山字形冠，穿宽领托直襟长衫，双手各执一个圆环作舞蹈状，曾发表于《中国美术全集·雕塑卷》）

图6–69　两个玉饰牌，出自中国浙江良渚文化遗址，至今考古界对此神秘的玉饰解释未获统一认识，但一致认为跟“日鸟崇拜”的原始信仰有关，那神秘的戴羽冠之神应是太阳神，他横撑双臂作照临大地之姿态，而双手捧乳踞蹲之态颇具神圣之气派

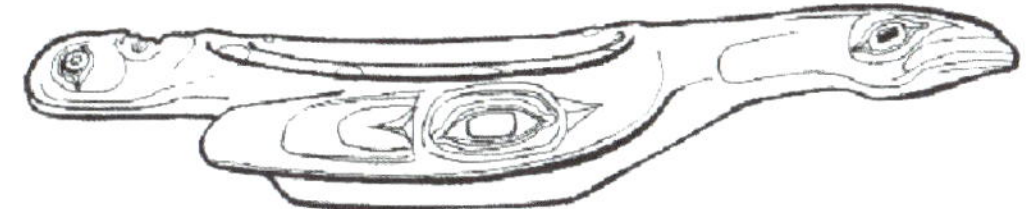

图 6-70

图 6-72

秘鲁龙纹

图 6-71

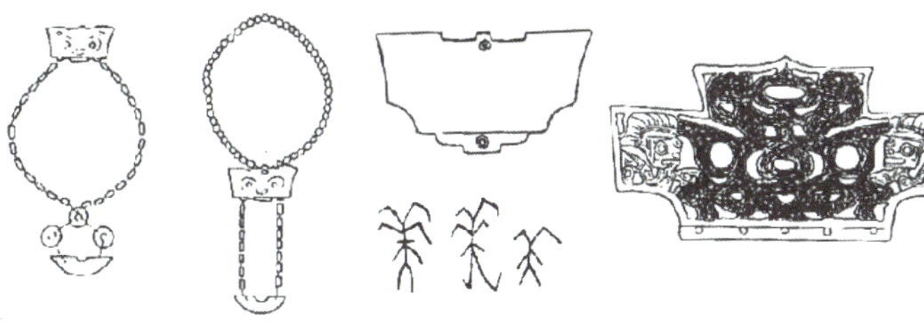

图 6-73

图 6-70　倒是今日北美洲的印第安人也是崇拜日鸟的，国际民俗学家早已证明：环太平洋各民族都是崇拜日鸟的。本图是取自加拿大海达印第安人的图腾屋前木雕和衣饰图象，中间那个“日鸟”造型出自“渡鸦”意匠

图 6-71　秘鲁印加陶器上所绘之龙纹

图 6-72　南美洲秘鲁印加人后裔两位妇女，手中抱着当地特产“驼羊”幼崽，这“驼羊”形在骆驼与山羊之间，令人想及中国古羌治水之鲧和禹，因为鲧的名字叫“骆明”，其形象正是“驼羊”。从她们的衣服风格上不难看出有来自遥远中国西北古羌族风格的影响。如果笔者不加说明，读者是否会怀疑她俩就是中国的苗族或羌族妇女呢？

图 6-73　有学者认为良渚玉器可能是受羌彝文化影响而成，并举今日四川彝族呗摩（巫师）所用的法器图型为证。但笔者认为不妥，因为彝族是崇虎的，而良渚玉器反映其主人明明是崇拜日中神鸟的

艺术创造：当陶轮上只有两个点时旋转则生“太极纹”，当陶轮上有四个点或有十字形时，旋转即生“卍”纹视感，用静止图形表现出具有四维运动感的“太极”和“卍”纹，这是中国先民的杰出创造。相对来说，“卍”纹在世界上更普遍存在（图 6–74），“太极纹”则唯有中国才存在，只因移民和文化传播，才传到了北美印第安人中（图 6–75）。苗族传承的绣纹中则保存和发展了这类古老的母题（图 6–76），请注意此图中龙“宝”（卵）内由两条“七星鱼”作“太极式”旋转，可知太极图原本即是以“阴阳鱼”形式存在的“二元运动观”。道家发展了这种“二元运动观”，使之成为中国文化的根本观念，影响深远。但道家的“一阴一阳谓之道”观念很可能最初是受黎苗古观念的影响：老子李聃是楚国苦县（今河南省鹿邑县）人，此地原是九黎部族故籍；庄子（庄周）是河南蒙城人，他们的哲学都可能受过九黎三苗遗留的古观念熏陶。图 6–77 是月亮山绣裙，这里的“太极图”式双鱼龙旋转纹要古朴得多。

南京博物院考古研究所 2004 年在太湖西岸地区首次发掘一处良渚文化遗址——“堰南遗址”时，发现了一组以往良渚文化遗址中未发现过的“山”字形符号，考古专家推测其为当时人们记事用的符号。

据介绍，位于江苏宜兴堰头镇堰南村的“堰南遗址”南北长 600 多米，东西宽 400 余米，占地约 25 万平方米，中心为约一万平方米的高台墓地。该遗址因当地砖瓦厂取土而遭较严重的破坏。

南京博物院会同无锡市博物馆和宜兴市文管会对

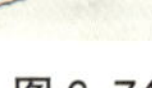

图 6–74

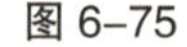

图 6–75

图 6–76

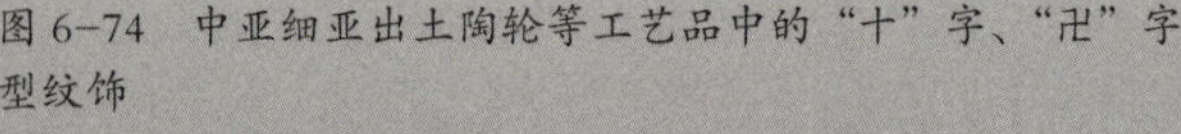

图 6–74 中亚细亚出土陶轮等工艺品中的“十”字、“卍”字型纹饰
图 6–75 印第安人的几种“太极图”式纹样
图 6–76 施洞苗族围腰（注意：“龙宝”中由两条七星鱼作太极式旋转，可知太极图原本即以“阴阳鱼”形式存在的“二元运动观”）
图 6–77 雅灰式“牯脏衣”（衣摆与飘带裙之绣纹中，注意第二排有两个“七星鱼”作太极式旋转纹样）

图 6–77

"堰南遗址"进行抢救性考古发掘，在遗址中心300多平方米的土台上发现了大量建筑遗迹，以及多座良渚文化时期的贵族墓、祭祀法。

考古队在紧靠贵族墓穴的南面约4米宽、30米长的范围内，发现了一组由"短竖"和多个"山"字形图案排列组成的红褐色硬土符号。来自上海和浙江的良渚文化考古研究专家在现场察看了这组奇特的符号后，对此发现极为关注。专家们认为这组符号的年代为比甲骨文早一千多年的新石器时代晚期，两者间是否有联系值得进一步研究。

如按笔者所说把"山"字形与"星象"纹联系考虑，这宜兴的良渚文化祭祀坛新发现的"山字形"硬土符号或许能获破解的启示。

属川黔滇方言的广大苗族各支系服饰多用几何纹（前图3-140～图3-152），虽然学者们从工艺和审美角度为这类纹饰取过许多名称，如"小花苗服饰图案"，但笔者感觉此类定名多从外形与自然物的某种类似而取名，明眼人一望可知这类纹饰是受织物肌理结构的制约，而且"大同小异"，如用"拟比某物就取某物名"，似乎没有科学性可言，并且也未必是苗族群众真实的原始创意。其实当地有不少纹样原本是有特定涵义的，比如"天地""山川""田坎花""江河波涛"等。"田坎花"是苗族被迫迁出故居时绣在背上、刻在心上的"故乡田园"拟形，"江河波涛"则是用不同色彩和线条记录艰苦跋涉、跨越黄河和长江等"长征旅途"以警示后裔不忘本源。但这类纹样本身在造型特征上并无多少"写实"成分，全凭口传文学予以增添深意。从织绣纹样本身和技术角度说，定的名称愈复杂愈失去科学性，就如前文分析"冕服十二章"之"粉米"之类，完全可把同一纹样作率意的增删含意，甚至"郢书燕说"。依笔者看，对此类纹饰可概括为"癸形纹"。

按"癸"字是天干的末位，《尔雅·释天》："太岁在癸曰昭阳，月在癸曰极。"《史记·律书》："癸之言揆也，言万物可揆度也。"这是一个具有揆测天地万物的绝佳的"原始形"，从纹样发生学角度说，这是一个"原初意匠"（Motif），可由此生发孳乳无穷的形象。在古文中，"癸"字原本写作"※"（图6-78），正是包含日月星辰运行基本规律的原形字，又含有"通衢大道"等人工造物的基本形。以威宁大花苗服饰为例（前图3-140），大花苗的服制是十分古老的，所绣的花纹亦即基本形，由于用红黑两色织绣在白麻布底色上，粗犷雄强而古意盎然，当地有称为"虎皮花"者（拟形），但是仍以"癸形纹"为宜。

现在，再回过来重审《虞书·益稷》关于"冕服十二章"的原文。笔者在前面已提出判断：两千年来由于黼黻二字本义的失传，臆断和附会了"黼"是"两斧相背""黻"是"两巳相背"的谬论，用这两种莫名其妙的"背斧""背巳"伪饰冕服。先说"黼"，看看"黹"的金文就可悟出，原来是一个相反而对称的怪字（图6-79），并且"黹"字跟"黼"字原本写法一模一样。"黹"的本义按《说文》："箴缕所紩衣。"段注："箴当作鍼（针）；紩，缝也；缕线也，以针贯缕紩衣曰黹。"原意清清楚楚，就是把两块布料用针缝合起来。字形的本义是象形：上下各一块布料，中间是串连而未抽紧的线，或者是成套圈或被扯断的线（应当包含刺绣或挑花在内的所有针线话，所以线有断有续）。

不过，问题不是那样简单。如果只是用针线缝合两块布料，那黹字为何要造得那样复杂？那上下的毛齿形

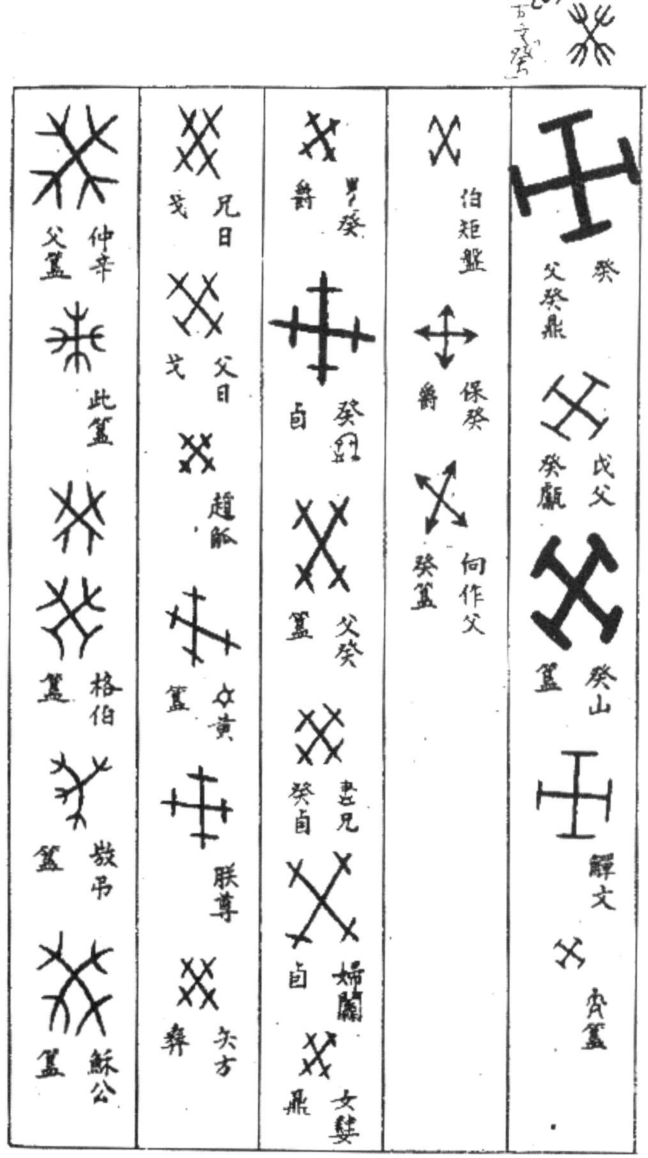

图6-78　古文"癸"字多种写法

意味什么？中间为何有连有断？笔者认为，这正是版印蜡染的象形字：上下两块雕镂成凹凸花纹的木板夹紧后，由缝中灌入熔蜡，由于夹板紧处不透蜡、夹板松处敷蜡，待干后卸板取布，即可染花，所以“黹”字写得如此复杂而具体，又可引申为“黼”“黼”“黼”，后两字只见古文，但“處”有位置、安定之义，“虘”字义不明，但“樝”（木瓜）按《尔雅·释木》谓“樝梨曰钻之”，为何有此怪名？因为木瓜的特征之一是“蒂核皆粗，有凹凸之形”。笔者想用此理反观“黼”和“黹”的金文，应可悟出“雕版灌蜡”之意了罢。

至于“黻”字被释为“两已相背”虽然也可从金文中找到一些形象，却远为复杂得多。请耐心听笔者分析：

贵州省博物馆的陈默溪女士对苗族织绣工艺踏实研究数十年，治学严谨，笔者曾向她讨教过不少知识。她在1990年4月写的《苗族戳纱绣析论》一文中提出一个重要论点：“关于几何纹是由动物演化积淀的问题，在黔东南苗族纹样中，还可以找到蛛丝马迹。例如舟溪的戳纱绣中有这样一种纹样，苗语称为‘港’（即蛙），并多配以雷纹云纹，寓意是蛙与云雷结合，象征风调雨顺。这种蛙纹饰在舟溪苗族戳绣艺术中反复出现，与云南石寨山铜鼓的纹饰绘法一模一样，但石寨山铜鼓的这种纹饰未定名，不过笔者想它也是蛙的意思。根据比石寨山晚的两广的铜鼓上铸有蛙纹形象，并根据蛙鸣则天雨，而且传说蛙是鼓精，故封为吉祥之物，蛙代表风调雨顺的好年景。故石寨山在原始鼓上的纹饰，是从这个吉祥意义出发，而苗族的蛙纹反复在装饰中作主体花纹出现，不无此意吧。这种蛙纹饰又是在舟溪戳绣花纹中出现它的抽象过程，它由四爆变二爪，成这种形，再变成这种形，再抽象成这种符号。在半坡村出土的装饰蛙纹，经过无数次的演化过程，到齐家文化时的蛙始简化成这种形式。在‘江南地区印纹陶问题学术讨论会’上，许多专家一致认为曲线纹和垂帐纹是蛙纹变化成的。苗族的蛙的抽象变化显然与半坡村蛙纹变化不同，它显现了西南民族的特点。苗族戳绣中的蛙纹首先简化成棱形，然后再符号化为形，这大概就是苗族的蛙字，因为许多文字都是要经过图画文字的阶段，才逐渐抽象成文字的。”[①]陈女士在这段文字中把苗绣纹样和考古资料结合研究，提出的多数见解都是很精辟的，只是最后认为“这大概就是苗族的蛙字”的结论笔者不敢苟同，不仅“苗族古代无自创文字”是学界共识，对此“蛙”字陈文前面已指出四周“多配以云雷纹”，既是云雷纹，就不是蛙主体，怎么能把简化的云雷纹指为“蛙”字呢？但是陈默溪立足田野调查的该文基本观点和材料都是值得珍视的。文中提到“曲线纹和垂帐纹是蛙纹变成”这一观点主要是陕西省考古研究所石兴邦先生提出的卓见，详参《西安半坡》一书，此地引几图为例（图6-80）。

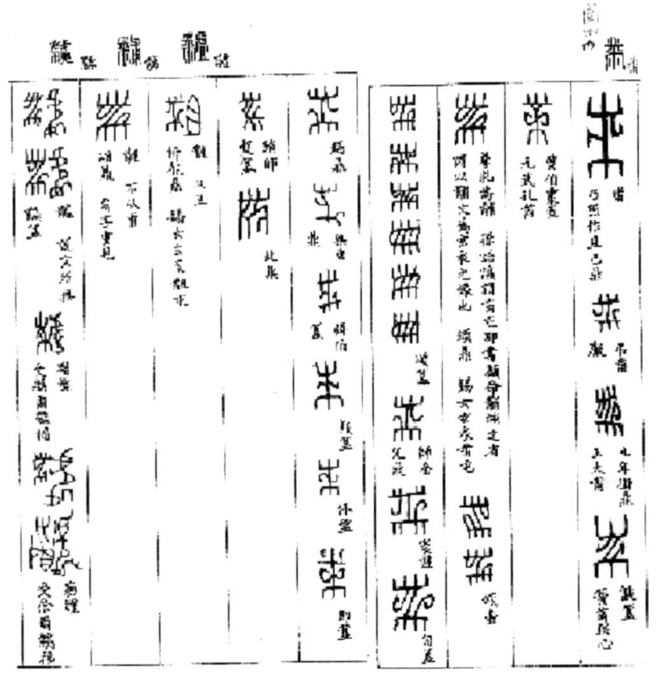

图6-79 古文“黼黻”等字多种写法

笔者在提出这一看法前先指出，这类“四足蛙体”纹样不仅普遍存在于世界各地各民族织物中，并且早已引起学者的重视和研究。例如，加拿大多伦多纺织博物馆的马克斯·艾林（Max Allen）女士在1981年出过一本《欧亚大陆及西太平洋沿岸传统女性艺术的原生符号》（*The Birth Symbol in Traditional Women' s art from Eurasia and the Western Pacific*）。该书搜集大量实例，专论“蛙形”生殖纹样的来龙去脉，议论详博透辟，令人大开眼界，结论是这种生殖形纹样体现了原始母系时代蛙（即人）的繁殖母题观念（Motif），由于篇幅所限，笔者在此只摘取若干图例以备进一步参考研究（图6-81～图6-90）。从书中可知这种“蛙”形纹是从欧洲、亚洲横越太平洋直达中南美洲，它是普遍存在的，如此广阔的世界范围内，民族纷繁复杂，而对“蛙人”母题的理解和表现的趋同性确实让人吃惊。这种母题的一致性，究竟是由一个以古族为创造中心逐渐向世界各族“播散”呢，还是出自“多元”的分别创造？笔者认为，只可能是多元创造的文化现象。具体说，各原始古族在发展到新石器时代母系社会时，“尊崇原始祖母”这一观念是自然发

① 引自中国民族摄影艺术出版社《贵州民间工艺研究》一书。

图 6-80

图 6-81

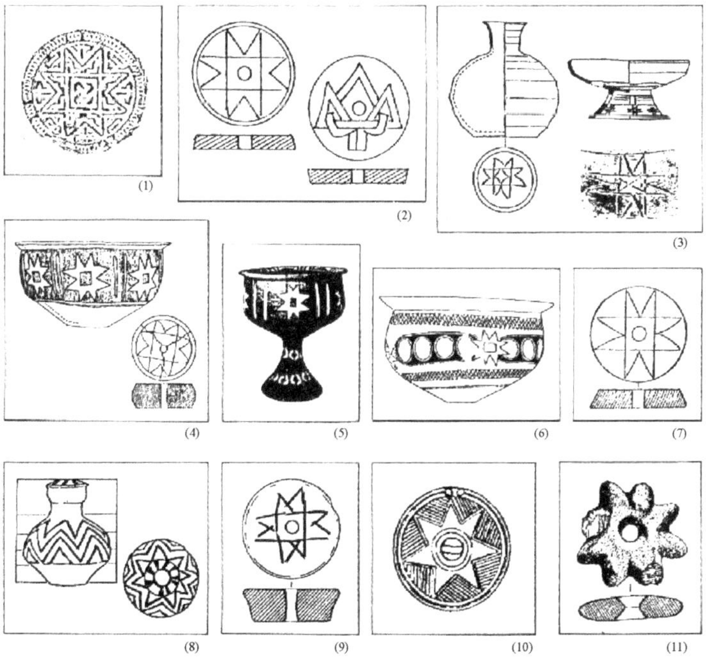

图 6-82

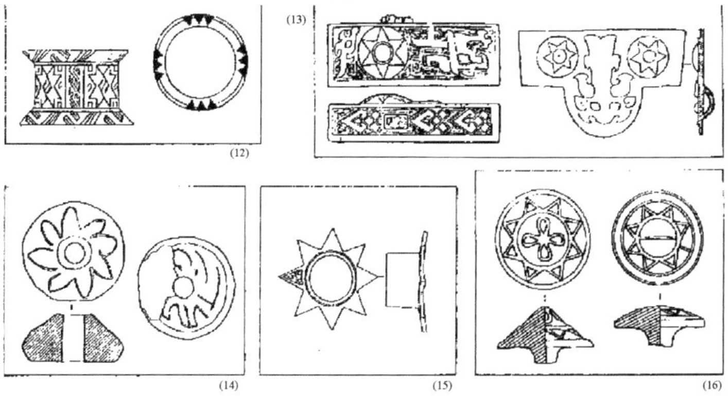

图 6-83

图 6-80 原始陶器纹样的多种“蛙蟾纹”示意
图 6-81 加拿大女作家所拟“蛙纹”择要图（匈牙利、乌克兰等国织物图案）
图 6-82 不同文化类型的“八角纹”
原注：（1）大溪文化：白陶盘（印纹 M1:1），湖南安乡汤家岗出土；（2）马家浜文化：陶纺轮（刻纹），江苏武进潘家塘出土；（3）崧泽文化：陶壶（底划纹 M33:4）、陶盆形豆（刻划纹 T2:7），上海市青浦崧泽出土；（4）大汶口文化：彩陶盆（M44:4）、陶纺轮（划纹大 T3:1），江苏邳县大墩子出土；（5）大汶口文化：陶形豆，山东泰安出土；（6）大汶口文化：彩陶盆（M35:2），山东邹县野店出土；（7）良渚文化：陶纺轮（划纹 M17:3）；（8）仰韶文化：彩陶壶（P11:30），西安半坡出土；（9）仰韶文化：陶纺轮（T2M8:1），江西靖安出土；（10）齐家文化：晚期铜镜；（11）齐家文化：石滕花（原名多头斧）
图 6-83 续不同文化类型的“八角纹”及说明
原注：（12）小河沿文化：彩陶器座（右为上视口沿花纹），内蒙敖汉旗小河沿出土；（13）殷代：青铜辖套（左）、铜踵饰（右），安阳小屯 M20 出土；（14）夏家店上层文化（西周）：陶纺轮（M3:4），内蒙宁城南山根出土；（15）东周：铜车饰，江苏镇江谏壁王家出土；（16）战国：陶瓦钉两种，河南洛阳出土

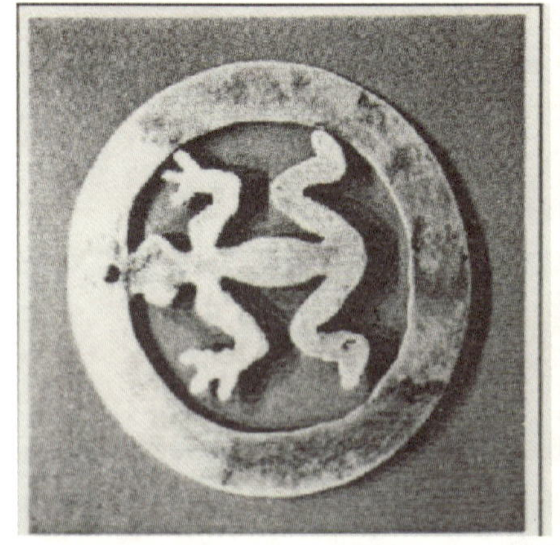

图 6-84

图 6-86

图 6-85

图 6-87

图 6-88

图 6-89

图 6-90

图 6-84 “蛙人纹”示例（土耳其及邻近各族之铜饰牌）
图 6-85 “蛙人纹”示例（俄罗斯、土库曼）
图 6-86 “蛙人纹”示例（印度尼西亚）
图 6-87 “蛙人纹”示例（菲律宾）
图 6-88 “蛙人纹”示例（菲律宾）
图 6-89 “蛙人纹”示例（厄瓜多尔）
图 6-90 各种“蛙人”原始母题纹饰

生发展的，又由于远古图腾观念的演变至此跟“始祖母”（祖灵观念）合一；从“多子”生态这个角度来看，蟾蛙跟“始祖母”的形象最为类似，在“知其然而不知其所以然”的觉醒水平上，蟾蛙和“始祖母”的造型获得融合。这时期由于农耕的发展导致天文观念的强化，蟾蛙的奇特生态跟“天象影响人间命运”的神秘感这一点又获契合。这一方面，中国古族的“天人合一、物笔者同在”观念可谓臻于极境，于是“蟾蛙形的人祖”就登上了雷神的宝座，周围绕以云雷纹或四肢作雷纹式的“蛙人”形象开始确立，尤以“鼓腹”之形令人想及孕妇多产的祈愿。不少蟾形纹样腹中还开口或加点以示“阴门洞开”，当然是祈子以促部落繁殖的表征。在纹样的制作上又因受到织物经纬结构的制约而倾向菱形几何化与简化，更增添了多元创作的趋同感。当然，作为同类而多元自创的纹样，各民族在创作过程中都各自添入了特异的寓意和审美需要；也不能排除在历史的长河中，民族迁徙、文化交融的重大影响，例如美洲没有古人类产生，目前的美洲居民不论先后都是来自移民，中南美的文化也只能是外来的传播，而欧亚间的民族迁徙更是史不绝书，远距离的文化趋同现象毫不足奇。

苗族不仅在织物和服饰中有大量蛙纹和云雷纹，并且在生活中也流传着不少有关青蛙的传说。例如“青蛙孩子”说一对善良的老夫妻寻得一个青蛙为儿子，这青蛙实是一个受魔法禁咒的龙王之子，娶妻后因蛙皮（一说为蛤蟆皮）被妻烧毁，不能再变化回龙宫，妻子羞愧，上吊于桑树，死后腐烂之蛆变成蚕。这个故事实际是糅合汉族青蛙王子、田螺姑娘和古羌族的蚕神“马头娘”等神话编成，尚有若干地方性变型。有一种说法，革东支系女童所穿的“野猫衣”又称“小蛙衣”（前图3–301），穿这种衣裳可获祖宗庇佑。黄平地区儿童“小衣”上绣满“祖宗花”，细审此类人形（前图4–22）明显感觉是作蛙形特征，应非偶然。此类绣纹在清水江地区各支系苗族衣饰上是屡见不鲜的。

在原施洞招待所南面田坎后尚保留有一处天然水泉（图6–91），当地群众称“咶咶泉”，在石砌井栏上有一个天然的蟾形石块，群众奉之若神，认为它就是永不枯竭的泉水守护神灵（图6–92）。按《岭表纪蛮》等古籍记载，苗瑶各族都把蟾蛙视为雨神，所以在铜鼓上铸有蟾蛙形饰（图6–93）。按古羌和彝族、纳西族的观念“蟾主淫霪”，即与男女间情欲和生育有关，苗族民间也有“生子多得像青蛙”之俗语，广西壮族更专设“蚂蜗节”祭蛙祖。总之，西南很多民族都认为蟾蛙跟雨有关，所以天旱祈雨须用蟾蛙；蟾蛙又跟部落繁育有关，所以对蟾蛙持敬畏态度。

在苗绣中有大量蟾蛙造型，这种纹样多数呈正面并高踞上排正中位置。由于变形的夸张手法，很少写实造型，并且常在“蟾蛙”头上长角、口中长牙，甚至变化得跟狮虎怪兽相类。在造型上又常作正面展开式，其外

图 6–91

图 6–92

图 6–91 台江县施洞镇旁的“咶咶泉”井栏上天然的石蟾
图 6–92 清水江地区苗族服装上的“祖宗纹”却有“蛙蟾纹”特征（中间是在祖庙内的央公央婆，上下则是两排蛙蟾形列祖列宗）

观跟汉族的“泰山石敢当”或“虎贲”有些相似。苗族语言称蛙为“港”(Gàn去声)，称蟾为“盖莫”(Gemò去声)，这个发音令人想起汉族四川方言的“癞蛤蟆”，请注意，这名称北京人常读作“Laihama”，但那“蛤”不该读“Ha”而应是“Ge”，四川话读“Laigebaò”(去声)，“蛤”很正确，但把“蟆”实际读成“宝”(去声)，笔者揣度苗语“Gemò”原从四川音“癞蛤宝”变来，只是把baò的“b”更换成“m”了。这一点很重要，透露出苗族的蟾蛙崇拜原从四川古羌信仰中袭取而来(图6-94～图6-96)。

古羌对蟾蛙类动物的崇拜已有七八千年以上的历史，20世纪以来在甘青川黄土高原上发掘出的大量彩陶遗物，其实都是古羌先民的遗物，在这些彩陶中常见的蟾蛙纹、人字纹其实都是古羌的图腾形象。追溯其原型，也并非现实的蛙蟾，而是一种想象的神物“熊”，也写作“能”，读音为Naì，写法是能字下加三点，并非加四点的“熊”字。此字汉代已渐失传。许慎《说文》尚有著录：“熊，三足鳖”，实在也不是鳖，而是形在蟾鳖之间的幻想神圣动物，其特征是三足，常在云雾之间。这种三足神蟾形象的创造依据是古羌民族崇拜月亮的结果。当月圆时仰望月中阴影可知，那是一只后腿上翘的三足蟾形，如果反向观察，上翘的蟾腿则成为兔子的耳朵，这就是数千年来所谓月中玉兔与金蟾的秘密。古羌从月中阴影得到的启发创造的“熊”在神话中则表现为“刘海戏金蟾”，那披发哆口的刘海正是甘青川游牧民族的典型。这种古老的图腾形象被古羌后裔彝族、纳西族继承下来，至今彝族巫师(呗髦)仍视蟾为创世大神(图6-97)。[①] 古

图6-94

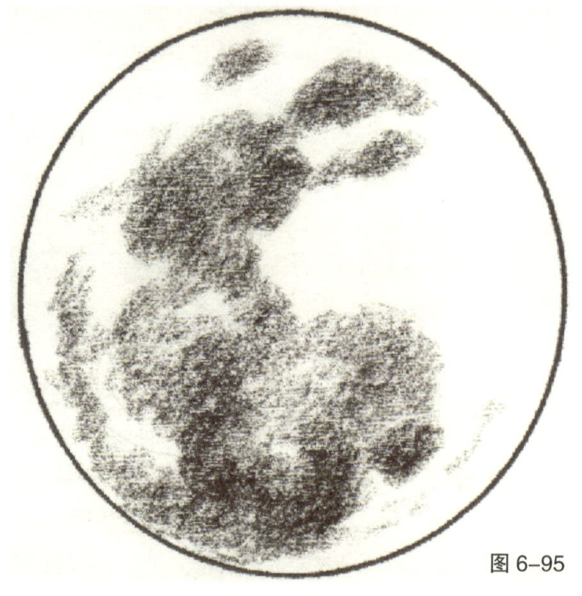
图6-95

图6-93

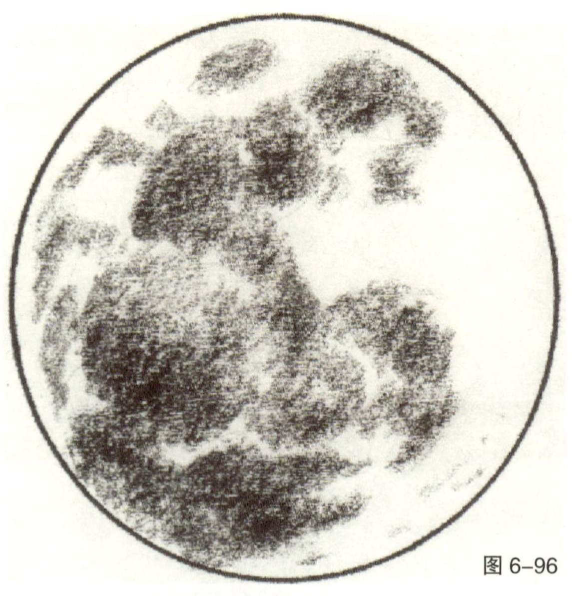
图6-96

图6-93 铜鼓上铸造的三足叠蛙 上海博物馆藏
图6-94 月影
图6-95 月影(玉兔捣药)
图6-96 月影(三足蟾、蠍形，实际是古羌族崇拜的月中三足熊)

① 详参拙著《中国的自然崇拜》，香港中华书局1963年版。

羌崇拜的“三足熊”另一特征是头上长角，怒目哆口，有时口中长牙。这种怪异的形象都被苗族接受过来，除上举各剪纸造型外，笔者还采集了一幅施洞苗服的肩部绣花，在长着蟹钳形手的神人腹中赫然有一只“三足熊”（图 6–98）。而剪纸中那些高踞首行正中形象怪异的“蟾”，正是表现它们高踞云端君临人世的神格本相。至于更大量表现于挑花或织花中的菱形“蛙纹”，也都常见于云雷纹衬托之中。

新疆出土东汉织物中有所谓“豹首”纹，又有所谓“熊首”纹（图 6–99，图 6–100），其实只要跟苗族蟾纹对观即可明白，这都是流行于汉以前的古羌图腾“熊（蟾）”形的变型，都是一种几乎被人遗忘的民族古信仰大神。

上文所引陈默溪举出的蛙纹演化过程，很典型地把蛙四周的云纹概括出来了（、）。在前图 1–25 的“狗耳龙家”可见一种祭祀舞蹈用的道具：那形就是从形脱胎而来的，说明中指出：狗耳龙家每逢七月七日（阴历七夕）在旷地竖“鬼竿”，男女执此道具欢欣舞蹈，目的是求偶。大家知道，七夕是牛郎织女鹊桥相会的佳期，也是少女“乞巧”祈愿之时，这种习俗显然不是苗族自创而是吸收异族崇拜星月又结合苗族固有寻偶欢会习俗而产生的民俗交融现象。由此“蛙形道具”也可反证苗族织绣纹中的真实含意：此类蛙纹似乎愈向黔西北和黔西南的苗族服饰上使用愈多，即川黔滇方言的各支系苗族使用较多，而贵州东部苗族则较少见。滇黔川交界处是彝族占主体的地区，是否可能这类崇拜星月的“蛙纹”来自彝族影响呢？回答是肯定的，由于彝族是古羌后裔，所以至今彝族保存此类纹饰较多，图 6–101 ～图 6–106 是四川凉山彝族古代甲胄，可以看到这种甲胄正是

图 6–97　彝族呗魔绘“世界之蛙”（万物之母）
图 6–98　施洞苗绣（上为肩饰：蟹钳神人肚中怀有“三脚蟾”，下为袖花：“槃瓠与雷公鸟”）
图 6–99　新疆出土东汉“豹首龙虎连枝灯纹锦”
图 6–100　新疆出土东汉“熊首麒麟纹锦”

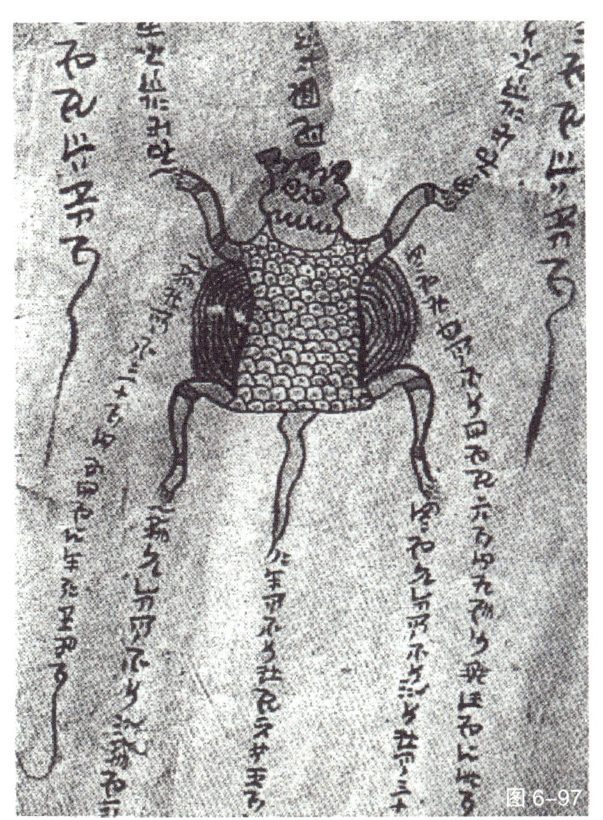
图 6–97

图 6–98

图 6–99

图 6–100

图 6–101

图 6–102

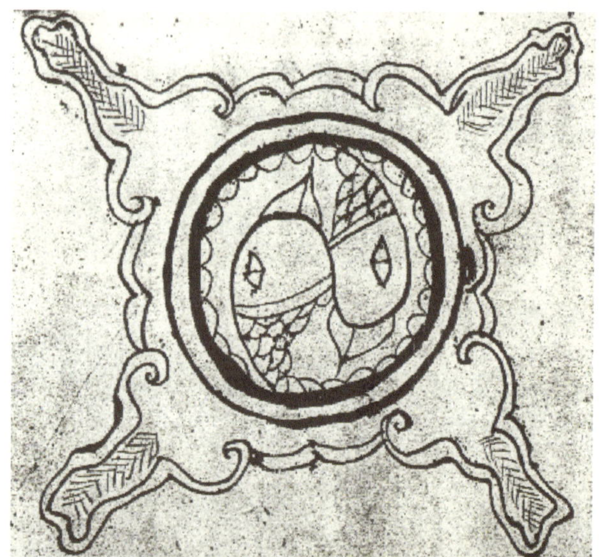

图 6–103

图 6–101　四川凉山彝族甲胄上的星宿形银饰纹样
图 6–102　四川凉山彝族甲胄
图 6–103　彝族呗麾绘“宇宙的本源——输必孜”（阴阳两极之鱼龙相拥抱，生四方，生四角，形成茫茫宇宙。输必孜形为两条纠缠回互的龙，是整个阴阳的载体符号。如天地、男女、雌雄、哎哺、清浊二气、尼能、什勺、日月；或叫天父米古鲁、地母靡阿那、宇宙的本源等。什勺氏修天补地时，跨鹤往返天地间，时而牵天上的经线，时而布地上的纬线，进行艰苦的修天补地工作）
图 6–104　彝族呗麾绘“宇宙结构图”（修天补地，安排日月星辰）
图 6–105　彝族呗麾绘“人格化的星”（Personified Constellation）
图 6–106　彝族呗麾绘“雷神图”

图 6–104

图 6–105

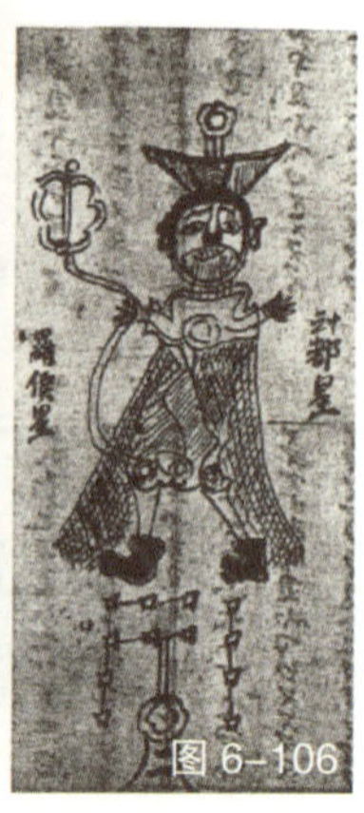

图 6–106

用“ஐ”形为主要饰纹，而苗族的ஐ式蛙纹和弜、ƷƐ纹正是从彝族学来。施洞苗族盛装在“大牛角”下虽然花饰繁多，其“抹额”(包头帕)却始终保存唯一饰纹ꕥ(图6-107)，这是令人深思的。头部装饰历来受国人重视，而许多头饰承袭自远古图腾标志，这是世界民俗学共识。

论述到此，“十二章”中“黻”为什么被汉儒们指为“反巳”(弜)应当已不言自明了吧。这个弜纹原本出自古羌至彝的主要纹样。而被衍生到后世冕旒龙袍上。当“十二章”本义渐失，汉儒们重加诠释时，一面昧于“黼黻”的原意，一面又急于拼凑“十二章”，舛改文意，摭拾流传于民间的饰纹印象，把原指工艺技术的“黼黻”改为生造的“反斧、反巳”纹样。由于它们恍惚具有某些民间血统，所以能够“鱼目混珠”乃至“郱书燕说”而得以流传千年。一方面，笔者想指出千年谬误，恢复历史真相；另一方面，笔者又惊叹民族文艺的生命长存。看来，孔夫子说“礼失而求诸野”确是真理。

至于星宿纹为何作ɯ形，还须深入研究，因为仅从外形看，此形与自然星形相差太远。

图6-107 施洞苗族头帕上的银饰(大人与儿童所用相同，都是“云雷纹”)

笔者想先从四川鬼城丰都的一件文物说起。地处长江中段沿江的丰都城至今已有两千多年历史，此地是大巴山和巫山西接四川平原的水陆交界重地，也是“三巴”居中的巴郡要地，在东周时已是巴国的别都，到东汉时在此设“平都县”，至隋朝始改名为丰都县。“鬼城”的出名据说因东汉和帝(89-105)时，皇帝的外祖父阴长生跟中散大夫王方平来到平都山修炼成仙，后人把两人的姓串连读为“阴王”，渐讹传为掌管人间生死的“阴间之王”，于是丰都也就成了“阴王”的居所，到明清时鬼城已成今日格局云云。其实建立于讹误上的传说是很不可信的，至多证明了后世对阴司冥界的观念。笔者认为，丰都作为中国阴界冥司的观念要比“阴、王”之讹早得多。成书于战国的《山海经》等书保存许多古代部族祀神的材料。在《海内经》中说：“西南有巴国，大皞(伏羲)生咸鸟，咸鸟生乘釐，乘釐生后照，后照是始为巴人。”明确指出巴人是古羌伏羲后裔。《海内经》又说：“有人曰苗民。有神焉，人首蛇身，长如辕，左右有首，衣紫衣，冠旃冠，名曰延维。”学者们早已考定这蛇身，而“左右有首”的延维就是“伏羲女娲人首蛇身交尾图”，因两神交尾合体为一而误为“一身二首像”。此文只说“苗民有神”，并未确指苗民即伏羲后裔。笔者在本书前文已指出，苗瑶和羌彝是两种族源不同的古族，在长期接触中，苗瑶接受了羌彝的伏羲女娲神话观念，并把伏羲女娲跟苗族自身的央公央婆“合二为一”流传至今。这“延维”在《庄子·达生》也获旁证：“请问委蛇之状何如？皇子曰：委蛇其大如毂，其长如辕，紫衣而朱冠，其为物也恶闻雷车之声，则捧其首而立，见之者殆乎霸。”这是对齐桓公见鬼物故事的解释。庄子是楚人，可知延维或委蛇之类神物观念实是从巴楚或苗民中传播到中原及齐鲁的；伏羲观念又是战国时在河南山东生根(河南淮阳太昊陵中所葬伏羲遗骸是由孔子鉴定的)，战国时代古羌、东夷、三苗、楚文化大交流是有许多凭证的。例如屈原《楚辞·招魂》提到的“帝告巫阳”，就是《山海经·海内西经》所说：“开明东有巫彭、巫抵、巫阳、巫履、巫凡、巫相”之一，“夹窫窳之尸，皆操不死之药以距之。窫窳者，蛇身人面，贰负臣所杀也”。蛇身人面即羌人神，开明即昆仑山东面的守护神兽，又称“开明兽”。《大荒西经》更强调说：“有灵山，巫咸、巫即、巫肦、巫彭、巫姑、巫真、巫礼、巫抵、巫谢、巫罗十巫，从此升降，百药安在？”可知今日四川湖北交界处的巫山(巫峡)自古就是古羌观念中的死人亡灵被巫觋指引上天获得永生的神山，此山与昆仑神山遥相对峙。为何古代会把巫山当作阴魂升天之山？古羌发祥于甘青川地区的从积石山(西倾山)到岷汶这片高原，自古即崇拜山神，最初的理想神山昆仑即岷山以西群山，而东迁一支祀神所在即松潘东面的“雪宝顶”，此山在九寨沟以南，主峰高 5 588 米，终年积雪。随着东迁的羌族支系而把圣山观念迁移到茂汶东北的“九顶山”（主峰 3 050 米），古羌南下开发成都平原，圣山又搬到了成都西望青城山旁的玉垒山，所以在上引《大荒西经》文前有一段：“有虫状如菟，胸以后者裸不见，青如猨状。大荒之中，有山名曰丰沮玉门，日月所入。”就是说，开发成都平原的这支羌人把崇月观念带来了，认为月中有“菟形神虫”，并且“青如猨状”，请看后世说的“月兔”、羌彝崇拜的青虎或黑虎（于菟）以及金丝猴（蜼、猿）都已具刍形。也因此在这支羌人变成蜀人后，会有蜀王死后魂化杜鹃返归西山的故事。“丰沮玉门”正是另一支羌人从嘉陵江顺长江出峡去建立巴国时带至峡口而讹变“丰都”之名的源始，这种随民族迁徙而古观念播迁变化至今尚有遗迹可寻：就在丰都城北不远有地名“社坛”，应即巴人祭土地神之处，而丰都东面“石柱土家族自治县”的得名也因此地有“登天石柱”天然神物。有祭天、有祭地，再有职司冥界幽都的丰都，形成完整的人神交通体系。只是古义暗昧，汉代才把后起的道家阴司观念用“阴王修道升仙”的故事填补进去，到宋明后更增添了佛教“十八层地狱”和阎罗王的观念。如果排除掉后世附会的道家、佛教迷雾东西，在丰都尚能找到一些更古老的古羌后裔巴人遗留的痕迹。在丰都平都山上有口井，现已堙塞不见井下实景。笔者幼年曾去看过此井，在 1945 年以前此井深不可测，井中亦无水，但谛听能闻嗡嗡然之水涛声。记得那年曾有人向井中投入十只鸽子，不见飞出，翌日在长江边竟有死鸽浮出，所以当地耆老相传此井为直通长江的阴井，被人们视作灵魂下黄泉返故籍的通路之一。

三峡水库蓄水前，昔日丰都从长江码头攀登数百石阶，可到县城“阴司街”，从阴司街步行一华里，再攀百多级石阶，过一牌坊，穿过几处亭台殿厅即到“奈何桥”，据说这是亡灵经阎罗“最后审判”后投胎重生之地。当然这已是佛教观念渗入以后的东西。就在奈何桥左侧一小片空地上，笔者却发现了一件不受人重视的古文物：

这是一大一小成对的铁铸物，俗称“忠心砣”（图 6–108），旅游社的导游小姐们常令游客努力把小铁砣倒复到大铁砣凸起的尖头上去。由于小铁砣重约 250 公斤，力气大的男士可以磨动和抬托起，但要把小铁砣倒安在大铁砣顶上似乎尚无人能办到。每当男士竭力托起小铁砣而最终失败时，导游小姐必笑称“你这个人，对妻子不忠心呀”，引起围观者的一片笑声。用这“忠心砣”测验丈夫是否忠心当然是附会谈笑之资，但究竟此物何用？

此物实名“心辰礅”，原嵌置“星辰亭”间土地上，又名“心身等”。当地民众因不明此物究竟，传为唐朝大将尉迟敬德当年在此监修寺庙时，铸以练腕力之遗物。又传说如把上下两半枘合可治心病云云。通过体能锻炼治疗心脏病似尚有理，说是测试“忠心”则纯属讹传。尉迟恭练腕力当然也不可信，但是否意味着唐代已不明此物真意了呢？笔者寻视礅旁竖有一块“星辰礅碑”，是清朝光绪四年（1878）由好山道人撰文，对该礅作了细致而非常玄妙之解。有人在碑旁批有英文：Xing Chen Dun: It can examine good and bad（意为星辰礅是检测善恶之物）。现全抄碑文如下：

平都山星辰等辨（等与礅通，不书礅而书等者，王阴二真人等，人上船也）。客有问余曰：“平都山铸铁等二，俗呼星辰等，然欤？”余曰：“误矣！吾尝闻于清来道人曰：‘星辰者，心神也，此物上名心神铁，下名铁灵根。昔有真人飞升于此，铸法相以示后人，透玄关者，本命中天星主，许步天梯朝玉皇，赴王母蟠桃会，接连庙宇石梯，寓有深意。’”客闻言肃然起敬曰：“窃闻玄关一窍，得其一,万事毕，胡为铁等二也？”余曰：“一而二,二而一也。《中庸》曰：‘其为物不贰。’胡不曰‘其为物一’，而必曰‘不贰’者？贰而不贰也。”客曰：“敢问铁灵根何义也？”曰：“命根也，道根也。丹书指为天根也。其坚如铁，故曰铁也。称以灵者，知进知退，能屈能伸，通玄窍，识天时，玩月华，知雨至，运周天河车，御风而行，灵妙莫测也。”客曰：“心神铁亦有说乎？”余曰：“神三宝中物也。道家取坎填离，全凭神力。一阳陷于坎宫，群阴外护，妖魅惑人：或观天台仙子，或现月窟嫦娥，心一不坚，神即失也。其曰铁者，炼心为铁，神住心忘，万物皆空，一神独灵。神光一出，百祟潜踪，深入不毛，夺回真宝，直如探囊取物，所谓铁石心肠者，殆其人欤？”客曰：“二物隐示玄机，何等珍贵，置诸泥土，毋乃亵乎？”余曰：“土居河洛中宫，道书曰黄庭，又曰神室，戊巳会合之地也。戊土藏于坎宫，生兑金而产铅，坎为水，水中金乃真金也。巳土为离宫之物，震木藏焉。离为火，木火通灵而成真汞。汞去迎铅，铅来投汞，均入中宫，配合夫妇，此为丹室，真人生身处也。铸法相而不离土者，自道受炁之初，欲人寻觅其处，会合戊巳，孕育婴儿，炼成丈六金身，破天门而游蓬岛，属望后人，至真切也。”客曰：“法相上圆下方，明明乾坤配偶，必借人力周旋而后合者，岂谓长男生于东土，少女产于西川，必借黄婆牵引，乃得鸾凤和鸣乎？”曰“然”。曰“然，则是物也，三才俱备，包孕无穷，请君详说，以度痴迷”。曰“已露天机过半矣，子修德以俟之”。客不言而退。

清光绪四年二月中浣好道山人谨撰碑文虽然写得玄妙迷离，仍不难看出，这是道家借物阐道之义。很显然，此磤原是为尊崇星象而铸，上名“心神铁”（星辰铁），下名“铁灵根”，昔日“真人”铸此“法相”，是为能够参透玄关并命系中天的“星主”（指能悟天道有灵根之人）。在很难磨合的天地运行、星宿守辰实验中，“识天时、玩月华”，去领略“运周天河车、取坎填离”的天人至理，并借“星辰磤”这件实验之物启示“法相上圆下方，明明乾坤配偶，必借人力周旋而后合”，劝人修德以符天运大道至理。笔者想，星辰磤具体铸造年代虽然未必很古，它所涵蕴的观念则是从古羌崇拜星月的原始信仰承袭而来，那奇兀的造型正是古老的形应无疑议。这种“蘑菇形”的星宿纹究竟起于何时？从前图 6-65 ～图 6-71 所举图例都已在四五千年以前，从世界范围看，至少已有万年以上历史。奇妙的是，笔者在中国西北、西南广阔地域的各少数民族中都找到了这类星宿形纹样和器物：图 6-109 是笔者在帕米尔高原（塔什库尔干）采集的塔吉克族妇女胸饰。塔吉克敬仰雄鹰，此胸针则把古老的星宿崇拜包孕在展翅如雄鹰的饰件中，那闪烁的水钻当然拟比天穹璀璨的群星，从整体造型上令人联想到数千年前流行于埃及和两河流域的“太阳神虫”（长鹰翅的蜣螂），颇堪寻味。图 6-110 是甘陕民间的香囊，香囊虽是装饰品，却含有深意，这种简单的香囊是利用天然对称的细藤弯制而成，形制却是古老的“星宿形”。此类香囊被许多民族姑娘珍视，有的用作衣饰，更多的则被用作姑娘向情郎赠送的定情之物。大家一定记得《红楼梦》中描写贾宝玉和众姐妹都佩带荷包，荷包内放有零食、丸药，既是实用器又是装饰品，清朝无论朝野、不分男

图 6-108

图 6-109

图 6-110

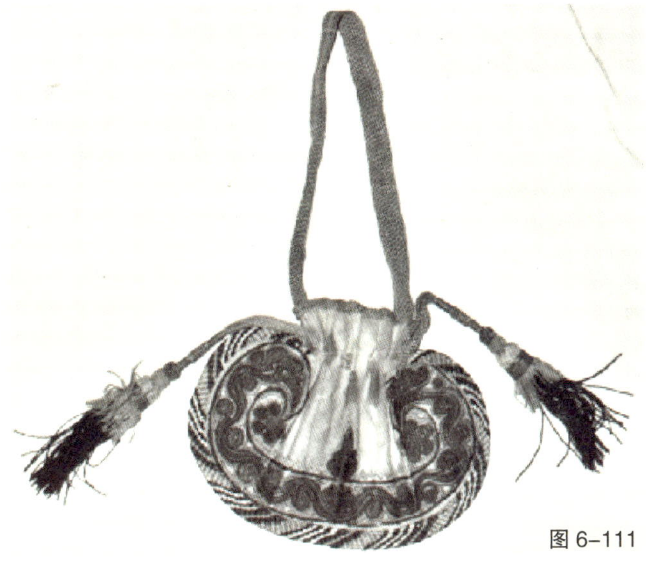
图 6-111

图 6-108　四川酆都鬼城遗物“星辰墩”（忠心铊）
图 6-109　塔吉克族妇女胸饰
图 6-110　甘肃庆阳地区香囊（右为藤制星形垂饰，左为“投壶”瓶形香包）
图 6-111　新疆维吾尔族星形烟荷包　上海博物馆藏

女，佩带荷包是很普遍的。图 6–111 是新疆维吾尔族男子的烟荷包，用于装马合烟末以备卷烟之用。图 6–112 汉族香袋附饰纂结。此类“星宿形”也被称作“腰子形”的生皮制品，在蒙古族中亦常见于“贮水袋”的造型中（图 6–113）。月亮山区苗族妇女抹胸中有四星组合纹样（图 6–114）。青海玉树藏族妇女盛装的衣饰则是“星宿形”的变形。“星宿纹”的最佳典型则是彝族古装上的银饰，那是用两个“星宿纹”作“反巳”，而中心夹着一个圆珠形星宿，或是有光芒的星宿，而“山”字形星纹也常被用作其他服饰的基本形。如图 6–115 就是以“星纹”

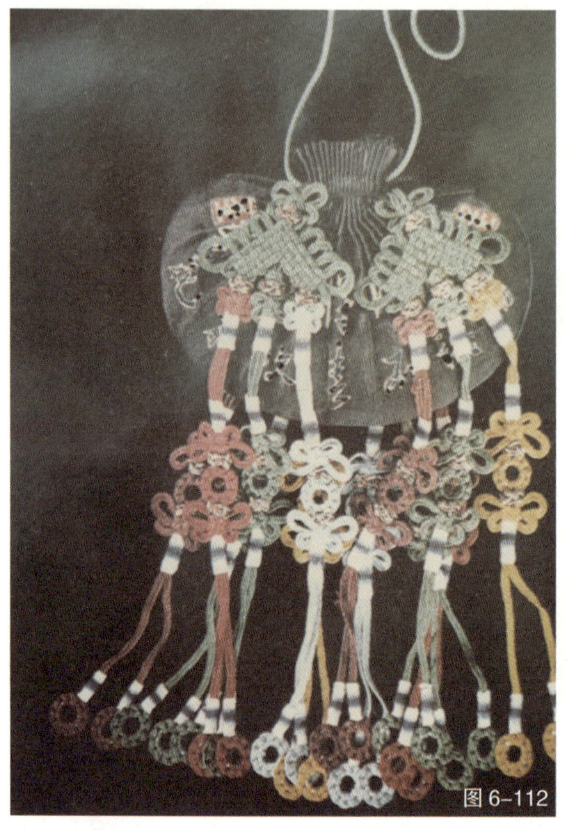
图 6–112

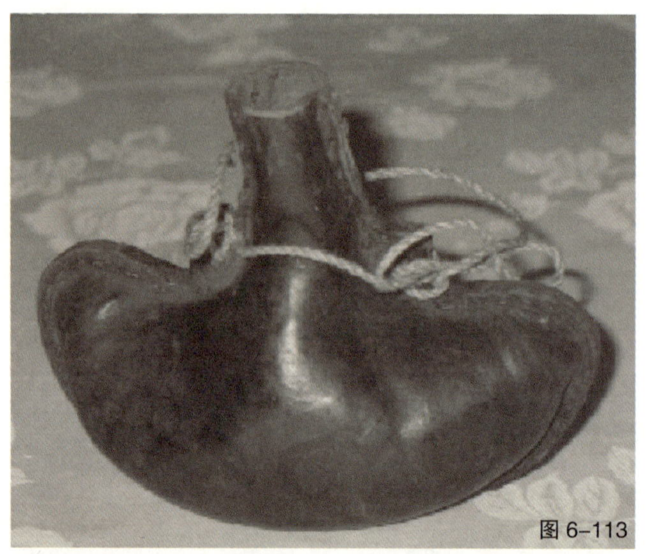
图 6–113

图 6–112　传世清代汉族香袋附饰纂结（星宿形、如意形、蝴蝶护卵形）
图 6–113　蒙古族生牛皮制星形水袋　上海博物馆藏
图 6–114　青海省玉树地区藏族衣饰

图 6–114

基形做帽子的实例，这类帽型实际是古时书生冠帽的基本形。笔者很怀疑汉代铜镜中有名的“山字镜”那四个斜“山”字纹原本也是“星宿形”（图 6–116），因为铜镜历来被视作月亮的拟形，镜背纹饰也大多跟四方星座及各种天象有关；而贵州雷公山东南深山中的苗族也在服饰中使用着这种“上映天像”的“四山形”星纹图案（图 6–117）。

作为自然崇拜内容的日月星宿崇拜，前文提到苗族受羌彝影响而对月中神灵蟾（熊）的崇拜，现再予探幽索赜。图 6–118 是施洞袖花，在这幅绣片中，主题是对列祖列宗的纪念。中间一片“几何花”如细审可知是无数祖灵具象；最上一排是在圣树上孵育人祖故事；最下一排则是龙护宝（卵），并从卵中孵出人祖，人祖尚存鱼龙化生遗迹（半身尚未成型），左手高举三指向天，右手托日月形，但日月形左侧另有一辣椒形物，此物应是雷公斧凿之简化，龙腹下有一鲤鱼，这是苗绣“鱼龙衍化”的常见内容，鱼背上也有一手举雷凿之神人，生长尾，背有黄色毛，脸从侧看是猴，从正看是人，很显然，这就是古羌图腾金丝猴的尊容，无论是古羌还是苗族，都把这神猴形跟掌握雷雨大权的雷公挂上了号。黔东北梵净山有著名的“黔金丝猴”，这一点是意味深长的，因为苗族许多绣纹中的祖宗像都作猴脸，特别是如此图用侧影为猴、正面为人双影叠合的奇妙手法，是苗族特有的风格，有人因此说是“表现了猴的顽皮好动个性”，并引申艺术技巧上的“四维运动表现”等，似可商榷。笔者认为苗绣虽确有在平面艺术中采用“四维运动观念”的特技，但跟当今的“现代派艺术观念”是两码事，由此引出“苗族中有许多毕加索立体派”的结论，只能令人咋舌。苗绣中的特异现象是从内容发挥出来的，这应是苗族吸收异族文化并加以民族化的结果。图 6–118 第二排造型很明白地显示：在本族原有的“在枫树上孵蝶卵”（用金属闪片表示卵，用花表示树）的故事中挤进了一个

图 6–115

图 6–116

图 6–115 以星宿纹为基形的幼儿虎头帽（江苏徐州地区）

图 6–116 “四山镜”（背面）长沙市楚墓出土 湖南省博物馆藏

图 6–117 贵州省榕江县月亮山区苗族妇女抹胸（四星组合纹样）

图 6–118 施洞苗族袖花（第一排孵卵护子，第二排蛤蟆孕生龙鱼，第三排列祖列宗，第四排龙孕人祖）

图 6–117

图 6–118

外来的硕大蟾蜍，被此外来物吓得惶恐不安。而蟾蜍亦非一般装饰纹样，它在枫树花叶中汲取精华，肚中已孕育龙鱼，身后是已产出的龙鱼。如果把这蟾纹跟上下绣纹对比，显然这蟾神比龙更重要，因为龙是鱼所化，而龙鱼则是蟾蜍所生（熊），于是外来的古羌图腾不仅开始融入苗族观念，并且占据了苗绣最上层而“君临天下”（前文已指出苗绣围腰上层多蟾纹），而外来的蟾蜍也逐渐被苗族改造：加角、加齿、加鬃乃至变得如狗、如狮、如怪物，虽然“蟾”纹占据了上层，但主体仍是苗族自创的牛角龙或鹡鸰、槃瓠。不过，也已有两者融合的祖灵形象被表现在苗绣中，例如雷山西江袖花，在蝴蝶妈妈（上）、日月、龙（右侧）、石榴（多子）等传统纹样的中心，原属“祖庙央公”的位置上表现的却是一个“蟾形祖灵”，无疑这是一种民族文化观念融合的表现：央公而有怀捧日月的印象，把苗族单纯的“人祖”升格向天神发展了。

苗绣中常见猫头鹰形象，并且位置居中，身份重要，这是为何？按苗族传说，蝴蝶妈妈生下的十二个蛋中孵出龙、雷、人等各种动物，其中雷和人可谓最近的一母所生亲兄弟。人是小弟但最聪明，雷公最不服气，常跟人争锋而屡受气，结了仇，于是雷公降暴雨成洪水淹毙人。但是雷公在遭难时受过人祖的子女央公央婆（即伏羲女娲）的救命之恩，兼之作为叔伯长辈，所以在滥施洪水前，又预赠葫芦种籽使央公央婆逃过灭顶之灾，并“兄妹开婚”成为第二代人类的始祖。据说央公（伏羲）跟雷公的关系还挺好的，所以央公可攀援马桑树随时上下天庭跟雷公见面（《山海经・海内经》在叙述圣树时也强调“太皞爰过”，即伏羲可攀圣树上下天庭。奇妙的是在四川广汉三星堆遗址已发掘出这种圣树的标本）。据苗族传说，雷公的形象是长着尖嘴鸡爪，手执雷斧和雷凿，并且有两翅可飞翔。当人把雷公捕获关进笼子时，雷公竟然就是一只雄鸡。不过在苗绣中以雄鸡为模特儿并加以美化的大量神禽却不是雷公，而是鹡鸰。凡表现雷公的形象，多数是“猫头鹰形”，或者是如螃蟹般长有节肢的串珠状四肢，上肢并作钳式或三指，往往手执雷斧与雷凿，雷凿多呈红辣椒形。如此造型的依据何在？

1959年，笔者初到雷公山区从事少数民族社会历史调查工作时，就听到当地耆老谈及“山里有雷公鸟”，并且绘声绘色地描述：“每逢雷暴雨将临，乌云从山顶上压下来，天气闷热难受时，雷公鸟就可能顺着闪电震雷飞来。凡是雷公鸟栖息的人家，就可能遭雷劈或天火烧。”每谈及此事，老人们无不充满敬畏之情。笔者曾问过多人：“你见过雷公鸟？”回答是“见过”，并能历数某年某家停过雷公鸟就遭雷火的往事。言之凿凿，绝无虚假之态。此事引起了笔者的重视。恰逢“全省地质普查”和“麻疯病性病普查队”进山，笔者也跟随上雷公山。当时雷公山森林密布，从高岩、毛坪一线攀登南麓尤其崎岖难爬。笔者到毛坪歇息时果然得见老乡捕获的雷公鸟，这是一种奇特品种的猫头鹰，全身毛羽呈灰白色，头顶更白如绒毛，头顶并无毛耳，白天瞪着两只大眼，盯人不瞬，犹如一只猴子却长着老鹰的身子，观之令人心惊。民间迷信：它盯着你看，你就绝对不可对视，因为它在默数你的眉毛——一旦数清，你的寿命即将完蛋！这五十年前的深刻印象横亘于心中，笔者忽然悟出：中国的雷公造型如此统一地称“尖嘴雷公”、《封神榜》中雷震子肋长两翅之类神话的依据就是来自于猫头鹰。猫头鹰昼伏夜出，飞翔悄无声息，行动诡秘，令全世界都视它为夜的幽灵或幽灵的使者。而“雷公鸟”更有其特异习性：它的鸣声比普通猫头鹰的“咕噜噜”要低沉得多，并且就近闻之，犹有悠远之感，确实声如远雷滚动。每当雷公山中雷暴雨将至，乌云沿山麓滚滚而下时，气压低闷，山中蛰居的“雷公鸟”被迫飞出，栖于屋脊只是自然现象。但苗族建房纯用杉木及树皮，雷暴雨时雷电擦地而下，往往导致火灾，遂给人雷公鸟引雷的错觉，顿生神秘之感。这种迷信心理汉族古代也一样，例如“湖北九头鸟，滴血天火烧”之类。值得注意的是，往往把“九头鸟”说成“原本十个头，一个头被二郎神的哮天狗咬掉，滴血不止”，反映楚文化与古羌文化的交际。但是否也可能这“哮天犬”是后人附会，原本只是苗族“槃瓠狗”的讹传？请看图6-119这幅施洞袖花，上面全是“列祖列宗”，下排则是一对鹡鸰护卫着雷公鸟。雷公鸟面如人形，背景衬以云雷纹；而图6-120则是长沙著名马王堆一号汉墓轪侯妻子棺上彩绘的猫头鹰纹。这两个不同民族不同用途的“猫头鹰”，在布局位置和表现

图6-119　施洞苗族袖花（上排是六大支系苗族老祖，中间是列祖列宗，下排是雷公鸟与左右鹡鸰）

特征上何其相似。它们应当都是祖灵的守护鸟，所象征的含义也应是相似的。有人提及轪侯是汉王朝册封的地方民族官员，既然也是少数民族，其迷信观念就有可能跟久住洞庭湖区古三苗族的观念有相通之处；反过来看，今日苗族的“雷公鸟”观念虽有地方实物的诱发作用，但跟湘鄂古文化也有深刻联系。二十多年前笔者又到雷公山地区考察，承当地苗族学者张希成惠赠一幅“雷公鸟”珍贵照片，在此刊用以飨读者（图 6–121 ～图 6–124）。

图 6–120

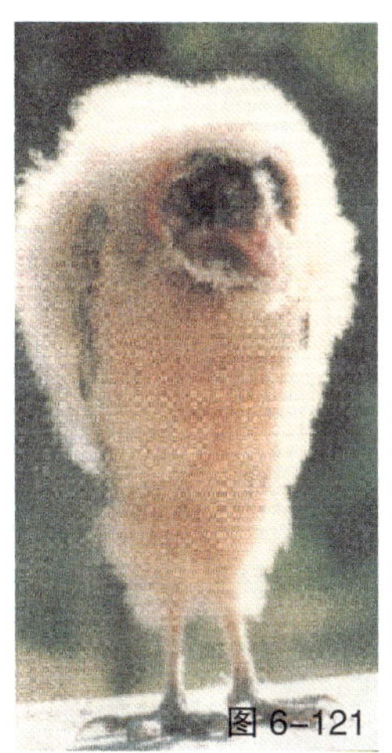
图 6–121

图 6–122

图 6–123

图 6–124

图 6–120 长沙马王堆一号汉墓棺椁上漆绘的纹饰（有“龙偷袭凤”及四只猫头鹰形象）
图 6–121 苗族信仰的“雷公鸟”

图 6–122 国家二类保护动物——猴面鹰是鸮类，即苗族所称“雷公鸟” 雷山县张希成摄影
图 6–123 广西柳州龙潭公园内的雷公塑像
图 6–124 广西柳州龙潭公园内的雷公和龙王塑像

施洞苗族服饰中“雷公鸟”是比较多的，如图 6-125 是蜡染中的“雷公鸟”。图 6-126 施洞袖花上排中间是一个拟人化的雷公鸟作正面展翅形，其左侧是苗族传统坐椅抽烟的“理老”形象（烟斗已变形），右侧是执双刀的护佑者，奇妙的是供在祭桌上的央公央婆像被压缩于守护神腋下；下排则是一对“骑鹤仙童”手持日月共同辅佐幼主之形，应是受汉族影响。

图 6-127 这幅施洞袖花上层是一对雁鹅；下层是一对修狃（犀牛），中间的“雷公鸟立于檕瓠头上”跟图 6-98 ～图 6-100 可对照。图 6-128 施洞袖花，上排是一对大象，中间的雷公则完全作人形，双手高擎雷锤如举哑铃状。这幅绣片的一大特点是大象腹中孕有人祖，而这种“图腾孕子”意匠通常只用在“龙孕子”图形中。细审此大象，除鼻子修长外，其余特征完全是现实的水牛形象。我们知道在苗族观念中水牛跟龙是可以互化的，所以，笔者疑此图作者有误，把牛龙画成了大象。当然，苗族剪纸有大量“非驴非马”的奇特动物造型，偶尔弄错也不足为怪。

在图 6-129 这幅施洞袖花中，上排左侧是常见的蝴蝶（变形很大胆）、人祖和龙鱼；中排是蝴蝶和鹡鸰；下排两侧是苗族“创世纪”故事中的修狃（犀牛）犁地，中间则是雷公坐椅上。关于这个雷公像，有人指为传说中的“讙头”，那是不正确的。据《山海经》等古籍记载，讙头是人身鸟首，只能“杖翼而行”，此图则表现

图 6-125

图 6-126

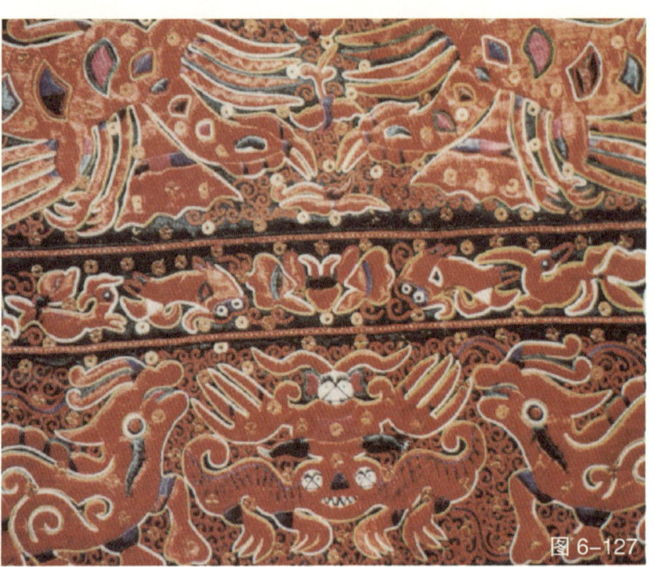
图 6-127

图 6-128

图 6-125　施洞苗族蜡染“雷公鸟”
图 6-126　施洞苗族袖花（上层的“雷公鸟”和下层神灵分骑仙鹤护佑人祖形象）
图 6-127　施洞袖花（上排为一对雁鹅，下排为一对修狃，中间雷公鸟立于檕瓠头上，檕瓠的双眼又化作人脸形，意味它是人的祖先，满幅饰片闪烁着金光颇具神秘感）
图 6-128　施洞苗族袖花（上排一对大象，无牙而长鼻，其肚中已怀有人祖，中间为雷公手举锤，下排是嫈卯秀等）

背有肉翅的雷公安坐椅子上，这雷公正面作人面状，左侧却添出鸟喙，这又是苗族特有的“双面”即侧像是本相，正像是后变的人面像。图6–157也用同样的手法，左侧加鸟喙喻雷公形。为何这不可能是“讙头”？细审此像，除背上有两翼外，胸前另有一手，手臂作串珠式节肢状，前文已分析，这是雷公执斧锤的特征式手臂。其次，雷公脚穿草鞋是有民间故事可参证的。雷公脚原是鸡爪，有一次从天上下来想用雷击兄弟，不料人弟用生牛皮反绷在屋顶上，雷公从屋顶滑下被擒，几乎丢了性命，从此雷公常穿草鞋防滑。第三，雷公既有脚，就不会是像讙头那样只能“杖翼而行”。第四，此图按惯例，雷公坐于椅上表示尊长身份，因为雷公是央公央婆的伯父，而讙头传说全然未见此类情节。第五，苗绣是以当地苗族习知的故事和观念为题材，讙头只见于古籍的点滴记载，且已数千年，在今日苗族间绝无流传痕迹可寻。这类剪纸出自为数不多的民间艺人，她们熟悉苗族传承艺术，但剪纸一旦作为商品卖给不同的妇女，在具体刺绣时就会按各自不同的理解加工（剪纸往往一次剪出十张叠合图样，除第一张用笔画出具体细节外，其余剪纸只留外轮廓影像）。图6–129不仅上排、中排拼合了其他纸样，下排的雷公处理也跟其他有差异：左侧鸟喙被删除，代之以雷凿形，可知苗族妇女们是把此人理解为雷公的，手指少一根，左侧修狃身前的人体被融入牛体，各动物的具体内容都简化含糊了。治学须严谨，考史须“三证”，不能依靠某种形近之物即作大胆结论，形式逻辑和形式类比固然有参考价值，但简单形象类比常可致误，甚至谬种流传，贻误后学。

类似的构图，几乎已成了施洞苗绣的一种程式，即中央是人祖或某神灵，两旁是对称的神物，基本都能在苗族神话或传说故事中找到依据。例如图6–130施洞袖花上排是祖宗们在“鼓社仪”的祭桌旁享受祭品（桌上有一双牛头），两侧是鱼龙；中排是一对神马和举枪的人（当然是现代观念影响）；下排是双象孕子和仰阿莎。这下排图形可跟图6–128上排图形对照，基本程式相同，只是主人公换了角色。

应该专门研究一下“图腾生育人祖”的问题，因为可以说，“图腾孕子”的意匠就是苗绣绝大部分绣品内容的主题。不论具体情节和形象如何变化，记录民族观念中的历史，祈求祖宗和神灵的庇佑是苗族服饰的出发点。服饰是人体装饰的外衍，《吴越春秋》在论及古吴民族“被发文身”的现象时，认为是“刻划自身以为纹，辟蛟龙之害”。闻一多等学者都指出，因为古吴族人崇拜蛟龙图腾，刻划文身即把自身加工得类似蛟龙，让蛟龙视己为子孙，不仅不加害，反获图腾佑护。现代的苗族似乎已没有文身习俗了，但五十多年前笔者常见黔西南卖草药的苗族老年妇女在头部和手腕部“刺青”成密集的青色斑点，尤其是台江县施洞苗绣中，无论男女，祖宗们都在脸上刻划有奇诡的“胡子形”纹饰，令表情似笑非笑，神秘莫测。这种奇异的人物造型应是承袭自远古纹身风俗，在古风已消逝后，今日苗族则把此类纹脸当作“神性”的标识，也成了施洞苗绣的特征之一。跟脸纹一样，施洞苗绣中凡是动物而带有肠子者（形如串珠）都被视为具有神性生命的表征以区别于一般动物造型。因为至今西南各族普遍认为肠和血是生命的象征，例如贵

图6–129

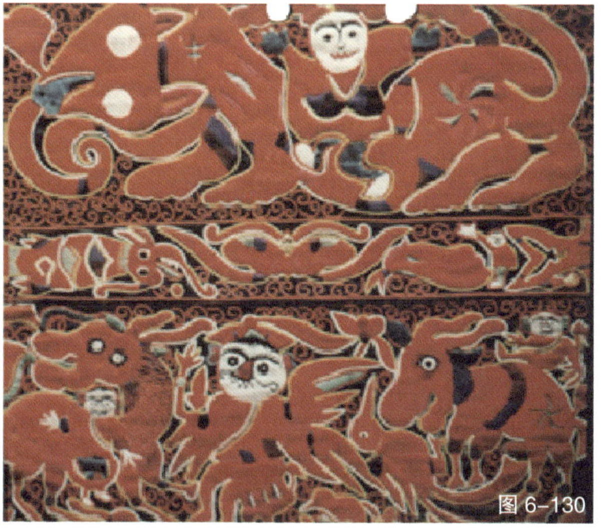
图6–130

图6–129 施洞苗族袖花（上排蝴蝶妈妈、龙鱼和人祖，下排两侧是修狃犁地，中间雷公鸟像祖灵一般坐于小靠椅上，但从双手作翼形、脸旁有鸟嘴可知是把雷公鸟视为祖灵了，在修狃和雷公鸟的夹缝间尚有形象）
图6–130 施洞苗族袖花（上排是祖宗们坐在祭桌旁“吃牯脏”，中排是一对神鸟和骑马举枪的人，下排是双象孕子和美女仰阿莎）

阳著名小吃“肠旺面”即用猪血和猪肠做“臊子”，平时称猪血为“旺子”，即“旺盛的生命基因”之意。云南、四川各地亦有称为“血旺”者。图 6-131 袖花下排表现雌性龙祖腹中孕有龙鱼于肠节之中，而绕成圈的龙尾中小儿形即表示分娩出来了。后侧有神手执刀符前来迎接。按苗族旧制，新娘出嫁须持伞、刀和三脚三样护身物，伞是庇荫象征，砍刀为原始时代山林小道上防备野兽的武器，三脚即火塘支架，用作沿途烧饭用。但苗族又有“不落夫家”的制度，即新娘举行婚仪后不跟丈夫同住，很快返回娘家，须待第一个孩子生下才定居夫家，所以龙生子即图腾授子，举刀符者即新娘，意喻新娘早受神胎（符上所绘是“八角星纹”，即天降圣胎之义）。

图 6-130 之神象怀圣胎；图 6-132 之上下有龙、鹿、象怀圣胎；图 6-133 上为人祖变龙而龙怀胎（龙鱼）；图 6-134，图 6-135 中排为母龙分娩，下排为龙祖怀胎；图 6-136 为龙鱼怀胎……此类图腾孕育人祖的母题在施洞苗绣中可谓俯拾皆是，司空见惯。

图 6-137，图 6-138 是出自同一妇女的两幅围腰。图 6-138 表现公母龙交尾，有央公央婆在赞助龙祖的喜事。下首公龙吞日，上首母龙吞月作钱形，“吞”当然只

图 6-131

图 6-132

图 6-131 施洞苗族袖花（上排为供桌上的神圣之花，下排是图腾“龙授圣胎”）

图 6-133

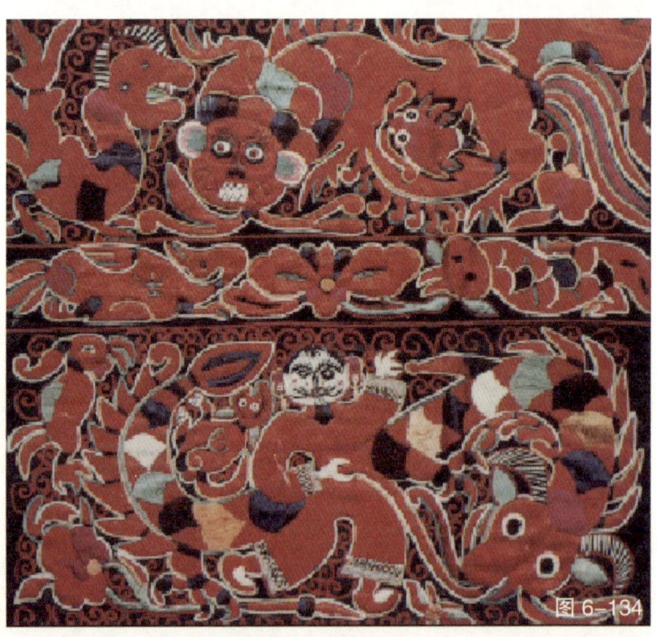
图 6-134

图 6-132 施洞苗族袖花一对（有牛龙和象怀圣胎，注意：右下之绣纹所用的跟图 6-136 为同一剪纸）
图 6-133 施洞袖花（上排“人祖化龙”而龙怀胎，腹中有龙鱼，下排为“人祖御龙”）
图 6-134 施洞苗族袖花（中排是人祖跟龙父龙母相嬉，龙母分娩小儿，下排为龙祖怀胎）

是“嬉珠”之意，龙珠（“宝”）旁有孵出的小龙鱼在环绕嬉戏，周围还在空隙中散布蝴蝶等。下排一层为雷公鸟和龙鱼，二排为蟾和龙，三排为人祖嬉龙。图6-138母题相同：公龙母龙交尾，不过上首赞助者是槃瓠，下首赞助者是蝴蝶妈妈；龙所嬉者已非“宝珠”，而是欣喜地观赏孵出的龙鱼在戏宝，亦为之雀跃。下层一排是雷公鸟和双龙，二排是蟾和槃瓠，三排是人祖嬉龙。这真是两幅祖灵大聚会的“合家欢”。苗族绣品中的人文内涵跟世界各古族的文化有一共同点，即作为“文化遗存”现象，其母题往往亘久不变，而其表现形式则可千变万化。这也就是民俗文化遗存物为何可以成为“文化活化石”的秘密。古代的民俗艺术，其创意是受集体的社会愿望所制约，传承纹样的母题都是所谓“集体表象”。古时很少有个性的觉醒，也不容许有个人意愿的自由发挥。越是迟缓停滞的原始社会，人们越是受羁于传承的社会惯性之中，生活和思想必须依循于传统方式，“离经叛道”为集体所不容，而脱离集体就意味着灭亡。个人不仅不敢违背传统，甚至在思想意识上也不可能滋生出背离传统的念头。表现在服饰上，虽然每个姑娘都终生忙于织绣，但背离传统的自由创造不会被守旧的集体承认，而苗族姑娘的织绣离不开实用功利的目的：穿盛装为美化自己，美化自己的目的是博取众人赞美和首肯，更为了寻找配偶。而男青年的审美眼光和评判尺度也是受集体传统熏陶制约的，对离开传统的新奇，无人喝彩，也只能自己凋谢。请想象：穷数年心血做出的绣衣被集体唾弃，哪个姑娘会去犯傻？当然，在遵循传统的基础上搞创新，则会受到人人的赞夸，这就是苗族姑娘人人争奇斗艳的动力。民间故事也说：一个最美丽聪明的姑娘被野鸡精掳去，在英雄艰苦奋斗后获救，姑娘在野鸡（雉、锦鸡）的彩羽启发下绣成盛装，在跳花场上不仅博

图6-135

图6-136

图6-137

图6-135 施洞苗族袖花（龙鱼怀胎）
图6-136 施洞苗族袖花（人头龙祖怀有人子，是双胎兄妹，前有鹡鸰，后有蟾形人祖，右下有蝴蝶妈妈）
图6-137 施洞苗绣（鱼龙衍化并怀有祖灵）

得群众的美誉，并且赢得英雄爱慕终成佳偶。这就意味着千年传承的苗族织绣必定是在公认的传统观念标准上，在形式技巧上才有个性创新之作。研究民间文艺的形式和内容，留心这一点很重要。

苗族织绣不仅有形象上的传承密码，而且有形式表现上的特定“符号语言”。请看图 6-139，这又是一幅施洞袖花，上面集中了蝴蝶妈妈、龙嬉“宝”（蝶卵合一）和“人祖嬉龙”等情节，值得注意的是下排一对龙都竖起了尾巴，尾梢作花形。按中国民俗常把女性性器官称为“花”，图 6-140 这幅袖花，从构图可知属于习见的“列祖列宗”布局，但原应是祖宗的中排却用繁复的几何纹取代，恍惚中又可感知这片“几何纹”充满了各种花形，意即以花代祖宗人形。上面一排虽保留三个“大祖宗”像，另外三个却用“对鸟”上一朵大花，在这朵大花中既有“葫芦”意味（葫芦生人是西南各族常有观念）。苗绣上这种尾端花形并且高高竖挺起，显然是强调龙祖的交尾，又避免了过分露骨的不雅形象。右边母龙可由卷尾间的分娩揆知。苗族表示阴性和母性的一个常用“符号”是⊗，这从图 6-141，图 6-142 可见，前者是“蝴蝶妈妈”腹上常用，后者实喻女子性器，图 6-143 更

图 6-138　施洞苗绣围腰（双龙交尾）

图 6-139　施洞苗族袖花（上排龙嬉宝和蝴蝶妈妈，中排龙嬉宝，下排人祖嬉龙）

图 6-140　施洞苗族袖花（上排是“大祖宗”即双袖共有苗族六大支系的祖公，中排是变形的“列祖列宗”。下排中间是“女性花”，两侧是婺卯秀骑马）

图 6-141　施洞袖花（上排蝴蝶妈妈与槃瓠，二排蝴蝶、人祖，三排宗庙人祖、双鱼、虯形双龙，下排蝴蝶妈妈抱着太极形卵）

图 6-142　施洞苗族袖花（鹡鸰和胎卵中的人形）

为明显。为了确证这个“性器符号”，请看图 6–144，图 6–145，在这对施洞袖花中，中排都是蝴蝶妈妈生卵，鹡鸰来助；上排都是鹡鸰向花追逐（请注意，这两对中，闭嘴的是母鸟，张口鸣叫的是公鸟，公鸟身上有⊕形符号，左右各有一对鸟如人的男女，中间各有一朵盛开的花，一朵是处女，一朵是妇人。如此赤裸明白地表示热烈性爱，又避免不雅的形象，委实是一种绝妙的艺术语言，起主要作用的“符号”隐喻。如果笔者不加破释，观众很可能以为是一幅简单的“花鸟画”而忽略其内涵。

对于图 6–142 右侧这幅圆形图案，有人断为“这是圆形的蝴蝶妈妈”，真正大谬。先请看三幅苗绣：

图 6–146 的下排中央是两个重叠的蝴蝶，下有一个圆人形。图 6–147 有许多“圆形人”，二排中央和三排中央都是在鹡鸰的簇拥间由“圆形人”占主位。很明白，这“圆形人”不可能是蝴蝶妈妈。如果说这两幅袖花的“圆形人”看不清晰的话，图 6–148 上排的“圆形人”则十分清楚：他长着槃瓠的脸和耳朵，双手搂抱着神鸟。所谓“圆形人”不过是艺术处理上比较原始的一种手法：当力求“完整地表现物象”而技术观念未臻“科学”时，初民常把同一物象的两个侧面组合到一个正面以像两旁，表示一个“完美”的形，这在图中排的所谓“一头两身”“槃瓠”造型上可获验证。这实际就是“一个槃瓠”，

图 6–143

图 6–144

图 6–145

图 6–146

图 6–147

图 6–143 施洞苗族袖花（一对槃瓠和蝴蝶妈妈蝶腹之纹为女阴象征）
图 6–144 施洞苗族袖花
图 6–145 施洞苗族袖花
图 6–146 苗绣、蝴蝶妈妈，下排中央双叠蝴蝶，下有圆形人
图 6–147 施洞苗族袖花（在鹡鸰的和簇拥中间的“圆形人”）

我们在儿童画、在原始绘画甚至商周青铜器上常见这种“摊平重组”的手法。由当代农民画可悟出，天真朴实而力求完整地认知实物的表现手法常是“不计上下左右，只管主体本身，更不顾遮挡覆盖，一切摊平重组”。由此联想到不少学者议论的所谓“二龙戏珠”其实就是“一条龙护蛋”（图 6-149），所谓“两头日鸟”实在只是“一只日鸟”。更有学者大谈什么“苗族中有许多毕加索立体派佳作”，这些学者似乎并不懂毕加索和立体派，更不懂苗族传统艺术（图 6-150）。至于“圆形蝴蝶妈妈”论断之荒谬，还因为苗族古歌中明白地说到“蝴蝶妈妈下了十二个蛋，不会孵，请代劳”。既然如此，蝴蝶又怎么可能作圆形双手（应是蝶翅）搂抱着两个卵或两只鸟或两个人呢？在图 6-141 中明明表现蝴蝶身下有“圆形人”，而第二排这“圆形人”是站于祖庙之内，当然这“圆形人”只能是苗族崇拜的祖宗央公之类。

关于蝴蝶妈妈的形象，还须指出一点：古歌中虽说她是跟水泡“游方”（恋爱）而怀孕生卵，但苗绣中常有两蝶重叠的形象，如前图 6-141 二排为两个蝴蝶相叠下面生出人祖，并且上蝶如蛾，显然是雄蝶，下蝶背有阴性符号，当然是表现交尾生子之义。图 6-151 更生动地表现了雌雄蝶交叠之形，下面有阴性符号“+”。应当推

图 6-148

图 6-148　施洞苗族袖花（上排央公与双龙，中排桀貉与蜈蚣龙，下排人祖嬉龙）

图 6-149　施洞苗族袖花（上半幅的中间为俯视的一对蜈蚣龙护卵，卵内依稀可见人祖形象，下为俯视的一对桀貉护卵，卵内有正面牛头祖灵生出。下半幅的上排一对金龙鱼护卵，卵内有祖灵正欲破卵而出，中排一对桀貉，所护卫的却是一只双头凤，这形象与浙江余姚河姆渡原始文化遗址出土的“双凤朝阳纹象牙板”颇为神似，于是有苗族专家推断苗族文化跟百越古文明有继承关系，其实苗族袖花此纹只是“护蛋”而已。按世界民俗学图像发展规律：原始民族的图像常见双头动物造型，是由于初民不懂“透视科学”在表现立体形象时感到困难，就用一体两头表示动物的两个角度视象，例如汉族常见的“二龙戏珠”实际只是“龙护蛋”，被后人误解了。浙江河姆渡的所谓“双头凤”实际只是“泛太平洋文化圈”常见的“日鸟崇拜”的表现，道理都是一样的）

图 6-150　施洞苗族围腰（中央是“龙护宝”，苗家所谓“宝”即龙卵，卵内已孕育漩游的两条小龙鱼，显然是“太极图”的原始形态。注意龙卵右侧拖出一线，意为右侧两条小龙鱼就是从卵中孵出来的，较大的一条也在“嬉宝”，顶上有老鼠、蜘蛛、雷公虫、蝴蝶妈妈，左侧也有蝴蝶妈妈）

断：古歌固存一说，但苗族姑娘在表现“蝴蝶妈妈恋爱生子”这一重大的“图腾孕子”母题时，仍是用现实生态观察情景加以美化了。就像许多鹡鸰被表现成“大公鸡式”形象一样，构思意匠虽是古传的，具体造型却常有“现实主义”趋向，特别是现代苗绣，越来越多的现实造型正逐步取代古传图谱。程式的突破和扬弃本身就是一种进步、一种发展，而现代苗绣的迅速变化，则是苗族社会生活获得根本改善、个性充分觉醒、个人天才获得表现的反映。

苗绣中关于“图腾孕子”的形象虽多，但最典型的应是“槃瓠获卵”（图6–152，图6–153）。据《后汉书·南蛮传》：“槃瓠得女，负而走入南山，止石室中（今湖南大庸附近山中仍有“槃瓠石室遗址”，虽是伪托神话，但足证此神话在苗族间普遍信仰之深）……经三年，生子一十二人，六男六女，槃瓠死后，因自相夫妻……其后滋蔓，号曰蛮夷。”这当然只能是神话传说。不仅人狗无法通婚，平常人也绝无三年生十二胎之可能。不过从此神话可证知：第一，这是新石器时代驯养狗以后的事；第二，苗族自古相传本族始祖是“兄妹开婚”繁衍成族，可知是从群婚发展为对偶婚时期之事；第三，所谓六对夫妻只能是苗族六大支系，而公认龙狗槃瓠是本族祖灵（图腾），所以虽分六支系，古时的苗族服式应是“五色斑斓，制裁皆有尾形”，即摹拟图腾形象以做衣裳之制。这种古服虽已很少保存了（尤其是男服），但前文在分析苗族童帽时已指出：虎帽实是槃瓠帽，其原型有狗头、狗身、狗尾，也即后世汉族“舞狮抢宝”的真实来源。现在要问槃瓠为什么要“抢宝”呢？全国习见的狮子雕像，普遍作母狮抚幼狮而公狮玩绣球造型，这“绣球”意匠从何而来呢？原来“狮子”只是汉代以后附会传讹之事，原初中国只有九黎三苗创造的“槃瓠”形象，而槃瓠跟公主所生是肉蛋，再从蛋中孵出六男六女来，这也是为何后世公狮嬉“绣球”的秘密所在。不过

图 6–151

图 6–153

图 6–151　施洞苗族袖花（鹡鸰和蝴蝶妈妈组成的图案，注意蝴蝶重叠交尾的意匠）

图 6–152

图 6–152　施洞苗族袖花（顶上是另一条“二龙护宝”花边，第一排是变形的蝴蝶妈妈和槃瓠；第二排是“槃瓠护宝”，所谓“宝”即卵，卵内孕育有双胞胎，就是苗族始祖央公央婆，也就是羌汉民族传说的伏羲和女娲；第三排是变形的蝴蝶妈妈和带肠的槃瓠，凡苗绣中表现有肠子的动物形象都意味着这个动物，就是具有生命和灵性的神；第四排是“槃瓠守护圣树”，神树上有鹡鸰和石榴，石榴已在化生为人。连同周围变形的飞禽、三足蟾、倒挂金丝猴等，可知此苗族绣片含有古羌文化影响）苏州刺绣研究所资料室藏

图 6–153　即图 6–152 的细部，显示卵中双胞胎（央公央婆，亦即伏羲女娲，头上有女阴及双角意味）

问题并非如此简单，在前文已分析，所谓“槃瓠”之名得自“用葫芦瓢覆盖盘上”的形象，那正是九黎三苗的“天圆地方”式宇宙观。在槃瓠变狗之前是什么景象呢？苗族史诗说有天地之前是一片混沌，到汉朝吸收西南民族神话编成“盘古开天辟地”的故事时，也袭用了“天地混沌如鸡子”的观念，这类观念在古民族中并不少见，例如，印度教经典就提到原初的“宇宙蛋”。所以苗绣表现的“槃瓠生肉蛋”毫不足奇，只是把神狗所出生的天地形“槃瓠”改变为神犬所生肉卵而已。在原始文化中这种超越时空、颠三倒四的情节可谓司空见惯。“到底是先有鸡还是先有蛋”这种问题只有受逻辑时空观制约的现代人才会提问，原始人的时空观并无科学的程序，也不会存在疑问（图 6–154）。第一个表示质疑的大约是屈原：“女娲有体，孰制匠之？”因为屈原已不了解原始思维了。

图 6–155 这对袖花，不仅有下排的神兽腹中孕子，并且有上排的“双鱼戏卵、卵中育子”，两种观念是并行不悖的。至于第二排和第三排，无论是槃瓠、龙鱼、大象，它们所守护的只是一朵花形卵，卵中孵出的各种幼小动物都绕着卵（花）旋转，尽管形象多变，其“图腾孕子”的原初意匠都是一样的。

关于“肉蛋”，苗族还有一个重要传说：央公央婆（伏羲女娲）在“兄妹结婚”后生下的竟是一个“肉蛋”。伏羲（央公）恨得用刀把“肉蛋”砍成许多块，抛向四方，不料由此生出了遍布四方的不同人群。对此传说，苗族解释为“亲兄妹开婚”的乱伦报应，但不仅“同姓不婚”是后起的社会观念，苗族也并未根本否定他们“兄妹结婚”，相反津津乐道“重生人类”，只是希望“下不为例”而已。倒是有不少学者们企图用现代生物遗传学解释为“近亲婚配，其生不繁”，不仅毫无必要，并且把民间文艺之美妙戕杀无遗。苗族“兄妹开婚传人种”的史诗充其量只是社会科学问题，跟自然科学无干，何必板着脸求索其“科学解释”？

细审前图 6–152 下排“槃瓠守护圣树”还启示我们一个重要观念：苗族特有的“化生观”。前文已介绍过，苗族关于央公攀援马桑树上天的故事应是受古羌伏羲攀援“建木”上下天庭观的影响。围绕圣树的鸟形和猴形（人形）应该就是“扶桑树上栖息十鸟”的蜕变。但是在圣树上结出石榴则显然是“天国蟠桃三千年结实”之类神话的影响，因为汉代就有仙人东方朔偷食蟠桃的故事。而石榴则是汉武帝凿空西域，张骞从安息（伊朗高原）带回中国的，可见该图的意匠肯定受到汉代流行思潮的影响。司马相如开辟西南夷，把苗彝文化传到中原，同时也带来了中原的流行观念。更奇异的是，苗族把石榴作了民族特色的改造：让石榴直接化生成人（石榴蒂上已变出人脸，而整体恰是前述“圆形人”形态：那右边之“圆形人”腹部更标明如幼芽又似“星纹”倒置；

图 6–154

图 6–155

图 6–154　施洞苗族绣片（槃瓠护蛋，蛋中有变形双胞胎，须倒过来看，因为胎儿分娩时是头向下的脚穿草鞋在上）
图 6–155　施洞苗族袖花（各种“图腾孕子”形象）

那左侧之“圆形人”更如“稳坐莲台”，这难道不是民族文化交流的佳例？更重要的是，我们接触到了苗族特有的“化生观”，在苗族观念中，鱼、龙、牛、鸟、人、花甚至雷和各种动物、无生物都是会转化的，“化生”要比动物繁殖、养育更快，各种异类都能直接转化成另类，这是苗族原始的“万物有灵”观念的表露，所以，金蚕变狗，狗娶公主生人，人祖死后化龙，龙可变水牛，还有很多非驴非马“四不像式”的奇异动物造型，这类现象我们可能觉得荒唐而悖理，苗族群众却视为当然。图 6-156 是“牛喝水倒影变龙又变鸟”平绣袖花，图 6-157 ～图 6-159 则是表现人祖生育和化龙的情景。

图 6-160 表现的虽然仍是“人祖嬉龙鱼”，但细看这鱼吐出的肠节活水中俨然有只鹌鹑。这不禁令人想及《庄子·逍遥游》中的“北溟有鱼，其名为鲲，鲲之大，不知其几千里也，化而为鸟，其名为鹏，鹏之背，不知其几千里也……”如此汪洋恣肆的想象力，虽然说可能受到渤海地区《齐谐》之类古籍影响，但笔者总认为庄子好像是楚人，他很可能受到过古三苗传统观念的影响，就如屈原也是因为看到庙堂上诡异的壁画而创作《天问》一样。顺便说说，庄子好用古神话故事来阐发哲理，有些材料可能至今未获确诂，例如《庄子·外物》提到的“涸辙之鲋，相濡以沫”故事，因原文提到“索笔者于枯鱼之肆”，历来

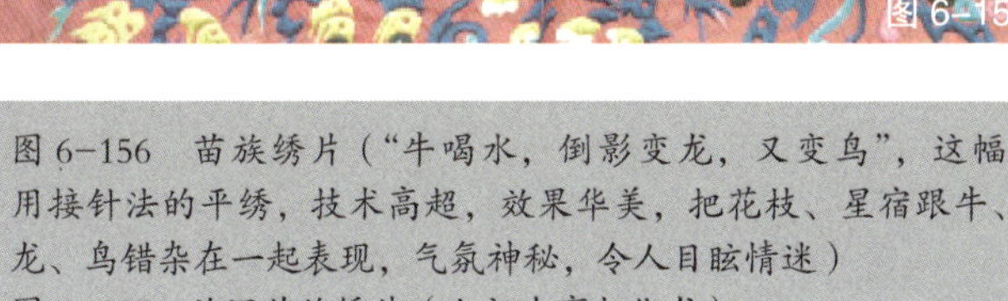
图 6-156 苗族绣片（“牛喝水，倒影变龙，又变鸟”，这幅用接针法的平绣，技术高超，效果华美，把花枝、星宿跟牛、龙、鸟错杂在一起表现，气氛神秘，令人目眩情迷）
图 6-157 施洞苗族绣片（人祖生育与化龙）
图 6-158 施洞苗族围腰（人祖化龙）
图 6-159 施洞苗族围腰（上为央公央婆乘龙升天，中为人祖在蝴蝶妈妈和鹌鹑关怀下诞生，下为龙洞中沉睡的龙和左右一对木鼓或磨盘，更下为三排花边）

图 6-160 施洞苗族袖花：人祖嬉龙鱼（跟庄子所论“鲲鹏演化”有同样的意趣，庄子就是楚人，应跟苗族古文化有不少的渊源）

注解为鲫鱼无异议，但这个故事的来源很可疑：车辙中何来鲫鱼？按《易·井》有“井谷射鲋”的典故，释文：“子夏传谓蛤蟆也。”这很可能是鲋的本义指蟾蜍。如果考虑到古羌信仰月中蟾影为月神、水神，那“涸辙中的癞蛤蟆”才更合情理，也更可怜了。癞蛤蟆交配产子时有大量泡沫以助蟾卵移动，这才是“相濡以沫”的本义。

从月中蟾是水神这一点，似可解释苗绣中的一种现象：许多苗绣人物象，对耳朵的处理都十分引人瞩目，不仅造型统一强调成肾形，并且颜色也故意跟脸色不同，从前图2-8，图2-9，图5-61，图6-35，图6-57，图6-98，图6-117，图6-126，图6-130，图6-134，图6-157等中看，显然苗族对肾有特殊的理解：

中国古代有“五脏六腑”之说。五脏（五藏、五臧、五仓）指心、肝、脾、肺、肾。《韵会》：“脏，府也，通作臧。”《韩诗外传》：“精藏于肾，神藏于心，魂藏于肝，魄藏于肺，志藏于脾，此谓五藏。”六腑指胆、胃、膀胱、三焦、大小肠。如按五行观匹配，肝属火、肺属金、心属木、脾属土、肾属水。当然，五行观的鼓吹者有时是无理强凑的，例如“志藏于脾”就莫名其妙。不过由此可知中国人的传统特别重视肾，因为肾不仅是水府总管，并且是“藏精”即主管生殖和性功能，这两大功能都是生命悠关的大事。至于中医常说的神秘的“三焦”，其实也跟肾水密切相关，《素问·灵兰秘典论》：“三焦者，决渎之宫，水道出焉。”《难经三十一难》：“三焦者，水谷之道路，气之所终始也，上焦在胃上口，主内而不出；中焦在胃中脘，不上不下，主腐熟水谷；下焦当膀胱上口，主分别清浊，主出而不入。”苗族也有类似的古观念，并且理解得更神秘。苗族认为人有三魂，一魂随葬守尸，不敬祀则作祟；一魂返归故籍，所以人死须经端公（巫觋）作法引路；一魂驻守龙洞中陪伴木鼓祖灵。但奇怪的是，无论汉族或苗族，都有把魂魄跟月亮拉上关系的古老观念。《左传·昭公七年》：“人生始化曰魄，既生魄，阳曰魂，用物，精多则魂魄强”，疏：“附形之灵为魄，附气之神为魂；附形之灵者，谓初生之时，耳目心识手足运动啼呼为声，是魄之灵也；附气之神者，谓精神性识渐有所知，则附气之神也。”而《法言·五百》：“月未望则载魄于西，既望则终魄于东”，所以民间常称“月魄”。究其原因，古羌族崇拜星月，不仅视星宿为人魂魄归宿之司命，并且月中雷公或蟾兔都是水神而跟人的命运相关联。从中医观念说，人的肾是水府，又是藏精之处，而从经络学角度看，人体内脏和五官互为表里，例如“脾属土，表征于下眼睑；心属木，表征于舌”之类，肾属水府，表征于双耳，古人相信耳形似肾就因为跟肾相表里的缘故。苗族绣品中强调和夸张双耳，不仅是“肾藏精”表示该人身健神旺，更因肾属水而使人可上观天象、下察地聪，用双耳聆听天籁，获取雷公等天神的启示以通天人之交际。正是这种崇拜月亮和雷神水神的思想，决定了《山海经》中许多神人“珥两青蛇”的耳饰风格。黔东南苗族耳饰多用雷纹、星纹耳环（图6-161），更有直接做成“蛇含珠”的耳环（图3-197），而湖北江陵出土曾侯乙墓漆棺上所绘神人也应属“雷部”形象（图6-162，图6-163）。回过来看，苗绣人物夸张肾形如耳部之意应已明白。总之，源自古羌的崇月和月中蟾兔及雷神观念，在汉武帝通西南夷的背景下传到中原并在短期内迅速传播各处（图6-164）。图6-165是山东嘉祥著名汉画像石，内容都是汉代的流行观念，从右向左为九尾狐、日中三足乌、月中神兔捣药、雷神（人扮演鸡首形）、蟾蜍、西王母与侍者。

再对苗族的“化生观”补充一些材料。前已分析，化生观念是在原始“万物有灵”的基础上生发出来的，而“万物有灵”观念的形成一方面是对自然万物缺乏科学认知，原始人犹如幼儿一样是“推己及人”般去理解

图6-161 雷山县朗德上寨苗族妇女戴着“雷纹”耳环

图6-162 湖北江陵曾侯乙墓棺上漆绘（各种守护棺柩的神话武士）

自然万物，或者换句哲学化的语言：“万物有灵的基础是人的物化、是认知主体的外化。”今日的苗绣当然不再是原始艺术，而是有高度艺术性和丰富内涵的工艺杰作，但是苗族民间艺术家在创作时仍保存了把动物、植物“拟人化”的特征，这也是苗绣始终富于天真烂漫气息的奥秘。

图 6–166 是常见的鹡鸰孵人题材，但是上排作飞翔状，口衔化育人形的果实。鸟身上有星宿纹，“果实”上有人脸，令人想到欧洲式的“送子鸟”形象。下排的鹡鸰夸张了颈部，孵出的人祖安详地坐在背上，整幅绣底铺满云雷纹，分散的其他动物都是未化育成形的“幼稚态”。

图 6–167 下排跟图 6–166 相似，但鹡鸰的双翅和身上都有人脸形，孵化出的半成形物也有人脸形，这种表意的手法大胆而新奇。中间一对“槃瓠护卵”，那槃瓠不仅背上有肠以示神性，头部竟然作“花开”之形，花芯则是人脸，构想的大胆和奇诡真是匪夷所思。

图 6–163

图 6–164

图 6–165

图 6–163 湖北江陵曾侯乙墓棺上漆绘（“方相氏”类护棺武士，注意心脏与生殖器的表现）

图 6–164 汉代画像石上关于月兔献灵药的形象（A. 陕北绥德王得元画像，B. 陕北绥德画像，C. 三角缘神兽镜，D. 流云纹方角规矩镜，E. 兽带镜，F. 四川成都扬子山画像，G. 流云纹兽带镜，H. 四川成都扬子山画像）

图 6–165 山东省嘉祥县洪山汉画像石表现的九尾狐、玉兔捣药、月中蟾蜍等形象（从右向左看）

图 6-167 下排更是出人意表地直接按人脸刻画，中间的“卵”则把另一苗族盛传的“张古老月中伐树”情节糅合为一；中排“槃瓠护卵”也用圣树故事取代，树上果实也有人脸。苗族这种把不同时空的故事串通表现的手法值得艺术家们借鉴，作为艺术，重内涵，重观念，重寄寓，完全不必拘泥于“写实”。突破时空限制才能容得神思飞扬。

施洞苗绣有一种主题性内容的围腰值得重视。对这类苗绣内容，不少学者从“御龙图”或“嬉龙图”角度加以解释，因为此类“人骑在龙身”或“人依傍龙侧”的题材在袖花中是更为常见的基本母题之一（图 6-168）。但“嬉龙”只说对一半，“御龙”则是误解，然而这误解事出有因。请让笔者先从母题分析，逐步深入研究。

笔者在前文“图腾孕子”观念的分析中已指出这类母题源出苗族古老的图腾和祖灵崇拜，后世的人物造型与动作情节虽有各种发展和变化，例如图 6-169 之人实际是摹仿戏剧中人物形象（有些苗绣中人物背后还插小旗如武将形），这令笔者想到《黔记》中有关“清江黑苗”的记载：“爱着戏箱锦袍，汉人多买旧袍卖与之，以获倍利。”特别是清朝乾嘉和咸同年间几次对苗疆的军事镇压行动，导致汉族文化大量深入，影响苗族传统观念。在施洞苗族服饰的围腰，中间是“苗绣”，两侧加拼緞底“汉花”，应即清朝中叶以后的变化。不过苗绣具体形象虽发展变化，其基本母题仍是“图腾孕子”及“祖灵崇拜”。从图 6-170 ～图 6-177 几幅围腰主题可知，这类传统母题已形成某种程式，大体是这样：

以龙为主体，龙身下或身旁有一条鲤鱼（龙鱼），龙尾或身旁有一鹡鸰，中心或龙前方有一人，或作孩童状，他手举令旗如剧中人。但是从图 6-174 这幅袖花可知小人原是举伞的人祖（通常袖花纹样保存古意比围

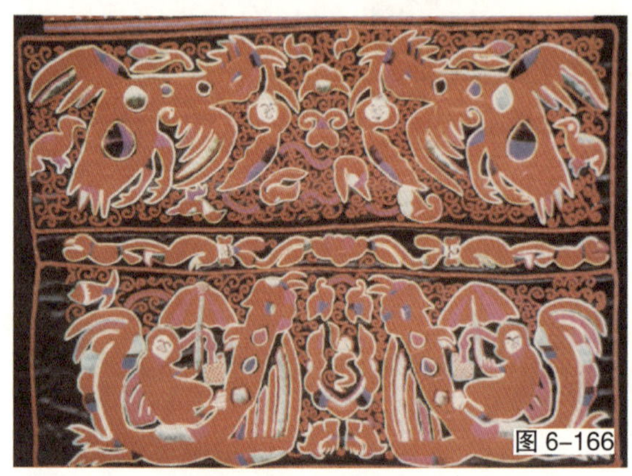
图 6-166

图 6-167

图 6-168

图 6-169

图 6-170

图 6-166　施洞苗族袖花（上排孵育人祖，人祖似花果形，下排为人祖嬉骑鹡鸰形，中间有花，花芯有小儿形，实际意味着婴儿从母体分娩的景象）
图 6-167　施洞苗族袖花（下排鹡鸰长着人脸，护佑的月亮中依稀可见张古老扛着“生命之树”。中排圣树结人形果实，两侧是变形槃瓠）
图 6-168　台江苗女绣片，内涵“人祖嬉龙”传统母题，脸上古怪纹样和龙腹中串珠状肠节，按当地苗族观念就表示该人和物是具有神性的活体，富神性。
图 6-169　施洞围腰（中心是“鱼龙衍化”，龙前有穿戏装的祖灵导引，被压缩在间隙中，上排有一对槃瓠守护祖灵等形象）
图 6-170　施洞苗族围腰

图 6-171

图 6-172

图 6-175

图 6-173

图 6-174

图 6-176

图 6-171　施洞苗族围腰
图 6-172　施洞苗族围腰
图 6-173　施洞苗族围腰（右为袖花）
图 6-174　施洞苗族袖花（祖灵撑伞举刀，鱼龙衍化，骑马、嬉龙）
图 6-175　施洞苗族围腰
图 6-176　施洞苗族袖花（戏曲人物装束的祖灵头插雉翎，手举帅旗，站在汉族风格的龙背上）

腰多，尤其是近年围腰纹样变化很大）。在围腰中心花纹（常作菱形）的上下各有两层或三层花纹，犹如中心菱形的“涟漪扩散状”。在这些花纹中，分别表现“槃瓠护子”“双龙抢宝”“蝴蝶妈妈”“鹡鸰”（有时像鹅或其他禽鸟）、成串游鱼等，在中心纹样顶上则常有正面蛤蟆像（有些类狮、虎）。由此程式我们可以论断：围腰中心纹样是糅合鱼龙衍化、龙祖生子及鹡鸰三种形象为母题的传统“图腾孕子”观。

如此古老而常新的苗绣母题，令笔者想起了一件重要楚文物的诠释旧事：1973 年 5 月，湖南省博物馆发掘清理长沙子弹库楚墓时获得一幅珍贵的“人物御龙帛画”（该墓在数十年前已出土过一幅著名的“十二月神帛画”，图 6-178）。当帛画发表后立即引起学者们的热烈争论，对帛画的内容作种种推测，不少人把古籍中有关龙舟、灵魂飞升、崖墓、船棺的材料加以对照，指出楚帛画首先是跟《楚辞》所述内容有关，也反映了楚人的文化观念跟吴、越文化和古羌文化乃至环太平洋文化的关系。具体结论虽然差别很大，但都认为这幅楚帛画是描绘墓主人灵魂乘舟升天，有鹤鸟前来迎送。不少学者还把楚帛画跟同是长沙出土的汉代马王堆轪侯夫人墓帛画及棺椁画作对照研究。这些文章对探索楚文化的源流及特质都是很有意义的。例如著名学者萧兵在《楚辞与神话》一书中就用《引魂之舟：战国楚帛画与楚辞神话》《马王堆帛画与楚辞神话》《楚辞与日月神话》等三篇文章对楚帛画作了深入研究，旁征博引，推论绵密，很值得参考。然而，笔者认为似乎应加强楚文化与苗文化关系的研究，如果把这幅楚帛画跟笔者列举的若干苗族围腰加以对照，就可悟出，所谓“人物御龙帛画”的基本形象甚至构图无一不是承袭自苗绣母题。读者读到这里或许要指责笔者：你弄颠倒了！楚帛画是两千五百年前的古物，苗绣只是现代的创作，怎么可能古物反受现代的影响？只可能是苗绣受楚帛画启示吧？笔者想强调指出的是：民俗艺术虽出自千千万万具体作者之手，其传承意匠却是祖辈“集体表象”的凝缩，从文化人类学的角度观察，许多“文化遗存”常是千年不变的。楚帛画是 1973 年才被挖掘出来的古文物，即使苗族姑娘想偷想学也不可能，因为苗族姑娘在历史上全是“文盲”（不识字），她们所摹

图 6–177

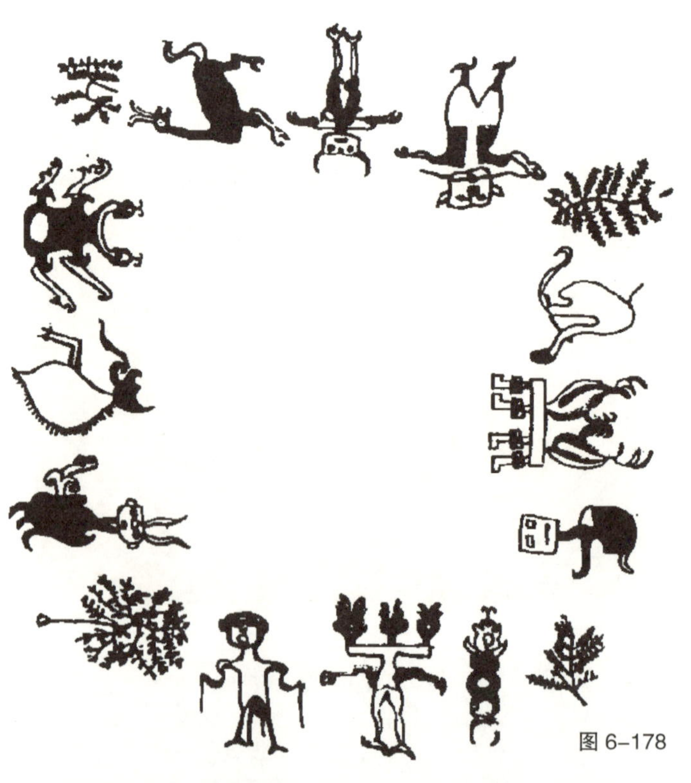
图 6–178

图 6-177　施洞苗族围腰（交龙及其他）
图 6-178　湖南长沙子弹库古墓出土楚文物“十二月神帛画”

拟学习的只有代代相传的本族妇女的传承作品与古老观念，怎么可能跟两千五百年前的楚帛画从内容到形式如此心灵相通呢？近来有不少学者已开始察觉到楚文化起源跟三苗相通的问题，著名学者俞伟超首先提出了三苗分布地跟考古学上的屈家岭文化地域重合，并由此提出了“楚苗同源”的问题。这一卓见提出后，不少学者引为铁证，甚至提出“屈原是苗族”“楚文化就是苗文化的一部分”等奇谈怪论。其实治学是严肃之事，俞伟超先生在严谨的考古学实据上提出“楚苗同源”并非就是在楚苗之间画等号，“同源”有程度问题，有同源殊途，也有殊途同归各种复杂可能，历史上楚国可谓首先侵犯和欺压湘黔苗族者，那又为何呢？楚民族、楚文化和楚国是三个不相等的概念，楚文化的来源也是尚未弄清的复杂问题，不能以偏概全，不宜草率结论。笔者很相信楚文化中含有不少早期的苗文化成分，但更相信楚文化并非苗文化，似乎也未必同源。通过图6–169～图6–178等实例只想指出苗族民俗艺术渊源甚古。读者在图6–169中可感知，不仅造型意匠古朴，那以青紫黑为基调的配色风格亦极古拙奥秘，颇有先秦漆器的品位。

苗绣不全是小品，也时有经典巨制。例如图6–177就是一幅精品。全幅富丽堂皇，气氛热烈，布局甚为恢弘大气，极尽变化之妙。画幅以交龙为主干，能避免平均罗列，上下两龙交缠重叠，上龙之唇须叠于下龙身上的空间，处理得俨然三维立体效果，避免了全幅图案铺排的平板。两条龙尾的放射状鳍翅上下呼应，加上左上角鱼尾跟右侧龙须，以潇洒疏落之形调剂了全幅涡卷斑点的凌乱，使全幅活泼多变又浑然一气。两龙舌尖上的小小宝珠，避免了全画焦点分散的弊病。左侧龙嘴前是“鱼龙衍化”（左侧之鱼被挤至上侧）。龙尾上（左侧）是始祖母执拐杖坐像，这是苗族祖神常见姿态，不过服饰却明显绣成清代款式，俨如清朝诰封命妇缠小足坐太师椅的形象意态，反映苗族民间艺术受满汉统治者观念毒害的痕迹（苗绣保留许多清式人物造型）。左右两老妪身旁仍有“蝴蝶妈妈”形象，表明她们是始祖母。两龙夹峙空隙中，有四五个小小人形，上面两人是“拈花簪花、祈子求福”的意思，下部仍是“龙子嬉龙”的传统意象。右侧小人骑马是“麒麟送子”的古意，其身旁有两条小龙鱼，喻示这是龙子身份。此子头上有一螃蟹形物，跟围腰最下层中央一物及顶端鱼旁小物都是同形，在苗族绣品中常见此物。虽然苗族熟知螃蟹，例如凯里市郊即有“螃蟹”地名（旁海），但从本幅右上龙鱼旋绕与底层龙麟拱侍布局看，可知此螃蟹实是源出蛤蟆形的蜕变，仍为苗族人祖起源神话观念具象。全幅顶层尚有个形象：中心为“龙”（龙狗），左为龙龙，右上角是少女舞花，全幅三个少女皆作鸟衣罩裙式，至今在清水江畔仍流行此类古衣款式。全幅以白底衬托，红色为塑形基调，有节奏地用青、绿、黑点出主要物象，显得艳而不俗、繁中有序，十分美丽而耐看。

图6–179是一幅白底红花的精彩围腰，以中央菱形向上下作“涟漪”状扩散，跟这种“硬直线分割”作对照，所有纹样和物象则都用纷披的弧曲线为特征，使“整体的灵动感”形成生气蓬勃的效果。中央菱形下有“龙洞”，却是安睡的一尾龙鱼，大量鹌鹑、蝴蝶和槃瓠是本幅主要形象，但是正中心及其下两层共安排了三只“雷公鸟”，最下一排则有一只蟾。

图6–180这幅围腰由于物象特多的软须纷披，给人特殊的视觉印象，在白底上用红黑组成主调，细看又有不少变化，甚至有某种神秘的光色变幻之感。物象造型也很生动有趣。上三排分别为龙嬉宝、象犀、槃瓠。下面是相对的图纹，不过物象都倒置，分别表现雷公鸟、槃瓠、鹌鹑。最妙的是中央的菱形：原本是苗族崇拜的龙洞上用鼓架摆放一对象征祖灵的木鼓，按惯例两侧应表现央公央婆，但是此幅围腰图案却表现为当代苗族姑娘在欢乐地表演“猴儿鼓”场景，从效果看，这应是“牯脏节”（鼓社仪）的实景，因为按苗族传统观念，平日秘藏于龙洞中的木鼓内安睡着祖灵，绝无妄动者。因为，一旦敲响木鼓，祖宗就会惊醒，就必须杀牛致祭，否则对苗族后裔不利。每隔十三年举行一次的盛大“鼓社仪”，经数年精心准备妥当后都从“醒鼓”“接鼓”仪式开始，满寨男女列队齐集龙洞所在的山上，从龙洞直到山麓村寨，隆重迎接木鼓（祖灵）回寨（图6–181）。图6–182是雷山报德乡乌流村祖灵木鼓制作情景，图6–183是龙洞附近山景。至于“猴儿鼓”在黔东南虽早已绝迹，但在湘西和铜仁地区至今仍是苗族节日游艺活动的主要内容，舞姿多变，气氛热烈。但从“猴儿鼓”的历史内涵角度研究可知，这是脱胎于原始“鼓社仪”击鼓祭祖的古制，当然也有娱神慰祖的含意。

由于苗绣中关于祖灵的内容意义重大，有必要再介绍些“鼓社仪”（牯脏节）的情况。每十三年举行一次的“鼓社仪”是苗家各支系全民参与的最严肃、最隆重的祭祖大典，虽然祭祖的目的是祈福佑民，希望皆大欢喜，但“鼓社仪”的进行过程有严格的程序和禁忌，没有人敢“违背祖传的规矩”，言行不检点者将受集体谴责。主持“鼓社仪”的“牯脏头”是由群众公推的德高望重者，而不一定是官员和贵人，被选为“牯脏头”的人在整个祭仪期间有无上权威，但他必须时刻谨慎操守。图6–184是1998年雷山县西江镇“吃牯脏”时“牯脏头”家中神龛下摆放的基本器用：铜鼓、鼓锤、一对牛角杯和后壁

图 6-179

图 6-180

图 6-179　施洞苗族围腰。以雷公鸟和桨鄊为主的中心纹样，下有变形龙洞（洞内是龙鱼），四周有蝴蝶妈妈等传统纹样

图 6-180　施洞苗族围腰（“鼓社仪”中间是苗族男女敲击一对木鼓，希望唤醒鼓下沉睡在龙洞中的祖龙，因为苗族群众相信祖宗的灵魂平日就寄身于木鼓内）

图 6-181　贵州省雷山县报德乡乌流村祭祖大典时木鼓使用实况

图 6-182　苗族用生牛皮制作木鼓情景（先绷紧，再钉牢）

图 6-183　雷公山美景

图 6-181

图 6-182

图 6-183

傍放的一对芦笙。图 6-185 是榕江县兴华乡高排村 1997 年“鼓社仪”场景，这是月亮山区保存古仪比较丰富的一次隆重活动。各村寨苗族群众高举蜡染祭幡，聚集到高排斗牛坪，数百面花式各异风格统一的祭幡高高竖起，大小芦笙吹奏，此起彼伏，响彻云霄。当参加角觝的牯牛登场时，群众一片欢腾，养牛者手握牛绳，前有举翣导引，后有执尾防护，绕场缓行一周，待牛性引发，两牛拼斗，激烈异常，斗胜之牛被披红挂彩（图中是披被单，防牛出汗后受凉）。图 6-186 是高排“鼓社仪”上的巨大芒筒（低音部吹管乐器）和芦笙队。苗族在所有喜庆场合都爱吹奏芦笙，这种乐器十分古老，据《世本八种》等古籍记载，创世大神女娲既创造了人，也定了男女婚嫁之制，并且创造了笙簧，笙的造型原是“象凤翅”，其音是摹仿凤鸣。就今日流传的汉族笙形看，远不如苗族芦笙更像凤翅，而六管谐音的确是“其鸣喈喈如凤声”。苗族认为芦笙是一种吉祥乐器，也确实用吹芦笙作为寻偶的手段（图 6-187）。但是在祭祖大典上，芦笙、芒筒的合奏配以铜鼓的节奏，在山谷间久久回荡的却是一片肃穆庄重之情，一种神圣历史的余韵（图 6-188）。“鼓社仪”最核心的情节是宰牛祭祖（图 6-189），必须在拂晓前天尚黑时完成这一大事：在事先用枫木埋地做好的支架上，把牛头由竹索拴缚牢固，再用木杠压于颈

图 6-184

图 6-187

图 6-185

图 6-188

图 6-186

图 6-184 苗族“牯脏头”家的鼓
图 6-185 榕江县兴华乡高排村苗族“鼓社仪”斗牛获胜者绕场休息，全场欢庆
图 6-186 榕江县兴华乡高排村“鼓社仪”上巨型芒筒和芦笙队
图 6-187 台江县反排村苗族青年用芦笙舞寻偶
图 6-188 贵州省三都县都江小脑村苗族祭鼓时的芦笙队表演活动

上以防挣翻，然后由“牯脏头”率领青壮年用斧斤从牛脑后劈砍，接完牛血，在牛背上覆盖青树枝叶，主祭人口称“替老祖宗盖被子”，围观群众一律噤声，不得胡言乱语，尤其不能指戳和说“杀牛”。从这一仪式我们可以悟出，在“鼓社仪”上作牺牲之牛是被视为祖宗备受敬畏的。那么为什么又要宰杀牛呢？这正是世界民俗学史早已证明的原始人特异的图腾祭仪：在特定的神圣场合聚众杀食图腾生物，不仅可获图腾护佑，并能使青少年获得图腾的灵性和能力。随着历史的变迁发展，杀食图腾生物的古仪也有变化成宗教象征仪式者。例如至今天主教做弥撒盛典时有“受圣餐”之礼，即全体教众分食麦饼和葡萄酒，并由神父或牧师宣讲这饼和酒象征着耶稣基督的肉和血。图6–190是贵州凯里市大乌烧苗寨在“鼓社仪”宰牛后，群众会餐时按惯例每人必须吃一块“四方肉”（用猪代替牛以供给多数群众），我们从图片上可见到每块肉都带有一个奶头。为什么必须有奶头呢？实际上此时吃的“方块肉”象征着图腾母体。作为同一祖灵的后裔，通过吃图腾之肉能获得图腾的灵性和能力，这是同一图腾后裔的特殊认祖行动。笔者在苗寨考察时曾逢“鼓社仪”盛典，聚餐时寨老搛给笔者一块方肉。这种用白水煮成的“方块肉”十分强韧，笔者百般啃咬撕扯不开，望着围圆桌而坐的人专心咀嚼的神情，笔者只能发狠拼命把一大块肉吞咽下肚，不料寨老对笔者大加赞扬：“范老师真是我们苗家自己人！”笔者深感荣幸。

作为后裔对图腾的崇敬，更出于对繁育子孙的祈愿，苗绣中创造了许多“槃瓠护子”或“龙生子”造型，例如图6–191就是一幅“龙生子”，并且这是苗族特有的“螺蛳龙”。图6–192这幅“龙生子”却作兽形，应即“槃瓠嬉子”。图6–193当然是典型的“槃瓠嬉子”，图6–194则是“牛嬉子”，从这几幅苗绣可知，在苗族观念

图6–189

图6–191

图6–190

图6–192

图6–189　榕江县高排村“鼓社仪”杀牛祭祖情景（埋树桩作支架，只能选用枫木，因为按苗族创世神话，始祖蚩尤在跟黄帝战斗失败后，黄帝用枫木做的桎梏枷住其双手而杀害了蚩尤，鲜血染红了枫树。苗族为永记血仇，至今每个苗寨都栽枫树，视为“保寨树”，枫叶也因沾满蚩尤鲜血每年逢秋就变红——“鼓社仪”是杀牛祭祖，所以必须用枫木做支架。在“鼓社仪”上用作献祭的牯牛又被视为祖灵所佑，所以屠宰后要用新鲜树枝覆盖于牛背，并向它说：“老祖宗请盖被子！”）

图6–190　凯里市大乌烧村“鼓社仪”宰牛祭祖后集体会餐时，每个人须吃一块四方形肉，并且应是带乳头的一块肥肉（这实际是远古“图腾祭”时分食图腾肉的遗意。真实含义是：同出一个始祖母，不应忘祖宗之恩，也因为举办“鼓社仪”祭祀了祖灵，就会受到祖灵的庇佑）

图6–191　施洞苗族袖花（祖灵嬉子）

图6–192　施洞苗族绣片（龙嬉子，实际是“槃瓠嬉子”）

中，龙、槃瓠、牛等神兽之形是可以互换的，图6–195更可证明龙和槃瓠可以互化，甚至化生得“非驴非马”，但送子、嬉子的内涵则是不变的。再细审这五张苗绣，必定会引出一个推论：汉族的“麒麟生子”原型出自苗蛮部族。汉族所谓的吉祥瑞兽“麒麟”在孔夫子时代已弄不清了，但因其“吉祥送子”的含义而被汉族普遍接受，延用两千多年。苗族则有槃瓠故事作为造型的厚实依据，联系本书前文所分析，应可得出结论：原居中原的九黎所创造的槃瓠长毛狗形，因其祥瑞被汉族继承，像狮子一样流传千古而昧于本义；作为异族图腾又从反面流传成了“年”的恶兽形。其实麒麟送子、狮子舞球和“年”都是苗族祖先所创造的槃瓠，这是苗族对中华文化的一大贡献。

图腾信仰已是荒远之事，其遗迹尚能在绣品中大量保存至今，堪称奇迹（图6–196）。在文化逐渐发展以后，原始图腾崇拜逐渐向祖灵崇拜转化。苗族史诗中叙述的央公央婆是由蝴蝶妈妈之卵中孵出，跟槃瓠似乎不沾边，为何在苗绣中又经常并行出现呢？有的苗族学者提出了苗族不同支系有各自不同的图腾之说，如说有蝴蝶图腾、槃瓠图腾、龙图腾、鹡鴒图腾、牛图腾等，颇增人迷乱。就以央公央婆来说，他俩是从蝴蝶卵中孵出的人形，是否意味着从动物图腾崇拜向人祖崇拜的转变期呢？

笔者在湘西凤凰县苗族地区看到苗族设庙敬奉的祖神，据称叫“爸狗、奶夔”（图6–197，图6–198），当地群众并能说出一篇高辛帝把公主嫁给槃瓠的故事，显然这“爸狗”即指槃瓠（音义两谐），而当地群众又承认这一对祖神就是传说中的央公央婆。那么，把那位跟央婆同胎而生的央公跟槃瓠画等号了。这里似乎尚有一笔糊涂账。上海博物馆也收藏有一对“傩面具”称央公央婆（图6–199），但这是比傩面具小的立体圆雕，显然不可

图6–193

图6–194

图6–195

图6–196

图6–193 施洞苗族绣片（“槃瓠嬉子”）
图6–194 施洞苗族绣片（牛龙嬉子。注意牛龙腹中的肠串，意味着这是活的神灵，还特别强调牛肚下的“毛卵鸡巴”，意为“公牛龙传子”）
图6–195 施洞苗族袖花（“槃瓠嬉子”胯下有金丝猴形的祖灵）
图6–196 湘西苗族挑绣抹胸（“槃瓠生子”与“龙船送喜”）

能是跳神面具，应当是供奉于庙堂神龛中的神像。同理，苗族又有关于本民族祖神是蚩尤的传说，这类传说大多见于川黔滇方言的花苗支系，当地却少有关于蝴蝶妈妈、央公央婆等传说。究竟是不同支系有不同的图腾或祖神，还是在历史的迁徙变化中各自发展了不同解说？从民俗学史角度看，对共同的祖灵是不因分别支系而遗忘的，但是为何川黔滇支系跟湘西黔东支系会差异得几乎找不到共同始祖和图腾祖灵了呢？这个问题希望专家惠予赐教。

笔者在此提供一件采集于贵州盘县的苗族土陶作品（图 6–200），据称这是“蚩尤的父母亲合体像”（蚩尤有父母，闻所未闻，史籍也从未见提及蚩尤的双亲）。他们胯下之脸据说即蚩尤尊容。当地另有土陶是单独的“蚩尤面像”，跟此像相似，但额上有角，倒符合史料。如果联系到前举图 4–67 的“牯脏衣”袖花也被指为是“蚩尤像”，则湮没的史迷似乎尚有蛛丝马迹可寻。

艺术形象的创造，固然有原始观念的追忆在所谓“集体表象”中发挥作用，那毕竟是荒远的陈迹了，何以在近现代苗族群众中保持如此浓厚的信仰并在千变万化的绣品中“言之凿凿”地趋同造型呢？前文已论及特殊的猫头鹰在传承“雷公鸟”造型上的启示作用。那么，虚无飘缈的“央公央婆”和“槃瓠”是否也在现实生活中有某种神奇物象“激活”了苗族造型观念呢？现举两例：

近年多次见报导发现“人形何首乌”，并且往往是一男一女成对生长的人形何首乌，仅贵州近年即在都匀和

图 6–197

图 6–198

图 6–199

图 6–200

图 6–197　湘西凤凰苗族“敬祖神”（爸狗、奶夔）
图 6–198　湘西苗族宗庙内供奉的“爸狗、奶夔”
图 6–199　央公央婆木雕像　上海博物馆藏
图 6–200　贵州省盘县土陶“蚩尤”（上为蚩尤的父母像，他俩胯下是蚩尤的脸面）

铜仁发现两次，图 6-201 是现藏铜仁文化馆的一对人形何首乌（因保存不善，已干瘪萎缩，前为女形，乳房怀孕之态宛然，右为男形，原本生殖器翘挺，颇为发噱）。造化之玄妙，委实令人惊讶。按何首乌是中国著名补肾草药，历史上颇有传奇色彩，且跟性药有涉。如《事物纪原》卷十云："何首乌，本曰夜合藤。昔有姓何人，见其叶夜交，异于余草，意其有灵，采服其根，老而不衰，头发愈黑，即因之名曰何首乌也。一曰即其人姓名。"唐朝李翱著有《何首乌传》记其事甚详。至今民间通称何首乌为"夜交藤"，并有"百年何首乌化为人形"之说。近年屡有实物发现，确实匪夷所思。此类自然奥秘在贵州苗族地区被视为神灵显示，符合"万物有灵"心理，跟枫树化生蝴蝶妈妈、央公攀援马桑树上下天庭神话相纠结。关于婚恋，民间更普遍流传"只有藤缠树，哪见树盘藤"的谚语以喻男方应主动之理，深层的原因即是"何首乌夜夜交合"的启示。至于苗族对"槃瓠"的崇拜固然来自古代图腾观念的遗存，也有自然异物的印证（图 6-202，图 6-203）。图 6-204，图 6-205 是笔者收藏的"金毛狗"实物，是黔桂交界崇山峻岭中出产的一种奇特草药——金毛狗，这是一种特殊巨蕨的块根，全根

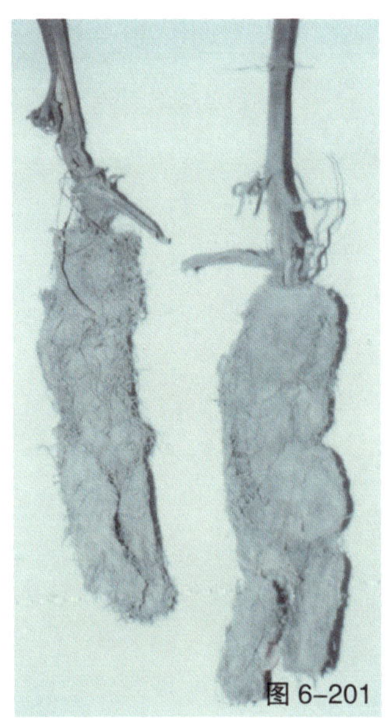
图 6-201

图 6-202

图 6-203

图 6-204

图 6-205

图 6-201 贵州省铜仁市群众艺术馆藏三十多年前收购的一对野生何首乌（天然生成男女裸体像。据说百年以上的何首乌就会变化成精，并且必定成对生长在相距五十公尺范围内，因为它们是夫妻相守，这种成精的何首乌多数生长在深山老林人迹罕到处。根据报刊报导，近三十多年来，全国各地已发现至少六七对之多，真令人匪夷所思。至少是一种未解的自然科学现象吧。）

图 6-202 中国民间一直有传说："百年以上老何首乌会逐渐长成人形，并且在五十公尺内必定有一男一女形状相近生长。"近年来在全国多次被人发现，许多人都怀疑是人工造的，但发现的地方都是人迹罕至的深山老林，当地农民未必有这种奇妙的"伪造生物"技术

图 6-203 在深山中挖到的"夫妻形百年何首乌"

图 6-204 贵州省榕江县南部深山中挖到的"金毛狗"（学名"巨蕨"之根茎）

图 6-205 贵州、广西深山中常挖到一种巨蕨的块茎，有金黄色细毛覆盖，当地药农都知道这是一种罕见的草药，被苗族称为"金毛狗"，因为这种天然长成"狗"形的奇异植物块茎恰跟苗族信仰的"槃瓠"所描述的形象"若合符节"，被苗族视为"天神示象"，造物神奇，委实匪夷所思

长满金黄色绒毛，俨然是只槃瓠神犬形象。这对于深信“槃瓠”图腾的苗族群众也是一种“神启”，所以，在苗绣中常见遍体金黄绒毛的槃瓠形象（图6–206，图6–207）。也有些苗族妇女把槃瓠表现成生活中可见的老虎形象（图6–208），但全身金黄色卷毛、头顶长角、额无“王”字，都跟汉族的虎形并不相同，这从图6–209之槃瓠造型可以比较获证。图6–210还有鱼尾龙、修狃（犀牛）、鹡鸰、蝴蝶、雷公鸟等造型。

对于苗族史诗和绣品中常见到大象和修狃（犀牛）这类现实生活中已不存在的形象，有不少学者提出过不同解释。一种解释是中国古代气候比现在温暖潮湿，不仅黄河流域有许多象牙出土，东夷祖先大舜就有“服象”（用象犁耕）的故事。商周青铜器中都有写实而精致的象、兕器形及纹饰（图6–211～图6–216），还有“殷人服象”“扬州贡象牙”等记录，苗族先人从黄淮地区逐步南迁，在古歌中保存“蝴蝶妈妈所生十二个蛋中孵出象和犀牛（修狃）”并不奇怪，而是历史真实的追忆，当然也就可以在传承绣品粉本中留下象犀造型。另一种解释是，上述史影虽已古老模糊，但元朝开拓云南，兵威达到中印半岛如缅甸的“八百媳妇国”，所以宋、元、明、清史籍中屡见东南亚和云南经贵州、湖南一线向中央王朝“贡象”的记录。如宋代范成大有《进象奏》四篇。[①]

图6–206

图6–207

图6–208

图6–209

图6–210

图6–206　施洞苗族袖花（“槃瓠护蛋”，下为央公央婆对坐，上角为“鹡鸰”）
图6–207　施洞苗族袖花（“槃瓠”中间为“鹡鸰”）
图6–208　苗绣的“虎”形虽受到汉族造型的影响，但实际仍是苗族传统的“槃瓠嬉子”观念（后有“雷公鸟”）
图6–209　施洞苗族围腰（槃瓠背上骑央婆，修狃背上骑央公，中间是人脸牛角的“人祖化龙”，下层中央是雷公鸟形象）

图6–210　施洞苗族围腰（上为槃瓠和修狃，其下有蛤蟆和龙鱼，中心是盘龙，下有牛龙和蛤蟆，再下两角是鱼龙和象，然后是三排衣边小花纹）

① 《宋会要辑稿》册199。

图 6-211

图 6-211 施洞苗族绣片（人祖与象，胸口有星形，上衣衣摆也有两星形）
图 6-212 小臣俞犀尊（商代后期青铜器）
图 6-213 象尊（西周早期青铜器）
图 6-214 战国时期犀尊 陕西省博物馆藏
图 6-215 汉代“贡象”青铜尊 河南博物馆藏
图 6-216 河南省巩县宋陵的“象奴驯象”石雕

图 6-212

图 6-213

图 6-216

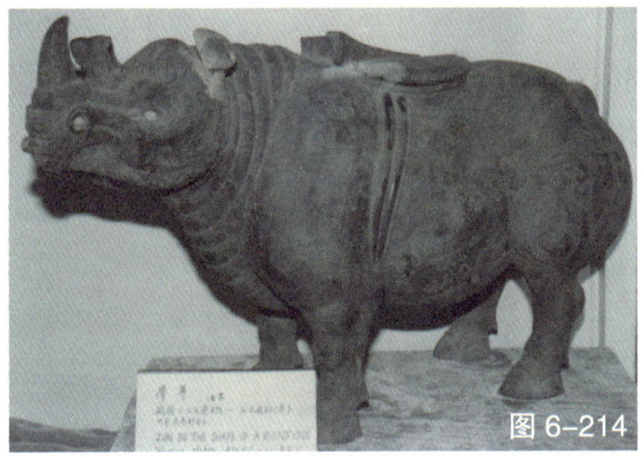
图 6-214

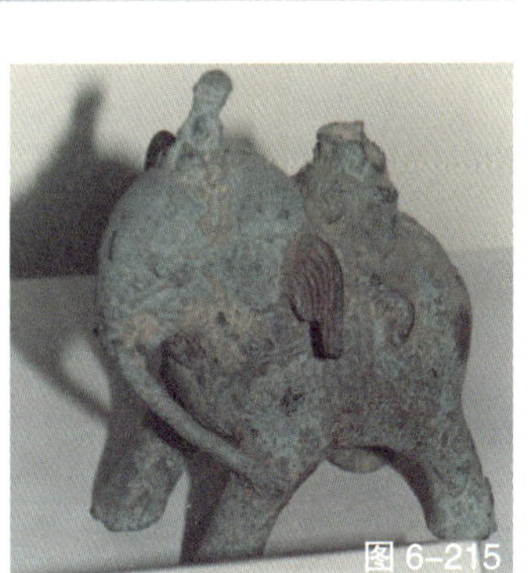
图 6-215

《元史》《明实录》《清史稿》等古籍中都有明确记录。今日贵州省黄平县岩英村保存的清嘉庆二十三年《例碑》中记载从云南过境贡象的迎送细节；镇远祝圣桥上也刻有光绪四年知府汪炳璈所题对联：“扫净五溪烟，汉使浮搓撑斗出；辟开重驿路，缅人骑象过桥来。”而麻江县“相塘”的地名，当地相传是因清代贡象过境时逃逸，挖陷阱诱捕，旧阱积水而成“象塘”云云。笔者记得自己幼年在昆明生活，1945 年有云南南方运来两只大象暂停翠湖公园，万人聚观之事，至今印象鲜明。可以推知，古时贡象路过苗区给沿途苗族如何深刻的印象。如前文分析：一方面有祖传史诗内涵，现实又有了真实印象的激发，导致苗绣常用象纹，正是情理中事。至于修犾（犀牛），更是中国传统观念习知之物。犀牛因其形象古怪，被附会不少神性，多含好义，如温峤燃犀角可辨水中鬼怪，犀角制觥可辟毒，犀角本身就是名贵的中药。中国人一直把犀归入牛属，如《山海经·中山经》：“釐山有兽焉，其状如牛，苍身，其音如婴儿，是食人，其名曰犀渠。”值得注意的是接在“犀渠”后即说：“滽滽之水出焉，而南流注于伊水，有兽焉，名曰獅，其状如獳犬而有鳞，其毛如彘鬣。”伊水即今日流经河南洛阳的著名河水，“獳犬”不见字书，但所描述的形象完全跟今日苗绣槃瓠相同，难道今日苗绣的犀犬神兽造型是传自在黄河流域定居的九黎时代？笔者认为这是有可能的。中国人一贯把犀牛视为水中神兽，并且创造了一种“如野牛而青色，一角，重千斤”的神兽“兕”。有人把“兕”理解为犀，郝懿行义疏：“《左传》疏引刘欣期《交州记》云：兕出九德，有一角，角长三尺余，形如马鞭柄”，显然出自南方民族对犀牛的传闻。从古代常见的犀皮制甲记载，犀牛并非罕见物。但犀牛为何大多跟水神相通呢？笔者怀疑与古人想象的夔牛有关。《山海经·中山经》："岷山，其兽多犀象、多夔牛。"郭注："今蜀山中有大牛，重数千斤，名为夔牛，即《尔雅》所谓魏。"而《山海经·大荒东经》："有兽状如牛，苍身而无角，一足，名曰夔。"看来，古人不仅把夔理解为水兽，还把夔视为音乐之神（因用夔牛皮蒙鼓，而鼓为乐之首）。夔的观念源自古羌（岷山），随古羌东迁出三峡而传至荆楚，今日三峡有著名的"夔门"，汉代在巴东设夔州。所有这一切都在苗绣的神兽形象中能找到影子，不应忘记还有几个字："牻"，指白黑杂毛牛；"犁牛"，指黄黑相间之牛；"犎牛"，又称"犦牛"（南方高耸肉肩之印度种牛）；"犐"，指无尾牛等。特别是"獺"字应可用于"修狃"。但苗族创造的"修狃"并非现实中真有其物，只是传承观念的表现。苗族还把修狃跟青年男女婚恋联系起来。在苗族情歌中常提到犀牛，并且是有特殊暗示的隐语："郎变犀牛来喝水，妹变鲤鱼来会合"，意喻男女性爱的结合，"鱼水"之义不须多释，那犀牛喻男阳是因犀牛独角上挺，且有"劈水"功能，这在民俗歌谣中是常见的性爱隐喻。至于把犀牛放到创世史诗中跟开天辟地、日月星辰并列，那也不是苗族的特别之处，汉族也早已把犀牛归入"上应天象"的星宿一类了。仅举一例：

《西游记》第九十二回写唐僧师徒四人到"天竺国东界金平府旻天县"，遭遇三只神通广大的犀牛精，太白金星指出："那是三个犀牛之精。他因有天文之像，累年修悟成真，亦能飞云步雾。其怪极爱干净，常嫌自己影身，每欲下水洗浴。他的名色也多：有兕犀、有雄犀、有牯犀、有斑犀，又有胡冒犀、堕罗犀、通天花纹犀，都是一孔三毛二角，行于江海之中，能开水道，……角有贵气……"说了这么多，笔者只想指出，表现在苗绣中的传承形象，往往蕴含着古代各民族文化交流的痕迹，值得细心研究、品味。

关于"嬉龙图"还想说几句，这种图腾和人祖的亲昵关系确常被学者误释为"虎食人"，并把这类形象解释为"奴隶社会残酷阶级斗争的表现"（参见图2-11）。"虎卣"，这独特的器型和造型因人头处于虎口之内，长期被视为"饕餮食人卣""虎食人卣"，但细审那人面毫无痛苦恐怖神态，相反人作主动拥抱母亲的姿态，特别是两脚踏于虎足上的动作，只能令人联想到母虎衔乳虎的"猫科动物特征"。图6-217是表现龙图腾跟人祖的"母子"亲昵之态：口衔幼子，背负另一子。图2-12则是著名商代青铜鼎的纹饰虎衔子，而绝不是原被误释的虎噬人。顺便说说，这也是所谓"一头两身"的造型，实际是一虎的两侧表现。此类表现技巧的雷同，是否意味着早期文化有过交流呢？

苗绣中还有不少苗族人人习谂而外族难以了解的内容和表现手法，深入研究颇费笔墨，略举数例：

苗绣中常见有容貌和蔼而奇特的吸烟斗人像，他们常坐在椅子上，这是表现苗族历史上的一种重要人物——理老。苗族在被中央王朝征服并委派官吏统治之前，数千年间都是按从原始部落时代传承下来的自然法和"乡规民约"进行社会管理和组织生产、生活。遇有民事纠纷及社会矛盾，概由"理老"进行审判以定是非。理老是在群众中享有威信的德高望重又掌握历史知识的人，由群众推举产生，并不脱产。遇有纠纷矛盾，都是以理服人，再加判决，这一种祖传的自然法和习惯法却具有极高的威信。通常理老调解纠纷和判决矛盾，都是用辩论、协商和说理的和平办法，但经理老集会判定的结论不仅具有权威性，并且含有法律的强制性，所以矛盾双方的理老间互相沟通十分重要，只有沟通一致而进行裁决时，才具有权威和约束力。图6-218，图6-219施洞女衣肩花表现的是代表矛盾双方的两位理老在对案情进行协商和沟通，不仅夸张地表现两耳和烟斗（理老执烟斗表示在进行思考），并且在两耳旁添一横竿，表示

图6-217　施洞苗族袖花（右为"龙图腾佑子图"）
图6-218　施洞苗族袖花（表示矛盾双方的"理老"辩论已经沟通，达成一致）

双方已经协商达成一致。

图6-220，图6-221下排中央是双象护佑的美女仰阿莎，这种美女形象是苗族传承叙事歌中的“仰阿莎”。贵州曾出版过这首长诗的单行本。笔者在此依据的是1982年中国民间文艺研究会贵州分会编印的初译稿，刊于《民间文学资料》第五十三集，因为这译文较朴实，并有苗文对照，所以较可靠。在黔东南苗族地区，普遍把仰阿莎看成是“从井里生出来的最美丽的女人”，每个父母都希望自己的女儿能像仰阿莎那样美，所以，不少苗族姑娘被起名为“仰阿”(“仰阿莎”的苗语是niangx oub sail，但常呼为niangx oub，或称为niangx oub nil，这nil即姑娘之意，所以常取名仰欧)。现按《仰阿莎》长诗所叙加以分析：“哪个妈妈生？粗沙育细沙，高坡育低坡，冷井养凉井，高井育低井，井水来诞生，育下仰阿莎。”可知仰阿莎“从井中生出”的概念不是指人工挖掘的深井，而是山坡上的泉井，这一点很重要。中国西北、西南所称之“井”，通常指泉水渗出处人们圈栏而成之井，只有四川熬盐之井才是人们深挖以汲取天然卤汁之井（其实也应归入泉类）。长诗接着说：“架桥在何处……架在九眼塘，才生仰阿莎。”可知苗族至今为祈子而有架桥行善之俗由来已久。仰阿莎是出生在泉源丰富、汇成九眼塘的地方（九喻多）。这“九眼塘”在传说的“囊沙坡”(nangl hseit pangt）之地，架桥须用树木，但为迎接仰阿莎诞生所架之桥须为特殊树木：“谈到找树子，白梧桐才好。梧桐在天上，在雷公屋旁。洪水淹不到，大火烧不伤，砍它来架桥，桥身稳当当，得条好路走，得仰欧做崽，仰欧美名扬。……还有根柱子，撑天撑得稳……才生仰阿莎”。据此可知，仰阿莎名为“井中生出”，实际是从天上月中降生（雷公住月宫），并且是从撑天圣树中降下，由于雷公即水神，所以仰阿莎就是“清水仙女”而从山泉中生出。长诗又说：“七月来到了，水龙要喝水，尾巴在天上，嘴巴在山坳，取它作桥样，架桥囊沙坝，才生仰阿莎，仰阿真漂亮！……架桥已架好，什么做岭龚？（苗族祭祖、祭桥须用竹削篾，绕以红纸，弯成拱形，两头插地。此物名岭龚，苗族为linx jongb，图6-222）……仰欧出龙窝，仰欧从塘生。”下面叙述仰阿莎之美貌，从中可窥知苗族的审美标准：“仰

图6-219

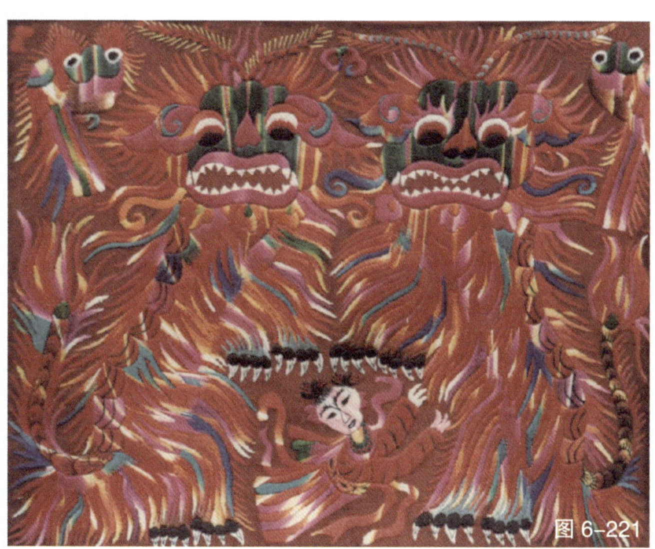
图6-221

图6-220

图6-219 施洞苗族袖花（下排表现双方“理老”经辩论已获得沟通，连线表示观念一致。上排是俯视的一对桀貐，顶上有一对猴祖捧日，正中则是正观的桀貐面容）
图6-220 台江施洞苗族围腰（“人龙”——女娲，龙体绕着苗族神话中的美女仰阿莎，两侧有蝴蝶、桀貐、龙鱼）
图6-221 施洞苗族袖花（一对桀貐护佑仰阿莎，上角是雷公鸟）

图 6-222　苗族在桥头或路坎旁设“岭龚”祭祖、祭桥

阿会打扮，裙子像菌褶，裙脚像马鬃。肤色像栀子，鬓发细如（丝）细，六十张帕子（帕围），一百八十两的银饰，十六两的项圈，戴上鬃丝帽（苗族用马鬃特制笠帽）……姑娘身材好，就像花一朵，就像银一两。用茶油洗头，桥下梳梳发，梳得多利落，髻上插银花，……”接着叙仰阿莎劳动和长大谈恋爱，初恋两个漂亮小伙，恋爱不顺利，反被男友诬毁为丑姑娘。仰阿莎就在点水雀的带引下去跟太阳谈恋爱，仰阿莎轻信失身后才发现太阳是个懒汉，于是她伤心地想逃婚，再跟勤劳朴实的月亮恋爱，不料点水雀向太阳告密，引得太阳去向月亮追索私奔之仰阿莎，于是公鸡作为理老的身份出来调解：太阳向山水得地（主管白天），月亮得美妻（主管黑夜）——“太阳上山啦，月亮快落坡，各得各的路，各过各日子！”

从上引仰阿莎故事的基本情节，笔者认为可得出推论：这个几乎是苗族人人爱慕的仰阿莎实从古羌信仰袭取而来。据《华阳国志·蜀志》：“（蜀）王曰杜宇，教民务农，……时朱提（四川宜宾有朱提山，出产银）有梁氏女利游江源，宇悦之，纳以为妃。”而《蜀王本纪》更说：“有一男子名曰杜宇，从天堕止朱提；一女子名利，从江源井中出，为杜宇妻，乃自立为蜀王，号曰望帝，治汶山下邑曰郫。”（今成都附近有郫城遗址）杜宇就是古羌从岷汶南下开辟成都平原建立蜀国的名王，但他又是蜀人心目中来自岷山（古羌故地）的月亮神，由于被臣篡位夺妻，而化魂为鸟。详参袁珂《中国神话传说词典》第190页：“龙妹助杜宇平治洪水，遂为杜宇妻，……贼臣遂篡杜宇位，并逼龙妹为妻，……杜宇被囚……其魂化鸟返故宫，绕其妻而飞，曰‘归汶阳、归汶阳’，汶阳者，汶水之阳……”今日贵州亦有类似传说，谓阳雀鸟鸣为“贵贵阳”，苗族也盛传此说。

从上引故事可知：第一，仰阿莎即利，都从泉水（井）中生出；第二，虽多经磨难，终归月神之宫；第三，咒日崇月是古羌观念，苗族亦有“杨亚（亚努）射日”的神话，跟仰阿莎故事精神相通；第四，在仰阿莎故事中杜宇化为点水雀（即阳雀）；第五，这故事实是后羿负情、嫦娥奔月之雏形。

具体分析，古羌女水神利的故事是通过巴人经三峡地区传入苗区的。巴人是古羌东迁支系后裔，现居鄂、湘、川、黔交界处之土家族即巴人后裔，学术界似无疑义。按《世本·氏姓篇》有廪君故事即巴族先祖神话：“廪君之先，故出巫诞。……廪君名曰务相，姓巴氏，……乃乘船从夷水至盐阳。盐水有神女谓廪君曰：‘此地广大，鱼盐所出，愿留共居。’廪君不许，盐神暮辄来取宿，旦即化为飞虫，与诸虫群飞，掩蔽日光，天地晦冥，积十余日，廪君不知东西所向，七日七夜。使人操青缕以遗盐神曰：‘缨此即相宜，云与女俱生，宜将去。’盐神受而缨之，廪君即立阳石上，应青缕而射之，中盐神，盐神死，天乃大开。”《晋书·李特载记》：“廪君复乘土船，下及夷城，夷城石岸曲，泉水亦曲，廪君望如穴状，叹曰：‘笔者新从穴中出，今又入此，奈何！’……”这种神话跟苗族神话也有不少可比之处：“泉水亦曲”之地的“盐水女神”当然跟仰阿莎同类，也跟“利”同类，何况朱提即宜宾，自古是井盐产地，顺江而下的巴人开辟巫山地区时，遇到地方部落女酋长的主动求爱，不过异族的求爱方式难被巴人接受（巫山地区包括神女似乎都是女方太主动些）反遭杀身之祸。巴人一向尚武，大约不惯柔情束缚吧。那“化虫蔽日”当然是神话或巫术，不过倒令人联想到苗族“牯脏衣”上的“华虫”（太阳虫）。在施洞地区关于划龙船的起源故事中也有“蔽天阴霾遮日成灾”的情节，后因小孩子作敲鼓状才获禳解，最初的划龙舟也出自湘鄂长江流域楚越先民，屈原还描写过三峡地区秭归的民俗风情，学者们考定屈原之姊名“女媭”，“秭归”即“姊归”。廪君名务相，虽然史称他为男子，笔者颇怀疑他实是女性，以致盐水女神找错了对象，否则廪君用杀戮来征服女神的求爱也太不近人情了。笔者的理由是：今日苗族尊称妇女为“婺”，而天上的织女星名“婺女”，牛郎织女的神话广传于各族之间，“务相”是否“婺相”？如果是，都是母系部落首领，才会同性相忌如此。当然，这一点只是悬猜，不足为证，但苗族绣品中包涵各族观念影响应是真情。笔者想强调从仰阿莎传说引出的泉水话题，这是中国祖灵崇拜中一个重要的问题。古羌族认为人死埋尸，其灵魂则从地下泉路返归祖籍故里，或乘灵魂之舟升至天国，所以今日四川出土不少“船棺葬”，即让亡灵乘舟顺黄泉返归故乡之意，四川宜宾地区又遗有许多悬崖上之“船棺”，亦是同义。这类悬棺已沿长江分布到江西、福建，在贵州、江西（如龙虎山）、福建（如武夷山）都有遗物发现。前文说过宜宾即古代朱提，就是蜀国发祥地。同样的观念顺江出峡，廪君所谓“笔者新从穴中出”，所望见之穴，即祖灵所居处，跟苗族置木鼓之龙洞同义，而仰阿莎和利所出之井泉与祖穴实指同一观念。

有人曾举《金文编》中“亞”形图画文字并加以发挥：“字有人释为‘妻’。照苗族习俗：‘亞’形为火塘，为着首饰的女人，与苗族妇女盛装首饰相似。为‘福’字，也即装粮食的陶器。为正在倒粮食煮食。此图可释为‘福到人家’或‘灶神’，即守护火塘的女神。”这实在是过分大胆的“望文生义妄解”。姑且不论金文组字规律不容任意拆组，直接跟“苗女盛装首饰”画等号就属不伦，因为此“字”毕竟不是苗文。笔者在苗区生活多年，从未见过“亞”字形火塘，苗家火塘只是四块石板围拢，并无折角，何来“亞”字？按康殷《文字源流浅说》对“亞”字解释颇谨慎，只提出一些有意思的见解。“很可能也是当时人们所崇拜的一种物形，疑是所谓‘环石’（Cromleoh）的俯视示意图。……近世发掘的武官村大墓俯视亦作形，加上中央的柱子室则作形，与上举形尤近，故疑形乃墓形。……有待深考，不能遽定，于此仅仅提此线索。……后改作、，说文讹作。”把未经破解的“亞”字形金文引向墓式和祭祖观念，这见解是很有启示性的。但为何作“亞”形呢？笔者认为跟井泉观念有关。

苗绣另有一常见女英雄婺卯秀[①]，虽然相传是清朝咸丰同治年间苗民起义领袖张秀眉手下一员女将，但婺卯秀的传奇身世似乎属于古神话的新编。故事大意是：一个叫敦摆寨的地方，有一户无子女老夫妇苦熬岁月，老公公在河边忽拾得一赤裸女婴遂领养回家，只几年她就长成大姑娘，身强力壮且胆大。婺卯秀临嫁（不知丈夫何人）由丈夫之父来接（不合仪礼），翁媳两人走至半路，婺卯秀忽到一口水塘去洗澡，天上飘下一朵红云映得塘水血红，红云变成一把伞，以后常随身携带（显然是华盖之意）。她向公公说：“刚才你去看笔者洗澡来是不是？……你不要出去跟别人讲笔者是妖怪呵！”可知她并非凡人。据说婺卯秀常以飞代步，参加张秀眉义军后，用青石变马、泉水变刀，屡建奇功，被命为“大将军”。如此一位女神，被苗家妇女绣在作品中，观之令人神旺。图 6-223，图 6-224 中婺卯秀衣上有星纹，坐骑为猛虎，脚穿草鞋，手是神人常见爪形，左右有被踏断之树（烘托神威气概），脸部有苗族特别的“神像纹样”。图 6-225 中婺卯秀骑马飞奔，右为虎，下有龙鱼，左为神（身绘日月）。图 6-226 中婺卯秀骑马，手执伞却作蝴蝶形，上有槃瓠祖庙，下有龙洞祖灵。

已有考古实物证明，古井多用木石构成井干，尤其用粗木挖契口交叠而成井、井、井形，后者中央之“•”代表汲具如瓶桶之类。而泉字古文作、、、，表示由石崖流下的泉水形，后篆变成、，再变成楷书的“泉”。不过古代有一“𡙀”字值得注意：、。原释“表现兔临深渊”，其实该释“兔泉”才对，后篆变为，是表示兔足形，即形，又混入，遂致讹解。为何是“兔泉”呢？兔是月中灵物，古羌理解泉是从月亮中流下的甘霖，所以泉水意味着上映天象而永恒

图 6-223　施洞苗族袖花：女英雄婺卯秀骑虎
图 6-224　施洞苗族袖花：女英雄婺卯秀（与图 6-223 是同一剪纸的变型，坐骑被绣女改成了龙，但那臂与足仍透露是虎形）

① 中国民间文艺研究贵州分会编印《民间文学资料》第五十一集收有婺卯秀故事，但译为“务仰席”。

不竭的生命；也是亡灵返归故乡以求永恒的通路。所谓“黄泉”即指阴路，阴路当然用阴兔之形象征。这也就是苗族为何特别重视卯日的原因：苗族过年常选卯日，有“吃卯”、“吃新”之类观念，卯即兔。那“亞”形跟苗族火塘毫无关系，倒是跟水泉和祖灵有关。值得注意的是，跟仰阿莎相似的美女利是“梁氏女”，按字书“梁”字古文写作[illegible]、[illegible]，即“汈”，那[illegible]即古“亾”字（亡），很明白，所谓“梁氏女”即“亡灵之女”（“汈”字后来才加木成梁、加米成粱），可知“利”和“仰阿莎”这类从井泉中出来的美女，都是原始图腾授胎观念的讹变，她们象征着祖灵配偶以繁衍族类为目的，因此月神化身的望帝杜宇才娶利，而死后化为杜鹃鸟返归汶山故里，仰阿莎才会跟太阳“离婚”而终归月亮。后世的后羿射日以及为嫦娥私奔而射月无能等神话，其源都出自古羌崇月仇日的古老观念。廪君故事中的“化生观”表现更多。

前文已介绍僅家独特的服式，在此补充一点材料：僅家妇女常系抹胸，当地多称“围腰”，实在是围胸，按古义属抹胸。值得注意的是，不论衣饰纹样如何变化，这抹胸在胸口所绣之花纹是固定不变的，足见此纹的重要（图 6-227 ～图 6-229）。这种纹样粗看似花瓣开放，但当地并无插瓶花观赏的习惯，两边各有大小山峰状纹样，下有水波，上有穹窿。笔者在向僅家耆老调查时所

图 6-225

图 6-226

图 6-225　施洞苗族袖花：娄卯秀骑马，其右另有一虎，下面则有龙鱼和花
图 6-226　施洞苗族袖花：娄卯秀骑马（所举之伞成蝶形）
图 6-227　贵州黄平县僅家姑娘抹胸上所绣“火祭坛”纹样
图 6-228　僅家姑娘抹胸上所绣“火祭坛”纹样
图 6-229　僅家姑娘抹胸上所绣“火祭坛”纹样

图 6-227

图 6-228

图 6-229

闻不一，多数人说“不知道”，少数人说“僅家胸饰是‘独苗开花’，僅语称‘Bu vi gei’，这‘gei’是鸡，那就应当是白鸡冠花”。不过他们表示“没有把握”。按“独苗开花”在贵州农村是有专指的植物，这种属芭蕉科的草木植物是一种中药，高约一公尺左右，春天抽苔夏天于顶上开花，花形似莲，金色，十分艳丽。它有个美丽的名字：“地涌金莲”，属亚热带植物，贵州兴义地区栽培较多，不过笔者在四川凉山亦见彝族大量栽培（图6-230）。由于花色不同，显然不是僅家纹饰本义，或因此纹纯用白线而花形略似，老人们遂“指鹿为马”。从贵州省文化厅原群文处处长吴建伟（僅家人）提供的材料看，僅家把妇女奇特的服式来源上溯到黄帝跟蚩尤大战时期，即远古时代，这当然缺乏铁证。但僅家认为“遵古制不改”的观念却是根深蒂固的，如果真是自古传下，则三苗尚在鄱阳湖、洞庭湖地区栖息时就可能受到百越文化的影响。浙江余姚河姆渡、钱三漾出土的古文物中有“火坛纹”（图6-231～图6-234），其结构特征跟僅家胸饰纹样若合符节，在用火坛“祭祭”天神这一精神上也可能是相通的，何况僅家纹样还标明了山间水上的特殊环境。近年在湖南通道县发现有“古吴人村寨”，居民至今讲古吴语，在通道县流源村、青芜州镇和万佛山镇据说还有“吴歌队”，这是很值得深入研究的，至少说明吴越文化跟苗瑶文化在遥远的年代确实有过互相交流。

前文已提及明清统治者镇压苗族时曾调用山西军队，山西军队留驻贵州带来山西绣品，以及蚩尤遗迹在山西保留的史实，台湾学者中亦有注意到苗绣与陕晋刺绣相似特点者。现再补充两例：

苗绣之狮、虎、象、犀和槃瓠造型往往不易辨别，除象有长鼻为特征外，苗狮可长牙，苗族修狃、槃瓠也有长牙者。无独有偶，笔者在山西绣品中也发现这类特征（图6-235～图6-237）。所谓“布老虎”不仅长大牙，并且背着婴儿，那造型配色也跟苗绣如出一手，只是“立体”而

图 6-230

图 6-231

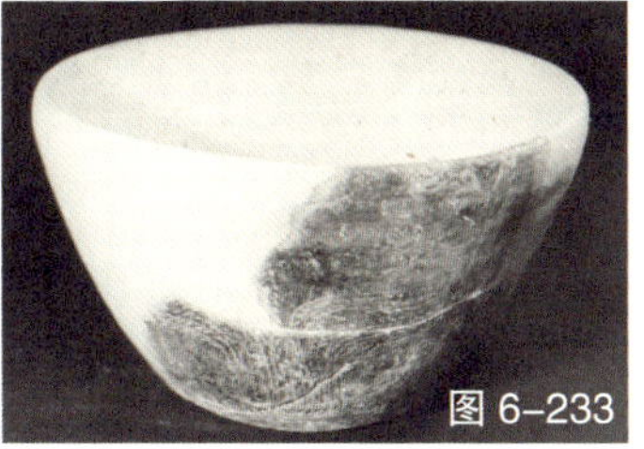
图 6-233

图 6-232

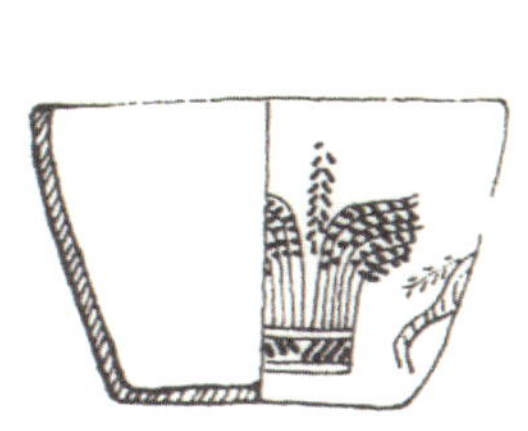

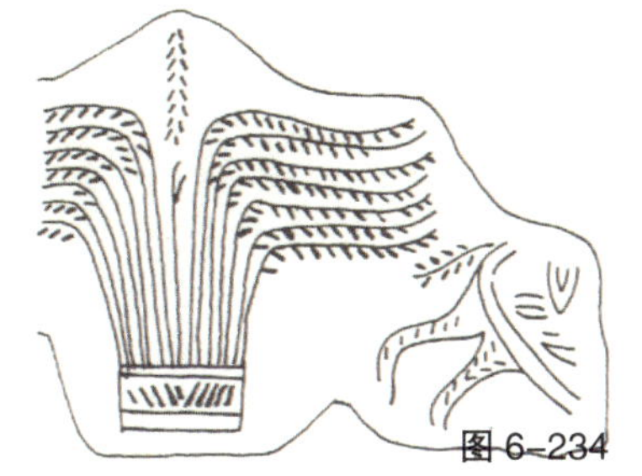
图 6-234

图 6-235

图 6-230 “地涌金莲”（“独苗芭蕉”）
图 6-231 浙江余姚河姆渡原始文化遗址出土陶钵（通常释为“水草双鱼纹”，实际应是“嘉禾双鸟纹”）
图 6-232 浙江余姚河姆渡新石器遗址出土刻纹陶钵上的“嘉禾双鸟纹”
图 6-233 浙江余姚河姆渡新石器文化遗址出土陶钵（范注：通常释为“稻谷纹”，实际应是祭坛供神之嘉禾，作火焰状，旁边有牺牲之猪）
图 6-234 浙江余姚河姆渡新石器时代遗址出土刻线纹陶钵上的稻谷纹（实际应是祭坛上供奉的嘉禾，旁边有牺牲之猪）
图 6-235 山西省民间常见的“布老虎”（实际是“麒麟送子”）

已。右侧小虎不仅也长“獠牙”，并且通体白色，长耳朵，俨然兔子特征。毋须多说，明眼人一望可知，这山西“布老虎”不仅是“麒麟送子”，并且是“槃瓠护子”。

图6-238，图6-239是山西的两对“护耳”，大体作桃形，但不对称。中央绣的是“天仙配”中的董永担水浇园，七仙女由燕子护送，燕子当然是春神赐子之意，七仙女前有蟠桃和石榴，桃是仙女身份的标志，榴是多子之兆；董永前则是鸟、鱼、燕，跟苗绣更相通。外围是“暗八仙”（八仙所用法器）。或许人们会认为“护耳”是用于罩耳，造型当然不对称，但问题似乎并不简单。贵州榕江地区苗侗所用“香袋”（香包）除葫芦形外，更多桃形，而桃形并不对称。研究服饰史的人都知道，香囊历史甚古，如唐代皇帝封贵族达官有“赐紫金鱼袋”，以表官阶身份之仪，而《诗经》时代就有许多青年“解佩赠情”之俗，这“佩”就包括香袋。明清时代腰间佩挂香包及饰品成风，《红楼梦》中就描写贾宝玉从香囊中抓零食吃及姑娘们在香袋中贮药丸等。“护耳”的原初意匠就是摹仿麒麟耳，只是后来才加入祈福添寿等各种内容。

由此应研究一下苗族自身固有的植物崇拜。自古以来，苗族始终以枫香树为神树，但是除了前述“牯脏衣”纹样中出现过一些枫叶纹外，寻访很久却找不到更直接表现枫香圣树的实例。十多年前，苗族研究专家杨文斌终于在黎平县六合支系的苗绣中找到了珍贵的枫香树标本（图6-240），巧妙的红、绿、紫配色技术，不仅表现了秋天枫叶由绿变红的艳丽景色，全幅还很恰当地加进四朵由星形

图6-236

图6-237

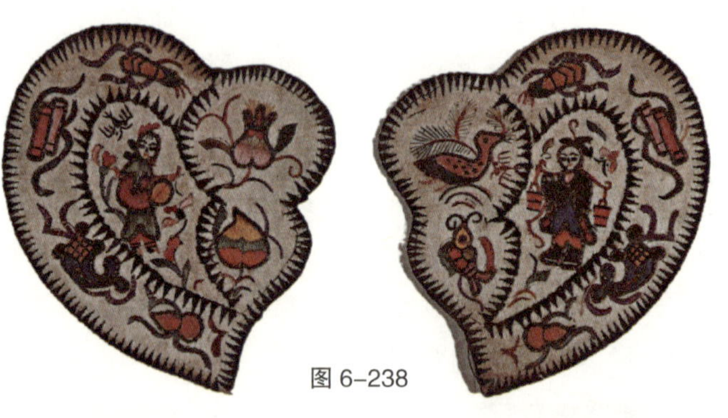
图6-238

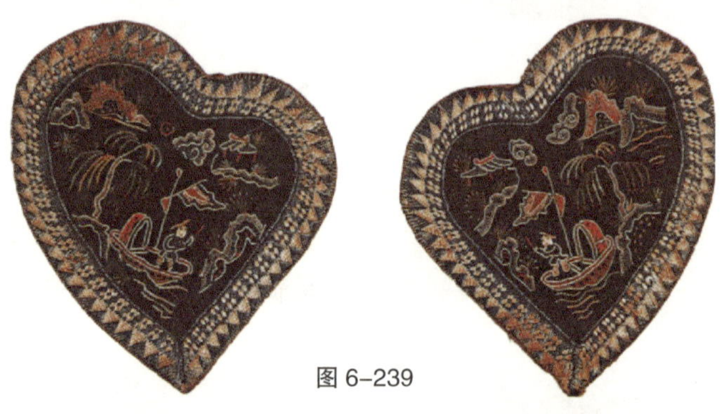
图6-239

图6-240

图6-236　苗族儿童围涎（俯视的“槃瓠”义为“祖灵护佑”，颇受山西绣品风格影响）
图6-237　具有山西绣品风格的童帽
图6-238　山西省民间艺术“护耳”（做成桃形，主题是“牛郎织女”，绕以不规范的“暗八仙”）
图6-239　山西省民间艺术“护耳”（做成桃形，上绣“顺风过峡”纹样）
图6-240　贵州黎平县六合支系苗族（清水江型六合式）背兜上绣有“枫香纹”

组成的花纹（枫香树是不会开大花的）和花边，因黄、黑、白的点线调剂，整体效果十分谐调悦目，红而不火，格调很高雅。在苗绣中虽然也曾有植物纹样，或因受汉族影响绣了不少花草折枝纹样，但以树为主题的绣品委实不多，此件真是十分珍贵。六合支系的绣品风格是以绿、蓝、黑为主调，色调比较沉着，以几何纹为主（图 6–241）。

苗绣植物纹样以热闹美艳悦目为重，并不计较真花真树之形似，例如图 6–242 下排两侧为央公央婆坐在椅上，上面中央是公鸡形鹡鸰和变形鱼，其余边隙挤满了蝴蝶和鸟形，在斜穿全幅的重要位置则是受到汉族“凤穿牡丹”观念影响的硕大花朵。图 6–243 中把牡丹花形跟石榴造型融为一体，更表现了苗族的性爱观与祈子是合一的。图 6–244 是苗族平绣“蝶恋花”围兜，这种造型和针法都已受到较浓的汉族绣法影响。图 6–245 苗绣“百花争艳”，先用拼贴技术把各色绸缎组合成莲花形，花芯则具有南瓜意味，当然是“瓜瓞绵绵”观念的影响，

图 6–241

图 6–242

图 6–243

图 6–244

图 6–241　黎平六合支系苗族绣片
图 6–242　施洞苗族袖花（祖宗们坐在花树前，上有护佑，鸟前有变形鱼）
图 6–243　云南苗族背兜（石榴牡丹合形）
图 6–244　苗族围兜（平绣“蝶恋花”）

然后把蝶、鸟和各种花形安置在花瓣中，大小参差呼应，整体效果艳而不俗，基本用平针施绣，红底上也有热闹的花鸟分布，由于白边和金边缓和了红绿对比的火气，而主色控制在粉红、粉绿、粉青的色度上，清新悦目。金边是用苗族地区特有的“羊皮金”制作，并且羊皮金是一种化学合成处理的薄膜，裱在皮纸上，从市场购回后，根据绣品需要，剪成细长窄条，用丝线绲边，造成富丽醒目的效果。

数千年来，苗族都是一个受欺凌压迫的民族，经济落后、物质生活十分艰难，直到 1949 年才获解放，近年更是发展增速。在长期的闭塞条件下，苗族却保持了自身独特的悠久文化，在服饰上更是丰富美丽以至无与伦比。落后受压的古老民族更重视守护自身的精神独立，这似乎是世界通例。而珍惜本族祖宗的传统，正是苗族文化发展的出发点，从原始时代遗存下来的“万物有灵”观念则成了苗绣创作意匠的重大原动力。至今，苗族节日活动特多，节日中常有特定的祭仪和程式，平日的各种活动也特多。苗族虽然尚未形成系统的宗教，原始巫术的信仰则很浓，有不少还受到汉族观念的影响。苗族端公（巫觋）受西南地区道教的影响较大。

图 6-246 是湘西苗族妇女“还傩愿”。傩本是古代普遍存在的驱逐疫鬼的祭祀活动，见《论语·乡党》“乡人傩”注。通常在腊日击鼓逐疫，南朝宗懔《荆楚岁时记》：“十二月八日为腊日。……村人并击细腰鼓，戴胡头，及作金刚力士以逐疫。”戴胡头就是戴着假面具扮方相以跳傩逐鬼。《黔苗图说》和《百苗图》中所绘“土人”即表现带面具跳傩的腊日逐疫情景（图 6-247 ～图 6-249），后来受到佛教、道教的影响，除驱疫逐鬼外，在举行跳傩活动时还可许愿，例如替父母生病祈福、为生子求愿，如果事后达到愿望，则须到傩堂设香案还愿。按古义，面具是指障面之具，俗称假面。《乐府杂录》：“驱傩，五百小儿为之；衣朱褶青襦，戴面具，以晦日于紫

图 6-245

图 6-245　苗族绣片（受汉族观念影响的“百花争艳”，花芯有“南瓜”意匠，既有“花开富贵”，又有“瓜瓞绵绵”的涵义，各分瓣间又绣有民族传统的吉祥小花）

图 6-246　“还傩愿”是苗族敬神最隆重的祭祀活动。图为湘西凤凰苗族妇女在“傩堂”内祷祝祈子

图 6-247　土人腊日跳傩逐疫情景　上海博物馆藏《少数民族风俗图考》

图 6-246

图 6-247

寝殿前驱傩。”面具又称“代面”，古时演剧优伶所戴则称“面梱”。今日贵州安顺及铜仁等地区尚存完整的傩事活动，但民间普遍称“傩堂主”所用面具为“面壳”，笔者怀疑实际应是“面梱”之讹。

图 6–250 是台江县苗族在“敬桥”烧香。前文介绍“仰阿莎”时已提到，贵州苗族相信婴儿是经过桥来到产妇家的，所以“敬桥”跟祈子有关，也跟祭祖有关。

苗族还有一种观念：为保佑孩子健康成长，在过年时挖一棵青叶竹或小树栽在门背后角落里，并按时烧香烧纸祭供，可保无虞（图 6–251）。

苗族为保孩子健康成长，还有把孩子过继给一棵大树或一块怪石的观念，即“找保爷”（认树或石为干爹）。但是祭树并不光为孩子，而是常有的事。除了把枫香树视为“保寨树”加以敬拜（有时还在“保寨树”下建造小庙）外，不少大树因树龄或奇特形状而引起群众敬畏之心。图 6–252 是苗族用谷草祭树的情景，遇大事还须杀鸡淋血贴毛。

逢苗年或祭祖祀福等场合，苗族还有不少独特的习俗，例如用糯米捏成粮树以祈丰稔（图 6–253）。

至于苗寨斗牛（图 6–254）、逢旱扎草龙祈雨等具有巫术性质的风俗，在湘黔汉族、苗族中都仍盛行（图 6–255，图 6–256），这是衍自数千年前的古风。苗族祭槃瓠之俗在广大汉族地区讹变成“舞狮”已如前述，但湖南尚有保存很朴实的原始之风者（图 6–257，

图 6–248

图 6–252

图 6–249

图 6–250

图 6–248 土人 贵州省图书馆藏《百苗图》
图 6–249 上层为贵州安顺平坝县（今平坝区）屯堡人的“地戏面具”，下层是贵州威宁县板底乡彝族“撮泰吉”（变人戏）所戴傩面具
图 6–250 台江施洞苗族“敬桥”
图 6–251 雷山县西江镇苗家室内门背后的“保命树”
图 6–252 苗族祭树神

图 6-258）。由于民族间密切交往，不仅苗族传承巫术受到汉族巫师和道士的影响，不少苗区已直接邀请汉族巫道前来作法祈祥了（图 6-259，图 6-260）。20 世纪 40 年代凌纯声先生的《湘西苗族调查报告》中记录不少苗族巫师作法的情况，实际跟汉族已差别不大了。

民族文化交流不仅是国内邻近民族之间的局部问题，并且是带世界普遍性的大问题，本书当然不能深入探讨。但是苗族作为历史特别悠久、迁徙特别频繁的民族，创

图 6-253

图 6-254

图 6-255

图 6-256

图 6-257

图 6-258

图 6-253　苗家在室内用糯米粑制作的祈福神树
图 6-254　苗寨斗牛
图 6-255　湖南苗族祈雨草龙
图 6-256　湖南祈雨草龙
图 6-257　用簸箕做的椝狐（虎形）

图 6-258　山西剪纸（中央是三头"鬔髻娃娃"（抓鸡娃娃），下有两猴祖吃寿桃，再下弧形乱线实际蕴涵一蟾形，底下由两龙身凑成与蟾正面相兼的"怪物脸"，蟾背实际上耸女阴以迎合娃娃胯下（祈子之义），顶层两侧为花形蝴蝶，中层两侧为执石榴女像（喻多子），下层两侧为变形椝狐打鼓（已变作猫形）

造的文化是否有可能在悠长的历史中传给更遥远的异族呢？苗族是否亦曾受到过更广阔范围的异族文化影响呢？兹略举数例，对此提出一些疑问，希望引起专家们的兴趣：

1. 前文在分析星宿纹时曾举了在新疆帕米尔高原边境城市塔吉克族妇女颈饰中发现的实例，在此出示三个同类首饰（图 6-261 ～图 6-263），这是巴基斯坦国家博物馆藏品。图 6-261 是印度河著名古城莫亨乔达罗出土的冻石胸牌，上刻星宿纹、独角兽（似犀的神性动物）及圣树。图 6-262 是印度河著名古城哈拉巴出土的胸牌，中央刻星宿纹，周围绕以十二月纹。图 6-263 是哈拉巴古城址出土手镯，作星宿形（但此件可能从双头龙纹意匠变来，是中亚著名纹样），这三件都是公元前两千年左右的作品，表现了从波斯高原南下开发印度半岛的古民族崇拜星月的观念。如果把图 6-261，图 6-262 造型跟图 6-152 ～图 6-154 的苗绣对观，就可看到存在许多相

图 6-260

图 6-261

图 6-262

图 6-263

图 6-259　贵州汉族巫师做法事（用牛角杯以酒酹地敬鬼神）
图 6-260　贵州汉族道士做法事（正在烧化符咒）
图 6-261　巴基斯坦莫亨乔达罗遗址出土胸饰（公元前两千年之物）

图 6-262　巴基斯坦哈拉巴遗址出土的饰牌（公元前两千年之物）
图 6-263　巴基斯坦哈拉巴遗址出土的手镯（公元前两千年之物）

似处：星月崇拜、宇宙卵孕生人祖、玄牝、圣树乃至修狃。是否可能在相距如此遥远的两个古民族间产生文化交流呢？笔者认为中亚古文化通过新疆、甘肃传到古羌，再从古羌扩散到苗族间是可能的。战国时代古籍《穆天子传》记述公元前八世纪的周穆王西征到中亚伊犁湖以西的沙漠中，跟斯基泰族女酋长“西王母”相会的史实，已在新疆民丰县出土的东汉蜡染布上找到留影（通称伊斯塔尔的丰穰女神，在汉代变成了中国的“西王母”）。另一方面，早在汉武帝派司马相如开拓西南夷之前，从云南下印度洋的古道早已存在，丁山在《中国古代宗教与神话考》中曾研究过早期印度文化从云南传入中国西南地区的问题。

2. 图 6–264 是北美印第安人服饰，这种由鸟羽装饰的礼服是从中国东夷迁往北美的古民族带去的“日鸟图腾”遗影，学术界公认“泛太平洋文化圈”的一个共同特征就是“日鸟崇拜”。细审胸袖纹饰和马身装饰，都是“八角星纹”等月和星宿崇拜的体现。图 6–265 ～图 6–267 则是一张印第安人画的“月中人”，长着鸟喙的男人采摘月中圣树枝叶，这当然就是从中国传过去的苗族“张古老故事”或汉族“吴刚伐桂”故事（两者同源）。

图 6–264　北美印第安人的羽饰礼服及星月崇拜纹饰
图 6–265　加拿大海达——印第安人画的“月中人”（采自《事物的起源》，［德］利普斯著）
图 6–266　北美印第安人巫师毡帽上传统图纹，内容是“日鸟从太阳中降临人世间”
图 6–267　北美印第安人巫师所绘各种“日鸟图腾”形象

图 6–264

图 6–265

图 6–266

图 6–267

3. 墨西哥阿兹台克文化古陶“祭器”，上绘之神像跟前文所举江浙良渚文化出土玉器可谓一模一样，都是“日鸟护佑下的人祖”形象（图 6–268）。

4. 南美洲秘鲁的安第斯山中发现了著名的印加古文化遗址并出土一批陶器，图 6–269 是“刑天”。中国著名神话刑天与天帝争神，被砍了脑袋，刑天就用两乳为眼、以脐为口，操干戈继续战斗。这同样的观念由战败被迫远徙他乡的民族带到大洋彼岸，不是意味深长的吗？

5. 图 6–270 是圣 · 乔西的国立珂斯塔 · 里卡博物馆藏印加古陶壶。毋须多释，一望而知这是“日中三脚踆乌”意匠，在胸前还点出太阳主题，脸与翅上纹饰是典型的中国风格。

6. 图 6–271 是印加文化著名的“桥形壶”，正面表现图腾与人祖交合，侧面是列祖列宗图形。

7. 印加人爱用“桥形壶”，其观念跟中国苗族相类，都是以桥喻天上架桥下地汲水的虹形，跟祈子有关联。图 6–272 这“桥形壶”就是表现一条两头龙形的“虹”（螮蝀），身上布满星宿，“水壶”当然即蓄水之义。

遥距万里的太平洋上，仍留有亚洲移民的遗迹。图 6–273 ～图 6–275 是太平洋的复活节岛上的“鸟人岩画”，此岩俯瞰巨大的火山口，在复活节岛上还有著名的“巨人头像”石雕，面容都是亚洲人形。直至今日，南美洲安第斯山中居民不仅保持亚洲人种棕肤黑发的特征，某些节日活动和艺术品也很有趣。图 6–276 的秘鲁男子节日礼帽缀满星宿和日月纹，手中还拿着石榴形法物，南美并不出产石榴，这不是很古怪而有味吗？最有说服力的是，在峰颠危岩上建造的著名“玛丘比丘古城”遗址

图 6–268

图 6–269

图 6–270

图 6–271

图 6–272

图 6–268 墨西哥阿兹台克文化古陶祭器，藏新墨西哥博物馆（上绘鸟图腾在祭台上的情景）

图 6–269 南美印加文化古陶罐（形似中国古代之鼎，所绘纹样则与中国神话中之“刑天”相似——“以乳为眼，以脐为口”）

图 6–270 印加文化古陶壶“日乌”圣 · 乔西国立珂斯塔 · 里卡博物馆藏

图 6–271 印加文化桥形陶壶（绘纹“图腾与人祖交合”，左侧是大小祖宗形象）

图 6–272 印加文化陶壶（实际是以虹形为意匠的水神崇拜法器，与中国古代民间信仰相通：把虹视为双头龙，并且是常从天上探下头来吸水的水神，中国古名“螮蝀”）

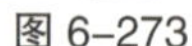
图 6–273

图 6–274

图 6–275

图 6–276

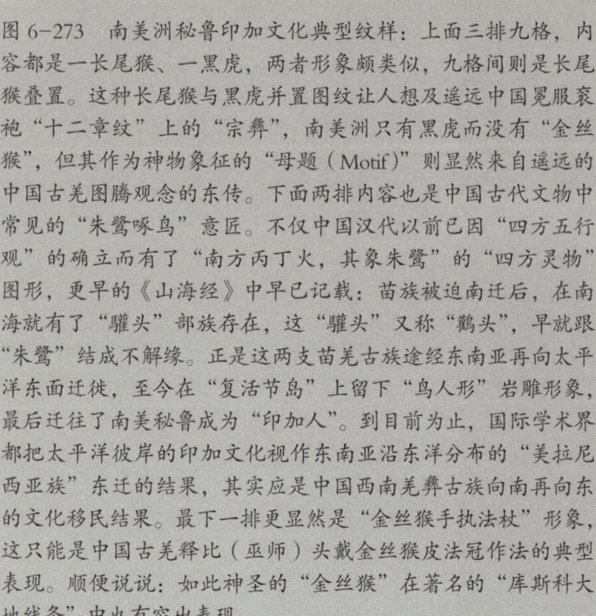

图 6–273　南美洲秘鲁印加文化典型纹样：上面三排九格，内容都是一长尾猴、一黑虎，两者形象颇类似，九格间则是长尾猴叠置。这种长尾猴与黑虎并置图纹让人想及遥远中国冕服衮袍“十二章纹”上的“宗彝”，南美洲只有黑虎而没有“金丝猴”，但其作为神物象征的“母题（Motif）”则显然来自遥远的中国古羌图腾观念的东传。下面两排内容也是中国古代文物中常见的“朱鹭啄鸟”意匠。不仅中国汉代以前已因“四方五行观”的确立而有了“南方丙丁火，其象朱鹭”的“四方灵物”图形，更早的《山海经》中早已记载：苗族被迫南迁后，在南海就有了“驩头”部族存在，这“驩头”又称“鹳头”，早就跟“朱鹭”结成不解缘。正是这两支苗羌古族途经东南亚再向太平洋东面迁徙，至今在“复活节岛”上留下“鸟人形”岩雕形象，最后迁往了南美秘鲁成为“印加人”。到目前为止，国际学术界都把太平洋彼岸的印加文化视作东南亚沿东洋分布的“美拉尼西亚族”东迁的结果，其实应是中国西南羌彝古族向南再向东的文化移民结果。最下一排更显然是“金丝猴手执法杖”形象，这只能是中国古羌释比（巫师）头戴金丝猴皮法冠作法的典型表现。顺便说说：如此神圣的“金丝猴”在著名的“库斯科大地线条”中也有突出表现

图 6–274　南美洲秘鲁印加文化典型纹样：图案的每个结构单元都是“黑白二龙交缠环绕”之意，说它是龙而不是蛇，由其背上棘刺可证。这单元黑白双龙洄环就是源自中国“阴阳太极”的观念，应无可疑

图 6–275　太平洋中部复活节岛上著名的岩画“鸟人”崇拜

图 6–276　秘鲁山地民族节日盛装（帽上缀有日月星纹，手执石榴形法器）

中保存有月神祭坛，每逢月圆，当地土著居民就须用蟾蜍和天竺鼠（豚鼠）祭月。这“天竺鼠”显然就是中国古羌观念中的月中玉兔，因当地没有兔，就用豚鼠替代祭月中蟾蜍和玉兔，如此细节相同，应非巧合。图 6-277 ～图 6-282 是印加人后裔的现代绣品纹样，无论从纹样到配色，特别奇妙的是，在这块印加绣片下部，还保存着猫形的槃瓠形象。那花样和动物的布局也跟施洞苗绣同一风格，岂不妙哉。

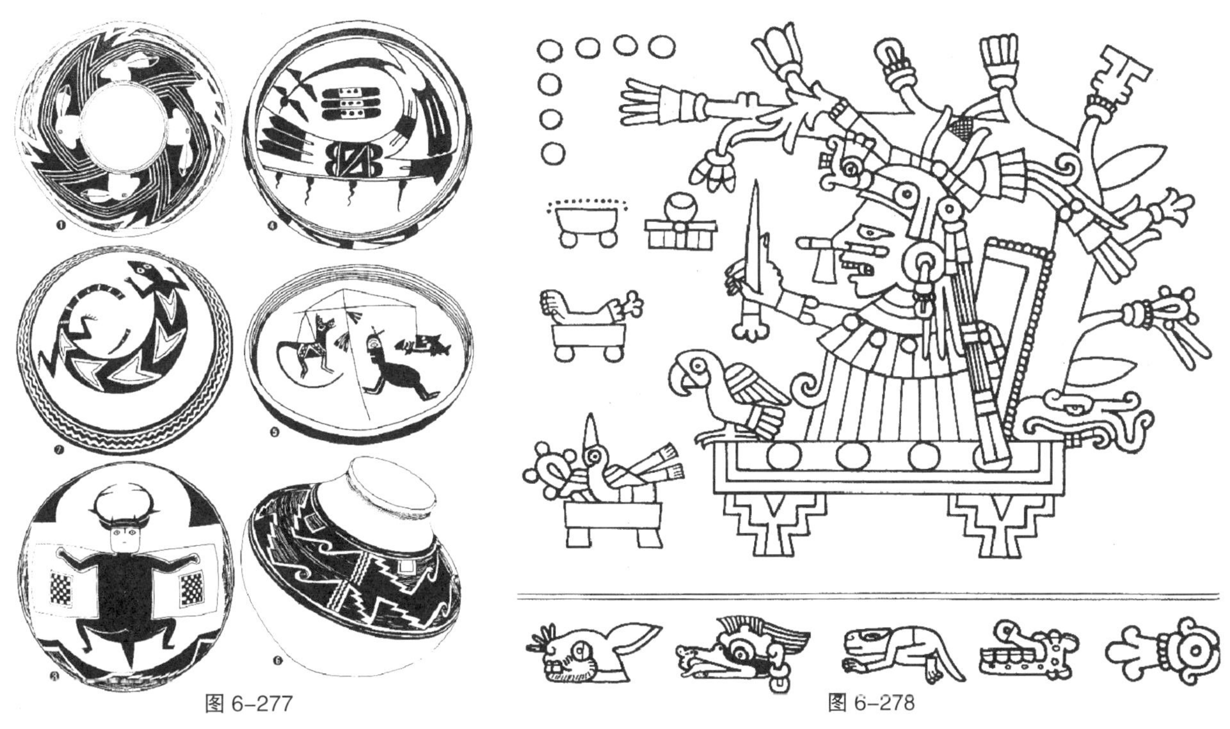

图 6-277 图 6-278

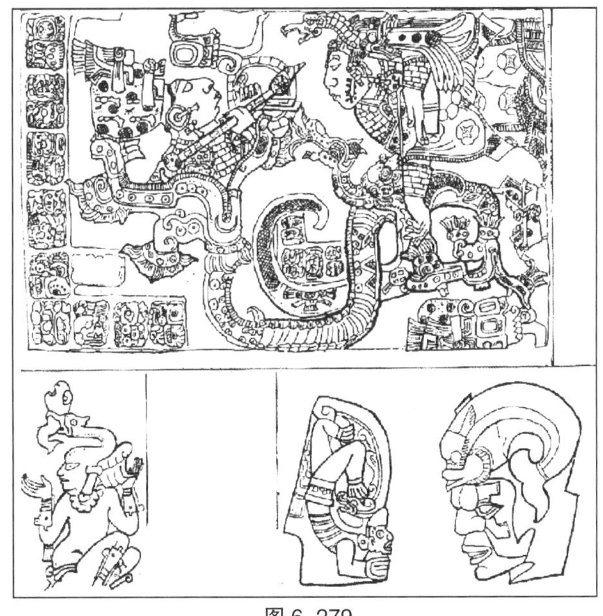

图 6-279

图 6-280

图 6-277 北美洲印第安人的草帽顶上所编绘的传统纹样。上左是“月兔在作洄旋转动”，这当然是从中国传去的“月亮中有蟾兔”观念的反映，又是“阴阳太极”观念的反映，中左是作旋转运动的鲵（或蜥蜴），最妙的是中右的纹样，是几个神灵在乘“磨鞦”作旋转运动。这“磨鞦”是至今流行于中国西北各族的民间游艺活动，向东一直传到北美印第安人中，向西则一直传播到欧洲而被改造成了“旋转木马”。下左那幅图像更具民俗学价值：信奉萨满教的巫师头戴鹿角冠饰正在表演“飞翔引神”法术

图 6-278 印加人后裔的现代绣品纹样

图 6-279 印加人后裔的现代绣品纹样

图 6-280 印加人后裔的现代绣品纹样

8. 在土耳其的阿娜托利亚博物馆收藏着中亚高地上出土的一批古老文物，其中竟有鸱鸮和蟾神。那鸱鸮造型跟苗族“雷公鸟”如出一手，真是匪夷所思（图6-283，图6-284）。

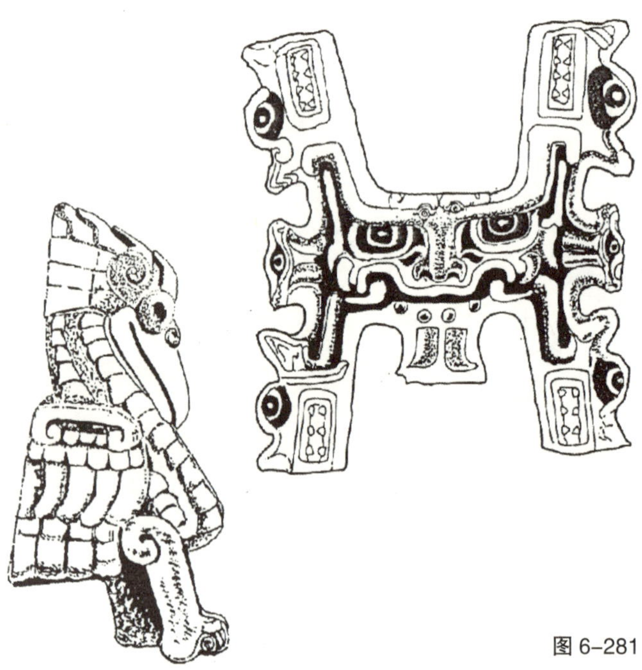

图 6-281

图 6-282

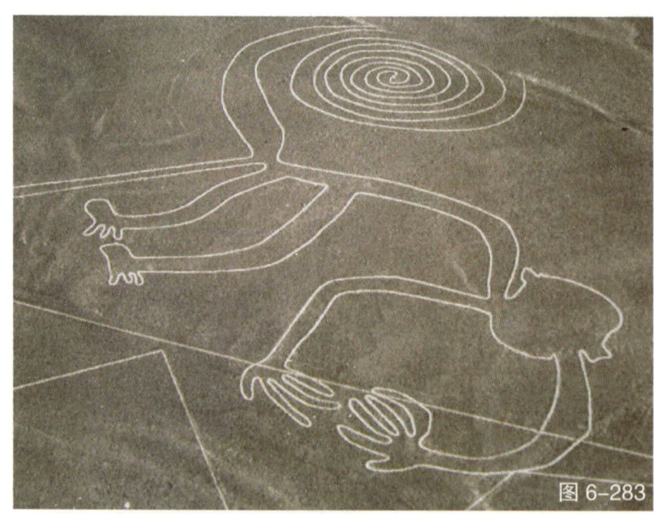

图 6-283

图 6-284

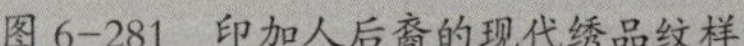

图 6-281　印加人后裔的现代绣品纹样
图 6-282　南美洲秘鲁印加后裔少女在民族节庆时正手捧玉米、马铃薯等向神奉献致敬
图 6-283　南美洲秘鲁“库斯科线条”中著名的“长尾猴”形象，其实就是中国古羌族经东南亚越过太平洋带去的“金丝猴”神灵像
图 6-284　土耳其阿那托利亚博物馆藏古陶器（右鸱鸮与左蟾神，中央则似“雷公神”）

第七章 银饰及色彩

Yinshi Ji Secai

苗族使用银器的历史已不可考，但应该是非常古老了。在苗族传承的《创世纪》神话中就有开天辟地、洪水泛滥之后，天地不稳，苗族祖宗用银铸成擎天柱支撑天穹的情节。神话当然出自幻想，但必定有其现实的物质依据，在没有银器的年代是不可能想到用银作材料的。从苗族分布的情况看，湘西、黔东操东部方言的苗族使用银制首饰最多，尤以贵州黄平、台江、雷山等沿清水江一线的苗族最珍视银首饰，制作也最精美，这大约跟当地经济发展水平有关。而以湘西和黔东南相比，湘西苗族服饰受满汉服制影响较深，黔东南苗族服饰和银饰则保存更多本族的传统特色。

苗族银饰和服饰的最大特色，就是不论如何变异，都能跟生活环境保持谐和之美。图 7–1 是雷山县大沟乡（今已并入西江镇）乌高村的姑娘步行于山间枫林小道的情景。乌高是远近闻名的“银匠村”，此图虽是数十年前的黑白照片，仍可看出姑娘灿烂的银饰盛装，跟蓝天、白云、红枫、翠竹乃至山水构成一幅谐和的画面。苗族服装的面料底色大多用蓝黑靛染土布，近代则用灯芯绒等暗色布，盛装时改为青紫绸缎面料。在遍身施绣时，虽然镶上红绿相间的浓艳色彩，但都预留银饰部位的深色底料，一旦银饰妆身，在深色底和艳色绣片的衬托下，银白闪耀的银子发挥出强烈炫目的视觉冲击力，远观特别醒神，近视则可品味绣品的细腻技巧。尤其是在千人聚会的芦笙场上，艳装姑娘们相互媲美竞技，无不以发挥极致的效果为目标，图 7–1 可见穿暗色便服的母亲们实际是起到了最佳的衬托效应，使天、地、人获得统一。

图 7–2 则是在施洞赛龙舟盛会上盛装姑娘的聚会。此图包括了清水江沿岸八种典型银饰盛装，在强烈的阳光下，远观形成一片“银饰的海洋”，犹如波光粼粼的浪潮，令人目不暇接，大有目迷心摇之感。

苗家重视银饰，除了美化女儿，还有夸富的心理。历史上，富裕人家女儿的银饰常是贫家女羡慕的目标。如今经济改善，家家争购银饰，除了竞美斗艳之外，也显示了姑娘娘家的财力，成为择偶的一大条件。黄平、台江的盛装用银最多可达三十多斤，由首饰、胸饰、衣饰、手饰等数十个品种组成。现略加介绍：

图 7–1　贵州雷山县乌高村是远近闻名的“银匠村”，村里一百多户，家家会打制银饰，畅销各地。图为姑娘们盛装打扮前去芦笙堂参加“跳芦笙”集会
图 7–2　施洞“龙船节”时，清水江沿线八种苗族盛装大聚会

图 7–1

图 7–2

一、头部银饰

1. 银帽，又称“银顶”，黄平、革一等地盛装最重要的部分即银帽。湘西的凤凰、贵州的松桃苗族盛装也有银帽，但不普遍，以前仅有富裕人家拥有，视若珍奇。

① 黄平银帽（图 7–3），整体由三层组成，内层是帽窝，用较粗的银丝扎成框架，或用铁丝加固；第二层叫叶层，由方形叶片组成，并用银丝和卷成弹簧的支架跟帽窝编串成型，这种笼状结构既可减轻重量，少去耗材，而且戴着又透气；第三层是一蓬银花聚合而成，每朵银花都用极细银丝卷成的小弹簧焊接于叶层银片上，花瓣轻松活泼，能微微颤动，细看还有小鱼、小蝶、花苞、螳螂、小鸟参差花丛之上，颇增情趣。帽顶上竖鸟尾开屏式饰片，高 16 厘米，如小型凤冠，横跳花枝上有蝴蝶或踏枝银鸟，迎风欲飞。帽前焊接三层长方形银饰片，錾压成二龙抢宝、双凤朝阳及花草纹样，上层银片嵌三枚小镜，反光眩目，三层饰片下缘，用精致的掐丝环扣悬吊三排小银铃，俗称“小米花”，随步振碰，铮锹悦耳，闪烁有神，增添了灵动的美态。银帽两侧或加吊小银灯笼，帽后垂下二十余条银片连长的尾羽，长及腰际。整个银帽用银二至三公斤，价昂质美，姑娘们无不渴慕，每逢跳芦笙、聚会中有戴银帽之盛装姑娘出场，常引起一片赞美之声。图 7–2 中央即黄平和革一的两位姑娘。黄平姑娘服色火黄，革一姑娘服色青紫，两人并立，相得益彰。革一银帽结构与黄平银帽大同小异，花型较细，帽沿有錾花骑马仙人，帽顶常再加小银角，有综合黄平与施洞两地精华的意思（图 3–304）。

② 湘西银帽，苗语称“本信”（图 3–7），内用布衬打坯，外贴银薄片成型，再用银丝焊接银制虫、鸟、鱼、兽、牡丹、菊、桂等花样，银片上或加烤漆填色。帽侧加三至五片银翅，帽檐有錾花饰片环绕成箍，帽顶和前檐都有掐丝悬吊小银铃。帽后更垂吊各种虫、鱼、鸟、兽、花、蝶以至鸳鸯、如意，再用掐丝银链加上节节银铃，串挂如帘，长达衣摆，华丽无比。以往群众无此财力置办银帽，但串绣云肩仍保留银冠风貌。

2. 银冠。在台江、雷山、剑河、丹寨、榕江等苗族盛装中还流行戴银冠，这是姑娘盛装的基本头饰。图 3–320，图 3–321 是雷山西江镇银冠，内层由整块长方形银片绕头一圈，银片上焊接数排由薄银片錾凿而成的花饰，下排是一串小花，边缘用掐丝环扣悬挂一排密集的小银铃；第二排中央是花蝶，两侧为骑马仙人；再上一排中央有大花一朵，由层叠花瓣组成菊花型式，两侧环绕展翅鸟形，再上是一圈花，然后是用银丝弹簧支起的许多立体小花，花蕊用彩色小珠撒开，随步颤跳，整体设计主次分明，颇为富丽端庄。台江反排一带称银冠为“银胜”，这倒是十分古老的名称，如唐代大诗人杜甫《人日诗》有“胜里金花巧耐寒”之句。古时“胜”指妇女首饰上能颤动的饰物，有金胜、银胜、方胜、织胜、罗胜、花胜、人胜，在唐前多用剪彩或镂金薄片制作。今日剑河久仰、丹江以及雷山大塘等地苗族银冠上，插有立鸟形银饰，做成横枝上站立三只展翅欲飞嘴含银链珠之凤鸟，或是五只立鸟（图 3–92）。都匀王司一带只在髻顶立一大凤凰，嘴衔或翅吊银链珠，周围遍插鸟形簪，都是古时“胜”的遗风。

3. 头箍，苗族称“特”，是一长列银花片围头而成。图 7–4 是雷山大塘短裙苗的一种银箍，在一圈骑马仙人

图 7–3

图 7–4

图 7–3 黄平县苗族盛装银帽（当地称“银顶”）
图 7–4 施洞苗族盛装时戴的银冠

（人胜）后有“太极鱼”式花样，冠上插着满头银花，夹有方牌和三只凤鸟，花形稍大，有六尖瓣和五圆瓣数种。从装饰效果看，银箍和银冠相似，但银冠是固定成圈状，银箍则可展开成带状，便于取戴和收藏（图 7–5）。配带银箍时常在脑后结扎并悬垂织锦彩带，长达腰下。凯里舟溪的头箍做成中央宽两端窄，中央有太阳纹，太阳纹两旁加乳钉和花鸟，戴在头上更觉轻盈灵便。雷山西江另有一种头箍是用红色厚布为底衬，上钉着用银线弯曲的云雷纹，两两相对，相反相成，有些在两列云雷纹间再加一排长方形錾花饰牌，脑后飘垂彩色长带。这种头箍由于盛装时髻顶要插立沉重的大银角及大量银簪，所以须把头箍得很紧（内垫毛巾）。

4. 银角，苗语称“甘尼”。雷山西江和剑河丹江的银角最大，气势雄伟壮观（前图 3–329 ～图 3–331）。银匠们先把银打成薄片，再加工成牛角状，两角弯成半圆弧形，中央较宽，錾成浮雕太阳纹或团花形，并绕一圈圆珠。这“太阳纹”实际是两侧龙所抢之“宝”，两侧龙纹已是汉族的造型特色，龙身作波纹状分布，空隙处安排龙足和装饰纹样。银角插在顶髻上，总高增加 80 厘米，两角间距也有 80 厘米，角梢在龙尾外再延长约 30 厘米（不加花饰），在角梢钻孔系一束白鸡羽毛夹红布条为饰（图 7–6）。在西江式的银角后面，配插一扇状银饰，俗称“银扇”（图 7–7 ～图 7–10），是由薄银片分十五至十八枝作放射状散开，下部用弧形排列的圆珠状突起为饰，配在牛角后恰成众星拱月形。从整体形象看，姑娘戴上银扇就有“孔雀开屏”之美，聚焦于帽下脸庞，对烘托笑靥起很大作用。有人说：银角正中围绕太阳图案（指“宝”），上边以银片插成扇形是象征初升的太阳光芒，如此评议似乎是用今日的心情去理解古意。用意虽好，但似乎缺乏论据，因为施洞银角不仅形制小，中间只有两根或四根饰片上竖，并且牛角梢也不作尖形而是用带芒金钱纹为饰，四或五根上竖的银片都缠绕龙纹（“宝”由骑鱼小儿捧着）和对凤、蝶、鸡、骑龙人形等点缀，布局自由，饰物都作立体焊贴（“宝”中嵌小镜片），毫无“初升太阳”的意味（图 7–11，图 7–12）。在插置时为加固而另配两根细银丝编制的弹性笼绳横绕于髻旁插牢，以防松动。笔者以为苗族银角的原初意匠仍出于对人祖化龙的敬祖观念。原始时代各族普遍都有在头饰上摹仿图腾或祖灵特征的做法，或者换句话说，“冠礼”的起因就是祀祖和摹拟图腾造型，这是世界民俗学早已证明的通例。从图 3–101 清水江稿旁式银角可知，所谓银角原本就是摹仿牛龙之角，是作为部落图腾后裔的标志而转成首饰的。稿旁属剑河，是传统苗文化保存较多的地区，施洞、西江等地在清代咸同年间镇压张秀眉起义以后已受更多的汉化影响（从龙的造型可证）。另一个明证是丹寨、三都及月亮山区的苗族“银角”都作“山”字形（图 3–154）。月亮山区是目前所知保持苗族古文化较完整的深山区，例证比较可信，应当是蚩尤头角峥嵘的遗意，也是人祖化龙的意思（图 3–210）。

5. 银簪，是苗族盛装的重要首饰，也是日常便装必备之物。因为苗族自古属“椎髻之民”，而簪是固定发髻的主要首饰。平时只用一根长簪横向插入髻体，图 7–13

图 7–5

图 7–6

图 7–5　施洞苗族姑娘冯天英盛装时所戴银箍与凤钗
图 7–6　雷山县苗族盛装时所戴银角及头箍

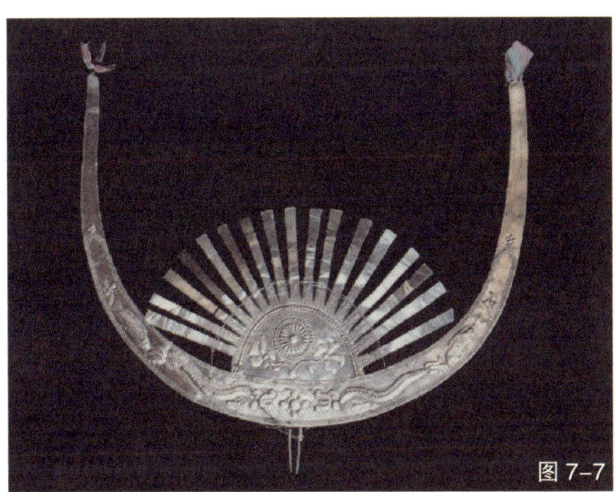
图 7-7

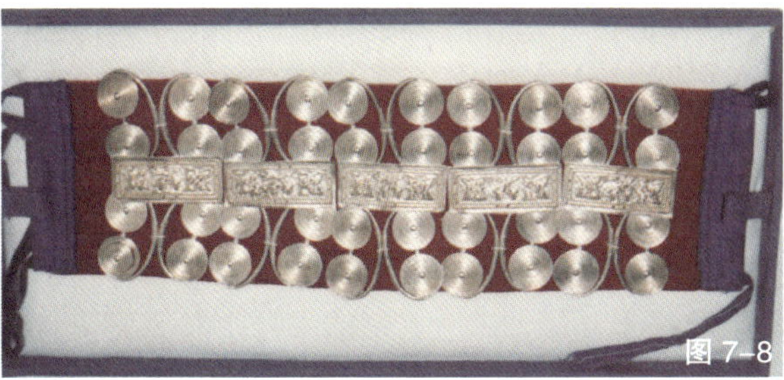
图 7-8

图 7-9

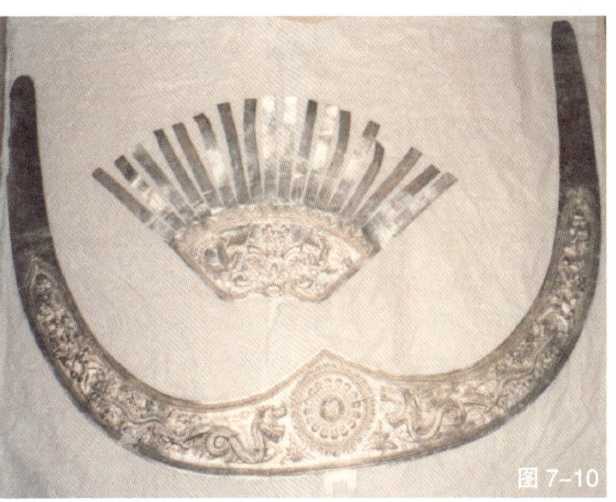
图 7-10

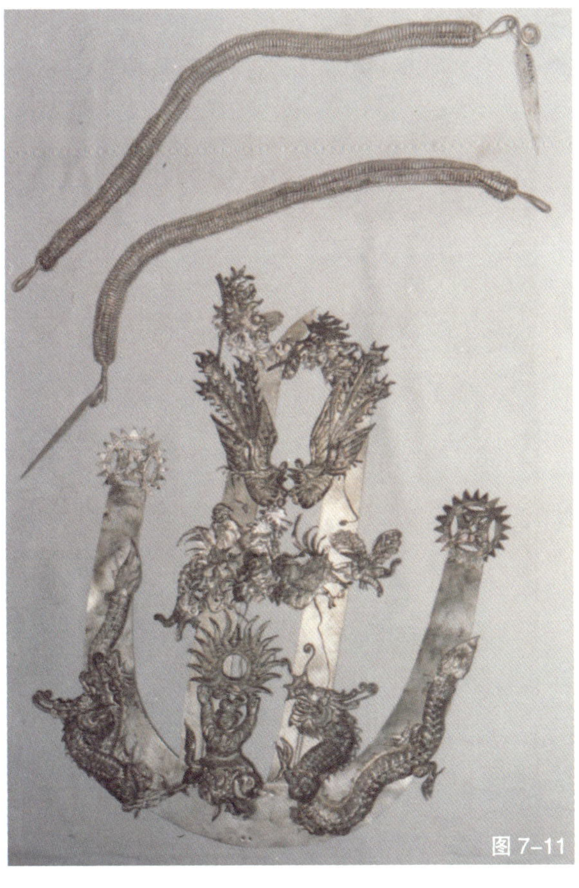
图 7-11

图 7-12

图 7-7 苗族盛装银角（甘尼）
图 7-8 苗族盛装银箍
图 7-9 苗族盛装银箍脑后用长彩带（上）（下）为衣裳边饰
图 7-10 苗族盛装银角（甘尼）
图 7-11 施洞苗族盛装银角与加固银系链
图 7-12 施洞苗族盛装银角

上排第一根，簪体一般作方锥形、方条、扁平形，簪尾则花式多变；第二排是两根竖插于髻后的银簪作蝴蝶抱卵形，中间是“蝶恋花”形簪，花形复杂；下排是两根施洞特有的龙头银簪，立体龙头制作精良，口含小龙珠，但细审此形已是汉族所绘龙形。

图 7–14 左下是用薄银片打制的银簪，根部有鸟或蝶形立体花饰，梢部錾花或装红绒线球，通常斜插于两侧或脑后，组合观之有翅翼之态，行动悠晃以增美感。上排是一根“银花枝”，苗语称“曼府”或“榜尼瑙尼”，分三枝，各饰六瓣花形，花蕊较长，并附悬银叶片，插于髻后为饰。“榜尼瑙尼”更精彩的是雷山大塘（前图 3–184）及月亮山区（前图 3–211 ～图 3–213）的都是插入发髻的枝干上立有飞扬鸟形，或三鸟，或五鸟，飘举欲仙，潇洒灵动，鸟枝周围再配插许多银花，有的多达两排十九朵，满头闪烁，活泼美观。图 7–15 是施洞盛装银鸟簪，这立体鸟錾镂精美，两侧鸟翼改变为盆栽万年青之形，更耐寻味，鸟背用弹簧挑出五支花蝶，长尾飘摇于脑后，很有唐代“步摇”的意味。姑娘盛装时插簪并无定数，围绕银角下银箍一圈，视发髻空隙斜插横挑出许多花枝招展的零碎首饰，胜似“满头珠翠”的“凤冠”，更添“山花插满头”的一份遐想。

6. 银梳。梳篦也是中国历史悠久的实用类首饰，汉唐以前梳篦作立长形，已有不少新石器时代遗物出土，唐后始见横式之梳。苗族之梳形式变化特多，但全是横式，左右两角有横出作角状，长逾 70 厘米者，很可能跟苗族信仰牛角龙有关。苗语称银梳为“耶尼宋”“依尼”（图 7–16 ～图 7–19）。

银梳的制作当属清水江沿线最为发达。由于苗女人人梳髻，随时需要梳理和压发，并且像凯里一带苗族妇女在顶髻前把额上头发压成锐角转折，整个发髻犹如倒扣青螺，巍巍颤颤，仰首或奔跑时顶髻容易向后倾倒，所以必须用木梳插垫于髻后，平日用茶油小心呵护洗净的发髻，稍有“风吹草动”就拔下梳子从后向上梳笼一下，始终保持头髻光亮美观，近年便装更有改木梳为塑料梳的趋势，梳子用塑料细绳连结一束艳花，朴素而雅致（图 5–65）。木梳常作半月形，黔西北则多月芽形，上面压印弧线组合的各种花纹，赫章、纳雍的苗梳也有用红、黑、黄漆绘成粗犷花纹的。清水江地区苗族盛装爱用银皮镶包木梳制成各种精美的款式，但梳齿一律保持木质，且密如篦齿，一则梳齿须保持挺直，木纤维有此

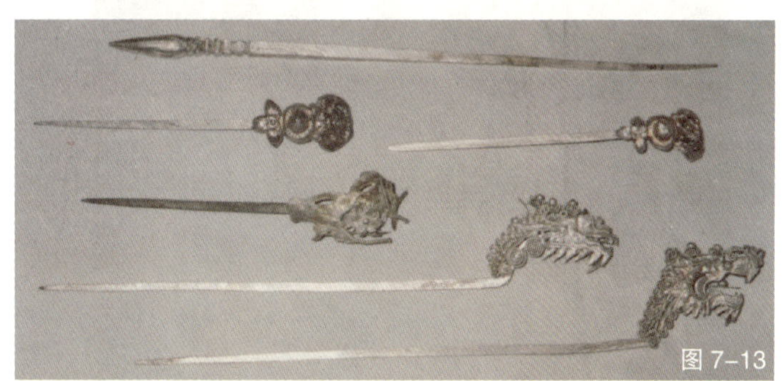
图 7–13

图 7–15

图 7–14

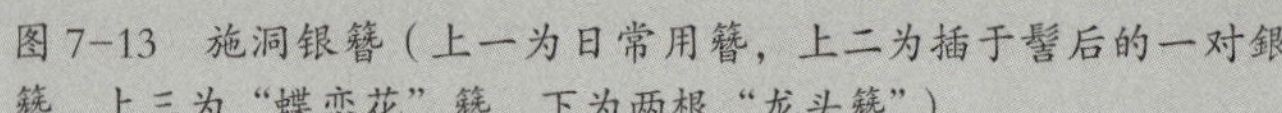
图 7–13　施洞银簪（上一为日常用簪，上二为插于髻后的一对银簪，上三为“蝶恋花”簪，下为两根“龙头簪”）
图 7–14　施洞苗族银簪等头上银饰
图 7–15　施洞苗族银簪（凤钗）

特性（如是银齿，碰弯即不易复原）；二是梳齿常沾污垢，必须易于清理。图 7–16 之西江包银木梳是讲究妆饰的姑娘平日所用，半月形面上有鱼龙鸟花等细致纹饰，梳背利用银子的高度延展柔性，模压和錾镂成复杂的乳头形，梳身焊有很长的银链，在梳头完毕时把银链绕髻并钩插牢固，便于日常劳动。

图 7–17 之包银木梳制作精美，两面皆镌压成花蝶饰纹，梳背有一列齿钉状凸起，两侧焊银链，连接短簪，在梳髻完毕时，从两面横插加固。此梳是垫于髻根后专用物。

图 7–18 是西江盛装豪华型包银梳，工艺如图 7–17，但梳背焊接许多细银弹簧，连接花蝶鸟等饰物，都是用薄银片在模具上硾錾而成，分布参差有趣。这种银梳斜插于髻后稍下，用短簪两面加固，效果很好。

图 7–19 是西江特别豪华的银梳款式，在梳体前焊上三只展翅飞凤，各衔宝珠，梳背上则缀满三排银花，花瓣翻卷，花蕊串彩色细珠。此梳实际吸收了汉族“凤冠”的结构，把梳和冠融为一体，富赡华美。通常斜插于髻后，用短簪从两侧加固，插置妥当后，梳上凤鸟和花朵都朝上翘起，一步一颤，有古代“步摇”之态，十分引人注目。此类簪髻由盛唐传来，也影响日本和服的风格。

7. 耳饰。苗族耳饰变化多，从前，施洞、革一等地苗族妇女人人佩戴圆柱形耳饰，两端为大小螺丝花，正面则是同心圆环，每对耳柱重达半市斤。两耳自幼穿洞，逐年塞物扩大，至婚恋时戴上正式耳饰。由于耳饰太重，悬吊引起耳坠下垂，耳孔愈来愈大，竟至拉断。解放初有外科医生设法修补成孔，不少苗族妇女感激地说：“毛主席共产党好，帮笔者修补耳朵，又能戴耳环了！”但是随着苗族与外界接触增多，年轻妇女已不爱传统耳饰，改用轻巧新式的耳环了。至今在苗乡尚常见耳孔被吊断之老妪。

为何西南民族普遍热衷佩戴耳环呢？为美固然是最方便的解释，但古人毁伤身体以妆饰自身的行为，其初多数并非为美。《山海经·大荒西经》载：“西南海之外，赤水之南，流沙之西，有人珥两青蛇，乘两龙，名曰夏后开。”这夏后开即夏朝开国之君夏启，史称他是治水的大禹之子。很明显，这是描述古羌后裔夏族的崇拜龙蛇观念，体现于服饰的特征。也就是

图 7–16

图 7–17

图 7–18

图 7–19

图 7–16 雷山县西江镇苗族姑娘的“包银木梳”
图 7–17 雷山县西江镇苗族姑娘的“包银錾花木梳”
图 7–18 雷山县西江镇苗族盛装所用豪华包银木梳
图 7–19 西江苗族盛装所用豪华型嵌宝银梳

说，凡崇拜龙蛇图腾的古民族都有“骑龙”和戴龙蛇状耳环的习俗，因为按《六书》珥即瑱，“妇耳饰也”。《海内经》更明白写道：“有人曰苗民，有神焉，人首蛇身，长如辕，左右有首，衣紫衣，冠旃冠，名曰延维。”苗绣中不乏“两头蛇”形象，前文已分析，两头蛇即蛇交尾，是初民崇拜图腾以祈部落繁衍的心态。图3-179则是明白无误的“珥两青蛇”耳饰。今日云雾山区高坡苗、打铁苗等支系都保存大半环耳饰就是蛇形的遗制。图3-137摆金式耳环则是夸张的盘蛇形，月亮山区和云南的川黔滇系各种苗族多用大环，颇感粗犷风味。图3-102等剑河县久仰、巫门、高丘各支系苗女耳饰上半为银钩，下接半圆“银帽”，帽沿串接五根银丝，下坠小铃，垂过肩部，高丘式的更做成两层悬挂。图3-127黔南贞丰和安顺关岭等地耳环造型为粗大圆环，直径达3厘米，由于太重，用织带吊挂于耳边头巾两侧，环下吊银叶片、银花和小铃，正是典型的“珥”式。

二、颈部银饰

凡人体收缩较细部分都是妆饰最佳部位，因为不仅天然缩牢，并可增加人体造型的节奏和韵律。作为身体装饰的最佳位置非颈莫属。苗族颈饰变化特多，并且使用普遍，在此只能择要介绍。

古时候，不少男人也用项圈为饰，如图6-188月亮山区“鼓社仪”上男芦笙手普遍按古制戴项圈。又如图4-42施洞赛龙船盛会上司鼓之老人和司锣之男孩都须按古仪佩戴项圈。根据今日云南西部深山中佤族、拉祜族、独龙族等的民俗学研究规律看，最早的项圈可能就是用天然藤圈绕身为饰。从细藤圈发展出来的颈饰可能是银圈，起初制作朴素，就是把银条拉长弯圆截断而成，少则一根，多则若干根，排列成组。图3-138惠水摆金支系姑娘项圈虽很美观，分析一下实在是最简单的弧线重复，形成节律而已，这种项饰并非整圆，而是做半弧，然后用带串组吊挂，只是把圆线砸扁而成的新貌。图3-127是关岭黑苗妇女，其项圈虽已制作精美，推导原理仍是用简形依律动反复而成，在结构上并不繁杂。据黔南黑苗相传，他们都是清朝乾嘉年间被镇压而从黄平等清水江流域逃去黔南，可见其服制尚保存清末“变服”以前不少的旧制。

就目前所见各种颈饰观察，从简单方形银条弯成项圈的第二步就是把银条先纵向扭成绞形再弯成项圈（图7-20），从榕江月亮山、从江岜沙到黔西各地，凡古风较浓的支系，都可见这种扭花项圈（图3-320），从图3-210看还故意重叠左旋和右旋相对变化。这类扭花项圈在清水江地区通称“羊角圈”（苗语称项圈为“谢埵尼”）。像施洞一带比较考究的还把“羊角圈”两头拉成细长条，再反回来在圈两端缠绕成花，并留出两端做成搭扣，便于穿戴（图7-21）。

台江、雷山等地巧匠们能生产一种特殊的“绞花项圈”（或称“卷花圈”）（图3-329～图3-331）。先将银条打成方形，拉成细长方条，然后绞扭成“麻花”状互相缠绕的绞花状（这种绞花在各圈之间保持宽松空隙，风格活泼玲珑，最受姑娘喜爱）待绞花做好后，再把两端用细银丝绕成弹簧状（无弹性）然后做成套扣，戴卸十分方便（图7-22，图7-23）。由于绞花颈圈各花间互相架空，重叠几层形成花环，通常至少戴一圈，盛装姑娘有时戴上六七圈，一直架到遮覆半个脸，别有情趣（图3-134）。

扁圈的做工较精致复杂，施洞、革一、凯棠、黄平一带的工艺水平最高。先剪取薄银板成型，在钢模上轻轻錾敲，利用银的柔韧延展特性，锤成高浮雕式的“鱼龙衍化”和“二龙抢宝”花样，两端做搭扣，前缘用小银链悬挂一排蝶形和小铃，并附吊银叶（图7-24），黄平的扁圈更加繁华（图3-348，图3-389）。图3-297右边与图3-302为大型扁圈。

剑河高丘支系苗族的扁项圈值得介绍（图3-114，3-115），这是用薄银板经锤而成的正反交置的三角状浮突形，加工颇简单，却粗犷有味。按湘西和广西三江县等地苗族在清代流行的一种“盘圈”式项饰，是用大小银质圆形扁圈按同心圆排组，中间用银条串成整体，套在颈上可覆蔽两肩，现已少见。榕江从江和广西三江交界处尚有遗存，今日三江的侗族妇女仍有此盘圈，但也不如清末民初之巨型（图7-25～图7-27）和湘西残存的盘圈。笔者认为图3-115高丘支系之项圈就是古代“盘圈”的遗风，实际上图3-127黑苗项圈也属“盘圈”之类。图7-27是取自刘锡蕃《岭表纪蛮》中清末民初的“盘圈”款式。

施洞等地还有一种“空心镂花项圈”，其制作技术更复杂，以前赛龙舟时司鼓须佩戴这类项圈，因难于制造，价格不菲。这类项圈整体呈圆筒形，中空，内径约3厘米，中间粗，两端渐细，筒身上有龙凤、鱼、鸟、花等浮凸纹样，有人认为这是“镂刻”而成，那是不可能的，制作过程也不可能是先做成镂花圆柱再弯成360°圆弧，如此理解在技术上是办不到的。事实上这仍靠特殊钢模，在硾錾花的过程中逐步利用银子的延展性弯拢，再用焊锉等技术弥合和消灭接缝。由于制作巧妙，给人整体无缝的错觉（图3-101）。

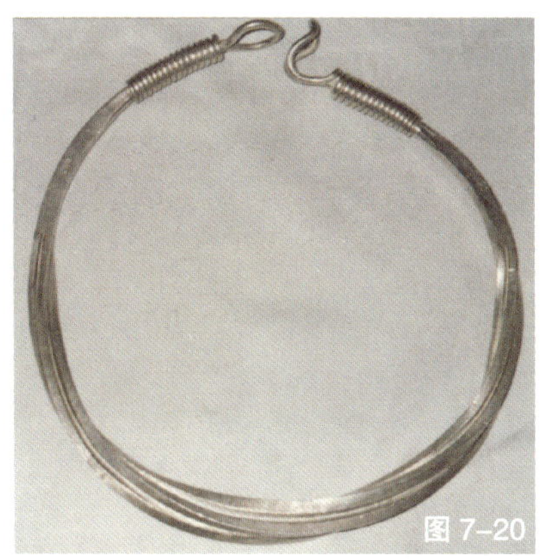
图 7-20

图 7-21

图 7-22

图 7-23

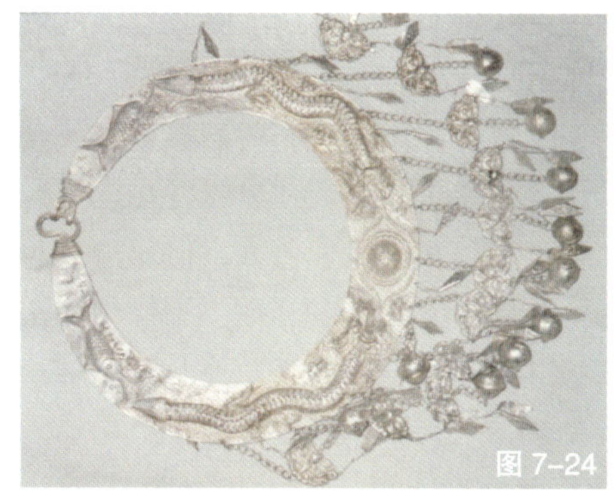
图 7-24

图 7-25

图 7-26

图 7-27

图 7-20　西江苗族扭花项圈
图 7-21　西江苗族扭花项圈（羊角圈）
图 7-22　施洞苗族绞花项圈（较小）
图 7-23　施洞苗族绞花项圈（较大）
图 7-24　施洞苗族扁项圈
图 7-25　广西三江侗乡农民风情画展在上海美术馆开展（前左一是侗族女画家杨婄述，前排姑娘所戴是今日的“盘圈”）
图 7-26　湘西凤凰苗族姑娘盛装（左一是贵州师范大学艺术学院蜡染专家陈宁康教授，左二为沈从文纪念馆馆员，她是著名画家黄永玉的侄女）
图 7-27　清末民初广西三江东显寨县苗侗“盘圈”（采自刘锡蕃《岭表纪蛮》中“芦笙堂中苗瑶妇女之盛装”，作者把侗族误识为瑶族了）

三、胸部银饰

最有特色的是“压领”，或写作“亚领”。人们大约都知道《红楼梦》中贾宝玉胸佩“通灵宝玉”、薛宝钗胸佩“金锁”，而这类胸饰在汉族中常被认为跟佩戴者的吉凶泰否有关。西藏人人佩戴“护身符”，而近年汉族无论男女老幼竟流行胸前佩一“宝玉”。北方群众常给幼儿胸前佩小锁，甚至起名也称“锁柱”，意指保佑孩子长命，不被邪魔夺魂。苗族之“压领”当然因其绕颈悬挂压住领后而名。在清水江流域各县都有，其余地区苗族则少见，因此，笔者揣度这“压领”是乾嘉以后吸收外族文化而加以夸张的后起饰物。通常，“压领”造型为半月形或腰子形、中空，由两面薄片夹组而成，前面有硾鍱錾压而成的复杂纹样，内容大多为双狮戏球、二龙抢宝及填塞凤、花等纹样，造型风格多由汉族传入，但双狮戏球似跟“槃瓠”契合而更受群众喜爱。“压领”下缘吊挂数排银炼，再悬挂银铃、银片等串成两层、拖及腹部的装饰，上面两端突起处焊银链挂于颈后。在历史上，最精彩的“压领”，面上焊接有立体的龙抢宝，那“宝”也是立体镂空，嵌于底板窝内，却可转动（图7-28立体焊接“压领”效果）。

有的姑娘在“压领”上再悬挂一只“银锁”，造型跟“压领”大同小异，基本上是古锁遗形，以银链悬挂（图7-29，图7-30）。

在“压领”“银锁”等大件之外，苗族还普遍挂一根银链，俗称“猴子链”（图7-31），这种银链重约一市斤，并无花饰。另有一种细链，由细银圈套串而成（图7-32），功能同“猴子链”。

四、手部银饰

主要是银镯，苗语称“尼秋把”，款式变化较多。有圆柱形、方柱形、扁平形、螺旋形、高筒形、扭绞形、镂空形，还有跟绞花项圈同样技术的麻花手镯，施洞更生产出极细银丝扭绞成型的柔软型手镯，以及双龙头形手镯。图7-33是各种手镯，图7-34是扭绞形和六方形手镯，图7-35是特殊的串珠手镯，上面做成三排乳突形。榕江月亮山区加鸠的苗族有一种手镯跟头上银箍一样做成一排银锥（前图3-219），甚至三五只叠套于腕，颇觉英武粗犷。

另外，手上银饰还有各种戒指。

银衣是苗族盛装中贵重的服饰，在清水江两岸富裕地区芦笙会上常见满身银片的姑娘吸引着众人眼光。这

图7-28

图7-29

图7-30

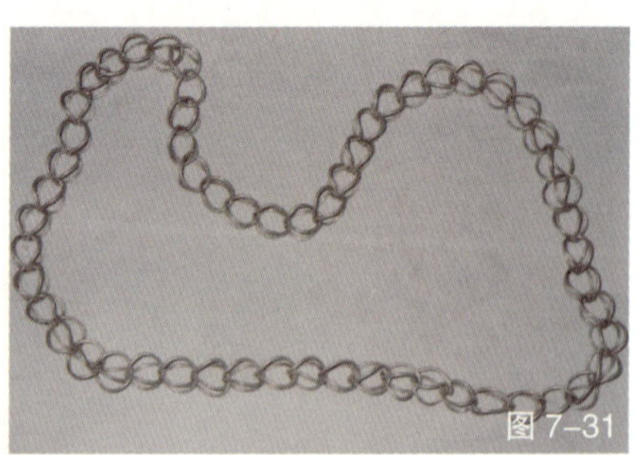
图7-31

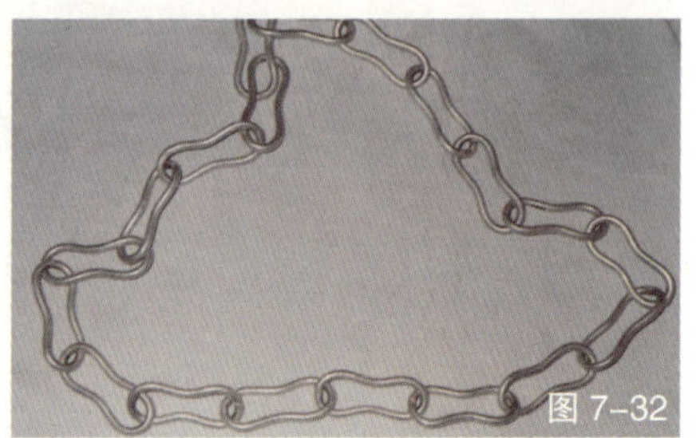
图7-32

图7-28 立体焊接“压领”效果（所塑为苗族崇拜的“槃瓠”）
图7-29 苗族妇女所用“银锁”
图7-30 苗族妇女所用“压领”
图7-31 苗族妇女所用“细链”
图7-32 苗族妇女所用“猴子链”

种银衣平时把银饰拆下收藏，逢盛大节庆时一一缝钉上去，因为银饰片经汗气熏蒸易氧化发黑，所以妇女们十分珍惜银衣，轻易不肯示人。据说，黄平一带银衣须用356个银菩萨、46颗银泡、16块银方牌钉缀在浅色上衣上，布满全衣，衣肩袖则用银泡为饰，衣边用花牌，下缘吊银链小铃，衣角用菱形饰片再加银腰带、银扣饰等，满身皆银。每块银牌上錾有不同内容的物象，如花、鹡鸰鸟、虫、鱼、槃瓠、人物等。

施洞地区的银衣，习惯称作“雄衣”。有一种传说：苗族住在深山老林，姑娘出嫁须步行，易遭野兽伤害。父母为新娘穿上色彩斑斓、银光眩目的盛装，头戴银角，威武雄壮，可防止野兽邪鬼侵犯；另有一种说法：古时在母系氏族社会，女子住在娘家，男人从外寨嫁到女家来，穿的盛装称“雄衣”，后来变成以男性为中心的氏族社会，姑娘嫁到男家去，也须穿这种盛装，所以沿称“雄衣”云云。这两种都属传说。笔者却相信第三种猜测：苗族古时有祖宗化龙生鳞甲的各种故事，后人为摹拟祖灵化龙以示敬仰，遂在盛仪服饰中缀上各种银片以象征龙鳞，所以在这些银片银牌的錾花中可找到许多涉及祖灵的形象。云南哈尼族、景颇族女盛装都有大量银泡饰，景颇族径称为龙鳞。

在图7-36，图7-37这件施洞“雄衣”上可以看到，除了绣花和将被各种银饰覆盖的部位外，几乎缀满了各

图7-33

图7-35

图7-34

图7-36

图7-37

图7-33 苗族妇女所用各种手镯
图7-34 上：六分形手镯，下：扭绞纹形手镯
图7-35 苗族串珠银手镯

图7-36 施洞苗族“雄衣”正面
图7-37 施洞苗族“雄衣”背面

种银片银牌；而在图 7-38 ～图 7-40 这三幅图片细部可找到银牌中有蝴蝶妈妈、鹡鸰、龙鱼、檠瓠、双龙抢宝、檠瓠护子等形象。图 7-41 是西江“雄衣”后幅饰片。

图 7-50 是黄平僅家盛装银饰（人祖鱼），图 7-51 是僅家盛装饰片（蝴蝶妈妈），图 7-52 是僅家盛装饰件，中央是龙护宝，背后两排是仙人骑马（银菩萨），下面一排有牛神（正面）及各种坠饰。

僅一银衣的整体效果参阅图 3-302 ～图 3-304。

除银衣（雄衣）外，南部苗族还有一种无袖“胸牌”，实际是一种缀满银饰的马褂类礼仪服，应跟苗族历史上在礼服外套“贯首衣”的传统有关。这种“胸牌”大体按三层分布银泡、银饰和银牌，蔽覆胸前，长约 60 厘米，有用细银链连缀各种部件呈帘状者，但现在大多用缝缀于厚底布上的方式做成马褂形（湘西银衣应是这种胸牌的变型，今日只有彩衣了）。图 3-184，图 3-185 是雷山大塘短裙苗胸牌款式，图 7-53 则是此胸牌细部；

图 7-38

图 7-39

图 7-40

图 7-41

图 7-42

图 7-38　苗族“雄衣”前幅之一（缀满银饰）
图 7-39　苗族“雄衣”前幅之二（缀满银饰）
图 7-40　“雄衣”后幅银饰片
图 7-41　西江苗族女子银衣（雄衣）后背饰片
图 7-42　西江苗族女子银衣边饰

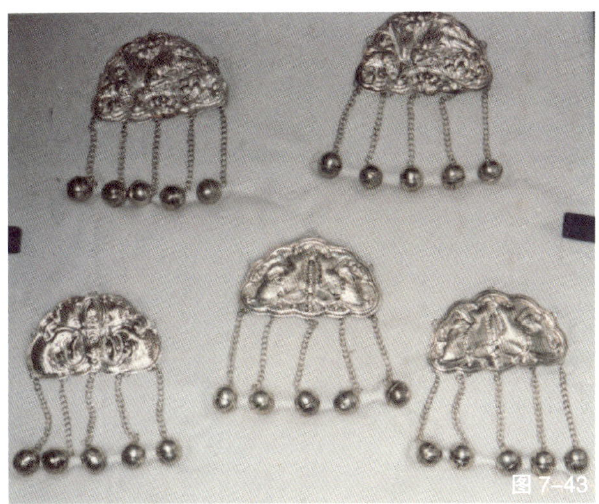
图 7-43

图 7-44

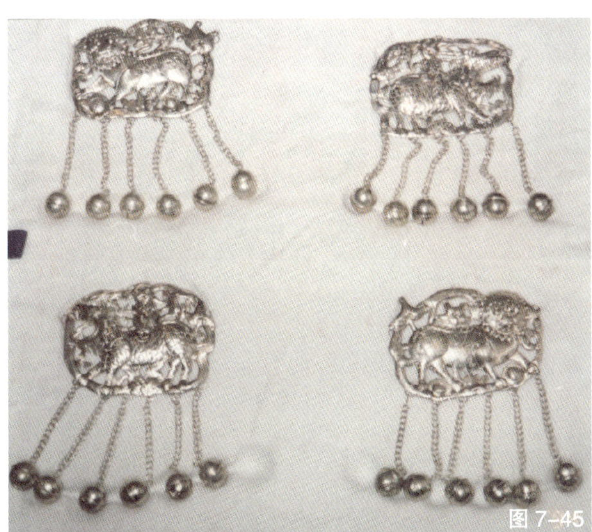
图 7-45

图 7-46

图 7-47

图 7-48

图 7-49

图 7-43 西江苗族女子银衣后背缀饰
图 7-44 苗族女子银衣后背缀饰
图 7-45 苗族女子银衣后背缀饰
图 7-46 苗族女子银衣袖口饰边
图 7-47 苗族女子银衣缀边
图 7-48 苗族女子银衣系带
图 7-49 苗族女子银衣衣角银饰

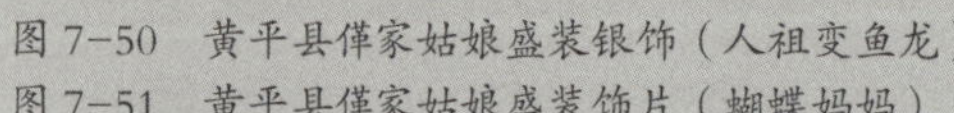
图 7-50　黄平县僅家姑娘盛装银饰（人祖变鱼龙）
图 7-51　黄平县僅家姑娘盛装饰片（蝴蝶妈妈）

图 7-52　黄平县僅家姑娘盛装饰片
图 7-53　雷山县大塘短裙苗银胸牌上的饰片

图 3-187，图 3-188 是雷山桃江一带胸牌款式。

前面介绍了苗族银饰及其色彩，现在来说说苗族服饰的色彩：

苗族服饰各支系、各地区、各时代都在产生微妙的变化，积数千年的演变，终于形成今日千姿百态的状况。前文对苗族服饰的款式、纹样及其内涵作了一番初步的考察，还想对苗族服饰的色彩稍作议论。由于研究苗族服饰的文章多数从工艺和技术角度着眼，专家们在各种图册中对苗族服饰的色彩已有较多研究，本书对此则宜简介，不作繁琐介绍。

在苗区考察，对苗族服色最大的印象是跟具体生活环境保持谐和之美。无论是平日的生活便装，还是节日的盛装，都跟周围的生活环境是统一的、融合的，因而也是完美的。例如，图 3-220 是月亮山区加鸠的“鼓社仪”祭祖大典，这是一种千年传承的壮美集体活动，整个气氛肃穆神秘。在芦笙仪仗队的导引下全体成员绕场向祖宗致敬时，虽然鞭炮震响、芦笙芒筒呜呜之声不绝于耳，但整个队伍是缄口肃然地默默行进，只有芦笙队在“鼓社头”（“牯脏头”）穿着鲜艳的礼服在舞蹈、祝咒，其余的参加者各守其位：执翣者前导；抬簦者居中；护牛者紧张惶恐，小心惟谨，举幡抬礼者列队致意。从衣色看，全体都是低沉压抑的蓝黑色调，跟祭祖盛仪十分谐和，统一在神秘的思古气氛之中。图 7-55 则是施洞“跳芦笙”的热烈场景，这是青年男女寻偶盛会。姑娘在母亲的陪伴下入场竞美，衣饰争奇斗艳，围观群体却构成一片“银色的海洋”，在观众蓝黑常服和红裹头的衬托下，银饰和花绣发挥出最佳效果，扩大到蓝天、白云、高山、密林的宏观环境看，就更显出苗服跟环境的共存特点。

第二个深刻的印象是：“远看色彩近看花”的规律在苗族服饰中体现得最充分。图 7-56 是雷山县芦笙节上的盛装姑娘，从整体观赏其色彩效果可知，由下而上恰如一道彩虹：紫、红、橙、黄、绿、青、蓝，然后是如朝日般辉煌闪耀的银饰。走近细看，飘带裙和袖花风格统一，纹样却多变，寄寓着每个姑娘的细密祈愿。

图 7-54 是施洞“龙舟节”时各地聚会的盛装姑娘，包括八大支系的典型银饰，例如右四为黄平银帽型，右五是革一银帽银衣，右六是巴拉河型银角。而右起一、六、八、十、十二都是施洞盛装，右二则是久仰型，全体形成争奇斗艳的效果，但谁也不压谁，反而相映成趣，大有“百花齐放”之美感。

苗族服饰之色彩基调长期以来都是自织自染的蓝黑色棉布（黔西北地区则多灰白麻布基色），然后用刺绣、蜡染予以调剂和增色，并由此形成各支系各地区的特色。但盛装则以银饰为“画龙点睛”之笔，把服装之美提升到极致。银饰有能跟一切色彩谐调的神奇功效，也是苗族能在世界民族服饰之林脱颖而出的奥秘之一（图 7-55）。请看图 7-56 这排美丽的姑娘吧：色彩是客观存在的物质现象，色感是主观视觉的生理感受。大千世界如锦绣斑斓，因时、因地、因物而变化无穷。人的审美能力则因生理机制、心理素质和各种社会因素制约获得无限丰富的感受。也就是说，视觉是因人而异的，审美却不单纯是个人口味的好恶，而是体现社会综合影响的复杂现象。

北欧阴冷严酷的自然条件与持续甚久的宗教哲理精神，致使日耳曼民族用色冷峭苦涩。法兰西或西班牙民

图 7-54

图 7-55

图 7-56

图 7-57

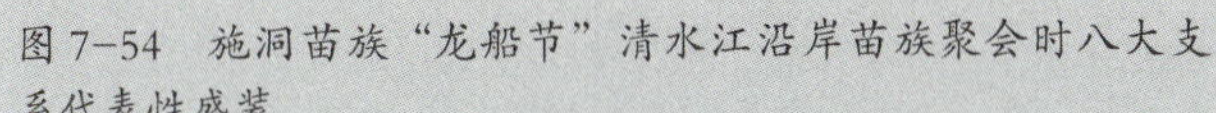
图 7-54　施洞苗族“龙船节”清水江沿岸苗族聚会时八大支系代表性盛装
图 7-55　施洞苗族“芦笙节”时“银子的海洋”
图 7-56　雷山县苗族“芦笙节”上的盛装姑娘
图 7-57　台江县反排村苗族姑娘与本书作者合影（1995 年）

族热情奔放的活跃秉性与明朗色彩早为世人熟悉。印度浓妆艳抹的热带色彩与阿拉伯沙漠宝藏的繁缛绮丽同样以传奇的异国情调令人目眩心迷。这种不同民族的审美习尚，就是所谓的体现在文化上的共同心理素质。深入研究这类复杂社会现象的规律，对于指导美术设计，促使产品适应社会变化的时尚潮流和提高人们的审美格调都有很大作用。

随着与国际经济文化交流的日益扩大，在科学技术普及交融的同时，对民族特异风格的热衷追求已经成为一种时尚。旅游业蓬勃发展促进了服装设计的多彩化。各种民族风格的服装款式登上舞台也已成为引人瞩目的时尚潮流。这里存在一个民族现代化和现代民族化的重大课题。普及社会学、民族学知识，搜集、研究和发展各民族的民俗文物，组织专业设计人员向民族民间学习，有助于新产品的开发和加强在国际市场的竞争力。一方面，我们应研究外国人如何看中国，每个人总是从本民族的习惯观念出发去观察理解和吸收异民族文化的。我们应当知己知彼，善于学习外人之长，掌握最先进的科学技术。另一方面，又必须坚定地意识到赶超世界，应该以自身民族的优秀传统为基点。商品包装、服装设计、

图 7-58

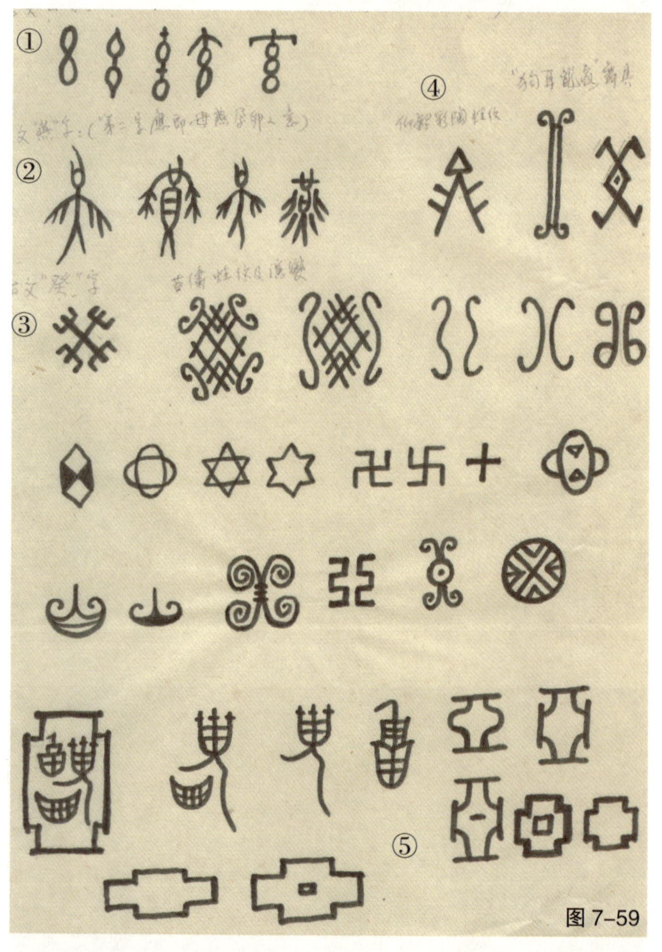
图 7-59

图 7-60

图 7-58　苗族代表性纹样（蝴蝶妈妈与桨瓠）

图 7-59　古文字与图案之一（范注：①“玄”字原是“燕子生蛋”之拟形，再变为罠形，②“燕”字原是“母燕孕卵”之意，③“癸”字与苗绣蛙纹相通，④仰韶彩陶蛙纹与“狗耳龙家”舞具同源，⑤“亚”字跟苗族古老的“贯首衣”有缘）

图 7-60　古文字与图案之二（井、泉、彙、兔、泉、渊、汈、梁）

工业造型设计，都必须以发扬本民族优势为主。学习和吸收外来营养决不能以洋为主而泯灭自家的优秀传统。近年各地组织时装表演与评比，推出不少新款式，人们可以看到，真正见胜的往往是根植于民族风格上的创新者，而不是骛新炫奇的舶来货。

中国有五十六个民族，各民族用色的不同风格可给我们的专业设计以启示。各民族服装用品也丰富了中国艺术的整体内容。近年服装款式设计与实用工艺品设计对发扬民族传统风格方面已获可喜成果，但表象摹拟较多，深入理解民族用色规律与精神尚嫌不足，更少上升到概括科学理论的水平。图案工作者已有人从蝴蝶、花卉的色阶分析去总结和推导出图案配色规律，却少见从不同民族服饰与民俗用品中总结配色规律，这是很遗憾的。

笔者认为，由于历史的社会原因，中国艺术普遍存在“程式化”趋向。例如封建时代服装款式等级森严造成服装用色的身份限定。祭仪典礼之服色不厌鲜艳，因其以色定名分，竭力显示隆重豪贵的气派。常用服饰亦有以色定贵贱的倾向，不仅以金黄为后土龙胄的象征，更明确颁定朱紫黼黻各等官服，形成传统的朱紫为贵的观念，各等级不容僭越。至于民服亦有以绿衣黄裳为耻，以缁衣为僧服、赭衣为囚服等用色的规矩。各民族对色彩的不同爱好往往可在自然生活条件中找到依据，但民族用色的偏好却更多属于社会性原因。比如中国封建时代确定的五色尊卑观念，源出于初民对东、南、西、北、中各方位自然景观的实际观测与概括意象；到春秋战国酝酿确立封建制度，伴随着崇周室抑诸侯、“尊王攘夷”的政治需要，而逐步附会成套的五行更始、天道时序观念。自此，中国人的配色从“随类赋采”式写生悦目观念转向寓意、象征的社会功利之途。别尊卑、定名分的封建伦理也促进了用色的装饰化、程式化趋向。这种程式寓意的用色习惯至今深入人心。

但中国人用色的象征寓意化却是可继承的民族特色。比如：西方人的结婚礼服尚白色以示纯洁，中国婚礼则尚红以示喜庆，简单移植会招致讳忌。但为什么目前城市却逐渐风行洋式婚礼服了呢？一则说明各民族传统审美观念间并不存在不可逾越的鸿沟，随着文化的交流，不同民族的观念与风习是可以互相融合变化的；再则，无论红色吉服或白色礼服，它们本身都具有某种符合审美标准的优点，也就能够存在下去。中国民间不是也有“女要俏，一身孝”的说法吗，可见结婚用红色吉服主要取其寓意吉祥，但对素雅之美，中国人也并不排斥。

色彩，在某种条件下竟成了民族识别的标志。例如中国西南地区的苗族就因女子服色而分为青苗、白苗、黑苗、红苗、花苗等支系。有人认为如此称谓含有侮辱少数民族之嫌，但客观事实是各支系苗族确以服饰为自笔者识别的标帜，常有不同服式不通婚之现象。苗族服饰以其锦绣斑斓、色彩缤纷引人注目，乍到苗乡考察，常为苗族服饰古朴浓郁的独特风貌而啧啧赞美。由于民族地区经济落后的制约，苗族手工印染与织绣的物质技术尚保持着千年以前的古法，底色常用简单的暗色靛蓝甚至黑底色。但是苗族姑娘的巧手却能把简陋的靛染通过复杂手法变化出暗底、闪亮暗底以至金光辉耀的皱褶，造成丰富的视感与手感，并充分利用暗底的衬托，发挥挑花、刺绣、编织的奂美效能。在暗底织物上，丝线交错闪烁耀目的功能，正是与印象主义画家运用补色的视觉错觉强化光效应同一道理。苗族的服装款式尤其应与银饰合并考察，暗底织纹对显示花边银饰美感有奇效，那颤动饰片的点点莹光在盛装苗族姑娘的歌舞节奏中所达到的震眩心目的效果，堪称发挥了服装色彩四维效应的极致。

中国文化渊源深长，自成体系。中国用色也积累起自己民族的特殊风格，甚至臻于程式化的境地，不少人把“程式化”理解为束缚个性的公式而持否定态度。笔者却认为程式化是民族审美标准的相对凝聚，民族风格之永恒魅力，即在其审美寄寓的深度和经历时间空间淘汰后的精粹凝集。常见某民族消亡后其美术价值却永恒于世。不仅如此，艺术史上还存在美术遗产价值重新发展的奇特现象。希腊艺术生命是久存的，在被湮没千年之后，又被重新发现而诱发出文艺复兴、古典主义、新古典风格这类“古语新释”的文化现象，值得我们深思。又如，毕加索在非洲木雕上有所发现而悟出立体主义强化艺术效能；甘肃歌舞团在敦煌壁画中参悟出“反弹琵琶”而创造“丝路花雨”的舞剧。诚然，知之愈多，感之愈深。但莫名其妙的古物，却因其独特形式的美感能给予知之甚少者获得悦目愉情的感应，并进而诱致异样“邢书燕说”式的创造灵感。这类奇特的文艺现象难道不值得我们去参悟出更普遍的艺术创新规律吗？

下篇

苗族服饰研究

Miaozu Fushi Yanjiu

第一章 关于背兜和肚兜的文化人类学研究

Guanyu Beidou He Dudou De Wenhua Renleixue Yanjiu

一、定名

通常把背兜理解为背负婴幼儿的实用工具，而把肚兜视作妇女劳作防护实用物，并进而演化成服装的美饰辅件。但对背兜的称谓多有歧异，如：背带、背扇、背儿袋、背儿带，以及某些特殊材质的背篓、背椅、背箩等。通过研究，笔者认为应统一定名为背兜，理由见后文分析。

至于肚兜，又称兜肚，分歧较少，但常与抹胸、围腰、蔽膝（芾）等物件相混，亦应予以区分。

二、背兜的使用范围

通过民俗学田野考察可知，背兜的使用范围，以北至黄河中上游的甘、青、陕，南下至四川、云南最为集中，然后顺长江普及于黔、湘、鄂，向南则由桂、粤传到缅甸、越南，遍及大半个东南亚。既为便于负携婴幼儿又便于劳作之实用物，为何在皖、赣、浙、闽等地却不流行，而同为东南亚的泰越马来各族亦少使用？这种习俗差异的主要原因，就是不同族系的文化传承所致——考察背兜使用地域的不同族系可知，背兜是古代羌彝系（有十三个现代民族属此系）和以苗瑶系为主的各族所习用，也影响同地区若干其他民族的习俗。简言之，背兜的使用范围是从黄河上中游向长江上中游地域传播，并传至东南亚。

其实，携带婴幼儿行动的方式不外乎背与抱（猫科动物对幼崽是用叼含其颈部的方式），许多动物有背儿本能，如考拉、穿山甲、蝎、负子蛙等。最奇异的是蝎子，与蜘蛛同类，其生态最怪的是交配后，母蝎产卵于公蝎背上，孵化后的幼蝎就以父肉为食，所以许多人错认为蝎是胎生。父蝎背着幼蝎活动，直至体内被食空而亡（蜘蛛类捕获昆虫并不噬食，而是咬破一孔吐出消化液到昆虫体内，再吸食被化成的汁液，所谓“体外消化”），因而被古人误解为蝎父慈祥，舍身育儿，同时也因此造出了“蝎潛”一词，以形容从内部毁伤别人的阴谋行为。至于把婴幼儿抱于怀内的动作，则哺乳类高级的灵长猿猴大抵如此。但是澳洲有袋类动物虽多，绝无背上长袋的。只有人类才在服饰中发明了背兜，这就并非出自本能而必定是文化习俗的结果。所以，研究背兜和肚兜，只应从特定民俗文化上去找原因。

三、背兜的考证

为什么背兜流行于古羌族系及受古羌文化影响的苗蛮族系呢？因为背兜是古羌的图腾摹拟形象。

图腾崇拜常见于原始氏族公社时期原始人不明性行为与生殖的因果关系，却相信有某种动物、植物或无生物是自己氏族的亲属和保护神，常以此物为氏族象征，如中国古羌以龙为图腾，东夷族则以凤凰为图腾。原始人相信生育是由于图腾入居妇女体内，而死亡是人返回自己的氏族图腾。①

古羌族的图腾是什么呢？至今尚无定论。多数人以为是龙，但龙只是文化发展后由许多原始动物崇拜形象复合加工而成的理想型，自然界并不存在“中国龙”，何况中国龙在数千年历史中也不断变化着。至于龙的原型，亦有多种推测，如“以蛇为主体吸收其他动物局部造型”说、“湾鳄”说、“鱼化龙”说等，笔者认为都不确凿，现考辨如次。

追溯古羌族来源，首先应提到伏羲女娲，《昭明文选·王延寿（鲁灵光殿赋）》云：“伏羲鳞身，女娲蛇躯”。这类人头蛇身之伏羲女娲交尾像在传世汉代画像石和新疆出土的汉棺覆盖麻布画中多有发现，蛇体即龙体刍型。更早的《世本·帝系篇》已有“太昊伏羲氏”之说，可知伏羲是“三皇五帝”神话时代重要神祇之一，《诗含神雾》云：“大亦出雷泽，华胥覆之，生伏羲。”《海内东经》：“雷泽中有雷神，龙身而人头，鼓其腹”，可见自古公认伏羲就是雷神之子，汉朝以前对雷神伏羲的形像定为人头龙身已是常识。这雷泽就是川西北岷山左侧的阿坝草原中著名沼泽地，多年前确实在此区域发现不少恐龙足迹与恐龙遗骨。《史记·周本纪》：“周后稷，名弃，其母有邰氏女，曰姜嫄，姜嫄为帝喾元妃。姜嫄出野，见巨人迹，心忻然说，欲践之，践之而身动，如孕者，居期而生子……名曰弃（后稷）。”其实古羌族原本是“西方牧羊人”即游牧民族，到后稷时改为农耕民族，即转化进入新石器时代母系社会，所以这姜嫄和后稷在古羌历史上特别重要。在甘青川地区考古已发现成千上万的彩陶，学术界公认这些彩陶都是古羌族的遗物。

奇怪的是，彩陶上所绘纹饰有无数的“人形纹”和“蛙蟾纹”（⽶、⾍），却很少见蛇形的“龙纹”。而这种“蛙蟾纹”又常有在云中旋转或作波状运动，说明这些“蛙蟾”并非泥沼中俗物，而是空中神灵本相。根据数千年延续下来的观念中国人称孩童为“娃娃”，为什么？因为古羌族认为自己就是蛙蟾图腾的孩子，娃娃就是蛙之子孙。陶器上又有无数涡形漩转的纹饰，学界通称为“云雷纹”，郭沫若发现，这类“云雷纹”实际是古羌人在制作陶器时注意到手指捏印在陶器上的印痕存在“螺

① 参阅英国爱德华·泰勒《原始文化——神话、哲学、宗教、语言、艺术和习俗发展之研究》，1992年上海文艺出版社。

纹”。为何人的手指脚趾上都长着终身不变的“螺纹”？原因出自原始图腾观念薰陶下的古羌初民相信自己是雷神的子孙，从娘胎带来并终生不变的“螺纹”就是雷神的印记。现代DNA遗传因子学术研究亦已证明这“螺纹”就是个人的遗传信息表征，就像斑马的条纹或蝴蝶的彩翅一样，既有族类的共性，又有个人的特征，所以古人很早就有“捺手印”的习俗。但是，古羌族的图腾既是蛙蟾形，又不是自然生物的蛙蟾，而是存在于月亮中的“蟾影”——后足上翘的“三足鳖（蟾）”。跟东部海边的东夷崇拜太阳不同，西部黄土高原上发展起来的古羌族则崇拜月亮，因为贫瘠干旱的黄土高原乃至西部沙漠中烈日是最可畏惧的灾难，从事农耕的古羌族当然渴望得到月光如水的心理慰藉，因而在古羌族观念中，月神不仅是雷雨福祐之神，而且是雷神、水神、月亮神三合一的最高神祇。

这样古老的蛙蟾图腾观念，至今在中国西部许多少数民族的神话传说及工艺品中留有遗形。如彝族巫师（毕摩，或译呗髦）的法器中有羊皮鼓，传为蛙皮蒙制，有悬挂的祖神图——创世之蛙，而巫师们又坚信“蛙性主淫”是不洁之物，只在祈雨法事时能用蛙蟾类祷祝之辞，因为蛙蟾生活于泥淖，春来寻偶交配时其形不雅，会令人联想到霪雨现象。云南丽江地区的纳西族巫师（东巴）则必须备有“创世大金蛙”的神图及各种象形文祈雨经卷，经文叙述开天辟地后在一片汪洋中唯有金蛙背才让人有了立足生活之地。作为地震频发的地区，纳西巫师的主要法事之一就是通过对“创世大金蛙”的赞颂以求天地太平、人们安居乐业。

滇黔杂居的苗族受到古羌彝族文化的深刻影响，例如，在苗族关于本族发展史的叙事古歌中就完全接受了伏羲女娲神话，而改变为“姜央兄妹结婚传下人种”故事，闻一多先生当年就专门研究过苗族的“葫芦兄妹”故事（槃瓠）。而苗族也有“青蛙王子”故事，同样有“披皮变蛙、脱皮成人”情节。此类青蛙王子故事从古羌族向西北一直传播到俄国甚至北欧广大地域，并且在世界范围内“蛙纹”都是最古老、最普及的纹饰母题。

广西壮族更有最丰富的创世青蛙崇拜，每年都有隆重的“蚂蜗节”，活动重点内容就是祈雨、求子以冀风调雨顺，但民间通过对蛙蟾的崇拜求雨又总是跟性爱和生育观念有关，印尼和马来半岛上的农民至今有在稻谷扬花灌浆时节，夜间到田头夫妇交合的迷信，因为他们相信性交能促使庄稼丰稔。而中国西南与东南亚普遍存在的铜鼓，就是当地各民族祈雨的法器，在铜鼓上常见铸有“叠蛙”即雌雄交配之形，这种“叠蛙”都是三条腿，即象征月中三足神蛙，鼓面即拟月形。壮族蚂蜗节既是祈雨仪式，到晚间又成为青年男女寻偶狂欢佳节，侗族“行歌坐月”更是典型。

古羌族蛙蟾崇拜的最典型形象有两个：一是鼎，二是“刘海戏蟾”。为什么中国古代礼器最重要的是鼎与爵？因为中华民族是由古羌集群与东夷集群两大主体融合而成，所谓“先秦三代”的夏商周，夏即炎黄子孙，炎帝和黄帝经过斗争而融合，他们的族源都是羌，其图腾是月中三足蟾，后来三足蟾形象演变成“哆口三足”的鼎，“双耳”则是三足蟾的突起双眼所化，鼎就是从彩陶变成的祀祖礼器而成了阶级社会后的“国之重器”——祭天祀祖专用。

商革夏命，封官授爵的礼器“爵”，就是东夷崇拜的“日中踆乌”（三足太阳神乌）所化，所谓“以鸟命官”而封公侯伯子男五等爵位，而殷商国王则专享鸱鸮酒尊。再后来周革商命，国之重器仍旧是鼎。这观念延续三千年而成传统，其源流是清清楚楚的。

至于古羌崇拜的雷神、水神、月神，其拟人具像则是民间熟知的“刘海戏蟾”，按国际民俗学通例，神的坐骑往往就是该神的本相。刘海哆口鼓腹，大口常笑，额前披短发，其实就是一只蛤蟆造型，其短发俗称“前留海”，即“刘海”，正是古羌“断发”典型。刘海实即古羌图腾三足蟾的拟人形，他也实际就是“鼎”的原型。源自甘青川古羌的图腾“刘海戏蟾”之“蟾”常吐水作翻江倒海之形。因为他本是水神，从敦煌壁画所绘唐代以前的刘海像，又常作手执一串“天鼓”状。这手执一串天鼓的造型传入日本，演变成日式红鬼黑鬼敲击天鼓形像，其实都是神本相。但后世的四川群众逐渐把这串“天鼓”转变成了一串铜钱，因为四川方言中“蟾”和“钱”相雷同，由“雷鼓”形变为“钱”，让古老的刘海变成了“财神”，反映着古今人心的变化。其实，雷本是有声无形的自然现象，但惯于用形象表意的古羌族把雷表现成鼓形。《初学记》卷一引《抱朴子》：“雷，天之鼓也”，注“王充《论衡》云：‘图画之工，图雷之状，如连鼓形，又图一人若力士，谓之雷公，使左手引连鼓，右手椎之’。”这也是后来中国把雷公画成鸟嘴而手执椎锤形象的来源。

刘海就是三足蟾的拟人形象，也是古羌族始祖神形象，但刘海的原型到底是谁？笔者认为他就是古羌历史上最重要的治水大神鲧和禹父子俩的本相，根据如下：

古书记载“洪水滔天，鲧窃天帝之息壤以湮洪水，……帝令祝融杀鲧于羽郊”（或说是“羽渊”）。晋朝郭璞注《山海经》时引用最古老的《尚书·归藏·启筮》云：“鲧死三岁不腐，副之以吴刀，是用出禹。”就是说“鲧被冤杀而沉于深渊后，变化成黄熊形，三年后剖腹而生下儿子禹。”这“黄熊”早有学者指出是“黄能”之误，熊不能入水，而古文“能”按许慎《说文解字》解为“三足鳖”，即三条腿的蟾蜍形神物，郭璞注：“三足鳖名能，见《尔雅·释鱼》。”《通俗编》《述异记》等古书都认为：“古谓蟾三足，窟月而居，为仙虫。”这三足鳖的“能”字，因形近而常讹为“熊”字，后来有人为辨其非熊而专门造了“熊”字以标明其下三足特征。能或熊都读“乃”音，是象形字。

鲧的故事除治水不成而被杀外，最怪异的是他死后三年剖胁而生下禹（或说“坼背生子”）。这父生子神话非凭空捏造，而是反映了古羌历史上一个重大变化——由母系社会转向父系社会发展。男人最大的弱点是不能生孩子，而为确立父系制的合理合法，必须寻找到“父生子”的客观凭据和理论依据。黄土高原普遍存在的“公蝎生子负子”现象被引作重要证明，因而编造出“鲧死剖腹生禹”神话。那蝎的形象是双螯与翘尾，正与月影中三足熊形相对应，于是承自远古的蛙蟾图腾被揉进了“三足鳖”形象中，这古老的“龟”字本身就包含蟾蝎等多种神化的怪异动物特征，牢固地传承在古羌族祀神祭祖的观念中，当然也融入了龟、鳖、蛇、蜮等各种两栖与水生生物特征。

四、背带与肚兜

考证了那么多，跟本章主题“背带”及“肚兜”有何关系？

学者们已定鲧是“三足鳖”，而自古鳖与龟常混为一物，特别是巫术用龟甲作为占卜工具后，古时图腾之三足鳖跟龟就更分不清了，神话观念中的熊就自然被现实的龟所替代。

鲧是“三足鳖”，他所生的儿子，启（开）则是“虬”，即无脚的小龙。《楚辞·天问》云“焉有虬龙，负熊以游”，这是说得很明白——儿子背着父亲的尸体赶路。禹背着鲧的尸体急着去哪里？《天问》又云：“阻穷西征，岩何越焉？化为黄熊巫何活焉？……何由并投而鲧疾修盈？”这是说，鲧被殛死而尸体变化成本相三足鳖，他的儿子禹显为无足龙原形背着父尸西上三峡山岗去求著名的十巫用药救回鲧的原神。当然人死不能复活，但古羌族相信人死后，其灵魂元神可在巫师的法术救援下回归祖籍而成神。事实上鲧已成了古羌族的宗神被世代祭祀。

值得注意的是这“虬龙负熊以游”即子背父的形象。但冷静想想，无脚龙即蛇形，背着熊即蛇负龟形，这不正是后世不明来历的“玄武”形象吗？玄武后来演化成“北方水神”，并被道家附会成“真武大帝”，其源就是治洪水的鲧禹父子！后人常误解鲧因堵水失败被杀，禹因疏导洪水成功，其实鲧禹父子是配合着疏堵并用的。晋王嘉《拾遗记》云：“禹尽力沟洫，导以夷岳，黄龙曳尾于前，玄龟负青泥于后。”可知子背父是分工合作，疏堵并用的一种劳动方式。子背父尸上山岗则是拯救灵魂的方法。同类救助之事还有一例：

《山海经·海内西经》：“贰负之臣曰危，危与贰负杀窫窳。……开明东有巫彭、巫抵、巫阳、巫履、巫凡、巫相，夹窫窳之尸，皆操不死之药以距之，窫窳者，蛇身人面，贰负臣所杀也。”就是说，危是主谋，跟贰负合谋杀死了窫窳，窫窳是古羌族之神（人面蛇身），所以由十巫施求而成神。这“贰负”一名似未被学者重视过。《海内经》云：“北海之内，有反缚盗械带戈常倍之佐，名曰相顾之尸。”郭璞注：“亦贰负臣危之类也。”其实，“贰负”及“相顾之尸”应当是“虬负熊以游”同样形象，即背着另一人而可相顾之模样，这种“背负”动作应当都是古羌族从图腾形象承继下的特征性动作。

近年长江沿线考古工作者已挖掘出典型的背负式古人形象。请注意，这是从墓葬中挖得，所背并非幼儿。而至今西南民族在父亲逝世后举行丧葬仪式时，仍有“长子背父尸”的习俗，是很值得深入研究的。

古羌族后裔们对小儿背负的专用背兜是否含有深意？

1987年在安徽含山凌家滩墓地发掘出一批玉器，见《文物》1989年第4期所刊发掘简报和该刊同期《含山出土玉片图形试考》以及《文物研究》等研究论文的考证，尤其是香港地区的学术大师饶宗颐先生在香港中文大学中国文化研究所吴多泰中国语文研究中心主办的《中国语文通讯》第3期（1989年7月）上发表的《未有文字以前表示“方位”与“数理关系”的玉版——含山出土玉版小论》一文，对含山玉龟及玉版都作了深刻研究。学者们对此玉龟从时间空间两方面的深涵底蕴都作了阐发，笔者却认为此玉龟玉版可用作古羌族为何创造背兜及肚兜的最佳证据。

根据考古发掘报告：

“玉龟和玉片均放置在死者的胸部，出土时玉龟的腹甲在上，背甲在下，玉片则夹在两者之间。”

由于龟背是凸起而龟腹是平凹形，可以想见：此玉龟在死者胸前的放置方式是跟尸体仰卧相同的仰式。则玉龟绝不可能如今天的腰包作用，因为那是很不舒服的，如果此玉龟功能是荷包式，必定是腹甲贴人体而背甲朝外，才能稳定舒适。可知这玉龟是主人生前作为巫术卜筮的专用工具而随人入葬墓中。或者，巫师生前是把玉龟负于背上活动，死后因仰卧入葬，不得已才将主龟移至胸前。

考古学家们已对凌家滩玉龟玉版的刻纹与形制作了多方面阐发，证明玉版刻纹就是著名的“河图洛书”的原始形态。大家知道，儒家最古老的《周易》和《洪范》经典，其来源据说是伏羲氏时，有龙马从黄河浮出，背负“河图”，而有神龟从洛水浮出，背负“洛书”，伏羲据此河图洛书而创制八卦，后经儒家整理发展而成“周易”云云。又有传说大禹治水时，上帝赐给他《洪范九畴》作为治理洪水和规划九州的依据，汉朝刘歆判定《洪范》就是“洛书”。总而言之，“河图洛书”一直是中华文明的最早“文献”，并且都跟伏羲和大禹有关，这流传了五千年的神话传说，今天却被考古学发现证实了！

伏羲和鲧禹都是古羌族的图腾始祖，鲧禹则是古羌族从游牧生活转向平治水土改营农耕的关键时代，并且是古羌从母系社会转变为父系社会的代表。

按照上文分析，古羌族的图腾是集中龟蟾蝎等水族两栖类的“熊”形象，在原始巫术中则以龟甲为代表，所谓“河图洛书”实即龟背花纹的升华或意匠化。

所谓贰负神形、虬龙负熊形象都是古羌鲧禹支系的图腾拟想，凌家滩巫师背负玉龟仍是古羌图腾观念沿长江传播向东的结果。我认为凌家滩玉龟背甲腹甲中贮玉版的形象，就是古羌图腾的一个典型完美形象，而“贰负”“虬龙负熊”都是古羌族图腾形象，背兜和肚兜配套，原本是古羌图腾的摹拟形，并不局限于母亲背负婴儿，只是后来世俗形态转变成服饰的辅件，才只剩下了母亲的背兜和肚兜形象。据此，我认为此类服饰物品应定名为“背兜”和“肚兜”。如称为“背袋”或“背带”并不能涵盖此物的丰富内涵。

对于我举凌家滩龟甲解释背兜来源古义，可能有人会感觉“孤证”不足以让人信服。那就再举一件未受人重视的实物旁证。

湖南长沙马王堆汉代轪侯墓出土的著名覆棺帛画，已有无数学者进行研究，但似乎都忽视了一点：虽然现在统称为“帛画”，但随棺出土的葬物清册上明确称此为“非衣”，此名似未受到学者重视。请看此物外形作“T型”，出土时覆盖在棺盖上，那形象与苗族的某些背兜十分神似（如僅家背兜）。而且在“非衣”的“轴”部下方及全幅下摆都有系带，似乎也未有人注意，但跟苗族背兜的系带位置及款式亦神似。我认为，这“非衣”正是古人“祭死如祭生”观念的体现，“衣”实际就是棺材的“背兜”，也就是说：“背兜”及“非衣”都是古羌族图腾观念的体现。

同样道理，肚兜也是古羌族图腾观念的凝聚和承继而来，但具体表象及意旨有别。

各地之肚兜，大同小异，较典型之款式，常在兜面上有两个贴片如双乳形，此贴片下往往用绣线延出向两侧下行的曲线各一条，颇似双眼垂泪，又似两乳分泌乳汁。而在布面下方常开一大口，作袋状，儿童常用此口袋放糖果杂物。中国台北历史博物馆馆刊《历史文物》第219期（2011年10月号）有黄春秀撰文《清末民初白麻布灯笼纹肚兜》，该文提及该博物馆典藏了约30件肚兜，惜未睹全貌。但该文提及“有老人穿的，也有小孩穿的”，值得注意。各地婴儿、幼儿在夏天常只用肚兜而免穿衣裤习俗。

其实，把肚兜视作小儿专用物是出于误解，甘青陕晋不仅妇女多用肚兜做内衣，更有大姑娘用肚兜送情郎作信物的习俗，并常把肚兜与袜垫配套作为定情物，此俗来源甚古。

前文曾引《史记·周本纪》：“周后稷，名弃，其母有邰氏女曰姜原（嫄）……姜原出野，见巨人迹，心忻然说（悦），欲践之，践之而身动，如孕者，居期而生子。”这踩着雷神的脚印就替雷神生子的观念，形成后世羌族男女结婚新娘脚不沾地的习俗，也成为姑娘送袜垫给情郎作信物的传统，遍及全国。而肚兜习俗出于同源：原始人不知性交与生育的科学关系，在知母而不知父的原始时代，胎儿的脐带是判定母子关系的最重要物证，由此而产生脐孔跟女阴等同合一的观念，即以脐代称女阴的习俗。至今在广大农村，把男女欢爱行为称为“他俩肚脐贴着肚脐在欢乐呐！”大姑娘把精心绣制的袜垫和肚兜送给情郎，意即“我嫁给你，愿替你生娃娃！”小伙子在田间劳作时，也乐意单穿一件肚兜向别人夸示自己已找定了新娘。妇女在衣内穿着肚兜，则只有跟情人上床时才显示，……当然，肚兜也有暖肚护脐的医疗效用，体现了健康关怀之义。

但是，肚兜的造型特征另有深意。古羌族图腾“熊”在民间常作蟾蜍形（龟），这肚兜跟背兜一样，都是蛙蟾拟形（两眼一大口），这袋形大口在民间通行一个俗称：“蛤蟆口”，非常有意思的是，陕晋民间习惯把女阴也称为“蛤蟆口”。在陕晋民间剪纸中也常见刘海骑三脚蟾形象，那刘海又常被剪成娃娃形，妇女们毫不讳忌地把娃娃的“小鸡鸡”向下直插入蟾背之“蛤蟆口”，认为这类剪纸是招财的“喜娃娃”，更是可令人丁兴旺的吉祥祈福象征。显然，肚兜是图腾护祐子孙的象征物，并有实效，所以普及。

此外，肚兜造型还有独特来源：

《山海经·海内西经》：“刑天与帝争神，帝断其首，葬之常羊之山，乃以乳为目，以脐为口，操干戚以舞。”晋代诗人陶渊明《读山海经》诗云：“刑天舞干戚，猛志固常在。”《山海经》此段是矛盾的：既已被断首并“葬于常年之山”，死了怎么还会继续战斗呢？

《海内经》云：“炎帝炎妻，赤水之子听沃生炎居，炎居生节并，节并生戏器，戏器生祝融，祝融降处于江水，生共工。”《归藏·启筮》：“共工人面蛇身朱发。”《左传》：“共工氏以水纪，故为水师而水名”，《吕氏春秋·荡兵》云：“黄炎故用水火矣，共工氏固次作难矣。”炎帝和黄帝固然同为古羌族始祖，两大部族却曾发生惨烈的“坂泉大战”，打得“血流飘杵”，以炎帝兵败妥协告终，但炎帝的裔臣如蚩尤、夸父、共工、刑天等都相次起来与黄帝族斗争，那共工氏曾“怒触不周之山，天柱折、地维绝，天倾西北，故日月星辰移焉，地不满东南，故水潦尘埃归焉”，如此惨烈的斗争中，共工作为水神，也是失败者。这共工早有学者指出就是治水失败之鲧（缓读是“共工”，急读即“鲧”），而他们与上帝的斗争跟刑天的斗争也都类同，总而言之，古神话中的共工、鲧、刑天很可能就是同一神的分化。这刑天“以乳为目、以脐为口”的形象，实际就是蟾蜍类“熊”形，也就是后来肚兜造型的本义。至今流传在陕晋民间著名的“大头娃娃舞”实即“刑天舞”之遗形。刑天被上帝斩首所葬之常羊山，就是炎帝所生之地。《春秋元命苞》：“少典妃安登游于华阳，有神龙首感之于常羊，生神农。”可知刑天被杀葬于常羊，就跟鲧被杀害后，“虬负熊以游”寻巫复活一样，不是真的死人复活，而是按古羌传统观念，祖宗死后通过特定巫术灵魂返归故藉成神而获永生之义。

而作为承载着数千年古老图腾观念在民族服饰的背兜与肚兜，其原创的意匠应当就是古羌族图腾“熊”的拟象，这是保存在民间服饰文化中的珍贵奇宝！

第二章
背兜

Beidou

一、贵州毕节地区西部背兜

图 2–1～图 2–15 所示的三件背儿带及细节图都是贵州毕节地区西部赫章县、纳雍县一带的“小花苗”支系作品，用红黄黑色线绣成的几何形纹样灿烂醒目。历史上此苗族支系的服装却是以白色基调为主的麻衣，习惯称之为“小花苗”，是跟威宁、昭通等地的“大花苗”都属白苗系统，但“小花苗”的服装挑绣技术出色，无论男女都在内衣外套上此类花色的披衣，特别是青年男服比女服更显亮丽。20 世纪 60 年代，赫章擅长“芦笙舞”的代表们在东欧参加“世界青年联欢节”时，因“赶场舞”获奖，载誉而归，逐渐引领当地青年男服越来越艳丽，变成了以金黄色为主调。盛装舞蹈时，男青年在头帕上插着数十根“箐鸡尾羽”（雉）旋转如飞，舞姿雄强热烈，令观者印象深刻。其中图 2–1 被收录于《情系背儿带》书中，蓝采如说“长条状几何图案……很像抽象的龙纹”和“树子”，此说法不妥。

赫章小花苗服饰纹样和威宁大花苗服饰纹样，虽然色调与构成方式都有很大差异，但其形式及内涵都有同样出典：田坎型“回”字套叠，这有很古老的来历。已有专家发现，花苗的几何形绣纹都被寄寓着民族悲壮的历史追忆。毕节地区花苗的服装原由几块麻布组成：贯首式衣片下拖着四幅麻布，很少缝合，……腰部束宽带，而在背部用一块扁方形“领子”总缩四幅衣料，在胸背之间用一幅通肩毛织片连结全衣。如果拆掉这肩上与背后的两片缀花“领片”，全衣将散架。这是典型的古老“贯首衣”，早在《汉书》中就著录成“独力之衣”——只有肩背一个聚力点。至于“回形田坎花”，笔者在 1959 年曾向威宁龙街区苗族耆老张清福作过调查，他是方圆百里知名的苗族智者。据他称，苗族原住黄河老家，有肥美的田园，后被黄帝打败了，在撤离南迁时，坛坛罐罐都打烂抛弃了，只有田园舍不得又搬不走，姑娘们含泪把老家田园绣成田坎花背在背上，永远不忘本！数千年来，苗族一直怀念故乡，所以花苗服装上必绣“田坎花”。

背兜和某些衣服上常见的植物珠饰并非“树子”，而是一种草籽，贵州群众俗称“五谷籽”。学名川谷，禾本科多年生草本植物，茎干丛生，高 1.5 米左右，叶如鞘形，裹茎而长，质稍厚。夏秋时茎上叶腋开花，花单性，穗状花序，结颖果尖卵形，果皮有珐琅质，根坚硬，久贮不坏，常用作为串珠或妇女珠饰。如春除皮壳，其仁米可供粥食，营养丰富。[①] 这川谷实即野生薏苡，薏苡已是驯化栽培植物，一年生慕禾本，叶脉平行，花单性，雄花成穗状花序，长在雌花之上，颖果椭圆形，其仁灰白色，仁籽中有凹槽断面呈腰形，供食用，入药，俗呼“薏仁米”。市场上出售之薏仁多产于泰国，饱满硕大，但贵州所产之薏仁米形象虽差，营养更佳。薏仁性温，其特效是“逐水”，中医常用作祛除脾脏湿热之良药，也是夏季食疗佳品，用一份薏米、一份绿豆、两份大米煨粥，常服清热解毒，逐水益脾，可增食欲。

但黔桂少数民族重视薏米（川谷）并不只为装饰美化，还有深远的文化内涵可寻。近者如“薏有珠”典故。《后汉书·马援传》：“初，援在交阯，常饵薏苡实，用能轻身省欲，目胜瘴气。南方薏苡实大，援欲目为种。军还，载之一车，及卒后，有上书谗之者，目为前所载还皆明珠文库存。”陈子昂诗云“薏苡谤谁明？”后世凡未纳贿而蒙冤被谤者，辄用此典故。这件冤案是历史上一件重要事实：汉武帝一面攻击匈奴，开始“丝绸之路”，另又派司马相如“通西南夷”，不仅把中国版图拓展到云南、贵州，而且把缅甸、越南的北部都收入中国统辖，促进了东南亚的经济文化发展。不久，越南爆发征侧、征贰姊妹为首的反抗，汉廷派马援率军镇压了叛乱，同时绥抚了越南民众，促成南方长期安定发展，至今越南都保存浓厚的中国文化影响。马援是个清官，有“伏波将军”称号，今天不仅云南存有纪念马援的铁柱，在广西桂林还有纪念马援的穿山、伏波山等名胜。在伏波山东麓的“还珠洞”就是当地壮汉民族为马援雪冤的遗迹——据说马援被谗后，怒将一车薏仁米在此倾倒入深潭喂龙了。所以广西很多民族妇女都爱用川谷籽做饰品配带。

更重要的是古羌系统各族都有视薏苡为神授圣子的观念，因古羌族视治水鲧禹为始祖图腾。《吴越春秋》：“禹父鲧者，帝颛顼之后，若是颛顼之后，应是黄帝四世孙，如按《山海经·海内经》所记，鲧是黄帝的孙子。娶于有莘氏之女，名曰女嬉（令人想及高辛王），年壮未孳，嬉于砥山，得薏苡而吞之，意若为人所感，因而怀孕，剖胁而产高密即禹。家于西羌，地名石纽，石纽在蜀西川也。”为什么吃了薏苡就会怀孕生圣子呢？这是古羌族月神崇拜的表现，他们深信薏苡就是月亮之子星星的化生物种，原本就是从月夜流星堕地而生，当然就是月神的精液所化。从黄土高原古羌族故籍一直往西，越过帕米尔去波斯高原直到两河流域，广阔地域上的各种山地民族自古都崇拜月神，大量出土文物上可见这些古族崇拜的日月星中，月神“辛”是男性。2008 年震惊世界的“汶川大地震”所在，正是大禹的故乡，在北川县西北山中至今保存着“禹里”古迹——在“石纽”，这

① 见《救荒本草》。

图 2-1

图 2-2

图 2-3

图 2-4

图 2-5

图 2-6

图 2-7

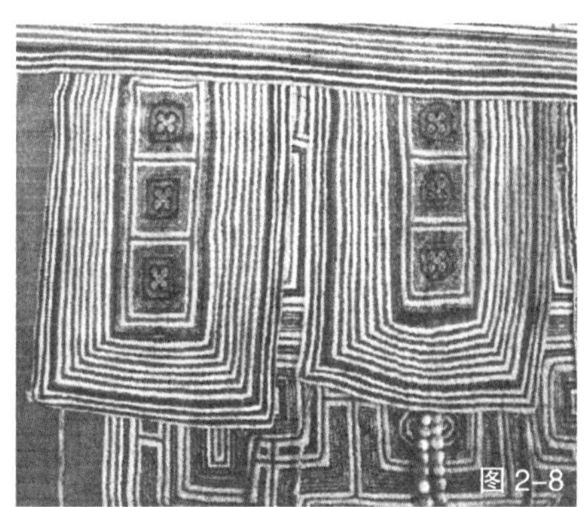
图 2-8

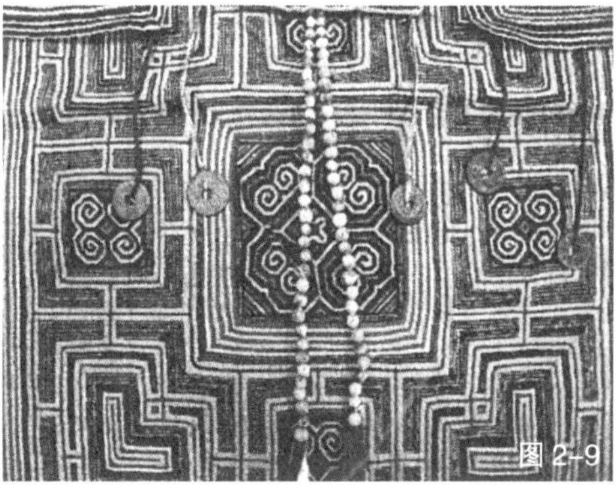
图 2-9

图 2-10

图 2-11

图 2-12

图 2-13

图 2-14

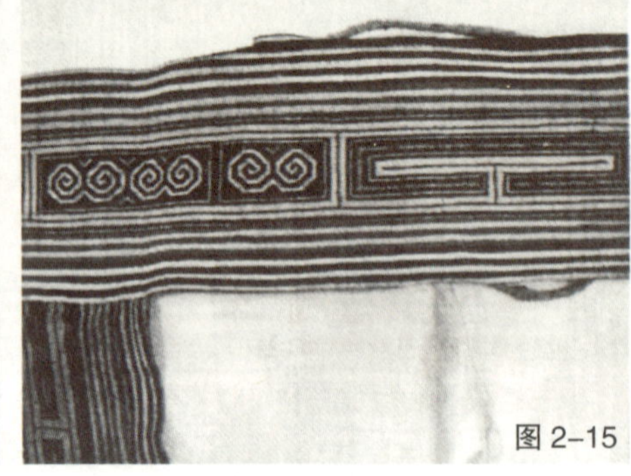
图 2-15

图 2-1～图 2-15　贵州毕节地区背儿带及其细节图

里至今可看到山崖上有石卵逆生出来的景象，崖石上还有殷红的天然红色，当地羌民都相信“就是大禹出生时母亲流的血迹，此地几千年来一直被视为圣地，不仅不准到此游牧，违犯了死罪之人只要逃到禹里山中，官府就不再追究，以示对大禹的敬畏。上引神话至今在当地传述，最妙的是，在茂县西北山中，至今有“白石头岩”“大石包”“流星岩”等村寨名，那“流星岩村”羌民就认为薏仁是流星所化，这些村寨旁山中盛产石英石，而石英石历来被羌民视为神灵化身，必定在建房时在新房顶上四角竖立白色的石英石，认为可以辟邪驱魔，护祐本族民众。这种“白石崇拜”习俗也影响了后世藏族，金沙江以东的嘉戎藏民至今在房顶四角必竖立石英石。

薏苡就是月神之子流星所化的观念还有不少变异形态，屈原的《楚辞·天问》：“阻穷西征，岩何越焉？化为黄熊，巫何活焉？咸播秬黍，莆雚是营……”历代注家都差不多：鲧治水失败被杀，他的灵魂攀岩回故乡，在三峡的巫山被神巫用仙药救活（灵魂永生成神），于是鲧劝群众多栽黑小米云云。其实把“秬黍”解为“黑黍”虽不错，却未解其奥秘。《诗经·大雅·生民》：“维秬维秠”，秬是黑黍，秠为“一稃二米”，这是《说文》以来从没有人怀疑的解释。为何重视此物？因为这是专用于祭神的神酿之米，《礼表记》：“天子亲耕，粢盛秬鬯，以事上帝。”《诗·大雅·红汉》：“厘尔圭瓒，秬鬯一卣。”祭神又为何必用“一稃二米”之黑黍呢？其实这是许慎的误撰，后世文人不懂农事，以误传讹。从生物学观察，一稃是不可能有两米的，只可能是同一麦壳中的米粒中间有一凹槽，让不明之人误以为“二米”，其实所有小麦大麦都如此，但黑黍当然不是麦，实在就是薏苡。为何称黑黍？就因为薏仁外有一层珐瑯质硬壳，常呈黑灰色，比白仁显得黑，而且大于米麦，所以称“秬秠”。明乎此，则应追问：祭神为何专重秬秠？实在是因为中国礼仪多半源出古羌祖传，而古羌祖神鲧禹是因月亮神遗种而孕生。况且鲧被杀，灵魂也因巫术用薏苡而获永生，这薏仁米实在就如西方圣经所谓的玛那神粮。所以鲧获救后就劝群众多栽秬黍，以便人人可沾神恩。晋张华《博物志》：“海上有草焉，名蒒，其实食之如大麦，从七月稔熟，民敛获，至冬乃讫，名自然谷，或曰禹余粮。今药中有禹余粮者，世传禹治水，弃其所余食于江中而为药也。”《玉函山房辑佚书》辑《河图括地象》：“八年水厄解，岁乃大旱，民无食，禹大哀之。……禹乃大发民众以食于西山（土中食），”即所谓“太乙余粮”，为禹余粮之精者，谓可以药用，亦可救饥。到西山去找救灾神粮，当然就是薏苡米，述说至此，西南民族欢喜的服饰用珠饰深意应当明明白白了，为爱情，为生圣子，然后才是为了美。

二、云南文山苗族背兜

图 2-16，图 2-17 所示的是挑纱绣两件。花苗中向西向南迁徙得最远的支系就是文山苗族，再出去就到印度支那半岛了。文山苗族服饰以遍身花绣闻名，为什么？上面已说，花苗以乌蒙山区的威宁、昭通大花苗为

最典型，彼处地处高寒，经济物质艰苦，又僻处一隅，对外文化交流少，所以保存古老传统最多。向南迁至文山地区者跟彝族长期邻居，受到彝族较深影响，所以满身花绣是“彝风”。例如图 2-16 背兜中嵌一幅旺盛的马樱花，就是典型的彝族理念。所谓“马樱”实是杜鹃花，只因彝族喜欢用此艳花红绒球装饰马额而获“马樱”之名。笔者提请注意这两件背兜是因为两点：第一，“田坎花”为主体骨架这是苗族最古远的记忆理念，理由已见前文，不赘。第二，注意背兜基本造型是“黾型”，而且越古式的背兜越呈“黾型”。这也是后来各种背兜为何总分作上下两段的原因（图 2-18～图 2-20）。

黾是古人对蟾蛙类动物的称呼，这是一个象形字，早于青铜铭文以前已存在，实际出于甘青川地区的彩陶纹饰“人字纹”“蛙纹”，是古羌人的图腾本相。《说文》中有古字“熊”（能），解释是“三足鳖”，应该写作“能”（读音“乃”），只因它是三足蟾，所以下面加三点为“熊”，此字汉朝人多已不识而误作熊了；“鳖”字原亦作“鼈”，本是三条腿的蛤蟆，被许慎误释后，大家都往鱼类去联想，误解数千年。例如鲧死化为熊被误为“黄熊”，找出原字一比，就知熊是怪兽形蟾蜍，也是后来“龙”字的原型（附图），鲧是黄帝之孙，黄帝是黄龙，鲧则是黄熊。从字形上可知祖孙同一遗传因子。顺便说说，有羌族血统的秦始皇名“嬴政”，从篆字可知这“嬴”字就是熊！为何古羌族以三足熊作为始祖图腾？因为这熊就是月中阴影形象。古羌族崇拜月神，是月中有此三足熊形，认为是上天启示而尊崇。黄帝号曰“天鼋氏”，从古文可知就是熊具形，也就是甘青川彩陶中常见的蛙蟾形，即后世“娃娃”一词的真实来源。苗族跟羌彝长期共处，不仅接受了伏羲女娲是祖灵的理念，也接受了蟾蜍是护祐神的理念，在台江施洞苗绣中有大量神蟾形象，常系在围腰中上关键部位。还有着名的“青蛙儿子”故事，说贫穷老夫妻，善良而无力，在野外遇见一只青蛙自愿做他们的儿子，后来才发现这是一只神蛙：白天穿皮是青蛙，夜间脱皮是美男子。某次跳花场上，这美男吸引了全场姑娘，终于跟最美的姑娘结婚。妻子为防止丈夫再变青蛙而好心烧了蛙皮，不料令丈夫受魔法身亡。这故事跟世界许多“青蛙公主”相类，但有中国特色：蛙蟾是月中大神。苗族称蛙蟾为 Gàng，被认为能护祐本族孩子，在围腰上的神蟾颇像“泰山石敢当”形象与神力（附图）。由上介绍可知，古老的苗族背兜呈蛙蟾（黾）的形象就毫不奇怪了。这种背兜上的绣纹除受古羌彝的马樱花类外，就是大量云雷弦，正是“天上神物”的体现，而苗族对蟾背突疣还有“天上昆宿拟形”之说。如果对云南纳西族的“披星戴月”披背服有了解

图 2-16

图 2-17

图 2-18

图 2-19

图 2-20

图 2-16～图 2-20 云南文山苗族背兜及其细节图

的话就知道，那并非只是“披星戴月勤劳动”的表示，而是从纳西族古代“创世大金蛙”观念变来，那羊皮披背上的所谓“日月七星”，其实是大金蛙的双腿和毒疣。

三、贵州黎平县“四十八寨苗”背兜

图 2-21～图 2-68 所示的这批背兜观感风格跟上述川黔滇白苗花苗背兜的风格有明显的差异，因为这是属于古代苗族南迁的另一大支系——黑苗和青苗遗物。如果说川黔滇支系是顺湖北清江流域向黔北大娄山脉转去乌蒙山区，生存条件高寒贫瘠艰难，只能使用麻布和羊毛织品做衣，缺少染色材料与手段，并得以保存更多古老风格的话，古代苗蛮族从彭蠡地区再次被逐的第二拨迁徙浪潮就是从洞庭湖西侧南下雪峰山而散处于湘江与沅江之间的丘陵溪谷中，又因舜禹的连续追击而最终定居到五岭西部的丛山里（大庾岭、骑田岭、萌渚岭、都庞岭、越城岭）。大舜为征苗死在湖南宁远县九嶷山，娥皇女英妻妾追寻丈夫而化为“潇湘二妃”的凄美爱情故事被屈原《楚辞》升华成经典。其实历史是很残酷的，这第二拨南迁的苗蛮族经历数千年争战流徙，才得以另起炉灶而定居生活。他们不仅承继了麻葛加工经验，并且在相对肥沃的山间梯田间开发中，学会了利用蓝靛染布的技术和染织绣的技术，美化了苗民生活，但是惨痛的历史也促使此地区苗民服饰成为色调低沉压抑的青黑特征，而被视为“青苗，黑苗”，散处在贵州省黎平，湖南省靖县、通道，广西自治区三江县等地的黑苗都可视为本支系的典型，其背兜保存苗族古老的图腾与祖灵崇拜理念，具有很重要的学术研究价值，尤以“黎平四十八寨苗”的背兜为代表。

图 2-21

图 2-22

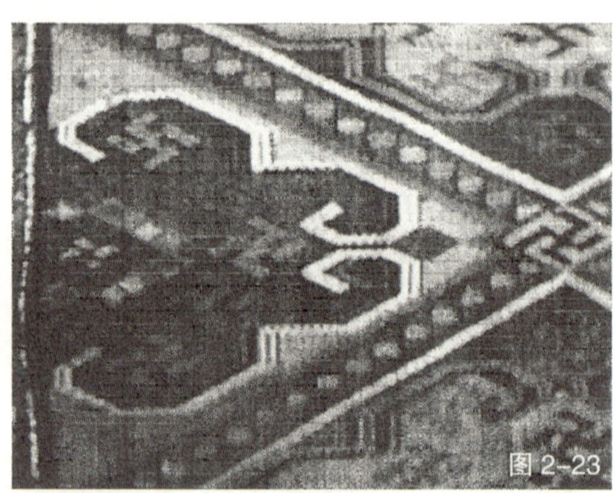
图 2-23

图 2-24

图 2-25

图 2-26

图 2-27

图 2-28

图 2-29

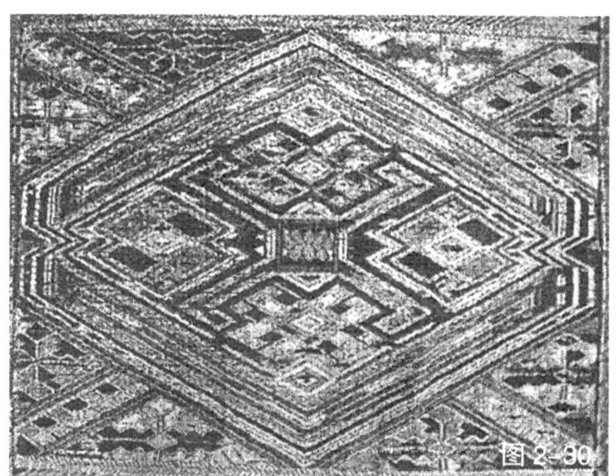
图 2-30

图 2-31

图

图 2-33

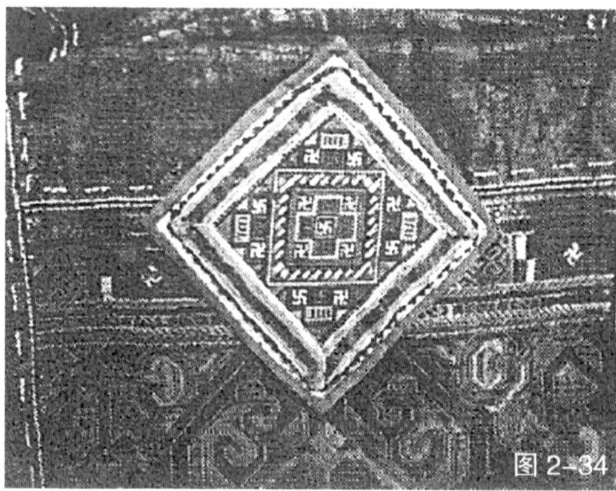
图 2-34

图 2-35

图 2

图 2-37

图 2-38

图 2-39

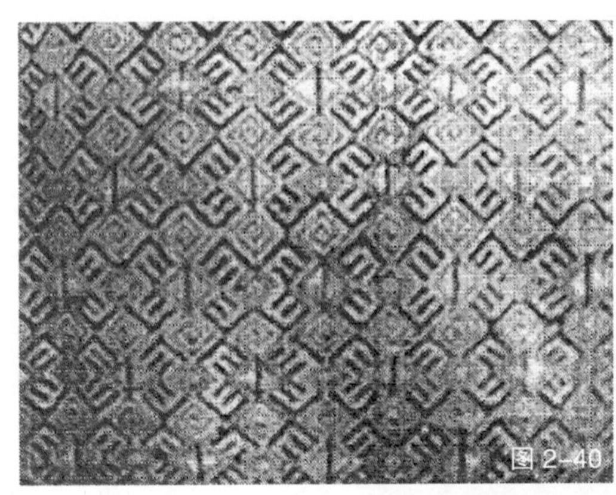
图 2-40

图 2-41

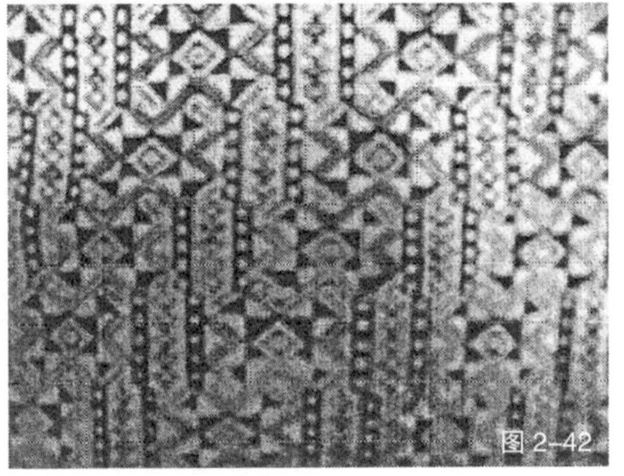
图 2-42

图 2-43

图 2-44

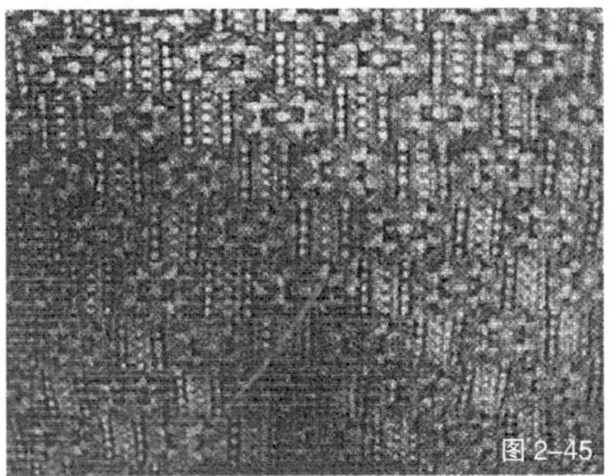
图 2-45

图 2-46

图 2-47

图 2-48

图 2-49

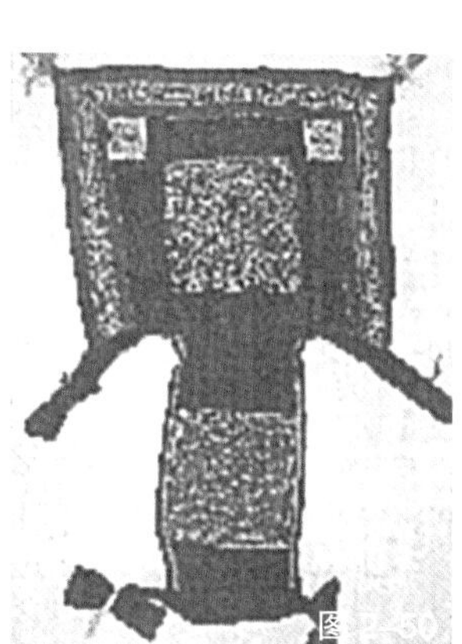
图 2-50

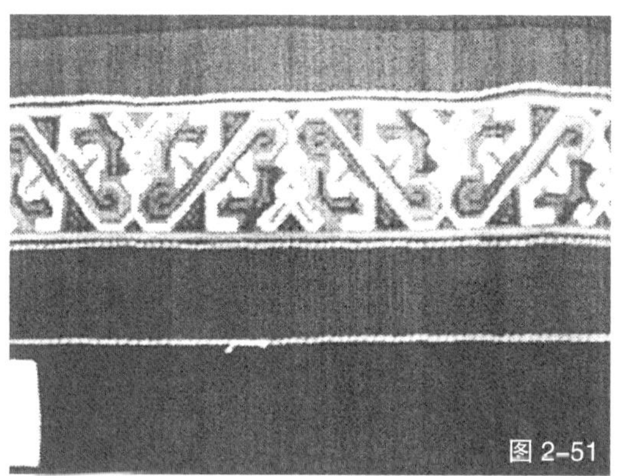
图 2-51

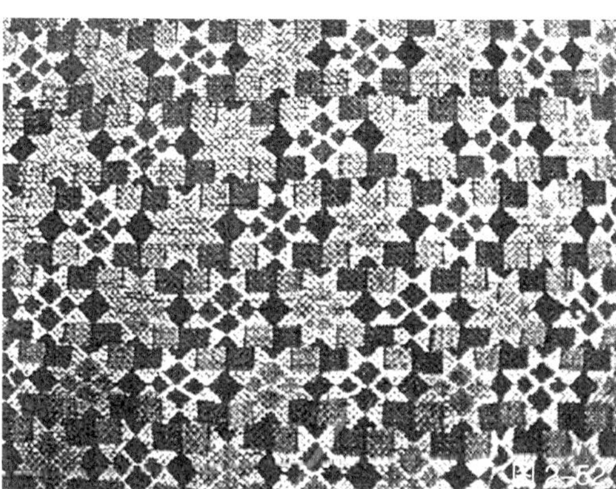
图 2-52

图 2-53

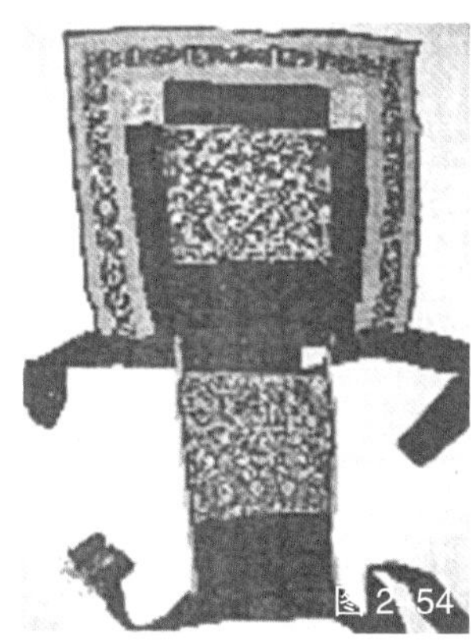
图 2-54

图 2-55

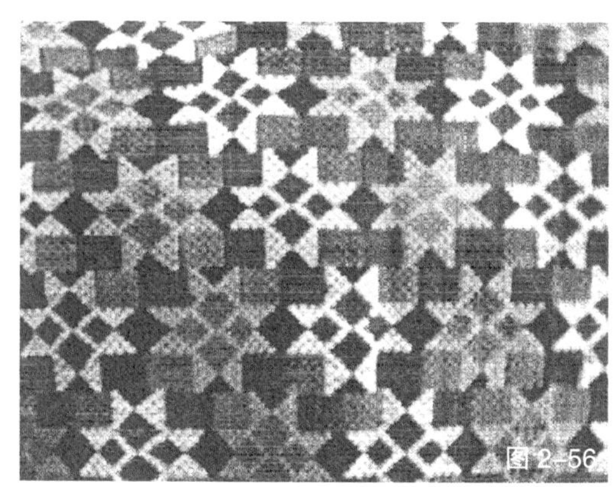
图 2-56

图 2-57

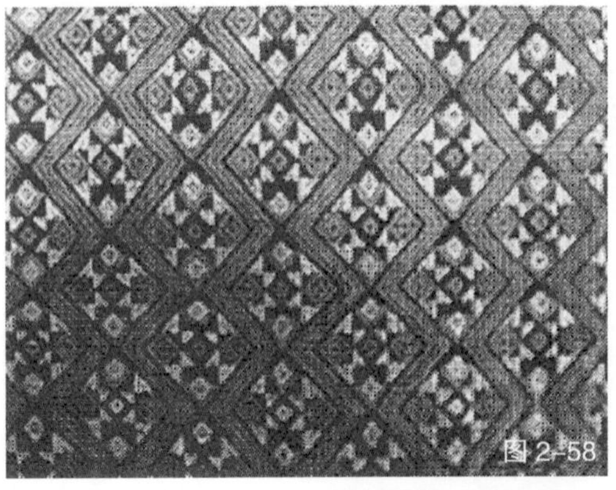
图 2-58

图 2-59

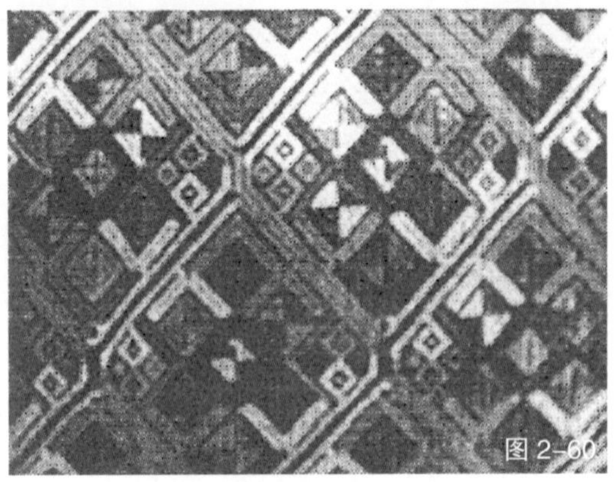
图 2-60

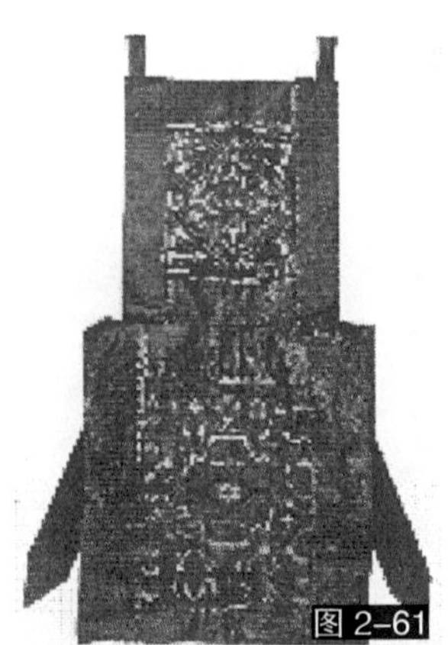
图 2-61

图 2-62

图 2-63

图 2-64

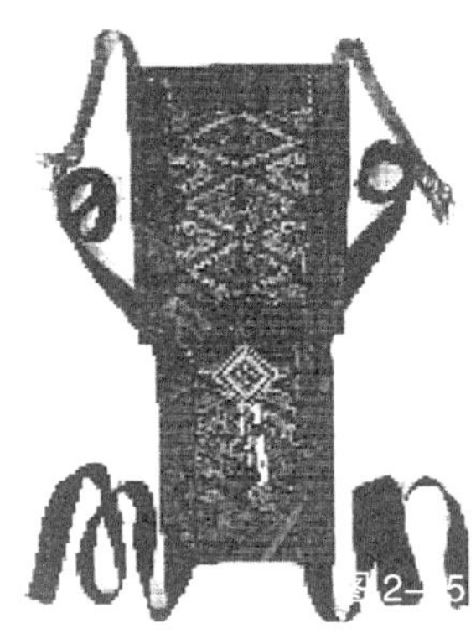

图2-21～图2-68 贵州黎平"四十八寨苗"背兜及其细节图

从背兜款式上看，最大的特点是保存古老的"蛙蟾之形"——包裹妈妈背上的婴孩，也就是蟾黾之娃娃，整个背带就拟形为伏于母背之蟾蛙。这"母亲背娃成叠蛙形"的理念，不仅表现在背兜上，更在苗族视为祭祖神器的铜鼓上，鼓面多铸有蛙黾和"叠蛙"之形象，因为铜鼓又是天旱祈雨神器，广西壮族更有每年举行的"蚂蜗节"，就是祭祖、祈子、祀雨盛会。

图2-21之背兜就是黾形典型，此件古风盎然，虽是现代作品，却可由此想见数千年前苗族传统风貌。所绣纹饰，下面两只菱形框内外是变形六只蟾纹，上面两个菱形框内外则是变形云雷纹，用意很清楚——这是天上云中的神圣之物！黎平苗族背兜常在主纹中嵌着许多卍纹（一般解释为佛教影响的"万字纹"），而苗族并不信仰佛教（佛教称此纹的汉文意译应是"吉祥海云图"，在古印度梵文名"室利靺蹉洛刹曩"，据说是如来佛胸臆的天生大人吉祥标相，汉译读音"万"是取万德圆满之义），把佛教教义用在根本不信佛的苗族是不妥的。前文已证，苗族受古羌影响而崇信黾蟾，查一下古羌所遗大量彩陶纹样中多有卍形纹，或作圆形弧线组合，实际就是神黾作运动状的拟形，因为原始人心目中一切神物都呈运动状态。织物有经纬局限，就把旋转的圆形云雷做成方形的云雷，各种动物形也都被改变成几何化了。仔细审视这些几何化为菱形的"蛙纹"背上，都有着坼破的孔洞意象，有些孔洞则被框成"井"字形，或绕以云形边饰，那道理，就与前文提到的陕晋"蛙枕"背上挖洞相同——都是"鲧死三岁，其尸不腐，剖之以吴刀，是用出禹"的具象。但民间传说鲧生禹不是用吴刀剖出，而是禹从父尸中"坼背而生"，因为男人没法生孩子，所以孩子就从爸爸背上打洞而出。今日陕晋"蛙枕"就是鲧"坼背生子"的遗像，那背上之洞必是坼破而非圆孔，不仅鲧生禹如此，禹生启也差不多。《汉书》颜师古注引《淮南子》："禹治洪水，通轩辕山（今河南嵩山）化为熊（熊），谓涂山氏曰：'欲饷，闻鼓声乃来。'禹跳石，误中鼓，涂山氏往，见禹方作熊，惭而去，至嵩高山下，化为石，方生启。禹曰：'归我子'，石破北方而启生。"奇妙的是，这块著名的"启母石"至今仍在嵩山脚下摆着，成了旅游凭吊之物。这种"父亲坼背而生子"的古老观念才是后世"背儿带"的真正起因，这就是中国人背儿带为何只见于西南民族而其他地方不见背儿习俗的原故。

这父生子故事并非凭空捏造的神话，从文化人类学角度考察，"父生子"观念有深刻的历史原因：全世界的原始文明都是从母系社会向父系社会进化，在母系社会时，人们不明性欲与生育的道理，又实际乱交，所以"知母而不知父"，所谓"姓"即随母生活（"女生为姓"）。原始共产主义适合生产水平低下的社会。到生产力提高而有了私有观念时，父亲必定向母性夺权，孩子也成了传宗接代的"私产"。但男人最大的弱点是不能生孩子，为寻求夺权之理，就必定会制造出"父生子、神授予"一类神话来。古羌族此前都是母系社会，所以相信本族源出"姜嫄氏履迹生子"("姜嫄"即"羌族第一个始祖母")。到鲧禹治理洪水时，必须有社会性大生产的组织能力了，男人开始向母系传统观念挑战，这就是说：鲧禹是中国历史上第一个由母系转向父系制度的部族，是历史转向进步的象征，所以才有父生子故事的出现。

所谓"背儿带"，最初是从"负子蛙"观念受启发而发明的，并且是从"父背子"或"子背父"开始的。请读者暂勿怪疑，容我细说：这"父背子"或"子背父"最早就是鲧和禹行为，战国时屈原听说此事已不理解了，他在《楚辞·天问》中写道："焉有虬龙，负熊以游?"历代注家都说这是鲧禹之事，但为何新生的虬禹要背着死亡的熊父鲧呢？经过我上文考证可知，禹和鲧其实都是三足蟾("熊"应纠正为"熊"，就是三足蟾)，因为鲧有大功却被冤杀，禹从父亲腹中"坼背而生"后，这"遗腹子"背着父尸攀上三峡高峰寻找群巫用秬黍救活而获永生(灵魂回归祖籍，登仙箓，永受祭享)，这一出悲壮的历史剧深深印在民族心里，本族子孙就摹仿传统而用背兜方式代代相习至今了。

图2-65背兜上部主纹外的一圈"勾勾"，则让人感到跟湘西土家族织绵"西兰卡普"中常见的"勾勾"有相似风味。土家族是巴人之后，也是古羌后裔，其"勾勾"是从"龙脊"概念化出而适合织物构成原理，这类相邻地区民间艺术互相影响的现象是很值得深入研究的。贵州、湖南、广西交界的"黎、从、榕地区"(黎平、从江、榕江三县)的苗侗族背兜刺绣技艺十分讲究复杂，并且常在背兜的两层交接处垂挂有精绣的"垂缨"及川谷珠串，并多成菱形或星形，这种附件对背兜而言似乎并没实用功能而是只添加视觉情趣。但是如果从上文对黔西北花苗的"田坎花"背领角度思考可知，这应该也是苗族对远古故乡怀念情结的表征。扩大些看，各地各支系苗族的服装差异虽大，但都对领和袖部装饰十分在意，因为"领袖"概念很重要。

图2-61是黎平六合的苗族背兜，主纹是典型蛙纹，而角花则有蝴蝶意味。六合的苗族服饰可谓最典型的黑苗衣裳。所用面料是经过复杂染制程序而成的著名"亮布"，而在凝重黑色基调上精绣的纹饰则古风盎然，颇具神秘古奥之趣。苗族妇女们绣花的配色技巧十分出色。从事工艺研究的专家都熟知：把绿紫二色相配是很难讨巧的，民间艺人口诀有"绿间紫，不如死"之说，苏州绣女也有"绿夹紫，一砣屎"之忌。其科学依据是：绿色和紫色是两种间色，这两种间色相配易致人视觉不舒适。但是黎平苗绣却"犯忌"而取得特殊美感，奥秘在于她们在花纹外添加亮色细边，不仅有醒目之效，还使深黯主纹具有了生气。色彩学的规律是：金银黑白灰这五种线条，可以跟任何色块相融合，令火爆者协和，使晦暗者生辉。黎平绣女们不仅熟练掌握着这种高级技巧，而且观赏其作品时，常有一种楚国漆器的联想，细考起来，其间还真有着深远的血脉关系。著名考古学家、原中国历史博物馆馆长俞伟超就曾发表过"楚苗同源"著名观点。

图2-32背兜主纹是"四龙护宝"，"垂缨"则是典型"田坎花"。

图2-36背兜主纹是龙纹翔凤，并间错飞鸟，其实是苗族的鶺鴒程式化变形图案。那层层回纹、云雷纹和龙脊勾勾证明了湘西土家族跟黔东南苗族文化的互惠互动。下半幅则是"蛇龙环绕蟾黾"，填充无数卍纹作菱格图案的典型布局。

图2-29黎平六合背兜是一件年代较早、绣技非凡的珍品，上层是蟾蛙重叠，下层则是更值得重视的蛙纹菱形组合"熊"，这实际是"交蛙"之形象。据清朝实地写出出版的著名《百苗图》(这是目前所知最权威的传承苗族服饰古图谱，有数十种手绘和版印的不同版本)中之"狗尾龙家"图示，苗族有一种传统游艺，节日中苗女手执形道具互相拍击而舞，所谓"狗尾"是指服饰"制裁有尾形"(《南蛮西南夷传》引语)。而在今日苗绣中常见各种变形蛙纹：，其基本结构应即《百苗图》中"狗尾龙家"手执的形道具，此物亦曾影响广大汉族地区，实即后世游艺"打莲湘"的起源(用竹管挖孔，两头串置铜线，舞时叩击肩臂，应节奏欢跃)。今日贵州黄平旧州苗族流行的"板凳舞"亦是此舞具变形，这种民族舞蹈实际是古老的图腾祭祀舞。就像每年祭孔时要在孔庙前舞"八佾"，而"八佾"舞者必须手执"翣"一样(《论语》中有孔子专论"八佾"一篇，可参阅)。此虽是单独的蟾黾造型，但后来发展出叠蛙形，那和是典型，之类更是黾蟾为"天黾"从云雷中降下的寓意，并非什么"几何纹"，应是图腾具象的几何化。图2-29主纹更是黾背背着"田坎花"的苗族神符，跟背兜下附着"垂缨"上下呼应，意匠则一。

问题更复杂了。苗蛮原本跟古羌非同族类，为何把出自古羌的蟾黾如此崇信呢？只是相邻而受影响能如此深远吗？

据《河图稽命征》：黄帝的母亲"附宝见大电光绕北斗权星，照耀四野，感而孕二十五月而生黄帝轩辕于青邱"，《河图帝纪通》："黄帝以雷精起。""轩辕，主雷雨之神也"，可知云雷纹都跟天神有关。而据马骕《绎史》引《新书》云："炎帝者，黄帝同母异父兄弟也，各有天下之半”，因争权夺利，炎黄大战于阪泉，血流漂杵，黄帝取胜后，又跟苗蛮族蚩尤大战于涿鹿，杀蚩尤而成天下共主。黄帝跟同族兄弟打得死去活来，又跟异族拚得你死我活，这是群众共识。但是《路史·蚩尤传》却说：“蚩尤姜姓，炎帝之裔也，”似乎苗蛮族原本跟古羌也有理不清的血缘关系。所以苗族能很自然地接受同出古羌的蟾龟或龙崇拜并不奇怪，甚至把古羌的伏羲、女娲改造成了自家的祖神央公央婆。这种现像只能证明五千年来各族文化大融合的史实趋同，并不奇怪。

黄帝姓公孙，号轩辕，另有“天鼋氏”称号，已被考古实物证明，天鼋之类图形文字已被学者考定就是黄帝族徽号，那图形就表示天生蟾龟即黄帝祖灵，人祖举臂吁祈天庥。而这天鼋也就是甘、青、川地区出土大量彩陶上所绘“蛙纹”和“人形纹”，也即古羌人所崇拜的月神、雷神、水神。

图2-46，图2-54两件背兜强调上面两角的“蟾眼”，周围绕以螺纹，图2-56主纹星“蛙交”变形，图2-50则由无数“八角星”组成，“八角星”是已知中国最古老的纹饰之一，也是世界上最普及的纹饰，因为“八角星”最适宜以经纬为规则的织物特点。许多人把“八角星”解为“八角茴香”或“猪脚纹”当然也可以，广西出产的木木茴香的确呈八角，与“八角星纹”神似，但贵州民间把“八角形”附会到偶蹄类的猪脚则颇勉强，但已形成有关民俗事象：做媒的人和恋爱的青年不宜用“猪脚纹”，因为贵州民间认为“猪脚分岔。做媒是希望男女结合，结果吃猪脚则可能被叉开！”而江苏浙江等地则有古俗：一旦婚姻成功，就将送媒人猪蹄膀（北方称“肘子”），因为媒人为搓合双方，曾跑腿奔忙，应当用蹄膀慰问媒人。

图2-54所示的“八角星纹”复式组合效果甚美，图2-57所示背兜几乎全是蛙蟾纹。

四、湖南靖县苗族背兜

靖县与黎平相邻，属同一支系黑苗。但此地区又跟北面土家族相邻，所以其中纹样含有土家族织锦风格。如图2-69上边是虬纹，另三边则是，为土家族典型纹饰。主纹虽然都在菱形框内，因在对角的巧妙处置而变成了六角风味（土家族称“岩墙花”，图2-70～图2-73）。图2-74因直纹的加入，形成汉锦中的灯笼形，也很接近“球路纹”。两件背兜下半部的六角纹也都是土家锦常见纹样（图2-75～图2-77）。但更应注意的是，图2-69主纹很有战国时楚国出土漆器的“羽觞”（耳环）风味，这类延续三千年的古典纹样能焕发现代光芒，给人印象特深。

图2-78所示背兜特点跟图2-69相同，不赘言。但造形配色都更高明、更大气，主纹中心蛙龟更明显，下部则是更具土家族织锦风格的“龙”（图2-79～图2-82）。

图2-69

图2-70

图2-71

图2-72

图2-73

图 2-74

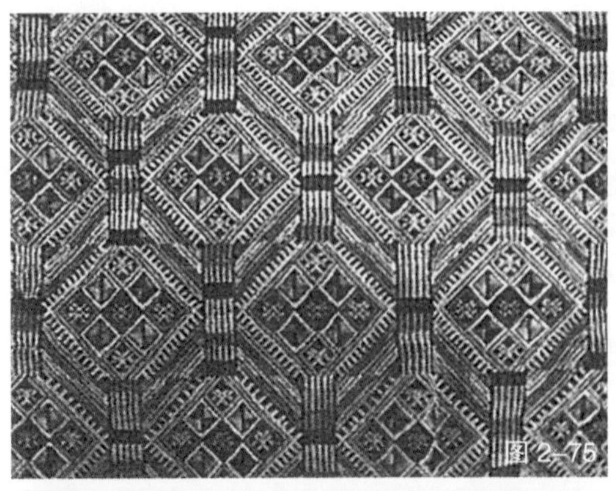
图 2-75

图 2-77

图 2-79

图 2-80

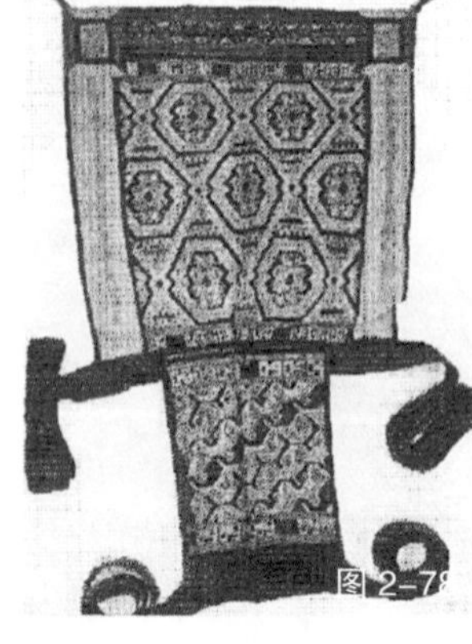
图 2-78

图 2-81

图 2-82

图 2-76

图 2-69～图 2-82　湖南靖县苗族背兜及其细节图

五、湖南通道县侗族背兜

通道是湘黔桂三省交界的重要通道，也由此获名。此地既是苗侗杂居之地，也是黔东南腹地与湖南汉族经济文化交流的途径之一（另一路是从清水江东入沅水），还是古代苗蛮族被迫南迁时从湖南进入黔桂的古道，所以，在此地区苗侗服饰上留有很多历史印痕。至今，黎平、榕江苗侗叙事民歌中仍有“经商谋财下洪州”的描述。按洪州是隋朝建制，后改称豫章郡，唐朝复称洪州，明清时改为南昌。苗族为何对洪州特别印象深刻呢？因为苗蛮族南迁是先到鄱阳湖区再转洞庭湖区即所谓“彭蠡地区”，唐朝李白被充军去夜郎，可能也是这样走的（未达而赦还）。而湖南省湘西重镇有洪江县，在黔阳县南面，以出产桐油闻名。此地区侗族背兜多用挑绣和织花技术，纹饰精美细密，在几何组织中常隐含小动物。例如图 2–83 ～图 2–92 背兜上幅有两排“对鸟纹”，又有两排“牵手人形”，以及许多变形蛙（）和“八角星纹”“卍字纹”等，值得注意的是通道背兜中心主纹常作“蛙蟾形”（），或许有人会说“为何不把此纹视作菱形纹？”图 2–83 下幅中心有“”纹，就是蛙蟾强调头尾与四足的几何化纹样，而带子边上更由蛙纹串连成二方连续花边。图 2–93 ～图 2–96 上幅更是用四只对鸟组成花边而风格保持同类品味，足见构形水平很高。其实那种“小人牵手纹”在很多原始工艺品中都曾有发现，如青海大通原始彩陶盆上就有古羌牵手舞蹈著名纹饰，直到今日，广大藏族群众仍有“跳锅庄”民俗游艺，即青年男女牵手舞蹈以求偶之义，四川凉山彝族青年男女“跶踢舞”也保留古风。通道的蟾蛙主纹又跟北面土家族织锦之“大龙纹”风味相近，甚至已有了“龙脊”“勾勾”的锯齿意味，这种地域特色的渐变现象是十分有趣的。通道侗族的“牵手小人纹”以裙装女孩为主，图 2–97 ～图 2–105 背兜上的一排“牵手小人纹”或被认为有“产子婴儿”，可备一说。图 2–106 ～图 2–109 背兜上部主纹内用“二鸟二蛙”组成，而图 2–110 ～图 2–117 则用“四鸟纹”组成，请注意，侗族所绣之鸟纹是曲颈大嘴的“鹭鸟”特征。从汉朝以来，都认为“南方丙丁火，其神朱鹭”，跟“东方甲乙木，其神青龙”“西方戊巳土，其神白虎”“北方庚辛水，其神玄武”组成“四象”，加上“中央黄土、麒麟”共同成为“五行观”的统治思想规范，影响了中国两千多年。而侗族崇拜鹭鸟，在祈雨铜鼓上铸有鹭鸟形，甚至老人去世在葬礼上也由鹭鸟导引魂返故里。为什么？因为侗族的族源出自百越，并且是百越中的“雒越”支系演化而成，这种悠远的“集体无意识”才是民族艺术创造背后的深层原因，也是民间艺术隽永母题的生命力所在。

图 2–118 ～图 2–122 侗族背兜来自通道独坡寨。侗族普遍信奉月亮，其始祖母“萨”（或写作“圣母”）被尊为崇高之神，侗寨中多建有“萨神祭坛”。奇怪的是，坛上并无神像，而是置一顶油纸伞，并植一棵黄杨树作为神位，供人祭拜，祭期各家携茶叶、草花致祭。侗族另有“创世神为金斑大蜘蛛”神话，很可能跟广西壮族的原始信仰间文化互通的影响有关，因为侗族所属雒越原本都是从南方向北迁徙而来。中国总的人种是“蒙古人种”，但以淮河为界，南部属蒙古人种与马来人种混血为基本特征。从文化发展的总趋势看，无论苗族还是古羌，历史上都是由北向南扩散，而西南各原住民，则有亚热带民族文化向北扩散之势。侗族文化就是南北两系融合的典型，受壮族影响是很自然的，而壮族最重要的信仰是“蚂蜗节”，即月中蟾蜍拟象的青蛙神，也就是表现在铜鼓面上的铸蛙形象，这中间不仅有古羌遥远的蟾黾遗影，也有中南半岛北传的月蛙神话影响（南洋群岛都有月中神蛙故事流传），包括月中蛙蟾的变形，如侗族金斑大蜘蛛之类。明乎此，可对背儿带作观察。

图 2–118 中心主纹是一轮明月，月中依稀可见树影婆娑，又似蕉叶摇曳，而在“萨姆”宗庙中正有栽芭蕉习惯。不过，此月中纹样总体仍是印象，中心则是一朵花，很可能原是蟾背形所化。在蓝黑背景上的月亮花呈现银光，颇优雅宁静。月亮四围，绣女们常说是“四个太阳”，这是当代女孩之说，于史实缺乏根据，侗族并没有多少崇拜太阳的传闻。细审此四角花，仍是月亮形，那白色环绕的仍是结构，目前绣女们虽信手绣成而无定数，原本则是十二个小月绕一圈。就像铜鼓中心的光芒形，虽然其数不定，但最多的仍是十二芒。如果把铜鼓中心解成太阳也不妥，因为早在宋朝《岭表录异》《溪蛮丛笑》等书中就记载着：铜鼓是广西少数民族祈雨法器，鼓面铸蛙甚至叠蛙即其明证，铜鼓就是拟比月亮而铸造。再看此背兜四角之纹样，分八枝而伸出之“花草”形，实际是星宿造形—— 虽作桃形实是肾形，此类形象在民族“香包”类饰物上仍常见。观察整个背兜，环绕三面的“牵手小人们”和上边“对鸟纹”、下边“鸟纹”跟月亮花组合成这样一幅风景画：风清月明之夜，鸾鸟和鸣之时，青年男女牵手成列，载歌载舞，激情满溢，这跟侗族月夜“行歌坐月”的风习若合符节。下边一列鸟纹，又常看作“小马纹”，这是很有趣的。再如图 2–123、图 2–124 背兜所示，上角两块所绣被明确解为“月亮花”，可知我上面推论的正确。

图 2–125，图 2–126 通道侗族背兜，中心月亮四周所绕结构更为明白，很可能就是古人“月缠”观

图 2-83

图 2-84

图 2-85

图 2-86

图 2-87

图 2-88

图 2-89

图 2-90

图 2-91

图 2-92

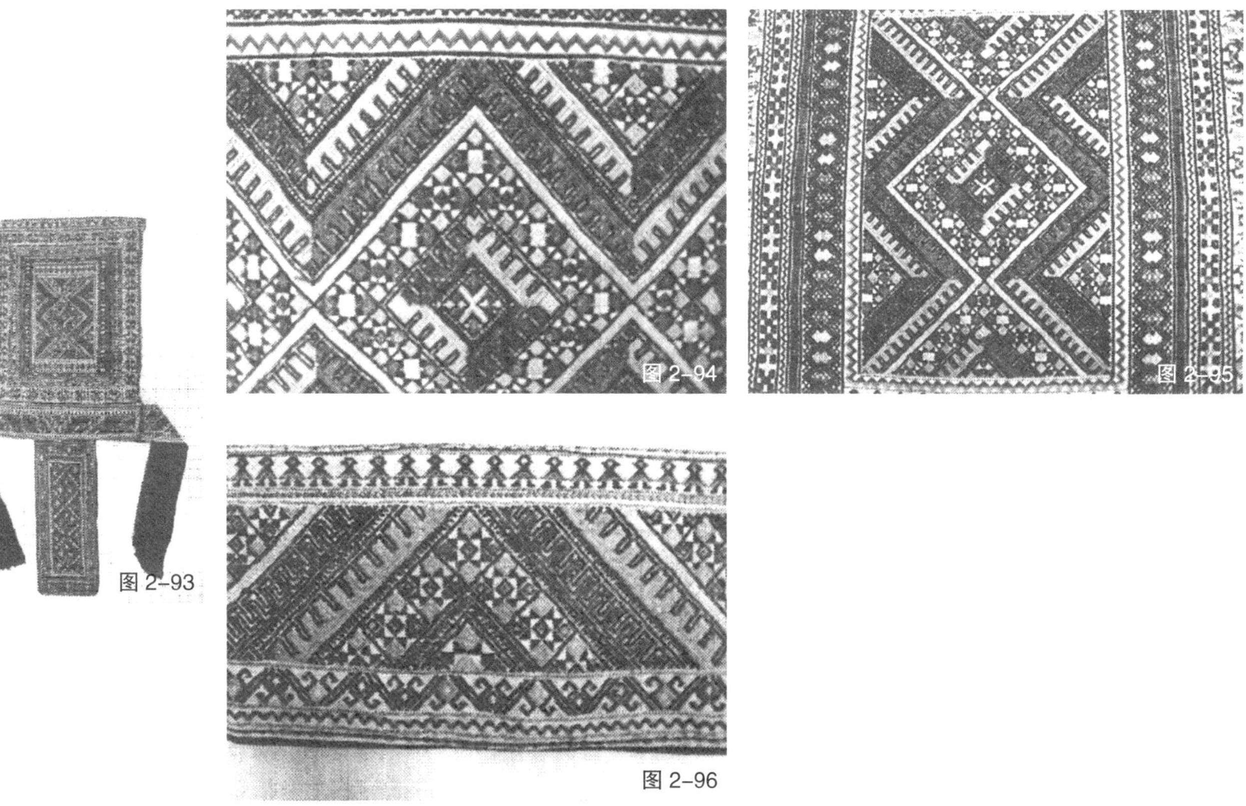
图 2-93

图 2-94

图 2-95

图 2-96

图 2-97

图 2-98

图 2-99

图 2-100

图 2-101

图 2-102

图 2-103

图 2-104

图 2-105

图 2-106

图 2-107

图 2-108

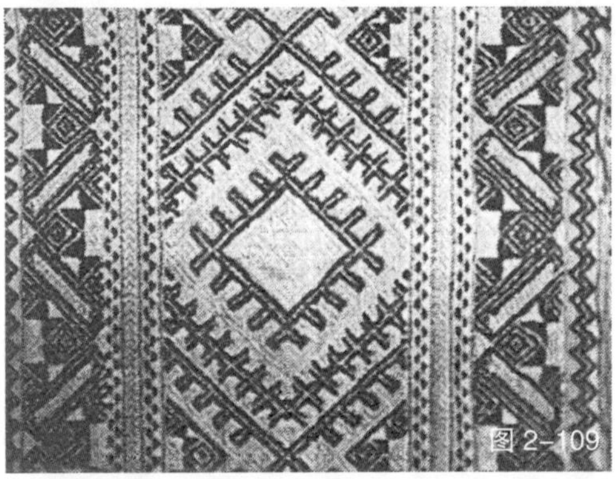

图 2-109

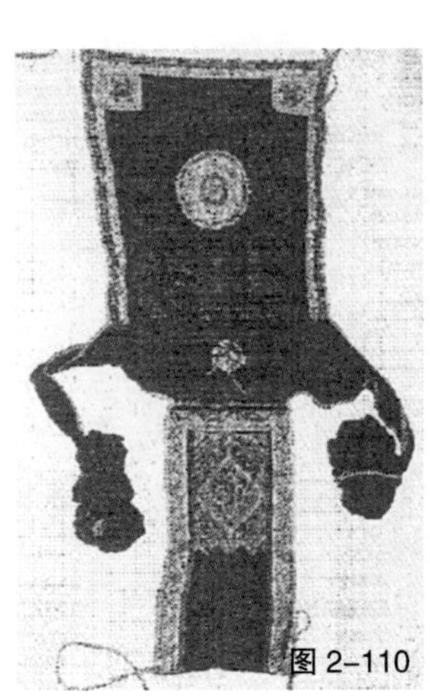
图 2-110

图 2-111

图 2-112

图 2-113

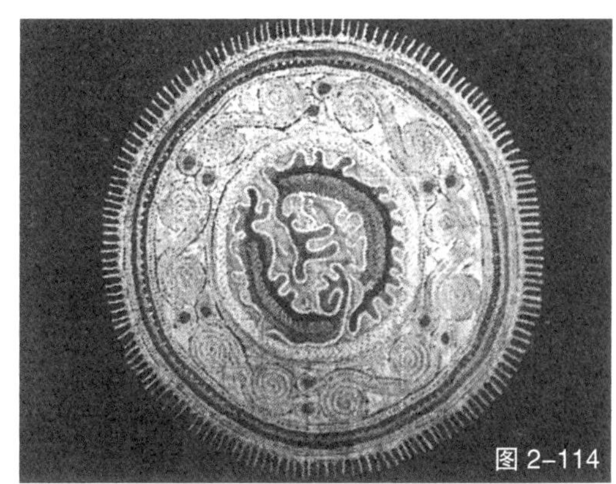
图 2-114

图 2-115

图 2-116

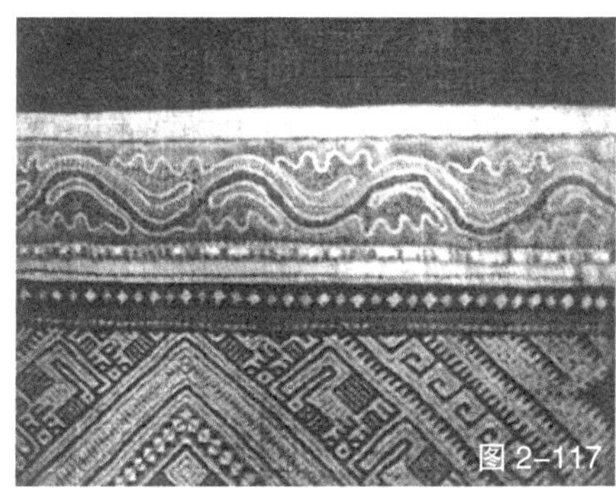
图 2-117

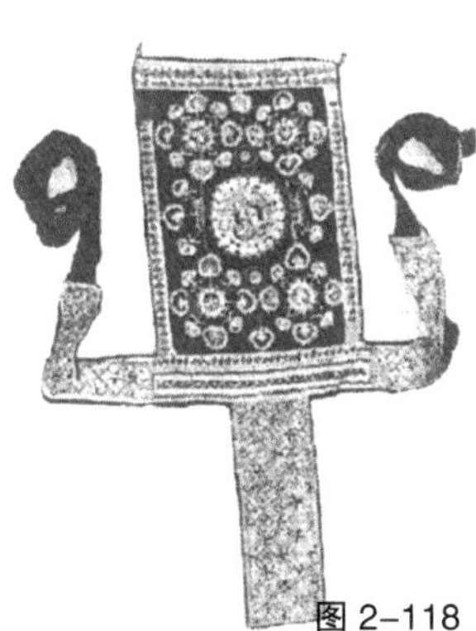
图 2-118

图 2-119

图 2-120

图 2-121

图 2-122

图 2-123

图 2-124

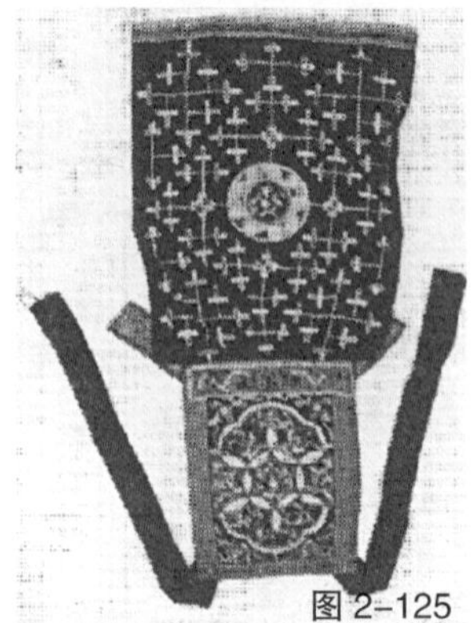
图 2-125

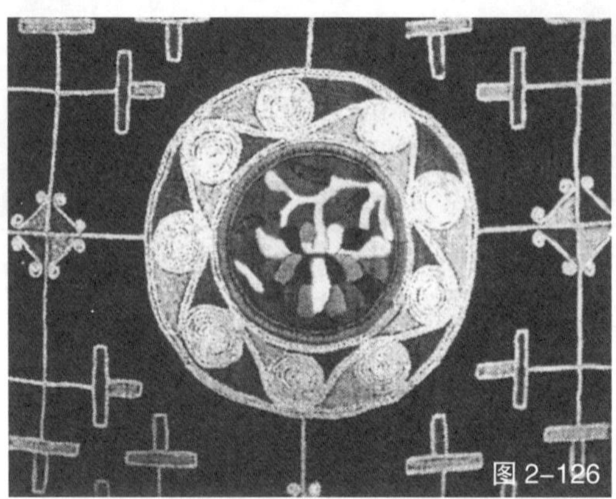
图 2-126

图 2-127

图 2-128

图 2-129

图 2-130

图 2-131

图 2-132

图 2-133

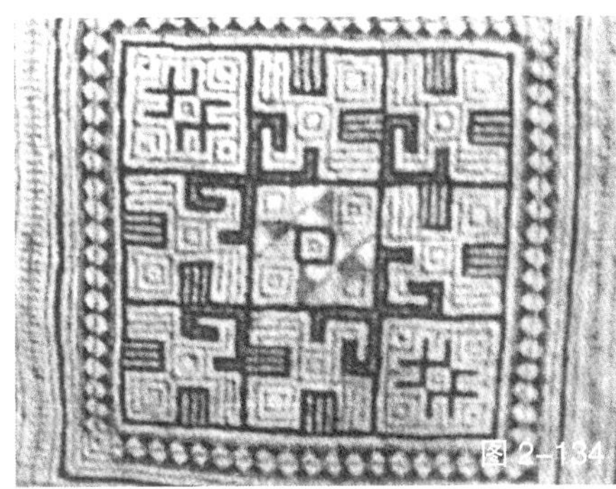
图 2-134

图 2-135

图 2-136

图 2-137

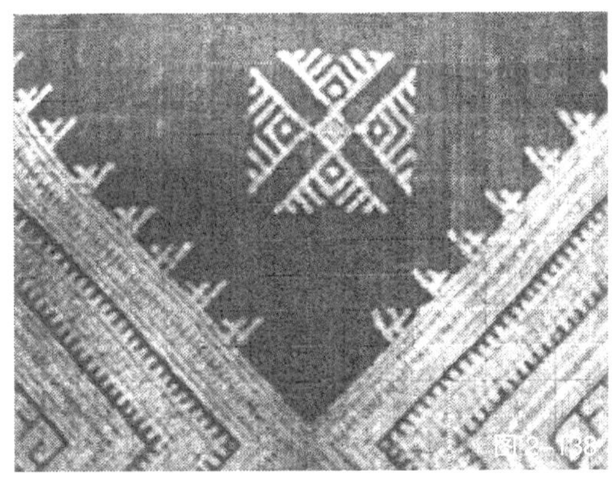
图 2-138

图 2-139

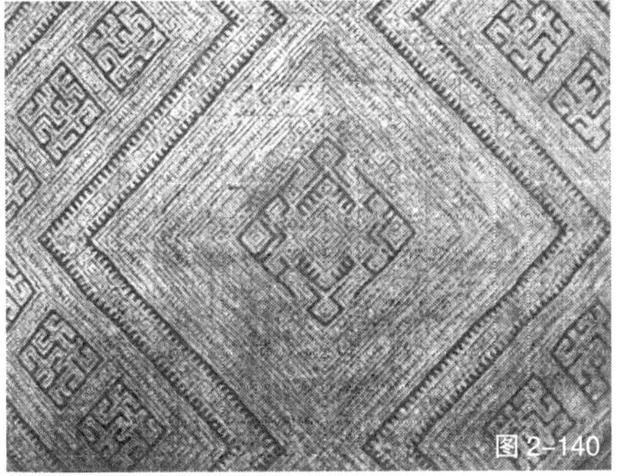
图 2-140

图 2-83～图 2-140　湖南通道县侗族背兜及其细节图

念的表现（月亮按轨道旋转，太阳轨道为“黄道”，月亮轨道为“黑道”），而月亮花四周布满了月亮树，树上枝叶繁茂，很有“满天星斗”印象。图 2-127，图 2-128 更是月明星朗之清明景象。

图 2-129～图 2-136 通道侗族背兜的下幅绣纹值得研讨。图 2-129 上的“牵手小人手脚相错杂，似乎舞蹈已臻热烈状态，下面是外绕星宿的三层鸟纹，外层小飞鸟，中层鹭展翅，内层为四只大鹭抱蛋，以及双鸟对飞。这些情节令人想到《史记·殷本纪》中“殷契，母曰简秋，有娀氏之女，……三人行浴，见玄鸟堕其卵，简狄取吞之，因孕生契”的故事。简狄虽是东夷鸟图腾始祖，但侗族也是鸟图腾后裔，“雒越”即以雒鸟为图腾，又因农耕有雒田（鸟耕田）之特色而得名，这“雒田”实即后世“畲田”法。还应注意此之背兜上述图案外圈有“勾勾纹”龙脊效果，可知受到了土家族织锦影响。

蓝采如曾写了一节“对祖宗的怀想”（人骑马图）：“而最富神秘色彩的则是‘人骑马’的几何图案。”“……据说侗族的祖先，在远古时期，有一支系是骑马的民族。因此，有时在背儿带上出现‘人骑马’几何图案是侗族人对祖先骑马的怀念与景仰。”她根据实地采访，对侗女的解释作了忠实的记录，却未对图 2-127 的图案作具体分析。笔者在当地对侗族妇女们所绣的此类纹样也作过调查，却无人能具体说清“远古”是何时何地，一律说是“听老祖宗讲的！”此说证明两点：一为只是传说；二为侗族妇女是严守传统，不轻易妄改的。这正是民间艺术的文化价值所在。

此类“人骑马”或“小马”“小鸟”纹样变化甚多，但总体印象相似，并且多放在图案中心或重要边饰处。这类纹样可能是飞鸟展翅或朱鹭纹，只是由于鸟嘴很大（鹭之巨喙）而被想象成马形。侗族来自南方雒越，而骑马是北方蒙古族人，所以把此类纹样解为“骑马小人”只是后世妇女凭视觉印象的拟想，所谓“侗族祖先骑马”之类也并无史籍可据。然而此类纹样为何受重视？请再看图 2-137～图 2-140 绣于“蟾蛙”的“四腿”与“腹边”的纹样，应该是一种“图形文字”的刍形。正是此类“小马变鹭鸟”纹样较标准的“范式”，因为图中心是明显的“蟾黾”，而整体则是一幅“父背子”图形。此类侗绣的特征就是：虽由戳纱技术制作，却保持腊染风格，应属比较古老的品种，这种奇怪的“图形文字”简化就是“小马、小鸟”，因为有“鬃毛”印象或“鸟羽”印象。与图 2-127 的鸟形同铜鼓上的鹭鸟纹相比照，也可在雒越史料中找到依据。湖南侗族学者林河曾论证“雒越”就是“鸟耕田”（畲田）。[①]

侗族是有古老文明历史的民族，但是至今没有自己创造的文字。在湘黔桂交界地区居住的侗族有一种奇特的“文字记录”方法，就是“用汉字，记侗音”。走进侗族家族，常见厅堂正中供奉“天地君亲师”，如汉族习俗，两侧有书法精妙的对联，但是汉族客人面对此对联虽然无字不识，却半点读不懂。请教主人，才知是用汉字写的侗话。循此道理，我深入研究后发现，通道的图形文字居然就是黼黻二字变形。请看我在广西三江富禄侗寨找到的特征：这位穿戴女孩对此读出一个侗语，意为“祖宗保祐”。看来，从远古承继的文化已融入民族心中，虽已忘却古义，仍恪守古训，更添新义。黼黻“涵意丰富令人吃惊”。

六、广西融水县苗族背兜

图 2-141～图 146 明显分为两个不同部分，前面的“盖片”正方形，纯用蜡染技巧绘制而成，主纹应是月亮纹，四周绕以变形蝴蝶纹，应是苗族蝴蝶妈妈意匠。融水原名“大苗山自治县”，但此地区苗族实际处于侗族包围圈中，所以受到侗族影响很深。其地靠近湖南通道，所以这件苗族腊染风格跟通道侗族背兜很相似。但是揭开盖片可见到风味完全不同的底片，配色鲜艳的一条“大龙”和“勾勾”以及两头花边则是湘西土家族织锦，无论织花技术或纹样，都是典型的“西蓝卡普”。所以，考虑到融水是历史上湘桂交通主干道的条件，笔者认为此件底片不是当地苗族所作，很可能是从土家族处买来，装配到了苗族背兜上的拼合物。

跟图 2-141 款式相类似的还有图 2-147～图 2-152，但仔细分析可知，图 2-147 也可能是购自土家族织锦重加拼凑（而成），请看那上边褶绉并不平伏，原本只是一幅织花被（西蓝卡普），下幅“臂垫”接得很拙劣。但图 2-149 则应是融水等地苗族背兜本色，素色而沉郁的古味很足，臂垫仍是“回”字形“田坎花”传统。

七、贵州台江县倖一苗族背兜

此类背兜的肩带特别宽大，阔而长，花饰织绣功力很深。倖一的绣技多为“打籽绣”加“锁边”（江浙沪称“拷边”），可使纹样显得富丽醒目，在苗族传统的“龙抢宝”“蝴蝶妈妈”等纹样中，加了许多缠枝花。例如图 2-153～图 2-167 所绣主要蝶纹在双翅间加了一对红色翅，跟花果色彩取得谐和，而下层的展翅蝶身下又加一倒须蝶身，远看既像蝶身，又像双蝶交尾，而上排之蝶

① 可参阅林河著作《中国巫傩史》，2001 年广东花城版。

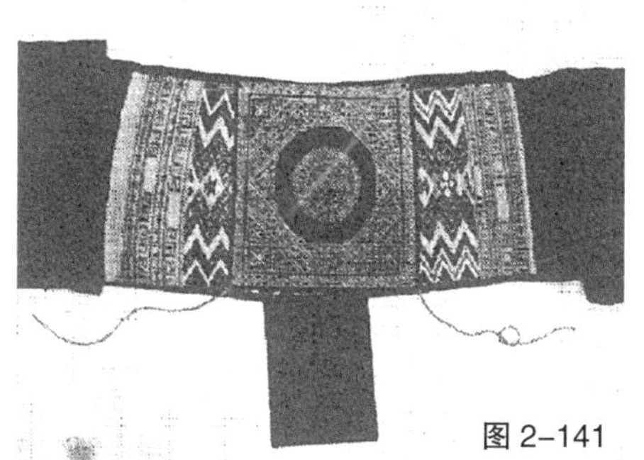
图 2-141

图 2-142

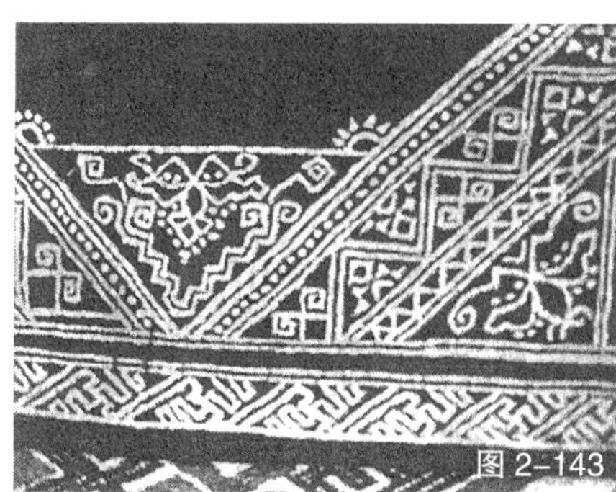
图 2-143

图 2-144

图 2-145

图 2-146

图 2-141～图 2-146 广西融水苗族背兜及其细节图

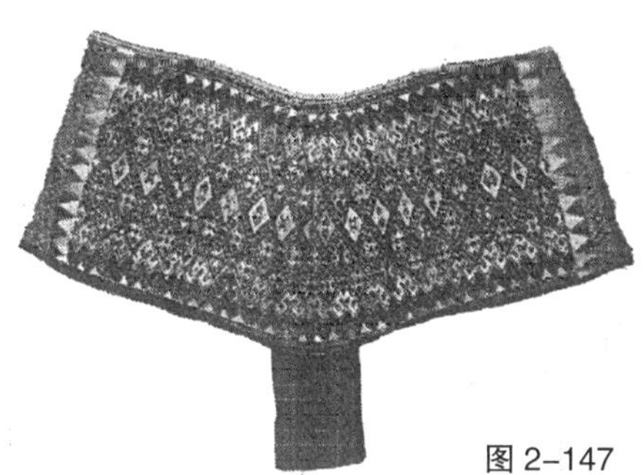
图 2-147

图 2-148

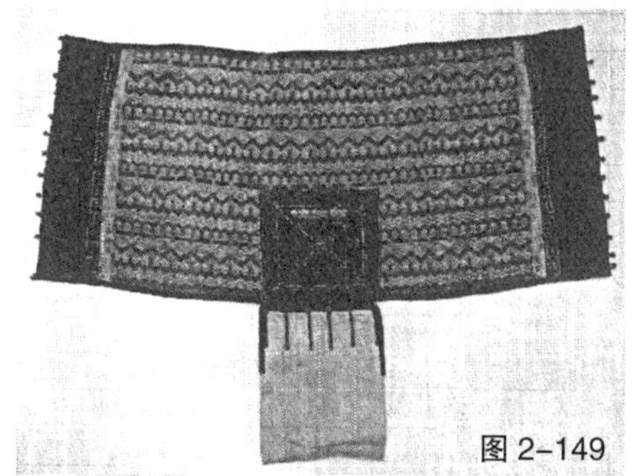
图 2-149

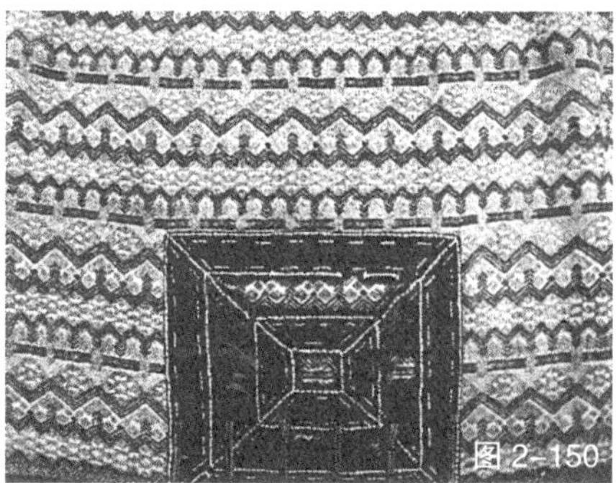
图 2-150

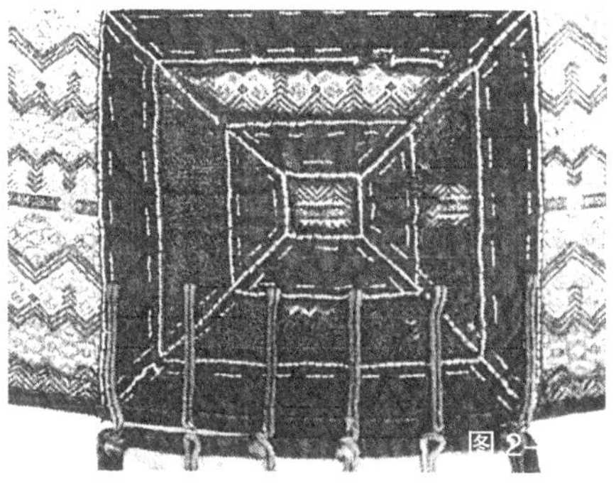
图 2-

图 2-152

图 2-147～图 2-152 广西融水苗族背兜及其细节图

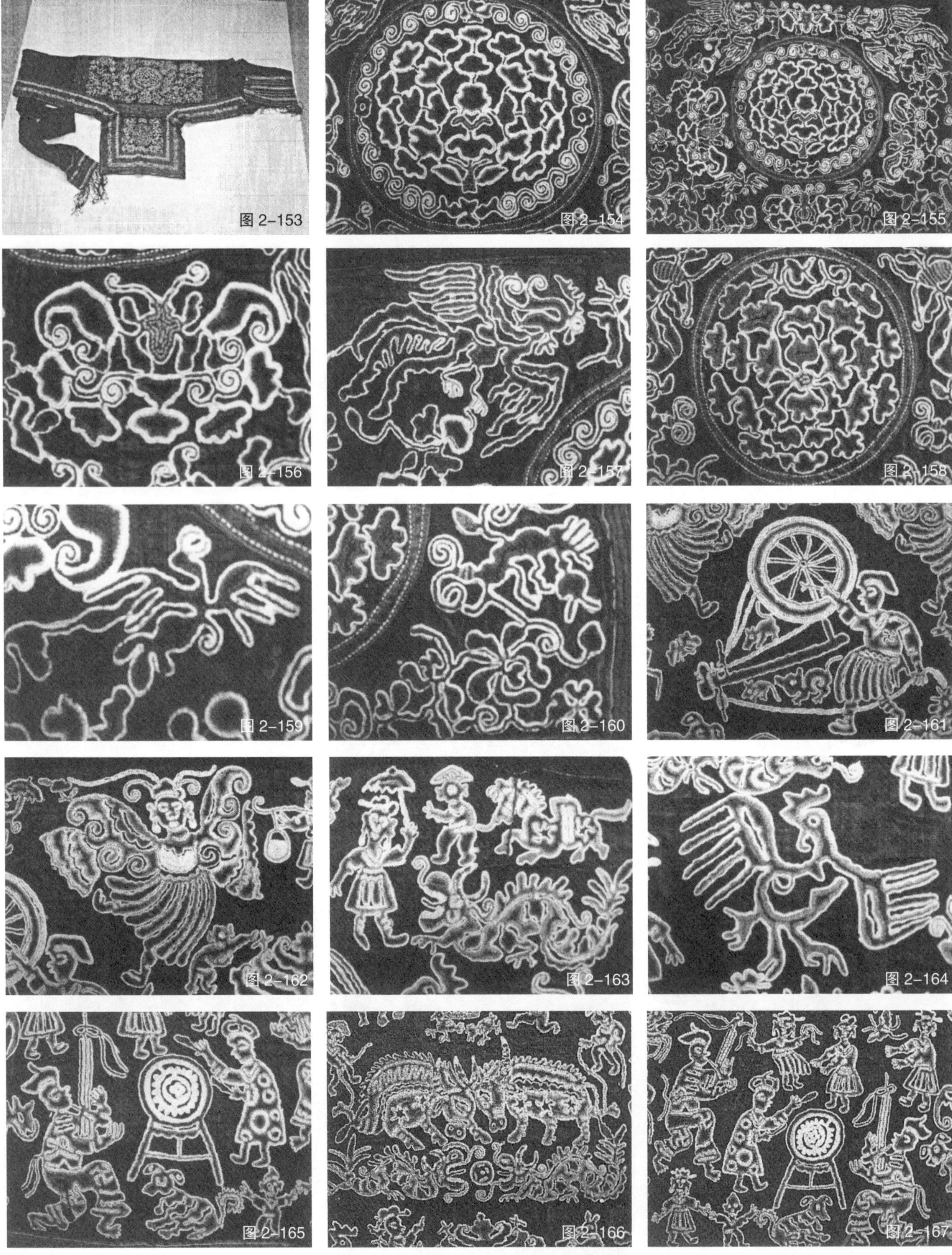
图 2-153
图 2-154
图 2-155
图 2-156
图 2-157
图 2-158
图 2-159
图 2-160
图 2-161
图 2-162
图 2-163
图 2-164
图 2-165
图 2-166
图 2-167

则似有人身，绣女用心很细密。整幅背兜显得生气饱满，细节一丝不苟，很耐看。图 2-168～图 2-170 全幅由红绿线织成（戳纱）复杂美丽花纹，细看则是三列“蛙交”纹，很有律动的视觉美感。图 2-171～图 2-173 则全由变形蟾纹组成复杂的几何花纹。图 2-174，图 2-175 背兜绣的是“老鼠嫁女”故事，这种民俗题材是从陕晋地区扩展到全国的，富有生活情趣，苗绣仍不忘添加蝴蝶和花，两侧迎亲的“亲家”则仍是苗族打扮，很有趣。

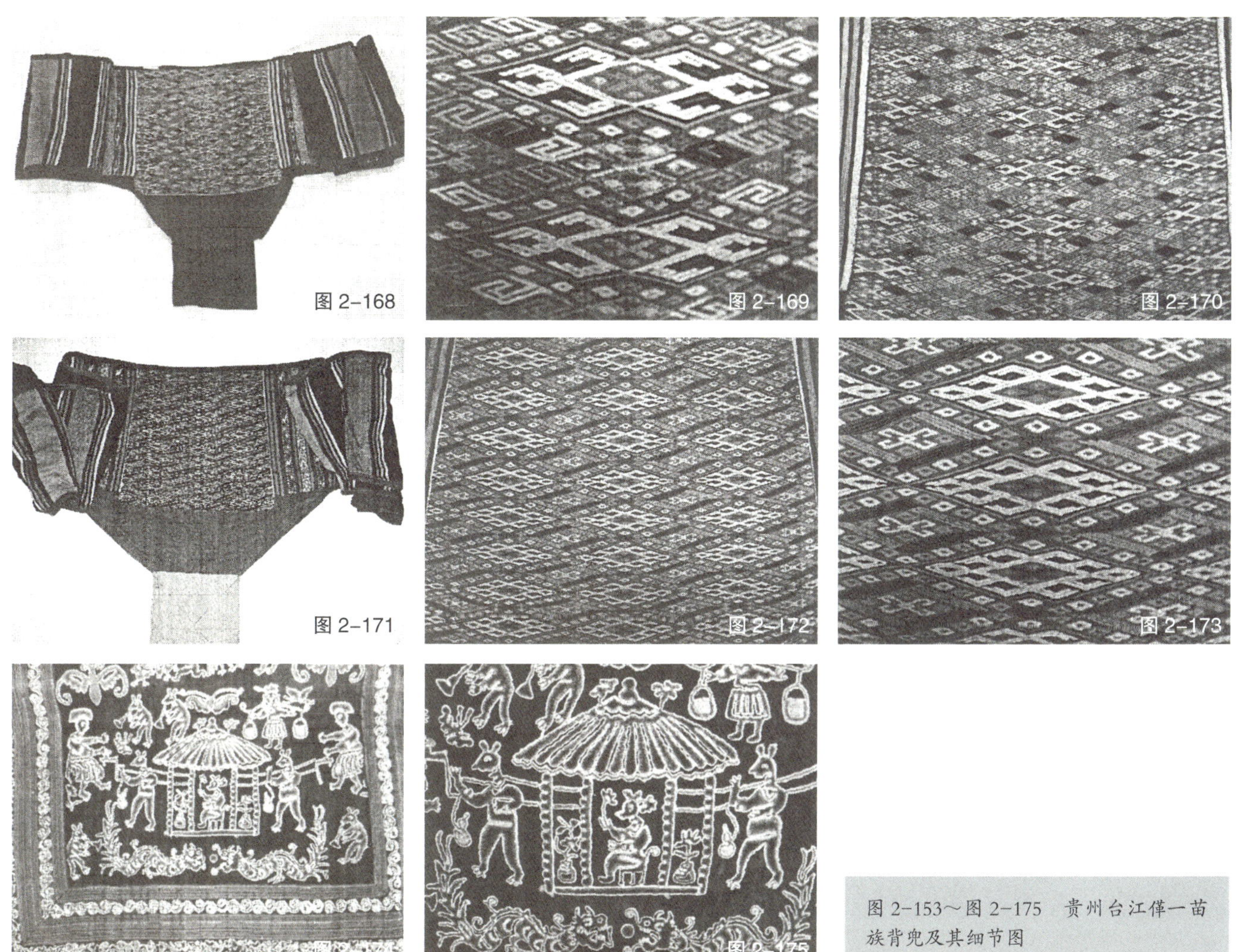
图 2-168
图 2-169
图 2-170
图 2-171
图 2-172
图 2-173
图 2-175

图 2-153～图 2-175 贵州台江偉一苗族背兜及其细节图

八、贵州三都县水族背兜

通常受人注意的是水族著名的“马尾绣”绝技，在黑底上用白色马尾外缠丝线，将马尾线钉在设定部分，形成花纹的骨架，然后在物形轮廓内用丰富多变的花纹填满，而在重要物形边界上用特殊的“羊皮金”裁成细带订成轮廓线。为什么要用马尾做绣材呢？因为马尾有一种遒劲的韧性和弹性，比普遍丝绣线更具有韧性，做出的图纹会具有浅浮雕的视觉张力，又由于马尾的角质特性，保存时间更长久。水族背兜最常用的纹样是蝴蝶和圣树。上层主纹是一只硕大的蝴蝶，但蝴蝶造型只是“存意”而已，下层圆芯外围绕着四只蝴蝶。左右两蝶的翅膀安排得如鸟翼上下扇动，并非蝴蝶翩跹之态。虽然整个背兜都铺满花绣，但上层蝶身和下层圆芯中的花形值得注意，这是水族因受苗族影响而得的观念：苗族神话说世界尚无人烟时，长着一棵枫树，枫树洞中孕生蝴蝶妈妈，蝴蝶生下十二个蛋，蛋中孵出各种动物，正是这种化生观念影响，水族背兜的蝶身花树与下层“蝶卵”中才特意绣成花树的幼芽，作盆栽花株造型。在这水族背兜的其他部位还可见到受汉族影响的石榴、牙板、寿字等纹饰（图 2-176～图 2-210）。

图 2-176

图 2-177

图 2-178

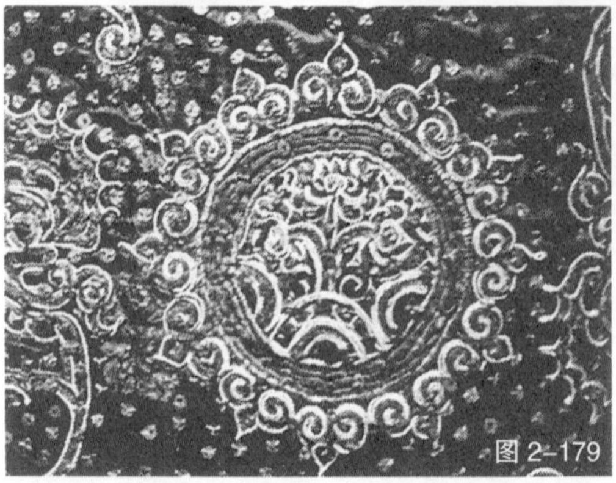

图 2-179

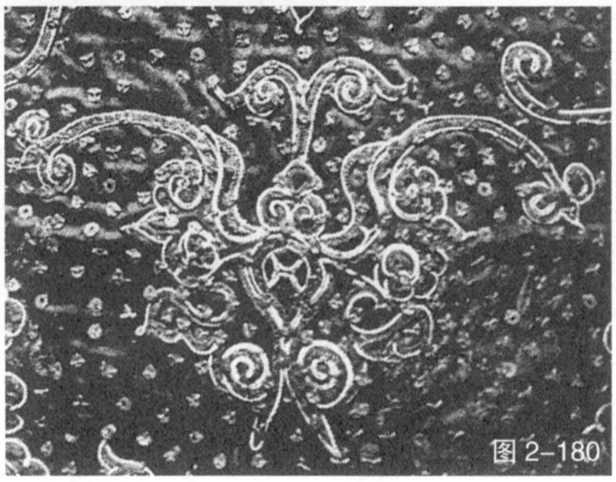

图 2-180

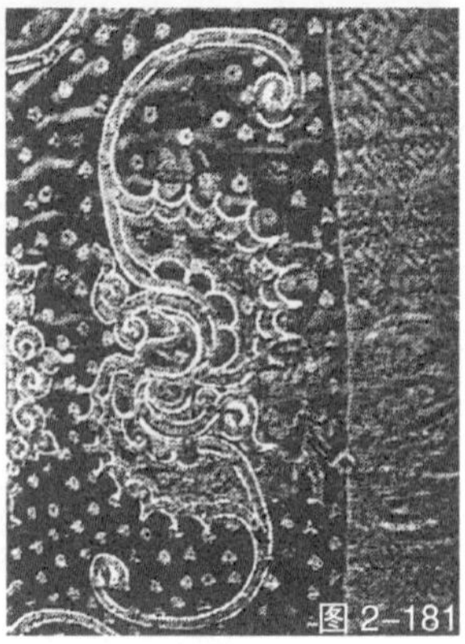

图 2-181

图 2-182

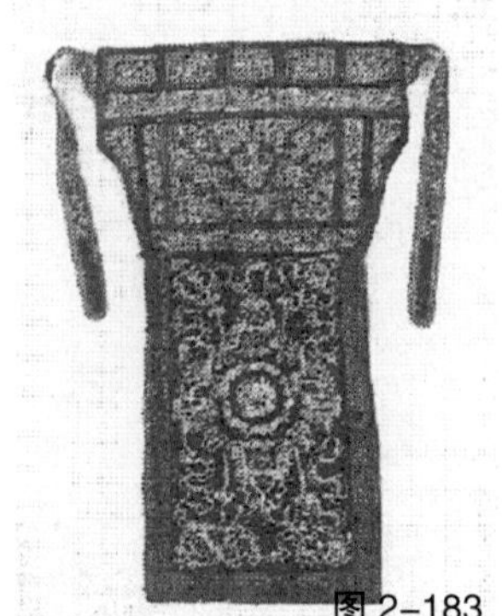
图 2-183

图 2-184

图 2-185

图 2-186 图 2-187 图 2-188 图 2-189 图 2-190 图 2-191 图 2-192 图 2-193 图 2-194 图 2-195 图 2-196 图 2-197 图 2-198 图 2-199

图 2-176～图 2-210　贵州三都水族背兜及其细节图

九、贵州三都县饶家背兜

图 2-211～图 2-215 是一件应予特别重视的佳作。先说饶家，清朝著名的《百苗图》中就明确住在麻江县的苗族是“夭苗”，这“夭”实即“饶”。夭苗在苗族中一直因服装特异出名——他们是“辑叶为衣”，就是穿着用树叶编成的衣裳，这在《百苗图》中画得清清楚楚。当然，那是被迫住在深山、生活艰苦的反映。但是，直到今天，源出“夭苗”的饶家仍以服饰奇特出名。第一，饶家妇女的上衣以多层下摆为特色，从背后看，饶家妇女的上衣有七八层下摆，并且层层迭加，我想，似乎穿着七八件衣服就是“辑叶为衣”遗影。第二，饶家妇女上衣以暗红色调为主，平日服色虽是青布，但仍爱用红色迭加，跟荔波青瑶服色绝然不同。第三，饶家妇女服饰最爱花草，其腊染的花草纹中常隐藏着各种小鸟，甚至鸟草不分，密密麻麻，细细绘制。第四，饶家女服由刺绣拼合而成，所绣与腊染所绘风格差异明显，应当是原本以腊染为主，生活改善后增添绣品，其绣技跟绣纹明显受到汉族影响，多为现代制作。

关于这些刺绣与腊染并存现象，饶家虽属偶然，其实有很古老传统，需详作探讨。

自汉代郑玄为经典作注以后，其观念很少受到质

图 2-211

图 2-212

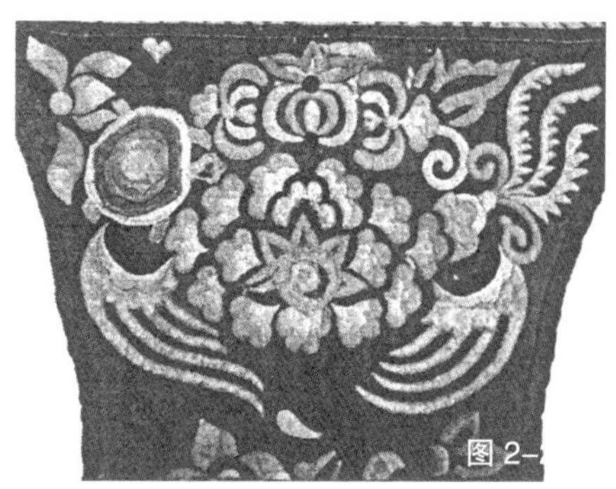
图 2-

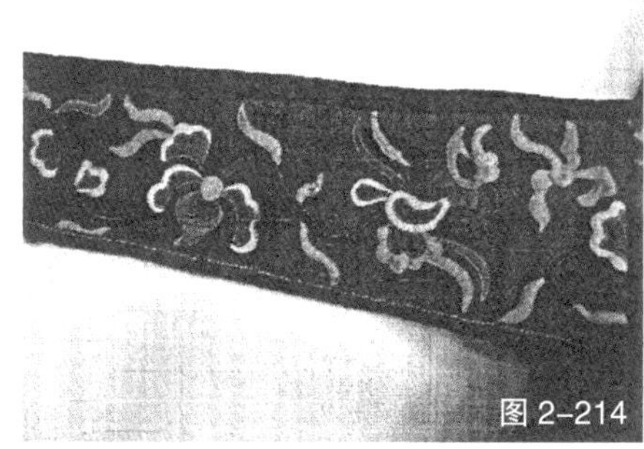
图 2-214

图 2-2

图 2-211～图 2-215 贵州三都县饶家背兜及其细节图

疑。关于皇帝所穿“龙袍”的规律，学者都归之于《尚书·益稷》所谓“帝（舜）曰：……予欲观古人之象，日、月、星辰、山、龙、华虫作缋、宗彝、藻、火、粉米、黼黻、絺绣，以五彩彰施于五色作服，汝明。”据说是舜创制的“十二章服”，历来解释也有差异，实际汉朝时才成为定制。我认为郑玄所注失误甚大，应予校正。首先，按惯例解为“日、月、星辰、山、龙、华虫、宗彝、藻、火、粉米、黼、黻”这十二个纹样，则“作缋”（绘）跟“絺绣”几个字就很不妥贴，因为“作绘”是“用绘画方法制作”之意，有动词意思，则最后“絺绣”缺少动词连结，因而通读全文原是两大段：前六种纹样是画成的，后六种纹样是在葛麻布上绣成的。因为“絺”是“细葛”，“绣”是“五色备曰绣”。严格地讲，最早的龙袍应当是上衣画出六种纹样，下裳用彩线在细麻布上绣成六种纹样才对。也就是说，经典的“龙袍”应当是上衣下裳相连，则“深衣”之制由来，是礼仪袍服的制式，并且上衣是画饰，下裳是绣饰才对。十二种纹样的解释也有含糊不通处，“星辰”连读是后起习惯，古时星与辰各有所指，并不相同，“星”泛指“天空之群耀也”，专指则为“二十八宿中南方朱鸟七宿之第四宿”，在希腊星图中属长蛇座，中国道家特别重视星宿，南方朱鸟七宿中专设“星宿”，《史记·天官书》：“七星，主急事。”《观象玩占》：“《周礼》‘鸟旗七旒，以象鹑火’谓七星也。”星宿出没是春秋雨季农事的关键标识。而“辰”专指“日月交会曰辰”，在以“天干地支”纪年月时的历法确立之后（东汉光武帝时）十二地支跟十二生肖对应，直到今天都是中国人的特殊观念。而区别星辰这观念很重要，《书·尧典》注：“星，四方中星，辰，日月所会”，疏：“四方中星，总谓之二十八宿也。日行迟，月行疾，每月之朔，月行及日而与之会，其必在宿分，二十八宿是日月所会之处，辰，时也，集会有时，故谓之辰。日月所会与四方中星俱是二十八宿。举其人目所见，以星言之，论其日月所会，以辰言之，其实一物，故星辰共文。”这段文字很重要，龙袍上为何要画日月星辰？不仅为装饰美化，也不只因皇帝身份。古时每年须由皇帝颁历指导全国农时，皇帝这特权是“天子”身份专有，是延自远古宗教领袖的传统而来。所以，笔者认为，历来把“星辰”视为同一物象是错的，应当在龙袍上兼绘星和辰两种纹样，星即星宿，通常绘成菊形，辰则是十二地支的第五位，属形即龙，《左传·昭三十一年》“日月在辰尾”就是《左传僖五年》“龙尾伏辰”之义。汉人已忘了古时辰龙之义，在战袍上只绘“星辰”为星纹，另外又增画了许多龙纹，甚至多至九条，以符合“九五之尊”解释，又因龙袍上往往只见八条龙，而妄解为“第九条即皇帝本身，因为皇帝是真龙”，又有在襟内暗藏着一条龙以合“九龙”之说，其实这些都是后人妄释而乱加如游戏。“九五之尊”是后人引“易经”而附会，否则一个皇帝临朝岂能容忍九龙显存？岂不天下大乱？否则，《易经》中“群龙无首”“有龙在田”之类言词如果都套用到龙袍上，岂不沦落泥淖！

那“华虫”被解为“雉纹”后，两千年从未见质疑，其实也是汉儒妄解。《传》：“华象草，华虫，短信也。”《疏》：“草本虽皆有华，而草华为美，故云华象草。虫，雉也，雉五色象草花也。”这是以郑玄为代表的汉儒的霸道妄言，凭什么说百花中草花最美？这个标准是谁定的？至于说“虫，雉也”更是莫名其妙。自黄帝开始，就把百禽和百兽、百虫分成不同类，“麟虫之长”是龙，“百鸟之长”是凤，只听说百兽之王老虎称“大虫”，蛇为“长虫”，因为它们都是“麟虫”，却从未听过鸟类可称“虫”，只有这个野鸡是孤例，未必可信。那么，“华虫”究竟是什么呢？

在贵州省榕江县西南角丛山峻岭的边境上，有著名的月亮山，顶峰1491米，月亮山南面则是相邻的从江县太阳山，顶峰1508米，再往南就是广西“九万大山”。在这跨界的月亮山中，黑苗保存着古老的“吃牯脏”祭祖最原生状态的习俗文化，每隔十二年举行一次的祭祖大典上，平时荒僻的山寨有千人聚会，古仪纷陈。在仪式中会出现大量按古制绘制的腊染幡旗，用幡旗招唤恭迎祖宗圣灵降临，在幡旗上按“蝴蝶妈妈生十二个蛋孵出万物”观念绘出的各种动物中就有“龙”和“太阳神虫”形象，这“太阳神虫”就是真实的“华虫”原貌①。其实这种太阳虫并非只有苗族信仰，在古代，许多民族都有把太阳视为昆虫形神像的崇拜，例如，《山海经·西山经》：“太华之山，削成而四方，其高五千仞，其广十里，鸟兽莫居，有蛇焉，名曰肥遗，六足四翼，见则天下大旱。”郭璞注：“汤时此蛇见于阳山下，复有肥遗蛇，疑是同居。”清朝李云圃辑《华南岳志》：“肥遗穴，在（华山西峰）顶之西北。”传世的《山海经图》所画肥遗似龙形，而从文中强调的“六足四翼”判断，只可能是昆虫。《山海经·西山经》另一处又说：“英山，……有鸟焉，其状如鹑，黄身而赤喙，其名曰肥遗，食之已疠，可以杀虫。”所谓“见则天下大旱”和“食之已疠，可以杀虫”就证明肥遗只能是太阳神鸟或太阳神虫，古人早已知道太阳红外线的杀虫消毒功能，而蛇即是长虫，足见古时陕西华山脚下的居民一直有华虫——太阳虫的崇拜。很有可能华山的得名就跟“华虫”崇拜有关，即太阳崇拜的某种物化现象。华山离蚩尤被黄帝杀死的山西运城盐池很近，这种“华虫”观念流传数千年，甚至被视为华山上的太阳神象征，只是名称被讹改成“肥遗”，“蟦”字仍是虫。更可能这种太阳神虫原本就是苗蛮族古老信仰，遗留在陕晋被汉族接受下来。总之，龙袍上的“华虫”只能是跟太阳有关才符合皇帝身份。否则，绘个“草花式的野鸡”在神圣的龙袍上岂不滑稽而荒唐。

那“黼黻”的纹样和解读更是莫名其妙。汉儒根本没搞清黼黻原意，就捏造出两把交斧，妄解其“刃白身黑，取其断”。按理，所谓“断”，是指君王断事黑白分明的决断果敢，跟斧形色毫无关系。何况既是斧，又何必隐晦曲解成“黼”这毫不相干的字？那“黻”更匪夷所思地被画成“反弓”（[illegible]），但古人并不把此纹解为“弓”，而是解为“反已”，都是自作聪明，一派胡言。其实，查一查汉代的《说文解字》本义清清楚楚：“黼”是“白与黑相次文也”，“黻”是“黑与青相次文也”。“黼黻”两字所从的“黹”原文是“箴缕所紩衣”，许慎解为“以鍼（针）贯缕紩衣曰黹”，至今民俗犹称女红为“针黹”。说穿了，这“黼黻”原义就是腊染！

笔者这结论可从古文字中获得证明，在古老的文字中“黹”是个象形字：[illegible]、[illegible]、[illegible]、[illegible]。有学者认为这是织机织布象形字，并且是较复杂的织机，有一定道理。但是从《说文解答》“黹，箴缕所紩衣也”看，还应从制衣方面去理解。笔者说黼黻是腊染，是从腊染发展过程出发的：古时候的腊染并不全是今天苗族所用的直接拿铜刀画在布上，而是先用木板雕刻花纹，然后用两块雕刻好花样的木板夹紧白布坯，放入染缸浸染，再取出拆开漂洗，凡木板合紧处不受染，雕花缝隙处则被靛汁染成蓝黑色，漂清后即呈美丽纹样。这种版印方式的腊染技术，20世纪40年代有学者凌纯声、芮逸夫在湘西调查过，并出版了《湘西苗族考察报告》一书，其中有详细记录。后来，凌纯声移居台湾地区，该书已很少被大陆读者注意。目前在苗族地区已不见用雕版制作腊染，但在浙江的“蓝印花布”仍沿用上述方法制作，只是为节约成本而多改用蜡纸刻镂代替雕版了。请看[illegible]或[illegible]字，不正是雕刻木板夹坯布印染的象形吗？而所谓“白黑相次文”和“黑与青相次文”正是腊染啊！通过以上分析得出：苗蛮族发明的腊染技术因汉唐以后已在中原失传，仅留下了“臈缬、腊缬、绞缬”之名。汉儒们就把古文妄加解读，并捏造出“交斧”“反已”（反弓）之类。现重新审读古文。

“予欲观古人之象：日、月、星、辰、山、龙、华虫作缋；宗彝、藻、火、粉米，黼黻絺绣，以五采彰施于五色，作服，汝明。”应该解释为：前七种纹样是用腊染绘于上衣，另五种纹样是以刺绣技术施于葛麻面料的袍裙式下裳。也就是说，腊染与制绣并用于“龙袍”（由古礼仪服变来）是关键性的基本条件。如此理解古文，才能恢复古人的真实理念，即礼服的制作（作服）在面料上、在染绣技术上、在色彩配制上、在纹样设计上，都有严格规范。

保留在深山僻远处的苗族服饰技艺，为我们廓清史谜恢复真相提供了启示，现存一百三十多种苗族支系的

① 可参杨文斌著《苗族传统蜡染》一书第22页图中所示形象。

服装，特别是其礼服盛装中，还有许多腊染与刺绣并存的实例，如黄平僅家、麻江饶家、贞丰黑苗等尤其是榕江月亮山的“牯脏衣”和“幡旗”，可称典型。

十、侗族背兜

图 2-216～图 2-218 购自广西三江县富禄，蓝老师在书中引用了当地采访的一则“洪水”神话，说明此背兜是绣着九个太阳的意思。然而，这一说法可能是根本失误了。这个洪水神话是侗族袭用苗族创造神话而改编的，所谓侗族祖先宜仙宜美孕育六个儿女就是苗族槃瓠娶高辛女生育六男六女故事翻版，从所生子女中的姜良姜妹可见就是苗族祖先姜央兄妹。而“九个太阳”也是出自苗族“杨亚射日”神话改编。其实，这类神话根源出自遥远的古羌伏羲女娲神话，并且很可能是世界性的“创世纪”中洪水神话的中国版。至于侗族始祖母“萨”则可能是“金斑大蜘蛛”或“蚂蚜”(已见前述)。从背兜绣纹分析，此件只可能是月亮与星星寓意，月中有袭自苗族的“蝴蝶妈妈、鹡鸰”故事。特别是四周八个小圈都有线串连，这是中国古代表示星宿的特殊方式，而更从星月外的“拉丝”手法可证只能是星月柔光而不会是太阳光芒。

图 2-219～图 2-223 采用多层贴花，再加手绣的技法，显得华丽富美。四周的寿桃等果品变幻多种绣技，并有汉族绣品的影响，中央为“连钱八卦”式构成，颇具活泼生气。中心图案则是侗族擅长的“打散重组”手法，似有“龙隐云中”的神秘感，耐人寻味。

图 2-224～图 2-226 绣技很好，配色上尤见“绿间紫”的高难水平，是侗族特色所在。中心花形中又恍惚有“萨姆”意味，正如老子哲学所谓“恍兮惚兮，其中

图 2-216

图 2-217

图 2-218

图 2-216～图 2-218 广西三江县背兜

图 2-219

图 2-220

图 2-221

图 2-222

图 2-223

图 2-219～图 2-223 采用多层贴花背兜

图 2-224

图 2-225

图 2-226

图 2-224～图 2-226　侗族特色配色背兜

有物！”此中奥妙不可言说。

图 2-227，图 2-228 来自黎平县水口乡（今水口镇），绣技精密，色调凝重中显靓丽，中心是“蜘蛛抱蛋”，四周“连钱八卦纹”，外有青蛙交合细密衬底。

图 2-229～图 2-234 是一件侗族代表性背兜，中心是“萨姆”拟形，其足如蟹足扁阔形，实际是蜘蛛变形。此类背带织花，也很值得关注，技术与纹样变幻很多，也很美。

图 2-235～图 2-241 背兜绣片购自广西三江县富禄，四周织带花边品格较高，四角“凤穿牡丹”及“向日葵”应是“文化大革命”时期的作品，“连钱八卦”式主纹用粉绿、粉红、粉青相配，整体响亮、明快，灿烂辉煌。两个粉红色底上所绣之物既像三足蟾，又像“狮子舞绣球”，而中心花朵非常富瞻华美。

图 2-242～图 2-250 侗族背兜绣片十分辉煌灿烂，粉青色四角各绣一个红色蜘蛛，实为侗族始祖母“萨姆”之像，扁足又有花瓣意味。下方是“打散重组”的龙纹，右侧是鱼纹及 ※S 形等碎花组合，右侧与左侧相对称，在左右的下方有石榴瑞果，都以“打散重组”方式铺开，并饰有修长优雅的云气曲线，很有古代楚漆器的韵味。中间以“连钱八卦纹”布局，八瓣弧形内的碎花多杂有※形，花芯则是意匠化的凤鸟，涡形骨架颇具运动感。整个背兜各节点妆成小镜片，具有辟邪之义，所有边框处则用“羊皮金”镶饰，闪烁炫目，极尽华饰之美。

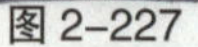
图 2-227

图 2-228

图 2-227，图 2-228　黎平县背兜

图 2-229

图 2-230

图 2-231

图 2-232

图 2-233

图 2-234

图 2-229～图 2-234 侗族代表性背兜

图 2-235

图 2-236

图 2-237

图 2-238

图 2-239

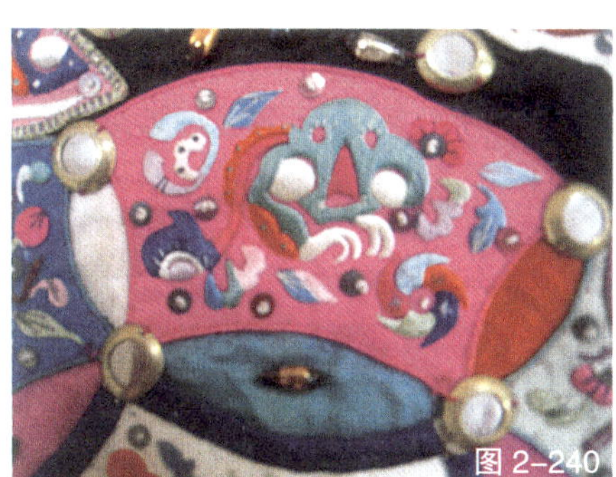
图 2-240

图 2-241

图 2-235～图 2-241 广西三江县背兜

图 2-242

图 2-243

图 2-244

图 2-242～图 2-250　侗族背兜绣片

十一、贵州黎平县侗族背兜

图 2-251～图 2-257 背兜刺绣是目前所知中国最豪华复杂的刺绣针法之一，并无统一名称，有学者根据其工艺特点，命名为"盘筋绣"，该名称比较通用，当地侗女也乐于接受。这件背兜采购于黎平县尚重镇，这是黎平通向剑河县的崎岖山路古道，山峦重叠，交通闭塞，镇右"俾脚坡"高达 1382 米，镇北界峰"尖尖坡"则高达 1606 米，这一列从东北向西南的重峦叠嶂也是苗侗分布的界山，近年才有公路相通。在尚重发展出如此精妙绝伦的侗族"盘筋绣"，不能不说是个奇迹。苏州刺绣号称"针法天下第一"，三十年前笔者带着两位黎平平寨与尚重的侗族姑娘到"苏州刺绣研究所"参观并表演，苏州刺绣专家顾文霞、李娥英一见，叹为观止，马上安排摄像并采购珍藏。这种"盘筋绣"极其费工费神，先用一根强劲的粗线为筋，把白色丝线缠绕于筋线上，再把缠好的粗线按图稿一点点钉载上去，曲折成型。至于龙纹之身体，则是用一根宽约 2.5 毫米的布带，按三角形反复摺出，再用针线订固，同样用缠线绣成的云纹，使龙掩映其中，这种"双龙抢宝"纹样显得神秘复杂。背兜中心是六个"如意云头纹"围绕的团花，花芯则是"阴阳太阳纹"，四角是"如意云头纹"式的蝴蝶变形。环边跟背带上段都用缠筋纹做成，再接上织成长带。一位巧手熟练的侗族姑娘，一天也只能做成两三平方寸的"盘筋绣"，整幅背兜至少费时数月才能完工。

最妙的是此背兜前垂有一个椶形宝贝，蓝老师按汉族习惯称之为"福包"，也有人称之为"香袋""香包"，这在陕晋地区多为妇女佩挂腰间的饰品，内贮香料，又名"荷包"，《红楼梦》中多有记载。"香包"之用，多见于端午节，被视为具有辟邪消毒功能。

侗族这背带上的垂椶和流苏却另有深意，试论如次：

先看背兜中心主纹之"阴阳太极"，当然是受道家思想影响，周围绕以六个如意云头纹并非偶然。按道家观念，六是阴数，宜母之数，所以妇女怀孕称"身怀六甲"，《隋书・经籍志》收有《六甲贯胎书》。因为《易经・系传》有"天五地六"之说，《易》谓阴爻称六，如初六、六二等。道家认为六甲是星名，《星经》："六甲六星在华盖之下，杠星之旁，主分阴阳而配于节候出入。"此理被民间道士画为符箓，《云笈七签》："若辟除恶神鬼者，书六甲乙符持行，并呼甲寅，神鬼皆散走。"巫师跟道士在侗族民间至今仍很受重视，而巫觋的占法就分太乙、遁甲、六壬三式，根据是汉朝推广"五行观"，认为五行始于水，故曰壬，"天一生水，地六成之"，故甲六。其法原本于《易》，有六十四课，并以天上十二辰分野谓之天盘，地上十二辰方位谓之地盘。天盘随时运转，地盘则一定不易，六壬以日太阳为用，如正月太阳在亥，用午时则是天盘之亥加地盘之午也，视日所加临，遂以其日所值干支，在天盘者，视其加地盘何辰，以起上克下克，则时之吉凶可知矣。此法由来甚古，相传九天玄女授黄帝以破蚩尤，古人巫卜占法皆循此理，今日民间巫术则多依明朝著作《六壬大全》。

此背兜前之“垂幓”不仅是装饰品，具有辟邪功能。这“垂幓”前后分别为红绿色，红色上出的“霻”，绿色上书有“霊”（但有缺笔），这两个图形并非常用字，而是道士所画符咒。按《正字通》：“相传人死为鬼，鬼死为聻。若篆书此字于门旁，百鬼远离。其说未知所出。按聻音贱，俗谓之辟邪符，以聻为鬼名。《酉阳杂俎》曰：‘时俗于门上画虎头，书聻字，谓阴府鬼神之名，可以消疟疠。’又张续《宣室志》曰‘裴渐隐居伊上，有道士李君曰：当今除鬼，无过渐耳。时朝士皆书聻于门上。’俗因渐能制鬼，改作聻。”不论其中有多少传讹或附会，这个聻都是道士玩弄的辟鬼符咒而已。巫道替百姓画符受欢迎，当然首先须保护自己最爱的婴儿。但这个“聻”则是加上了“靈”即祖灵护祐的内容，以冀更“灵验”些。那个“靈”则更是捏合的符咒（附图是湘西苗族端公常画的几个符咒）。

那吞应该出自“簦”字或“乔”字。“簦”本意是笠盖，《说文》段注：“笠而有柄如盖也，即今之雨伞”，《史记·虞卿传》“蹑蹻担簦”一语虽被解为“举着伞穿着高跟屐行走”，实际这是道士们的特殊观念。笔者在《芙蓉坊》发表的《四十八寨苗族绣品研究》文中附有一张苗族“担簦”的图片，那是十多年前仍传承在黎平县苗乡的节日专用“方伞”，也是道士所用法器之伞，即“簦”之原型。“蹻”本义即草鞋“履”，又写作“屩”，后世道士们认为是穿着上天成仙的法鞋。侗族背兜的“垂幓”上所写“聻”，就是将祖灵护祐观念与道家神灵护祐结合的灵符。由此背兜可见，地处边僻山村的苗侗各族都曾受到汉族文化的影响。

图 2-251

图 2-252

图 2-253

图 2-254

图 2-255

图 2-256

图 2-257

图 2-251～图 2-257　背兜刺绣

十二、贵州丹寨县雅灰苗族背兜

对图 2–258～图 2–260，蓝老师在书中已有很好解读，笔者只补充两点：

1. 丹寨雅灰的苗族服饰跟月亮山区苗族属同一支系，都保存着十分古老的传统文化印记，很值得深入研究。

2. 蓝老师提到在图 2–258“下部裙摆从右算起的第二、四片，还特别选用蚕茧作为材料，相当特殊。”此面料用“蚕茧”一名未能充分表明其特别，但尚无统一名称。日本学者鸟丸贞惠（Sadae Torimaru）在其专著《织就岁月的人们》中定名为“平板丝”，有的中国学者则称为“茧绸”。其实，笔者大约是最早的发现者。1959 年笔者参加“全国少数民族社会历史调查组”工作时，在贵州凯里舟溪镇附近苗族妇女围裙上见到这种质地松软的面料，在调查其复杂的制作技术时，才了解到是一种古老物种的孑遗：当蚕养到将吐丝时，不让它有寻得觽角的条件，而是把蚕放在平板上。因蚕成熟后吐丝都是不得不为的行为，而没有觽角依托就不能形成茧，于是数百条蚕被迫在平板上爬行并吐丝，妇女在旁监视驱赶，让蚕吐出的丝平均摊铺成一大张“纸”，再剔除蚕化成的蛹和皮，就可剥下这张“茧纸”。因为是呈纸形的茧，所以称之为“蚕纸”。笔者如此定名，不仅出于对此物制作程序的观察，更有历史依据。这里有个著名典故：浙江绍兴西南有名胜地兰渚，又名兰上里，有亭曰兰亭。东晋穆帝永和九年（353 年）三月三日，著名书法家王羲之宦游山阴，与名士孙统承、公孙绰等四十一人，修祓禊之礼于兰亭，众人赋诗汇编成册，公推王羲之挥毫制序。史载“王羲之兴乐而书，用蚕纸鼠须笔，遒媚劲健，绝代所无，凡二十八行，三百二十四字，有重者皆构别体。”从此著名的《兰亭序》记载可知，汉晋前就有“茧纸”作为名贵纸张流传了。唐代以后，此物不再见于史籍，在中原似已忘却生产方法。后来笔者到苏州丝绸工学院任教，在从事丝绸史研究时查阅史料，又得知明清时代茧纸不仅在琉球国继续生产，清代乾隆皇帝还喜爱琉球进贡的茧纸。因为琉球古时是中国管辖之地，当地物产贫瘠，手工生产茧纸不仅作为贡品到北京，并且作为外贸商品行销朝鲜，而古时朝鲜也是中国“蕃属”，所以也曾把由琉球买来的茧纸转手向清廷作贡品。琉球群岛现在虽已变成日本之地，但岛上民风仍有许多是中国遗风，例如在黎平侗族和湘西苗族间当制作刺绣辫线或手编彩带时，仍在使用一种座椅式“辫线机”，这种“辫线机”在琉球群岛的民间也一直在使用，其结构和编辫方法技术都跟苗侗方式一样。在汉族地区早已不用这种“辫线机”了，但是辛亥革命前江南仍存有此物。

十三、湘西苗族背兜

远古苗蛮族在部族斗争失败而南迁过程中，分化为“三苗”，这三大支系中最后迁进洞庭湖西武陵山区的一支，被汉族史籍称为“武陵蛮”，定居湘西已数千年，积有最多的本族神话传说，也发展起较高文化水平，引起近代学者注意。如 1900 年日本鸟居龙藏博士就在其《苗族调查报告》中有不少记录。1933 年中央研究院历史语言研究所凌纯声、芮逸夫的《湘西苗族调查报告》，以及 1940 年湘西学者石启贵的《湘西苗族实地调查报告》等。石启贵是本地苗族学者，他的考察记录最为翔实可靠。

但由于这支系苗族长期生活在汉族地区邻边，也受到浓烈的汉族与满族影响，如今湘西苗绣基本技法都属“汉绣”风格了，只是题材内涵尚保存苗族理念。民间习

图 2–258

图 2–259

图 2–260

图 2–258～图 2–260　丹寨县雅灰苗族背兜

惯把这一支系苗族称为“红苗”，主要分布在湘西，而贵州省东北的铜仁地区尤其是松桃县红苗文化也很有代表性，湖北恩施地区及重庆市东南部有少量分布。

对图 2-261～图 2-263，蓝老师从“暗八仙”角度的解说是很对的，这正是汉族道家观念的影响。三角盖布上是典型的清晚期绣技所绣，从山中一亭屋上瓦楞表现清晰，请注意高峰后又罩有一座方形远峰的表现。按道教典籍所述，中国道教组织虽起始于汉末“黄巾起义”时张角等初创的“五斗米道”，但严密的教会则推崇张道陵（张天师祖）。张道陵原本是“江州令”，后弃官至四川鹤鸣山学道，又到江西龙虎山修道，习炼丹符咒之术，倡建教派，其传人称“正一派”。但道教建立后，推溯思想来源为“老庄”（老聃、庄周），甚至远溯到黄帝（所谓“黄老之学”）。又有以四川瓦屋山为道教祖庭之说，流传在民间巫道间。本件所绣（墨题“四川山”）就是表现“瓦屋山”胜景，不仅亭屋上瓦楞清晰，远山也呈瓦屋之象。从机织花边的使用看，这只是当代的新作。

图 2-264～图 2-267 下面有清代“正面龙”造型，三角盖布上所绣为“高台上祖庙”，庙旁双鱼屋顶双龙护祐。这仍是苗族祖灵崇拜古意，但已受汉族“鱼跃龙门”观念影响，模式寿字已图形化。

图 2-268～图 2-275 纹饰已完全汉化，重檐之“亭”下双鲤，而两侧是已“化龙”，底布上更是仿摹龙袍上的“江崖海水”意匠，搞成“见首不见尾”之龙了，不过这“江崖海水”却仍能长出莲荷，委实如儿童画般可爱！左侧一寿纹，因“放不下”而被覆盖半边，可知苗女虽已接受汉化，仍不解汉字真意，只是“依葫芦画瓢”，只求悦目而已。

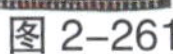
图 2-261

图 2-262

图 2-263

图 2-261～图 2-263 湘西苗族背兜

图 2-264

图 2-265

图 2-266

图 2-267

图 2-264～图 2-267 湘西苗族背兜

图 2-268～图 2-275　被汉化的苗族背兜

第三章 童帽

Tongmao

古时汉人不用帽，所以许慎《说文解字》没有“帽”字，只有“冃”和“冒”字。因为汉人以发髻为头上特征，并以簪髻作为区分“华夷之辨”的重要标准，这就是孔夫子著名的“微管仲，吾其披发左衽乎”一语的原因。那么，天冷或礼仪所需的头上覆盖物是什么呢，是“冠”。男子二十岁需行“冠礼”，女子十八岁需行“簪笄之礼”，即“成人礼”，简称“弱冠”“及笄”。作为身份升华的表征物，则添加“冕”，即《说文解字》所谓“大夫以上冠也，邃延垂鎏紞纩，从冃免声。古者黄帝初作冕。”而四夷则是以“披发、断发、辫发、椎髻”为表征的。

那“帽”从何来?《说文》有“冒”字，释谓“冡而前也，从曰仍目”。另有“冡”字，释谓“覆也，从冃字号。”就是说为防风沙灰尘而用一块织物覆头至额前而露眼以行走之象形字。

仔细一想就明白，无论帽、冠、冕、冡之类都从“冖”这字根增添而来。《说文》有三个字：

1.“冖”，释谓“覆也，从一下垂也”（意为用一块织物盖顶，两侧垂下遮耳）。徐铉注“今俗作幂同”，就是说游牧民族常用布巾盖头以避风沙，渐变为头饰，此俗被汉族接受，影响了后世的冠盖帽帻发展。“覆，覂也，一曰盖也。”“幕，帷在上曰幕，覆食案亦曰幕。”当然也包括后来的面纱。

2.“冃”，释谓“重覆也，从冖一，无冃之属皆从冃。”即覆头织物上有了褶绉和装饰纹样。实际上“帽”是有了巾帻之后才新创的字。

3.“冃”，释谓“小儿蛮夷头衣也，从冖，二其饰也，凡冃之属皆从冖。”这一条特别强调后世的各种帽子都是从小儿或蛮夷的“头衣”发展而来，更强调“其饰也”。为什么呢?从现在文化人类学的大量实物资料和世界服饰史的资料可知，各民族的头饰和儿童的头饰往往包涵有该民族远古神灵或祖灵护祐的大量文化遗存信息，表现为艺术纹饰与款式而流传久远，因其已成习俗而常被“熟视无睹”。如果深入研究，可从童帽中获得非常有价值的启示。

由上分析可知，对童帽应从特定历史和特定民族习俗的角度予以研究。笔者选定陕晋地区和云贵地区的几顶童帽作为解剖物，因为前者虽为汉族儿童，历史上陕晋都是羌夷戎狄混血之地，其文化遗存具有代表性；后者则是中原苗族嫡裔和西方羌彝的延续与分化，其义非凡。

一、贵州台江县施洞苗族童帽

上层后部作鱼尾形，上绣一对金鱼，左右分别拖出鱼尾，其尾又有蝶形意味，这鱼尾形帽又作两侧护耳之功能，耳下垂有长长的绒毛，功能与审美兼备。白色长毛内掩一对鹡鸰鸟，下层中缝旁绣一对槃瓠，两种红色稍有区别是棉质冬帽（图 3-1～图 3-6）。

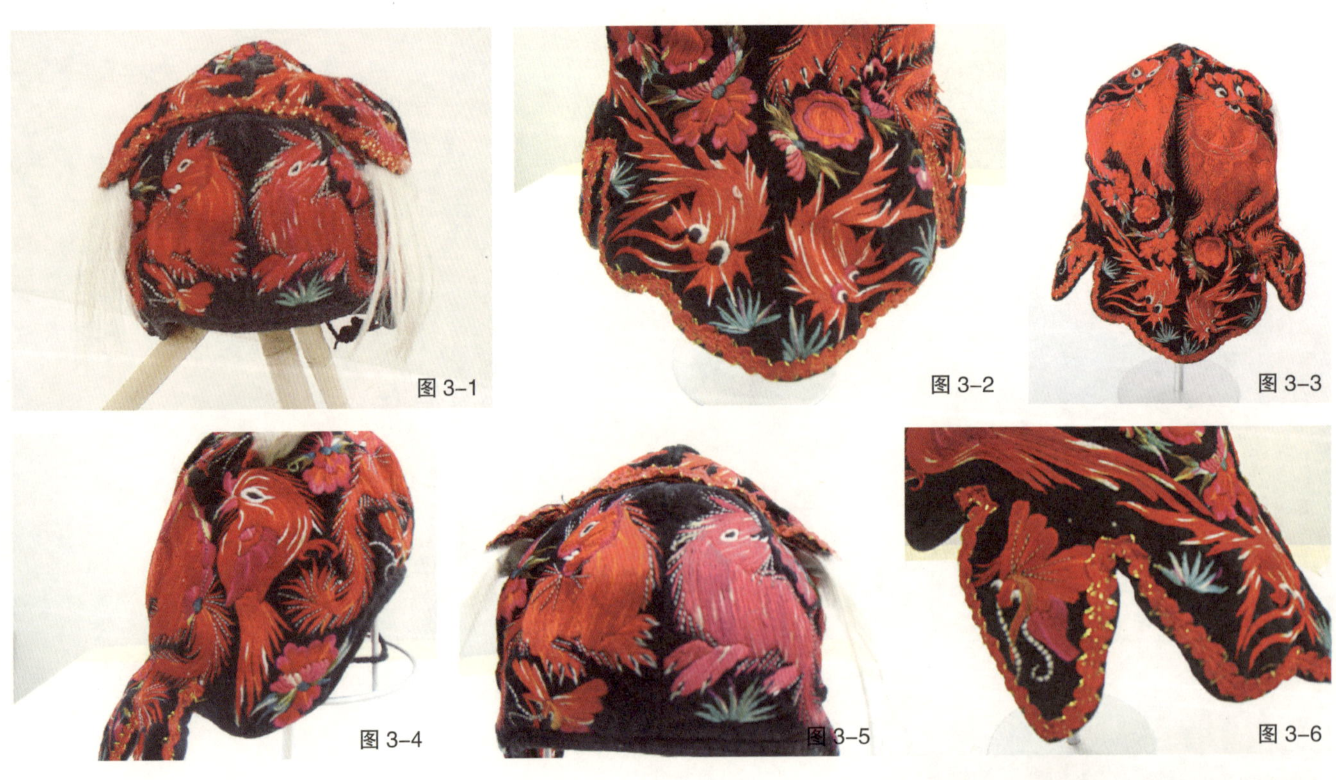
图 3-1
图 3-2
图 3-3
图 3-4
图 3-5
图 3-6

图 3-1～图 3-6　施洞苗族童帽及其细节图

下层中缝旁绣一对檠瓠，嘴作鼠形尖嘬状，双耳亦如鼠耳，有长髭，兽脚下有红色花形，细审可知本是蝴蝶变形。帽顶以鸟形为主，两侧为狗耳，左侧绣金丝猴（长尾），帽顶鸟下各有一株“生命树花”，其后又各绣金丝猴一对（长尾）。帽尾则绣一对金鱼，两侧帽沿绣鸟，左面为对鸡，似在争斗，实为交合。

施洞苗族“狗帽”，额前绣两狮，帽顶绣两狮。后檐左侧绣鸡，右侧绣“雷公鸟”及鱼（龙鱼），帽顶之檠瓠尾拖下成两耳坠形。

以下三件同类苗族童帽，所绣纹饰之意匠都是传承千年的图腾信仰物象，各有传说故事与独特涵义（图3-7～图3-28）。

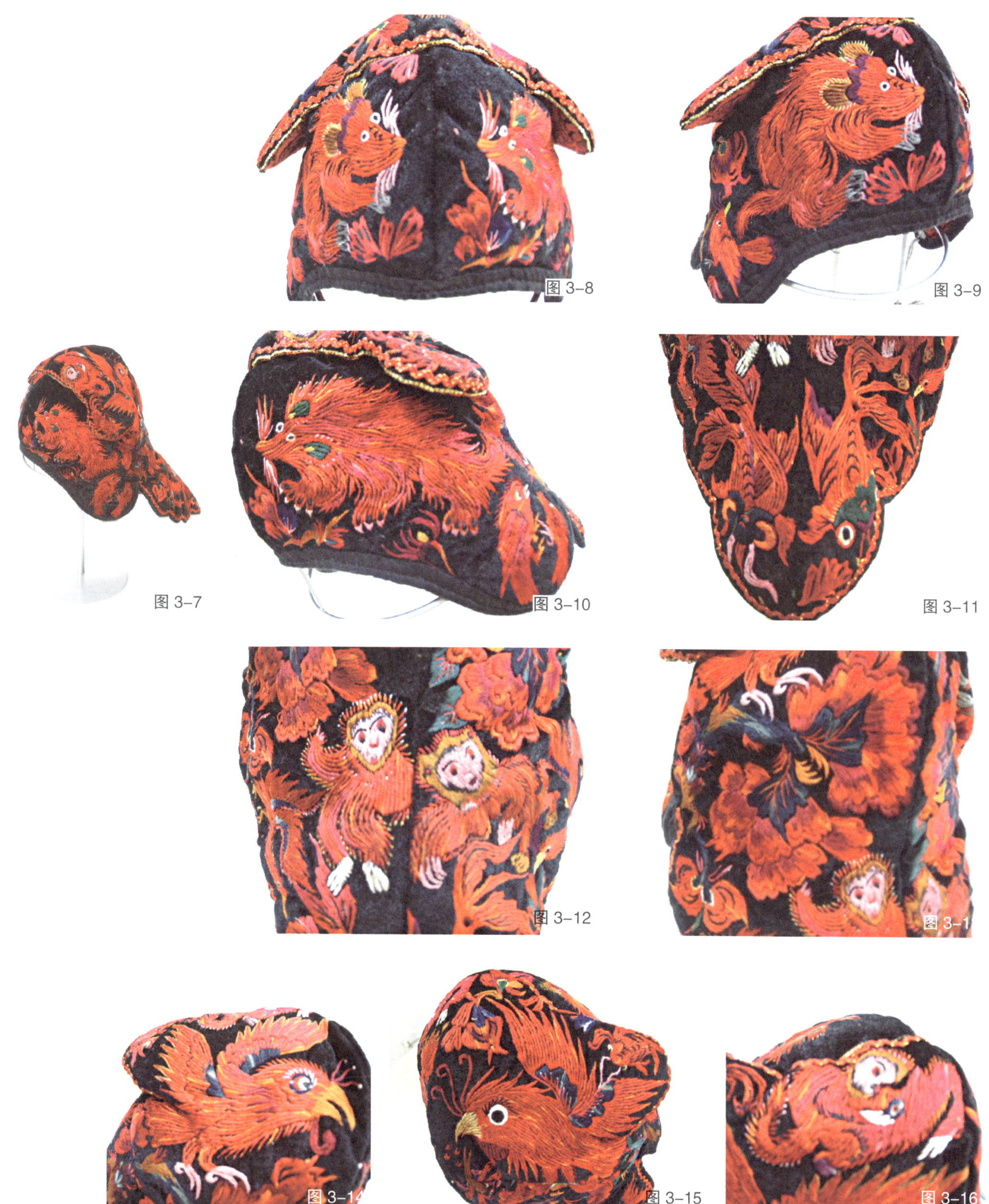

图 3-8 图 3-9 图 3-7 图 3-10 图 3-11 图 3-12 图 3-13 图 3-14 图 3-15 图 3-16

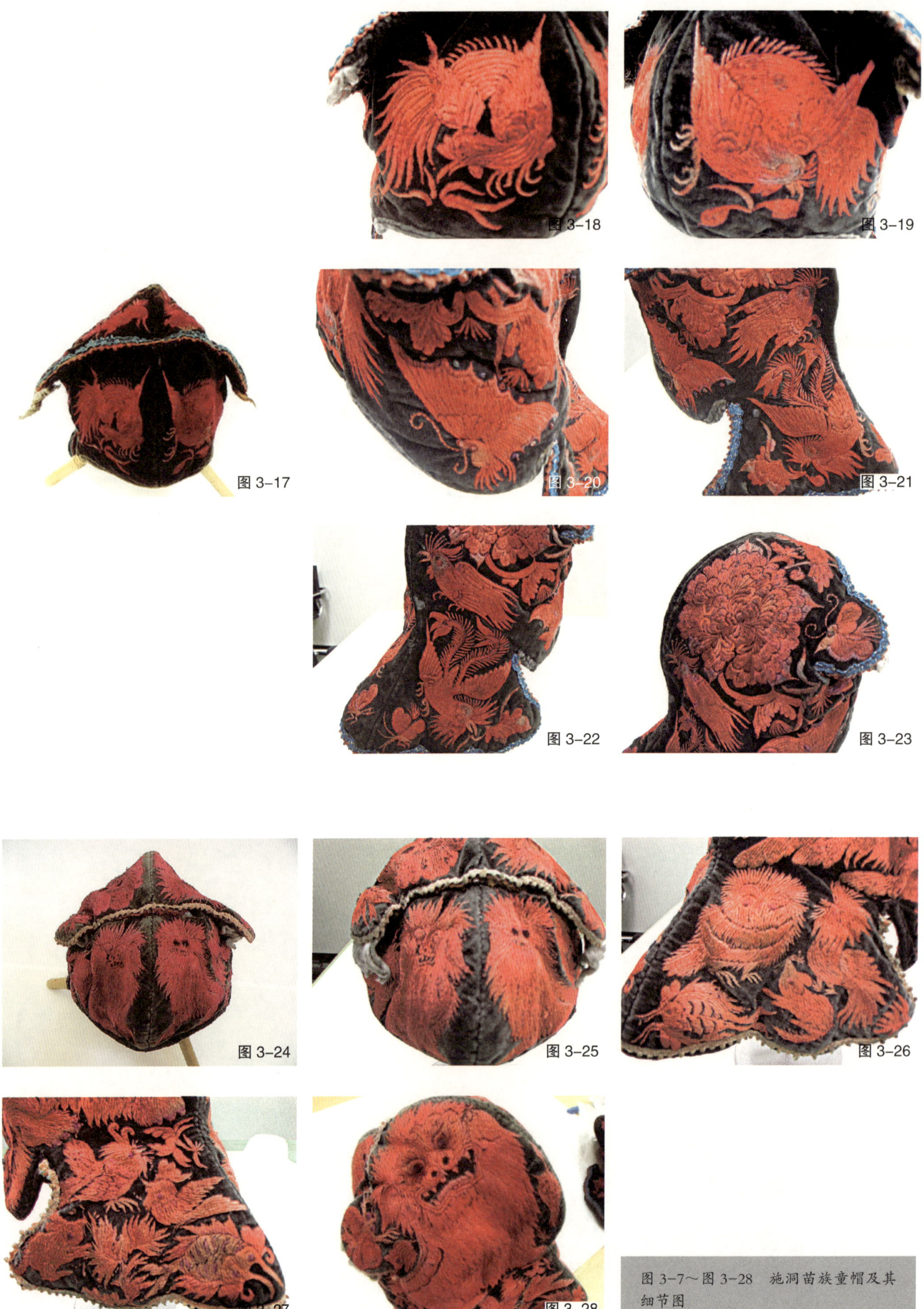

图 3-7～图 3-28　施洞苗族童帽及其细节图

槃瓠：苗绣最重要的神性形象是一种长毛狗，颇像哈叭狗，又被指为“狮子狗”，其实都是现代人的误解。因为汉代以前中国人并不知道西亚的狮子，而哈叭狗只是唐代才由海外输入，当时称为“猧”，如元稹诗：“娇猧睡犹怒。”在著名的晚唐画家周昉的《簪花仕女图》中可见此玩物憨态，那只是贵族豢养的珍奇小犬，边疆贫穷的苗族群众不可能有机会获此雅兴。但是汉代许慎的《说文解字》中却有一个几乎被人遗忘的字：“尨”，释谓“犬之多毛者，从犬从彡。《诗》曰‘天使尨也吠’。”此字读音为 mang，平声而短促，如犬吠“汪”之读法。那身上的“彡”则是多毛的形象。“彡彡，鬼毛”，音 mi，可知加彡之字多具神秘之义。显然这“尨”也不是大陆简写的龙字，简写的龙应只用一笔：“龙”。其实这“尨”正是远古苗族的图腾祖灵形像。这个长毛神狗形象的“尨”一直保存在苗族刺绣中，尤其是苗族童帽中著名的“狗冠”实即古老图腾的具形。群众对此形神物有许多称呼：狮子、麒麟、槃瓠、龙狗、狗爸、祖爹……，其实这都是汉族的解读。笔者长期在苗区工作，曾向许多苗族耆老询问，典型的回答是：

H（汉人）=“苗族称这神圣之物为何名？”

M（苗人）=“我们苗族叫‘r s h ɑ r s h ī’（舌头顶住上颚，气从舌两侧冲出而发音。迄今尚未发现其他民族有此奇怪发声之词）。”

H =“这是什么意思，请用汉语翻译一下。”

M =“说不出，因为汉语没有这东西。”

H =“请把意思解释给我听。”

M =“勉强说，可以翻译成‘老虎狗’吧，但既非老虎，亦非狗！”

H =“有人认为是‘狮子狗’。”

M =“苗语中没有‘狮子’概念，所以不可能是‘狮子狗’。”

H =“有人认为就是麒麟。”

M =“苗语也没有麒麟，其实你们汉族至今也未搞清麒麟的来源。至于麒麟究竟是什么东西、什么标准形象，还从没弄清楚，连孔夫子都只知道麒麟是‘仁兽’，他并不清楚麒麟的来历！因麟字又作‘麐’，所以历来都把它归入鹿类。唐宋以后还附会成从非洲进贡来的长颈鹿，并用英文 Giraffa 拟比汉语麒麟。但麒麟早在孔夫子著作中已多次出现，那时不可能已跟非洲有来往，如此翻译是日本人始作俑者，不足凭信！”

多数学者都认为苗绣此物应该就是古籍记载的“槃瓠”，根据是：史籍所录内容与苗族传承史话完全相同，至今仍被广大苗族群众认可。最典型的史料是《后汉书・南蛮西南夷传》：“昔高辛氏有犬戎之寇，帝患其侵暴，而征伐不克。乃访募天下有能得犬戎之将吴将军头者，购黄金千镒，邑万家，又妻以少女。时帝有畜狗，其毛五采，名曰槃瓠。下令之后，槃瓠遂衔人头造阙下，群臣怪而诊之，乃吴将军首也。帝大喜，而计槃瓠不可妻之以女，又无封爵之道，议欲有报而未知所宜。女闻之，以为帝皇下令，不可违言，因请行。帝不得已，乃以女配槃瓠。槃瓠得女，负而走入南山，止石室中，所处险绝，人迹不至。于是女解去衣裳，为仆鉴之结，著独力之衣。帝悲思之，遣使寻求，辄遇风雨震晦，使者不得进。经三年，生子一十二人，六男六女。槃瓠死后，因自相夫妻。织绩木皮，染以草实，好五色，衣服制裁，皆有尾形。其母后归，以状白帝，于是使迎致诸子。衣裳斑斓，语言侏离，好入山壑，不乐平旷。帝顺其意，赐以名山广泽。其后滋漫，号曰蛮夷，外痴内黠，安土重旧。以先父有功，母帝之女，用作贾贩，无关梁符传租税之赋，有邑君长，皆赐印绶，冠用獭皮，名渠帅曰‘精夫’，相呼为‘姎徒’。今长沙武陵蛮是也。”

今日苗族所传族源故事与《后汉书》所述基本相同，笔者在贵州省台江施洞苗女所绣作品中就看到有一幅表现“槃瓠娶帝女生下六男六女”的传神佳作（附图）。并且在湖南武陵山辰州泸溪畔山中至今仍保存有“槃瓠洞、辛女岩”等神秘景观，在天然溶洞中有天然的钟乳石床、桌、祭台等物。贵阳市著名的“黔灵公园”山中有奇妙的“黔灵洞”，洞中有自然形成的钟乳石“麒麟石”一块，细审此石可悟，所谓“黔之灵”实在就是苗族的槃瓠！

故事当然是神话，但从“文化人类学”角度加以考虑，就可悟出这是苗族传承自“三皇五帝”高辛氏时代的古老图腾信仰。

据说在五帝之一高辛氏（又称帝喾、少昊）时，有一天，他宫中之老妇人耳中痒，掏出一形如茧的金虫，就放置盘中，盖以葫芦瓢，不久，揭盖一看，这金虫变化成为长毛小狗，颇受宠爱，就命名为“槃瓠”（即曾置盘中盖以葫芦瓢之意）。其实这是苗族朴素的宇宙观——天穹如葫芦瓢，大地如盘，神祖就在天地间变化长大。这神话在汉武帝时传入中原，被改造成“盘古开天辟地”神话。所谓金虫，应是原始饲蚕缫丝的追忆。这故事反映了原始时代苗族的创世观和物源观念，很有意思。但此神话也有疵病：如果苗蛮族起源于高辛氏时代，那跟更早的“黄帝蚩尤涿鹿大战”是矛盾的，因为苗族又相信蚩尤是自己的族源。这是两种时空混淆的族源神话，但可以并存。

既然槃瓠是苗族图腾神灵，在祈求神灵护祐的信仰中，用“狗帽”作为婴儿的“头衣”就是顺理成章之事，不仅有狗帽，苗族儿童的“围涎”和“云肩”也多有做成“槃瓠形象”的，服饰也多绣有槃瓠纹样。在台江县施洞地区，原本有一种较大型“狗帽”：除头顶绣制有立体槃瓠形象外，脑后有垂下的风帽式护背，即从脑后一直垂至背臀都是整块绣片。三岁以下的孩童戴着这种长风帽，如果双手趴在地下，俨然就是一只可爱的伏地槃瓠。那形象，实即今日双人狮舞的形象（两个舞狮者，一人操弄狮头，一人躬背作狮臀）由来。由此可知中国不出产狮子，为何汉代已普遍流行“舞狮”了——实际是远古槃瓠图腾祭仪上的“槃瓠舞”所变！

鶺鸰，这种神性的鸟在苗绣中十分常见，是一种介于雄鸡和凤凰之间的华丽鸟形。苗族并不信仰凤凰（那是东夷民族的图腾），而公鸡不仅是生活中的家禽，苗族还有“古时十日并出，英雄杨亚射落九日，第十个太阳吓得躲藏，被公鸡呼唤重新照临大地”的优美神话；公鸡也是老人落葬时在坟圹中辟除恶鬼的吉祥物。但苗族崇拜的鶺鸰却另有来历：据苗族最重要的神话可知，在尚无动物的原始时代，天地间长着一株枫香树（植物图腾之宇宙树），树洞中孕育出了第一个动物——蝴蝶妈妈（苗语“妹榜妹留”），她飞到河边跟水泡谈恋爱（苗语“游方”），而怀孕生下十二个蛋。蝴蝶不会孵蛋，就请鶺鸰代孵，孵了三年，孵出了雷公、老虎、蛙蟾、鱼等各种鸟兽（万物象征），最后一个蛋孵出的是人。所以苗族相信本民族的祖母是蝴蝶，而哺育族人成长的是鶺鸰。这是一种典型的原始认祖图腾观，也是苗族特有的“化生观”。[①]

鶺鸰不仅在苗族受到普遍信仰，其实早在战国古籍《山海经》就有两处记录。①《山海经·西次三经》：“翼望之山……有鸟焉，其状如乌，三首六尾而善笑，名曰鶺鸰，服之使人不厌，又可以御凶。”[②]②《北山经》：“带山……有鸟焉，其状如乌，五采而赤文，名曰鶺鸰，是自为牝牡，食之不疽。”[③]苗族崇拜的鶺鸰虽无三头六尾，却华美过之。

金丝猴，所有苗绣中祖宗形象都尖嘴狭腮如猴形，有的祖宗遍身长毛。因为苗族迁徙到南方山区后，曾受到西北方扩张来的古羌彝族影响，最典型的就是源出古羌族的伏羲女娲跟葫芦崇拜。苗族把伏羲女娲神话加工改造成了自己的“央公央婆”兄妹开始繁育人类故事。20世纪三四十年代闻一多先生从湘鄂黔转到昆明定居时，曾对西南苗彝及荆楚文化做过深入研究，提出过伏羲女娲就是“葫芦兄葫芦妹”的著名论点，伏羲出生于甘肃成纪，伏羲女娲的影响曾扩及整个中原与西北西南地区。由于历史上苗族一直是弱势民族，很自然在长期杂居中受到他族文化影响。而古羌族最早的图腾就是葫芦和金丝猴，至今羌系各族巫师作法必戴用猴皮制作的“五佛冠”，其实更多是道家理念的表现。云贵川尚有许多巫教流俗，大抵都是同出古羌古老的原始崇拜。

鱼，苗族认为鱼是多子之征，民歌多用鱼水喻男女情爱，其祖庙绣纹旁也常有双鱼，似受“鱼跃龙门”观念影响，也是本民族祈子观念的表现。施洞苗绣更多具有“鱼化龙”独特观念。赛龙舟与祭仪用鱼之俗屡见著录。

图3-29，图3-30是贵州省台江县凯棠地方苗族风格。此地区苗绣善用黑底、红、绿色对比强烈的打籽绣技，再加白色锁边（拷边），有较强烈的视觉冲击感。帽顶纹样有浓厚装饰性。细审内容，仍是习见观念——中央是充分意匠化的蝴蝶妈妈，强调蝶须，蝶身作倒石榴形，内含倒挂葫芦，蝶翅、蝶背上则有许多圣树叶（枫香绿叶转红，又似硕果孕生）。蝶须上有一变形纹样，既像展臂升腾的人形，又像倒置花朵，整幅帽顶图饰神秘而美艳。再于上部加半圈腰形星雷纹，下部加半圈连续回形纹。远观很大气，近审多变幻，真美！

图3-29

图3-30

图3-29，图3-30　台江县凯棠地方苗族童帽

① 中国古代对动物繁衍有“胎、卵、化、湿”四种基本观念。
② 是一种可充医药的神鸟，甚至可用来防魇梦和辟邪。
③ 不分雌雄，可自行繁育，吃其肉不生肿瘤恶疮。

二、陕晋地区童帽

下面介绍几顶陕晋地区童帽，关键理念是从“麒麟送子”向“虎祖祐子”发展，既有温情的母爱，又有远古悍霸遗意。

1. 麟帽

整体用天蓝缎作底，上缀白、黑、金、红色，色彩明丽醒目，绣工精致耐看。从眉侧的双角可知这是麒麟，从嘴角翘出獠牙看，又有拟虎的意思，因为古籍所描写的麒麟从未提及牙齿。双角形如鹿茸，正是仁兽象征。双尾与尾部俱作叶形，正是陕晋地区古老的“艾虎”意匠，有辟邪之义。前观只是神兽之脸，如绕视可知尚有四腿贴身，可知表现为完整的一只麒麟伏护在婴儿头上，这正是后世“舞狮蒙皮”的原意。两侧附挂有鱼形，兼有护耳功能，不仅耳饰有鳞纹，全帽都饰有金色鳞纹花边及各种金线绣纹，正是麒麟与狮虎差别特征。背绣牡丹，当然是祈求富贵。口含球，红色珠形，应是后世“狮子舞绣球”的添加意思（狮子一律雌护子、雄戏球），原始记载并未提及有含球之事。长帽缨，缨梢绣“百结纹”，取“幸福不到头”之意。背脊内衬棉条，用线勒作波峰状。口缘、眉边和脸盘分别用白色或金色带镶饰，再用线勒成一列牙形，十分醒目。脸盘下半绕着半圈金线绣的雷纹如颌上卷毛，但脸盘后另加有一圈白绒颌髭，增添生动灵感意味。鼻根贴有倒挂的“如意云头纹”，又似莲苞形。在陕晋剪纸中常见这类莲苞形，那是男孩生殖器的暗喻（图 3-31～图 3-36）。

2. 童帽

整体就是一只伏虎意匠，但已“拆散重排”，两侧可见四腿附贴着。这种“拆散重新安排”是民间美术常见手法，往往也是民族风味与地域特色所在。帽顶覆以八瓣绣“南”字形，有“虎王朝南坐”之意。顶上坐立一只立体虎，墨绘虎纹，颇具虎王雄风，此类虎玩偶常见于陕晋地区民间美术作品中。此帽正面的眉、鼻、牙都是用香烟锡包纸折角叠合而成，再从鼻孔引出长须，是在铁丝支架上缠绒而成。全体富丽烁目，品味不俗（图 3-37～图 3-41）。

3. 虎帽

虎帽整体绿色调，虎面为三层贴绣，顶上缀绒球，帽后红缎为底的风帽形长尾，铺有平绣花卉。注意虎口吐出之舌上似绣有一只黾形。而虎鼻上则绣有荷花，鼻根及两耳上缀以红色绒球，各部件都用金线勾边。虎口两边唧艾叶，这是陕晋地区古老的“艾虎”观念表露。虎是镇邪之神兽，而艾叶则不仅是传统中药，具有除秽防疫功效，还是巫术除恶辟邪法物，不仅端午节在门旁悬挂菖蒲艾草，还常做成香袋贴身配带。陕晋地区自古把艾叶跟神虎组合成“艾虎”形象，形成地域传统特

图 3-31

图 3-32

图 3-33

图 3-34

图 3-35

图 3-36

图 3-31～图 3-36　麟帽及其细节图

图 3-37

图 3-38

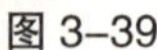
图 3-39

图 3-40

图 3-41

图 3-37～图 3-41　童帽及其细节图

色（图 3-42～图 3-46）。此帽虽是虎帽，但整体印象仍在虎狗之间，而在制作手法上，全体虽是三层叠贴，仍具有平面感，有民间美术华丽特色。那舌上所绣蛙蟾类黾形很值得重视，在陕南著名的“户县泥偶”中，最具特色的是“吞口式虎面”。“吞口”是介于狮虎之间的兽面造型，高悬于大门额上以辟除邪魔侵入，山东等地称为“泰山石敢当”。而户县“兽面”之典型物，往往在虎鼻或虎口上挑出一只三脚蟾形，亦有专门制成大型“蛙蟾形吞口”者，显然，这蟾黾之形具有护祐辟邪的深意。为什么呢？陕晋地区民间美术更有许多以蛙蟾为意匠的物品，例如丽婴房 25 周年纪念出版的《吉祥童帽》第 8 页彩图左侧搁置着一件扁平的“蛙枕”，这并非童帽，亦非枕头，其特征是扁平的伏蟾造型，背中有破裂状的孔洞，环绕五毒虫。吕种玉《言鲭》：“古者青齐风俗，于谷雨日画五毒符，图蝎子、蜈蚣、蛇虺、蜂、蜮之状，各画一针刺，宣布家户贴之，以禳虫毒。”陕晋地区风俗则是把五毒虫绣在蟾形的“蛙枕”背面，意味着蟾食毒虫可辟邪，这种“蛙枕”[①]并非睡觉所用枕头，而是端午节时交童婴背在背上防身以求吉祥专用物。

陕晋童帽上所绣黾形与大量蛙蟾形物，显然都为护祐孩子平安健康而设，最典型的则是“刘海戏蟾”。此观念从何而来？

追溯陕晋地区的历史，可推至黄帝族从甘青川故地向东迁徙，所以陕北至今有黄陵县（黄帝死葬之地），而山西壶口有吉县（黄帝族姬姞氏族东渡黄河入晋之地）。黄帝是古羌族之东迁者，当然在迁徙沿途会留下古羌族文化影响。所谓刘海，就是古羌族的老祖宗神象：那披发哆口常带笑容的亲切形象在中国流传了近五千年，他的座骑是三足蟾蜍，其实三足蟾就是刘海的本相！为什么呢？古羌是黄土高原的原居游牧民族，古羌崇拜的最高神祇就是月亮，月亮中的阴影就是一只后脚朝上翻起而腾跃的三足蟾形，这是兼为月神、雷神、水神的三合一大神，所以古羌崇拜的月中神灵就成了黄土高原数千年来的吉祥护祐祖灵——中国西部古羌族的神圣图腾！中国古史最重要的遗物——甘青川地区普遍出土的彩陶上，最重要的纹饰就是“人形纹”，亦即蛙蟾纹（古称黾），至今，中国人称孩子为“娃娃”，就因为孩子都是“蛙之娃”。为求祖灵护祐，就习惯把童帽做成蛙形。后来古羌分化发展成许多支系，其中羌彝系统的十三支“少数民族”因西北山区的生态环境与物候特点影响，又

① 所谓“枕”，只是衬垫之意，如铁轨“枕木”。

图 3-42

图 3-43

图 3-44

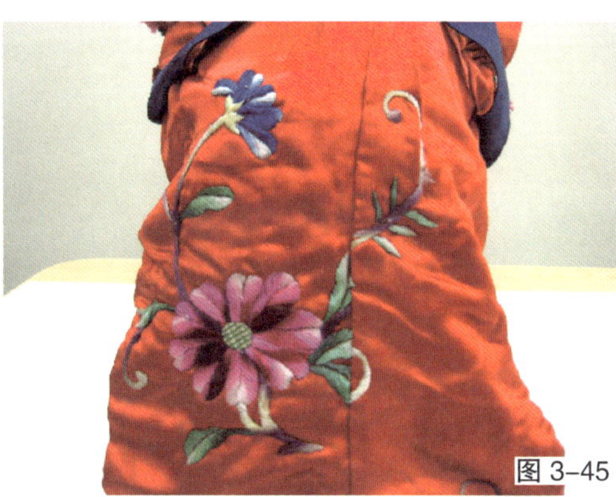
图 3-45

图 3-46

图 3-42～图 3-46 虎帽及其细节图

滋蕃出次生图腾而有了虎崇拜、金丝猴崇拜……导致今日陕晋童装的多彩景象。

不过，如虎帽之类童装，虽然有远古文化因子的存留，其实际功效则多为后世积累的吉祥祈福观念了，如“鱼水恋情”“蝶恋花”“瓜瓞绵绵”等，而一切古老文化内涵早已化成审美形象，再成为后世民间艺术的“程式化”“习俗化”，我们欣赏其母爱之美善，不必太拘泥出处典故了。

图 3-47～图 3-53 的童帽是一顶绣技较高的精品，内容较丰富。额前缀九件银饰，似有“瓜瓞绵绵”与螽斯多子之义。幅顶作椭圆形，绣有两圈人物，中心是陕晋常见“盖碗茶”，环有八个少男少女嬲戏，气氛热烈，男梳小辫，女梳发髻，他（她）们有四人手中都执有一片似莲瓣或树叶之物正嬉搧对象，下边四人则面对盖碗作争夺状。熟悉陕西剪纸的读者就知道这四人执花瓣的动作实际是“扫晴娘”的典型动作。当地群众相信“扫晴娘”是可以扫清空中阴霾迎来晴日当空的吉祥之神灵。“盖碗茶”则是陕晋地区民间美术常用的关于男女婚恋交合之隐喻，碗中之莲也是“鱼戏莲”的性暗示。唐朝诗人元稹撰《会真记》即后世著名的《西厢记》，描写山西蒲县普救寺庙中来了借住的崔莺莺母女，书生张珙以故交之子前往拜见，两人昔日曾由父亲许婚。初见时崔母曾令莺莺向张生奉茶，张生接过茶杯强调“茶已饮矣”，后崔母嫌张家败落而赖婚，引致张生病卧，在红娘帮助下两人私订终身……这“茶已饮矣”是女方接受男方聘求的象征。明朝也有同类情节描述。为什么？因为中国古代有闺中女儿奉茶即许婚的传统观念。至今各地在婚礼上仍有新娘奉茶待客之仪。陕晋民间艺术中常用“盖碗茶”隐喻男女情事，“盖碗”即男上女下之拟形。此帽外圈是花丛中有一男两女嬉戏，还有三只狸猫（九尾狐）、一花尾鸟、一喜鹊和一只槃瓠。具体故事情形虽难判断，却让人想及古老的神话：

《吕氏春秋·音初》：“禹行水，见涂山氏女……涂山之女乃令其妾候禹于涂山之阳，女乃作歌‘候人兮猗’，实始作南音”，此帽所绣与涂山九尾狐故事相符。至于为何在山西出现苗族崇拜的槃瓠？《述异记》：“太原村落间祭蚩尤神。”《梦溪笔谈》：“解州盐泽……卤色正赤……俚俗谓之蚩尤血。”《太平寰宇记》：“蚩尤城在安邑县南一十八里”，传为黄帝杀蚩尤处。蚩尤是苗蛮族首领，他被杀在山西，族人虽南迁，其族影响留存至今。此帽额前绣纹是龙门式亭榭中男女祖宗坐着，手执法器敬神。而帽后拖尾上所绣是祖宗在凉亭中，有媒婆上门说亲。男主人抽旱烟，女主人摇扇，小狗叫、喜鹊跳，一片欢乐景象，帽顶缘则绕有牡丹石榴，增添喜庆气氛。值得

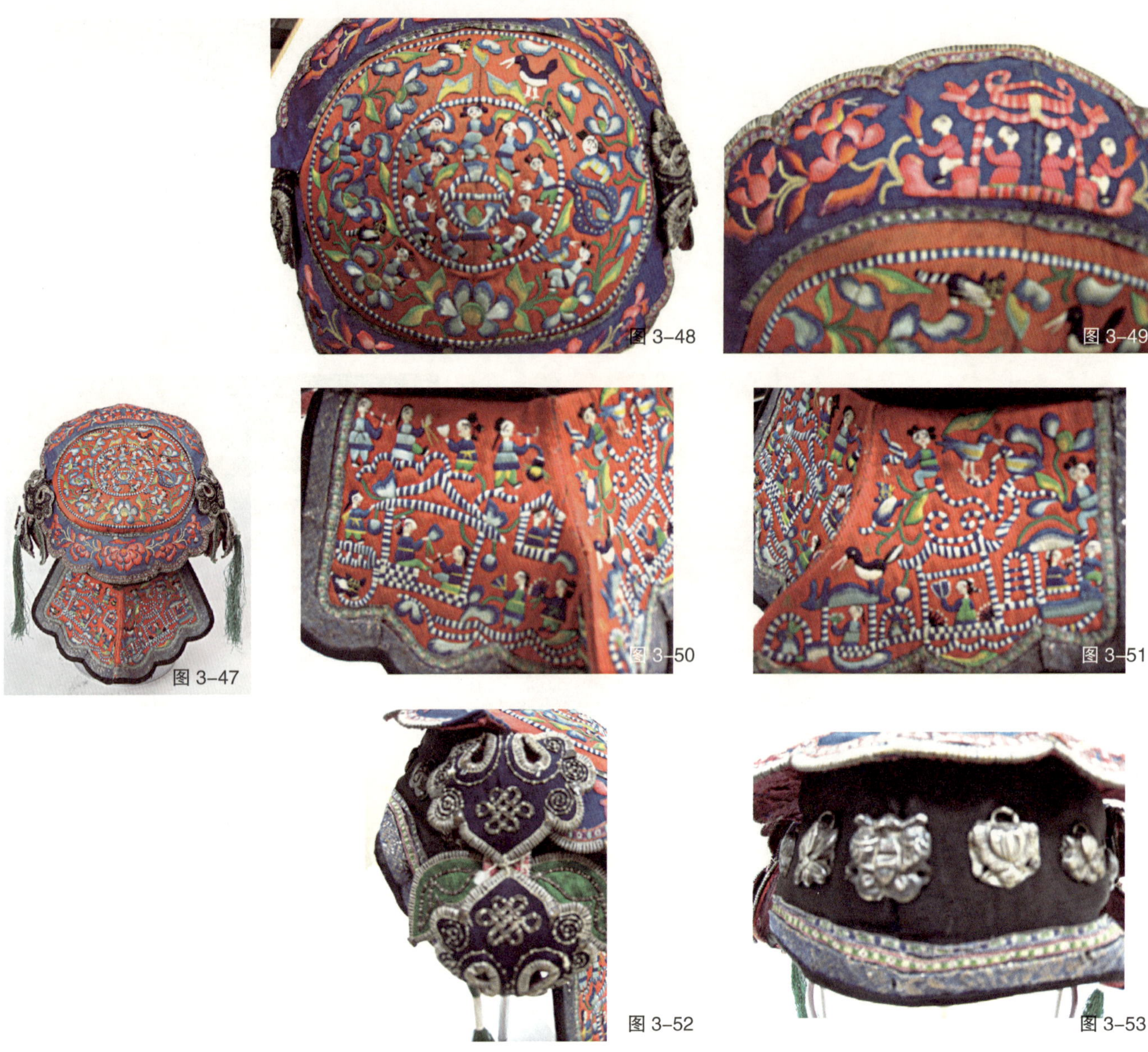
图 3-47～图 3-53　童帽及其细节图

注意的是，山西此帽无论题材、形式、绣技造型都跟贵州施洞苗绣十分相似，耐人寻味。

三、云南彝族童帽

图 3-54～图 3-58 的虎帽黑布作底，帽顶用线绳串连收缩而非密封型。前侧竖立双耳，右耳绣有马樱花所变的牡丹，而花芯作竖立的阳物状；左耳绣成花开苞（有荷花意味）附以对鸟，这是女阴之意。帽前贴绣，即另绣成单绣片，然后缝于帽前，这是一个华丽的正面虎形，可称为"笑面虎"。它呲牙裂嘴而呈狞笑意味，颇具"恩威并重"之感，夸张虎颔之雄壮，又似一朵盛开之花，用放射状绣线造成参差的髭须，又有花蕊意味，颔下绣有蝶纹，则又具"蝶恋花"含义了。虎面下在黑底上绣有连环云雷纹，细察之，这实际仍由虎髭变化而来。至于虎齿是用布角折叠呈立体之形，造成血盆大口中獠牙之状，有辟邪镇妖的威狞感，却很可爱。

图 3-59～图 3-63 的虎帽款式与纹饰都跟图 3-47 相同，额前都有镀银片锤錾而成的仙人，其下为半圈银泡，这类银泡是云南地区各民族常用服装附饰品，图 3-52 在帽额两侧多了一对凤鸟形银饰片。这两顶童帽应该都是云南省彝族支系的少数民族作品，特别是用小弹簧挑出的彩色绒球更是云南彝族服饰特征之一。冷静想想：帽体已有竖起双耳，在贴片虎脸上又有两只竖耳，岂不是"四耳虎"了吗？当然这是因贴片单独制作而附加的结果，但也不排除背后有"麒麟送子"的汉族观念影响，那中间黄色的一对竖耳就可被视作"麟角"了。虎耳上

图 3-54～图 3-58 虎帽及其细节图

图 3-59～图 3-63 虎帽及其细节图

绣太阳花，花芯为梅花出叶加光芒。脑后绣双太极又似虎面。帽顶不封合，用线绾成褶皱，留有露顶孔洞，这露顶大有深意：

民间称人头上的顶骨为“天灵盖”，为什么？不仅人是“万物之灵”，而且“头上三尺有神灵”，人的灵气在于头顶，通过思想可跟天上神灵沟通，这是原始人普遍的心理，只因人世的恶浊蒙蔽了人心的灵气，后来只能交由特异功力的巫觋代行天人之交际，而所谓“天人相通”“天人合一”本是原始人未受文明侵害时的常态。以黄帝为代表的古羌族向东迁徙到黄淮平原，遇到原居此地强大的苗蛮族，经激烈斗争，把蚩尤杀死并驱逐苗蛮去向西南。黄帝的重孙颛顼承袭大位后，鉴于苗民后裔不停反抗，而苗民反抗的最大本事就是能够自由通达天意，于是颛顼采取了一项根本改革：“绝地天通”。“（古昔）民神淆杂，帝哀矜庶戮之不辜、报虐以威，遏绝苗民……乃命重黎绝地天通，罔有降格”（《书・吕刑》），即让苗族群众失去直接通达天神的本领，乖乖当奴隶，受奴役。只有儿童未受人世污浊蒙蔽，保留与天灵神交的本性，此即所谓“天真”。为何会有这类思想？古人有细致的观察理解，婴儿出生头盖骨不封闭，即所谓“囟门”，这是象形字：《说文》：“头会𡿺盖也，象形，凡囟之属皆从囟。”（囟比）“人脐也，从囟，囟取气通也”。恖（思）“容也，从心囟声，凡思之属皆从囟。”从上引三字可知，不仅头顶囟门是取气通之义，连肚脐都被古人理解为与天神通气之穴，而古人所谓“心思”也指“灵气通神”之义。儿童的头顶为何会长着囟门呢？胎儿从母体产门分娩时，脑盖骨会错叠收缩以滑过狭窄的阴道，待产出后自然恢复颅形，如此收缩还有一个功能：促进日后脑盖的发育，有利脑容量的扩大。总之，古人从囟门的存在引申出婴儿神灵通天神并受到天神护祐的系列思路。通常婴儿在三岁前囟门尚未完全封闭，事实上人类的头颅终身都存有缝痕。

童帽留有顶上孔洞的做法，不仅有透气凉爽的功效，更有保留上通神灵的古意。与此有关的还有一个古字：甶，《说文》：“鬼头也，象形，鬼甶之属皆从甶。”现在的鬼字只是鬼头下加了鬼身而已。严格地说，囟和甶的写法应有区别，不仅斜叉而且顶格，因为这是头颅上额骨、枕骨和两侧顶骨的写实。而鬼脸之甶，严格写是甶，内小“十”四面不碰边，那跟数目的十字无关，而是鬼脸拟形，新疆出土远古玉神像上就有甶形纹样，施洞苗绣的祖宗图也有把祖灵表现成甶形的现象，这都是文化人类学的珍贵标本。

图 3-64～图 3-67 童帽额前的莲花中莲蓬四籽实际同此含义。

图 3-68～图 3-73 的彝族童帽，额前所缀“八仙”分两列（上五下三），额前飞起三对绒球（后变形“蝶恋花”），两侧拖下护耳处绣有大朵花卉，左耳部是盛开的马樱花（牡丹形蝴蝶下有鼠及变形鱼），右耳部为花中石榴，下部有鸟和简化变形石榴。脑后有立鸟站于花芯，造型应是太阳鸟，翅展绒球，尾翅红色。此帽留有签名：“福珍”，应是一位彝族女孩的汉名。

图 3-74～图 3-78 的云南彝族童帽是露顶帽，在西南少数民族间很常见。额前缀有三仙人，是锤花镀银铜片材质，这种饰件多为汉族银匠制作，许多少数民族都在市场上购买使用，实际是巫师或道士的理念。额上绣成对拼花果又有展翅鸟羽意味。两侧拖下护耳部分，绣有“蝶恋花”，虽是牡丹花，却有马樱花意匠，而彝族普遍以马樱花为植物图腾，也是彝族服饰上最普遍的纹样。细审此花在花枝上有小松鼠，脑后则是连枝花，花前又有荷、梅等小花，花枝间又有小鸟、松鼠、桃形等物象。最重要的是帽后朝上翻起，添上一只立体巨喙鸟，这是古老信仰中的太阳神鸟，巨大而钩状的鸟喙跟四川三星

图 3-64

图 3-65

图 3-66

图 3-67

图 3-64～图 3-67　童帽及其细节图

图 3-68

图 3-69

图 3-70

图 3-71

图 3-72

图 3-73

图 3-68～图 3-73 童帽及其细节图

图 3-74
图 3-75
图 3-76
图 3-77
图 3-78

图 3-74～图 3-78 童帽及其细节图

堆出土的殷商时代太阳青铜神树上的鸟形十分相似。此帽后的巨喙鸟挺立在黑色荷花上，红色鸟尾翘起。如果反过来观看这只立鸟，又像是一只喜蛛，颇耐寻味。

这种不等边曲折的彝族童帽，通常又被称作“鸡公帽”。

图 3-79～图 3-85 的云南彝族女童帽额上分层绣出蓝色马樱花，色彩由浓到淡向外晕出，视觉效果极佳。马樱花是杜鹃花系的特殊品种，花朵大而美艳，春后开放时，漫山遍野，许多地方称之为“艳山红”。彝族把马樱花视为本民族神圣的护佑母神，其实是远古植物图腾的文化遗存现象，值得注意。此帽用马樱花作为额前主纹，膜拜祈福用意明显。在技法上又大胆地用蓝色调取代自然的鲜红色，这种意象的取舍改造是非常高明的，不仅避免了俗艳，而且发挥了民族审美心理的优势。那层层增减的配色技巧，颇似中国画所追求的“墨分五彩”神韵。这个地区的彝族妇女还善于绣制各种晕色布艺，纹样繁复多变而色彩统一协调，近年已被开发成独特的壁挂式艺术品，受到游客的欢迎。

图 3-79

彝族钟情于马樱（杜鹃）还有特别的原故，需仔细分析：

彝族源出古羌，古羌族的原居地在甘青川交界的岷山地区，围绕着以雪宝顶（在岷江上游，高 5588 米）为圣山的岷山地区自然条件艰苦，只适宜游牧生活，古羌人却创造了以彩陶为代表的灿烂文明（距今七千年以上）。但彩陶意味着向农耕文明的转变，必须寻求更适宜农耕的平原，古羌于是四散迁徙。向南迁者成了后世横断山区各种少数民族的祖先，其中驻留于汶山一带的就是著名的鲧禹支系，他们以治理洪水闻名，为什么？要发展农业，必向东面平原扩张，而当时平原泛滥着洪水，洪水治平后，成都平原仍常有洪涝之灾，因为西面山区常有地震与山洪暴发。

《蜀王本纪》：“……有一男子，名曰杜宇，自天堕止朱提（今云南昭通至宜宾一带），一女子名利，从江源井中出，为杜宇妻。（杜宇）乃自立为蜀王，号曰望帝，治汶山下邑曰郫（即今成都市郫都区）。……望帝以鳖灵为相。时玉山出水，若尧之洪水。鳖灵决玉山，民得安处。鳖灵治水去后，望帝与其妻通，惭愧，……乃委国授之而去。鳖灵即位，号曰开明帝。……望帝去时子规鸣，故蜀人悲子规而思望帝。”

以上故事，实即古羌出汶山开发成都平原的早期史影。玉山即今玉垒山，郫即今成都市郫都区，那鳖灵就

图 3-80 图 3-81 图 3-82 图 3-83 图 3-84 图 3-85

图 3-79～图 3-85 云南彝族童帽及其细节图

是治水者李冰的原型，他修成了都江堰而被群众拥戴成开明帝。而生活不检点的望帝则是来自古羌故乡的月亮神主（杜即土，土字古文 [illegible]，就是土地神），望帝死后灵魂化鸟即杜鹃（子规）。此鸟为何取植物名？因为古羌的植物图腾就是杜鹃花，杜鹃被古羌族视为月中神树梭椤树的花，所以今日峨嵋山上有一片“梭罗林”，实际栽植的却是杜鹃花。总而言之，古羌彝以杜鹃为图腾，因为杜鹃就是圣祖月亮神的灵魂所化鸟形，在人间称杜宇，回天堂即杜鹃。崇拜杜鹃即崇拜祖灵，这是超越时空的古观念。

回过来再看图 3-79 的童帽：蓝色马缨比鲜红杜鹃更具月神静幽之美，花芯一点橙红十分醒目而神秘。两侧颞部各缀有“三星”，因中国古籍惯例，凡圆珠间用连线串起的都表示星座（[illegible]），因此可断定此帽所绣非一般纹样，而是星宿。三星信仰有古老传统，如《诗经·唐风·绸缪》：“三星在天”，朱传：“三星，心也，在天昏始见于东方，建辰之月也。”刘瑾曰：“心宿之象，三星鼎立，故因谓之三星……盖春秋之初，辰月末，日在毕。昏时，日沦地之西位，而心宿始见于地之东方。此时男女既过仲春之月而得成婚，故适见心宿也。”心宿是二十八宿中东方苍龙座的第五宿，在希腊星图中是天蝎座的 δ、α、τ 三星（Scorpio），在中国古天象中称为房心尾三星，其中第二颗主星特称“心宿二”，是红色的一等亮星，又名“天王”，《诗经》“七月流火”就是指这颗星。心宿又名商星，即商王朝获名之因，另有大辰之名。民间认为此星见于东方，已过仲春，男女可以狂欢或结婚。《礼》：“春三月，奔不禁”，就是仲春时分，燕子归来，百物思春，鼓励青年男女恋爱之佳期。这种古老的礼俗文化，在古代汉族和羌彝族都遵行，这顶彝族童帽的绣饰具有很深的文化内涵，绣女在精心绣制时心中想到的是自己爱情的结晶——婴孩在天神和祖灵的护祐下幸福成长。在马樱花两侧是一对凤凰正展翅从天际绕飞而下，翩翩起舞。凤凰身后则是重檐祖庙，祖庙前有蝶恋花之意境，此类华饰一直连向帽后，环绕至翘上的尾饰，以蓬松的绒结作脑后之饰。这种帽子被称为“鸡公帽”，那前面额上之尖犹如鸡嘴，帽下一圈都是龙鳞意匠的花边，整个底边是一条蜿蜒曲折而有节奏感的宽曲线，具有非常美的视觉冲击力。显然，这条龙脊边缘跟帽上形成龙凤对比之义，而脑后翘起的帽尾，则又可反视作鸡首形，同时又具有石榴的意味，这是一种极其高明的装饰手法：寓意而不具象，程式化又不失生命个性。帽顶上则绣成另一朵粉红色调的图案花，花芯是拼合式的团寿纹，寿字外有花瓣层层放大，又成太阳花意味，再绕以百结串成的花边，整体观感丰富而灵动，变幻又统一。当孩子戴着此帽活动时，耳旁更有铃铛闪烁摇晃，充满生命感。

图 3-86～图 3-89 的云南彝族童帽跟图 3-79 相同，不再赘述。

图 3-86

图 3-87

图 3-88

图 3-89

图 3-86～图 3-89　云南彝族童帽及其细节图

四、云南哈尼族童帽

图 3-90～图 3-94 是云南哈尼族鸡公帽。哈尼族主要生活在云南南部，自称哈尼。“哈”是族名，源出于飞禽虎豹名称，表示动物类别的意思，“尼”意为“人”（女性），总称为“哈尼族”，其中又有“糯美”“糯比”“各和”“腊米”等许多支系，历史上曾称“和蛮”“窝泥”等。哈尼族源出南迁的古氐羌人，唐宋时隶属南诏和大理国，除极少数被封为土司贵族外，多数贫困受欺凌。信奉多神，崇拜祖先，青年人婚前社交很自由，音乐、舞蹈、民间文学很丰富。哈尼语言与彝语相近，文化则受彝族、傣族等影响，以红河哈尼族自治州为典型。这顶“鸡公帽”就反映了古老的太阳鸟信仰，但哈尼族的鸡公帽与彝族鸡公帽风格不同，更具程式化的简约之美。哈尼族服饰喜用大量小银泡为饰，在黑色或深蓝布底上，小银泡闪烁发亮，颇有情趣。这顶哈尼族鸡公帽戴在女孩头上时作船形撑开，额上如鸡冠，露顶，两侧因制作时下半劈开，戴在头上自然展成半开片状。这种“平面剪裁、立体穿戴”的技巧，正是中国民族服饰的传统特色，而且下部撑开后在两鬓形成有节奏的变化曲线，有一种天真俏皮之美感。戴着这种鸡公帽的女孩多数活泼可爱，擅长歌舞，通常恋爱较早，在群众性舞乐时表现出色。

哈尼族鸡公帽在制作工艺上很有特点：先用布片按制鞋打帮方式浆贴成厚片，剪裁成对，在中缝处联缀成帽，然后用当地生产的铸件小花，细心地缝缀上去，组成密密麻麻的立体鳞片形花样，在视觉上造成舒适的肌理效果。在中缝处用的是六边花朵，其余花边与成片处则用四瓣式小花。不仅十分耗费人功和眼力，尤其是用金丝在转角处的连缀技巧，只有真金属丝线才可能穿接得如此妥贴而牢固。

五、陕晋地区童帽与贵州苗族刺绣

图 3-95，图 3-96 是陕晋地区童帽，帽后拖长的遮布精绣一幅男童戏莲。穿肚兜的男童天真可爱，身下的盖碗上升出蓝白并蒂莲，婴儿当然不懂男女性爱，于是母亲在男孩胯下绣一条白白胖胖的小人鱼（鱼娃娃）代他向莲中钻入。熟悉陕晋地区民间剪纸的人都知道，这种“鱼娃娃”是男女性爱的隐喻，不仅“鱼戏莲”是一种美好的暗示，有许多剪纸中就把“髦髻娃娃”坐于莲花上，他那“小鸡鸡”直插向莲芯。民间刺绣美术就是姑娘们赤裸裸表白内心的情意，也是年轻母亲们对孩子未来娶亲生子的冀盼。当地盛行的“指腹婚”“娃娃亲”“童养媳”“扮家家”都是民俗的佳例，虽然不少民俗因历史变迁而失去意义，但民间艺术是曾经的历史凭证，文化意义值得珍视。此帽绣片下角纹饰如铜钱状，实际是彩球，即狮子所舞彩球。值得注意的是婴儿两侧有一对猫

图 3-90

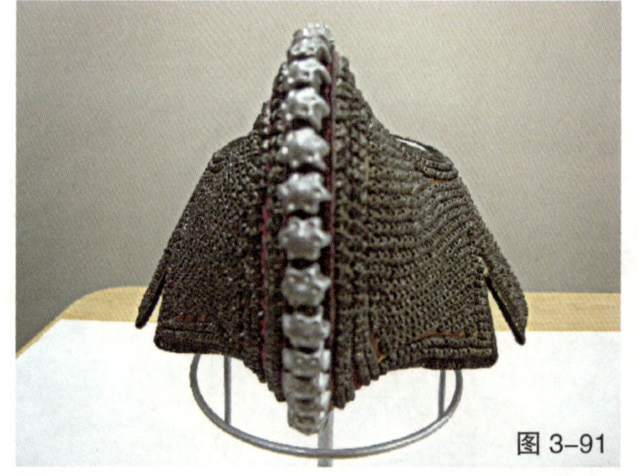
图 3-91

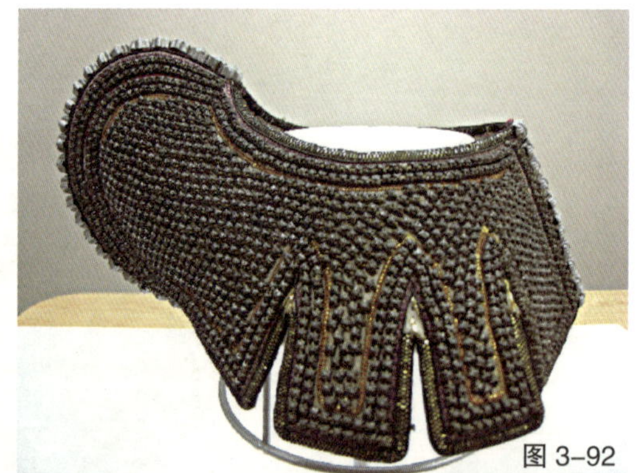
图 3-92

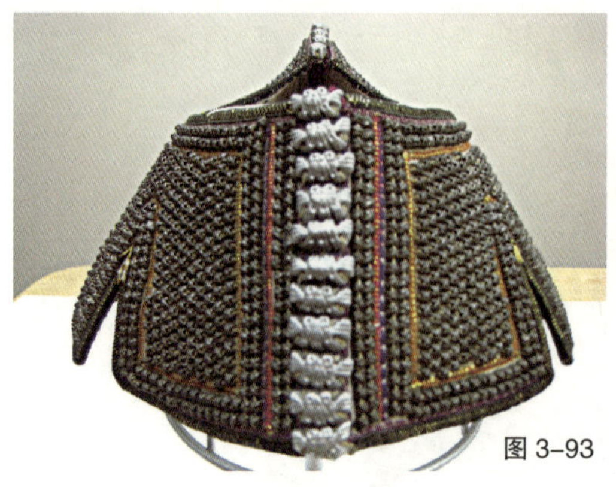
图 3-93

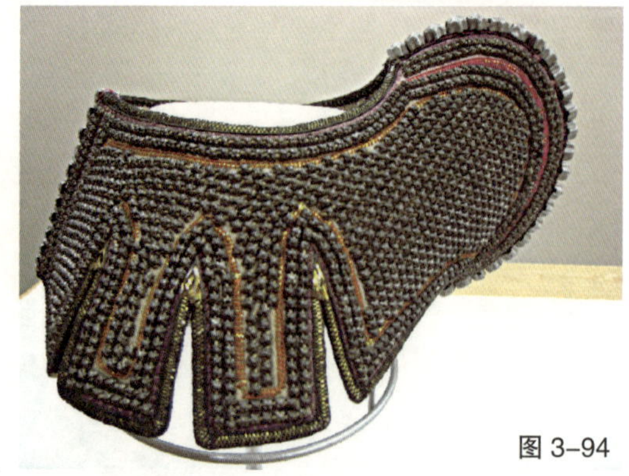
图 3-94

图 3-90～图 3-94　云南哈尼族童帽图

图 3-95

图 3-96

图 3-95，图 3-96 陕晋地区童帽及其细节图

样的“小狮子”，显然中国民间的“狮子崇拜”只是后世的附会，追溯其源，是“麒麟送子”的讹变。但麒麟来源至今说不清道不明，笔者提请大家注意，这陕晋地区绣品上的“麒麟”，无论从造型布局看，还是从技法角度看，都跟千里之外的贵州苗族刺绣有相通相似之处，为什么？

最早注意并指出贵州台江施洞苗绣跟山西绣品相似的是中国台湾学者王伟光。但是他似乎并未找到解释的依据。

13 世纪初，成吉思汗崛起于漠北草原。1279 年，元世祖忽必烈宣布建立元朝，随即南下拓疆至云贵地区，他建立的“云南行省”和“湖广省”分辖后世贵州全省境。忽必烈南征是从川西横断山脉顺势南下，然后从云南东进贵州，所以在今日川滇泸沽湖和通海县一带都留下了蒙古族后裔。在蒙古军中有不少“色目人”充任长官，带来许多回族人，所以至今云贵地区有不少回族群众，其中乌蒙山区的昭通、威宁有回族聚居区。1959 年笔者在威宁县工作时，曾沿威宁西北的龙街区（今龙街镇）古山道赴石门坎考察。在沿洛泽河以东的崎岖山间小路旁，遗留着许多古墓，笔者发现许多墓碑都有相似内容：元世祖忽必烈派大将哈元生率军远征滇黔，在此阵亡甚夥而葬。哈姓墓碑上都记明：“来自山西榆林府。”笔者当时很感惊讶，因为印象中只知陕北有榆林府，而山西人热衷于“洪洞大槐树庄是故乡”，后来才知道在太原城东南不仅有榆次区，并且有榆社县，那“榆社”正是春秋战国留下的古人祭祀土地神的坛址所在。事实是：随着元朝疆域的扩张，不仅沿“丝绸之路”促进了中外文化交流，顺“西南丝绸之路”也带来了中国南北各族的民族文化大交流。贵州苗族绣品中浓郁的陕晋风味，正是元朝色目人（回民）哈元生携来，至今，威宁作为“彝族回族苗族自治县”仍可找到来自陕晋古风的回族刺绣遗物。当然，民族风格的交流并非朝夕之事，贵州至今流传很多从唐朝夜郎、宋朝杨家将、明朝永乐皇帝到建业帝、吴三桂的传闻故事，这都是在研究苗绣时应注意的。

图 3-97～图 3-103，帽顶之绣技当然是北方风味，那木本折枝花却结着瓜形之果，而把瓜作中剖形象则是陕晋古老传统。“蝶恋花”并不只为描写自然之美，更为讴歌男女情爱之美，从《诗・大雅・绵》“绵绵瓜瓞”比喻家族子孙不绝开始，中国人一直用“瓜瓞”形容生殖繁衍之吉祥，而“剖瓜”则是女子初婚之性隐喻，如李群玉《赠冯姬诗》“瓜字初分碧玉年”，言瓜字形分破则谓二八，十六岁女子可婚配，此隐语有艳诗为证：“小红破瓜时，郎为情颠倒，爱郎不羞郎，回身就郎抱！”陕晋民间美术中特多剖瓜造型，赤裸裸地把剖瓜做成女阴形象，有时把瓜、桃、石榴并置于一棵树上，表示福禄寿禧集于一身。这类吉祥寓意的手法也影响了贵州苗绣，苗绣中甚至把也有打开的花芯做成女阴形象者。至今民间有把女阴称作花的俗语，中医谓阳萎为“见花谢”亦是同理。

此帽顶周边绣成四组花样，额前是“蝶恋花”，脑后是“狮子戏绣球、莲藕及小犬”。值得注意的是，花、蝶、狗都具人面形象，不仅富有人情趣味，更证明绣女心目中都是人的情绪寄托，这正是民间艺术生命所在。

陕晋童帽的帽尾拖长遮覆颈后，固然是北方天寒使然。常在帽尾上绣以习见戏文，内容妇孺皆知。如本帽所绣就是“桑园寄子”。（蓝老师书中已详释，此不赘文。）

图 3-104，图 3-105 童帽的帽尾所绣之戏文为“凤仪亭”，所述三国演义故事：王司徒（允）巧设连环计，先把貂蝉假意许配给吕布，又把貂婵献给了董卓。董卓宠爱貂婵，在郿坞“金屋藏娇”，吕布闻讯赶来，在凤仪亭跟貂蝉私会，引致董卓跟吕布决斗。此绣片所用床架门帘式背景表现出舞台戏曲效果，很有趣味。从周围的“机织花边”看此帽是现代作品。

顺便说说，前述“瓜瓞绵绵”之理，不仅限于童帽，其实民间无论长幼，旧时男性普遍戴的“瓜皮帽”，都是出自同一道理。当然，除祈求人丁兴旺之义外，分瓣组合容易裁制的通俗，也是其普及易办的主因。瓜皮帽可谓历史上最具生命力之服饰，上自皇帝下至平民，无论长幼都可戴用，甚至至今不绝。

图 3-98

图 3-99

图 3-97

图 3-100

图 3-101

图 3-102

图 3-103

图 3-97～图 3-103　童帽及其细节图

图 3-104

图 3-105

图 3-104，图 3-105　童帽及其细节图

Miaozu Fushi Yanjiu

附录 论文部分

Lunwen Bufen

以下收录了2000年昆明举办的“中、老、泰、越苗族/蒙族人服饰制作传统技艺传承国际研习班”的部分论文。

云南苗族服饰的传统与变革

颜恩泉

云南是个多民族聚居的边疆省，历史上汉族和各少数民族在开发边疆、建设云南的伟大斗争中作出了卓越的贡献。

苗族是我国人口较多的少数民族之一，据1990年全国人口普查统计，全国苗族人口共计7398035人，主要分布在我国的西南和中南各省的山区和半山区，其中贵州省最多，约360万人，占全国苗族人口总数的一半左右。居住云南境内的苗族共90多万人，主要分布在滇南地区的文山壮族苗族自治州、红河哈尼族彝族自治州、滇东北的昭通地区。此外，滇中地区的曲靖、富民、禄劝、安宁等县市也有分布。

苗族人民在长期的历史发展过程中创造了丰富多彩的物质文化和精神文化，其中绚丽多彩、千姿百态的服饰是苗族文化的重要组成部分，是中华民族文化宝库中光彩夺目的瑰宝。苗族服饰作为苗族形象的标志之一，一直保持着自己的独特风格。由于受特定的社会制度、历史条件、经济状况、自然环境、生产方式等多种因素的制约，各地的服装款式也有较大差异。

苗族服饰究竟有多少种？这个问题早已引起了国内外学者的关注。在长期的社会生活中，由于居住环境不同，在同一民族中又分成不同支系，按不同服装的颜色分有青苗、花苗、白苗、红苗、汉苗等多种。云南苗族居住山区，长期处于封闭状态，服饰种类相应地形成多元格局，以其独特的风采展现在人们的现实生活中，如此纷繁的苗族服饰反映了时代脉搏的跳动，揭示了苗族服饰文化不同历史时期的特征。

长期以来，苗族妇女以自己的智慧和力量在生活中逐步掌握了塑造自身、美化自身的本领，谱写了一部光彩耀人的妆饰历史。苗族服饰和其他任何民族的服饰一样，是在一定的政治、经济和文化等历史条件下产生和发展的，它凝聚着苗族人民聪明才智和辛勤劳动，反映着苗族人民热爱生活和对美的追求；苗族服饰不同的挑花、蜡染图案，记录着本民族长期流动迁徙的历史足迹。

迁徙是苗族历史上频繁而重大的事件，它深深地烙印在苗族人民的心里，铭记在苗族人民的生活之中。长时期大幅度的迁徙流动，使苗族社会的发展受到很大影响，也使苗族的社会财富遭到大量消耗，这是导致苗族处于贫困状态的主要原因之一。而进入云南的苗族又晚于其他民族，他们绝大多数是明末清初迁入云南的，条件较好的地方都被先来民族占有，他们只好到荒僻的山区从事粗放的、原始的不定居生活。分布在崇山峻岭、沟谷纵横的天然屏障中的云南苗族，长期在高山深谷中辗转流动，在自然环境恶劣、社会生活狭窄而封闭的空间里从事着粗放的“刀耕火种”农业；恶劣的生存环境及频繁的迁徙，导致该民族文化的倒退。因此，在特殊的不同的生活环境中，它体现着处于游耕时期的苗族各自相对独立，无法绝然“一统”的多元文化格局。

历史上，苗族先民居住环境优裕，在众多部落中，苗族部落是比较强盛的；其纺织业也居首位，麻纺织品在苗族人民生活中占主导地位。由于历代封建王朝对苗族进行残酷镇压，长时期的战乱迫使苗民不断迁徙，使苗族由强大的部落群体跌落到原始社会末期的生活方式中，在荒山僻野中过着与世隔绝的非人生活。由于不定居，苗族传统的纺织业处于中断状态，为适应游猎时期的生活，用于遮风避雨和御寒的衣饰用料只能因地制宜，充分利用山箐中的自然资源，在服装制作原料的选用上，多为具有柔软、结实、不易折断的树叶、树皮及葛麻等。追溯云南苗族处于游耕初期的衣料足迹，不难看出在漫长的历史发展进程中，岩头上的山草，林中的树叶、树皮等野生植物伴随着苗民度过了无数个春秋。

一、游耕初期的服饰用料

1. 树叶衣：游耕游猎时期，苗族主要活动在高山密林中。林中生长着一种名叫菠萝麻栗的乔木，其叶片宽大而具有韧性，柔软结实，不易折断，是用于制作树叶衣服的最佳原料。每年夏秋之季，妇女们在采集野菜的过程中，顺便将成熟的叶片摘回去，先用水煮一下，然后将它阴干。缝制树叶衣的线是林中的葛麻，她们将葛麻采回后，再根据所需分割成1.5米左右长的段，将其纤维剔下除去表皮，再把它搓成线。在加工过程中，一般都是根据所需宽窄、长短，先从衣服的脚边一层一层往上缝。由于制作有方，且都是上片压下片，因此，滤水性能好。所以，晴天可用来遮太阳，雨天可当雨衣穿，冬天可以避风寒，可谓功能多、用途广，它在游耕初期苗民生活中占有十分重要的位置。

2. 树皮衣：云南山区生长一种名叫“火神树”的乔木，树高4米左右，直径约12厘米，树叶宽大，且叶背面有一层细细的绒毛。他们将砍来的树干根据所要制作衣服的长短断成节，然后用木棰顺着树皮由上往下捶打，将皮中的肉质部分捶除后，剩下的是相互连接的纤维；然后再将纤维放到水中捶洗、晒干，方可根据自己所需来制做衣裙、护腿、帽子等。因通过加工的树皮柔软结实，保暖性能好，是用于过冬防寒的最佳服饰。

3. 兽皮衣：游耕时期，狩猎是苗族谋生的主要方式，山箐中的野生动物种类很多，天上飞的有山鸡、白鹇、鹧鸪、鹌鹑、斑鸠等，地上跑的有虎、豹、熊、野猪、岩羊、野兔等，这些丰富的野生动物资源为长期从事狩猎活动的苗族生活创造了条件。在当时的历史条件下，平均分配的习俗在苗族社会生活中占居首位，他们将肉分食后，剩下的毛皮用于制做衣服。具体加工方法是：首先将兽皮用竹棍绷开晒干，然后用草木灰反复多次揉搽，直到皮革柔软为止。开初的兽皮多用于披、盖，后来则根据自己所需制成可穿的皮褂。皮褂不仅穿着轻便，而且保暖性能好，适应性很强，所以，它具有很强的生命力，今天，在滇东北的苗区，它在人们的生活中仍占有一席之地；不同之处只是加工更精细、款式更适体罢了。

4. 羽毛衣：处于游猎游耕时期的云南苗族，除猎取林中的走兽外，他们还将猎获的山鸡、白鹇、箐鸡的毛拔剥下晒干，然后反复用石灰和草灰轻轻搓揉，再根据自己所需制作成衣裙或者帽子等。

由于皮衣耐磨性强，羽毛衣服轻便，穿着撵山打猎具有特殊的适应能力。所以，男服多用飞禽走兽的皮毛制作。下身为了防止蚊虫叮咬和荆棘抓伤，往往用加工过的树皮做护腿布，这样在林中追赶野兽比较方便。

我们从游耕时期的服饰文化不难看出，在当时的历史条件下，树叶、树皮、兽皮、羽毛等制作的服饰与同时期的经济基础相吻合，它不可能跳出封闭的空间而表现出超越自身的要求。所以，有什么样的经济基础，就必然会在服饰的用料、款式、工艺技术等方面反映出来。

游猎游耕时期，云南苗族没有固定的生活空间，流动是他们的共同特点，在当时的条件下，他们用于遮风避雨的是天然的岩洞；因林中野兽多，为了防止野兽袭击，他们便在树干粗、枝桠密的树上搭盖巢穴，白天在林中打猎，夜晚就爬上巢穴中过夜，这就是他们较安全的避身之处。

二、定居初期的服饰特点

从云南苗族分布情况看，具有大分散、小聚居的特点，全省133个县（市）中，人口在5000人以上的就有123个县。云南自然环境特殊，具有一山分四季、十里不同天的立体气候特点。分布在丛山峻岭中的云南苗族，由于各自所处的环境条件不同，在农耕文化上反映出原始农业与传统农业并存，不同的生产方式代表着不同的自然区位，不同社会形态下的民族文化特征。因此，反映在民族服饰上就必然有地区特点。在服饰的用料、色彩、图案等方面都会留下时代的、居住环境的痕迹。随着居住环境逐步趋于固定后，人们用于制作服装的用料也会随之逐步发生变化。当人们从游猎、游耕向定居转化的时候，过渡时期的服饰——棕衣起到了承上启下的作用。在自然经济占主导地位的每一个历史发展阶段，生产生活资料都有个过渡过程；就服饰而言，游耕时期的服饰到定居初期不可能一下就失去它应有的社会功能，只能是随着社会经济的发展慢慢由主导地位移居次要位置，而其中必有一种与新服饰的出现长期并存；棕衣的功能就是这样。而树皮衣、树叶衣将随着社会的发展而失去应有的功能慢慢趋于淘汰。从游耕到定居的整个过渡时期，麻的种植在人们生活中尚未普及，当时的服饰用料仍以棕片为主。在滇南石山地区，那里气候温和，适宜棕树生长，他们将野生棕苗移到房前屋后种植，因土质肥沃、潮湿，棕苗长势快，一般4年便可开剥。人工种植的棕片比野生的宽大，且细密，制作衣服不仅滤水性能好，而且保暖性强；冬天用之避风寒，夏天用来遮太阳，雨天还可挡风雨，具有多功能的特点。

随着历史的发展、居住环境的固定，麻文化又重新回到苗族的社会生活中。但是，在苗族社会发展史上，没有经历过第一次和第二次的社会分工，直至新中国成立，苗族的手工业也尚未从农业中分离出来，手工纺织依旧从属于农业。在传统观念指导下的一切生产活动，是以满足自身的生产、生活为目的；由于受高山深谷的限制，人们很少与山外的其他民族发生交往，凭据优裕的气候条件过着男耕女织的自给而不能自足的农家清贫日子；解决生活中不足部分的唯一办法是靠狩猎和采集。

定居以后，纺织则成为苗族生活中不可缺少的必要劳动，一家人的穿衣问题全由家庭主妇承担，因此，种麻则成为苗族家庭生活中不可缺少的重要组成部分。另外，麻的生长周期短，一般撒种后70天方可收割，所以，麻的种植在苗族生活中越来越受重视，种植面积逐年在扩大。衣裙用料麻制品占居主导地位，少数农户除满足自己所需之外还略有剩余，这部分剩余的手工制品则成为他们用于交换的主要品之一，换回自己必需的其他生活用品。

三、中华人民共和国成立后云南苗族服饰特点

1949年至1950年，云南苗族地区先后获得解放，在各级政府的领导下，结束了长期流动的历史，过上了定居生活，由过去的佃户、帮工，变成了国家的主人。定居后，苗族服饰用料基本上全是自己纺织的麻布，以棕衣为主的护身保暖衣服逐步被棉麻布料所取代。由于麻在苗族生活中占有相当重要位置，在人民公社化时期，政府根据苗族的特殊情况，除划给自留地外，每户都有四至五分的麻塘地，以解决苗族的穿衣问题。由于固定的麻塘有了保障，苗族的纺织业相应得到发展；服装的加工制作在原来的基础上进一步有所提高，其中较为明显的是蜡染百褶裙，主要表现在图案的色彩及挑花的颜色方面。解放前，麻布制作的百褶裙在苗族社会生活中虽然占有重要位置，但由于受环境的限制，人们制作工艺还非常简单，他们虽然想尽力把衣裙做得适体、漂亮，但挑花的线只有用自己纺的麻线，上色的染料全是从大自然中提取。随着社会的发展，他们认为用麻线在麻布上挑花，虽然配有不同的颜色，但光感差，后来就自己养蚕自己绞丝，然后再根据不同颜色的搭配由自己染色；从此，丝线取代了麻线，用自己绞制的丝线挑出来的图案光感好、立体感强，深受群众欢迎。所以，20世纪50年代，养蚕抽丝在苗区基本普及。随着社会的发展变化，人们对服饰文化的审美能力也在不断提高。过去的服装主要具备保暖、遮羞、护体的功能；现在不同了，除具备原有的功能外，还必须具备审美的价值。所以，苗族妇女的服装除上衣下裙外，还有护腿、围腰、腰带、帽子、草鞋等。50年代以前，青苗的头罩仍沿袭传统的树皮头罩，采用油桐树的皮加工制作，形状呈椭圆形，高16.7厘米，直径多为18至20厘米，上大下小；将发髻罩住后，左右两边分别用银或其他金属制作的耳环勾住，它不仅起到固定作用，而且具有装饰作用。随着社会的发展，苗族传统的自然经济也发生了变化，由树皮制作的头罩被四方头巾所取代。

四、改革开放后的云南苗族服饰

中国两千多年的封建社会经过夏商周三代的酝酿，在秦汉时期，正式建立了中央集权的封建大国，中间经魏晋南北朝三百多年的大动荡大融合大冲击；进入隋唐，开始了封建大国的鼎盛和成熟期，尤其是历来为史学家所称道的唐代盛世，更是封建社会的黄金时代，好比日到中天、元气充沛，其中贞观至开元的一百多年，可谓达到了巅峰。伟大的诗人杜甫在《忆昔》一中描写了当时的社会景象：

忆昔开元全盛日，小邑犹藏万家室。稻米流脂粟米白，公私仓廪皆丰实。九州道路无豺虎，远行不劳吉日出。齐纨鲁缟车班班，男耕女桑不相失。……

这是何等盛况空前的太平景象！由于当时统治者接受乱世昏君的历史教训，推行比较开明的政治措施，因此，经济得到迅速发展，国力也日益强盛。人民安居乐业，经济繁荣昌盛必定带来社会稳定、国力强盛的局面，太平盛世的景象也使得大唐帝国具有一种胸襟开阔的自信心，这种自信心又势必影响到统治者的政策和整个社会风气以及民众的文化心态。经济繁荣的背景，对唐朝的服饰也产生了巨大的影响。从历史到现实不难看出，经济基础的变革与服饰文化的发展，两者是密切联系在一起的，也就是说，经济的发展对服饰的更新起到了保证作用。在人们的社会生活中，不同的服装款式，不同的蜡染挑花图案，不同的颜色，不同的用料……，一句话，不同的工艺特点，是不同民族审美爱好的具体表现。20世纪80年代以后，政府把工作重点转移到经济建设上来，绝大多数乡村修通了公路，改变了传统的运输方式，促进了民族经济的发展。在改革开放政策的指导下，交通事业得到迅速发展，封闭的苗寨透进了现代文明之光，在外来文化的影响下，苗族传统的生产生活方式及其传统的观念都在发生不同的变化。长期封闭在大山之中的苗族青年男女，他们走出大山，开阔了视野，亲眼目睹了山外的变化。在同一民族不同支系的交往中，他们互相取长补短，如自称蒙豆的白苗，其裙子是纯白色的，不需蜡染挑花装饰，后来在与蒙斯、蒙周（青苗、花苗）的交往中，审美观发生了变化，认为青苗、花苗的裙子更漂亮，因此，慢慢地，有的白苗姑娘也穿起蜡染挑花裙，服装款式向青苗靠拢。这充分说明，社会开放、文化交流，促进了苗族不同支系的服装向统一的方向发展。

在漫长的社会历史发展过程中，苗族服饰是苗族文化的重要组成部分，它对于群体的作用是凝聚族人的精神，吸引族人的向心力，以形成集体的团结、统一，增强集体为生存而拼搏的战斗力。一个富有民族特色的传统服饰，对于别的民族它是一种区别的标志，而对于本民族它却是互相认同的旗帜，结成整体的纽带。我们不难看出，苗族传统服饰文化的内涵就在于它对族人的凝聚力，具有“族徽”的作用。

在云南25个少数民族中，传统服饰的族徽作用是十分典型的，它或表现在各种不同的服装款式上，或表现在独具一格的图案花纹上，或表现在五花八门的头饰、佩饰、首饰工艺上。各具特色的传统服饰早已同各自的

民族形象融为一体，成为该民族重要的形象特征。如苗族的蜡染挑花百褶裙、彝族的披毡与宽脚裤、藏族的藏袍与氆氇围腰、傈僳族的珠珠帽、傣族的长统裙等，都成了各民族特有的鲜明标志。

云南苗族分布面广，全省县（市）一级的行政单位共有133个，有苗族分布的就达132个。其中人口在5000人以上的县有123个，具有大分散小聚居的特点，且多与瑶、哈尼、彝、汉等民族杂居。云南民族众多，除藏族外，苗族是支系较多的民族之一，每个支系的传统服饰都具有浓郁的特色。从社会历史发展的各个时期不难看出，一个民族为加强其内部的凝聚力，使本民族更加亲密无间，生死与共，能够对付各种艰难困苦，使自己的群体生存、发展，会采用各种有效手段和机会来实现这一目的；每个成员都坚持穿用老祖先传下来的传统服饰，正是一个民族在千百年的历史进程中，为民族的生存、发展而艰苦奋斗的那种顽强斗争精神的物化。它是一种群体意识的象征，是民族精神的集体表象。在任何时候都突出自己的特点，强调自己与其他民族的不同，这正是族徽的灵魂所在。

近年来，随着改革开放政策的逐步深入，外来文化对云南苗区的辐射面越来越广，苗族传统文化正在发生前所未有的变化，其中在服装用料方面的变化更为突出，定居后的服装主要以自己纺织的麻制品为主；如今不同了，随着棉、化纤等纺织品进入苗山，麻纺织品逐步退居与轻工产品同等的地位。如今，纯麻布和棉麻混纺布多用于制作百褶裙，而上衣、围腰等则多用棉布和化纤布，男装除少部分穿自己纺织的麻布外，大多数都用国产的棉布及化纤布制作。从社会的发展不难看出，由于所处的经济状况不同，不同历史时期的服装用料、款式也各有特点，当苗族传统的自然经济在改革开放春风的吹拂下发生改体时，民族经济发生前所未有的变化，反映在服装用料上，则是由原来的麻布、棉麻混纺布向丝绸、毛料等高档布料发展。但是，按照苗族的传统习俗，生前可穿麻织品以外的其他纺织布料，死后穿的寿衣必须是本民族自己纺织的麻布衣，否则到了阴间老祖宗就不认你是本族人，无法归祖而落为孤魂野鬼。在这种传统观念的制约下，步入老年的人都备有用麻布制作的寿衣。如今移居欧美国家的苗族，虽然居住环境、生活方式发生很大变化，但他们并没有忘记自己是苗族，没有忘记自己是蚩尤的后裔，所以，尽管远隔千山万水，还是要到云南文山购买本民族的服装。上了年纪的老人，也要设法到文山、红河购一套麻布制作的寿衣，死后穿上它灵魂回到故地投祖。这不难看出传统文化（服饰文化）对一个没有文字记载的民族来说，具有十分重要的意义。

五、云南苗族传统服装的制作及工艺流程

对资源进行加工的科学技术水平，在很大程度上反映了一个社会的文明程度。云南苗族服饰的工艺水平，正反映着云南苗族社会文化发展的历史踪迹。

下面，仅就苗族服饰加工制作的几个主要技术流程，来看苗族服饰文化的某些发展脉络。

（一）选地播种

“麻”，作为苗族家庭手工业中纺织的主要原料，它在苗族社会生活中（诸如人生礼仪、节庆娱乐、男婚女嫁等）有着千丝万缕的密切联系。为便于了解麻文化在人们生活中的地位和功能，有必要将其发展过程作较全面的介绍。

在苗族社会发展史上，由于受环境条件和多种因素的制约，没有经历过第一次和第二次的社会大分工，直至新中国成立，苗区的手工业也尚未从农业中分离，依旧从属于农业中的附属劳动。在传统观念指导下的一切生产活动，只是以满足自身生产、生活所需为目的；男耕女织、无求于人。在这样的环境条件下，纺织便是苗族谋求衣着的家庭手工业主要活动内容，此项工作基本上全部由妇女承担。它既是苗族妇女世代传承的传统技艺，又是衡量她们的智慧与理财治家本领的重要尺度。在人们的社会生活中，纺织技艺的精与劣往往被列为评定女性身价的标准。因此，姑娘们为了提高自己在社会生活中的声望，赢得小伙子的追求，就必须以坚强的毅力把纺织、蜡染、挑花和缝制衣裙的全部技艺学到手。

前面提到过，入滇初期云南苗族服饰主要靠山中的树叶、树皮、兽皮制作，后来又用葛藤纤维纺织。在长期的辗转迁徙生涯中慢慢趋于固定，麻的种植在人们的生活中又重新出现。为解决全家老小的穿衣问题，选地种麻是关键。为了有个好收成，他们总是将土质肥厚、且保潮性能好的地用来撒麻。麻塘地的耕种比种包谷、荞籽的地要格外精细，头年的冬腊月就要挖土翻晒，第二年正月十几把去土柄拷细，这样反复两次，再在敲细、整平的耕地上用锄头挖成距离相等的沟，一般行距7厘米左右，沟深4厘米，将麻种均匀地顺沟撒播，放上用猎粪拌过的草木灰，最后盖上一层薄土。下种一星期后麻苗方始破土而出。因麻塘地经过精耕，加之苗棵密度均匀，所以一般没有杂草，只要底肥施足，出苗后一般不再施追肥，中耕管理不费工。待两个月之后，麻长到两米左右，如果土质肥沃，底肥施得足，麻棵高达三米多。一般在70天左右方可收割（不能让其开花，否则麻皮不易刮下）。他们将割下的麻用竹条将其顶端的叶片打掉，然后用麻条将顶端捆扎紧，再把根部摆开，让其在

麻塘地中晒干。被打掉的叶片任其在地里腐烂，成为最好的肥料。两星期后，他们把晒干的麻扛回家放在避雨的地方，根据农活情况，可分批把麻拿到院坝里露出，这样连续露出几晚便可开始刮麻。麻收割后，待被打掉的叶片腐烂，他们就翻挖土地，撒上青白苦菜种子，再把地耙平，这便是人们日常生活中的主要蔬菜来源。

（二）绩麻纺线

妇女们用晚上或者雨天不能外出劳动的时间，把露好的麻皮剥下，然后再根据所需剔成宽窄相等的麻片，为平时绩麻作好准备。为解决全家人的穿衣问题，苗族妇女非常辛苦，除承担山地劳动外，家务劳动（如家禽的饲养、粮食的加工等）都全部落在她们的肩上。所以，为了充分利用时间，在外出劳动的山路上，哪怕背上压着几十斤重的东西，她们手里依旧不停地绩着麻。通过辛勤的工作，一根根只有 2 米左右长的麻丝被她们捻绩成长达上万米的长线。七八岁的小咪彩（小姑娘）为了帮助母亲分担部分工作，在母亲的指导下在山坡上赶着牛羊时，手里也在不停地绩麻或者挑花。

当年的麻必须赶在 8 月份以前绩完，由于时间紧，妇女们每天晚上都绩到深夜方能休息。绩麻技术也非常讲究，麻丝均匀把握得好，接头处捻得均匀牢实，今后织出的布就平顺光滑。反之，织出的布就粗细不均，质量差。

纺线，是绩麻之后紧接上的一道工序。纺车呈蜗牛状，它的头部横插四个铁签，然后在铁签上套大小合适的 10 厘米长的薄竹筒，供纺线时将线卷在上面。纺线时，右手握柄不停地摇车尾，车尾向顺时针方向转动，由套在车身上的蜡线带动车头的横线签的轴头，使铁签沿着相应的方向转动。然后将绩好的麻线头绕在竹筒上，纺线者左手持着麻线，脚不停地摇车柄，通过横铁签的转动不断地将线纽紧。纽紧的麻线在手中越拉越长，长到一定时，立即将车柄向逆时针方向转动四分之一周，铁签也随之倒转，纽紧的麻线通过右手往上稍提，随着横铁签的倒转卷上竹筒。这样，原来较为蓬松的麻丝变成了韧性较好的线团。为下一步加工做好准备，她们又将这些线团绕在转车上，把这一个个线团用转车分成无数支。

（三）煮线漂洗

为了使麻线纤维变白，她们将荞杆烧成灰，然后按照比例，10 斤水加 3 斤荞灰放在锅里搅匀，再把线放在锅里煮沸，时间约一个多钟头。取出后放在缸里，待第二天用竹杆挑到河边捶洗，直到洗出清水后把水扭干凉晒，然后再用灰水煮，此种方法反复三四次，直到麻线变成白色为止。苗族住在高山，洗线都要到离住地很远的地方才有水源，一般洗线都要到河边冲洗，麻线才不容易打结。可想而知，这样返复多次是十分辛苦的。由于路途远，妇女们往往喜欢三五人约在一起去洗，这样互相好照应。

（四）梳线织布

每年寒冬腊月，山地农活基本结束，这段时间是苗族妇女纺织的黄金季节，若年底前不把麻纺织完，开春后农忙开始，就没有时间了。所以，冬季进入苗山，四处可听到咔嗒、咔嗒的织布声和屋檐画眉鸟的叫声交织在一起，回荡在群山中。……

梳线上架这道工序比较复杂，她们将洗干的线背到寨中场坝较宽的地方，将绕线的活动架叉开呈方型，中间有一轴心便于转动，把线顺绕在方架上。绕完后，她们分别在场内摆上钉有木签的两节方木，然后把麻线从架上来回绕在木签上，这道工序汉话叫拉线。拉线，首先确定好布的长度（一般长为 15～16.7 米），一般每棵木签上来回拉 40 多次，布的经线多为 340 根。线绕成后，理顺，线与线间隔一致，排列均匀，用织机上的（羊角）绕线架从头开始将线全部绕在上面，把“羊角”安上织布机以后，将“羊角”上末尾的一段线拉出来，穿过一横衬杆（用于把线绷紧），又再把此线按单双数分开，分别穿过上下两麻梳上的勾结处，麻梳的勾结是由上下两排麻线依次一对一地互勾形成的，此麻梳起到单双线分开的固定作用。单、双线从麻梳上出来后，按照原来的位置又穿过一把用细竹片按固定距离扎成的竹筘，最后将穿出的线头缠在缠布板上。两块麻梳分别由两根绳索吊起悬在一根棍棒上的两头，棍棒再由一根绳索吊起挂在最高处的一根横杆。两块麻梳下又分别系有两根绳子，绳子下端系着一对挨近地面的脚踏板。织布的肘候，双脚一上一下地轮流踩踏板，通过绳索带动麻梳上下移动，单、双线随着上下交错，形成一个中间层。此时，便可将装有纬线的梭子穿入，然后通过竹筘将纬线挤紧，随即放回竹筘，又踩另一只踏板，又把梭子穿过中间层，再将竹筘往下压，如此反复。在妇女的辛勤编织中，一匹又一匹的麻布在织机上织成了。

随着社会的发展，人们用于编织麻布的工具也在发展变化之中。游耕时期的纺织工具非常简单，苗族妇女将纤维的一端拴在木桩上，另一头系在腰上方可编织；但布的口面很窄，一般只有宽（17～20 厘米），且布的质量较粗糙，这种简单的纺织水平与当时所处的社会环境及经济状况紧密相关。人们慢慢趋于定居之后，纺织业也逐步兴旺起来，其纺织工具在原来的基础上有所革新。为适应定居的环境，在人们的生活中，出现了简便的木架织布机，其特点仍然有一端要捆在织布者腰上，但布的口面比原来织的要宽6.7厘米左右，织布的效率比原来有所提高，类似的纺织方式在苗区延续了较长时期。到19世纪30年代，外国传教士进入云南滇东北苗区后，当地苗民在西方文化的影响下，传统的纺织工艺发生了变化。外国传教士见到苗族纺织工具原始落后，为改变这种状况，他们把国外的纺织技术传给当地苗民，并改变纺织工具，使固定式的木制手拉坐机代替了移动式的织布架。用手拉坐机织布，其特点是布的口面宽（一般都有0.40～0.43米）、速度快，每天可织两丈左右；劳动强度低，坐着织布没有过去捆着织布累。纺织是苗族人民生活中不可缺少的重要组成部分，纺织工具虽然复杂，工序繁琐，但每当进入农闲季节，只要进入苗区农舍，都不乏看到纺车在"咪彩"（小姑娘）手中飞转，木梭在少妇手里随着织机的响声来回在经线中穿回。她们的巧手随着飞梭转，嘴里还不停地哼唱古朴的纺纱歌，使宁静的苗寨充满了生机。

（五）洗布蜡染

洗布，是苗族纺织过程中不可缺少的工序之一，蜡染图案的优劣跟洗布次数的多少关系很重要。妇女们把织好的布再次用灰水煮，然后背到河边捶洗，待将灰水洗净把水扭干，两名妇女人各持一端把布抖开平晒在草坪上。约一小时后，又将晒干的白布反复捶洗，一般要洗三四次，一直把布上的肉质麻皮洗掉，麻布由乌变白为止。如今，青年人为了使蜡染图案更清晰，她们将洗净晒干的麻再用漂白粉加清水泡上一小时之后再用清水洗净晒干。经过漂白后的麻布可谓洁白无瑕。

滚布，是点蜡之前必须进行的一道工序。你若有机会到苗山观光，步入苗家农舍，只要善于观察，每户人家都会有一节直径约50厘米、长约1米的圆木头，由于长年滚磨，滚筒光滑发亮，此外，还有一块非常光滑的石板或者木板。人们将布的一端放在滚筒上，然后将石板或者木板压在布上，最后两只脚分别踩在石板或者木板的两端来回摆动，通过反复压磨，麻布变得平整光滑。

蜡染是苗族的传统手工艺，是我国民间艺术中一朵永不凋谢的鲜花。入冬以后，妇女们把滚好的布铺平在事先准备好的木板上，用石盆盛上火炭，然后将盛有蜂蜡的土碗放在火炭上炖化，方可用铜片制作的蜡刀蘸上蜡液，把自己喜爱的图案描绘在白布上。点蜡工序完成后便是染色，苗族的染料主要是自己加工的蓝靛。房前屋后、田边地角，那一蓬蓬墨绿色的多年生植物，便是苗族用来加工染料的主要原料。他们把成熟的靛叶割下后，用铡刀将其铡细放进土坑内，再用生石灰粉拌匀，最后将其盖上。一月之后，靛叶腐烂，变成黑色浠泥状，方可捞出，把杂物清除，再按每0.5千克蓝靛加0.1千克酒、5千克水的比例搅拌均匀之后，再放入适当的石灰水，约过十天方可把蜡布放入染缸内浸染。这样反复染上三四次之后，便可将布捞出用清水洗，最后将漂洗过的布用开水煮，使沾在布上的蜡从布上脱下后再用清水洗，这样，自己喜欢的图案就清晰地呈现出来了。

苗族传统的蜡染图案具有朴素大方、清新活泼、带有泥土芳香的特点。云南苗族蜡染花纹图案多样，形象生动，线条粗犷，构图饱满，意境淳朴，具有浓郁的生活气息和鲜明的民族特色，是人们用于美化生活的装饰之一。

在漫长的岁月中，苗族人民创造了丰富多彩、具有民族特色的民间艺术。其中绚丽多姿的蜡染就像一股从山间流淌出来的清泉，源远流长，清馨沁人。它那不同的蜡染图案反映了苗族妇女的智慧、理想和愿望，在苗族生活中对美的追求代代相传。由于苗族分布面广，在39万平方公里的土地上基本都散居着不同支系的苗族，且多为交通不便的山区和边远山区；因此不同地区的蜡染又各具特色。以自然花纹为主的滇东北苗族蜡染活泼奔放；以几何形和自然形相间运用的滇南苗族蜡染工整秀丽，线条分明；以几何形纹样为主的滇南青苗蜡染清雅明快。过去，苗族的蜡染仅用于制作百褶裙，如今，由于蜡染本身具有特殊的实用性和审美价值，所以，一般的生活日用品如床单、被面、衣服和其他装饰品都采用蜡染。不难看出，蜡染这一传统工艺越来越引起人们的重视，并广泛运用于生活的各个方面。

苗族蜡染在其生活中具有两千多年的历史，发展快慢与当时的社会经济紧密相关。正如普列汉诺夫在《没有地址的信——艺术与社会》中所述："审美趣味的发展总是与生产力的发展携手并进的。同时，不论在这里或那里，审美趣味的状况总是生产力状况的准确标志。"蜡染的审美趣味是在同生产力状况相适应的条件下，引起人们的重视而进入人们的生活领域的。早在秦汉时期，蜡染工艺在苗族社会生活中就比较盛行，但当时的生产力水平还相当落后，加之战乱连年发生，苗族人民长期处在战乱流徙的痛苦之中，无法安定下来进行农业生产，田土荒废，蜡染工艺处于停滞状态。到汉武帝时代，社会状况有所好转，生活逐步趋于安定，人们能安下心来从事农业生产，蜡染这一民间工艺美术又以美化生活为目的在生活中闪现时代的光彩。人们在长期的生活实践中就地取材，不断提高，使其逐步得到发展并留传下来。

然而，蜡染的发展在各个地域内并不一致，从长期处于战乱的年代，频繁的迁移使蜡染工艺无法发展。在那兵荒马乱动荡不安的年代里，先进的民族得以生存，而落后的民族不是被同化就是被迫迁徙。苗族就是这样，由于历代封建王朝对苗族实行残酷镇压，导致了他们在生存竞争中屡遭失败，在政治经济的双重压迫下不得不再度迁徙。唐宋以后，苗族的迁徙更趋频繁，他们自北而南又向西分两大股进入湘桂黔一带定居下来。定居云南的苗族大部分是明清时期迁徙来的，他们带来的中原地区的各种技艺，经过长期传承而被保留下来。由于云南地理环境特殊，山高坡陡来往不便，一村一寨几乎与世隔绝，长期处在封闭的生活圈内，只有依靠自给自足的小农经济解决他们日常生活所需的一切。在生活相对安定的条件下，渴求美的天性趋使他们栽靛染色，养蚕绞丝，以丰富生活情趣，寄托美好的理想，从而使蜡染这一传统工艺在苗区得到进一步发展。

蜡染的发展与人的素质、审美能力、心理因素和社会因素都有紧密的联系。这里既有普遍必然性的原因，如在生产实践基础上产生的生理和心理的对应性，也有特定经验性的原因，即特定联想的社会原因。前者偏重于自然历史性，后者则因社会的、民族的、个人的差异，因而产生个人的偏爱、民族的审美特点和美学趣味的变化等相对性。居住在云南山区的苗族认为穿蜡染麻布百褶裙显得清新、雅致。奇特的蜡染构图始终给人一种朴实、大方、愉快、潇洒的感觉。不过，由于居住环境的差异，对蜡染形式美的爱好，也有显著的不同。绝大部分苗胞喜欢蓝白相间的风格，随着社会的发展变化，年轻一代喜欢多色蜡染。居住在边远山区的苗族妇女，由于地处偏僻，交通不便，她们依然保持着那种粗犷、豪放、对比强烈的艺术风格。这充分说明，居住环境和风格习俗的不同，形成了蜡染艺术不同的特点。

蜡染艺术在苗族中历史悠久，居住在边远地区的苗胞，至今还保留着许多原始艺术的成分，其特点是粗犷、单纯、质朴，特别是在构图造型方面很有幻想力。如今，改革开放政策的不断深入，苗族的蜡染工艺随着社会的发展而不断发生变化，因此，蜡染构图不仅吸收原始的艺术风格，而且与现代的绘画技能相融合，使蜡染工艺土洋结合，传统与现代结合，在现实生活中逐步趋于完美，并以独特的风格装点着苗族人民的生活。总的来说，蜡染工艺具有浓厚的生活气息和鲜明的地方色彩，它来自生活，又美化着生活。随着历史的发展和交往的增多，在外来文化的影响下，人们的审美观也在不断发生变化，云南苗族的蜡染艺术一定会随着时代的前进迸发出更新、更加迷人的光彩。

（六）挑花、刺绣与缝纫

挑花、刺绣这一手工工艺在云南苗族社会生活中十分普遍，是苗族妇女用来美化生活、打扮自己不可缺少的一种传统工艺。

刺绣一词有广义和狭义之分，广义地讲，刺绣是一个颇为复杂的概念，它包含着各种不同的针法；凡是在布帛、绸锻上用针绒色丝作花为装饰而增强美感的，都可称之为刺绣。但人们对民族民间的刺绣看法，则常常把刺绣局限在以剪纸或画图为底样，用有色丝线覆盖的“平绣”上。这样，人们心目中的刺绣就是狭义的了。

戳纱绣是刺绣中的一种针法，而所谓的戳纱就是云南苗区普遍称为挑花的各种针法。凡以锐器刺物皆称为戳，在民间也有称挑花为挑纱的，因为挑纱不用打样，而是根据纱线把自己所需的图案挑出来，故古之戳纱及挑纱就是今天大家所说的挑花。

苗族的挑花有多种针法，其中常用的有长串针、短串针和打点针。目前在苗区普遍用的十字挑就是打点绣的放大。在苗族生活中，运用较多的有平绣、挑花两种。小咪彩（小姑娘）从六七岁起就习作纺织刺绣和蜡染，随着年龄的增长，姑娘们的工艺技巧日臻娴熟，到青年时期已成为描龙画凤的能手。由于所处的环境条件不同，近水者多绣鱼虾，居山者多描花鸟，源于生活的广泛题材在她们手中得到生动体现。作为苗族妇女主要装饰手段的刺绣、挑花、蜡染和银饰等制作工艺在其生活中占有重要地位，且代代相传，不断得到丰富和发展，达到了较高的艺术水平。居住在滇南的青苗、花苗、红苗和滇东北地区的白苗等几个支系妇女的裙子均采用绣染结合的方法，即先蜡染，后挑花，所挑的花纹图案多为几何纹，布局是中心装饰区与边角装饰区及花边组合而成，图案无论大小，均较多使用垂直、对角的针法；滇东北地区的白苗还采用自然花卉图案填充，有的居于中间，有的围绕边角，通过加工修整，图案更加逼真。这种绣染结合的方法，鲜素并陈，具有画龙点睛的艺术效果。

滇中和滇东北地区的“大花苗”（自称阿蒙）由于畜牧业较发达，多饲养绵羊，所以，这一地区的上衣披肩多用自纺的羊毛织成呈三角形的图案，其选色多为红、白、蓝几种。这种几何形与自然形结合的花纹，具有明清宋式锦的风格特点。而云南苗族的挑花图案也可用纳绵戳纱绣来称它。这些绣锦乍看似乎色彩主次分明，但若从整体上看，却又似乎成为一体，这种似真似幻的锦色，有其美妙神奇的艺术效果。就拿大花苗称其礼服为“戳溯”来说，一套完整的男式“戳溯”，可谓其民族之精华，它不仅体现了苗家妇女的心灵手巧，聪明伶俐，而且还蕴涵着一部苗家的典籍，远远超出了一般的艺术范畴。男式“戳溯”，由衬套、腰带、披肩和吊旗四部分组成。此服多用麻线打底，加有蚕丝，浸染的青、红色土羊毛线计线纱挑织为第一工序，承接用漂白土布、彩色丝线、绸带、小铜铃等精致加工为第二工序，全部制作均为手工，分计、挑、织、绣四个工艺来完成。

衬套用来衬披肩，也作防寒之用。由两段整幅土布以纵向拼缝二分之一为后片，未缝的二分之一做前片，再用线将后片与前片的边缝一尺左右（33厘米留出袖孔），无领无袖，前后长过膝部。腰带为近一尺宽（33厘米）、丈余长（3.3米）的漂白土布，用来束缚衬套，扣结于腹前，盘腰如同一条小白龙，以增雄姿。披肩分左右两块，菱形状，两块花纹图案无异，每块又分披面和披底：披面分别挑织有卷柏、蕨草、猎槽三种花卉，构成一组组对称的几何图案，并用浸染的青、红色土羊毛线挑织加饰四周，形成锯齿纹、波浪纹和菱形纹，三种花纹各异，其含意有别。每组图纹上为天，下为地，左右为山川，中间为平原，整图标志着苗家故地为巍巍群山环抱一片肥沃土地的锦绣河山。披底花纹有别于披面，也是披面花纹含意的补充，中心花纹标志着苗家故地连片的田地、富绕的家园；边纹为苗家旧居屋基，为长条石垒砌。吊旗分吊白、军旗和吊须三部分：吊白为军旗的旗杆套；军旗为自己祖先打仗用的战旗；吊须为四组垂蕤端贯串珠、铜钱、铜铃等，垂于臂下，是军旗的装饰。军旗是“戳溯”中的精华，最为珍贵的物件，它不仅选料好，配色复杂费工，而且织绣也非常细腻，工艺大都是手工刺绣，主要有菱形纹、闪电纹和凸字形纹三种。其不同纹形的含意是：菱形纹表示田原，闪电纹表示江河，凸字形纹表示房屋集中的城市。整体的构图含意为怀念美丽富饶的故土。近年来，随着改革开放政策在苗族地区的贯彻落实，苗族的传统文化在现代文明的冲击下，也在不断地发生变化。就刺绣而言，过去挑花面积小，所用丝线都是自己养蚕加工，由于加工技术有限，丝线粗细不匀，挑的花纹不光滑，颜色显得暗淡，图案较为简单。如今，十六七岁的姑娘在先进文化的影响下，她们沿用传统的精华和现代美相结合，制作出来的服饰可谓风格独具，更具有时代感。

苗族妇女的挑花主要在衣服的两袖、托肩、拐领三处；裙子是在蜡染的基础上充实新的图案，花纹布置非常严谨，以简练夸张的表现手法，采取均衡对称的几何图形构成主纹，用植物花卉作为四周陪衬，形成丰满严谨的画面。图案纹样的颜色以红、绿、蓝、紫、白为主，黄为点缀。在配色方面用色适中，对比鲜明，有素有彩，具有素而不简、彩而不繁的特殊效果。常见的有蓝黑、青底起花。挑花中的几何纹样，基本上占整个面积的70%，大多数是以方形、三角形和菱形为主。三角形花纹使人有一种稳重向上的感觉，与倒装三角形组合在一起，形成一个正方形，使人感到严谨饱满。整个挑花由无数的大小三角形组合而成，中间插绣不同色彩的花卉与三角形形成对比。这样减去琐碎的机械感觉，使整个图案的花纹与服饰的配搭格外谐调。

一套苗族挑花服装的完成，是苗族妇女历经漫长时间的辛苦劳动，花费了许多心血结出的硕果，是她们刺绣智慧的结晶。苗家“咪彩”为了相互交流技术和在小伙子面前展现自己纺织、挑花的才能，她们往往在一年一度的花山节，穿自己亲手绣制的衣裙到花山场寻找自己的意中人。

勤劳勇敢的苗族人民在长期的社会生活中，创造和发展了本民族的传统文化，妇女在蜡染刺绣艺术上不同文纹图案的追求，反映了她们对生活的无比热爱，对祖先的崇敬；她们把大自然的奇花异草用来装点自己、美化生活，通过自己勤劳的双手继承和发展了先辈丰富多彩的文化遗产，充分反映了苗族人民创造文化和征服自然、运用自然的精神，从而也表达了苗族人民对幸福生活的向往和追求。千百年来，苗族先民从黄河流域，经过长江翻山越岭，走向祖国的大西南和中南地区，其中一部分移出国境流入越南、老挝、缅甸、泰国及其他一些欧美国家。传统的刺绣艺术也随之受到不同地区、不同民族的影响而发生变化，同时它也直接或间接地影响了别的民族。苗族的刺绣艺术有的在民间互相交流，有的由专家们收集整理成册出版，向社会宣传介绍，让更多的人对苗族有所了解。在改革开放的今天，苗族刺绣这一古老的艺术，在传统的基础上又增添了新的内容，为适应社会的发展，挑花刺绣也在改革创新，它将会在苗族社会生活中世世代代传下去，并发扬光大，它的艺术光彩将给各族人民以美的享受。

缝纫是苗族服装制作的最后一道工序。传统的制作全靠手工，先将剪好的衣料铺平，然后把挑花的花边按照袖筒的大小均匀地剪下，再用自制的丝线把花带绩在袖筒上，托肩和拐领的花也是先挑好的，只要将它根据自己的需求钉上就行了。传统的服饰制作较简单，费工相对少些。现在的制作就不同了，传统的衣袖只需三筒挑花图案，别的就不再有其他的衬托物。现在，除了传统的三筒挑花带外，还需在花带两边分别用机制金线花边压上，完工后的衣袖最后留下的本色布一般只有4.3厘米宽的三节，然后分别在这三节的上条边线上钉上长约4.7厘米的彩色串珠；托肩的花纹多为灵芝形，然后再顺着托肩的边沿延伸到拐领右下方，全部钉上彩色串珠，上衣的制作方算结束。

裙子由三部分组成，有裙头、裙腰、裙边，其中最费工的部位就是裙边，它是裙中的精华，全部是手工按三股线纱一针针挑绣出来的。除裙边外就是中间的蜡染裙片。苗族的百褶裙全部靠手工自然成型，裙中那无数的褶条不用烙印，而是根据裙头那固定的密密细褶中两褶一条地将其从上直到裙边，用四根特制的棉线将裙横穿后再把四条线拉紧固定，这样经裙边之间的相互挤压，其线条方可固定成型。姑娘们为了使自己的裙子更具有时代特色，还分别在蜡染的裙腰部位用机器压上金线细花边，也有的钉彩色串珠，想方设法把自己的服装点缀得更漂亮。

我们从苗族传统服饰制作工艺流程不难看出，从种麻、割麻、剔麻、绩麻、纺线、织布、蜡染、挑花等多种程序看，要制作一套精细服装，至少要花 10 个月时间方可完工。

六、云南苗族服饰的变化

在经济基础发生变化的情况下，人们对生活的追求必然会在原来的水平上有所提高，审美能力也会随之逐步升华。因此，为适应社会发展的需要，苗族服饰也处在变革之中。

云南苗族服饰有其自身的特点，与贵州、湖南苗族服饰相比，其挑花多、平绣少、变形图案多，写实图案少。在配戴物方面，一般只有耳环、手镯、项圈和戒指，这是作为美的唯一点缀，不像黔东南州的黄平、雷山、台江等县的苗族妇女那样银饰满身、银光闪闪；也不像湖南湘西苗族妇女那样多绣接近原型的花鸟鱼虫，而是采用蜡染与挑花相结合的办法，以变形图案组成各种几何花纹来装饰自己。

当然，作为服饰加工技艺而言，与其他民族妇女一样，服饰女红是别人用来衡量她们的聪明才智的一种尺度，也是妇女显露自己才华的最好办法。在日常生活中，一个姑娘如果没有一套或几套自己亲手制作的像样衣服，在寨中必定会被人耻笑，甚至会因此而找不到意中人。所以，苗族女孩到了六七岁就开始跟母亲、姐姐学习绩麻纺线、挑花刺绣，到了十三四岁，便学得了相当娴熟的女红技巧。随着经济基础的改变，社会交往范围扩大，苗族传统的服装款式及其用料在原来的基础上发生了很大变化，主要表现在：

其一：用色的升华。当人们从游耕向定居过渡后，对美的追求便是苗族妇女共同的愿望。开初用于挑花的色线都是土法染色，其各种不同的染料都是就地取材，一般多用植物的汁水浸染，多为红、黄、蓝、黑几种色，颜色种类少，且色泽发暗，亮度不够，挑出来的花纹图案光泽度差。随着山区集市贸易的发展，特别是改革开放政策在民族地区的贯彻落实，轻工产品源源不断运到苗山，各种颜色的丝线和开司米，为苗族妇女挑花制图提供了方便；有近似色、相关色、对比色等众多颜色可供妇女选择，用国产丝线挑出来的图案栩栩如生，非常漂亮。

其二：挑花面积比过去宽。解放初期的苗族服饰，无论哪个支系，其衣裙的共同特点可用一字代之，即“素”。一般多用色布镶边，经济条件稍好的，在衣袖、拐领、托肩等部位挑有花纹图案，但都比较简单。现在的上衣袖子、托肩、拐领及围腰、绑腿、腰带、头巾等都绣满了各种花纹图案，可谓花饰满身。从不同的图案中可看出姑娘们的不同技艺，也是青春少女各自施展才华的表现方式。

近年来，在外来文化的影响和商品经济的冲击下，人们走出了自给自足的自然经济生活圈，苗族传统的服装制作工艺也发生了变化，过去的手工点蜡逐步被印版花所代替，苗族服饰不仅在本地区的市场上作为商品出现，而且它远销欧美，在国际市场上占有一席之地。

就服装用料而言，它与苗区经济的发展紧密相关。过去苗族的衣料基本上都是自己纺织的麻，很少有穿棉布的。解放后，棉织品慢慢闯入苗族生活中，但所占比例并不大，麻布在苗族生活中依旧占居主导地位。随着经济文化的发展和与山外民族交往的增多，早在 20 世纪 60 年代，苗族男子服装就与汉族相同；妇女服装用料除裙子外，上衣多用棉布和其他化纤、呢绒、毛料等轻工纺织品。妇女下裙至今仍然沿袭传统麻布的主要原因是：麻布挺实厚重，线纱纹路较粗，具有吸蜡性能好，便于蜡染、挑花，穿在身上比较稳重，走起路来左右摆动自如等特点，这是其他纺织品不能相比的。所以，麻布依旧是妇女制作百褶裙不可缺少的主要布料。

从云南苗族不同支系的服装发展情况看，自改革开放以来，苗寨封闭的局面被打开以后，人们生活的范围、空间在不断扩大，视野放开了，不同民族之间的交往增多，服饰文化方面的影响促进了传统服饰的更新，因此，有些地区的服饰逐步趋向统一。解放以前，云南苗族受环境条件的限制，各支系之间的交往甚少，语言上存在着方言土语的差别，风俗习惯上也有差异，穿着打扮也不一样。分布在崇山峻岭中的苗家寨，基本上是同族、同姓而居，与其他民族和同族不同姓共同居住的村寨虽有，但为数很少，且多为解放后出现。不同支系之间一般不通婚，与其他民族通婚则属于禁区。随着社会的发展，传统观念也处在变革之中，不同支系、不同民族之间严禁通婚的界线已被打破。近年来，随着交通运输事业的发展，促进了各民族内部经济文化等方面的交流，打破了原有的语言、服装、风俗习惯等诸方面的界线，相互间的共同点越来越多，这些共同性必然会反映到服装上来。例如居住在文山州边境线上的白苗，过去服装多为素色，装饰少；如今公路修通后，传统的封闭生活圈被打破，乡村公路与国有干道联网，它像一股拉不直、切不断的银带把边疆和内地紧紧地联在一起。过去在大山中生活一辈子都没有离开过苗寨的老人，他们对山外的发展变化无法所知；而今的青年人却不同了，乘上来往客车，三四个钟头就可到县城、五六个钟头就可到州府，内地对边远山区的辐射面不断在扩大。由于受到外来文化的影响，这一带的白苗服饰正在向内地花苗、青苗的服饰靠拢，开始穿蜡染挑花裙。特别是具有一定文化的当代女青年，对新的东西容易接受，她们不管是哪个支系的服装，只要自己觉得好看，就广取别人之长，补己之短，让自己的服饰更具时代特色。从目前云南苗族服装的款式看，在相互交往中逐步打破了原来的服饰格局，逐步趋于统一。

七、云南苗族传统服饰的分类

前面说过，云南苗族分布广，所处的环境条件不尽相同，各支系之间的服饰各有特点。20 世纪 50 年代初期民族工作者在进行民族识别的过程中，他们根据不同的服装款式、颜色，将苗族划分为“花苗”“青苗”“白苗”“黑苗”“红苗”“汉苗”等几种，而苗族的自称分别是“蒙绸”“蒙司”“蒙豆”“蒙博”“蒙贝”“蒙刷”；居住在滇中和滇东北的大花苗，其自称为“阿蒙”。我们从其自称中不难看出，无论哪个支系，自称名之首都有“蒙”音，后边加上不同音节的字，用此将同一民族区分出不同的支系。

英国大英博物馆的苗族服饰收集

——进入博物馆的历史

海伦·沃尔夫

一、大英博物馆民族志馆

介绍

本文介绍大英博物馆苗族服饰的收藏安排。

首先介绍在过去的25年中民族志馆收藏的两组苗族服饰，描述这两套服饰从入馆、登记、储藏到用于研究、展览和教育活动中的全过程。

我先简单介绍这两组服饰在被大英博物馆收藏之前的历史，然后重点描述三件服饰从入馆到为大众提供服务的过程。

一件收藏品的文字材料应该准备得很好，以便满足各种不同的需要。例如，一位深入研究苗族外衣的叠丝制作技术的研究者所需要的资料与一些研究中国服饰的学者的需要就不一样。

收藏品的获得和文字记录

收藏品的收集

博物馆通过购买或赠送获得收藏品

登记

储藏

更新及添加资料

收藏品及文字资料的使用

展览

研究和学习

为公众的使用提供方便

出版物

二、大英博物馆纺织收藏品的背景

大英博物馆的收藏品达18000件，从新石器时代埃及（公元前5000年）的纺织品到今天的纺织品都有。除了重要的考古材料，如三本珍稀地记录在亚麻上的《古埃及亡者书》和有关南美州前红种人的收藏品以外，博物馆收藏着一批从中国（中亚）来的7—10世纪的丝绸（绢）画。目前，这些纺织品收藏于7个不同的馆里，然而，绝大多数（90%以上）属于民族志馆。其中，400多件主要是来自于中国西南部的贵州省。

目前，博物馆正在重新调整储藏和研究设施。大英博物馆内部的改造工程已临近竣工，将为公众提供更好的设施和展厅。今年年底将要开设新的非洲展厅和临时展厅，以补充现有的美洲展厅。

博物馆打算在以后的几年内在主馆附近单独开设一大英博物馆研究中心大楼。这幢大楼可以容纳储藏室及四个展馆的办公室：民族志馆、东方馆、日本馆、史前和早期欧洲馆，以及保护实验室、影像工作室和其他附属服务设施。

发展的中心议题是建立世界纺织服饰工作中心，该中心第一次将所有展馆的纺织品储藏在一个地方，不仅提供了良好的收藏设施，而且也成为一个为公众提供服务的综合性研究中心。通过讲解、动手学习、教育项目、特殊收藏品（供所有专业与非专业人员）的参观以及可视设施的使用，参观者可根据自己的特殊需要和兴趣得到各种收藏品。这些多层次的途径和设施为普通参观者和专业研究者提供了莫大的帮助。

作为民族志馆的馆长，我负责管理、收藏和展示纺织收藏品，我还是新纺织中心的协调员，从一开设便积极投身于这一一流设施的筹划过程。

大英博物馆苗族服饰收藏品的背景如下：

民族志馆有两批重要的苗族服饰收藏品。第一批是20世纪初期入馆的，1977年由Rev Keith和Kenneth Parsons捐赠给大英博物馆，共有34件。第二批收藏品数量更多，共380件，原来是Gina Corrigan的收藏品，1998年大英博物馆购买入馆。1999年增加了4件。

两批收藏品都是从中国西南部的贵州省收集来的，并配有恰到好处的文字和图片材料。

在第一次获得收藏品时就编撰文字材料是极其重要的，这使博物馆针对收藏品准备珍贵可靠的信息资源，包括对具体的一些物品提供更广泛的文化和历史背景知识，以及详细的文字材料。

帕森斯收藏品中有大量价值连城的图片资料，200幅1/2和1/4图版的玻璃底片，这些都是卫理公会牧师Rev Harry Parsons 20世纪早期在贵州省昭通工作期间拍摄的。他的儿子把这些收藏品捐献给大英博物馆；并配有由Rev Keith Parsons编写的详细的文字材料，文字材料排列顺序如下：

1. 展品介绍，中国西南花苗及部落服饰的照片，1974年7月。

2. 介绍川苗的部落服饰及照片，小花苗的照片，

1974 年 7 月。

3. 介绍居住在中国西南部昭通附近农村的诺苏人、KO—P' U 人、花苗、川苗的照片，1974 年 7 月。

4. 介绍展现中国西南部昭通附近旅游情况的照片，1974 年 7 月。

Gina Corrigan 的收藏品也是综合性的古董。Deryn O' Connor 陪同 Gina Corrigan 到过中国西南部的一些地方，由 Gina Corriganh 和纺织专家 Deryn O' Connor 撰写的文字资料对每件服饰都有一简短的介绍和一些单页，首页介绍服饰的来源地、收集于何时、制作于何时，接着是整套服饰的清单。

整套服饰的每一个部分都有详细的介绍：所使用的面料、构图和装饰技巧，以及一些收集时得到的资料，如村子里节日的介绍、采访时拍摄的纺线的照片（配有文字介绍）。

Gina Corrigan 制作的大量幻灯片补充了服饰收藏品，还有旧服饰、风景、节日等内容幻灯片。

三、对新收藏品的整理

一旦博物馆获得了新的物品，就会给该物品一个编号。

Rev Parsons 收藏品的编号是 1977Asl，Gina Corrigan 收藏品的编号是 1998 Asl。

1977Asl.4 表示入馆时间是 1977 年，编码 AS 表示物品来自亚洲，数字 1 表 1977 年收藏的第一批收藏品，后面的数字 4 表示该收藏品中的次序。这种编号就是注册登记号，用于将来的文字资料、目录和馆藏位置的查询。

同时，物品上还挂有一个暂时的标签，用以提供一些基本信息：编号、属性、来源地、收集者或捐赠者。

这些信息可成为日后收藏品注册后非常有用的辨认工具。

现介绍三件服饰来说明每个步骤：

1977 Asl.20—羊毛刺绣外衣—花苗—Rev Parsons

1998 Asl.15—蜡染贴花刺绣百褶裙—Ganhe 苗—Gina Corrigan

1998 Asl.340— 叠丝外套 —Wengxiang 苗 —Gina Corrigan。

登记

直到 1970 年中期的收藏品都是登记在登记簿里。

所登记的资料包括：编号，对每件物品的描述，物品的图画，名称，捐赠者的地址，物品的产地以及一些资料介绍，如“民族志资料”、参考书目、馆员的观察和评论。

登记簿里的记录渐渐被电脑注册所取代。其优点在于能够把基本材料进行分类、整理、规范，以方便人们参考。这样就可以把每件物品的（图片）底片序号、馆藏位置编码、物品的流动情况（借用情况和展出情况）记录在案。

在帕森斯苗族服饰收藏品入馆前，就不再使用登记簿了。现在，我给大家介绍一套 1974 年从 Rev Parsons 处得到的云南省 YO—P' U 人的服饰。

有关如何区分纺织品的名称和原名的方法仍然在研究当中，最常用的分类和检索方法是：质地、物品名称、技术。

大英博物馆的数据库今年晚些时候将改用 Windows 系统，那时就可以把所有的纺织收藏品配上数码图像。

例如：在电脑上键入 1977 Asl.20a，羊毛刺绣外衣。

1977 Asl.20a

妇女穿的，用布（麻），羊毛外衣

民族：花苗

来源：中国（西南），云南，贵州

购于：Parsons，Keith R；Rev

统称：早期新收藏品

入馆年份：1977

馆藏位置：0R/AS/RA/B2

在把新的储藏设施安装到纺织品中心之前，一个精良的纺织小组就开始着手前期综合储藏工作。每件物品都经过规范的“加工处理”以达到最佳收藏效果。每一件纺织品都进行仔细的检查，并配有一数据单。这些信息在准备过程中不断得以更新，以形成一整套收藏要求记录，同时还有图片、保存方法、馆藏位置信息。在前期综合储藏工作结束时，要把所有信息录入计算机。

例如：1998 AS1.340 叠丝外衣，Wengxiang

数据单信息

收藏

纺织品和服饰特别容易受到不良收藏条件的损害，如果处理不当会朽坏。所以纺织品的收藏设施和环境是至关重要的。一旦收藏品的保养和维护得以保障，收藏品就更能够为参观者提供使用。

收藏纺织品的最佳方法就是把每件服饰平放在抽屉里，抽屉应该比服饰大，以免折叠。实在不行的话折叠处必须用绵纸卷或棉布垫做衬垫。抽屉必须足够深，以便使用衬垫。抽屉里应该垫一张无酸硬纸，以方便取出服饰而不至于拉扯。抽屉里的东西应该用棉布覆盖，以防灰尘。

一些大件的服饰可以用软衣架收藏，但要注意线缝处，尤其是肩部线缝的护理。

平整的纺织品如围巾、面纱、罩子、毯子、桌布应该用圆筒卷起来，以免皱痕导致损害。

圆筒用绵纸卷成，用棉花固定，最后用棉布裹起来以防灰尘和光线。

前期综合储藏工作的一部分就是储藏，例如，把平整的纺织品卷到卷筒上并用衬垫垫好。

每件物品都缝有一棉标签，上面注有编号以方便辨认。

经过这些手续，纺织品便可以包装、列入清单送至纺织品中心。

重要的是，随时都可以查到每件物品的馆藏位置，重新编排馆存物品时，必须马上更新馆藏位置资料。

所有包装纺织品的材料都必须是无酸的，不易变化的、稳定的材料。

包装纺织品的材料有：

无酸绵纸、棉布、无酸纸板卷筒、tyvek 纸、棉胶带、腈仑垫絮、无酸皱纹纸板。

储藏区的设计也很重要，抽屉应该设计得便于使用，不宜太高，这样里面的物品容易观赏、容易取出。整个储藏区都应该配有很大的桌子，以便平放服饰和纺织品。

抽屉的表面应该有一目录，如果有照片就最理想不过了。

保持高水准的管理很重要；保障稳定的环境、灰尘控制、防虫监测。

例如：1998 AS1.340 带折叠纹饰的外衣，Wengxiang。

缝制在外衣里面的棉垫上有编号和纸标签，整理好以备收藏。

一旦有了良好的管理系统和文字资料，就可以开展各种展览、外借给研究机构、用于研究和教育活动。

展览

针对不同的观众，服饰和纺织品可以以不同的内容用于短期展览。

展览的主题可以是制作服饰的技巧和材料，这可能会吸引纺织艺人、学校和学生的兴趣。

也可以做背景 / 情景展览，就是制作服饰的人、他们所居住的地区、服饰的使用、在什么节日穿着这些服饰。有时把一些其他的物品同时展出，如陶器、乐器及其他日常用具以扩大展览的内容。

因为易受损害，服饰只适合短期展览，长期展出的服饰必须定期更换。灯光要暗，还要保持稳定的温度和湿度。

服饰和纺织品通常很脆弱，没有轮廓框架，所以要选择合适的硬纸板支撑。

支撑服饰的方法主要有两种，穿在人体模型上或平放在加垫的木板台面上。

平整的纺织品可以用硬纸板支撑，挂在卷筒上，或平放在平面板或斜面板上。

人体模型可以用来展现整套服饰是如何穿着的，一些附件，如头饰、首饰、腰带怎么穿戴。

大英博物馆使用的人体模型面部是抽象的，以免分散注意力。我们发现这种面谱可以有效地展现迥然不同的民族。

重要的是要使人物看上去自然，注意人体模型的型态，好与每套服饰相配。

在平板上和 T 型台上展现服饰是另一种展览方式。

1998 年大英博物馆展览的苗族服饰就是使用这种方式。

这种方式使人更清楚地看到每件服饰的设计和装饰细节。可以把一件百褶裙展开，也可以把一件外衣的袖子展开。

重要的是把服饰铺垫好，确保不会拉扯线缝和面料。这一点可以通过小心翼翼地铺垫、把服饰缝制在板面上或挂在卷筒和 T 型台上。

例如：1998 AS1.15，Ganhe 百褶裙，放在周围垫有腈纶絮的木板上，并用棉布遮盖。木板的尺寸比穿着时的百褶裙大以便展现装饰细节。穿着时，部分百褶裙会被外衣遮住。

标签、信息和图片都用于展览，不仅为展品提供信息，而且可以提供广阔的文化历史背景，使展品栩栩如生。

例如：中国西南部苗族服饰的标签，系 Corrigan 收藏品中的展品，也是 1998 年 7 月 9 日至 10 月 20 日在大英博物馆系列 BP 民族志陈列橱的展品。

四、妇女在过节时的着装

贵州中南部 Ganhe 村。

20 世纪后期。

闪亮的长袖缎面外衣用锦织带缝在袖子和底边上做装饰。穿戴时配一条漂亮的折褶拼片裙。拼片裙是由绣好的方块布料和裁剪下来的布料缝制的。一靛青色棉布围涎系在身后的绣花腰带上。这是妇女做的，除了特殊场合，例如节日、葬礼，女孩不大穿裙子，而喜欢穿裤子或裙裤。

外衣：Ethno 1998 ASL14

裙子：Ethno 1998 ASL15

围裙：Ethno 1998 AS1.16

腰带：Ethno 1998 AS1.17

照片：身着日常服饰的苗族妇女。

头裹黑白色包头，左边有一妇女身着节日盛装，

1996年4月Ganhe村。

展览一般配有册页，提供简短的背景资料和内容介绍。这是为参观者提供基本材料以备后用的有效手段。

例如：中国西南部苗族服饰展览的册页。

五、研究设施和公共项目

目前非常重视让参观者充分利用博物馆收藏品的问题。针对专门从事研究的学者到对纺织品根本没有任何知识的普通人，这个问题是可以在不同层次上得到解决。重要的是要了解参观者的不同需要，通过各种各样的设施和新项目，这些不同的需要也可以得到满足。

个人研究

为个人提供的设施是一间供参观者根据自己的研究兴趣查阅收藏品的数据库、照片资料和参考书目的阅览室。通过预约，可以看到收藏的纺织品。

在新的纺织品中心，现正计划扩大可视收藏品区，收藏品的样板可以放在顶部是保险玻璃的抽屉里。参观者可以自行研究这些展品而无需博物馆工作人员的监督。

这些展品根据工艺来组合；如一组是展现刺绣的，另一组是展现染色技术的。每件物品都有一个标签，提供该物品的基本资料，每组抽屉都有一展板，介绍详细的资料，并配置展现工艺的照片。

教育项目

现已开展各种各样的项目来满足个人的需要和兴趣。传统的讲座和讲解幻灯片的方法仍然占一定地位，但是新项目越来越多地使用收藏品本身。这些项目通常与展览或其他博物馆的活动有关。

纺织品中心正在进行的例子。

供研究使用的展品

就某个特定的内容所挑选出来的纺织品或服饰收藏在上了保险的展柜或抽屉里。这些经过挑选的收藏品可供大众研究、讨论，但不可以触摸，这和可视收藏区的展品一样。在老师或纺织专家的带领下，团队可以自行研究这些展品，这也是教育部门推行的教育项目中的一部分。

供参观者触摸的展品

除了登记收藏的服饰和纺织品外，还配有一些不那么珍贵的现代展品，这些展品旧了或受到损害时可以更换。博物馆鼓励参观者们触摸这些展品：试穿、仔细察看其制作过程、触摸布料的质地。

研习班

参观者可以有机会动手纺织或操练服饰制作工艺，直接向纺织专家学习，后者将实际展现这些纺织和制作工艺并实地讲授一些课程。

出版物

通过出版关于纺织收藏品的小册子和书籍，其影响的范围大大超过到博物馆参观和学习研究的人。每次展览通常都要印一目录。

现正要出版的一套八本的书籍介绍了大英博物馆中的部分纺织收藏品，其中四本将于2001年春印出，其余四本于后年印出。这套书的出版发行是在世界纺织服饰工作中心开馆时作为扩大资料的举措。

例如：即将由博物馆出版社在2001年春出版的中国西南部苗族服饰。

六、结束语

尽管我介绍的方法是具备大量收藏品、具备良好的设备和训练有素的工作人员的大英博物馆在整理、收藏、布展并为公众提供服务时的做法，然而，无论规模大小，你也可以以同样的方法来做。在小型博物馆或文化中心也可以采用相同的步骤，利用当地所具备的资源和材料来满足个人的需要。

一旦具备了使用原收藏品和其他研究资源的条件，如书籍和杂志、有关展品的最新资料的记录、外借、出版物、图片的记录和保存，就可以为每件服饰建立一套全面的历史。

本讲座配有幻灯片的讲解、整理文字材料的例子以及供大家参考和讨论使用的打印资料。

施洞苗族衣饰技艺考察

杨正文

施洞隶属于贵州省台江县，位居该县北部，滨临清水江边，距县城台拱镇35公里。直到清代雍正年间，清政府在今黔东南苗区实施“改土归流”前，施洞与其他黔东南苗区一样，是“化外”的苗族聚居区。“改土归流”后，施洞始有设制。清政府在施洞设置石硐汛。民国时期，施洞为友助镇。现为台江县施洞镇。施洞镇现辖56个自然村寨，92个行政村民组，人口近2万。本文所涉及的施洞主要指施洞镇政府所在地，即包括施洞口场坝、塘坝、塘龙、偏寨及其附近的老屯、巴拉河、小河等自然寨。由于施洞滨临清水江，过去就是清水江边一个重要的码头，又是清代台拱、丹江、清江等厅至府城镇远的必经要道。清雍正年间，贵州巡抚张广泗奏请疏浚清水江航道后，施洞更兼具这一地区码头和集市的双重功能。食盐、丝线、染料、布匹、木材及土特产品的交易一直延续至20世纪。这一历史背景，对施洞苗族衣饰技艺产生了不可忽视的影响。

本文是依据笔者自1992年以来，先后七次对施洞所作的实地考察资料写成，特别是1999年8月份专门就衣饰技艺所作的考察，成为本文写作的主要依据。在文后对施洞苗族衣饰工艺变化等方面的描述，还将以20世纪50年代民族大调查有关施洞的资料作比较的背景材料，在这方面，民族大调查做了极有价值的工作。

所谓苗族衣饰技艺，主要指施洞地区制作苗族传统服饰时所使用的织、染、绣和银制工艺。在施洞，至少在40年以前，这些工艺仍是苗族民众主要的衣饰制作手段，为每一位妇女所掌握，也为每一个家庭所依赖。

一、纺织工艺

过去施洞地区的苗族以自种棉花作为纺织原料。根据有关资料记载，施洞曾是台江县主要植棉的地区之一。但除少数农户自给外，民国时期绝大多数的农户每年所需棉花仍依赖商贩从外输入。如今施洞苗人已不再种植棉花。施洞过去从收获棉花至织布前，经历了轧花→弹花→卷花→纺纱→浆纱→络纱→牵纱等程序，除轧花、弹花等由男子完成外，所有程序均由妇女手工完成。

卷花是施洞过去苗人纺纱前必经的一道工序。妇女们将已经过轧子、弹松的棉花分成薄片铺在桌上，然后一手持竹杆做成的卷棉梃，一手执木质圆锅盖或形似锅盖的专门压棉盖压着卷梃来回滚动，棉花缠绕竹棉梃形成条状，抽去卷梃便是空心棉条。这样的棉条便于纺纱，纺出的纱线粗细均匀。卷棉条所用的卷梃长30～40厘米，多用黔东南一带的特产无节箭竹或有节细水竹做成。卷盖多以家中直径25～30厘米的木质锅盖替代，仅有少数人家制有专用卷盖。

棉花卷成条状后，接着是纺纱。施洞苗人用于纺纱的纺车为手摇纺车，其结构为两柱方形，高45～50厘米，宽6～8厘米，厚2.5～3厘米。两柱胸间由一横方木穿连，横方木中间接另一方木，形成丁字结构，这一方木向前延伸，长80～90厘米，前端用一块高约15厘米的厚方木做成“车鼻”，其上穿两孔，用草绳做成短扣穿入两孔内，将纺纱键安装在草扣上。纺纱时，一手摇车柄，带动纺锭转动，另一手持棉条拉纱，一只脚赤脚护着纱锭，协助拉纱的手加捻、倒纱。据调查，过去施洞苗族妇女用这种纺车纺纱，一天只能纺棉纱二至三两（100克左右），费工费时。因此，当大量的机纺成纱涌入时，人们便逐渐放弃了卷花、纺纱的传统工序。在我20世纪90年代的调查中，已经见不到卷花和纺纱工序的使用。

浆纱是施洞苗人传统纺织技艺中一道十分重要的工序。在过去，纱锭纺成后，要放入碱水锅里用文火煮。传统的碱水是由稻草灰或辣椒树杆灰与开水调制过滤获得。就是现在，已习惯于从市场上购买机纺成纱的人们，同样用传统的碱水煮过一次。目的是以此增强棉纱的张力和韧性。施洞苗人浆纱用的浆水是由米熬制而成。一般要选本地产的优质黏米煮成米汤，滤去米粒，然后将已经碱水煮过的纱线浸入汤内，再放在火上加热1～2小时，最后捞起浆过的纱，拿到户外，拧掉水、晾晒。反复进行2～3次的浆洗后，再以清水洗涤，晒干。经过浆过的纱有韧性有张力，光滑，无棉绒，不易断，便于后面的络纱、牵纱和织布。

络纱程序指的是将浆过的纱线，由络车络成用于织纬的小纱锭和用于牵纱作经的大纱卷。施洞苗人的络车结构与纺车相似。络纬纱锭的络车一般就用纺车来完成。络经纱卷则用特别的络车。络车的转轮有两种，一种是由6或8根活动的竹片组成，形似纺车的大转轮；另一种则由两组Ⅱ形活动木架组成。不论哪一种，均可张合。转轮的直径大致与当地纺车相同。使用时，摇动连杆手柄，带动转轮转动，就可以完成络纱了。施洞还有较为简易的络纱方式，即竹笼络纱。用一个形状似农家常用的竹编小猪笼，此笼体圆、直统，笼口似碗口向外张开，笼底一端较细，以竹篾编成网孔状封口。使用时以一根长木棍或竹杆穿心固定，另一端随意插在桌凳的横架上，即可以自由转动络纱了。

牵纱是施洞苗人织布前准备的最后一道工序。施洞苗族妇女牵纱既随意又庄重。说其随意，是因为她们用以牵纱的场所任意选择，一般是围绕她们所居住的房舍，在房柱上钉上木楔挂纱，然后一手提着牵纱车，一手护着纱，由A柱到B柱再到C柱，来回往反。另一种方式则是在房舍旁或街坊间的空旷处，在A、B两点各钉下两根高约50厘米的木柱，然后围绕木柱来回牵纱。

牵纱完成后，接着是背纱。所谓背纱，即由一妇人背着“羊角”（即卷经轴）于胸腹前，“羊角”两端以皮绳系束在腰上。牵好的经纱连接在卷轴上。其他人帮助梳理经纱。背轴者手执羊角，转动卷轴，一边借腰力绷紧经纱，协助理纱者，一边加入竹片将转入的经纱层层分隔，避免纱线紊乱，以提高功效。梳理卷轴完成后，还要上筘、挂综，才能将经轴装到织机上，也才可以织布。另一方面，施洞苗人对牵纱又十分重视。过去她们一般要选择吉日举行。在牵纱过程中，严禁任何人跨越经纱，甚至当日家中绝对禁止砍断或烧毁籐条绳索之物。据说这些都是为了保障牵纱和织布得以顺利完成。在牵纱日，主人家还备好酒菜款待帮忙梳理的人，亦表示一种喜气。虽然笔者1999年8月在施洞塘坝调查时，这一风俗已有了变化，但牵纱织布仍被当地妇女们视为生活中一件重要的事情，相互间乐于协作与帮助。

完成牵纱、上筘和挂综，并把经轴安装在织机上之后，织布就成为施洞妇女日常生活劳作的一部分。过去施洞苗族妇女除白天参加田间的劳作外，织布是她们主要的工作。20世纪50年代的调查者也认为，那时，施洞地区与台江县其他地区比较，其男女劳作分工比较明显，许多妇女不参加或少参加田间的劳动，把主要时间和精力放在纺织上。

施洞苗人的织物有平纹布、斜纹布、斗纹布、锦和花带等。织布和织锦均用织机完成。施洞织机有两种，一种是卧机，由机床、“羊角”（卷经轴）、筘板、综片、拉手、飞鸽、梭子、卷布轴、踩板等部分构成。机床，当地苗语称为“施倒”（shidao），由四根木方子构成前后四脚，两长方木为架梁。两前脚柱高160～180厘米，宽8～10厘米，厚4～5厘米。两柱间距为80～90厘米。两后脚柱高80～90厘米，宽、厚及间距尺度与前柱相同。两方架梁长190～200厘米，宽为6～8厘米，厚为4厘米，最前端做成龙口，以便安放“羊角”。筘板，当地苗语称“耶保”，用于安放筘子，其结构由两方木作成臂，高度与织机架梁高度吻合。安放筘子处由上下两块板子组成，均挖有筘槽，上部可以上下滑动，便于安装筘子，安上筘后以竹签插孔加固即可。筘板悬挂在机架梁臂上，灵活松动，便于推拉。综片用麻线做成扣线，两边以细竹杆和野蕨杆穿扣成形，苗语称“寿”（shou）。综片上以线悬于飞鸽，下连接踩板，上下踩动拉综，使经纱张合走梭。施洞织机踩板十分简单，以木块切割成鞋底模样大小，前端钻孔穿绳与综片相连。拉手实际上就是一个L形状的木把，是用于控制羊角转动，便于一个人操作的机关。手柄的长短视羊角的位置与织布人的距离而定。卷布轴构造也很简单，用一根圆木做成，在木柱体一侧挖一可以放进竹杆大小的凹槽，凹槽用于放置挟连布端的竹杆。卷轴的一端凿一小方孔，小孔与机架上设置的转档吻合，便于织布人织布时控制卷轴的松紧。飞鸽，也称飞鸟，苗语叫“弄（nou）”，结构与其他地区包括与汉族地区织机的飞鸽并无本质的差异，其功能也是用于提综。施洞苗人用的梭子形状与汉族地区使用的梭子亦无差异。70年代台江县根据施洞一带的梭子开发的“苗岭牌”木梭，还行销出省，成为广受欢迎的产品。

施洞苗人用上述织机织平纹布和斜纹布。织布时，以双脚踏在踩板上，一踩一放反复交替，使综片带动经线分成两组上下张合，于是一手投梭，一手接梭，投梭之手接着拉动筘板击紧纬纱。织成约10厘米长时，便停下松开L型拉手，转动卷布轴，拉动“羊角”。这种织布速度较为缓慢，一般一天只能织平纹布300厘米左右。上述织机也用来织斜纹布和平面斗纹布（当地称“小平纹布”）。织斜纹布时要加综。施洞一带一般加成五综。要织平面斗纹布，则预先在穿综时，作好花纹部署，然后依样踩板拉综走纬织造。织斜纹布和平面斗纹布的速度比织平纹布更慢，一天只能织100～150厘米。

施洞一带苗族以凸面斗纹布为珍贵，因为其凸出部分形成粒状，亦有人将这种斗纹布称为“花椒布”。织造这种斗纹布的织机构造较为简单，它是一种斜织机。这种斜织机也是用木质方板制成，前高后低，长约180厘米，宽80厘米。牵好经纱并上好综筘后，将“羊角”架到机上，另一端固定在转布轴上，然后系好踩板即可织造。织时按照菱形图案的结构规律，在经纱上插着十几根长约50厘米、如竹筷粗细的小竹条，按照竹条秩序加纬。一手顺着秩序提高一根竹条，使经线开眼，一手加纬线。同时，还要用一根约长30厘米，宽2厘米的竹片不断循图案规律挑经加纬，以增加花纹的变化。织这种斗纹布所用的梭子与普通平纹布织造所用的梭子不同。

这种梭子当地苗语称“昂多（ao duo）”，用硬木制成，形似无齿大木梳，长约60厘米，两端削尖，腹厚约5厘米，内挖一放纬锭的凹槽。背部削成刀口，织时用于走纬纱和紧纬线，既是投纬的梭又是紧纬的刀。织造这种斗纹布的速度极其缓慢，一天一般只能织60～80厘米。由于这种斗纹布耗时费神，今日的施洞能织造者已为数廖廖，极度式微。施洞一带常用于作围腰的锦的织造方法与以上斗纹布织法相同，也同样用斜织机，只是纹样设计和纱线不同。织锦用料多为彩色的丝线或丝棉混织。不过比较凸面斗纹布而言，织锦现在施洞还比较普遍。

施洞苗族妇女服装较多使用花带、花边作装饰，因此，织花带在施洞比较盛行，至今亦然。她们用于织花的工具有织布机、织带机和竹篮等，即用上述提到的普遍的织布机，按织布原理牵经上筘上综，在织机上织。这种织法一般以经线起花，所以在牵纱时就按所需的花色配色设计，织时再配以纬线组构成花样。用织机所织得的花带一般较宽。若要较窄的花带，一般用专门织带机或竹篮来完成。专门的织带机是由圆盘、线架、脚架和线钩四部分组成。圆盘用厚2～3厘米的木板切割成直径35～40厘米的圆形，圆盘上安置由两根宽厚约2厘米，高约40厘米的线架，线架两柱间距一般为8～10厘米，以横方短木连接固定。横木下设有一直径为1厘米的卷纱棒，卷纱棒可以转动，其一端钻一孔，与横木上的孔对称，织带时用一竹签或木签穿孔以固定卷纱棒。圆盘下为四只或三只脚架，脚架高约50厘米，以方便织带为宜。线钩是用直径为0.3厘米左右的竹子做成，留有一长约1.5厘米的竹枝为钩。一端系悬陶轮在线钩处，另一端则系在卷纱棒上，然后依据所需，两手交换着线钩编织出花样。施洞苗人常用的花带有6根组、8根组、10根组、12根组，最多为18根组，超过18根组的宽带，则交由织布机来完成。依据上述原理，施洞苗族妇女常以竹篮替代专门的织带机来完成织带。竹篮因其简易轻便，常被妇人们带到田野中，劳作间隙时席地而坐即可以编织。

二、浆洗工艺

施洞苗族传统衣料都是自已染色。即使是在现代工业生产的衣料充斥市场的今天，妇女们制作传统苗装时依然喜欢选用自染的传统手工织造布料。过去，施洞苗人形成一套种植蓝草、沤靛、制染水、浆布、捶布、染色等相关染布的程序。

施洞苗人种植的蓝草有四种，即“窝干骨”（uo ga gi）、“窝亚”（uo yia）、“窝安”（uo a）和”“窝辽”（uo liao）。过去种植蓝草是每一个家庭所必需。农历2～3月，妇女们即在自家留作用于植蓝的专门园地上下种（除“窝安”以草根为种外，其余均于年前预留种子），经五六月份的精心培育，到农历7月底至8月初即可以收割沤靛。将收割回来的蓝草放入沤靛专用的木盆里，加入清水，放置卵石压在蓝草上，使每根草叶都均匀地浸泡在水中。经过24～30小时，蓝靛沉淀分离，于是将蓝杆蓝叶捞出，加入石灰水，接着用木瓢或小盆不停地将蓝水搅动，直到石灰水已完全融解入蓝水中。过了4～5小时，蓝靛完全沉淀在盆底，倒掉盆中的水，余下的就是用于染色的靛膏。一般把靛膏倒入陶瓮中，使之保持一定的湿度，以避免日照雨淋使靛膏发生变质。

染布之前，首先要制作染水。施洞苗人每户家中备有一口木制专门染缸，染缸一般高120～140厘米，直径80～100厘米不等。染水的制作是先将由草木灰与开水冲捣、过滤制成的碱水盛入木缸内，然后加入少量的沤靛水（亦有不用沤靛水者）和少许烧酒，经10天左右发酵成为“活水”，再加入一定量的靛膏，这样染水即算制成了，也就可以投入布料染色了。

施洞传统染法为冷染法，工序繁多，耗时较长，所花的劳工也大，其程序为：浆布→染色→洗晒→捶布→染色→捶布→浆布→洗晒→浆布→染色→捶布→洗晒，这样反复多次。

在染色前，先将白布用清水洗净晾干，然后用黄豆水浆过，晒干后才放入染缸里染色。染色的具体操作是将布投入染水中浸染约两小时，取出搭在缸边或缸口的木架，让它在空气中氧化，再将之投入缸中加染，一天内反复这样2～3次。入夜，将布从染缸里捞出晾在木架上任由空气氧化，并给染缸里加靛加烧酒，使染水恢复元气。次日接着又染，如同第一天那样反复晾染，直到8～10天后布已呈现浅蓝色时，拿到河里清洗捶打并晒干。之后又将布投入染缸中染六七天，再取出清洗捶打一次。捶打后用牛胶水浆布一次，这种牛胶水以牛蹄或牛皮熬制而成。又将浆过牛胶水的布投入染缸里复染一天后，次日投入到用当地一种野生的“红刺子根”熬制成的红色染缸里去浆染，晒干后再捶打一次。这样反复浆染红刺根水和捶打3～4次。最后再浆一次牛胶水，捶打一次，然后放在甑子里蒸上2～3小时，目的在固色。再将之投入染缸中复染4～5天，并如法捶打，蒸上2～3次。此时布已呈现紫褐色，布面平滑发光，染色方告结束。

捶布在施洞染色过程中比县内别的苗族支系更加重视。据笔者调查时观察，塘坝村每户人家的房前屋后都摆放有几个平滑光洁的巨石，这些石头就是主人家的捶布石。据调察，妇人们在染布时，用特制的木槌在捶布石上细心地捶打着每一段布面，捶布几乎也同牵纱一样，经常是邻居的几个妇女相互合作协助。捶布的目的是使布面平滑发亮，此外并无他意。

虽然经过多次浆、染、捶、洗后的施洞传统布显得光润悦目，但因固色方法欠缺，施洞的布掉色比较严重，经水洗或遭受雨淋，其光泽很快会减弱。或许是因为掉色问题，当现代工业生产的化学染料透过市场深入到施洞的时候，不少人选用了化学染料，逐渐放弃种蓝、沤靛的传统行当，蓝草种植在施洞现已不如过去那么普遍，或者说在数量上已远远少于过去。

三、制绣工艺

绣在施洞传统苗衣中是必需的装饰，或者说是制衣过程中必不可少的一道工序。特别是女装，没有绣的装饰，可以说简直不成其为衣。因此，制绣是施洞妇女在其一生中必须要学习和掌握的技艺，至少在过去是这样。

据调查，过去施洞一带苗族人家都种桑养蚕，抽丝制作丝线。我们在施洞口、塘坝调查时，田边地角也还不时地看到长得粗壮弯曲的老桑树。乡民们说，直至20世纪60年代初，养蚕还是许多妇女一年生活中必不可少的营生。但与棉花种植一样，施洞的蚕丝并不满足当地所需，绝大部分丝线依靠商人从外地购入销售。也因此，丝线成为施洞集市上传统的重要商品之一，特别是在施洞基本上还是自给自足社会的清代，丝线和盐成为施洞集市不能缺少的商品。从当地苗语中存在的关于丝线的两个专名看，“哺干”（fu gi）和“哺丢”（fu diu）都是指用于刺绣的丝线，但前者指的是自己养蚕吐丝，自染色的丝线。后者的意思是“汉族线”，指的是汉族商人或本民族商人从外地贩卖而来的丝线。显然，外来丝线在施洞苗族刺绣原料中占有十分重要的地位。50年代调查所反映的情况也证明了这一点。调查资料说，台江县苗族盛装所有的丝线、绫、绸、缎等大多仰赖于外来，是本民族的商人或本地汉商赴贵阳购买成品来台江、施洞、革东等场集零售，有时从余庆、湄潭等地购入未染色的丝线加工，经染色后多由台江县城内或施洞街上的汉族妇女经营，在集市上销售（调查资料，1986；324）。其实，这一传统直到笔者做调查时也还保持，只是大部分操作现在多由施洞苗族妇女来完成。据调查，自80年代中期以来，施洞有近30余户的妇女外出到台江县城、凯里等地专营苗族服装生意，其中有6～7户专营丝线染色和批发零售。据她们介绍，她们一般从四川、广西等地购进白丝，然后在自己的作坊内加工染色，逢台江县城、施洞、革东等县内集市赶集时拿到市场上销售。有的甚至随6天场期循环，足迹至剑河、凯里、雷山等县市。

今天的施洞，苗族已经不养蚕抽丝了。她们刺绣所用的绢、绫、绸、缎和丝线全赖市场供应。

施洞苗绣乃至其他地区苗族的刺绣，一般不使用绣架。她们用皂角泥、魔芋汁、野芋汁或大米熬制成的黏汁在绣布背面粘贴一层布作衬托，使绣布稍变坚挺，于是一手执布一手走针进行刺绣。施洞苗族在刺绣前，还需将所要绣的图纹纸样粘贴在绣布上，然后才依样刺绣。因此，剪纸也是施洞苗族妇女过去必修的衣饰技艺。

施洞苗绣的技法主要有平绣、锁绣、挑花、堆花等技法，而以平绣使用最多，也最为著名。

平绣指的是依样在布面上来回行针构图的刺绣针法。其特点是单针单线，针脚排列均匀，绣面平整光滑。施洞苗族平绣特别之处在于大量使用破线技法，妇女们在刺绣时将普通的绣线破成若干根细丝，少者5～6根，多者达14～15根。加之边绣边辅以皂角泥浆线，使绣面更加细腻光亮。由于使用的绣线特别细，过去施洞妇女常常选择在农历3～4月间制作她们的嫁衣绣片。据介绍，此时气候不冷不热，不燥不汗的手执线绣出的绣面更加圆润。施洞平绣亦有纳针、补针、进补、退针、套针等运用。

锁绣也是施洞使用较多的刺绣技法。施洞苗族妇女主要使用双针锁绣，即刺绣时双针双线同时运作，一针作扣，一针运线，其特点如行云流水，曲线分明，坚固耐磨。锁绣在施洞主要用来作平绣锁边，绣面中的枝蔓、云、草等纹样的构图技法。

施洞的挑花主要为平挑。与平绣不同，挑花不需要画图样或贴纸样，直接入针构图，即依据绣布的经纬线数纱运针绣出所需的图纹。平挑与十字挑区别在于其完全依经纱走向竖向入针或依纬纱走向横向入针，而不是一竖一横交叉成十字。挑花所用的布必须是平纹布。施洞也有少量的十字挑花运用。挑花的特点是图案对称、抽象，呈几何形状。施洞苗族的挑花主要用作衣袖中段、儿童衣及背儿带等装饰技法。

过去施洞苗族制作成衣全赖手工缝。为了牢固，许多人家以麻线为缝衣线。20世纪30年代以后，机纺线输入，逐渐取代了自制麻线或棉线成为缝衣线。缝纫机何时传入施洞，笔者在调查中没有得到明确的时间表，但从台江县的统计资料上看，1950年以前全县缝纫机数字仅为15台。缝纫机大致于20世纪40年代中期才传入台江县。统计资料显示，1982年台江县全县拥有缝纫机量达到最高峰的573台。此后又呈逐年递减的变化趋势，到1990年仅为58台（台江县志1994；394），因此，可以说缝纫机从来就不在台江县城乡人民生活中占居主导过。传统的苗装制作多依赖手工完成。

四、银饰制作工艺

施洞苗衣并非织、染、绣及缝制成衣就算完成。特别是妇女盛装，没有银饰搭配，对于施洞苗人而言，不称其为盛装，也就不可能在正式的场合穿着。因此，对施洞衣饰技艺的描述不能不提其银饰制作技艺。

如果说纺织、染色、刺绣等技艺主要由妇女完成的话，那么银饰制作则完全由男人来完成。施洞一直是台江县乃至整个黔东南苗族地区银饰制作工艺发育较好的两个地方之一，另一个在台江县和雷山县交界的排羊九摆—控拜几个村落。即使在过去，银饰工艺也不是每个男人都能掌握的技艺，只有少数男人才有此手艺。据调查，20 世纪 50 年代前，施洞口及塘坝、塘龙、偏寨等有银匠十几户，其中以塘龙较为集中，共有 7 户，全为吴姓家族。绝大部分银匠并不脱离农事，银饰制作仅是一项副业。80 年代末至 90 年初，因人们的生活改善，形成银饰需求高潮，于是有不少青年男子将银饰制作视为一项有利可图的副业，加入了学习手艺的行列。在笔者到施洞调查时，据不完全统计，上述村寨共有银匠 30 余户。但银饰制作仍只是农闲时一项副业营生。

施洞银匠所用的制银工具有风箱、锤、钳、丝眼板、坩埚、凿子、铜锅、油灯和花纹模板等。这些工具大多为银匠自制或本地铁匠制造，有少量为市场或外地购进。

风箱由一直径约 15 厘米的木桶作箱体，箱体长 45～50 厘米，中腰设有风孔。箱的一端封死，另一端封闭后钻一孔，用于安装推拉手。推拉手用木杆或铁钎制成，置入箱内的一端安装一个直径小于箱体的木质圆轮，另一端则是供手握的手把。讲究装饰的匠人，喜用野山羊角作手把。风箱是银匠制银过程中加热增温的必备工具。

施洞银匠使用的锤有铁质和木质两种，且大小轻重不一。其结构与普通铁锤无特别之处，在制作过程中依工序需要启用不同的锤子。钳子、凿子也同锤子一样，有不同的规格以应付不同的用途。丝眼板由铁板或钢板制成，即在一块长约 20 厘米，宽约 15 厘米，厚 0.3～0.5 厘米的铁板或钢板上钻有大小不一的若干个孔。这个板在制银过程中用来拉银丝。拉丝是施洞银饰的特色之一。因此，丝眼板对施洞银匠显得比九摆—控拜一带的银匠更为重要。坩埚多以铸铁制成，埚口直径为 4～5 厘米，尖底，高 5～6 厘米，用于溶解银子。花纹模板有木质板、蜡板和松脂板等，有凹板和凸板两类，用于冲压打制银饰纹样雏形。油灯为借用之器具，匠人在加工银饰过程中常常用它来作局部加热。过去在夜间则兼作照明之用。此外，还有一高 40～50 厘米的圆木柱，在其上端楔入长宽约为 10 厘米 × 8 厘米的方形铁块，作为制作银饰时捶打的平台。

施洞银匠制作过程，归纳起来讲，有铸炼、捶打、编结、洗涤四个过程。所谓铸炼就是将角银、银锭、银宝或银元加热溶解后制成条状或板状的过程，实际是制作银饰的粗加工程序。捶打是银饰工艺中最重要的程序。将银条、银块、银板等打制冲压、凿制成所需的各种纹样零件都经由捶打工序完成。编结是将各种零部件以银丝捆扎或焊接成形的工艺程序。在施洞，特别是头部、颈部和胸部的银饰造型都比较复杂，都通过编结得以完成。洗涤是施洞银饰制作的最后一道工序，是将已制作成形的各种银饰放入由酸磺和硼砂等配制成的溶液中，清洗掉银饰表面的汗渍、污渍或氧化物，增加银饰的洁白度。酸横、硼砂等洗料显然是较为晚近的外来品。据说在 20 世纪初，施洞银匠从外地学会了镀银的技艺，于是以铜为坯表面镀银的银饰品便在施洞地区出现。

施洞苗族妇女盛装所要配饰的一套完整的银饰品共计有 34 件之多（调查资料，1986：302），其中头部饰品 14 件、颈部和胸部饰品 8 件、手部饰品 11 件，再加上由若干银泡、银花片钉制成的银衣 1 件，可谓繁花点点。制作一整套施洞盛装银饰需要白银 230 两左右，并耗掉一个工匠大约 120 个工作日。过去，除少部分殷富之家能拥有整套这样的银饰，绝大部分人家仅拥有相关部位饰品中的主要物件，穿着时都是相互借用，拼凑成套。如今，人们生活大大改善，成套银饰在施洞苗族中拥有量明显增多。

五、结束语

上面所描述的纺织、染色、刺绣和银饰工艺等，曾经是支撑施洞苗人日常生活中衣饰的基本技艺。至少在 20 世纪五六十年代以前，上述四项基本技艺仍缺一不可。但是，在笔者于 90 年代先后在施洞调查的过程中，很明显地看到，这些技艺已随着时间的流逝和时代风潮的冲击，有了很大的变化。如果将这四项技艺比作一张彼此相依、割舍不开的网的话，那么，现在去施洞见到的这张网已被割裂，已经残破。当然，施洞苗族衣饰技艺这张网的变化、残破并非始于现在或始于最近十几年。在本文开头我已经说过，施洞的地理环境、经历的历史文化背景等对苗族的衣饰技艺产生了不可忽视的影响。施洞作为旧时清水江边的航运码头，又是集市地点，势必成为这一地区文化交流的窗口。在这里发生的文化交流，主要是苗、汉民族的文化交流。

苗族把施洞称为“掌响”，意思是“场坝”，即集市贸易的地方。据《台江县志》记载，清乾隆初年施洞开辟市场，从此往来客商络绎不绝。这种状况一直延续到20世纪50年代，而且抗日战争时期，施洞曾繁荣一时。那时沿海商贾内迁，清水江航运空前兴盛，施洞码头至多一天停泊商船达800余艘（台江县志 1994：674）。另一方面，自清朝在施洞设制以来，施洞口一直是地方乡镇一级政府治所所在地。汉族居民自清初开始迁入。施洞过去又是军事要地，清代长期在此屯兵，随屯兵而来的汉族居民逐渐增多。汉族商人、移民、兵丁等云集施洞的结果，势必在文化上对苗族产生影响。塘坝、施洞口、老屯等村寨部分苗族民居建筑就带有明显的湖南汉族民居风格。这不能不说是汉文化影响的结果。因此，伴随着移民或市场输入的丝、绸、缎、纱、线、针、布匹及衣饰技艺等，是施洞苗族衣饰技艺变化不可忽视的因素。50年代从事民族大调查的专家们已注意到这一点。他们认为，施洞商业发展早，人们与外界接触多，加之许多汉族砖瓦房和会馆很早在那里修建，房屋上雕龙画凤，对当地苗族刺绣纹样和银饰纹样都有影响。如“丹凤朝阳”“狮子抢绣球”“二龙戏珠”等纹样主题，明显来自汉文化（调查资料，1986：325）。在笔者的调查中发现，对施洞衣饰技艺变化影响较为直接的是材料输入、衣饰技艺内部约束和人们观念的变化。

先说材料输入问题。由于施洞一带衣饰依赖的丝线、棉等自给率不足，这给就丝线、棉花、棉纱输入提供了空间。据《台江县志》记载，清光绪年间，外地客商进入台江苗族地区经营丝绸、花线、花边等，这些由外地输入的商品，加工精细、色彩鲜艳，颇受欢迎（台江县志，1994：463）。又载，民国时期，台江县人口有所增长，自织土布不能自给，县内外商人从外地购货供应。多由贵州锦屏及湖南洪江等地购进机纺纱、机织布销往台江县城乡（台江县志，1994：468）。也就是说，在20世纪初，已经有大量的外地棉纱和机织布输入，作为码头的施洞自然首当其冲。因此，现在去施洞很难见到自纺纱是可以理解的。染料方面也一样，20世纪50年代以前，虽然施洞本地自产蓝靛也不能自足，但县内方省等乡仍产出蓝靛供应。染布所用染料基本上是蓝靛。但50年代以后，化学染料输入量增加，加之其固色效果较好，逐渐为人们接受，现在施洞使用化学染料的比例占50%左右。

其次说衣饰技艺内部约束问题。上面提到自纺棉纱被机制纱替代问题，实际上是因为自纺棉纱技艺落后，繁琐缓慢，效率低，加之因技术熟练程度不均，纺出的纱线亦粗细不均匀，加捻强度不够，造成织造时断纱频繁，影响效率。因此，当机制纱出现，价格又能为他们家庭经济能力所承受时，机制纱便很快取代自纺纱成为苗族妇女纺织土布的半成品原料。事实上，苗族在外界的接触中，通过不断学习、吸收，改进他们自己的衣饰技艺，在新的技术传入并被接受时，旧的技术即被替代而衰落。例如，据《台江县志》记载，1948年脚踏花机引入台江县（台江县志，1994：423），传统的手工操作的弹花机逐渐消失。笔者在施洞经多方查问，也找不到手工弹花机的实物。再如，清咸丰以前，苗族妇女织布多用腰机，织者坐地操作。光绪年间，改用卧机，织者坐机操作，效率大大提高（台江县志，1994：423）。类似变化，实为苗族衣饰技艺由简向繁、由落后向先进的因应变化过程。此外，特别一提的是，影响施洞刺绣纹样风格变化的是因为剪纸技艺的掌握状况。据调查，不论过去或是现在，施洞苗族妇女刺绣时必须使用的纸样，只有少数妇女能画，绝大部分妇女或请她们帮忙或到集市上向她们购买。画纸剪纸能手们的个人风格往往会影响一村一寨甚或更多村寨的纹样风格。

再说人们观念的变化问题。它是影响今天施洞传统衣饰技艺变化的关键。由于长期的现代学校教育，造就了一批又一批具有新文化价值观、新审美意识的苗族青年。他们对本民族的文化传统不再如他们祖、父辈那么热爱和固守，特别是最近十几年的市场经济发展，与全国农村一样，大量面料、成衣涌入施洞，其透气性好、轻便、易洗、不脱色、色彩丰富等为人们所喜爱。传统的苗族服饰逐渐退出而仅成为他们节日庆典仪式上偶尔穿着的礼服。传统衣饰技艺往日那种为人所依赖的格局已被彻底撕裂。伴随着这种在日常生活中的价值跌落，传统的衣饰技艺走向衰落也就不可避免了。所幸的是，施洞因其被旅游开发，加之施洞有一批苗族妇女因经营传统的服饰、绣片等成功致富而成为榜样，使得施洞一带的传统衣饰技艺在因应市场过程中尚得到某种程度的持续。

参考资料：

① 贵州省台江县志编纂委员会编《台江县志》，贵州人民出版社，1994年版。

②《苗族社会历史调查》(一)(贵州省编辑组)，贵州民族出版社，1986年版。

③ 杨正文：《苗族服饰文化》，贵州民族出版社，1998年版。

从田野到博物馆
——越南蒙族服饰的多样性及演变

克里斯丁·荷美

与中国、老挝比邻的越南省份，蒙族人不同的衣饰恰好表明其支系惊人的多样性。博物馆如何展现这些情况的过去和现在呢？为了记录通常已消失了的传统技术并展示当前的状况，应该对这些衣饰作何选择？今天，收集工艺品已成为一项与为所选每一件工艺品收集必要文献的田野工作一同完成的研究，博物馆里每一件展品都用可以解说展品的最佳资料来记录。

一、收集：博物馆工艺展品的选择

在田野中收集展品本身就是一项研究。展品的选择是根据一种文化的系统各方面来进行。如果我们紧扣今天蒙族服饰的话题，我们就应该能展示其样式惊人的多样性并强调一种传统技术。这就是为什么收集无止境而应尽可能地不为一件或几件博物馆常见的展品而满足的原因。

1. 对服饰多样性和传统技能的强调

1）收集不同地区的样式

很显然，地区衣服样式的系统收集是应该做的。这项收集应尽可能地仔细，以显示支与支之间、村与村之间，如果相关的话，同一个村子能体现妇女创造自由的差异性。

2）强调传统技能

人们需要专家能强调并分析传统技能的特征，这不仅是任何博物馆学家的工作，也是评估亚洲博物馆中被多数游客所疏忽或忽略的正在消失的文化遗产的最好方法。

3）古代工艺品的重要性

在一个手工艺、物质文明和一些传统正在消失的地区，收集并强调什么就要消失是博物馆学家最首要的工作。在每一个地方大家应牢记要收集古老的展品，即使是收藏很差的旧织物。这些过去的残片是寻迹演变历程或是找回遗弃的技术的唯一途径。博物馆就是使已消失或正在消失的传统得以保存的地方，因此在他们彻底消失之前到村子里收集是完全必要的。

4）解说系列的重要性

解说系列是分析和理解一项技术的最佳途径，也是以公众眼光展示和估价该技术的最佳途径。一个从事博物馆工作的人，在做田野收集的时候，应该把解说展示考虑在心，换句话说，就是应该把如何向参观者讲解存在心上。

让我们来举一个解释技术收集整理的例子：

麻：要收集从种麻到织好麻线准备纺织。

纺织：从麻线到织物（包括工具和织机）。

染色：从植物到染好的织物。

蜡染：收集工具、蜡染前后各个阶段的样品。

2. 当代服饰

更近一些的样品也应该收集，我们一旦收集当代产品，与该物品价值相关的特殊问题就会随之出现。选择更现代的物品根据哪个标准？这一当代织物何时不再具有研究价值？

第一个问题是博物馆工艺品的定义，如果我们回到民族物品的传统观念，我们就可以说：

要是手工艺品，换句话说，要用当地材料制作，从头到尾都要是手工制作——假如它是羊毛织物过程，其数量应是有限的。应该以此来消除工业生产或成批生产。

如果我们以越南老蔡省花蒙服饰的改进为例的话，到前十年为止，其妇女都还是穿戴自始至终用手工制成的棉麻衣饰。慢慢地，染色变成了化学品，市场上买来的工业纺织品取代了手工纺织的布，衣饰制作也开始用缝纫机了。这种服饰已变成了半手工（刺绣）半机器制作。现在，织物几乎全是合成纤维，染色是工业方法，制衣也完全用机器了。

那我们是不是应该停止收集呢？不必要，因为他们还有民族特征，这就是说他们还完整地代表着这个民族。但是通常由于其很大程度上的涵化，如果这些新衣饰不能与更老的样品进行比较以分析各种款式与趣味的改变与影响的话，这种收集是不够的。这就是为什么必须收集老的衣饰展品的原因。

二、田野工作：如何收集

为得到所收集每一件展品必要的研究文字资料，民族物品收集必须与田野调查相结合。没有文字记录的工艺品是死的，以后用起来很困难，因为村子里新一代人到时会已忘记传统技术知识。

随着手工艺和传统社会的消失，这种调查就以“挽救人种”的形式发生。在一个像苗族这样的口传文化社会，我们必须尽可能多地从老一辈人那里收集资料，就应记着马里的Hampate-Ba这句话："每一个逝去的老人都是一座焚毁的图书馆。"为了防止漏失，最好在做田野时带一张问卷。我将要谈及的田野问卷很简单但也很关键。可为学生或非专业收集者提供参考。

田野问卷（卷一）

1）名称

——收集品名称

必须建立恰当的词汇表，对每一件衣饰物进行统一的分类。因而就必须界定什么是女衬衣、甲克衫、宽衫、短上衣、胸衣，而且不要再换名称。

——本族语名称

这是该民族的母语名称，这里就是苗族。要求尽可能详细地把该服饰的每一个部分甚至每一片（只要有名字）都记上。

2）描述

——原始材料

所有原始材料的名单（棉、丝、麻、自然染料等）在收集代表各阶段的样品时一同完成。本族语名称和科学名称。

——样式和构成因素的描述

要和制作或穿衣服的人一同分析样式和构成因素，本族语名称的翻译有很多信息。

– –图案和装饰的描述

图案包括表现物体、动植物的抽象几何图形。应该和了解其名称与意义的老人一起对其进行描述。这是一项艰难的工作，因为同一图案由于地区不同甚至制作人不同而意义不同。

——历史

必须与更老一些或更新一些的同类衣饰或别类衣饰（同村和邻村）进行比较。

3）制作技术

——何处

在家里？田里？市场上或朋友处（缝纫机工作）？

首饰衣饰的每一片甚至饰物的某些部分制作的日期装饰部分有时可能比衣物本身更古老。

——怎样制作

要和制作人或还能详细知道该技术的人一起仔细研究衣物和饰物每一片的制作。

所用工具、织机类型，并要列出所有的制作阶段。

——样品收集

4）穿（用）

——谁

——在哪里

——在何时

——怎样穿

5）象征意义和宗教意义

——衣料的意义

某种衣料比如麻料必须在特定的场合如婚礼或葬礼上穿吗？

——制作

某种服饰或其中某些部分的制作期间需要特殊的仪式吗？

——装饰

这里要研究饰物的象征意义。许多图案是有宗教意义的（如丧服的图案）吗？

——仪式穿戴

传统布料和衣服在特殊场合与仪式中的重要地位（出生、结婚、死亡、萨满仪式）。

6）经济

——工艺品的价值

——市场和流通

是否该村特产？

是在市场购买或家庭购买的吗？

——家庭衣物的年产量

三、文字资料：从田野工作到博物馆资料

博物馆是文化传统之家。为了恰当地完成它的使命，必须为它所收藏的物品附上一份重要的文字资料。一个博物馆馆长不能光从事自己的研究，还要为以后研究他所收集的展品的后代作铺垫。展品一到博物馆就和一定数量的田野资料一起登记收藏。每个博物馆按各自的方式收藏这些信息。

在Musse de 1'Homme博物馆，建立了为每一件展品提供必要的相关基本信息的资料档案。

Musse de 1'Homme博物馆档案（卷二）

1）工艺展品的编号

我们认为给女装的衣服和各片构成因素用同一个编号更合适，比如：998。98（1—5）女装，老蔡省，（1）包头巾（2）甲克（3）围裙等。

2）来源地

来源地必须准确地用不变的村名标记（Mussede 1'Homme博物馆就有一些古老的蒙族衣服来源地标注不明，如今再找不到该地）。

3）名称

工艺展品名称根据精确的分类（参看田野工作部分）和所属民族的母语名称。

4）描写

——布料

所有布料应用科学名称简洁描写。

——样式和装饰

要归纳田野信息对展品样式、颜色和图案作简洁精确描写。

各个角度的描写也很有必要。

5）制作

制作日期、制作人名字和年龄。

所用技术（参看田野工作）。

6）穿戴

——地点和场合

一套衣饰（或其中某一部分）是日常穿戴还是庆典穿？

7）民族支系

民族支系和分支名称，如果可能的话，用其本族语，外来者（游人、研究者或政府）所给名称会不断变化。

——如果主人不是制作者，要写出她的名字。

8）收集过程

——收集者名字

——收集时间

9）文献编目

提及该工艺品展品的主要出版物或展品编目。

蒙人文化中的“芒”

秋皮尼特 凯思曼尼
（Chupinit Kesmanee）

一、泰国蒙人：人口及分布

许多老一辈的泰国蒙人认为他们的祖先从老挝迁徙到这个国家已将近200年了。不过，其中一小部分被认为是来自缅甸，他们的后裔只生活在清迈省的西部。目前，人们发现泰国的蒙人中有两个支系（小集团），一个叫Mong Njua（Moob Ntsuab），另一个叫Hmong Der（Hmoob Dawb）。Mong Njua就是“蓝蒙”（Blue Mong）或者叫“绿蒙”（Green Mong），但在泰国，该支系也称作“蓝苗”（Blue Meo）、“黑苗”（Black Meo）、“花苗”（Flowery Meo）和“条纹苗”（Striped Meo）。请注意，此支系并未在其名称Mong Njua中加“H”的音。而带有“H”发送气音的Hmong Der支系叫做“白蒙”（White Hmong），在泰国也叫做“白苗”（White Meo）。但是1961年，有报道说另外有个支系叫Hmong Gua Mba，字面意思为“臂章蒙”（Arm-band Hmong），居住在Nan省的部分地区。据进一步报道，该支系被并入了“蓝蒙”（Blue Mong）支系中（Young，1974年）。值得关注的，直到了1975年从老挝难民涌入泰国，许多泰国蒙人才知道在泰国还有Hmong Gua Mba支系的存在。实际上，Hmong Gua Mba支系仅是Hmong Der支系的一个分支。

1998年，部落研究院就提出了“山地民族”包括分布在20个省的9个族群，总人口为752728人，其中蒙人的总人口为118779人，占“山地民族”人口的15.77%。以下表格显示了1998年在泰国蒙人人口状况：

泰国蒙人人口分布状况，1998

省份	蒙人人口	山地民族人口
Chiang Mai	19011	190795
Chiang Rai	25018	145136
Tak	20437	96979
Mae Hong Son	2360	95233
Nan	20613	79880
Kanchanaburi	—	31323
Lamphun	—	25418
Phayao	5972	13962
Petchaboon	11581	12378
Lampang	970	12222
Phrae	2158	10655
kamphaeng Phet	3345	9149
Ratchaburi	—	8307
Phitsanuloke	5845	5845
Uthaithani	—	4730
Phetchaburi	—	3659
Sukhothai	663	2315
Suphanburi	—	2114
Prachuabkhirikhan	—	1331
Loey	806	1297
总数	118779	752728

资料来源：清迈的部落研究院，1998年10月

蒙人的居住地分布在位于泰国上下北部13个省，其中一个省Leoy在泰国的东北部。清迈、清莱、Tak、Nan以及Phetchaboon这几个省居住的蒙人最多，每个省约有10000到20000人。

二、蒙人的传统

在政府的介入下，经过几十年的发展，蒙人和其他族群传统生活方式的许多方面都发生了变化。在1959年第一个“山地民族福利委员会”成立之前，蒙人都更愿意生活在高纬度海拔1000米的临时性农田内。耕种年历从2月底至3月份农民们开垦农田时开始。在最热时4月份要烧地。5月初开始种玉米、“芒”（Mang，Maap）和旱地稻。收割前要除两到三次草。8月至9月份就可以收割玉米和“芒”。玉米地在当年就要清理出来，种上罂粟。到了10月至11月份就要收割山地稻。稻谷收割完毕，大体上就标志着新年节到来，新年节叫做“Nor Pe Chau”（Noj Peb caug）。新年典礼是泰国蒙人最重要的庆祝活动。罂粟要到来年的2月份才收割完毕。由于农业

发展，泰国蒙人在20年前就放弃罂粟种植了。

虽然现在的蒙人模仿很多低地村庄的建筑风格建起了自己的房子，但传统的建在地面上的房子仍被认为是他们进行萨满仪式的必需品。除了那些转信基督教的人，大多数蒙人都还按惯例进行着有关生命周期的仪式。通过部族制度，父系家庭允许男人在社会中占主导地位。

从蒙人农业生活中消失的不仅有罂粟，而且还有蒙人农民过去常作为混合植物在旱稻、玉米和罂粟地中栽种的可食庄稼。然而，一种叫"芒"的传统植物在很多方面与典型的蒙人有关。这种植物的消失会给蒙人的生活带来很大影响。

三、芒及其在蒙人社区中的地位

"芒"实际上与大麻即 Cannabis sativa Lin 同属一科。据称大麻这种植物是在公元前2500年传入中国的。根据 Zeven 和 Zhukovsky 编撰的辞典，这种大麻可以分为两类。中国类型分布于欧洲大陆远至西伯利亚的地区。这一类用作纺织原料和种子油。印度类型则分布于印度、孟加拉、尼泊尔以及巴基斯坦和缅甸的部分地区。这一类大麻在这一地区主要用作麻醉药品。不过，在泰语中，称呼大麻和芒的词不同，大麻叫做 Kanja，芒叫做 Kanjong。因而，dau mang 或用芒制的衣服在泰语中就称为 pha yai kanjong。迄今为止还没有任何迹象可以表明蒙人把芒用做麻醉药。

虽然泰国山地地区有几个族群都同样有用芒做纺织材料的传统，但只有蒙人把这种传统保存至今。蒙人传统的用芒做成的服饰是非常独特的，其制作过程相当复杂。有一点很重要，死者在下葬之前一定要给他穿上用芒制成的蒙人衣服。因此，人们都期望蒙人妇女做出漂亮的"芒衣"，不仅仅为她自己，而且为她的丈夫、公公、婆婆在葬礼时可以穿着这种"芒衣"。由某位妇女的女儿或儿媳分几块做好后送给她，她再把"芒衣"缝起来，以便她和她丈夫在过世那天使用。在葬礼过程中，死者被平放在一个担架上，担架要用"芒绳"悬挂起来，紧靠屋内的墙壁。芒还有其他用途，例如制成背包、篮子的带子、十字弓的弓弦。据报道，蒙人还把芒用作治疗胃疼的药。

四、芒的种植和加工

4月至5月间，芒的种子就被播到田地里的洞中，这些洞是农民用一种点播棒挖出来的。长成的芒树干最好是有拇指般粗细，这样剥树皮就比较容易。因此，一个洞里要有七八粒种子，长出来的树干才会细一些。而且一个洞里的种子相互之间的距离较近，约23～25厘米，树干才会比较高。一个月后，芒已经长得有膝盖那么高的时候，就在洞里加点灰肥，特别是在叶子变黄的地方。

芒种植3个月后就可以收割了。长成的芒树约有三四米高。收割一般是在8月和9月份。收割时，在离地面约10～12厘米处将树砍倒。树越老，制出的纤维的质量就越差。砍下的树要放在太阳下晒一个星期，晒得越干越好。一枝树干可以用手剥下8～10片长长的树皮块。这些树皮纤维被扎成一捆，放在干燥的地方。质量较差的树皮作其他用途，如制成绳子。剥下来的树皮纤维被放在木臼中捣碎，除去树皮，纤维软化后可以用来纺纱。这些一段一段的纤维被一头接一头地连成一条长长的纱线。接下来，所有的纺纱都用桉树水煮五六个小时，又浸在灰里几天。这一过程要重复几次，直到把灰洗尽后所有纱线都比以前白了。纱线还要再纺几次，才不会刺手。这样纱线就准备好了，可以织布了。传统的织机可以织出约12英寸宽的布料，一匹芒布最好是8码长。布料要先在桉树水里煮，然后放到一个木块上弄平。接着在布的一头放一块平整的石头，一位妇女站在石头上，用力碾。这样弄平的布就比较容易进行蜡染了。

五、服饰制作

蒙人妇女制作百褶裙的方法明显地区分出了 Hmong Der 和 Mong Njua 之间的差别。Hmong Der 的裙子只是用三块白织布简单地拼接起来，缝上褶子，就做好了。而 Mong Njua 的裙子其制作方法要复杂得多。首先整块白布要用热蜡绘出图案，图案十分漂亮。Mong Njua 就是以自己的蜡染技术而闻名的。绘好图案的布料被放到靛蓝中染色，直到布料呈暗蓝色。然后，五块这样的布同时一起煮，以便把蜡去掉。去掉蜡之后图案就显现出来了。此外，Mong Njua 妇女喜欢在整条裙子上绣上彩色的绣花。

蒙人服饰的其他部分制作方法大体相同，相对要容易一些。由于蒙人服饰制作的整个过程很复杂而且很费时，一般的家庭只能为每个家庭成员做一套在新年时第一次穿的衣服。

六、纺织传统的传承

一个蒙人女孩一般在五六岁时就要学着姐组的样子刺绣了。在姐姐的指导下，她的刺绣技巧会日趋熟练。当女孩长到能跟随家人下田干活时，她就向家人学习怎样做农活。当她成为一个年轻女子时，她就直接跟妈妈和祖母学习织布和做衣服的技巧。在蒙人家庭的社会化过程中，实际练习是重点。不过实际上做衣服被严格地规定为只是妇女的工作。她们的丈夫也会帮她们做一些重活，如给衣服染色。制作所有纺织用的器具材料是家庭男性成员的责任。因此，蒙人传统服饰制作的知识需要家庭的男性和女性成员的不同技术。

然而，提供给蒙人的正式或非正式的教育都未认真考虑把传统知识融入到教育体系中这个问题。这就是为什么山地民族学生在学校学得越多，他们就越会忘掉传统的知识和价值观。很多族群的年轻一代都朝着丢失自己文化的方向发展。工厂里生产的仿造蒙人图案的印染布料使问题更为恶化。这种布料加工便宜，但质量较差。

七、蒙人传统纺织技术的展望

从经济上来说，用苎制作的布料在国内和国际上都很受欢迎。目前，泰国还得从老挝进口苎布供应国内市场。苎布作为一种手工制品，比工厂生产的布料要值钱。在清迈的市场上，一条蒙裙依据其质量可以卖到1000～2000铢甚至更高价格。据报道，1986年只是在清迈市场上售出的苎衣就能赚200万铢。如果苎纺织品能成功出口，其价格会比在国内市场的还要高。这就需要强化有关苎的种植、纤维制作、织布、染色、蜡染和刺绣的传统知识，所有这些知识都是蒙人妇女的工作任务。蒙人男子则要保留他们制作织布器具和材料的技术。还有一点很重要，山地社区中所能有的教育体系要把本土知识融入到课程设置中去。

然而，苎布发展的一个障碍在于法律。根据泰国有关麻醉品的法律，苎和大麻都属于非法的麻醉品植物，法律禁止种植苎。许多年前有一场关于铲除大麻地的运动，在这场运动中，蒙人的苎地也遭到破坏。有关机构了解了苎和大麻的区别后，便发布命令把苎地从铲除运动中保留出来。然而，现在重要的是要调整现存的麻醉品法律，允许合法地把苎用于纺织业。

美国明尼苏达州苗族 / 蒙人妇女发展联合会概况

Ly Vang

明尼苏达州蒙人妇女发展联合会非常荣幸地参加联合国教科文组织苗族 / 蒙人服饰制作传统技艺传承研习班。研习班的主旨有助于我们开展美国蒙人传统文化和艺术的活动。

明尼苏达州蒙人妇女发展联合会是一个非营利组织，其宗旨是提高、加强蒙人妇女在这个新的复杂的社会中的地位，它的项目重点在于自给自足，也强调在熟练技术、创造机会方面家庭的经济发展状况。该联合会自1981年成立以来，每年入会的人员达2000多人。

从历史来看，20世纪60年代老挝卷入了越南战争，蒙人开始向美国迁徙。大多数蒙人定居美国，其余分散在法国、澳大利亚、加拿大等国。到今天美国的蒙人有近200000人。一些家庭决定加入泰国国籍，另一些仍居住在集中营内。在蒙人受政府、政治和战争影响之前，他们一直生活在平静的山村田园，远离现代城市喧嚣，他们创制了自用器皿、粉碎机和碾米机、乐器等。但更重要的是，他们擅长制作服装，而且是手工制作。几个世纪前，蒙人用大麻加热抽出纤维，纺成线，织成衣。年轻人从祖父母和父母那里学到纺织技术。制作服饰需要特殊的技艺。在进行手工缝织和工艺制作上，许多人得提前操练几个月。实际上99%的缝制工作都是由蒙人妇女完成的。事实上，蒙人没有本民族的文字，因此就没有蒙人是怎样制作服装和纺织品的记载。基于经验和观察，蒙人几个世纪以来都保护着这样的传统，基于进入现代文明社会和学习先进技术的情况越来越好。

16世纪至21世纪，美国蒙人的过渡就象乘飞机旅行一样，一切都得从头开始。在纷繁复杂的现代社会中，蒙人服饰传统技艺的传承遇到了重重障碍。因为缺乏适当的工具和产品来发展蒙人纺织品，现在蒙人是购买在工厂加工好的服装来穿。服饰从泰国、老挝、中国进口，蒙人中的生意人也从亚洲其他国家进口一些手工艺品、服装成品、挂毯等，通常得到质量保证，且符合蒙人口味。

美国蒙人人口交织着部落、地域血统和服饰。今天在美国蒙人中最流行的服饰是由他们自己创制的款式，且出口转内销的成品，其中一部分是整合了新式样的家庭生产的服饰。从传统到现代的转换刺激了年轻人的购买欲。明尼阿波利斯一个时装店的老板解释说主要的目标市场在于公众的需求，激活蒙人的服饰商业发展，其他生意人认为年轻人不喜欢穿有一层叮叮当当装饰品的服装。除此之外，一些生意人还展望设计一些新款式来满足本社区之外的好莱坞影星和其他人的需求。本联合会在倡导个人和商业社区合作方面发挥着促进蒙人服装发展的重要作用。

原来的蒙人服装是由白蒙和蓝靛蒙制作的服装组成。白蒙服装容易制作，造价低，方便携带，而蓝靛蒙的服装不易制作，造价高。当把项圈和银泡装饰上去，衣服显得沉甸甸的。蒙人服饰的独特之处还在于针线活计非常均匀。今天，越来越多的精通服饰和其他工艺品制作的蒙人（男人、女人）都愿意把技术传承给他们的孩子和参加联合会的项目的孩子们。

从东南亚国家进口蒙人服饰是很珍贵的，因为它造价低，需求少。原生的蒙人服饰竞争不过丝绸和尼龙。通常，老一辈人希望保持原有的穿着，因为这可以在婚礼、节日或其他宗教活动中穿戴。蒙人定居美国的最初10年，有60%的蒙人家庭保持着传统的装束。在过去10年中，只有50%的家庭穿着传统服饰，通常每个家庭至少有三套服装，不是为了孩子准备的就是为老人准备的，据估计，蒙人家庭中40%的蒙人服饰由泰国进口，近30%的由中国进口，其余的为美国产品。

蒙人穿着民族服饰的趋势在不断增长。在每年的新年庆祝、节日、婚礼中，蒙人喜欢穿着色彩鲜明而且轻便的服装，但参加集会和葬礼时，蒙人则穿着传统服装在街上走动，其中的美丽色彩和银泡撞击的叮当声，真是难以相信。后来新闻媒体获悉穿着美丽的传统服装的蒙人，于是开始了长篇累牍的服饰报道，联合会时不时地也透露给新闻媒体一些这类蒙人服饰走向的信息。

蒙人获得服饰也有其他途径，如到国内旅行，从外国卖主手中购买，如果他们看到类似蒙人文化传统的服装，他们肯定不会吝啬口袋中的钱的。到国外旅游，他们将创造出的一些新款式，作为产品送给国外的人。

活动：在过去20年中，明尼苏达州蒙人妇女发展联合会（AAHWM）发起明尼苏达州蒙人妇女服饰制作的运动，敦促蒙人妇女和少女及本社区的其他成员穿着传统蒙人服饰，如在新年、特殊场合、节日、婚礼、中学典礼、大学典礼上。本联合会也教育当地人和国内其他民族了解蒙人文化、服饰、传统。

我们教会年轻的女孩如何穿着民族服饰，及学习制作、加工、设计等技术，同时让年轻一代明了其历史、文化、服饰。由联合会中蒙人女孩制作的纺织品陈列在当地博物馆。

明尼苏达州妇女发展联合会准备在公共教育中设置制作蒙人服饰和纺织品的课程，聘请蒙人服饰制作方面的专家授课，本联合会也参加当地和国家组织的蒙族服饰舞蹈表演。联合会参与的每一个事项都充分展示着服饰的发展，不但对蒙人社区的文化，而且对蒙人社区的经济有相得益彰的作用。

既然联合会在教授、促进蒙人文化服饰上扮演着重要的角色，加快国际化进程对我们而言尤显重要。展览、出售蒙人手工艺品、挂毯、服饰的经验证明这是值得做的。

在美国，传统服饰过渡到现代服饰是现代文化和技术革新的结果。因此，即便是几十年服饰的传承与变迁，款式新颖的蒙人服装需求量仍不断加大，那时侯的蒙人中的生意人更有文化涵养。然而，一部分蒙人前辈仍旧继续着他们传统的手工制品、挂毯和服饰制作。联合会希望促进蒙人保持传统与现代的结合，也许，未来的创新将继续在设计纺织品和服饰上反映出其历史、文化。

1995 年，明尼苏达州蒙人妇女发展联合会和美国的一部分蒙人妇女应邀到北京参加第四届妇女大会，并展示了我们的服装和纺织品。

苗族的麻纺织文化及其当前面临的问题

云南省社会科学院民族学研究所研究员　古文凤

苗族是云南人口众多、分布极为广泛的少数民族之一。据1981年人口普查统计，云南苗族有89万余人，分布于全省15个地、州、市的100多个县，主要集中于文山壮族苗族自治州、红河哈尼族彝族自治州、昭通地区、楚雄彝族自治州、昆明市等。其中有单一苗族自治县屏边苗族自治县和苗族与其他民族联合的自治县：金平苗族瑶族傣族自治县、禄劝彝族苗族自治县等。由于历史的原因，苗族大多分散于云南省的半山区、高山顶和高寒山区，那里气候凉爽，风景秀丽。云南苗族从语言上分，有滇东北次方言和川黔滇次方言两部分，两个方言的苗族之间虽然有60%以上的词汇是相同的，但相互难以用苗语交流。分布地区也比较明显，滇东北次方言苗族主要分布于滇东北和滇北、滇中地区，川黔滇次方言苗族则主要分布于滇南、滇东北和滇西等地。芦笙文化、麻纺织文化，是云南苗族文化的两大特征。

一、苗族的麻纺织具有悠久的历史

穿衣是人类最基本的生存条件之一。为了满足穿衣的需求，人类曾作过漫长的探索，从而形成不同民族或居住在不同地域的人群不同的服饰文化。苗族是个勤劳智慧的民族，几千年自给自足的自然经济，使苗族学会了利用各种可以利用的植物纤维、动物皮毛等进行纺织。为苗族所用来纺织的原材料有麻、棉、羊毛及野生火草等。其中麻纤维是苗族用来制作服饰的主要原材料，有的地方还是唯一的原材料。

苗族是最早利用麻纤维进行纺织的民族之一。(宋)范晔著的《后汉书》卷86《南蛮西南夷列传》引《风俗通》说："……盘瓠得女，负而走入南山，止石室中。所处险绝，人迹不至，经三年，生子一十二人，六男六女。盘瓠死后，因自相夫妻。织绩木皮，染以草实，好五色衣服，制裁皆有尾形。……衣裳斑斓，语言侏离，好入山壑，不乐平旷，帝顺其意，赐以名山广泽。其后滋蔓，号曰蛮夷……，今长沙武陵蛮是也。"文中的"织绩木皮，染以草实"，织就是纺织；绩就是绩、捻，即今所谓的绩麻、捻麻；木皮就是麻纤维。"染以草实"就是用草或树叶、果实来染煮布匹，也就是今天的蜡染技术。可见，早在汉代以前，纺麻织布和蜡染技术就已经在苗族先民中广为流行。长沙马王堆出土的汉代无名女尸墓中，不仅出土了苗族的芦笙，还发掘出了大量的麻籽。这从考古方面证明了苗族麻纺织悠久的历史。

笔者曾对云南两个方言苗族的麻纺织进行民族学调查，结果也证明了苗族悠久的麻纺织历史。

汉语	川黔滇次方言苗语	汉语注音	滇东北次方言苗语	汉语注音
绩麻	sheul mangx	授芒	sheul ndax	授达
	sheul ntuak	授缎		
纺纱	chuab mangx	串芒	chab ndax	串达
	chuab ntuak	串缎		
理线	ghaid nzaid	盖再	ghaid nzaid	盖再
洗线	ncuat sod	窜索	ncuat sod	窜索
退线	dongx sod	董索	daol fed	倒非
装机牵线	draot ndol	周哆	draot ndol	周哆
织布	ndol ndeub	哆斗	ndol ndeub	哆斗

从川黔滇次方言苗族和滇东北次方言苗族对麻纺织程序称呼的比较看出，除了"退线"稍有不同外，其余是相同的。川黔滇次方言苗族和滇东北次方言虽同属于一个方言，但两个次方言内部语言差别较大，相互之间基本不能通话。在这样的语言差别下，却有着如此相同的对麻纺织程序的称呼，说明在两个次方言苗族分开之前，纺麻织布在苗族中就已极为盛行。

随着棉花种植技术的引进以及苗族地区社会的进步发展，自然条件较好的东部地区，如湖南西部地区、贵州东部地区等，苗族都改成种植棉花，纺织棉布。而贵州省中西部、广西西部、四川南部、云南全省，以及东南亚各国等地苗族，由于地理环境的原因，其种麻织布之习一脉相承，延续到近现代。(民国)《罗平县志》载："白苗……种麻棉，自织为衣；……花苗，自织花布为衣。"(民国)《马关县志》载："苗人……男女皆衣麻，习苦耐劳。……苗妇勤劳要为人类第一，其所负劳作之责甚多，自朝至暮无稍息，夫妻子女之服装皆苗妇种麻绩线自纺自织自裁自缝。最难者，其绩麻时间乃利用负柴负水或赶街之行路时间以及夜间为之，不耗费正气时间也，绘绣花纹甚为古雅，非他族所能为。"(李根源)《永平县志》说："苗族非土著，……以打猎织麻为生。"(张问德)《顺宁县志稿》说："顺宁县的苗族也能生产粮食麻布。"《中甸县志稿》卷下载："苗族衣服多用麻布，也间有大布者，男子多着麻布大衫，……妇女皆系麻布围腰，……男女均喜以麻布裹腿。"

直到今天，以家庭为单位、自己种麻自己织布、制作服饰的习俗仍广泛存在于云南苗族中，形成云南苗族地区的一大景观。并且，由于千百年纺麻织布的历史，苗族形成了深厚的麻纺织文化。

二、麻纺织工艺技术是苗族勤劳、知识、智慧的结晶

1. 苗族麻纺织的技术是人类纺织技术发展的活化石

将麻纤维加工成麻线，织成麻布并制作成衣服，这是个极为复杂的过程。在精心选择出的麻地上撒上麻籽，满三到四个月收割。收割下的麻杆，要放在太阳底下晒干，开始剥麻纤维之前又要撒上水，进行回潮。把剥好的麻纤维放在碓里舂，使其脱去皮壳，变成卷曲，然后要花一年半载的时间，把麻线一根根地续接起来，绩成一根长线，绕在手心手背上。麻线绩好后，用纺车把它纺成圆而直的麻纱，然后放到回线车（理线架）上清理好，再用灶灰水反复煮炼，煮了洗，洗了再煮，煮好后还要用石碾子碾，直到麻线变白。麻纤维加工成白色麻线后，又放回到回线车上，先数线，然后把线退到箩筐里，最后才装机牵线、织布。除了白苗以外，用来缝制衣裙的麻布，还要经过点蜡、染色、挑花等工艺。麻纺织的一整套工艺，包含着苗族的知识智慧。

首先从纺织技术上看。苗族的纺车是木制的，它由支柱、固定支架、转动杆、转动轮、传送带、机头线轴等组成，一次可纺四股线。除了纺车，滇中一些地方的苗族还保持着用纺轮纺线的习惯。纺轮由圆形轮盘和捻杆两部分组成。原形轮盘有铁制、石制、陶制、木制几种，有一定的重量，周边薄，中心厚，中央有孔以供安置捻杆。捻杆长20厘米左右，顶端有一小侧钩，既能钩住线，又能旋转。纺轮是一种比较原始落后的纺线工具，它一次只能纺一股线。用纺轮纺线，先把麻线、羊毛或火草纤维缠在纺轮线杆上，然后下放纺轮，转动捻杆，使其在空中旋转，并不断地续接上线头，纺轮则一面转动一面下降。这样，缠在线杆上的线就被捻得又圆又直。捻到一定长度后，上提线杆，用手把捻好的线绕在线杆上。如此反复，待所纺的线绕满线杆，将其退下绕成线团即可。

纺轮的构造虽然简单，但它已具备了现代纺织机上纺锭的部分功能。苗族的纺车就是在纺轮的基础上发展起来的。但脚踏纺车更为进步，它以转动轮和皮带取代了圆形轮盘，并把转动杆改成脚踏转动杆，这就解放了双手，把双手转移到其他工序上，而让不曾参与纺织活动的双脚参与进来，使纺线效率大大提高。纺轮一次只能纺一股线，捻度也不均匀，效率很低，走路时，放牧牛羊时常常要不停地纺。脚踏纺车有四根机头线轴，一次可纺四股线，一年所绩的麻纤维，一两天工夫即可纺完。从纺轮到纺车的变化，是苗族纺织历史上的重大改革。

回线车是苗族纺织过程中的另一重要工具。其中川黔滇次方言苗族使用的回线车，是用两根长约4米的竹竿或木杆交搭成十字而成。回线时，将两根木竿交搭处固定在一根垂直的支柱顶端，将线头拴在十字木杆的任何一端，转动十字架，即把线全部绕在十字架上，呈一个巨大的方形线框。这种回线车只能在宽大的院子里操作，而且搬动起来极为不易。这种回线车除了理线会线的功能外，它还是一个数学计算器，即苗族把回线车的圆周长当作一匹布的长度。

滇东北次方言苗族的回线车则小巧玲珑。它的两根木杆大约只有2米，白天或天晴时，可以在外面操作；晚上或下雨时，可以搬回堂屋内操作。但是这种回线车没有数学计算器的功能。

苗族的织布机有腰机和台式织布机两种。在文山州的一些地方，苗族把腰机称为"哆蒙"，意为苗族织布机；把台式织布机称为"哆朗"，即壮族织布机。可见，腰机是苗族传统的织布机，台式织布机是苗族从壮族那里学来的。苗族传统的织布机，是一种拴在腰上进行织布的机器。整架机器为木制，像一个小型楼梯，由梯形架、"大"字分眼杆、"工"字绕线板、隔筒、筘子等组成。腰机没有现成的综线框，只有综线和组成综框的竹棒，要待装机时才把综线和麻线扣起，绕在竹棒上，做成综。腰机的梭子是木制的，呈船形，下端有刃，内空，有一梭槽，边上有一小孔，槽中有一线轴，整个梭子很大很笨重，它兼有打纬和分经的作用。织布时把纬线穿过边上的小孔，绕在线轴上即可。

使用腰机织布时，先要把机器拴在树干上或柱子上，与树根或柱脚成一斜角。卷布轴的两端分别拴两根皮带或布带。织布者坐在一高凳上，把"大"字分眼杆上悬垂的绳子拴在织者的一只脚上，怀抱卷布轴，将卷布轴两端的带子拴在腰上，右手执梭深入开口，左手接梭，并用梭打纬。而拴有绳子的脚前后滑动，使麻绳拉动分眼杆，分眼杆带动综线框使经线上下交叉，分开线眼，以便梭子带着纬线通过。腰机最大的缺点在于，织布者仍被拴在织机上，极不方便。正如苗族妇女所说的，家中来了客人时，都不能马上脱身起来撵狗迎接。

台式织布机是一种有台有架形长方形框架，它由机台、机座、线筒、分眼杆、两个综线框、一个筘子、梭子、卷布轴、两根脚踏杆等组成。织布时，双脚一先一后地上下踩踏杆，综框带动综线上下分开，从而使线眼分开，供梭子来回穿过。最后把线头拴在卷布轴上。台式织布机的梭子为椭圆形，两头尖，十分光滑，有梭槽，槽中有一线轴，梭槽的一边上有一小孔。经线牵剩的线，用小纺车把线绕在空心小线轴上，把线轴置入梭槽中作纬线。织布时，妇女坐在机台上，身体不受任何束缚，可自由上下。

现在，一半的苗族在使用腰机，另一半苗族则使用台式织布机。从腰机到台式织布机的变化，不仅说明了苗族人民的聪明智慧，从中也可以看出苗族纺织技术的发展变化和苗族与其他民族的相互学习与交流。

2. 麻纺织的过程包含着苗族的数学计算制

苗族的麻纺织过程，包含着一套独特的数学计算制。苗族妇女在剥麻的时候，有一个大约的计算方法，即将麻纤维一则一则地拴好。一则，苗族称“一串”，是以中指和食指之间夹满为准，一般大的2～3根麻杆、小的4～5根麻剥下的麻纤维就是“一串”。20串合成“一得”，4得可纺成一支线。通过这样的估算，待麻纤维剥完，这些麻纤维能纺出多少支线，织出多少布，心中便有了底。在这个粗略的估算中我们看到，最大的数字只有20，但是在“4得”的背后却隐含着一个更大的数字，那就是4×20＝80串。

苗族的纺车有4根线轴，即一次可纺4股线。一根线轴苗族称“一涤”，4根线轴称“一软”，纺一次是“一软”，纺10软作为一支线。煮线、理线都以一支线为准。同样这10软背后隐含着10×4＝40根线轴这样一个计算过程，但是因为以“软”来代替4根线轴，在数数时，只需数到4和10即可，而不用进行较为复杂的计算，一切都简单化了。

麻纤维加工成白色的麻线后，放回到回线车上时要数线，看这些线能够织多少匹布。这一次苗族妇女数线，是以4根4根的方式数，每4根称为“一刷”，数20次即20个一刷作为“一珠”，数满10珠即够织一匹布。这当中涉及这样一个较为复杂的乘法计算过程：

4根线为1刷、20刷为1珠、1珠就是80（4×20）根线、10珠为1匹布、1匹布就是800（80×10）根线。纺织麻布的苗族妇女大多一字不识，她们中有些人连上百的数字都不会数，但是她们以“刷”代替4根线，以“珠”代替20刷，整个计算过程就变成十分简单，她们只需数4，数10，数20，而不去管其背后的数字有多大，计算结果却是准确无误的。

苗族妇女所织麻布的口面宽多少，是根据筘子上筘齿的密度来决定的，一般为4珠3得或4珠2得。其计算方法是：先在地上打两排平行桩，再在两排平行桩靠外的地方立一个“丁”字型木架，苗族称之为“朴哇索”，一般“丁”字型木架的横杆上有10个孔。把加工好的白麻线平均分成10堆，从线堆中找出线头，分别从“丁”字架横杆的小孔中穿过，然后按顺序每两股线的线头拴在一起，五个手指头每个指头扣一个线扣，把线整齐地拉去套在左边的第二棵桩上。从这里开始，以“之”字型从左到右、从里到外的方式，将线牵到最后一棵桩上，然后再在两排平行桩靠外的地方打上两棵线眼桩，把线牵到线眼桩上挽一个“8”字型线眼后，折回头，按原来的方向牵回第一棵桩。5双10根线，来回一次（即10×2＝20根线）称为“一得”，4得（20×4＝80根线）称为“一珠”，用线分隔开来。牵满规定的4珠3得（80×4＋20×3＝380根线）或4珠2得（360根线）就是经线的数量，也就是布的宽度。

麻纺织过程中所反映出的苗族的数学计算制，是一种以4和20为进位制、以“字”代“数”的数学计算制。这种计算制的一个特点，就是简单数字下的“字＋字”。当然这个“字”是代表一定数量的“字”，只需说出“字”，就懂得“数”了，数随字的增多而可以无限扩大。苗族的数是隐藏在字的背后的，把100以内的特定的字进行相加，可以得出无限大的数字。它是人类较初始的一种计算方法。这种独特的数字计算法，比起一根根数起线来，要简便得多，也十分精确。苗族纺麻织布过程中的这种数学计算制，在川黔滇次方言和滇东北次方言苗族中是完全相同的。这进一步说明，在这两个次方言苗族分开之前，不仅有了麻纺织，还有了一整套数学计算制。

3. 蜡染、挑花工艺

挑花、织花、剪布、滚布、贴花、蜡染等是苗族传统的服饰工艺。苗族妇女衣服的领口、袖子、裙脚、绑腿、头饰等都要用这些工艺加以装饰。苗族妇女挑饰在衣裙上的花纹图案，有的来自于大自然中的花草树木和小动物，有的来自于苗族日常生产生活中的什物、用具，有些则是苗族祖祖辈辈传下来的不可变动的图案。所以这些花纹图案本身，是过去、现在苗族日常生产生活、居住环境等的再现，是记述苗族历史的文字。麻布百褶裙为苗族妇女服饰的共同特点。但不同分支苗族妇女的麻布百褶裙，却有不同的色彩和花纹图案标志。从服饰就可以知道她属于哪一个分支。如白苗妇女的裙子为纯白色百褶裙，不染色，也不挑花；黑苗妇女的裙子偏黑色；青苗妇女的裙子偏红色，多用各种方形小布块修饰等。

除了白苗以外，苗族妇女的裙子都要染成青色或紫色。蜡染工艺又分点蜡和染色两道工序。苗族村寨几乎每个成年妇女都保存有三把大小不一的蜡刀，一般最大的一把用来画直线、长线，最小的一把用来画图案的中间部分，剩下的一把则用来画短线、边线。点蜡就是将蜡锅置于火碳上，加热溶解为汁，用蜡刀蘸蜡液在白麻布上绘出花纹图案。苗族点蜡没有图案依据，都是平手而画。

苗族有自己种蓝靛自己染布的传统习惯。把蓝靛叶子割来放在大缸里，用水浸泡三天，待叶子开始腐烂时，把杆捞出，放入石灰，并不断搅拌，直到冒起许多泡泡为止。澄清，将上面的水舀出倒掉，下面一层沉淀物呈糊状，便是靛。染布的时候，把布浸入配制好的染剂中浸泡个把小时，捞出晒干，再浸再晒。最后捞出清洗干净即可。如果点了蜡的布，还要将布加热脱蜡，漂洗干净，绘有蜡的地方就呈现出白色花纹图案。

苗族的蜡染是一种植物染色，而植物染色是人类对植物纤维进行着色处理的最早方法，它无须使用化学方法而能使植物染料直接溶解于水。苗族的蜡染还完全处于利用天然染料的阶段。

三、苗族的麻纺织具有深厚的文化内涵

1. 麻纺织和麻布百褶裙，是苗族同胞间相互认同的标准，是苗民族的代表和象征

麻纺织活动和麻布衣饰是苗族文化的表征，它自古就是文人墨客们描写云南苗族的重点。直到今天，苗族地区最引人注目的，仍然是那一群群围坐在一起挑花刺绣的年轻姑娘、那些正忙碌着纺纱织布的妇女和那美丽漂亮的蜡染百褶裙。

麻布衣饰和麻纺织，是苗族同胞间相互认同的标准。苗族分散居住于全省各地，但是不论来自滇南、滇北，还是滇东、滇西，苗族同胞之间相见，总是通过相互盘问男人吹不吹芦笙、妇女织不织麻布、穿不穿麻布衣裙，来确认对方是否真正是苗族。到苗族地区，不管你是不是苗族，只要穿上麻布蜡染百褶裙，苗族同胞就把你当苗族，给予热情接待；反之，如果你穿普通工作服装，即使你是苗族，苗族同胞也把你当汉族，或者认为你已经变成汉人了。

麻布百褶裙被视为苗民族的象征。按苗族传统的习惯，姑娘出嫁时，母亲都要送给她一条麻布百褶裙作为纪念。同样，儿媳妇过门时，婆婆要送一条麻布裙子给她，表示对新媳妇的接纳、尊重与关爱。对于外族媳妇而言，这一条麻布裙意味着婆婆对她的接纳以及欢迎她加入苗民族。即便是在苗族人口很少、麻纺织和麻布衣饰已消失殆尽的保山地区，姑娘出嫁时，必须要有一条麻布百褶裙作新娘的嫁妆，否则会认为，男方家的祖宗将不承认她作为家庭的新成员。

20 世纪 70 年代中期，苗族从东南亚迁居美国、法国等西方国家后，很快融入到西方发达的社会，说所在国的语言，穿现代流行服装，过着现代信息社会千变万化的生活。尽管如此，每个苗族妇女都保存着一两套麻布百褶裙，每逢自己特殊的民族节日时，把它穿在身上，表明自己是“蒙”（苗族）的特殊身份。甚至不少海外苗族同胞回云南来购买麻布衣裙保存，以证明自己为苗族的身份。

2. 麻布衣饰和麻纤维在苗族的信仰体系中占据重要地位

首先麻布衣饰是苗族死人回归故土、与祖宗相认的标志。苗族人死后，必须穿麻布衣裙。苗族认为，麻布衣裙是死人与祖宗相认的标志。男人死，要穿一件白色麻布长衫，长及脚后跟，有的有袖，有的无袖。女人死，至少要穿一条麻布百褶裙。如果死者不穿麻布衣裙，会认为祖宗会拒绝接纳死者，死者也就回不到祖宗那里。为此，金平县的一些白苗，当男子结婚后生了第一个孩子后，父母就要给他缝一件白色麻布长衫，留待他死的那一天穿着去投祖归宗；每个妇女，在她出嫁的时候，母亲就要亲手做一条白色麻布百褶裙送给她，而这条裙子既是嫁妆，又是寿裙，要留到姑娘死的时候才穿。无论是男子还是妇女，苗族人死后都要穿两双麻鞋，一双为用麻布缝成尖三角形的麻布鞋苗族称之为“抠缎”，有的为纯白色，有的则是在白麻布上画上一道道黑色锅烟，看起来阴森可怖。麻布鞋穿在最里面，犹如袜子。习惯上，在麻布鞋的外面要穿一双汉族布鞋。在最外面，则穿一双用麻纤维编织而成的细长的麻草鞋，苗族称“扣农”。苗族人相信，穿着麻布鞋和麻草鞋，死者在返祖归宗的路上，才能从毛虫绿虫山踏过，才能找得到祖屋。此外，苗族人相信，人死后在返祖归宗的路上，要经过乱石嶙峋的石头山，山上到处是张着血盆大口的石老虎石豹子，所以后人还要用麻纤维裹一个麻团插在死者头旁，让死者拿去塞老虎豹子口。父母过世后，作为儿女，每个人要送给死者一块方形的麻布绣花枕巾、一幅 2 米长的麻布和衣裙。麻布绣花枕巾要垫在死者头下，麻布则用来给死者当被盖和床垫，衣裙则穿到死者身上。儿女送的枕巾、衣裙和麻布越多，说明死者到阴间的生活越富裕。如果杀牛办丧事，儿女就必须送给死者一匹长长的麻布，用来挂在房顶上，垂至死者棺材的上方，称拴马绳。拴马绳将牵着马（担架），带着死者走向另一个

世界。文山州的一些青苗，父母死时，每个儿女都要送给死者一匹麻布，称启程布，出殡时，把麻布一端拴在棺材上，孝儿孝女则牵着麻布的另一端引路前行。苗族人死后，后人都必须请芦笙师给死者吹芦笙。有些地方的苗族，芦笙师吹芦笙送死者时，必须穿麻布长衫，头上挂一团麻纤维垂至身后，认为只有这样，芦笙师才能把死者送回到老祖宗那里。有些地方的苗族，父母过世时，儿女必须头包白麻布或扎麻纤维戴孝；参加葬礼的妇女，则必须穿麻布蜡染裙。

苗族相信，麻绳、麻纤维、麻子是通神、驱鬼、镇邪之物。苗族人死后或“哇不利”祭祖时，都要杀鸡、猪、牛献给死者，而缴牲必须用麻绳把鸡、猪、牛拴起，把麻绳拉去放到死者手中。认为只有这样，死者才能收得到。苗族人死，一般都要给死者扎一个担架，用麻绳把死者捆在担架上，停放在堂屋里的神龛下。有的苗族还必须用麻纤维扭成的麻绳，把死者悬挂在堂屋内正对门口的墙上。传说从前有一个苗族人死了，家属把死者放在担架上停放于神龛下，但没有用麻绳捆扎（有的说是用树藤代替麻绳捆扎），结果到半夜死者突然坐起并下地来追赶活人（用树藤捆扎者说，死者变成一条大蟒蛇回来讨他的麻绳）。因此苗族人深信，只有用麻绳把死者捆在担架上或悬吊，才是最安全的。现在，麻布制品在苗族人的日常生活中虽然不占重要地位，但是由于麻纤维和麻布制品在丧葬时的不可缺少，每个家庭都必须要保存一些麻布和麻纤维。有老人的人家，每隔两三年要种一两碗麻籽的麻地，苗族称之为种来“作药”。这药并不是医学上所说的治病的药，而是老人过世时必不可少的丧葬用品。

3. 苗族的麻布衣饰和麻纺织文化是苗族历史文化的载体，具有很高的研究价值

中国是麻纺织的大国，事实上，目前在云南利用麻纤维进行纺织的，不仅仅是苗族，还有彝族、傈僳族、普米族、藏族、纳西族、独龙族，甚至一些边远、偏僻地方的白族、汉族等。不同的民族，其纺麻织布的方法、技术都不一样，各民族麻纺织工艺技术本身，就是人类纺织发展活化石的体现。

早在商周以前，汉族就广泛地使用麻纤维进行纺织。在长期的麻纺织历史过程中，形成了汉族深厚的麻纺织文化。如今广大的汉族地区已很难找到麻纺织的遗迹，汉族的麻纺织文化也已变异。但在汉文史籍、汉语成语和现在的许多古装电影电视片中，汉族的麻纺织文化的痕迹随处可见。最突出的仍然体现在汉族的丧葬上。在几千年有史料记载的汉族历史上，汉族老人死，儿女都要披麻戴孝，因而才有“披麻戴孝”一词流传至今，并成为哀悼死者亲人的代名词，尽管老人过世时许多汉族已经不再披麻，而是披棉。古代汉族有五服之说。所谓五服，就是古代丧服制度规定的五个等级，斩衰、齐衰、大功、小功、缌麻，均用麻布制成，其麻的含量、做工等，按生者与死者关系的亲疏而定。缌麻是用如丝的熟麻制成，是五服中最轻的一种，守孝仅三个月；大功用经过加工、色白较细的熟麻制作，布料较小功为粗，服丧期为九个月；齐衰用生麻制成；斩衰为五服中最高一级，服丧也最重，守孝需三年。《释名·释丧制》说：“三年之衰曰斩，不缉其末，只剪斩而已。”“言斩是取其痛甚之意”。衰，也写作缞，本指丧服当胸处缀有长（20厘米）宽（13厘米）的麻布。服斩衰的服饰是，上衣用最粗麻布制成，衣也不缝，外露麻线断头，似斩割过。下为裳，头和腰系着粗麻带子（苴绖），以表明孝子忠诚之心。

功布也为古代丧葬用品，用粗麻布加工而成，色白工细，其用途有三：① 接神用布。《仪礼·既夕礼》曰：“商祝免袒，执功布入。”郑玄注曰：“功布，灰治之布也，执之以接神，为有所拂也。”告神用功布，意为拂拭“凶邪之气”。② 擦拭棺柩。《仪礼·既夕礼》曰：“商祝拂柩用功布。”意为用功布拂去棺柩上的尘土。③ 出丧时引柩用布。《礼记·丧大记》说：“士葬用国（丧）车”“御棺用功布”。《仪礼·既夕礼》“商祝执功布以御柩”，即将白麻布悬于竿首，走在棺柩前，高低左右摆动，以示道路平安。此外，汉族的麻布、麻纤维也有通神灵、镇鬼邪的作用。

苗族的麻纺织文化与古代汉族的麻纺织文化是什么样的关系呢？笔者在保山地区瓦马乡一个偏僻的村子调查时，当地汉族就认为，麻布衣饰为苗族的服饰，汉族人是不穿的。金平县铜厂乡自称“蒙冷”的苗族认为，苗族人死后之所以要穿麻布服饰，是因为穿麻布到了阴间汉族人不会来抢，如果死者穿上棉布服装，到阴间后会被汉族人抢走而使死者变得赤身裸体。可见苗族的麻布衣饰之所以成为苗族的象征，在很大程度上也是被汉族认可并强化的。为什么如今麻布服饰变成苗族的民族服饰特色而被汉族所鄙夷。这些都是很值得深入研究的。

此外，苗族麻纺织的传统工艺，不仅是人类文化的宝贵遗产，而且苗族妇女服饰上所挑绣的花纹图案，是苗族历史文化的载体。不断有人研究发现，苗族妇女服饰上的花纹图案，代表着苗族古老的居住地，是记述苗族历史的文字。更有人通过对比发现，苗瑶族服饰上的花纹图案，与今在湖南瑶族中发现的女书有许多是相同的。

总之，几千年来苗族麻纺织的历史，形成了苗族丰

富的麻纺织文化，这应该是我们建立云南民族文化大省的一个优势条件。

四、苗族麻纺织文化面临的严峻现实问题

1. 外来文化的冲击与苗族文化的自然选择

前文说过，将麻纤维加工成麻线并织成麻布的过程，是个极为繁杂的过程。据统计，苗族妇女从绩麻开始，手工制作一套衣裙需要150个工时，断断续续需要一年时间才能完成，它占去妇女一生中不少的时间。新中国成立以后，随着社会的进步和发展，苗族地区的物质生活条件得到了改善，改变了过去全民族穿麻布衣、盖麻布被的状况。特别是杂散居地区的苗族，受外族文化的影响，男人全部改穿了普通汉族服装，妇女也已改成穿裤子。20世纪80年代初以来中国的改革开放政策，使苗族山区的交通、通讯和文化教育事业得到迅猛发展。一方面苗族与外界的接触越来越多，接受了外来文化；另一方面，市场经济条件下，外来强大文化势力叩响了封闭的苗族山寨的大门，冲击着苗族古老的文化，大量的棉布、化纤布料等销售到苗族山区。特别是一些苗族有识之士，在苗族地区建立工厂、作坊，大胆改革创新，引进现代化的生产设备。一方面，将苗族麻纺织过程中传统的手工生产改为机器生产；另一方面，将其他化纤布料印染成适合苗族胃口的色彩和花纹图案，或生产出与苗族自织麻布纹路相同、色彩相近的布料，销售到苗族地区，对苗族传统的麻纺织工艺形成了摧枯拉朽之势。我们原来可以看到的在苗族地区的集市上，一群群赶集的妇女，站在街边边绩麻边买卖东西的景象，数年之内便消失得无影无踪。麻布衣饰也变得日趋减少，特别是苗族的年轻一代，他们嫌自纺自织麻布太苦太累太罗嗦，宁愿去买来穿。但是，由于麻在苗族生活中的作用，由于几千年苗族麻纺织历史的文化沉积，苗族人仍然认为他们离不开麻，活着要穿麻，死了要用麻。在生活条件好一点的地方，苗族人虽然平时用麻不多，但为了结婚的需要、丧葬的需要、信仰的需要、药用的需要，多多少少他们都要种一点麻作“药”。而在贫困特困地区，人们日常生活所需的必需品，如麻绳、麻布口袋以及全身上下所穿的都是麻。所以麻文化不可能在一两年内消失。相反，由于苗族居住的全球化，由于人类返朴归真的审美心理，由于麻布自身的一些特质，随着云南旅游业的发展和云南民族文化大省的建立，苗族自纺自织自染的麻布工艺品，如麻布蜡染百褶裙、麻布蜡染或绣花挂图、麻布工艺挎包等，还将成为国际上畅销的旅游纪念品。这是有先例可本的。1990年北京亚运会、1991年第三届中国艺术节等大型文化和商品交流会上，苗族的麻布蜡染百褶裙和麻手工艺品就深受国内外游客青睐。在保山一个偏僻的白族山寨，笔者曾亲眼看到一位外国游客，30元一个麻布挂包，一次性收购了两大麻袋，给这个贫困的山村撒下了近3000元人民币。在麻栗坡县中越边境苗族聚居的特困石山地区，每五天一次的集市上，大量的苗族自织的麻布被一些商人收购，销往泰国及西方国家。因此可以肯定，在经过与外来文化强烈地碰撞之后，苗族的麻纺织文化必将以一种崭新的姿态，重放异彩。这是一个民族对本民族文化的自然选择。

2. 禁麻与苗族麻纺织文化面临的严峻现实

千百年来，苗族只知道利用麻纤维纺纱织布、制作衣饰和生活必需品，只知道麻的全身都是宝，除了麻纤维外，麻杆可以当柴烧；麻籽可以嗑着吃，也可以做成美味可口的麻籽连渣醪；麻籽麻叶还是医治人和牲畜疾病的一剂良药。毋庸置疑，麻也是一种有毒植物，而且被某些唯利是图的人所利用，制成毒品，严重危害人类健康。因此，近几年我国政府采取严厉措施，禁种铲除大麻。但是，禁麻政策宣传、执行到苗族地区时，引起了苗族同胞强烈的反响。在金平县铜厂乡，一位苗族老人告诉笔者说：“我活了60多岁了，从来没有听说过哪一个人因麻中毒身亡的，老祖老辈也没有这样的说法。”他们说，“我们苗族人死要穿麻布，结婚要穿麻布裙，我们离不开麻，世世代代都种麻织布，这是我们的民族习惯。怎么突然之间我们种麻就成了违法，民族风俗习惯也有违法之理！”苗族群众说：“汉族有汉族的路（即风俗习惯），苗族有苗族的路，为什么要让苗族改穿汉族服装、学汉族人的习惯！”还有些苗族群众认为，不让他们种麻织布，是因为有人想强迫苗族去购买工厂生产出来的布料，赚苗族人的钱。

禁种大麻对苗族传统麻纺织文化的影响是毁灭性的，因为大麻籽一般隔一年就会干死，干死的种子种下就不会发芽。一个地方如果连续三年无人种麻，那么麻种就会绝迹，而麻作为一种植物也就会消失。麻植物消失以后，纺织麻布的一整套工艺技术也就消失了，而作为苗民族文化特征的麻纺织文化也将消亡。这是当前苗族经济文化面临的严峻现实问题。

五、禁毒与保护苗族麻纺织文化

保护、继承、宏扬少数民族优秀的传统文化，是中国共产党的一贯政策。国家宪法“总纲”第四条明文规定：“中华人民共和国各民族一律平等。”“各民族都有使用和发展自己的语言文字的自由，都有保持或者改革自己的风俗习惯的自由。”联合国教科文组织一直都很重视民族文化遗产的继承问题。当然，毒品危害人类的身心

健康，危害社会的安定团结，坚决禁毒也是我们党和政府的坚定立场。但是如何处理好禁毒与保护民族传统文化之间的关系问题，这很值得深入研究。本人认为，禁种大麻应从实际出发，在深入研究少数民族传统文化的基础上，搞清以下几个关系，找到禁毒与保护苗族麻文化的最佳结合点。

① 禁种大麻应充分尊重少数民族的风俗习惯，把禁毒与禁止民族文化的发展区别开来。民族传统文化是该民族人民长期知识智慧的结晶，是人类文化的宝贵遗产。苗族有着悠久的种麻织布的历史，在经济文化上与麻有着千丝万缕的联系，突然禁种大麻，对苗族来说，就是人为地消灭民族的传统文化，苗族群众的心理一时难以承受。所以，禁种大麻应充分尊重苗族的风俗习惯，把禁毒与禁止民族文化的发展区别开来。

② 要把大麻植物与利用大麻提炼出来的毒品区别开来，要把种麻织布与种麻制毒区别开来。鸦片是一种纯毒物的植物，种植鸦片者的目的只有一个，即种毒、卖毒，以危害人类健康来赚取高额利润。但大麻并非鸦片，它除了可以提炼毒品的一面外，更重要的是，它全身都是宝。毒贩子种植大麻，是为了危害别人，赚取高额利润；苗族种植大麻是为了织布穿衣，传承民族的文化习俗。苗族只知道大麻可以用来织布，制作成民族服饰和日常生活用品及民族文化用品，不知道大麻还可以制成毒品。所以，我们必须把麻植物与利用麻植物提炼出来的毒品区别开来，必须把种麻织布与种麻制毒区别开来。对于以吸毒、毒毒为主的大麻种植，应给予严厉打击、禁止，对于以织布为主，特别是以延续民族文化为主的大麻种植，则应加以保护。

③ 建立苗族麻文化保护区。大麻有毒，一旦被人利用，将严重危害人类健康，这是毫无疑问的。那么在禁毒与保护民族传统文化二者之间，既要禁绝毒源，又要充分尊重少数民族的文化。目前最好的办法就是政府牵头，公安、科委、民委等有关部门参与，建立“苗族麻文化保护区”。具体做法是在苗族聚居地区选定一二个乡、村或寨子，明确种植的数量、用途、种植和使用人的责任，在科学管理监督下，宏扬发展民族文化。

④ 寻替换作物，把禁麻与扶贫结合起来。自纺自织的麻纺织传统，本来就是千百年来少数民族求得生存的一种方式。在目前我们国家贫困面还很大、国家能力还很有限、少数民族购买力还很低的情况下，仍然需要靠自己种麻、自己织布来维持生存，传统的麻纺织手工业仍然是苗族和其他一些少数民族群众自救的一种方式。要禁止他们种麻，必先找到替换作物，最佳的效果是用无毒大麻代替有毒大麻，这样既能达到禁毒的目的，又可促进苗族地区经济发展，保护苗族的传统文化。

参考资料：

① 范晔《后汉书》卷 86《南蛮西南夷列传》。

②《隋书》卷 31《地理志》。

③（民国）《马关县志》，马关县档案馆藏。

④《云南方志民族民俗资料琐编》第 112 页“苗族”部分。国家民委民族问题五种丛书之一，中国少数民族社会历史调查资料丛刊，云南省编辑组编，云南民族出版社出版。

⑤ 熊丽芬：《云南苗族原始纺麻工艺》。载《云南文物》1996 年第 2 期。

⑥《中国礼仪大辞典》。

⑦《中国风俗大辞典》。

苗族服饰的扬弃

——邱北县菜花箐等苗族村服饰调查分析

云南大学人类学系 刘春

一、苗族服饰调查环境的描述

本文调查时间为1999年10月至2000年6月，调查范围主要限于邱北县地界。

邱北是位于云南省东南部文山壮族苗族自治州的多民族杂居县。据1990年全国人口普查资料统计，全县共有汉、壮、彝、苗、回、瑶、傣、哈尼、蒙古、傈僳、布衣、拉祜、普米、纳西、藏和满17个民族，其中形成一定聚居规模，人口数量较多的民族，主要为汉族、壮族、彝族、苗族、白族、回族、瑶族，以汉、壮、彝、苗族的人口较多，均突破了50000人，而白、回、瑶族的人口数量均未突破6000人。汉族人口为153245人，占总人口的38.61%，主要分布在坝区、半山区和交通沿线；壮族人口为109191人，占总人口的27.51%，分布在坝区和河谷区；彝族人口为64698人，占总人口的16.3%，分布在坝区、半山区和高寒山区；苗族人口为56148人，占人口的14.15%，主要分布在半山区和高寒山区。当地苗族把这种民族区域分布形象地概括为“汉人住街头，壮家占水头，撒尼有两头，苗族在山头。”全县一镇十三乡均有苗族聚居。从这些数字中不难发现苗族在邱北经济文化中的作用。

笔者曾涉足调查的村寨是八大哨乡的衣布底，位于邱北县中部；天星乡的茶花寨，位于邱北县西南部；树皮乡的上石缸，位于邱北县南部；冲头乡的干塘子，位于邱北县东部；曰者乡的菜花箐，位于邱北县中部。这些村寨的居民以花苗、白苗为主体。其中，衣布底、茶花寨、上石缸是以苗族为主并兼有异族的村寨，干塘子的住户全是花苗，菜花箐的住户均为白苗。这五个村寨与公路干线的距离较远，靠曰者乡间沙土公路较近的衣布底，距离公路约3公里，而上石缸到省级公路干线的距离约15公里，菜花箐距离曰者乡的沙土公路约7公里，干塘子距离1998年修通的省级公路干线约7公里。由于交通条件限制，离邱北县城较远的以上村寨，很少有人进邱北城赶街，一般经济文化的交流活动主要围绕本寨近邻的定期集市为中心进行。

在长达9个月的调查中，菜花箐和干塘子成为重点调查的苗族村。故在此对其环境稍加赘述。

菜花箐苗族自然村隶属邱北县曰者乡打磨山村公所，位于1994年开发的普者黑省级旅游度假区中心游览区的情人湖畔，目前交通条件较差，仅有一条毛路蜿蜒颠簸地伸入菜花箐，水路近乎断绝。该村又名石洞村，由白苗构成。白族曾居住此地，约在20世纪40年代时迁徙离开。1947年苗族人马金银从广南带族内老幼12人进入菜花箐，居住在椅子山山顶大石洞，为山林果村汉族董四大姓人家种田看地。至1948年迁入大石洞的已有马家、杨家、康家、王家和张家。1951年村民迁入山下孤峰的穿心石洞，1958年后逐渐迁到现址龙山下，1998年在文山州和邱北县村建工作队的扶持下，最后一户苗族迁移出洞。全村在册住户共有32家，可以居住的房屋仅19幢。现有住房结构为土垒茅草房、土坯瓦房和空心砖瓦房三种。

从地理位置和自然资源看，菜花箐具有山、峰、洞、湖、潭、石、林、田、地等良好的自然条件，据熟悉邱北民族分布情况的县、乡干部介绍，菜花箐是邱北唯一个居住在水边的苗族村。村民多数依靠农业耕作为生，运输工具为牛车，有服饰制作专业户，无人从事蜡染。村中劳力常外出求工，至今有6户人家外出打工，长期未归。村中在1999年10月以前，有录音机3台、缝纫机22台、纺线机4台、织布机6台，没有一户人家拥有自行车、电视机、拖拉机、水泵。

村中保存了较浓厚的民风民俗，每年按苗族习俗开展民族传统文化活动。主要在正月的踩花山、二月二祭祖、三月二祭龙封山、五月端午节、平日唱山歌对调子、斗脚、红白喜事时表演芦笙舞和吟唱芦笙调等。村中至今依然有三位60岁以上能表演民间芦笙舞的老人，祭祀活动中还有四个30多岁的男子能够吹奏芦笙，妇女不论大人孩子都能唱调子，青壮年的斗脚功夫在邻近的几十个村中小有名气，妇女空闲时喜欢聚集在果树下和屋檐下从事挑花和缝纫。节庆聚会时，妇女保持着穿本民族服饰的习惯，男子无民族服饰。

干塘子则是一个花苗居住的较封闭的山村。全村16户人家，处于江边冲头大山的白崖顶上，以农耕为业，房屋沿山分布呈散居状态，公路、电不通，生活用水远在5公里以外。村中有缝纫机9台、织布机2台、纺线机3台，无人从事蜡染。节庆聚会时，妇女保持着穿本民族服饰的习惯且该村妇女的挑花手工艺品是5个村寨中最好的，男子无民族服饰，保留有狩猎传统。

二、嬗变中的苗族服饰现状

不论是从弥勒沿江进入邱北，还是从师宗或砚山穿公路进入邱北，每每在公路沿线赶集逢街天，看到摇曳摆动的苗族衣服长裙和透射出的文化气息，人们就能深深地感受到苗族在邱北的存在。虽然，由于调查条件的限制，对于服饰现状的认识和描述只能停留在极小的苗族社区中。但是，“山僧不解数甲子，一叶落知天下秋”的哲理证明，通过个别苗族村寨的服饰研究也能够发现近 20 年来的苗族服饰嬗变的诸多因素。

1. 调查地苗族中普遍存在男弃女承民族服饰的现象

在调查的苗族村寨中或是途经游览的苗族村寨里，苗族服饰给人的强烈印象是：女子不分老幼都身着苗装，尤其是花苗妇女的装束，吐艳如天上彩霞及地上茶花，令人叹为观止。反之，苗族男子服饰毫无民族特征，头足身手披戴的是城乡熟见的大众服装。经深入调查证实，菜花箐的全体男子无一人有苗族传统服装。即使开创菜花箐苗族历史的马金银（98 岁）的压箱衣物中也没有男式传统服装，而按他记忆描绘的男子服装是中开对襟长袖上衣，外套无袖绣花白麻布褂，大裆裤，足穿草、麻或竹丝编的鞋。显然，这是当地最后一款且是汉化了的男苗装。村中年龄约 45 岁的人都留有与其近似的记忆。马文义（65 岁）老人听说要在菜花箐开发苗族旅游，让其妻杨学义（62 岁）做了一件男子无袖绣花褂，并展示给村里人看，人们看到是与近邻撒尼人完全相同的服装。在苗族人口数量突破 5 万多人的苗族社区里，苗族村中男子弃绝传统服装，甚至压箱衣物中也未保留，这不得不令人惊奇。而在滇西北丽江地区不以苗族为主的华坪县却与此相反，据 1990 年人口普查资料统计，华坪县苗族人口总数为 1584 人，占全县人口的 1.12%，在全省范围内看，该县显然不是苗族聚居的大社区。而且，华坪所受中原文化、巴蜀文化、藏传文化、南诏文化的影响远远大于邱北。但在仅有苗族 845 人的文乐乡，且当地人自称 200 多年前从文山迁来，却可以从很多 40 多岁的男子的压箱衣物中看到整套的苗族服饰，他们的服饰充满了苗族文化的特征，首服是青布或黑布为缠头帕子，缠在头上大小如中型面盆，身上穿左侧开襟的青布长袖长裳，长裳下摆过膝大半，腰前系白麻绣边大幅围腰，后腰叠系绣花尾饰大中小三块，并配有冬天使用的绣花绑腿。两地的服饰传承弃绝反差，衬出了邱北调查地苗族服饰女承男弃的突变性。

2. 苗族服饰传统工艺技术与现代工业技术组合成为调查地服饰制作技术的主流

苗族服饰传统工艺技术建立在农耕社会自给自足的经济基础上，与商品经济不发达相适应的是妇女精湛的手工缝制技术。随着十多年来的经济改革的深化，商品意识广泛渗入调查地，先进的工业化和商业化产品通过蛛网密布的乡村集市渠道进入山乡，方便、快捷、新颖的消费观成为村民的普遍意识。通过种麻、收麻、浸麻、晒麻、劈麻、搓麻、煮麻、洗麻、绕麻、纺麻、织麻、洗漂、碾压、缝剪等传统技术制作衣服，耗时费事劳累，逐渐被村民放弃。据菜花箐、干塘子、上石缸、茶花寨的妇女们回忆，她们约从 1993 年就先后停止了种麻，放弃了纺麻机、织布机，而在十多年前，家家户户有纺织机，现今纺织机多已毁坏散失。菜花箐能找出遗存的只有 6 台织布机、4 架纺麻机。妇女中掌握传统缝制技术的人大多年过 40 岁，只有这个年龄段的妇女有信心、有把握完成从点麻、织布到缝制的手工劳动全过程。年龄在 20 多岁的已婚妇女对其母辈很多传统技艺已十分陌生，菜花箐杨勇的母亲陶文兰年过 40，说起传统技艺有条有理，但杨勇的妻子（21 岁）对此却毫无实践经验。但是，在应用缝纫机、现代佩饰品缝制衣物方面，两人的技艺悬殊极小。可以说，在放弃部分传统技艺、改进传统技艺和吸收现代工业技术上，她们的选择趋向是一致的。

非常明显的是，传统技艺中的点麻到纺织、染色工艺已成历史，但挑花的技艺却在保留改进的过程中得到发扬。调查地的挑花技艺在过去有平绣和剪绣，现今多为平绣、机绣和描绣相结合。平绣古今相似，一般是在绣花布上按个人艺术想象用彩线直接挑出丰富多样的图案，整体图形呈对称均衡的几何图案，细部图纹由红、蓝、黄、绿、紫、黑等彩线搭配构成波状形、圆环形、方形、菱形、心形、龟背形、十字形、鸟形、藤状、线状、点状等，绣好的花布用缝纫机缝在里布上。剪绣却是村民说的“抠”，这是 40 多岁的人掌握的绣花技术，具体操作是以一块深色里布作底，绣花者手持白麻布、剪子和针线，用剪子将白麻布抠出想象的图纹并同时以针线细密地绣在里布上，图纹粗疏，多为云状、藤状、枝叶相缠状。“抠”的技艺由于缝纫机的出现，老人们已放弃，而由年轻人将它改为机绣花纹，即用白色化纤或机制腈棉布剪成比较细密的图案，用机器将其缝在里布上，或是用白线直接在里布上打出花样图案。机绣比手抠的生产效率大大提高，而且图案花纹更精致细密，变化更多，因而被村民普遍接受。至于在汉族、彝族和其他地区的苗族所采用的描绣，在菜花箐从没有妇女应用，仅在上石缸、干塘子和衣布底的花苗中有少数妇女采用。其方法一般是用他人绘就的图样描在背被、围裙上，按图绣花，曾见到蜂蝶争春、瑞鹊衔花、松枝仙鹤、盘龙团凤、牡丹争艳、蟠桃献寿等。这些刺绣图案明显地接受了传统汉文化的影响。

从菜花箐村拥有的较现代的生活生产器具看，缝纫机是村中家庭的必备物，其作用和使用频率远远大于单车、收音机、拖拉机、抽水机。农闲在家时，村中妇女多以缝纫机缝制衣物和从事手工挑花，可见工业技术在改变传统技艺并使之与现代技术组合中起到的作用。

3. 现代服饰质料替换传统服饰质料已成定局

邱北苗族的服装质料普遍使用大工业化生产的化纤，机制腈棉布已是人所共知，传统的自制麻布质料在近年内逐步退出苗家生活已成定局。自 20 世纪 90 年代初，调查地的村民即自动放弃传统的麻种植，接受现代工业化的商品，实际上标志着苗族选择了现代工业的商品化成果，以麻为衣近万年的历史在当地苗族生产生活中走到了尽头。因中国政府强化禁毒措施，1998 年在邱北开始全面实施禁种麻，苗族按政府规定，停止撒麻，以往少量的麻塘从此绝迹。在没有麻替代品的情况下，云南曲靖、浙江、陕西、武汉的化纤、机制腈棉布、挑花布以低廉的价格进入乡村集市，成为苗族服饰质料的首选品。如较好的挑花布，幅宽 1.5 米，在八道哨街、曰者新沟农场街、冲头乡街集市上售价仅 8 元 1 米，各色挑花用开丝米一支一元钱，普通净色或染花的腈棉布、绒布幅宽在 0.85 米，每米售价 2.6 元至 4.2 元，这种质料虽不如麻布保暖、透气、耐磨性好，但低价省事，不必耗时费力地自制麻布，因而成为苗族老少的衣物质料。在调查地，麻料的百褶裙仅仅是 20 多岁以上的妇女珍藏的节庆聚会礼仪装，少量的麻布作为珍品收藏在家庭主妇手中，以待日后在女儿出婚和老人死时使用。杨丽的母亲保存有 4 米多的自织麻布，说是在杨丽成婚时制成百褶裙作为陪嫁品用。至于乡村和市中偶有小贩出售麻布，村民则是将其视为奢侈品来购买，其价不定。据说小贩的麻布是从越南边境和贵州贩来的。但这在苗族生活中，只是绕梁余音，改变不了质料更迭的现实。

4. 传统手工服饰与商品化服饰在文化整合中形成互补共存的包容局面

农村土地承包政策长期稳定不变，为农村生产力创造了宽松灵活的发展环境，推动农民在商品经济中寻求更多的生存发展机会，农产品的频繁交换使贫困的苗族村寨发生了经济改观。反映在服饰上的变化，最显著的是调查地村民都有一种共同的审美消费倾向，即进城或赶集时，把观看询问民族工艺产品、服装厂和服饰作坊生产的苗族服饰作为幸事，做父母的愿意积攒余钱为女儿购买市场上的苗装，并从中汲取美感。菜花箐、上石缸、干塘子、茶花寨、衣布底等村中，6 岁至 25 岁上下的苗女，基本上都有从市场买来的本民族服装，但这种现象在 30 多岁以上的妇女中较罕见。节庆街天，如遇到苗族合家外出即可观察到手工服饰和商品化服饰的差别及兼容并体的景象，长辈服饰较多保存了传统的元素，她们的首服、衣服、长裙、绑腿、围腰基本是自制的，充满原始艺术的美韵，鞋子以及少数妇女的长裙也有从市场购买的。反之，晚辈服饰的商品化特征突出，裙子、衣服及鞋子和部分围腰从市场购买，色彩、花纹、质料处处闪烁出现代的光彩，尤其是服饰上的现代佩饰均以塑料彩珠为质料，披肩、围腰、手袖上成串点缀，成为传统与现代的最大区别。至于她们的足服，如绑腿则多数是自制。由此可见，她们的着装上凝固着传统与现代的技术兼容、审美观念、经济价值取向和千百年流传的民族自尊心理，代表了现代商品化服饰与传统手工作品互补共存的发展趋向。

5. 苗族节庆聚会盛装的流光溢彩和平日汉装黯淡的反差现象日渐突出

苗族服饰以千姿百态的款式、巧夺天工的艺术创造力，气象万千的纹饰构图，丰富和谐的色彩配置而著名。调查地的苗族传统服饰和现代商品化服饰基本上保留有这种美学特质，尤其是干塘子、衣布底的花苗服饰，以红为主色，通体挑花，图案万变，其披肩、衣服、手袖、前后围腰、腰带、百褶裙、绑腿，无一不是刺绣工艺极品。至于采花箐的白苗装束则是以质料的白底为基色，重在手袖、衣服面襟、披肩、围腰和绑腿的挑花艺术表现，挑花图案简洁，图纹疏小，与花苗的繁多细密相异。上衣和百褶裙少有花色渲染，上年岁的妇女用传统工艺制作的百褶裙均成麻的本色，无一丝花色。但是，不论是白苗还是花苗，散发着民族文化韵味的服饰已不是她们日常生产生活中的重要着装，民族服饰仅仅是她们喜迎节庆、参加婚嫁、探亲访友、赶集赴会的礼仪盛装。菜花箐和干塘子的妇女，尤其是中年以下的女性，平日生产、生活中多穿廉价的和城里人扶贫送的汉族衣服，以致在调查地经常遇到这种现象，在山间、公路出现盛装的苗女就一定意味着有节庆聚会和赶集的活动。这种节庆聚会上的流光溢彩和平日的汉装普及成为调查地苗族服饰文化的又一趋向。

三、苗族服饰嬗变成因探析

调查地的许多文化现象说明，当地苗族服饰的演变因素萌生于民族生存发展的选择需求，依赖于外部环境提供的社会发展、技术进步和文化传播等条件。

1. 渴求减轻传统农耕生活方式的重负，提高生活质量是妇女的普遍愿望苗族的迁徙历史说明，苗族先人历来在寻找美好的生活环境，为改变提高生活质量坚持不懈奋斗，但却又陷入为了幸福、迁徙造成贫困的怪圈。调查涉足的几个村寨，虽然不靠在公路旁，具有相对封闭的生活空间，但农耕生活的单一困苦，使居住地的妇女积蕴了向往富裕的憧憬，渴求减轻传统生活生产的重负。进入现代社会，她们憧憬美好、追求幸福的理想不必易地即可实现。莱花箐的陶文兰（43 岁）、杨秀英（40 岁）、李秀琼（36 岁）等人在介绍传统服饰制作时说：购买衣服比自己做省时省力，购买的衣服更漂亮，而且可以有更多的时间从事其他农产品生产和休息，购买衣服的钱可以用农产品去集市换取。朴素的语言反映了现代苗女对生活质量、经济价值的基本取向，说明了苗族妇女追求美好，提高生活质量，尝试另一种生活方式的进步意识。这不能不说是服饰嬗变的最直接的内发力量。

2. 文化传播的进步对苗族妇女服饰审美情趣产生了重要影响

村寨里的苗族虽然还没有过多的影视欣赏设备，但信息社会强大的文化传播能量仍然通过静态和动态的传媒影响着村民。苗家墙壁上粘贴的影星、歌星图片是这种影响的表现之一，村民喜爱观看旅游地的民族歌舞表演是这种影响的表现之二，对影视的渴望和强烈的眷恋是这种影响的表现之三。村民对强势文化带来的歌舞、音乐、服装的喜爱与调查者的旨趣相异，因此笔者常常向妇女、男子提问：为什么喜欢外边的服装和歌舞？答曰：好看、好听。再问：如何好看？答曰：电影、电视、文艺队演员的服装好，舞好看。显然，一个长期处在狭小生存环境中的民族，其群体规模文化质量是不能抵御强势文化冲击的，再加之人类向往新奇、憧憬异文化的天性潜在动力作用。当苗族小村一次次面临影视、旅游地的民族、歌舞表演的刺激，导致妇女们对表演艺术的欣赏不仅仅是停留在现场环境中获取享受，而且把现场对表演的兴趣作为美好印象储存在记忆中，由此自觉或不自觉地接受了强势文化对民族服饰审美的价值观和示范行为。

3. 商品经济发展促使农耕生产结构调整，为解放妇女生产力创造了条件，苗族传统服饰生产由此走向衰退

据妇女们的回忆，以往下地耕种耗用大量时间，而收获物仅能糊口，剩余时间消耗在全家衣物的制作上，生活与生产无界限。以制作衣物来说，春季头场雨水下来既忙种玉米又忙点麻，8 月或 9 月收玉米，同时又收麻，接踵而来的制衣工艺流程和日日夜夜的手工劳动更是不胜其烦，以致制作衣物在农耕社会中很难分清是生活的一部分还是生产的一部分。现代经济形成的市场化、商品化冲击力，使妇女摆脱单一结构的生活生产方式，很多生活必需品，诸如衣物、包、布、线、花边、现代生产工具等都可以通过农耕生产的剩余品换取，于是妇女更专注农耕生产，或不事农耕仅从事手工艺生产即能获取较高质量的生活保证。莱花箐康自发（57 岁）家的儿子媳妇就放弃了农耕，在县城开设苗族服饰生产作坊，经济收入超过了村中农耕生活条件较好的人家。40 多岁的妇女一般都以能够用传统工艺技术制作服饰而骄傲，但是，她们又表示愿意买衣服穿。可以说，商品经济使妇女劳动力获得解放，是苗族服饰嬗变的重要因素。

4. 商品化服饰扩散是促使传统服饰适应社会文明发达需求的强劲活力

农耕时代的服饰是在较小的一定范围内的手工产品，它以满足自己的生活需求为目的，具有典型的自给自足的封闭自然经济特性，属于非商品的服饰。在 20 世纪 80 年代中期以前，调查地苗族村民的服装均是为自己生产，留给自己使用的。此后，由于文山州历史上是一个苗族迁徙出境的国际通道，境内苗族与东南亚、欧美的苗族保持有血缘关系。在改革开放的宽松环境下，境外发达地区和国家的苗族开始向文山州的苗族联系订购服饰，由此引发了在村寨中收购苗族传统服装的热潮。但是能够成为外销商品的服装极其有限，于是激发了部分苗族加工生产服饰外销。莱花箐康自发（57 岁）的儿媳妇即在邱北开了作坊，专门制作苗族服装，康自发大哥的妻子也在文山从事苗族服饰的制作，其产品不仅内销，而且远销东南亚和美国。她们的产品改变了自然经济状态下的服饰生产性质，产品面向市场成为商品服饰。最近，笔者从 2000 年 4 月举办的文山州民族节暨邱北花脸节招商展览会展销的商品服饰中看到，文山州的邱北、砚山、广南、马关、富宁、麻粟坡等县都有了一定规模的能够批量生产苗族、彝族、壮族服饰的工厂作坊。苗族购买或是订做的服饰就出自这些商品化的生产工厂。显然，商品化因素是推动苗族服饰发展的一个重要动力，它说明随着社会的高速发展，自给自足经济下的服饰生产远远不能满足苗族生产生活发展的需求，要最大限度地提高生活质量，满足苗族社区所有人的着装要求，只有随着商品服饰意识扩散，服饰商品化加强和体现文化价值决定商品的市场法则，才可能得到实现。其结果必然是为苗族着装提供更多的选择。

但是，对这种状况需要说明的是，商品化苗族服饰要得到苗族的认同，必须结合苗族的习惯、审美、经济等行为条件来制作苗装，按艺术、民俗文化价值决定商品价值的民族服饰市场法则协调传统与现代的关系、自给自足生产与市场化商品生产的关系，才可能获取苗族

的认同。从调查地的苗族商品服饰状况看，制造者虽然以苗族服饰出售获利为目的，但在设计制作时认真考虑了购买对象的文化环境、穿着需求和审美意识，制造者在求美求新中注重了传统服饰外在文化特征，创新设计中没有完全把商品化服饰从传统服饰文化中分离出来，诸如保留了多种传统款式的基本结构，对花苗、白苗的花色图纹各按其特质有所创新等。至于与传统制作方式的最大的不同则在于生产管理现代化、设备技术现代化、质料工艺规范化，这一切都决定了手工产品在适应社会化商品服饰方面不是商品化服饰的竞争对手，或者说苗族传统服饰文化的各种元素构成的是农耕时代小农经济的服饰理念，不是现代发展中的社会化的服饰形象，这就决定了它在社会发展中必然趋向衰退。

5. 工业技术的普及和广泛运用改变了苗族服饰生产的传统技术，为苗族服饰的发展创新提供了有利条件

人类社会发展史上的诸多进步模式说明，社会的每一次进步都以技术革命为前提，先进的技术为人类创造了无数幸福时光，多次的工业技术进步也让人类感受到了其推动社会发展的威力。即便是曾经宁静、封闭的田园山村，也会吸纳工业技术的力量。调查地的苗族村里，拥有缝纫机的数量令人惊呀，使用的频率之高也是城里人不能想象的，其对于村民制衣效率的提高发挥着极大作用，除了缝合功效外，它对传统的“抠”的绣花方法的改进，令老人们惊叹，因为手工“抠”出的花纹粗疏，制作者又费力，机绣的图案细密精致，花纹变化丰富，省时省力。而大工业生产的各种服饰质料，在村中可以说基本上取代了传统技术生产的质料，这虽然令人惋惜，但工业技术的先进产品却让苗族难以割舍。原因在于现代工业技术解放了妇女生产力，有助于提高生活质量；现代工业的多种质料，为商品化生产和现存的手工生产提供了丰富多彩、质优价廉的选择对象，使制作服饰的个性化更具可能性。概括地说，工业技术进步决定了传统技术非进步因素的消亡，这成为苗族服饰制作技术必须为适应社会发展需求而改进的重要条件。

6. 禁毒措施打破了苗族服饰传统技术工艺流程结构，部分技术在日常生产生活中存在的可能性彻底丧失

据植物学家考证，中国是麻的原产地。在历史上，麻与葛这两种植物是国人早期纺织物的主要来源之一，“麻布”是由葛、麻纺织成的布。为了区别于亚、非、欧的传统植物亚麻，东亚一些国家称麻为大麻和芒麻，又称为汉麻和中国草。麻对中华民族的发展作出了亘古数千年的贡献，中国各民族对它的热爱表现为以聪明智慧和勤劳将它编织成为生活艺术品。然而，世界性的毒品泛滥殃及苗族服饰传统技术的生存。随着中国政府对世界禁绝毒品责任的加重，禁毒成了全民意识，成为法制管理内容的组成部分。1998 年邱北县严格执行有关禁毒的 50 号文，县、乡政府和村委会强力执行山野乡间严禁种麻的法令，一分一亩麻塘均不许开耕。尽管苗族村民从未利用麻从事非法活动，但是，村村寨寨响应政府号召，根绝了麻地。实际上，调查中的五个村子早在 1992 年前后已大部分放弃了种麻。由禁毒引发的禁种麻，虽是一个偶发事件，但它拆除了苗族服饰传统工艺技术结构的基础，从社会进入现代化上升时期的发展角度看，这似乎隐寓了历史的必然。

四、苗族服饰的嬗变趋向

苗族服饰作为族群的标识符号，在族群活动的时空环境中蕴藏着它特定的内涵和外延。因此，苗族服饰的流变以及人们对它的选择，都是苗族文化生活中的一种价值判断和文化行为，代表着他们在一定日期、一定环境中对社会发展、经济发达、技术进步、文明程度、消费观念和审美艺术的认识程度。在现代文明高度发达的后工业社会，苗族服饰逐渐脱离农耕时代自给自足困境的束缚，选择商品化服饰和改进创新传统工艺技术，不能不说是苗族对现代文明的高度认同。但是，这并不等于苗族服饰的发展一定趋向划一。相反，随着全球经济一体化和人类服饰全面商品化的发展，苗族审美情趣的个性会抒发得更加淋漓尽致，苗族服饰将在延续改进中趋向一体多元的斑斓格局。

① 各苗族社区保持本土苗族服饰文化总体特征的格局将长期延续下去，即服饰结构、款式、色彩、图案、纹样、佩饰的基本特征在技术和质料改变的条件下以渐变的形式得以延续。

② 苗族服饰礼俗化的趋势日益加速扩大，促使苗族服饰在脱离农耕时代意蕴的同时，成为特定的短时段空间环境中象征苗族精神、表现苗族尊严、显示苗族血缘纽带和社会身份的标识。

③ 商品化苗族服饰与个性化苗族服饰并驾齐驱不断拓展更广阔的市场，未来商品化服饰发展与个性化服饰生存不是消长相克的关系，而是在互相依托、取长补短、共同发展的状态中成长。这是苗族服饰传统工艺技术的延续与现代工艺技术发展的结点。

④ 发展旅游业和建设文化产业的社会推动力，将促成苗族服饰形成公司与农户合作的趋势，即为适应旅游的文化消费需要，以公司为龙头，按分散加工、集中整合、统一营销的思路经营苗族服饰。这有助于最大限度地延续弘扬传统工艺技术，在山野乡村中激发原始艺术灵感，又能够充分发展现代管理和工艺技术的优势，达

到经济价值体现文化价值的目标。

⑤ 在政府企业和民间基层领导的支持下，沿循保护人类共有文化的方向发展，逐渐形成传统文化传承的养护点，为展示传统文化和进行传统文化未知的价值研究创造条件。

显然，在人类社会剧变的历史阶段，苗族服饰一体多元格局的最终趋向不是任何人的意志能确立和改变的。但是，没有改革创新的传统服饰的延续肯定不是苗族的选择。

苗族服饰文化与其生境关系研究

——以黔东方言区苗族为例

湖南吉首大学民族学研究所副研究员　罗康隆

苗族分布地域辽阔，内部支系繁多，明清史志所载，以服饰颜色之异，大体分为“黑苗”“红苗”“花苗”“白苗”和“青苗”五大支系。解放后，按照语言谱系原理划分，以苗族内部语言的实际差异划分为五个方言区，即湘西方言区（东部方言）、黔东方言区（中部方言）、川滇黔方言区（西部方言）和滇东北方言区及黔中南方言区。为了深入了解苗族的历史和现状，加强对不同支系苗族的具体研究是十分必要的，本文拟就黔东方言区（“黑苗”）苗族服饰文化的特点和成因加以探讨。

对于任何一个民族来说，它一定占有一片特定的自然空间，同时还要与其他民族以各种不同方式并存，这二者的综合就构成了一个民族的生存生境。生存于不同生境的人们共同体，创造出了自己的文化，并凭借这种文化，结成了一个社会聚合体——民族。同一民族的成员凭借其特有的文化，去征服、改造、利用其生境，以创造所有成员的全部生存条件，以维系该民族的延续和发展。但是由于生存生境的导向作用，为了更好地利用生存生境条件而进行发展，转而使该种文化更加适应其生存环境。要达到这一目的，民族文化决不是对见子打子的生存环境应付，而是透过人们的创造劳动的综合作用，经过社会的汰选、应对和调适，将利用、改造生境的一切办法、途径、方式纳人该民族的文化之中，成为该民族文化的组成部分。如是一来，不仅在全球创造出了千姿百态的民族文化，而且在一个民族内部也模塑出了互有差异的民族文化特征，苗族中黔东方言区苗族服饰呈现的差异特征也正是这一规律作用的结果。本文拟就苗族服饰文化与其自然生境和社会生境的关系加以分析。

关于苗族内部支系的差异，明清以来的汉文典籍有大量的记载，但对苗族支系实质的理解却极不统一甚至对“苗族”的内含看法也含混不清。有的认为苗族的内部支系的差异仅在服色和装饰的不同，据贝青乔的《苗俗记》载：“前明就三苗地设府、县、卫，支派遂分，花、白、青、黑、红以色名……风俗略同”，康熙《贵州通志》《黔书》也有类似记载，白苗尚白，青苗尚青，黑苗尚黑，花苗“沿袖以锦”，红苗“衣被俱用斑丝”。可是，我们进一步考察汉文典籍记载及实地调查，就会发现苗族内部支系的差异并非如此简单，其差异的内容十分广泛而深远。

“黑苗”之名早在元代开始出现，可见，“黑苗”作为苗族内部的一个支系在元代就已存在，但是“黑苗”作为一个支系名称的确立却是清代的事。这种支系形成很早，但其支系确立则很晚的现象，从表面上看，这种事实似乎很矛盾，但我们只须细究一下中原王朝对西南地区的开发历程就可以找到问题的答案了。问题出在宋代以来直到清朝对西南地区经营开发活动经历了一个由“点”到“线”、由“线”到“面”的漫长历程，相应地对苗族的了解也经历了一段相当长的时间。田雯在《黔记》中仍记“九股黑苗，在兴隆、凯里司与偏桥一带”。这就充分说明汉族文化对苗族的认识了解是极为有限的。兴隆、凯里、偏桥等地是宋元以后，尤其是明代由湖广入黔抵滇驿道的要站。汉族文人对苗族的了解也自然局限于驿道两旁或是驿站附近地区。但随着中央王朝对西南地区的全面开发，对苗族情况的了解就进一步加深了，对苗族各支系活动地域的记载也越来越精确和具体了。

“黑苗”的中心分布区在清代雍正以前是无从知晓的，那时“黑苗”的广大地区一直未置官治理，其地乃“化外之域”，其民乃“化外之民”。据陆次云的《峒溪纤志》所载，其时进入苗疆的仅是极个别的“汉奸”。清雍正朝，鄂尔泰、张广泗奏请以武力打入苗疆生界，而镇远知府方显等因略事知晓苗疆内情，则诱使苗族“议榔”置官。后在“剿抚兼施”“以剿为主”的形式下，在千里界苗疆设置了“六厅”，即八寨厅（治今丹寨县）、丹江厅（治今雷山县）、清江厅（治今剑河县）、古州厅（治今榕江县）、都江厅（治今三都县）、台拱厅（治今台江县）。自此以后，“六厅”之内苗族的情况渐为外界所知。乾隆《贵州通志》及《黔南职方纪略》载明，“六厅”之内，主要是“黑苗”。于是，“黑苗连成一片分布的事实很快就得到公认。解放后在作苗语调查时，认为“黑苗”使用的是中部苗语方言，亦即是黔东方言。据《苗汉简明词典》（黔东方言・序）中说，黔东方言的适应范围是“黔东南苗族侗族自治州，广西壮族治区的大苗山、三江，贵州的都匀、三都、荔波，湖南的靖州、会同等县苗族聚居区的全部和贵州关岭、兴仁、安龙、平坝、福泉、清镇、望谟、镇宁等苗族居住的部分地区。黔东南自治州的范围正好是“黑苗”世居之地，广西的大苗山、三江以及湖南的靖州、会同等地在地域上和黔东南相连，也是“黑苗”住地，而贵州都匀、三都、荔波等地本是黔东南“黑苗”居住的边缘，也正是苗族中的“黑苗”，至于贵州的镇宁、安龙、兴仁、望谟等县在地域上与黔东南悬隔，但这些地区的“黑苗”则是因参加清咸同农民起义失败后，被反动统治阶级强令迁出故土，他们原来都是黔东南的“黑苗”。

黔东方言区苗族（“黑苗”）所处的地理环境，其地形西北高，东南低，处于云贵高原向湘桂丘陵的过渡地带，其境内的舞阳河、清水江贯流“黑苗”生境区，向东流出本境而入洞庭湖，珠江水系的都柳江向南流出本地区。这分别是“黑苗”生境区内向东、向南的三大孔道，这三大孔道所迎接的乃是我国东南的大片地域。夏季那湿热的东南季风带着充沛的雨水，穿过大片的中原平坦地区后，正是沿着这些孔道进入云贵高原，并在“黑苗”地区急剧爬上，形成有名的“昆明静止峰”，造成降雨的机会极多。这种高温、湿热的气候特征，极有利于该地区的林木生长，使“黑苗”地区有延续数百里的原始森林，至今这里仍是我国的重要林区之一。这些原始的密林，在交通发达的今天自然成了人民的财富。但是，在宋元时期之前交通还未开通的时代，它却是阻碍着人们生活的天敌，在这些古老原始森林中生活的“黑苗”要生存、发展，就首先要制服它。生活于这种特定环境中的“黑苗”，其文化自然打上了与之相联系的生活烙印。

至于隐蔽最好的办法当然是把自己打扮得和环境一致了。当代军服中的“迷彩服”之类的隐蔽性服装也取法于此。“黑苗”生活的地区森林蓊郁，幽暗难开，要和这种环境取得一致的最佳效果，其办法当然就可能使全身衣黑，协调于自然。于是黑之俗就和黔东方言区的苗族结下了不解之缘。故此，元代称他们为“黑蛮”，明代称他们“黑蛮”，时称“黑苗”，清代统一起来总称这一带的苗族为“黑苗”。衣黑之习据有史可查者，已延续了近700年，至于700年之前这里的“苗族”还“衣黑”了多久，尚不得而知。

苗族学会“衣黑”之习是一件不简单的事。任何自然条件对文化的作用都必须透过社会才能实现其影响力，自然条件对文化的影响力在透过社会时，总要经过社会的汰选、应对和调适三重加工。由于交通闭塞，生息于此的苗族同胞都得靠山吃山，“衣黑”之前提就是有与之相匹配的染料，点点滴滴都得取自固有的生存环境。勤劳智慧的苗族同胞经过长期的实验，得出了一整套“染黑”的技艺，用山毛榉科植物的种子或树皮，或用蔷微科植物的皮和根，捣烂用水浸，在浸出的水溶液中，将用要染的布浸一夜取出，晒至半干后，再埋入从河沟捞出的烂泥之中，三天后取出冲洗，如此周而复始40多次，为时2至4日才能达到理想的黑度。

整个染制原理，从今天看来十分简单，仅是把树皮中所含的单宁酸沉到纤维之上，再和烂泥中微量的高价铁盐反应，生成黝黑的单宁酸铁，达到染黑的目的。然而树皮中单宁酸的含量甚低，烂泥中高价铁盐的含量更低，加上操作手段简单，要达到染黑的目的，其艰巨辛苦的程度可想而知。故“衣黑”不只是对密林生活的适宜，更是“黑苗”改造、利用生存环境的一大创造，艰辛的创造！

生息密林之下的苗族同胞创造了黝黑的衣服后，不仅可以有效地避开兽害，而且还便于接近狩猎的对象，在狩猎中可以发挥巨大的优势，以捕获更多的猎物。但是，随之而来也出现了一个难题，就是在狩猎过程中同伴们不容易及时地发现自己，容易造成误会。为了解决这一难题，苗族同胞在服饰上又创造了自己特有的标志——“头插白翎”。李宗昉在《黔记》中记有：“黑苗性悍好斗，头插白翎，出入必持镖、药弓、环刀”。《清平县志》也载：“清平县（今凯里）黑苗，男髻则插白鸡毛或锦鸡尾”。

从清代的记载看，好象这种“头插白翎”的习俗是男人们专有。其实不然，我们从现今“黑苗”中妇女的装饰习俗中，可以佐证，在历史上妇女也肯定有过“头插白翎”的时期，在凯里、台江、雷山等“黑苗”聚居区调查时，女子的银饰上也要插上白鸡毛，有的银饰上直接打成翎毛状的大簪子。可见，头插白翎在古代不只是男子的必需，同时也是妇女的必备，是“黑苗”地区生活的必备品之一。而今男子的“头插白翎”已在消失，而女子插白翎之习仍保持在装饰品中，以“残留文化”的样式呈现出来罢了。

“黑苗”的超短裙和特大裤脚，乃是苗族同胞对其生存生境利用的结果，是以高山密林生活为出发点而模塑的文化现象，转而使这种文化影响着苗族社会生活，使其更适应于所处生存生境的需要。

“黑苗”生存区域“地无三尺平”，山高路险，森林蓊郁，林下杂草丛生，所有这些困扰着“黑苗”人们的生活、生产活动。这种环境可以从汉官入黔的笔记中看出：“辰州以西，轿无大小，官无贵贱，舆者皆以八人、其地步步行山中，又多蛇，雾雨十二时大地阁留，间三五日中，一晴霁耳。故土人每出必披毡毺、篷笠，手执竹杖。竹以驱蛇，笠以备雨也”（王士性《黔记》）。这里说的是官道，是明清时入黔走滇的大动脉，尚且如此艰难，处于深山的“黑苗”将会怎样呢？

出乎意料之外，山中“黑苗”似乎很能走险，据谢价树在《贵州道中说》载："由镇远以达贵阳，舆中望前山，隐辚郁垒。二三苗女负薪赤双足，上山如蚁缘柱础。"苗族人民能在山道上如此捷便，当然，其衣裙的制作就不能不讲求实用了。其一不妨碍劳动生活，其二又要防止蛇虫蚊伤。"黑苗"基于这种实用的考虑，创制出了适应于"山地陡峭，蛇虫威胁"的特有衣裙——超短裙和大裤脚、绑腿。

据嘉靖《贵州通志》记载："合江陈蒙烂土司短裙苗，男女着草衣，穿短裙。"同一地区稍晚的记载则更为具体，郭子章《黔记》记："在陈蒙烂土黑苗，又为夭苗。缉木叶以为上服，衣短裙，亦曰短裙苗"。这种男女一律着短裙，使两腿保持着最大的活动范围，这样一来在崎岖的山间行动，穿行于杂草丛中就可以无牵无挂了。

清代以后，随着对"黑苗"了解的加深，对"黑苗"的衣制的介绍也就更加具体了。据李宗昉《黔记》载："男子短衣宽袂，妇人衣短无衿袖，前不护肚，后不遮腰。不穿裤，其裙长只五寸许，极厚而细褶。"从这记载与明代所载相较，反映出不少差异来。首先是男子改穿长"宽裤"，而不再穿裙了。其次是已不再穿草衣或树叶了。明人记载"黑苗"短裙单说其短，至于短到何种程度，并无说明。清人的记载则恰好补充了这一疏漏。至今"短裙"仍流行在都匀、丹寨、榕江、雷山、台江、剑河、黎平等县的高山地区。不穿这种裙子，而改穿为长裙子的地方，全是农业较发展的地区。据此可以推断，在密林未毁、农田未开的时代，所有"黑苗"肯定一律都着这种"短裙"。至于《苗族简史》中把苗族的裙式分为长裙、中裙、短裙、超短裙四种形式，这乃是发展到了今天的结果，已不是"黑苗"服装的原生形态了。

"黑苗"的"超短裙"除了极短之外，据记载还很厚，且较硬，多细褶。这也是为适应环境需要。厚而硬的裙不易被棘荆划破，就是雨滴到上面也会不浸湿，它完全可以应付穿越丛林时荆棘的威胁，又有效地避免雨雾的浸湿。

"黑苗"服饰中打绑腿是必备的，是一大特色，这也是为了防止荆棘而创制的，并兼有防蛇虫伤之用。绑腿对丛林生活的重要性来说不亚于衣服本身。《皇清职贡图》上所绘黑苗形象，不拘男女一律打着绑腿。民国《贵州通志》载"黑苗"的一部分人要用"数十丈布"打绑腿。贵州省博物馆收藏的"黑苗"服饰中绑腿占有很大比例，就在笔者少时生活的靖州、天柱一带的苗族地区，老年妇女仍有打绑腿习俗。"黑苗"打绑腿打得特别厚，也很长，从脚径直到两股。打绑腿的两种样式：其一是先用布包裹，再另用织花带系牢；其二是布条缠裹，其布均为黑色。前一种是尚穿短裙苗的穿法，也是苗族的传统穿法，后种是新近的穿法，这种以厚和长为特征的绑腿乃是穿行丛林、防止棘刺划伤和蛇虫蚊伤的有效防御工具，是"黑苗"生活环境模塑的结果。

综上所述，我们可以看到黔东方言区苗族服饰文化的特质——"头插白翎"、超短裙、特大宽裤脚、绑腿的服饰特征，无不是"黑苗"所处自然生境的反映。在其自然生境的导向作用下，经过社会的汰选、调适、加工而模塑出的苗族内部的"黑苗"支系的文化现象，同时也反映出"黑苗"随着社会的进步和发展，对生境利用层次的深入和拓宽，其文化特质也显现出一个适应改造的轨迹。

我们从黔东方言区苗族的社会生境出发，也能发现该支系苗族服饰文化内涵的丰富多彩。

在该支系苗族服饰的图案以"蝴蝶"纹饰最为突出。这起源于苗族的原始神话和图腾崇拜。苗族先民在祭祀大典时所唱的《苗族古歌》中有描绘：原始的云雾混混沌沌，而枫木心中生出的苗族祖母大神蝴蝶妈妈，她与水上的泡沫结合怀孕生下了十二个蛋，孵而生下人类。在苗族的观念中，它已决非一个普通的自由自在的小生灵，而业已成为一个生命符号，反映着苗族人民生生不息的种的繁衍。

生存于黔东南地区的"黑苗"普遍珍爱白银首饰，一般人家每个女孩都拥有数十两至数百两的白银制品。在苗族聚居区不仅有数量极大的白银制品，而且还拥有自己的首饰加工业，如雷山的大沟、台江的交下都是闻名百里外的银匠村，每村从业的银匠达数十上百人。然而在整个苗族聚居区内并无银矿，做首饰的白银全部从汉族地区流入。早年由于清政府以白银作为税收的等价品，苗族群众靠出卖山货，从汉区换回银锭，完税之余改制为银饰，致使当年市面上流通的白银在苗族地区由于风俗导向作用而富积起来，退出流通领域，成为苗族地区保存至今的一笔巨额财富。民国以后，开始流通大洋，在同一风俗导向下，苗族群众将换回的大洋销毁，改制为银饰。解放后，随着我国工业的迅速发展，白银需求量在国内外市场越来越紧销。同样由于苗族的这种风俗导向作用，银料仍源源不断地流入苗区囤积起来，以至于大洋的收购价在30年间翻了40多倍。目前，一块民国3年的大洋，苗族银匠可以出到40至50元人民币收购。在复本位的货币体制中，贵金属制成的优质货币在流通过程中会受到劣质货币的驱逐而退出流通领域被囤积下来。根据这一定律，在铜币、银币和纸币同时并存的清朝政府和国民政府时期，优质的银锭或银币会退出流通领域囤积下来，本是预料中的事。同时正由于苗族具有喜好银饰的传统风俗，这些囤积下来的银币就有可能通过各式各样渠道流入苗区，成为苗族人民财富的一种汇集对象。同样由于该风俗的制约，流入苗区后的白银再也不可能返回流通领域，而形成的呆滞的资金沉淀。这种沉淀的白银就为苗族服饰的白银制品找到装饰化的途径，使苗族同胞对白银饰品更加爱好，这是与汉区进行交往贸易的结果。

在族际交往中，苗族文化吸纳了大量的周边民族的诸多文化因子，这在苗族的服饰文化中也得到一定的体现。黔东南一带的圆领右衽或圆领左衽服，可能源自唐装。这种款式最初为胡人所穿，至唐中期开始流行，男女均穿之。苗族的坎肩式背心，从史料中得知，亦多移植于汉族。魏晋南北朝时期，汉族男女喜穿两裆。据《释名·释衣服》的解释，这就是一种既像“马甲”又类似“坎肩”或“背心”的服饰。宋代将无袖的半臂称为“背心”。清代的背心，是女子在春秋季穿在衫袄之外的无袖长衣。苗族云肩与元代云肩有关联。元朝时，汉族妇女在衫襦之外肩上饰云肩。云肩金代已有，元代相沿。其形式如花似云，主要起服饰的装饰作用。

贵州三都、丹寨部分苗族与当地水族杂居，其女性服饰与水族服饰相近，均为大襟右衽衣，衣之环肩、襟边、袖口等处都镶有花边及图案，贵州榕江、从江及广西融水诸县的部分苗族，在款式风格上，已和当地的侗族女装大同小异，均是大领对襟衣，戴棱形胸衬，胸襟之精美花纹恰露于敞胸部位，在整个服饰中起了特殊装饰效果。

在纹饰上，苗族服饰也引起或改造了异民族文化中一些有益文化因子，以促进自身的服饰文化的丰富和发展。

在黔东南的苗族聚居区以施洞为中心的清水江苗族传统刺绣图案中，时常出现一些汉字，从这些汉字的字意及错误的笔划上看，刺绣者并不知道这些字的原意。早在清代，它们被当作符号，刺绣于图案之中。当地的汉文教育在施洞地区是没有的，这些文字很可能来源于那时购买苗木的契约上。施洞苗族服饰图案上出现“汉字”文化因子与清水江沿岸的开发水运活动有关。明代皇宫及汉族地区对木材的需要，引发了湖南、湖北、安徽、江西、江苏等地的木材商人溯江而上，清水江下游及中游的不少苗族地区成为商业集镇，如天柱的远口，锦屏的三江、茅坪，台江的施洞等，与汉族商人接触频繁的天柱、锦屏等县的苗族，当时汉文字普及程度较高。而汉文化的影响也慢慢渗透在中游的施洞苗族文化中，在他们的刺绣图案中留下一些痕迹。

可见，任何一种民族文化都不仅仅是被动地接受生境的模塑，纵使打上了与生境相联的深深烙印，也不是对生境的单向直接对应，也即不是纯自然决定论者认为的那样，有什么样的生境，就会有什么样的文化。文化与生境的关系不是一对一的对应关系，而是经由人们的创造性劳动后，透过社会才能实现其影响。生境的导向作用仅仅在于指导处于该生境下的民族及其文化进化的趋向，但这种文化要如何去实现其目的，则其手段、方法、途径是各有差异，但归根到底则是使该种文化更加适应其生存环境和改造利用其生存环境。

参考资料：

① 杨鹍国:《苗族服饰——符号与象征》，贵州人民出版社，1997 年版。

② 杨正文:《苗族服饰文化》，贵州民族出版社，1998 年版。

③ 杨光茂:《中国苗族服饰文化》，外文出版社，1994 年版。

④ 潘光华:《中国苗族风情》，贵州民族出版社，1990 年版。

高坡苗族背牌文化研究

贵州大学艺术学院副编审 吴秋林

高坡苗族“背牌”，不仅是一种服饰，也是高坡苗民族文化深层结构中的一个结构性文化事象。它是高坡苗族人的一种外在文化标识，也是他们的情感文化的表现中心或特定的象征物，同时，更是他们审美文化的凝聚点，而且这是一种独具的不可替代的美。揭示背牌的这种文化事象的结构性质，对深入研究民族文化特别是边缘性的弱势文化有相当的启示意义。

以纹饰之，这是人类文化的一种近乎天性的表现。每个种群或族群，都要在自己文化初展时期，把这种“以纹饰之”的东西纳入自己的文化结构中，并深刻地影响他们的文化发展和文化天性。同时，“以纹饰之”在文化中还不断地延展自己，并最终把它在各自的妇女服饰上凝固成一双美神的眼睛，让我们叹为观止。高坡苗族妇女身上的背牌就是这样的事物。

一、高坡、高坡苗族

背牌是一种高坡苗族女性作为饰物的绣片，它像所有的其他文化事象表现一样，也是深植于自身的文化生态环境中的，而且这种与文化生态背景的关联，还相当的紧密和重要。因为，这种名为背牌的绣片，并不是苗民族通常性的服饰表现，它一是为高坡的苗族所独有，二是其深植于文化结构之中，成为情感文化最有影响力的一个组成部分或一种象征。故而，叙述高坡和高坡的苗族，在这里就显得分外重要。

高坡从地理位置上来讲，它处于贵州省省会城市贵阳市南部边缘，并且地形高高地隆起，具有气候风凉的小高原式的自然风光，有贵阳的“西藏”之称。它距贵阳只有40多公里，但都市的华光却难于穿透高坡苗族文化的神秘特性。在这里，巫鬼观念独行，丧葬特异，服饰极有特色……不管外面的世界多么精彩，它仍有自己的文化呼吸声，有自己深刻的文化观念，有自己来自远古历史的脚步声。

高坡在行政区划上是贵阳市花溪区的一个乡，高坡苗族的主体就分布在这个乡境的10余个村子里，并分成几个相应的片区。高坡乡境内，大约有2万多高坡苗人，再加上邻近的属惠水县的同一支系的高坡苗族，总计约有3万多人。

苗族是一个迁徙的民族，高坡苗族也不例外。据知，高坡苗族的原住地在现今贵阳市中心区一带，大规模的汉移民进入后，渐渐挤压他们，几经抗争，他们才在高坡这里寻找到最后的栖身之地。这种发生在近几百年间的事情，使高坡苗族文化的多方面都发生了深刻的影响。

正是这样的历史文化生境，构成了高坡苗族背牌的深厚的文化背景。

二、高坡苗族背牌概况

在高坡，我们在几岁的蒙童（女童）和垂暮之年的妇女身上，都可以看到背牌这一饰物，它是高坡所有苗族女性服装上的必备之物，也可说是其服饰文化的中心。高坡妇女服装上的其他饰件，以及头饰等都可以随意处理或省略，但背牌却必须得有。这种情形可比喻为：光身叫没有穿衣服，而没有戴背牌有如光身。

高坡背牌的形制为一大一小的前后两块，用宽约6～8厘米的布带对称连接，套头贯入，前块较小，为8～12厘米的方形绣片；后块有两种表现，如果是盛装背牌，则至少为30厘米以上的方形绣片，如果为生活装背牌，则为宽12～15厘米，长15～220厘米的长方形绣片。后块是背牌的主块，在女性后背上部位置，非常引人注目，且所有的背牌都是女性一针一线精心挑绣的，可以说它是高坡苗族服饰表现的中心和审美的最高凝结点。这种绣片工艺上属西部苗族的挑花，古老的背牌材质为丝线，后为绵线，现大量使用开司米线，不管哪种材质，其基本的图案和形制都不变。高坡苗族背牌分盛装和生活装两种，前者基本为方形，尺寸至少在30厘米以上，多在一些重要的场景中穿戴；后者为长方形，在一般的日常生活中穿戴，也就是说，后一种背牌在高坡苗族的生活中无所不在。对前一种背牌，高坡苗人称其为“黄背牌”，后一种背牌称为“白背牌”，前者的线色以黄、红为主，绣片上的颜色主调也是黄色。大概是以色称之，但又不完全如是，它肯定超越了以色称之的范畴。白背牌则是白色为主色的长方形，再在背牌挑上许多图形和饰纹，十分清新艳丽。高坡苗族女性每人都是一朵花，这朵花在脸上绽放，也同时在她们的背牌上绽放。

从表面上看，高坡苗族背牌是高坡苗族审美文化的眼睛，看高坡苗族的美，就在它的背牌上，但实际上高坡苗族背牌的文化内涵却来得极为深沉和凝重，因为在这背牌之后，它还紧紧依存于背牌产生的历史，和一个称之为“打背牌“的人生情感仪式活动。

三、背牌起源的口传史述

高坡苗族背牌的历史是凝重的，但这种凝重却没法像汉族文化那样，用文字记载的历史来表现。它像所有边缘性的、无文字的民族那样，一方面用自身的文化事象本身来表达历史，另一方面也在大量的民间口头传说中来“记录”自己的历史，或者说对历史的回忆和读解。故而，我们了解高坡苗族背牌的起源，可能，或我以为来自这个民族种群自身的传说，比外来的观光式的记录（比如一些古籍性材料上的只言片语）要更为真实和有价值一些。

关于高坡苗族的背牌起源或来源，高坡的苗人是这样来表述的：

个案 1：

背牌的来历很古老了。背牌按古老来讲，是皇帝送给我们的。我们高坡这种族的背牌分前后两块，前块小，后块大，上面是四方印章，挑花就围在印章周围，再用两条布条或绣花布条连在一起，套在脖子上，就成了我们这种族的背牌了。

这种有印章的背牌是皇帝送的，不能压在箱子里，一定要经常带上。

为什么我们这种族的背牌是皇帝送的呢?

在很早以前，苗家要敲牛祭祖，每次都要送牛的前腿给皇帝。我们这里离皇帝远，路上的时间长，有时要走半年，时间长了就腐朽了，牛肉也就不好吃了。皇帝见到此情况，就讲，好意接受了，但以后你们就不要送了，今后你们觉得哪个为大就送给哪个。从那以后，牛前腿就送给外祖父、外祖母，因为我们这种族认为外祖父、外祖母为大。

皇帝为表彰苗族的诚意，就送了礼物，给男的送一件红袍，给女的送的是用一块白绸盖上大印的印布。

从这以后，我们这种族的男人就穿红袍，女人就披着皇帝送的印布。妇女的印布上光有大红印章不好看，妇女们就围着大印挑了一圈各式的花，这样披起来又好看又醒目。

这就是背牌的来历，但为何男女间要射背牌，就说不清楚了。

讲述人：王应贵，男，苗族，时年 74 岁，干部。

讲述地点：五寨村中王应贵家。

讲述时间：2000 年 3 月 27 日。

采录人：吴秋林。

这个传说自然很难有我们今天汉文化系统中所认定的那种历史性和真实性，但它肯定是一种民族文化的口传史述。这个“史述”在传播过程中会有很多变形和转义，可它在自己的民族中传述，就会包容和传达一定的民族文化信息。故而我们在这个传说中至少可以确定以下几点：一是高坡苗族背牌的形成，肯定与某一次族群与外部文化力量的“外交”相关；二是这次“外交”在民族发展的历史上，是很关键和重要的（似乎相关于民族的存亡），故而它的相关事物演化成了苗族一种“记史的服饰”，并且由此成为一种结构性事物，内化到高坡苗族的文化结构的深层，对高坡苗族后来的民族文化发生了深刻的影响。

高坡苗族的背牌，不管是盛装的黄背牌，或是生活装的白背牌，都与大印分不开，即每一张背牌上，中心的图案一定是一颗印章，其四周才是高坡苗女情感的倾诉和对生活的表达。这颗印章是个什么东西呢？为何它居于高坡苗女背牌绣片的中心，就再也没有改变！它是不是在什么时候决定过高坡苗族人的生存或生存方式?！能不能作一个这样的推想：在明代以后的某个时候，这支苗人的大量人口成为某一个汉族征服者的“战利品”，他们得到在高坡之地的某种生存方式，而男穿红袍、女戴“印牌”是在某种势力庇护下的标识。这种苗人生存状态在明以后是较普遍的，贵州其他地方的苗族也有背“印牌”的，如六枝有一支苗族也带印牌（只不过他们戴在胸前），而这一类苗族通常被称为“印牌苗”。再而推想，也许这是那个动荡纷乱的年代退却到高坡苗族的一种生存智慧，打着某一征服者的印牌，以求得某种认同和避祸……在中国的过去和现在，“印”都是权力的象征。这里的背牌就不是一个绣片了，或者不能说只是一种美的表现了。

由此而来的推想，自然不能复述高坡苗族过去的历史，但增加对高坡苗族历史文化探求和想象的空间则是有益的。不管我们怎么说高坡苗族的背牌，它都肯定是在民族文化发展和变化的关口上形成的。也许，这种美丽的图案中，隐藏着高坡苗人历史文化惊人的密码！

高坡苗族妇女的背牌，如果仅此而已，那它也就如其他被称之为“印牌苗”的苗族群体一样，只是一种重要的文化表现而已。但高坡的苗人，在印牌出现之后，又不断地强化和发展了它，使之成为高坡苗族情感文化的中心和特定的象征物，由此使背牌在高坡苗人的情感生活中占有极重要的地位。而这种表现，又是其他任何一个与印牌文化相关的苗族种群都没有的。

四、高坡苗族的“打背牌”

在高坡苗族妇女中，拥有白背牌是天经地义的，也是高坡苗族女性苗人身份的基本认定，但能拥有黄背牌则是一种有地位的表现了，如果能在背牌上缀上银片等事物，那就是极有身份和地位的了。这种地位包含文化、经济实力等诸项内容，就如一般人们所说的那样："有面子""有名义"等。但是，如果这个女人的黄背牌是打过背牌的，那它就能上升到这个民族文化（情感文化）的至高无上的地位上了。在高坡，一个人家敲过牛祭过祖，是一件极荣耀的事情，在荣誉感上，打背牌也是这样的事情，但敲牛祭祖是家族中家的最高荣誉，而打背牌则是高坡苗族青年男女个人情感的最高荣誉，这个荣誉对女性来讲，尤为重要！

"打背牌"在高坡有一个深刻的婚姻文化背景：

在高坡，50年前盛行娃娃亲，即孩子们在很小的时候，就由父母约定了婚姻，一般在两至三岁时就定了亲。但是，这些娃娃长大以后，却很少能与自己的"原配"发展个人之间的情感，往往是与其他的青年男女发生了个人之间的感情，而这种感情不管怎么好，都不可能突破父母间最初的婚姻约定。"退亲"在高坡苗族中被视为破坏整个民族文化结构的事情，故一般高坡苗人想都不想这个字眼，而且相应的文化处罚和经济处罚相当重，是一般族人根本无法承受的。这最后的出路就是由男性青年家父母出面，为这对相爱的青年"打背牌"，而这种打背牌需要雄厚的经济实力为后盾，故一个村子的同龄青年中，只有几个人能打背牌，即打背牌在青年男女中也是一件很不容易发生的事情。

高坡苗族青年男女打背牌，在50年前经常出现，在过去的50年中也常有，最近的一次打背牌大概在1993年。打背牌的过程和规约大致都一致，但其中在不同的片区中又有一些区别，比如在日期上、人数上等。这里选择两个不同区域中的个案表述它的过程。

个案2：

23岁时打的背牌，在姨妈寨后山的马郎坡上打的。

17岁时就开始玩的姑娘，姑娘是摆龙寨的。

我所玩的姑娘是三个，一个叫王披生，一个叫王披同，她们两个是堂姊妹，另一个名字忘了。

我们寨子可以一个男的与三个女的玩。

与我一起打背牌的另一个孟耳寨的男的叫陈德革，他也是与摆龙寨的两个姑娘玩，一个叫果优刀（苗名），一个叫培西护（苗名）。

我们玩了5年，经双方父母同意（否则不可能打背牌，因为打背牌所花的钱，比结一次婚要多得多），准备打背牌，二月间就喊女方来在男方家背柴。喊女的来背柴的那天，摆龙寨来了八个女的，其中三个是我所玩的姑娘，是准备与我打背牌的，另外五个是她们的朋友。柴是我早就砍在山上的，由摆龙来的女的把柴从山上背回我家，男、女也就在我家吃酒、唱歌，玩一天。到傍晚，我就请人帮女方背上柴，把女方及柴送到女方寨子边上，但一般女方寨子都有人半路上接她们。

此事一过，女方就开始借背牌等准备了，而男方则在酒、肉、粮食等方面作准备。

到四月八时，女方的姑娘们共同扎了一个很大很大的背牌，把她们能借到的背牌都扎了上去。这次打背牌，原订的我与王披生、王披同等三个姑娘打背牌，陈德革与果优刀、培西护两个姑娘打背牌，但最后只有王披生、王披同、果优刀、培西护来参加，而另一个姑娘没能来，原因是这个姑娘家拿不出三斗糯米来回送男方家。

打背牌那天是寨上老人先去指定地点。附近几寨的乡亲汇集在马郎坡。

打背牌前，众人先支起背牌，女方摆好背牌，男方用弩打射。我面对这堂姊妹俩的两块背牌，是从姐姐的背牌开始打的，然后打妹妹的。一个背牌打三次，要打穿，如三箭打不穿，还得跨过背牌，再打三箭，如果再打不穿，就算了，但这样的结果不好，会命短、绝后、贫穷。随后，女方每人送一块白色绣花帕给其男方为信物。

打完背牌，男方家就把女方摆龙寨的不论男女老幼，满请到高坡牛打场上去吃晌午。这晌午是男方家在寨子里做好了抬到牛打场上的。

这顿晌午，我家一共用去一头猪、两斗多米、酒无数，30斤米粉。

与我打过背牌的两个女的，王披生时年18岁，4年后嫁到了孟耳；妹妹王披同也在不久后嫁到龙里县板省乡打夯寨，现今二人都在世。

我们是因为感情好到一定程度才打的背牌。

我们打过背牌的人死后魂灵先到马郎坡，等齐一起打背牌的六个人，再一起到阴间，尔后转投人间。

我们在阴间不成亲。

我们的同龄人共有四个人打过背牌。

讲述人：陈德过，男，苗族，73岁，农民。

讲述地点：孟耳寨陈德过家院坝。

讲述时间：2000年3月29日，多云。

采录人：吴秋林。

个案3：

23岁打的背牌。在姨妈寨背后的山上，云顶这一片都在这里打背牌。这个地方人们叫"马郎坡"。

和我打背牌的姑娘叫"娣路"，是平寨村的人，后来嫁到云顶的大院村，现在还活着。

那一年一起与我打背牌的有我们村的王应富、王正存，他们都死了。

20岁以前我就与娣路来往，玩了三年多，感情好，双方父母都喜欢，在父母的同意下，我们就与王应富、王正存以及女方姑娘准备打背牌了。

这一年的正月间，我就正式地请女方娣路来家里背柴。过程是，男方约女方来背柴之前，男方就上山砍好了一背柴草（也有待女方到来后上山现砍的），女方来到男方家，实则是男方家请女方的客，酒席招待后，就唱歌、对歌、摆古等。唱了一天歌，男方也就把柴背送到女方寨子脚，就转回家去，姑娘则自己把柴背回家。

如果女方来男方家背了柴回去，男、女两寨的亲朋，就知道他们要打背牌了。

四月八的猪场天，女方把数月借到的、做的背牌，用竹架子扎成几大背，就应该扎好送到我和娣路他们经常出寨相约见面的地方，而男方到应该出动姊妹去那地方把背牌架背接回来。在交接处交接清楚后，女方和男方姊妹就各自回家吃早饭，吃完早饭，男女就直接奔向马郎坡。

这样的打背牌一般每次都有数对，不会放单，我这次打背牌一共有三对，故以上一系列活动，实际上都是村上三个人（对方也如是）共同进行的。

大家到了马郎坡，由寨上的老人指点摆龙寨打背牌的地方。众人把扎好的背牌架支起，女方把背牌（自己的那一块）放起，男方就对准背牌打，各打各的，各个打背牌者有各自标记，有的在前面插一把刀，也有的结草为记。

男的打背牌打哪里很有讲究，只能打背牌的边边上，不能打背牌的中心，背牌的中心是印章样，像人的眼睛，打中了男方要瞎眼睛。如果打不穿背牌，断了弩绳等都是很不吉利的，会死人、短命。

每次打背牌时，男、女双方寨子及其他寨子的许多人都会自己去观看，十分热闹。

打完背牌，男方寨子的亲友、女方寨子的到马郎坡的人众，都会一起到几公里之外一个叫牛打场（现今高坡乡政府所在地）的地方吃“晌午”，有一个算一个，满请。女方则把马郎坡上的背牌架着人背回去。这个“晌午”一般是男方寨子参予打背牌的那几家人，在家里做好，抬到牛打场上去的。肉、饭要够吃，酒一定要够喝，不能少，否则会被人笑话。

吃完晌午，男、女又回到经常玩耍的地方，双方一起再打一次背牌，然后就各自回家了。

第二天，女方家要做三斗米的糯米饭，背送到寨子边，男方家着人接回来。随后，男方家就会请姑妈、姑婆，以及男方已订亲的亲家母和姊妹等，一起吃糯米饭（实际上男方请客办酒）。

以后，男方家要编一个很精致的背篓，并放进一串土烟，背送到男、女双方经常玩的地方，由女方的人接回去。

这样，打背牌的过程才算完成。

打完背牌的这一伙人，因为一起打过背牌，死的时候，大家的魂灵都要先到马郎坡等着其余的人，不能独自去阴间。等齐所有的魂灵后，大家又一起打一回背牌，才一起阴间见阎王，再投胎回人间。没有在阴间成夫妻的说法。

讲述人：王岗成，男，时年 74 岁，苗族，农民。

讲述地点：摆龙寨王岗成家。

讲述时间：2000 年 3 月 29 日，阴。

采录人；吴秋林。

个案 4：

1985 年的三月三，杨光金作为寨老主持了平寨的八个男青年与贵阳市花溪区高坡乡沙坪村八个姑娘的打背牌的事项。

1985 年的三月三，实际是马场天（即三月三的第一个马场天）三月初五。平寨的杨明辉、杨明惠、杨明全、杨明武、杨明斌、杨老六、杨明录、杨黔猛等八人，与沙坪村的八个姑娘打了一次背牌。

动因是几个青年与沙坪的姑娘相处得很好，是很有感情的，也就相约要打背牌，共约好了八对男女。经双方父母同意后就准备打背牌。

八家男方三月初五前凑钱 1000 多元，杀猪、打酒、推豆腐，到场坝上买小菜。

沙坪村的女方借背牌，扎背牌架，然后送到半路，由男方的姊妹接背回寨。

初五早晨，女方寨的亲友数十人从约 7 公里处的沙坪村来到平寨。早早地吃过早饭后，八男八女就在寨中老人的带领下，上后山不远处的背牌坡上打背牌。那天因多年不见打背牌，四乡的乡亲来得很多，有万数人以上。

打背牌时，两个寨子的老人都到场主持此事。

背牌架很高，约 4～6 米，上挂有红布，是现场注目的中心。

寨中老人用一把刀插在选定的草地上，男的一字排开，面前是各自女方的黄背牌。

八个男方当年年龄大的 18 岁，小的 16 岁，有力气小拉不开弩的，由家里大人帮忙拉开。

打背牌打三箭，往背牌芯芯打，随便打，打不打穿无所谓。

坡上打完背牌，回到寨中，男、女双方还要把背牌铺起，再打一次。这次打背牌，先由男青年打一箭后，还要请寨中老人一人再来打一箭，随老人往哪个女的背牌上打。

随后男、女交换礼物，女的把打过的背牌送给男的，男的把长衫的一幅割给女方。这些都作为死后相会的信物，带进棺材。

这天晚上，是正式的打背牌酒席。席间唱打背牌歌，历数背牌和打背牌的来历。

这天，在坡上打完背牌，背牌架就着人把背牌架送回沙坪，沙坪的女家接过背牌后，就每家把至少一斗米的糯米饭送给男方家，并让送背牌架的人背回男方寨子。

第二天，吃完早饭后，男方送女方回女方的寨子。

第三天，男方又要挑些粑粑送到女方家，女方家要给一件床单作为回礼，并请来客吃酒席。

打过背牌的八对男女，只有杨黔猛与其中一个叫罗刚叉的女的结为了夫妻，因为这八对男女中，只有他们两个对方都没定有娃娃亲，其余七对则都在不同年龄时定了亲的。

打背牌他们有两样东西同样重要，一是刀，一是箭。打过背牌的死后可用刀架在阴间河上，过得河，没有打过背牌的就只有变麻雀飞过阴河，弄不好就飞不过去。

打背牌后，女方的定亲方也放心，认为打过背牌，相好的男方就不会要女的作老婆了。

讲述人：杨光金，男，苗族，时年 65 岁，农民。

讲述地点：惠水县大坝乡大保村中寨杨光金家。

讲述时间：2000 年 3 月 31 日，晴。

采录人：吴秋林。

在个案中我们看到很多关于高坡苗族文化的东西，限于题目和篇幅，难于展开，就背牌而言，其中的表现就极有意义。可以看出，这时的背牌，就决不是一件美化生活的饰物了，它已经是一件一个人人生中最光彩夺目的特定象征物了。这里面，不但有美的凝聚，也有高坡人特有的情感凝聚。

高坡人为何要拥有背牌，前面已有回答，但高坡人为何又要打背牌呢？或者说高坡人为何要用打背牌的方式，来表达他们（主要是青年男女）的爱情呢？这，又要把我们引向高坡背牌文化的更深的一个层次。

五、打背牌的源起

对为何要打背牌，大多数高坡人都能说清楚，但什么时候开始打背牌？人们却是不太清楚的，但掌握鬼师文化（巫文化）的鬼师，却能解答这个问题。

个案 5：

打背牌的来历是这样的。

三百多年前，我们一个叫“德红得略”的苗族老祖搬到这个地方来住。以前苗族是不兴打背牌的，打背牌是从德红得略开始的。

德红得略是苗族的大人物，他是死在贵阳的，是四月八日那天死的，四月八打背牌就是为了纪念他。

德红得略与一家两姊妹的姐姐玩得很好，成夫妻过了很长的日子，但后来姐姐被老豹咬死了，德红得略就一个人在。后来，德红得略又与妹妹相好，想与妹妹成亲，但又担心姐姐的阴魂不散，来妨碍阻拦他们的婚事。于是，德红得略就用茅草扎了一个草人，穿上姐姐的衣服，戴上姐姐的背牌，用弩箭来射草人上的背牌，想让姐姐的魂灵钉在阴间，回不了人世。可是，谁知德红得略的箭一射中背牌，姐姐的魂灵却反而转回来附在草人上说：“德红得略，你的好箭法，这一箭射得好，射得真准，飞过来一箭把咬着我的老豹射死了，我才得魂灵回转阳世间。你对我的大恩大德，当厚报！”

说着，姐姐立马投胎变成五个姑娘来到人世间。后来五个姑娘长大了，就每人送了一头大水牛给德红得略，让他骑着打仗，成为苗族最勇敢的人。

现今，人们仍称水牛为“巴郎”，巴郎在高坡的苗语中就是姑娘的意思。

从今以后，这里的苗族就时兴打背牌了。

讲述人：王道平，男，苗族，时年 68 岁，农民，当地著名鬼师。

讲述地点：龙打岩寨王道平家。

讲述时间：2000 年 3 月 28 日。

采录人：吴秋林。

从这个个案来看，打背牌有一个大的前提：即表述男女之间的情感关系，而这种情感与相应的婚姻规约是相冲突的，但人们以某种方式承认这种违约情感。在这个大的前提下，又有两个主要含义：一是崇尚英雄，这实际上是一种文化雄性的认定；二是表明高坡苗族女性的情感方式。在高坡苗族中，也许还会有其他类型的打背牌源起的说法，但大都脱不开以上的意义表现。

从这里来看，高坡苗族的背牌的文化性质，在这里又更加内结构化，大致已深入到民族文化心理的层面了。

六、意义

高坡苗族背牌的文化意义，似乎在以上的叙述中都有一定的论及，但都没能展开它的相应空间，虽然展开是重要的，但却是此文不能胜任的。不过，我以为把这些个方面简略地归而纳之，可以归为以下几点：

一是高坡苗族的背牌，虽以一个妇女服饰绣片的外在形式出现，却是一个明显的内化为结构性的文化物，并且深刻影响高坡人的诸方面，比如观念、人生理想、情感方式、社会文化心理状况等，特别是在情感文化方面尤为如此。在实际生活中，深入理解高坡文化的人，在高坡人的“用鬼”（巫术活动）、“敲牛祭祖”中会说，这就是高坡苗人；但在一般的“外人”眼中，人们不用了解这些，而一看高坡女人的背牌，就知道这是高坡苗人。在百多年前，高坡文化圈外的汉人，实际上就是以此来称呼他们为“高坡苗”的。可以说，背牌是高坡苗人文化最外在的最具形式感的一种事物，也是高坡文化最鲜艳夺目的一种象征物或标识物。而这种性状的取得，其根本就是因为其深植于民族文化的内在结构中，并发生了深刻的影响所致。

二是高坡苗族的背牌，明显是其高坡苗族情感文化的特定象征物，看到它，情感方式、爱情，甚而个人的情感历程的细节等都可能在想象中出现。它是高坡青年男女情感生活的一方美丽的天地，没有它，在青年人的情感生活中是难于想象的。由此，你就能理解满高坡无处不在的背牌对高坡人生活的重要性了。另外，你就更能理解男女一生打过背牌对他们的重要性。我在高坡对打过背牌的老人访问时，许多女性老人会含着泪光感怀她年轻时那段一生中最美好的时光，男性老人仍然为曾拥有过去那份激情和荣誉而骄傲。由此，我不由得想到：任何美好，首先都应是人的美好，人的情感的美好！

三是高坡苗族的背牌，肯定是高坡苗族审美文化的中心或聚焦点，应该说是一个以女性为中心的审美聚焦点。高坡苗族的审美文化中主要有以下几种表现：一是以男性为主的芦笙（音乐文化，或与舞蹈融为一体的芦笙乐舞）；二是女性舞蹈，但它要男吹笙为伴，也应是芦笙乐舞的一个组成；三也就是苗族妇女的服饰了，而这一审美文化的表现，是以女性为中心的。

对高坡苗族女性服饰的审美探讨，不是这里的话题，但高坡苗族的服饰，特别是其中的背牌，我们在抛开一切的话题，仅从审美的感知而言，你都会被它的美丽所感动，并会认为它有一种独具的不可替代的魅力。就此而言，你会理解到，高坡苗族背牌的美，是一种深植于自身民族文化的美，而不是一般的我们所理解的“泛美”或“标准美”。也正是如此，这才体现高坡苗人背牌这方面的意义。

以此而言，对深入地认识高坡苗族的文化是很有意义的，但我以为，更为重要的是，为何某些弱势话语中的民族，总是把他们的审美文化事象混沌地化入他们文化的结构中，而不是把它们分化发展，成为我们所认为的纯粹是愉悦功能的美文化，总是带有那么沉重的历史感。而且，奇怪的是，这种结构性的内化，又使他们的许多被我们认为只应有审美功能的事物，焕发出独特的美感，让人赞叹和惊羡。另外，如高坡苗族背牌这种服饰，是怎样在文化中发生自己的结构性作用，是怎样影响如常的情感文化表现方式的，研究它们，对揭示高坡民族文化的性质，几乎是决定性的。并且我以为，其中还有一个深刻的启示，我们在对一个民族或一个种群，再或一个群体，特别是边缘性质的弱势文化群体，都不能用单一的功能性的认知，来界定他们的文化表象和文化表象性事物。

苏州丝绸博物馆藏苗族“牯脏衣”的重大学术价值

范明三

苏州丝绸博物馆规模不算很大，藏品却很精妙。创始人钱小萍是丝绸科学专家，所以建馆时定位在“专业科技馆”，近年在仿古丝织品科研方面有突出成就，并大力推动了中国丝绸的经贸、科研活动，其独特藏品对研究中国丝绸史大有裨益。现举一例说明此义。

苏丝博藏有数件来自贵州的清末民初苗族祭仪古服。按苗族习惯称“牯脏衣”。因为苗族自古每隔十二年须举办一次祀祖大典，在隆重的节仪活动中，主持祭祖的宗教领袖必须身穿“牯脏衣”指挥“推牛”盛仪，并用牛的内脏祭飨祖宗。由于苗族原始图腾之一就是“牛龙”，所以只有身穿“牯脏衣”作法才能邀获祖灵保佑本寨子孙丰泰安宁。这种“牯脏衣”的款式、纹饰都严格按祖传规范制作，集萃了千年传统，所以在“牯脏衣”上至今保存着千年不变的“文化遗存”（survival）信息，具有极大的文化人类学研究价值。

关于苗族“牯脏衣”的款式和纹饰，我曾在1997年第4期的苏州丝绸博物馆馆刊《丝路学苑》上刊有《苏州丝绸博物馆藏苗族牯脏服研究》一文，在此想专门研究一下“牯脏衣”的面料问题。

在中国文化史上有一个聚讼千年的谜：“中国书圣”、晋代书法家王羲之著名的《兰亭序》，据唐朝张彦远《法书要录》卷三引何延之《兰亭记》记述是用“蚕茧纸、鼠须笔”写成。宋朝苏易简《文房四谱》卷四对此言之更详：“羲之永和九年（353）制兰亭序，乘兴而书，用蚕茧纸、鼠须笔，遒媚劲健，绝代更无。”（见台湾商务印书馆1983年影印文渊阁四库全书第843册。）这种说法已延续千年却始终不见实物印证，因为据说唐太宗生前特别珍爱王羲之书法，曾派宠臣萧翼设法从辩才和尚手中骗得兰亭真迹，在死后把兰亭真迹做了殉葬品，所以一千三百年来虽然人人相信此传说，却从未见实据可证明。奇怪的是，“鼠须毫”制作技术流传至今即“狼毫”——用黄鼠狼毛制笔，只不过王羲之所用之笔是集取黄鼠狼的髭须制成，性能特别刚劲而名贵。那“蚕茧纸”则除此独例外似乎已绝灭了技术的流传？

2006年第1期《海交史研究》上刊出一篇福建师范大学社会历史学院丁春梅教授的专文《中琉两国纸张贸易初探》，以详实材料论证了中国跟琉球岛国的文化技术交流史。明朝洪武五年（1372）朱元璋派遣杨载持诏书到琉球，琉球正式成为中国的藩属国，两国政治、经济、文化逐渐扩大交流，大量中国货物帮琉球发展了经济。自1372年琉球国中山王察度首派其弟泰期到南京向中国称臣纳贡，以后每两年一次派船来纳贡并采购所需物资，直到清末光绪五年（1879）琉球被日本吞并。但至今在琉球仍可看到浓厚的中国文化影响。历史上琉球土地贫瘠，物产稀少，五百年来一贯仰赖中、日、朝等国贸易供应物资。同时琉球常有人到中国学习和引入生产技术，回去发展了农耕与工艺制造，终于能跟中国进行双赢的互贸活动，其中包括了很重要的造纸技术和蚕桑纺织技术。

例如琉球史书《球阳》记载琉球国于尚贞王二十七年（1695）：“我国造纸自此而始”（日本角川书店1978年版《球阳》附卷2）。同书记尚贞王三十一年（康熙三十八年，1698）“那霸关忠勇（嘉手纳观云上凭武）前为北京宰领，赴福建时遭海贼，身受剑炮渐凌其难……逗留苏州，传授制造丝锦、白丝及煮缫等。归回本国，遍教于人，且赴萨州（日本）传授制纸法而归来，始制纸于本国，以供国用……”这是明确记载琉球人到中国和日本习艺的重要信息，值得注意的是在苏州学习丝绸工艺之事，其实日本人早在千年前到中国学习文化技术，有不少也是从苏州出入的。在中国造纸技术的指导下，琉球国还有计划改良植被以保证充足原料供应，也改善了贫瘠的自然环境。尚益王三年（1712）“翁能哲往教制造丝锦及楮纸之法于久米、栗国、渡名喜等岛。本国将请册封，国贫民乏，资财缺少，由是为预备其费用，那霸翁能哲奉命到久米岛，令彼人民用桑树、榕树、宇祖古树等制造楮纸。”（同前引书。）到康熙五十八年（1719）出使琉球的册封副使徐葆光对琉球所产纸赞美有加：“纸，以茧为之；有理坚白者，极佳。其黄色质松者，名事宜纸，皆切方幅为用，与高丽茧纸正同。其质厚者染紫色，可为衣，名内用纸。有印花者如锦，极可爱。”徐葆光曾为琉纸写有一诗，名《球纸》：

“流球茧纸扶桑蚕，十华捣就藏龙龛，
一缣一纸购不得，岛客求书致满函。
冷金入手白于练，侧理海涛凝一片，
昆刀裁截径尺方，叠雪千层无罣面。
我毫弱似痴冻蝇，寒光耀腕愁凌冰，
卷叠空箱加什袭，携归到剡夸溪藤。
十载京师了书债，廨墙寺壁都遭疥，

高丽茧纸称最精，年年贡自朝鲜界。
方幅虽宽质此同，两邦职贡皆海东，
邛竹蒟酱一水通，望洋浩浩歌皇风。”

丁春梅教授在详引徐葆光的原文和原诗后，作出一番批判的否定评语，颇可商榷：“徐葆光不惜笔墨，在诗中极尽赞美之意，可见琉纸质量的确很高。但是，徐葆光犯了一个常识性的错误，他认为琉纸是‘以茧为之’。现代科技已证明，纸张是以植物纤维为原料而制造，‘用春茧、丝絮是造不出纸的。’（此句为丁教授引潘吉星《中国造纸技术史稿》语）在中国古书中，也常常出现茧纸、绵纸、棉纸的提法。……古时所谓茧纸、棉纸，其实就是以树皮为原料制造的皮纸，由于其纸洁白、细腻，类似棉布或丝絮，以讹传讹，相沿使用。前面已经提到，琉纸是用楮树、桑树、榕树等制成，属于皮纸的范畴，而非徐葆光所谓以茧为制纸原料。”

非常遗憾的是：丁教授批评错了，徐葆光却是正确的。

首先，徐葆光的诗与文明确写到：“纸，以茧为之”，并强调：“与高丽茧纸正同”，必定是经过观察与实用验证后的见解，并对特殊功能予以特写：“其质厚者染紫色，可为衣，名内用纸。有印花者如锦，极可爱”，这就不可能是皮纸、棉纸等的功能了。徐葆光的诗中在引用了流传已久的“扶桑冰蚕”神话传说解释茧纸，并强调“一缣一纸购不得”，可见他对纸和缣的区别是很明白的。诗末还特地引汉朝张骞在大宛看到由四川远销中亚的邛竹蒟酱典故（《史记》《汉书》记载中此二物跟“蜀布”并列，蜀布即土麻布，是成都地区特产麻织夏布面料），显然是以蜀布喻指朝鲜和琉球茧纸之意。事实上，从魏晋到明清一千多年茧纸是客观存在之物，很可能是朝鲜等地入贡中国的传统特产。困难在于实物无征，技术失传，以致后人推断茧纸讹为皮纸了。要揭开此谜，最好办法是拿出实物证据。

1958 年我参加“全国少数民族社会历史调查组”在贵州省黔东南苗族地区工作时，发现苗族至今保存着生产茧纸并用茧纸制衣的古老技术与习俗。在凯里市郊的舟溪区（今舟溪镇）和丹寨县的雅灰区（今雅灰镇）都有苗族用茧纸做围腰（古称芾）的实例，尤其值得注意的是地处湘桂黔边境的榕江县月亮山区，当地苗族至今保存着最完整的祭祖盛典——“牯脏节”，在祀祖大典上，宗教领袖“牯脏头”必须身穿“牯脏衣”作法才灵验。这种“牯脏衣”满身花绣都是代代相传的古奥神秘纹饰，纹饰都有特殊涵义，而绣纹所用面料则是茧纸（后世难寻茧纸，才用市场购买的丝绸替代）。

苏州丝绸博物馆所藏苗族“牯脏衣”即来自月亮山的清末民初古物，当时此地还未有汉族进入，基本保存了苗族千年前的古风古仪，其茧纸完全是传自千年以前的古老技术。即在丝织技术发明以前，当养蚕成熟时，不给蚕有觞角的空间，而是把千百条蚕放在平面上，驱赶其吐丝，蠕动的蚕吐丝而无法成茧，只能吐积成一张白纸。这种“纸”，由于是靠蚕丝表面的丝胶互相粘连而成形，所以特别松软，对人体有亲和性，直接可剪裁成衣片。很可能“嫘祖发明蚕桑制衣”的初期，并不存在缫丝纺织技术，而是直接由茧纸制衣穿着的吧？

至于自然科学史专家潘吉星所著《中国造纸技术史稿》所下结论：纸张是以植物纤维为原料而制造，“用蚕茧、丝絮是造不出纸的”，实出于成见所囿。中国人长期以“四大发明”为荣，很不乐意看到“初创发明权”被其他民族所有，早已有人指出：英文“纸”（paper）一词源出“莎草纸”（papyrus），而“莎草纸”是古埃及人早在公元前三千年用尼罗河畔莎草茎压制而成。于是中国专家力图证明“莎草纸”不算纸，因其制作方法不同于蔡伦所创之纸。然而，认真读读《汉书》可知，蔡伦并非纸的创始人，他只是造纸术的改良者，何况考古学也已挖掘出了早于“蔡侯纸”的汉代实物。囿于蔡伦发明造纸旧说已站不住脚，以蔡伦所创造纸法为“纸”定义亦并不科学。

我早已撰文指出：“纸”的字源就是丝帛类用于书写之义（“纸”旁字“系”多出自丝织观念）。事实上，只要排除成见，纸原本就是“茧纸”类物品，是嫘祖时代的妇女们在劳动实践中所创造，中国“茧纸”至少也有近五千年光荣史了。

晋代王羲之《兰亭序》所用茧纸原物虽不可睹，记载却可信，唐朝直至清明，中国文化技术转向日、韩是历史事实。茶道、花道、棋道等都是在友邦保存而返回祖籍的佳例，“茧纸”亦同此理。孔夫子说：“礼失而求诸野”，我在贵州苗乡又发现了失传已久的茧纸实物，不仅能补丝绸史内容，也可补“造纸技术史”之阙失。呈诸专家以为如何？

乍看一束花·细看花中花
——贵州黎平四十八寨花苗服饰纹样探析

范明三　杨文斌

一、花苗的分布与考证

过鼓节时，花苗妇女身穿古老的盛装（务领）

在贵州省黔东南州境内黎平县和锦屏县接壤处平寨乡、固本乡等地，居住着一支苗族，俗称花苗。因散居在48个自然村，所以一般人又称之为“四十八寨花苗”，人口约2万5千。但是习俗所谓之花苗、青苗、白苗、黑苗、红苗都是外族指称某些苗族服色特征而言，虽然苗族也认同此称谓，原非科学划分办法。从清代典籍记载分析，红苗指居住在湘西和黔东北的操东部方言的苗族支系，青苗与黑苗是指黔东南和黔中南各支系苗族，白苗散居于黔中南至黔西北各地，花苗多属操川黔滇方言的各支系，尤以黔西北各支为典型，民国后有学者更分别为“大花苗”“小花苗”等类型。

以花苗为例，清代田雯《黔书》载：“花苗在新贵县广顺圳”。传世《苗蛮图册》载：“花苗在大定、安顺、遵义、贵阳等府”。而清代罗绕典《黔南职方纪略》则谓“（花苗）贵阳、大塘、广顺、开州、贵筑、贵定、修文、安顺、郎岱、归化、永宁、镇宁、普定、清镇、大定、平远、黔西、威宁、水城、毕节、镇远、施秉、胜秉、天柱、黎平皆有之”，几乎是说全贵州都有花苗，可知不足为学术依据，但亦证明“四十八寨花苗”之说自清代已形成。分布于黎平的“四十八寨花苗”从科学定位上应属黔东南苗语的清水江型六合支系，这六合支系历史上归黑苗系统。虽然其盛装满身花绣而被视为“花苗”，但其服装布料是青黑色土织靛染棉布，常服则是黑衣为特征，该支系自称“木”（苗语），分布在黎平县尚重、六合、大稼、平寨和锦屏县固本及剑河县南加等处，至今保持本族群语言和服饰。

由枫树纹组成的妇女古盛装，苗族崇拜枫树，因枫树为万物之母。苗寨入口处多有枫树，被视为保寨树

二、变化无穷的花苗纹饰

六合式苗装妇女头挽发髻，髻偏于头左侧，穿常服时用黑色布巾包头，穿右衽圆领半袖上衣，袖口宽大，袖沿饰以10厘米绣片，衽襟以一条白布镶边，钉铜釦，下身穿中长黑色裙，裙多褶裥，腿绑黑布浑身黑素色调。盛装时头戴银箍，插银花，胸前用银项圈、银压领，压领坠饰繁多，耳饰蛇唧明珠形，应即《山海经》所谓的“珥两青蛇”遗意，腕戴银钏，应即“执两青蛇”遗意。盛装上衣开襟无扣，衣背、襟袖都用刺绣为饰，色彩配置艳丽而又沉厚，风格独特，下裳为中长裙，深青色，多褶裥。盛装用裙与常服相同，但裙外增繁多条绣花飘带。“四十八寨花苗”盛装绣饰纹样纷繁复杂，许多纹样反复排列，或交叉组合。重叠倒置错位分布，相映成趣，往往给人以变化无穷之情趣，是苗族审美观念在生活用品上的体现，是一种民族特有的美感创造。同时，花苗

衣袖
牛是力量与财富的象征，故花苗在过鼓节杀牛祭祖

花苗喜在橙或绿色的腰带上，挑绣鸟、蝶纹

头帕
飞龙抢宝纹，为吉祥的象征

头帕
抽象的八脚蛙纹，内部变形为一对蝶纹，想象力丰富

的每个纹样又都包孕着特定的社会历史内涵，表现为世代相传的文化符号，呈现为苗族特具的心理轨迹，并视为吉祥纹样。从采集的宝物形态加以区别，大体可区分为几何纹样、动物纹样、植物纹样等。

三、过鼓节身穿图腾祭祖

“四十八寨花苗”传承的纹样，表露了苗族的社会历史、文化内涵，特别跟远古崇拜有密切关系，不少绣纹可与苗族神话故事情节相对应。学者们已证明，早在五千多年前，九黎三苗就曾生活在长江中下游和黄淮平原广大地区。由于部族之间激烈争战，苗族先民以蚩尤为代表的九黎三苗失利，先后被迫离开北方肥沃平原。分成若干支系往南、往西大迁徙，并不断受到入据中原

背带盖帕
由许多小色块组合而成的四脚蛙纹，颜色杂而不乱

的历代朝廷武力征剿，终被排挤到西南山区，有些支系更远徙至中南半岛、美洲、欧洲。迁至湖南的一支史称“武陵蛮”，其中一部分溯沅江西上，到达贵州清水江流域，成为今日黔东南的苗族定居下来。为了生存，有一支进入深山老林，居住在“隔山喊得应，走路要半天”的雷公山东麓峻岭峡谷间，成了后来的“四十八寨花苗”。在这统治者鞭长莫及的恶劣环境里，他们长期过着勉强自给的生活。由于崇山险阻，很少受到外来异族文化影响，因而比较完整地保存了花苗服饰的世代传承。他们注重追念祖先，崇拜神灵，一切生产生活都与祖灵有关。每隔7年，要进行宰杀水牛的祭祖盛典，苗语称“闹牛”，汉人叫“祭鼓”或“吃牯脏”或按音义译成“过鼓”，在“过鼓节”期间，不论男女都必须身穿盛装（苗语称务领）参加仪式，否则，“人死后到阴间祖神不认”。为何不穿盛装祖灵不予相认呢？显然这种特定相传的盛装款式和纹饰含有远古图腾护佑之义，就是说，按照国际民俗学规律，这种世代相传的纹式，原本具有摹拟图腾形象的功能。闻一多先生在“端午考”一文中研究端午节赛龙舟吃粽子的风俗，原本与祭祀诗人屈原无关，而是出自古越族祭祀蛟龙的缘故，在祭祀蛟龙图腾时还须“纹身”——在身上涂绘专门花纹以示“我是图腾后裔”，不纹身者祖灵不认，这一点正是世界服装史重要证明之一——服饰起源于图腾摹拟观念，也因此花苗的纹饰部位与图形有严格的程式，不可随意改变。我们正可循此反溯民族远古的思想与意识形态，传承纹饰不仅具有审美的美学价值，并且具有高度的人类学认知价值。

妇女盛装常用“挑花”技术制作上衣、裙子、裹脚和鞋，又以头帕、揹带、出嫁花口袋及驱邪绣伞最为考究。常见绣纹有“万物之母枫树纹”、蝴蝶纹、鸟纹、龙纹、漩涡纹以及牛、马、蛙、狮、鱼、石榴、杉树乃至文字中的“寿”字等。苗族没有文字，但口传文学十分丰富。在苗族古歌中有许多在“过鼓节”或嫁姑娘时必须由男女互相盘唱的古歌，如“开天辟地”“洪水滔天”“兄妹开婚”“跋山涉水”等，男女歌手在对唱或赛歌中对答如流，有不少叙事性古歌则由老年头人向后辈唱作教育内容，描述天地万物起源、苗族发展历史上的艰苦创业与斗争迁徙、婚嫁和为种族繁衍应尽义务等。每一个苗族青少年都须在聆听古歌中接受民族传统教育，把文化一代代传下去。而姑娘们则在自幼学习的刺绣技艺中，把这些传统内容用形象表现在自己的衣物上，使日常用品增添了隽永的文化品位和独特美感。

揹带盖帕
老花，中间为红色的杉木纹

头帕
上下左右各有一对由漩涡纹组成的蝴蝶，枫树错落分布蝴蝶之间，象征蝴蝶从枫树中化生出来，与水泡（漩涡）谈恋爱，生下十二个蛋，孵出了人类的始祖

四、来自神话中的图腾

苗族神话说，古老的神树枫树的树芯里孕育出一只蝴蝶，她名叫“妹榜妹留”（苗语，意为“蝴蝶妈妈”），翩翩飞舞时跟水泡谈恋爱，生下十二个蛋。蝴蝶不会孵蛋就央请同样出自枫树上的鹡鸰鸟帮助孵蛋（鹡鸰鸟在《山海经·西次三经》有记载：“翼望之山……有鸟焉，其状如乌，三首六尾而善笑，名曰鵸鵌，服之使人不厌，又可以御凶”，可知是一种吉祥鸟），整整孵了十二个春秋，从蝶卵中孵出了大象、龙、蛇、虎、水牛、蜈蚣、雷公……及苗族始祖姜央。显然神话真意谓蝴蝶是万物之母亲，而蝴蝶与鹡鸰都出自枫树，则万物的源始应出自古老的圣树植物图腾，这一中国罕见的植物图腾观念，从汉族古籍中也能得到旁证：《山海经·大荒南经》：“有宋山者……有木生山上，名曰枫木。枫木蚩尤所弃其

出嫁口袋
四角为红白配色的抽象蝶纹其余部分全为由漩涡纹组合而成的抽象蝶纹象征蝴蝶妈妈与水泡恋爱生子繁衍人类。两种蝶纹，相映成趣

背带盖帕
色彩缤纷的大小飞鸟纹，构图严谨杂而不乱

头帕
以华丽的色彩歌颂着苗族的古老神话：由枫树的树芯里孕育出苗族的母祖大神"蝴蝶妈妈"

头帕
设色典雅的老花，由几何形的蝴蝶与枫树组成，倾诉着古老的神话

桎梏，是为枫木"，郭璞注："蚩尤为黄帝所得，械而杀之，已摘弃其械，化而为树也"。蚩尤是苗族公认的部族首领，神话意谓蚩尤被杀后其血染红枫树，所以年年秋后枫叶变红。但为何黄帝要用枫木做桎梏？因为枫树是苗蛮族信仰的圣树，用其圣树制枷别人有压镇灵魂之义。出生于枫树的鶺鴒有"食之不压"神性，都是苗族古代巫术观念的表现，所以，枫树作为万物之源，化生出蝴蝶，生下十二个蛋，又由枫树化生的鶺鴒孵育出人神鬼及万物，都表现了苗族古老的化生观，这是十分有价值的远古思想史内容。现在花苗服饰纹样里就绣有枫树纹、蝴蝶纹、鸟纹、水纹、牛纹和生活有密切关系的杉树纹样及龙纹等。苗绣纹饰不是简单的纯装饰纹样，而是有特定社会意识涵义的具象，是其理想观念的特殊载体。

花苗姑娘出嫁时，男方到女方家接亲，被女方摆酒拦在门外。男方歌手须唱古歌"洪水滔天"，内容是讲人祖姜央和雷公争斗，雷公发怒，放水淹没大地，只剩兄妹两人坐葫芦躲过洪灾，为了繁衍人类，"今天特来请你家妹子出阁"，意谓遵祖训求婚，不得拦阻。新娘出门时用事先准备的一个绣花口袋装着结婚盛装，袋上绣有蝴蝶、漩涡，象征摹倣蝴蝶妈妈与水泡恋爱生子繁衍人类，又绣有石榴纹和各种吉祥纹样，其中石榴原出西域，应是先传入汉族地区再影响苗族的外来纹样。

五、蛙人王的传说

蛙纹经常出现于中国各民族的传统纹样中，象征多子、繁衍与吉祥。居住于贵州、湖南、广西、云南的苗族普遍流传有"青蛙皇帝"、"青蛙王子"和"蛙人王"的故事。尤其是贵州黎平县与锦屏县交界一带的

头帕
古老的绣片，正看为对马与鸟纹水平组合的连续图案，倒看时在对马的中央是由一只正面鸟与左右两只侧面鸟相互结合而成的三鸟纹，构图方式具有高度的智慧

过鼓节时，鼓根手持方形蛙纹伞，走在芦笙队前方开路，当地习俗认为蛙纹可驱赶邪灵，护佑老少平安

“四十八寨花苗”，至今还流传着青蛙变人的故事。从前有一位苗家老奶奶，她无儿无女，有一天她上山打猪菜时，有一只青蛙偷偷地跳进她的篮子里。回到家中，老奶奶忽然听到有人一直在喊“妈妈”，可是找遍了家里不见人影，最后却在猪菜篮里找到了一只可爱的青蛙，老奶奶非常高兴，将他当作儿子般地予以照顾。

每7年举办一次的过鼓节祭祖活动又到了，寨子里举行盛大的芦笙舞与斗牛比赛，周围寨子的男女老少都赶来看热闹，青年男女则利用这个机会选择心爱的人。有一位美丽又手巧的姑娘，在邻近的寨子中一直找不到令她满意的对象。过鼓节这一天，她也赶来看牛打架，忽然发觉人群中有一位英俊貌美的小伙子，姑娘不由自主地爱上了他。当天晚上，她和姊妹们到老奶奶家烤火谈天，并将白天所见的意中人告诉大家，万万没想到，一旁的青蛙却哈哈大笑，说自己就是那个小伙子，不相信的话，明天你们还可以在那里看到我。姑娘看青蛙捣蛋，拿起棒子赶他，青蛙吓得求饶。

隔天姑娘去看牛打架，果然又见到心爱的人。好不容易等到散场，姑娘暗中跟随小伙子，经过一座桥时，姑娘发觉小伙子突然往桥下走去，消失了踪影，但没多久从桥下出现了一只青蛙，走进老奶奶的家。姑娘这才相信小伙子是青蛙变的。后来他们结为夫妻，两人相亲相爱，过着美满幸福的日子。蛙人聪明能干，具有超人的能力，是所有寨子中最有本事的蛙人王。

有一次蛙人王去赶场，他照例先到桥下脱去蛙皮，变成一个英俊貌美的男子向市集走去。妻子为了不让心爱的人再变成青蛙，悄悄地将蛙皮烧掉，没想到蛙皮被烧后，蛙人王就一病不起，不久离开人世。

头帕
中央蛙纹的上方为两只侧面鸟，却都长了一对正视的眼睛，造型趣味可爱，是一幅难得的佳作

头帕
主纹为中央对称的五个菱形纹，每个菱形纹的中央为四脚蛙纹，外绕四只由漩涡纹与“卍”字纹组合的抽象蝶纹

头帕
姑娘头戴蛙纹头帕，可驱邪护身

背带盖帕
由龙、鸟、蛙、蝶纹巧妙结合的稀有构图方式为几何形与非几何形的混合运用

后来花苗族人为了纪念蛙人王的超人能力，以及这段美丽动人的爱情故事，每当过鼓节跳芦笙舞时，由鼓根（苗语）左手持一把绣有蛙纹的方伞，右手拿一把芭茅草和大刀，在芦笙队的最前方开路，他们认为这样可驱赶邪灵，护佑老少平安。蛙纹在花苗服饰纹样中占有重要的地位，当地习俗认为姑娘头戴绣有蛙纹的头帕，可驱邪护身；姑娘结婚时用来放盛装的出嫁口袋，以及婴儿背带上的蛙纹，象征着繁衍子孙，希望能生出像蛙人王一样英俊聪明又能干的孩子。

六、构思巧妙·富于想象

花苗服饰装饰性强，纹样丰富多彩，具有浓厚的地方特色，并有惊人的综合概括能力，这与苗族的万物有灵、神话传说、图腾崇拜是密切不可分的。又因为居住偏远地区，受大山阻隔交通封闭，少与外界交流，因而保存了较为古老的文化内涵，纹样的图腾性、神秘性较强。花苗对于祖先神的崇拜尤为明显，苗族神话中所提到的枫树、蝴蝶、水泡（漩涡纹）、鹡鸰鸟和龙，常被作为服饰中的重要图腾，而其中表现最精彩的就是婴儿背带与头帕。

花苗妇女虽不识字，没有学过透视学，也不懂何谓几何形，但在纹样造型的表现上，她们应用对称、夸张、变形、重叠、简化的原理，创作出具有立体感的各种自然形、抽象与半抽象的纹样，同一绣片上常会出现几何形与非几何形的混合运用，构思巧妙，富于想象。必须用心观察，细细品味，甚至以不同的角度切入，才可体会出个中奥妙，让人发出会心的微笑。纹样组合不受时空的限制，可同时将空中的飞鸟、蝴蝶与地上的动植物，还有水中的漩涡，巧妙地安排于同一画面上；青蛙只有四只脚，但为了表现几何形四方对称的视觉美观，花苗的蛙纹常以八只脚构图，又突破了物象的限制。在主纹的周围常以连续的“卍”字纹、“T”字纹、回纹或云勾纹作为旁饰。

值得一提的是，花苗纹样布局错综复杂，同一绣片上可能有多个主纹，且会因构图需要，纹样部分对称，部分不对称，甚至纹样的方位朝向不同，好比一幅精美的地毯，有乍看一束花、细看花中花的独特构思，无论远近，经久耐看。

出嫁口袋
由正中央的蛙纹向外层递增，融合了漩涡与蝴蝶、飞鸟、枫树、“T”字纹，表达了对祖先的追念

揹带盖帕
由蝴蝶与石榴花组成的新式对称图案，先以“短串针”挑出纹样轮廓，再以“长串针”填入色线

七、会说话的纹样

花苗的配色大胆、自由，喜用对比色，以突显主纹，并在主纹的间隙填入适当的配色，杂而不乱。由于色彩丰富，善于变化，且纹样饱满、结构复杂，往往不易辨识主纹结构，所以花苗又创造了“混色”的技巧，在主纹的局部，例如鸟的两脚、身体或冠，动物的四肢或身体，蝴蝶的身体，填入两种以上的色线相互混合，导引观者由此延伸至整个主纹，让人感觉纹样会说话，此种表现手法，显示了花苗的高度智慧。

头帕
以红、白色来突显变形蛙纹，并以红、黄、白色强调枫树纹，间隙则淡化处理，构图饱满，杂而不乱

头帕
由错综复杂的漩涡、鸟、蝶、枫树以及四个“寿”字纹组合的老式纹样，构图严谨，杂而不乱，好比一幅精美的地毡

八、独一无二的“跳针”技法

花苗绣花时使用的针法为挑花中的平挑技法，又可分为“短串针”与“长串针”。“短串针”是每隔二至四根经纬线戳纳一针，“长串针”是按纹样的块面大小，有规律地拉长绣线戳纳。除了挑花，花苗还创造了独一无二的“跳针”技法，也就是在绣花的过程中，于绣片的反面跨越一根纬线后，接着在绣片的正面以平挑跨越数根经线，如此反复戳纳，绣片的正面显现与纬线平行的成排色线，反面只见针脚与线头，约可节省一半的丝线用量；跳针技法难度极高，若不熟练，底布易起皱褶。花苗在挑绣时，如同大部分的苗族地区一样，也是反面挑正面看，可保持画面的清洁。

有少数的现代绣片，注入了新的生活内容与汉族文字，但其针法仍继承了花苗独特的“跳针”技法

揹带盖帕主纹为四肢"混色"的麒麟，正中央为难得一见的小蛙人王（头为黑色），其左还有两只小鸟，构图奇妙

揹带盖帕
工艺细致的现代绣品，仍然继承了传统的抽象蛙纹

九、新旧传承·各具特色

花苗的纹样可分"老花"与"新花"。"老花"设色典雅，颜色变化较丰富；纹样喜用对称与连续式，结构严谨，多为简化的几何形，有些抽象或半抽象的纹样已难辨识其原型：针法多用短串针，针脚整齐细腻有如织锦，结实耐用。"新花"主色多为红、绿、蓝，辅以橙、黑等色，少用白色，常见"混色"技巧；纹样以半抽象的自然形较多，色块面积较大，并增加了人、龙、狮、杉木等纹样。挑绣时先以短串针挑出纹样轮廓，再以长串针填入色线。无论老花或新花，均以正面平挑结合反面跳针的技巧数纱运行。

当代苗族服饰艺术比50年前旧物有"今不如昔"之感。这是为什么呢？想来原因有四：一是近年苗族居住的山区逐渐修通了公路，受到外来文化的影响与冲击，年轻人对古传服饰文化未能很好地传承。二是原本常以服饰工艺优劣作为衡量姑娘是否聪明能干的标准，现在的女孩子普遍上了小学，少数读了中学，她们是否聪明能干主要以学习成绩为依据，测试坐标已经稍稍移位。三是花苗服饰纹样只能在家庭内部传承，现在姑娘参与社会活动较多，不能安心家中习艺。四更重要的是50年前，高水平的盛装服饰都归富庶人家控制，富人可请寨中创新能力最强、绣工手艺最精、色彩搭配最好的女艺人给自己绣一辈子花。这些女艺人是纹饰艺术的创造者，又是服装的生产者，她们的手艺水平最高，承前启后影响最大，所制作的精品由富人控制。每逢节场日，由富人挑到芦笙场上发给穷人的女孩穿起跳芦笙，过完节后

民初的古老盛装女上衣，绣满蛙纹，象征后代如蛙人王一般的聪明能干又漂亮

头帕
由"T"字纹组成的四脚大蛙纹、八脚小蛙纹和飞鸟构成此幅绣片，针法为"短串针"

揹带盖帕
由中央蛙纹与外围连续鸟纹组成的老花，以“短串针”挑绣，针脚整齐细腻有如织锦

又由富人收拢秘藏。20世纪50年代进行土地改革，富人的盛装分散给了穷人，艺人各自回家务农，在凭劳力吃饭的条件下无法专心绣花。60年代中期的“文革”中，更把跳芦笙等传统节庆视作“四旧”予以取缔。那些古老盛装无处发挥，自然消亡很快。1985年我们参加花苗“过鼓节”时，发现了一批古传盛装，听说只剩十来件了。

经过15年断断续续对花苗服饰纹样考查、宣传，现在已有部分姑娘对自己民族的传统服饰文化有所重视，有些人已开始绣制传统纹样。但因现在丝线染色属化学染料，丝线的亮度和保存方面不如50年前的植物、矿物染色，影响绣品质量，前景堪忧。

“四十八寨花苗”服饰纹样集中反映了对祖先和历史的追念，蕴藏了众多的文化内涵，是花苗穿在身上的图腾，它不愧为中国灿烂的民族文化苑中的一朵奇葩。